国外计算机科学教材系列

计算机通信网

（第二版）

Computer and Communication Networks
Second Edition

［美］ Nader F. Mir　著

毛玉明　杨　宁　刘　强　黄晓燕　译

U0226316

电子工业出版社
Publishing House of Electronics Industry
北京·**BEIJING**

内 容 简 介

本书主要讲述现代网络与通信技术,全书分为基础知识和先进网络技术两个层次。基础知识部分包括:网络协议与设备、局域网/广域网、无线广域网络和 LTE、网络应用与管理、网络安全等。先进网络技术部分对网络分析和先进的网络协议进行了深入探究:先进的路由器/交换机体系结构、云计算与网络虚拟化、软件定义网络(SDN)、基于分布式/云的多媒体网络、无线传感器网络等。本书旨在帮助读者分析和模拟复杂网络,设计满足需求的高性价比网络架构,平衡基础知识和先进技术,并包含丰富的案例研究、实例、习题和直观的插图。

本书可供计算机、通信、信息技术等相关专业的本科生和研究生使用,同时对于从事网络相关技术研究和网络应用开发的广大科研工作者也具有参考价值。

版权贸易合同登记号 图字:01-2015-6373

图书在版编目(CIP)数据

计算机通信网:第二版/(美)纳德·F.米尔(Nader F. Mir)著;毛玉明等译.
北京:电子工业出版社,2020.12
书名原文:Computer and Communication Networks, Second Edition
ISBN 978-7-121-40167-1

I.①计… II.①纳…②毛… III.①计算机通信网—高等学校—教材 IV.①TN915

中国版本图书馆 CIP 数据核字(2020)第 245291 号

责任编辑:徐 萍
印　　刷:三河市鑫金马印装有限公司
装　　订:三河市鑫金马印装有限公司
出版发行:电子工业出版社
　　　　　北京市海淀区万寿路 173 信箱　　邮编　100036
开　　本:787×1092　1/16　印张:31.75　字数:875 千字
版　　次:2020 年 12 月第 1 版(原著第 2 版)
印　　次:2020 年 12 月第 1 次印刷
定　　价:109.00 元

凡所购买电子工业出版社图书有缺损问题,请向购买书店调换。若书店售缺,请与本社发行部联系,联系及邮购电话:(010)88254888,88258888。

质量投诉请发邮件至 zlts@phei.com.cn,盗版侵权举报请发邮件至 dbqq@phei.com.cn。

本书咨询联系方式:yangbo2@phei.com.cn。

译 者 序

当今高度信息化的社会中，信息技术日新月异、信息通信与交换的业务量和业务类型都在持续暴涨。作为信息通信与交换的承载体，计算机网络也在持续不断地更新和发展，网络新技术新功能的触角已经进入信息处理领域和操作系统领域。这对于学习和研究计算机网络理论与技术的人员提出了更高的要求。我们希望有这样的网络方面的图书来帮助网络学习和研究者：首先，它不仅应包含传统的主流网络技术，还应包含当代的代表性的先进网络技术；其次，它既要有网络的理论基础知识，也要有网络的工程化技术内容；第三，它应能够提供大量的练习题，还能够提供大部分章节内容的仿真实验项目；最后，它应能够作为教材适应大学不同阶段的教学和学习——应该足够基础，适合本科阶段入门级网络知识的学习，同时也要有足够的深度，为硕士研究生提供较深入的理论知识和高级技术的思维拓展或课题研讨。Nader F. Mir 的著作 *Computer and Communication Networks, Second Editon*（《计算机通信网（第二版）》）正好包含了这四个方面的要素，是一本目前在全球范围内广泛采用的大学教材和参考书。我们特别向广大读者推荐本书，期望本书能对学习和研究计算机网络的读者有所帮助。

本书的特色主要在于内容组成结构合理、内容展现形式新颖、习题与仿真项目丰富三个方面。

在内容组成结构方面，由基础网络知识和先进网络技术两大部分组成。基础网络知识部分共 10 章，其内容涵盖了目前市面上大部分计算机网络图书的内容。本书最有价值的是先进网络技术部分，共有 12 章，每章具体翔实地讲解一个高级技术主题，包括隧道技术与 MPLS网络、全光网络、无线自组织网络、无线传感器网络等高级网络技术，以及软件定义网络（SDN）、云计算与网络虚拟化、基于云的多媒体网络等信息交换与处理相结合的现代网络技术。现有的大多数计算机网络图书鲜有对网络高级技术如此全面、翔实的阐述。因此本书对网络研究和网络工程技术人员具有良好的参考价值。

在内容展现形式方面，本书不同于现有大部分计算机网络图书采用的以网络层次结构模型为主线展开，以逐层讲解网络技术的形式进行展现。本书采用的是以网络技术或网络功能为主线的展现形式：每章关注一种网络技术或功能，如分组交换网络（第 1 章）、连网设备概述（第 2 章）、数据链路与链路接口（第 3 章）、局域网和 LAN 网络（第 4 章），等等，内容由浅入深，知识衔接自然，能够为读者提供更好的阅读体验，也使读者更易理解和学习。

在习题与仿真项目方面，每章都有大量习题，大部分章节的习题接近或超过 20 道题，习题基本上以计算型或推演型的题目为主，这对于各章内容的学习和训练有很大的帮助。同时，每章还有一至两道仿真项目，这是本书独具的特色，也是译者极为看重的内容。仿真项目给定了具体的仿真目标、仿真参数、仿真方法，以及采用的仿真工具如 C、C++、Java 或网络仿真平台如 ns3 的建议，可操作性很强。通过仿真项目的训练，对深刻理解章节知识的关键内容、提高实验实践能力等方面都有很大的帮助。

译者建议，本书作为相关专业本科教材使用时，以前 10 章内容为主，后面的章节作为延伸与扩展的阅读材料；作为研究生教材使用时，根据具体需要，从第 11 章至第 22 章中选择适当的章节，开展新技术的探讨与拓展课题的研讨。

    本书的翻译由电子科技大学毛玉明教授、杨宁副教授、刘强副教授和黄晓燕副教授通力合作完成，杨宁对全书进行核对、统一风格和术语等，并最终审定全稿。对博士生杜昊、陈笑沙、陈怡瑾、刘铭、王翔、毛笋、赵全鑫、熊凯、乔冠华、徐良在本书翻译中做出的贡献，马立香副教授在本书出版过程中的协调工作，电子工业出版社杨博编辑的支持和建议，徐萍编辑以及出版社其他工作人员的辛勤付出，在此一并表示衷心的感谢！

    译文中疏漏和不当之处难免，恳请读者不吝指正，深表谢意！

译 者

2020 年 10 月

前　言

本书的内容，是我十多年工作的结晶。从我作为一名电信工程师，到我后来成为大学教授的这段时间里，数据通信和计算机网络的知识领域已经发生了很大的变化，一些内容已经陈旧并被丢弃。本书的内容涵盖了计算机通信和网络的基本原理与最新的前沿技术。

互联网是一种革命性的通信工具，我们每天都通过它方便地进行通信或从事商务交易等活动。由于在硬件和软件层面的复杂性，对于那些想研究这个领域的人来说，互联网是一个挑战，而通信业务的数量和种类的持续增长，也给计算机网络专家们带来了更多的挑战。他们还需要得到一些有参考价值的东西，包括体系结构、系统描述等，以便进行深层次的权衡分析，更好地设计新兴的通信网络。本书填补了现有网络书籍的这些空白。

本书的目的

本书包含了计算机网络的理论、体系结构与应用几方面的内容。由于现有计算机通信网的图书对有线和无线通信技术没有提供适度详细的计算分析，这就促使我写了这本书。本书的主要目的是帮助读者学习计算机和通信网络的基本原理和一些先进概念。书中使用了一套统一的符号，而且编写内容上顺应了计算机通信科学与工程急剧膨胀的学习需求。

本书以两类人群为对象。对于学术界人士，如果是本科生和研究生水平，本书提供了通信网络全面的设计和性能评估内容；如果是研究人员，本书提供了分析和仿真复杂通信网络的能力训练。对于想在通信和网络行业工作、需要获得涵盖计算机网络全方位的参考内容的工程师，本书提供了各种学习技术：练习、案例研究和计算机模拟项目，让工程师在学习和回味有关网络可靠性所涉及的各种概念和性能模型时，变得简单而有趣。

本书的组织结构

本书中的主题内容可使教师在授课时按实际需求进行选择和裁剪。除了每章中的解释性内容，读者能学习到如何模型化通信网络，如何对其进行数学分析。读者从每章的理论与应用的结合中受益，对理论感兴趣的读者还可以挑战每章中较多的理论部分。

本书分为两部分，共有 22 章。第一部分共 10 章，内容涵盖了计算机网络的基础知识，每一章的内容都是后续章节的基础。本部分内容从组网技术的概述开始，重点关注 TCP/IP 技术，描述常规网络和无线网络的路由技术与多播技术，最后讨论网络应用、P2P 组网、网络管理和网络安全。第一部分的内容适合初次接触到计算机通信网技术的读者。第二部分共 12 章，内容覆盖详细的问题分析和更细致地展现先进的联网协议、路由器和交换机的体系结构、光网络、云计算、SDN、数据压缩、IP 语音(Voice over IP，VoIP)、多媒体网络、自组织网络及传感器网络。所有 22 章的内容概述如下：

第 1 章　分组交换网络。介绍计算机网络，了解网络的需求，解释分组交换网络的相关技术，以及互联网的现状。定义了一些基本概念，如**数据**、**分组**和**帧**，以及**分组交换**与**电路**

交换的对比。定义了分组交换网络的各种类型，解释面向连接网络或无连接网络是如何处理消息的。该章的后半部分介绍了五层和七层互联网协议参考模型的基本概念，以及互联网的编址方案。另外，该章还给出了分组长度的详细分析和长度优化的内容。

第 2 章 连网设备概述。全面介绍常规连网和无线连网的设备架构。该章从网络接口卡（Network Interface Card，NIC）开始，然后是交换和路由设备，如集线器（hub）、网桥（bridge）、交换机（switch）和路由器（router）。这些设备把分组从一条线路传递到另一条线路上，它们包含有线和无线的形式，都可用在用户、服务器及网络设备上。连网调制解调器用于远程或驻地区域对互联网的访问。最后，是可出现在网络各层次上的多路复用功能，用于将来自多条流的分组合并到一条流上。

第 3 章 数据链路和链路接口。主要关注连网的两个基本元素——链路和传输接口。该章讲述的内容有：首先介绍有线和无线链路，描述它们的特性、优点和信道访问方法；各种链路级的**检错和纠错**技术，讨论传输数据的完整性问题；链路层**停等**和**滑动窗口**通信协议。然后，讨论有线环境和无线环境中的链路方法和多用户信道访问方法。最后，还讨论了**链路聚合**方法，该方法聚合了多条网络链路来实现比单条链路更大的吞吐率，链路聚合的第二个好处是当链路出现故障时，有冗余的链路可保障链路的正常通信。在此，我们介绍了著名的**链路聚合控制协议**（Link Aggregation Control Protocol，LACP）。

第 4 章 局域网和 LAN 网络。利用第 1、2、3 章的基本协议、设备和链路等基本知识，探索小型网络的具体实现。该章提供了通过连接这些设备来构建网络的要点，给出多个局域网（Local Area Network，LAN）的实例，解释这些 LAN 是如何互连形成网络的。然后，该章讨论了第 2 层地址和第 3 层地址相互转换的地址转换协议，以及非常重要的**生成树协议**（Spanning-Tree Protocol，STP）。STP 防止帧或分组在网络中的环路上无穷次地转圈。接下来的主题是**虚拟局域网**（Virtual LAN，VLAN）。VLAN 技术将单个 LAN 划分成虚拟分离的多个 LAN。最后，为读者提供了无线局域网的概述，包括 WiFi、无线 LAN 和相关的协议标准，如 IEEE 802.11。

第 5 章 广域路由选择和网络互联。主要介绍广域网（Wide Area Network，WAN）中的路由选择技术和相关的路由选择算法与协议。该章从 IP 分组格式和基本的路由选择原则开始，介绍了互联网控制消息协议（Internet Control Message Protocol，ICMP）、动态主机配置协议（Dynamic Host Configuration Protocol，DHCP）和网络地址转换（Network Address Translation，NAT）。接着讲述路由选择算法，如开放最短路径优先协议（Open Shortest Path First，OSPF）和路由选择信息协议（Routing Information Protocol，RIP），以及域间路由协议，主要是包含了内部 BGP（internal BGP，iBGP）和外部 BGP（external BGP，eBGP）的边界网关协议（Border Gateway Protocol，BGP）。然后，该章介绍了 IPv6 和它的分组格式。该章最后的内容是**拥塞控制和链路流量控制**技术，专门讨论拥塞控制中的**随机早期检测**技术，讲解了一个用于估计链路阻塞概率的有用技术。

第 6 章 多播路由选择和协议。该章内容覆盖了互联网中路由选择协议的多播扩展。首先，该章定义了基本术语和算法：多播组、多播地址、多播树算法，它们构成了理解互联网中分组多播技术的基础。该章讨论两类协议：实现域内多播分组的**域内多播**路由选择协议，以及管理域间多播分组的**域间多播**路由选择协议。

第 7 章 无线广域网和 LTE 技术。讲述基本的无线广域网。该章讨论无线网络在设计中所面临的挑战：**移动性管理、网络可靠性和频率复用**。然后，书中内容跳转到蜂窝网络，它是无线广域网的主要主干基础架构。我们讨论了蜂窝网中的**移动 IP** 技术，它使得用户能在改变自己位置的同时实现数据通信；接着讨论了**无线网状网**(Wireless Mesh Network，WMN)技术；最后，讨论了称为**长期演进计划**(Long-Term Evolution，LTE)的第 4 代无线广域网。

第 8 章　传送和端到端协议。首先从文件的简单传送过程来看**传送层**处理数据传送的细节。讨论传输控制协议(Transmission Control Protocol，TCP)拥塞控制的多种技术，接着是**拥塞避免**技术，以及一些防止可能出现拥塞的算法。最后是拥塞控制方法的一些讨论。

第 9 章　基本网络应用和管理。讲述了应用层的一些基本原理和用户的应用如何使用网络的情况。其中的应用有**域名系统**(Domain Name System，DNS)、E-mail 协议(如 SMTP 和网页邮件)、**万维网**(World Wide Web，WWW)、远程登录、文件传输协议(File Transfer Protocol，FTP)，以及**对等**(Peer-to-Peer，P2P)网络。该章最后的内容是网络管理技术和协议。

第 10 章　网络安全。关注网络安全方面的一些技术。在介绍了网络存在的风险、黑客和网络攻击后，该章讨论了**密码技术：公开和对称密钥协议、加密标准、密钥交换算法、认证方法、数字签名和安全连接、防火墙、IPsec**，以及用于虚拟专用网的安全技术。该章还介绍了无线网络安全方面的一些内容。

第 11 章　网络队列和延迟分析。作为本书第二部分的开始一章，讨论分组在缓冲区中是如何排队的。讲述基本排队的一些模型，如 **Little 定理、生灭过程和马尔可夫链定理**等。给出了几种场景下的排队节点模型：有限与无限队列容量、一个服务台与多个服务台、马尔可夫与非马尔可夫系统。很多网络应用中的基本流量模型都是非马尔可夫的，如多媒体流就不能用马尔可夫模型描述。此外，对基于网络排队的延迟分析进行了讨论。**Burke 定理**可用于串行和并行排队节点，**Jackson 定理**可用于一个分组多次进入一个特定队列造成**环路或反馈**的情况。

第 12 章　高级路由器和交换机架构。研究高级互联网设备(如交换机和路由器)的内部结构。首先介绍了交换机和路由器的常规特点与组成框图，然后介绍作为中央控制和交换引擎(switch fabric)的接口处理器：**输入端口处理器**(Input Port Processor，IPP)和**输出端口处理器**(Output Port Processor，OPP)。IPP 和 OPP 的细节与路由表、分组解析器和分组分割器等常规的 IPv4 与 IPv6 组件块一起介绍。几种交换引擎结构的介绍从**交叉开关**(crossbar)交换引擎组件块开始。该章的最后一个案例研究结合了一些缓冲交叉点形成缓冲交叉开关。对其他的一些交换结构，如阻塞式和非阻塞式、共享内存、**基于集中和基于扩展**的交换网络也进行了介绍。该章还介绍了交换机和路由器硬件中使用的分组多播技术和算法。

第 13 章　服务质量和路由器的调度。该章涵盖网络中的服务质量问题。讨论两个大类QoS，分别是为需要在交换节点中维护某些功能的网络提供服务质量的**综合服务方法**，以及基于为广泛的应用程序提供服务质量支持的区分服务方法(DiffServ)。这两类服务质量技术包含了多种 QoS 协议和架构，如**流量整形、准入控制、分组调度、预留方法、资源预留协议**(Resource Reservation Protocol，RSVP)，以及流量调节器和带宽代理方法。该章还讲解了网络中资源分配的基础知识。

第 14 章　隧道技术、VPN 和 MPLS 网络。介绍一种有用的互联网技术，称为**隧道技术**，用于高级、安全、高速的网络。该章解释了如何将网络隧道化，从而产生了专用部门实体通过在公共网络基础设施上建立隧道来维护专用连接的**虚拟专用网**(Virtual Private Network，VPN)。该章的另一个相关主题是**多协议标签交换**(Multiprotocol Label Switching，MPLS)网络，它采用标签和隧道来加速路由选择。

第 15 章　全光网络、WDM 和 GMPLS。介绍了光纤通信和全光交换网络的基本原理。

光纤通信技术利用光可在玻璃中传输的原理，光信号比电信号携带更多的信息，并且光在玻璃中的传播距离比电信号在铜线或同轴电缆中的传播距离更远。该章讲解了基本的光设备，如**光滤波器、波分复用器**（Wavelength Division Multiplexer，WDM）、**光交换机、光缓存器**和**光延迟线**。在详细介绍了使用路由设备的光网络之后，该章讨论了**波长重用和分配**的全光网络链路。全光网络中采用的**通用多协议标签交换**（Generalized Multiprotocol Label Switching，GMPLS）技术与第 14 章研究的 MPLS 类似，该章也对此进行了研究。该章最后以光交换网络作为研究案例，提出了一种新的拓扑结构：**球形交换网络**（Spherical Switching Network，SSN）。

第 16 章　云计算和网络虚拟化。该章包含云计算、大型数据中心、数据中心网络、网络虚拟化等方面的内容。数据中心和云计算体系结构支持数万台服务器、超大容量存储、每秒兆比特的通信流量、数万个租户。该章首先定义了一些基本术语，如虚拟化、虚拟机等，讲解了用刀片式服务器和大型数据库构成的数据中心组成结构，然后介绍了**数据中心网络**（Data Center Network，DCN）。在数据中心，采用分组交换机和路由器将服务器和存储资源连接起来构成 DCN。

第 17 章　软件定义网络及其进展。该章主要包括先进的网络控制和管理范例。互联网在应用和基础设施方面的不断增长，使得互联网相关产业的技术生态环境发生了翻天覆地的变化。**软件定义网络**（Software-Defined Networking，SDN）是一种通过称为"控制器"（或 SDN 控制器）的集中式软件决定和控制整个网络行为的网络模式，潜在改进了网络性能。该章主要关注 SDN 的基本原理和几个对网络特性具有创新思想的技术，描述了相关的 OpenFlow 交换机和交换机中的流表的一些细节。另外，还介绍了其他先进网络控制和管理技术，如**网络功能虚拟化**（Network Functions Virtualization，NFV）和**信息中心网络**（Information-Centric Networking，ICN）。最后，该章介绍了网络模拟器，如 Mininet 仿真器。

第 18 章　IP 语音信令。介绍了 IP 语音（Voice over IP，VoIP）电话和多媒体网络中使用的信令协议。该章首先回顾了传统的公共交换电话网（Public Switched Telephone Network，PSTN）中呼叫和控制信令的基本知识，然后讲解了 VoIP 的两个重要协议——**会话发起协议**（Session Initiation Protocol，SIP）和 **H.323 系列协议**，它们是互联网中用于提供实时通信服务的协议。最后，向读者展示了不同网络服务、不同协议和不同电话用户之间的一系列联网实例。

第 19 章　媒体交换和语音/视频压缩。该章关注语音和视频的数据压缩技术，以形成多媒体网络的数字语音和视频。该章首先分析了信源的基本原理、信源编码和数据压缩的限制，然后解释了从原始语音到压缩二进制形式的所有转换步骤，如采样、量化和编码。该章还总结了压缩的限制，并描述了静态图像和视频压缩技术的典型过程，如 JPEG、MPEG 和 MP3。

第 20 章　分布式和基于云的多媒体网络。该章介绍了多媒体网络中实时语音、视频和数据的传输。首先介绍了为实时传输设计的协议，如**实时传输协议**（Real-time Transport Protocol，RTP），然后讨论了**基于 HTTP 的流传输**，它是一种可靠的基于 TCP 的流传输，还讨论了**流控制传输协议**（Stream Control Transmission Protocol，SCTP），它提供了流式通信的通用传输协议。接着介绍了使用**内容分发网络**（Content Distribution Network，CDN）的视频流传输，然后是 **IP 电视**（Internet Protocol Television，IPTV），IPTV 是通过互联网传送电视业务的系统。该章描述了唯一具有 IPTV 特性的视频点播（Video on Demand，VoD），以及基于云的多媒体网络，这种类型的网络由语音、视频和数据业务的分布式联网组成。例如，VoIP、视频流或用于识别人类语音的**交互式语音应答**（Interactive Voice Response，IVR），这些应用都可以分布在各种服务云中。最后，该章用自相似理论对流式业务进行了建模分析。

第 21 章 移动自组织网络。介绍了一种特殊的无线网络，称为**移动自组织网络**(Mobile Ad-Hoc Network，MANET)。自组织网络不依赖任何基础设施就能运行，网络中不存在有线基础设施，可在动态网络拓扑场景下工作。该章描述了移动用户如何承担路由节点的功能，以及分组在没有固定路由节点的情况下是如何从源节点传向目的节点的。该章还讨论了**表驱动路由选择协议**，如 DSDV、CGSR 和 WRP，以及**源启动路由选择协议**，如 DSR、ABR、TORA 和 AODV。最后，讨论了自组织网络的安全性问题。

第 22 章 无线传感器网络。该章给出传感器网络的概况，描述了智能传感节点和传感器网络的协议栈。首先讲解了能量因素是造成传感器网络路由选择协议有别于其他计算机网络路由选择协议的原因，并描述了传感器网络中的**聚类协议**。这些协议将传感器节点划分成互不重叠的分级簇型拓扑结构。然后介绍了传感器网络的一个典型路由选择协议，并据此对聚类协议的实现进行了案例研究。最后介绍了基于 IEEE 802.15.4 标准的 ZigBee 技术。这个技术使用了低功耗节点，是一个典型的低功耗标准。

习题和计算机仿真项目

每章结尾都有一些习题。这些习题需要读者在相应的章节中努力找出有指导意义的内容来完成解答。习题的解答可能有一定难度，但这正是网络的真实和实用问题的典型表现。这些问题促使读者再回到书中，并找出指导老师认为有意义的内容。

除了典型的习题，还有许多人希望将项目纳入课程中。计算机仿真项目通常是编程项目，但是读者也可以选择仿真工具来完成项目。每章末尾列出的仿真项目有计算机仿真，还有部分与硬件设计相结合的仿真。

附录

本书的附录比较完备。附录 A：缩略语表，定义了缩略语。附录 B：RFC，鼓励读者通过查阅 RFC 参考资料更深入地研究书中涉及的每个协议。附录 C：概率和随机过程，回顾了概率、随机变量和随机过程。附录 D：爱尔兰 B 阻塞概率表，提供了第 11 章中给出的爱尔兰公式的数值扩展版本，该表在许多章节中用来估计流量阻塞概率，这是设计计算机网络的主要因素之一。

教学补充说明

本书有多种用途。第一部分的内容可作为本科高年级或研究生一年级的网络课程教材，第二部分的内容可作为研究生的计算机网络高级课程。教师可根据实际需要结合教材内容选择所需的章节。以下是五种不同课程选择章节的建议：

- **本科计算机网络课程**：第 1~5 章，以及第 6、7、8 或 9 章中的一章。
- **研究生一年级计算机网络课程**：第 1~10 章，其中第 1、2 章略讲。
- 研究生二年级计算机网络高级课程：第 11~17 章。
- 研究生数据汇聚、IP 语音和视频类课程：第 7、9、16、18、19 和 20 章。
- **研究生无线网络课程**：第 2、3、4、7、9、16、21 和 22 章，以及各章中介绍的其他无线网络示例，如第 18 章中介绍的无线 VoIP 信令。

本书配套的教师手册和其他教学材料，如 PowerPoint 演示文稿，可以提供给教师[①]。

致谢

一本书的出版绝不是一个人可以完成的。许多来自工业界和学术界的专家慷慨地提供了帮助。我非常感谢他们的支持。他们中的许多人在这个项目中给了我宝贵的建议和支持。我应该感谢所有帮助我完成这个项目的科学家、数学家、教授、工程师、作家和出版商。

我很荣幸能在世界上伟大的 Prentice Hall 出版公司出版这本书。我要向所有努力使这个项目成功的人表示深深的谢意。特别是，我要感谢总编辑 Mark L. Taub 和高级策划编辑 Trina MacDonald 的所有建议。Trina 凭借她卓越的专业才华，为我提供了宝贵的信息，并指引我走向这个伟大而富有挑战性的项目的终点。我还要感谢执行编辑 John Fuller、产品服务经理 Julie Nahil、开发编辑 Songlin Qiu、自由项目经理 Vicki Rowland、自由文字编辑/校对员 Andrea Fox 和所有其他专家，感谢他们出色的工作，但在本节中我没有机会点名向他们致谢，包括营销经理、排版员、索引员和封面设计师，非常感谢大家。最后同样重要的是，我要感谢 Pearson 销售代表 Ellen Wynn 热情地向出版商介绍了我手稿的第一版。

我非常感谢本书的技术编辑和所有顾问委员会成员。特别感谢 George Scheets 教授、Zongming Fei 教授和 Parviz Yegani 博士提出的建设性建议，帮助我将本书重塑为现在的形式。另外，我想特别认识下面的人，他们在本书的第一版和第二版的写作阶段不时地提供宝贵的反馈。我认真对待他们所有的评论，并将它们编入手稿。我非常感谢他们在这个项目上所花的时间。

Professor Nirwan Ansari（New Jersey Institute of Technology）

Professor Mohammed Atiquzzaman（University of Oklahoma）

Dr. Radu Balan（Siemens Corporate Research）

Dr. Greg Bernstein（Grotto Networking）

R. Bradlcy（About.com）

Deepak Biala（OnFiber Communications）

Dr. Robert Cane（VPP, United Kingdom）

Kevin Choy（Atmel, Colorado）

Dr. Kamran Eftekhari（University of California, San Diego）

Professor Zongming Fei（University of Kentucky）

Dr. Carlos Ferari（JTN-Network Solutions）

Dr. Jac Grolan（Alcatel）

Professor Jim Griffioen（University of Kentucky）

Ajay Kalambor（Cisco Systems）

Parviz Karandish（Softek, Inc.）

Aurna Ketaraju（Intel）

Dr. Hardeep Maldia（Sermons Communications）

Will Morse（Texas Safe-Computing）

Professor Sarhan Musa（P. V. Texas A&M University）

[①] 申请方式参见文末"教学支持说明"。

Professor Achille Pattavina（Politecnico di Milano TNG）

Dr. Robert J. Paul（NsIM Communications）

Bala Peddireddi（Intel）

Christopher H. Pham（Cisco Systems）

Jasmin Sahara（University of Southern California）

Dipti Sathe（Altera Corporation）

Dr. Simon Sazeman（Sierra Communications and Networks）

Professor George Scheets（Oklahoma State University）

Professor Mukesh Singhal（University of Kentucky）

Professor Kazem Sohraby（University of Arkansas）

Dr. Richard Stevensson（BoRo Comm）

Professor Jonathan Turner（Washington University）

Kavitha Venkatesan（Cisco Systems）

Dr. Belle Wei（California State University, Chico）

Dr. Steve Willmard（SIM Technology）

Dr. Parviz Yegani（Juniper Networks）

Dr. Hemeret Zokhil（JPLab）

我要感谢我的研究生，他们帮助我准备了本书的手稿。在过去的几年中，112 位以上的研究生阅读了本书的各个部分，并做出了建设性的评论。针对课堂上使用的本书的早期版本，他们给予了真诚的支持和建设性的意见。我特别感谢以下研究生，他们在我的网络课程中自愿复习了书的某些部分：Howard Chan、Robert Bergman、Eshetie Liku、Andrew Cole、Jonathan Hui、Lisa Wellington 和 Sitthapon Pumpichet。特别感谢 Marzieh Veyseh 为第 22 章提供了所有关于传感器网络的可用信息。

最后，我感谢我的父母，他们为我打开了接受最好教育的大门，支持了我一辈子；最重要的是，我要感谢我的家人，他们支持和鼓励了我，尽管写这本书让我经常不在他们身边。对他们来说，这是一段漫长而艰难的旅程。

联系作者

任何时候都可以与我联系，地址是 Department of Electrical Engineering, Charles W. Davidson College of Engineering, San Jose State University, San Jose, California 95192, U.S.A.，E-mail 地址是 nader.mir@sjsu.edu。我希望收到你们的来信，尤其是对本书有帮助的建议。我会仔细阅读并回复。在 www.cngr.sjsu.edu/nmir 的网站上有关于我更详细的信息。希望你能从这本书中获得快乐并感受到一丝我对计算机通信与网络的热爱。

—Nader F. Mir
San Jose, California

尊敬的老师：

您好！

为了确保您及时有效地申请培生整体教学资源，请您务必完整填写如下表格，加盖学院的公章后传真给我们，我们将会在 2-3 个工作日内为您处理。

请填写所需教辅的开课信息：

采用教材			□中文版 □英文版 □双语版	
作　者		出版社		
版　次		**ISBN**		
课程时间	始于　年　月　日	学生人数		
	止于　年　月　日	学生年级	□专科　　□本科 **1/2** 年级 □研究生　□本科 **3/4** 年级	

请填写您的个人信息：

学　校			
院系/专业			
姓　名		职　称	□助教 □讲师 □副教授 □教授
通信地址/邮编			
手　机		电　话	
传　真			
official email(必填) (eg:XXX@ruc.edu.cn)		email (eg:XXX@163.com)	
是否愿意接收我们定期的新书讯息通知：　　□是　　□否			

系 / 院主任：＿＿＿＿＿＿（签字）

（系 / 院办公室章）

＿＿年＿＿月＿＿日

资源介绍：

--教材、常规教辅（PPT、教师手册、题库等）资源：请访问 www.pearsonhighered.com/educator；

（免费）

--MyLabs/Mastering 系列在线平台：适合老师和学生共同使用；访问需要 Access Code；

（付费）

100013　北京市东城区北三环东路 36 号环球贸易中心 D 座 1208 室

电话：（8610）57355003　　传真：（8610）58257961

Please send this form to:

目　　录

第 一 部 分

第 二 部 分

第 一 部 分

第1章 分组交换网络

计算机通信网提供了广泛的业务，从简单的计算机网络，到远程文件访问，再到数字图书馆、IP 语音(Voice over IP，VoIP)、互联网游戏、云计算、视频流与视频会议、互联网电视、无线数据通信，以及数十亿的用户和设备连网。在探索计算机通信网的世界之前，作为第一步，我们需要研讨**分组交换网络**的基本概念。分组交换网络是数据通信基础设施的主网，因此，本章的焦点集中在这个主干的大视图和有关的概念方面。要点有：

- 网络中的基本定义；
- 分组交换网的类型；
- 分组长度和优化；
- 网络协议基础；
- 互联网中的编址方案；
- 等长分组模型。

我们从基本定义和基础概念开始，如**消息**(message)、**分组**(packet)、**帧**(frame)，以及**分组交换**(packet switch)与**电路交换**(circuit switch)。我们要了解互联网(Internet)是什么，互联网服务提供者(Internet Service Provider，ISP)是如何构成的。然后了解分组交换网络的类型，消息是如何在**面向连接网络**或**无连接网络**中处理的。为了让读者深刻体会分组其实就是一种数据单元，还讨论了分组长度及优化问题。

接着，我们概括性描述互联网中的特定种类。把用户和网络连接在一起遵循的规则称为**协议**(protocol)。例如，互联网协议(Internet Protocol，IP)使用了通用的规则来为分组建立传输路径。协议既可表示成传输控制协议/互联网协议(Transmission Control Protocol/Internet Protocol，TCP/IP)模型，也可表示成开放系统互连(Open System Interconnection，OSI)模型。广泛认可的互联网主干协议结构是五层的 TCP/IP 模型。本章中，我们给出五层结构的综述，把更多的细节留在后面的章节讨论。我们把五层结构中的 IP **分组**和**网络编址**基础在本章中单列成一节，这种安排是因为该层的基本定义要用到后面几章中。

因为很多协议都能够组合起来实现分组的移动，所以对其他协议的解释就分散在后续的所有章节中。同时，提醒读者注意，熟练掌握本章讨论的基本内容，对本书后面讲解的细节或内容扩展是非常重要的。本章最后，简要介绍了**等长分组协议模型**。

1.1 网络中的基本定义

通信网络已经成为家庭和商业的基本媒介。现代计算机通信网需满足所有通信新业务的各种需求，一个无处不在的**宽带网络**是网络产业想要实现的目标，在任何地点与任何时间都有通信服务可用。宽带网络需要支持各种用户之间的多类型信息交换，如语音、视频和数据，并且还要满足每个应用的性能需求，其结果是，高带宽通信应用的不断扩大的差异化期望一种统一、灵活和高效的网络。现代通信网络的设计目标是满足所有的连网需求、在宽带网络中集成各种网络功能。

　　分组交换网是计算机通信系统的组成部件，称作**分组**的数据单元在当中穿流而过。宽带分组交换网的目标是提供灵活的通信，为范围宽广的应用处理各种连接，如电话呼叫、数据传送、电话会议、视频广播及分布式数据处理等。一个显而易见的例子是**多速率**连接的流量形式，这个流量当中包含了到通信节点的不同速率的比特流，分组交换网中的信息总是数字比特形式的。这种形式的通信基础架构是在称为**电路交换网**的传统电话网上的一个重大改进。

1.1.1　分组交换与电路交换的对比

　　电路交换网，作为常规电话系统的基础，在发明分组交换网之前，是仅有的个人通信方式。在新的通信结构中，语音和计算机数据都被认为是相同的，都在统一的网络中处理，这个网络称为分组交换网，或简称综合数据网。在常规的电话网中，在两个用户之间必须建立一条电路才能进行通信，电路交换网需要为每对用户保留通信资源，这就意味着用户使用期间已经分配了的资源不能被其他用户使用，这种为每个用户预留网络资源的做法使得网络带宽不能得到高效的利用。

　　分组交换网是一种统一的一体化数据网络基础设施，统称为**互联网**。它可提供带宽需求多样化的通信业务。一体化数据网络的优点是能够灵活处理现有的及将来的各种业务，而且有非常好的网络性能和资源利用率，一体化的数据网络还可以在集中式网络管理、操作和维护等方面获得好处。对一体化分组交换网的种种需求将在后续的章节中描述：

- 健壮的路由选择协议，适应网络拓扑结构动态变化；
- 统一各种类型的服务，最大化网络资源利用率；
- 采用优先级与调度策略，为用户提供服务质量保证；
- 实施有效的拥塞控制机制，最小化分组丢弃概率。

　　相对而言，电路交换网更适合实时应用。然而，使用分组交换网，特别是对语音和数据统一进行传输的场合，可用带宽可得到非常高效的利用，网络资源可以在合适的用户间实现共享。分组交换网可在非常大的地理范围上扩展，组成一种由传输链路与交换**节点**互连起来的网状结构。网络在多个用户间提供链路，实现用户间的信息传输。为实现可用资源的高效利用，分组交换网只有在需要时才动态分配网络资源。

1.1.2　数据、分组和帧

　　分组交换网是一个多层次的组织结构，在该网络中，数据被分割成一个或多个小的数据单元，每个数据单元都附加了一个首部（header）来设定控制信息，比如源地址和目的地址，剩余部分携带实际数据，称作**净荷**（payload）。这种格式化的消息单元称为**分组**，如图 1.1 所示。分组发送到数据网上，以便递交到它的目的地。在某些场合，多个分组也可能需要组合在一起或进一步进行分段，形成带新首部的新分组。这种分组的一个例子是**帧**。有时，在多层结构的网络中，帧需要有不止一个首部来完成更多的任务。

　　如图 1.2 所示，A 和 B 两个分组，从网络的一边转发到网络的另一边。分组交换网可从它的外部或内部来看，从外部看，主要是看它对高层次提供的网络服务情况；从内部看，主要是看它的基础内容，如**网络拓扑**、通信协议结构、编址方案等。

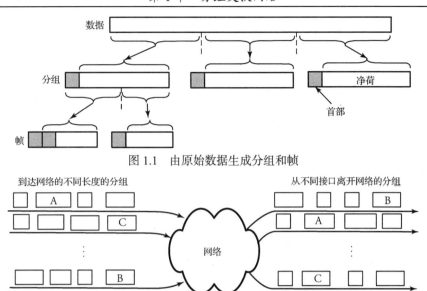

图 1.1 由原始数据生成分组和帧

图 1.2 分组交换网络接收各种尺寸的分组来选路发送

单个分组可能被分割成多个更小的分组来传输,这个著名的技术称为**分组分片**。除了度量延迟和确保把分组正确送到目的地外,对于分片的分组,我们也关注是否按正确的顺序发送和接收分组。网络的主要功能是在用户之间导引数据流。

1.1.3 互联网和 ISP

互联网是由硬件和软件两种成分的集合体构成的全球通信网络。互联网是用传输媒介把各种通信设备和设施相互连接起来、使它们相互合作形成的网络,为分布在网上的各种应用提供服务。我们几乎不可能确切地绘制出互联网的图形,因为它还在不断扩展和变化。一种途径是把互联网想象成图 1.3 的情况,它是全世界计算机网络的大视图。

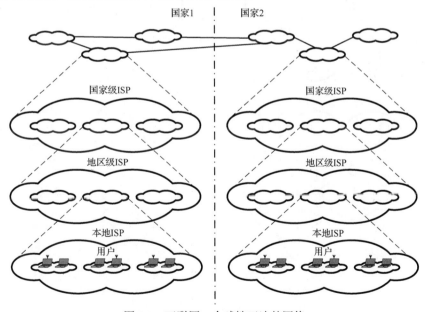

图 1.3 互联网,全球性互连的网络

　　要连接到互联网上，用户需要 ISP 提供服务。ISP 有各种各样的连网设备，最基本的设备是**路由器**。路由器是网络的"节点"，节点共同作用就形成了网络，也把多个 ISP 连接在一起。路由器内拥有关于网络路由的信息，它们的任务就是把分组送向其目的地。

　　用户、网络设备和服务器用通信**链路**连接在一起，路由器在共同的一个或多个**路由选择协议**基础上发挥作用。在计算机网络上，协议是指一套管理数据通信和定义用户何时及如何相互通信的规则，网络实体必须在协议上达成一致。每个国家都有三种类型的 ISP：

- 国家级 ISP；
- 地区级 ISP；
- 本地 ISP。

　　在互联网层次结构的顶层，国家级 ISP 把国家连在一起，任意两个国家级 ISP 间的流量都是非常大的，它们之间采用称为**边界路由器**(或网关路由器)的复杂交换节点连接在一起，每个边界路由器都有自己的系统管理者。与之相对应的，**地区级 ISP** 是较小的 ISP，在层次图中它连接到国家级 ISP 上。每个地区级 ISP 为一个省或一个城市提供服务。互联网底层的连网实体是本地 ISP，本地 ISP 对上连接到地区级 ISP 或直接连接到国家级 ISP，对下直接为终端用户(称为主机)提供服务。一个仅为自己团体内部雇员提供服务的网络也可以是本地 ISP。

　　图 1.4 从不同角度描述了全球互连的网络。想象一下全球网络的层次结构，在特定层上的每个 ISP 管理下一层级的网络域，这种网络的结构与自然界中的原子和分子的层次结构形态相像。这里的层 1、层 2 和层 3 分别表示了国家级 ISP、地区级 ISP 和本地 ISP。

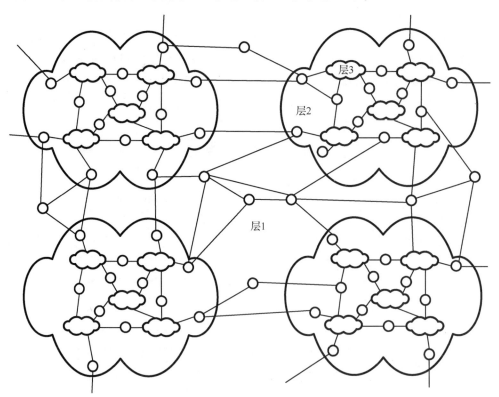

图 1.4　从不同角度看网络层次结构

1.1.4 ISP 的分类

在大多数场合，网络管理者独立管理的网络称为**域**，或称为**自治系统**。本书中，一个域用一团云来表示，图 1.5 显示了若干个域的情况。一个自治系统可由 **ISP** 来管理，由 ISP 来向用户提供互联网接入服务。ISP 管理的网络可分成两大类：广域网（Wide Area Network，WAN）和局域网（Local Area Network，**LAN**）。WAN 可以大到如同互联网那样，涵盖数据网络和接入系统的全部基础设施。在 LAN 和 WAN 范围内的通信网络还可采用无线通信方式，这种网络称为**无线网络**。

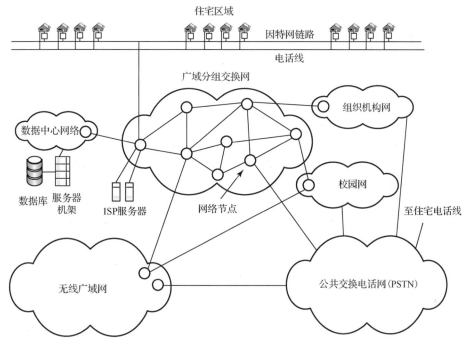

图 1.5   各种类型 ISP 总览

图 1.5 显示出几个核心 WAN，每个都连接了多个较小的网络，如校园网等。根据网络的大小，较小的网络也可划分成 LAN 或 WAN。核心 WAN 以某种方式连接起来共同为用户提供最好和最快的通信服务。无线广域网是核心 WAN 之一，它把无线用户或移动用户与目标用户连接起来。我们注意到，来自无线广域网中的智能手机、移动手提电脑等无线装备的数据流量汇集起来，被转发到核心节点指向的链路上。另一个 WAN 是提供电话业务的**公共交换电话网**（Public Switched Telephone Network，PSTN）。

我们来看局域网（LAN）的例子，校园网通过一个路由器连接到互联网，该路由器将校园网连接到一个 ISP，住宅区域的用户则连接到了广域网 ISP 的接入点路由器，如图 1.5 所示。ISP 有多样化的策略来克服路由器上的带宽分配问题。ISP 的**路由选择服务器**掌握所有服务提供者的路由策略，因此，"ISP 服务器"能把接收到的路由选择信息直接发到 ISP 的合适部分。最后，在图 1.5 的左边位置，我们可以看到连接到广域分组交换网上的**数据中心网络**，包含数据库和机架服务器的云计算数据中心提供了强大的数据处理服务，这部分内容将在第 16 章中详细讨论。

网络节点（设备）是允许把信息流从一条链路切换到其他链路的关键组件，如**路由器**。当分组交换网中的一条链路失效时，邻接的路由器会把链路失效信息分享给其他节点，产生路由表的更新，这样一来，分组就从另一条路径上传输来避开失效的链路。在路由器中建立**路由表**是分组交换网最主要的挑战，为大型网络设计路由和建立路由表需要维护与流量特征、网络拓扑等相关的数据信息。

1.2　分组交换网的类型

根据采用的传送信息技术的不同，分组交换网分为**无连接网络**和**面向连接网络**。最简单的网络服务基于无连接协议，它不需要建立连接就可传输分组。另一种是面向连接协议的网络服务，它较为复杂，分组的传输是在一条已经建立好的源和目的之间的虚电路上进行的。

1.2.1　无连接网络

无连接网络也叫**数据报网络**，可取得高吞吐量的效果，但付出的代价是额外的排队延迟。这种网络技术方法，通常将大块的数据分段成小的数据块，每个小数据块用一个特定的"格式化"首部封装起来，形成互联网的基本传输分组，或称为**数据报**。在无连接网络的描述中，我们会交替使用分组和数据报这两个术语。分组从源端沿各自独立的路径向前进发。这种类型的网络上，用户在任何时候都可发送分组，无须通知网络层，分组送到网络上之后，收到分组的路由器根据自己掌握路由的情况，把分组从最佳的路径上转发出去，直到分组到达目的地。

虽然无连接网络传输分组时不需要建立连接，但是它仍具有差错检测能力。这种方式的主要优点是如果途中的链路出现了失效的情况，那么分组可从另一条路径上绕过去。另一方面，由于同一个源的分组独立经过不同的路径，到达目的地时前后顺序可能被打乱，在这种情况下，乱序的分组要重新排序后再送给目的地。

图 1.6(a)显示了无连接网络上从 A 点到 B 点的三个分组的传输，即分组 1、2 和 3。分组以**存储转发**的方式穿过中间节点，也就是分组被途中的节点所接收并存储，当节点的分组发送方向输出口空闲时，分组就从该节点发往下一个节点。换句话说，分组被节点接收后，就需要排在队列中等待发送。然而，如果节点的缓冲区被占满，就会出现分组丢失的情况。节点从分组首部读取信息确定下一跳节点。在图中，前两个分组沿路径 A—D—C—B 传输，而第三个分组因为路径 A—D 出现了拥塞而走了不同的路径。

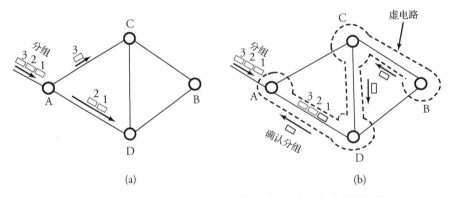

(a)   (b)

图 1.6　两种类型的网络：(a)无连接网络；(b)面向连接的网络

前面讨论的三个分组传输的时延模型见图 1.7。从源节点 A 到目的节点 B 的长度为三个分组的消息的总传输时延，能大致计算出来。用 t_p 来表示两个节点间的传播时延，t_f 表示发送一个分组到链路上的时间，t_r 表示分组在每个节点中的处理时延，节点接收到分组后只处理一次。一般而言，

对于 n_b 个节点和 n_p 个分组，总的传输时延 D_p 为

$$D_p = [n_p + (n_h - 2)]t_f + (n_h - 1)t_p + n_h t_r \tag{1.1}$$

该公式中，t_r 包含一些重要的时延成分，主要是**分组排队时延**，以及其他的时延如查找路由等。假定 t_r 给定或已知情况下，我们把注意力放在 t_p 和 t_f 上。排队时延和 t_r 的其他成分将在后续章节中讨论，特别是在第 11 章中。

例：图 1.7 表示了图 1.6(a) 中沿路径 A-D-C-B 传输三个分组(不是两个分组)的时间图。计算从 A 到 B 传输这三个分组的总时延。

解：假设第一个分组从源节点 A 传向下一跳节点 D。该传输的总时延为 $t_p + t_f + t_r$。接下来，分组以同样的方式从节点 D 到下一节点，最后到了 B 节点。每一跳的时延也是 $t_p + t_f + t_r$。然而，当节点 A 将三个分组都发送出来时，就会出现多个分组同时都在传输。例如，节点 A 在处理分组 3 时，节点 D 正在处理分组 2。图 1.7 清楚地显示了这种分组的并行传输过程。由此，三个分组全部都从源节点经过两个中间节点传输到目的节点的总时延是 $D_p = 3t_p + 5t_f + 4t_r$。

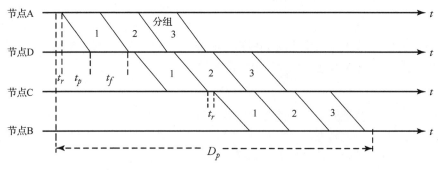

图 1.7　无连接网络中的信号时延

无连接网络表明了传输整个长消息的有效性，特别是在噪声环境、有较高错误率的情况下，一个长消息显然要分割成多个分组来传输，这样做也有助于降低单个分组对其他分组带来的时延。事实上，正是基于这种认识才产生了无连接分组交换。

1.2.2　面向连接网络

在**面向连接网络**或称为**虚电路网络**中，传输数据之前，如同常规的电话网络的情形，需要先在源和目的之间建立一条路径。这种情形下，当一条连接或路径建立起来后，为该连接在通信持续期间预留了网络资源，属于同一个源的所有分组沿该连接传送。当源和目的间的通信结束后，该连接就被释放，释放的方法是连接终止过程。在连接呼叫过程中，网络提供了一些可选项，如尽力而为的服务、可靠的服务、延时保证服务、带宽保证服务，这些内容将在后续的多个章节中讲解。

图 1.6(b) 是一个面向连接的网络。图中显示了预先建立的一条 A-D-C-B 的连接、三个分组沿着该连接传送的过程。在建立连接过程中，一条虚通道被确定下来，路径上各个节点的转发路由表被更新。图 1.6(b) 也显示了由目的节点 B 发起、传向源节点 A 的确认分组，用以向源节点确认已经收到先前发送的分组，无连接网络没有使用这种确认机制。面向连接的分组交换通常要预留网络资源，如缓冲区和链路带宽，来保障服务质量和时延。面向连接的分组交换网的主要缺点是：若链路或交换机发生故障，受故障影响的所有连接都要重新启动呼叫建立过程；另外，每个交换机都要记录穿过它的所有连接信息。

面向连接的分组交换网传输一个分组的总时延为连接建立时间与数据传输时间之和。数据传输时间与无连接交换网得到的时延相同。图 1.8 显示了前面例子中三个分组传输的总时延。三个分组的传输从**连接请求分组**开始,然后是**连接接受分组**,此时虚电路就建立起来了,并且路径上为该连接预留了部分带宽资源,接着是传输这三个分组,最后,**连接释放分组**清理和删除建立的连接。

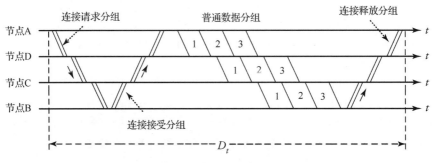

图 1.8　面向连接分组交换网的信令时延

传输 n_p 个分组的总时延 D_t 的估计,与无连接网络的时延计算相似。就面向连接网络,总时延由两部分组成:传输数据分组的时间 D_p 和传输控制分组的时间 D_c。传输控制分组的时间包括了连接请求分组、连接接受分组和连接释放分组的传输时延:

$$D_t = D_p + D_c \tag{1.2}$$

另一种特征,称为**直通式交换**,能有效地减少时延。这种交换机制是刚接收到首部并分析出目的地址后就开始向下一跳转发。可以看出,时延减少到每跳的传播时间及一跳的传输时间的合计。这种机制应用在不需要重传的场合,光纤传输的分组丢失率非常低,因此可以用直通式交换来减少传输时延,我们将在第 2 章和第 12 章解释直通交换的概念和有关设备。

1.3　分组长度和优化

分组长度对数据传输的性能有本质的影响。考察图 1.9,比较从节点 A 经 D 和 C 到达节点 B 传输 16 Byte 的消息的情况。我们比较的是两种分组长度,但每个分组都有相同长度的 3 Byte 分组首部。图 1.9(a) 是消息转换成分组 P1,16 Byte 的净荷和 3 Byte 的首部,当节点 B 收到分组时,总共用时 57 Byte 时间。如果消息分成两个分组 P1 和 P2,每个分组 8 Byte 净荷,见图 1.9(b),共用时 44 Byte 时间。

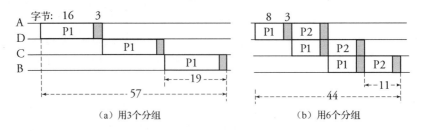

(a) 用3个分组　　　　　　　　　(b) 用6个分组

图 1.9　两种数据传输的比较

在第二种场合中时延减少的原因是两个分组在节点 D 和 C 上的并行传输。多个分组的并行传输参考图 1.7 或图 1.8 更容易理解,在节点 D 中的分组 2 和 1 的传输时间与节点 C 中的分组 3 和 2 的传输时间重合。使用较短的分组有减少时延的趋势,但在某个点上会发生逆转,原因在于分组过短时总开销就会成为决定性因素。

为分析分组长度的优化问题,考虑一条链路,其速率为 s b/s,或每秒 μ 个分组。假定分组长度为 $d+h$,在链路上每秒发送 λ 个分组,其中 d 和 h 分别为分组数据长度和首部长度,单位为 bit。显然,

$$\mu = \frac{s}{d+h} \tag{1.3}$$

我们定义**链路利用率**为 $\rho = \lambda / \mu$。由此,可得到分组中数据的链路利用率 ρ_d 为

$$\rho_d = \rho \left(\frac{d}{d+h} \right) \tag{1.4}$$

每个分组的平均延时 D 可用 $\mu-\lambda$ 来计算,它表示发送的负载与信道容量的接近程度:

$$D = \frac{1}{\mu - \lambda} \tag{1.5}$$

将公式(1.3)和公式(1.4)代入公式(1.5),分组的平均延时可写成

$$D = \frac{1}{\mu(1-\rho)} = \frac{d+h}{s(1-\rho)} = \frac{d+h}{s\left[1 - \frac{\rho_d}{d}(d+h)\right]} \tag{1.6}$$

显然,分组的最佳长度受多个因素的影响。这里,我们研究其中的一个因素,使得分组长度和时延最优。优化时,将其中的 d 作为变量,我们期望

$$\frac{\partial D}{\partial d} = 0 \tag{1.7}$$

由此,可以得到两个最佳值(跳过了其中的推导过程):

$$d_{\text{opt}} = h \left(\frac{\sqrt{\rho_d}}{1 - \sqrt{\rho_d}} \right) \tag{1.8}$$

和

$$D_{\text{opt}} = \frac{h}{s} \left(\frac{\sqrt{\rho_d}}{1 - \sqrt{\rho_d}} \right)^2 \tag{1.9}$$

这里,d_{opt} 和 D_{opt} 分别是 d 和 D 的最佳值。注意,这仅是将 d 作为变量时的结果,用其他多个变量也可以推导出 d 和 D 的最佳值,结果将更精确。

1.4 网络协议基础

正如本章前面所讲的,用户和网络间通过一些规则和规定连接在一起,这些规则和规定称为**网络通信协议**。如 IP 协议,就是一个让分组沿路径传输的主流协议。通信协议是分组驱动力的灵魂,是设计者扩展网络能力的有效工具。计算机网络的成长发展显然要归功于易于增添新功能的能力,添加新功能可通过连接更多的硬件设备、使网络规模不断扩大来实现,也可以在现存的硬件上增添网络新功能,使网络的功能不断扩展

通信网络的协议可以表示成 TCP/IP 模型,也可以表示成较老的 OSI 模型。**五层 TCP/IP 模型**是广泛采用的互联网主干协议结构。本节中,我们描述这五层模型的基本概念,把更多的细节部分放到后面的章节中讨论。不过,在这五个层次中,**IP 分组和网络编址**的基本内容单独放在了 1.5 节讲述。如前所述,这种安排是因为该层的基本定义在后续章节(主要是在第一部分)中要用到。

1.4.1　五层 TCP/IP 协议模型

通信网络的基本结构表示成 **TCP/IP** 协议模型，这是一个五层结构的模型。端系统、中间节点、每个通信用户或软件都配备了设备来运行全部或部分的五个层次，这取决于它们所处的位置。图 1.10 显示了这五个层次的结构。

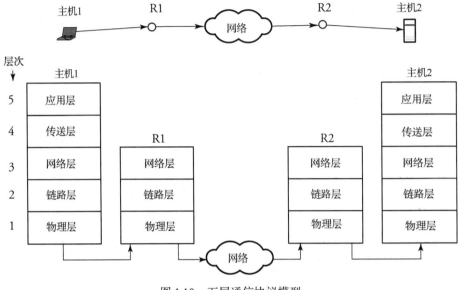

图 1.10　五层通信协议模型

第 **1** 层，即**物理层**，定义了激活和维持网络物理链路的电气方面的内容。物理层表示了基本的网络硬件，也规定了传输介质类型和网络拓扑结构。该层的细节将在后续章节中讲解，主要是第 3、4、6、13、15、17 和 20 章。

第 **2** 层，即**链路层**，提供了信息的可靠同步和传输功能，信息将穿过物理层、送入传输介质。第 2 层规定了分组如何访问链路、如何附加到首部上形成帧，以便进入一个新的组网环境，如 LAN 环境。第 2 层还提供差错检测和流控制功能。该层将在第 3、4 章中进一步讨论，对它的讨论还扩展到了其他的章节中。

第 **3** 层，即**网络层**(IP 层)，规定了组网方面的内容。该层处理分组分配地址、把分组从一个端点送到另一个端点等事务。与该层有关的部分在第 5、6、7 章讨论，讨论还扩展到了第 10、12、13、14、15、16、21 和 22 章。

第 **4** 层，即**传送层**，位于网络层之上，处理数据传输的细节问题。第 4 层的实现是在端点而不是在路由器上，它扮演着通信者与网络的接口协议的角色。因此，该层提供的是不同主机上进程间的逻辑通信。传送层的概念在第 8 章中讨论，也扩展到了第 9、14、17、18、20、21、22 章中。

第 **5** 层，即**应用层**，决定具体的应用该如何使用网络。**简单邮件传送协议**(Simple Mail Transfer Protocol，SMTP)、**文件传送协议**(File Transfer Protocol，FTP)、**万维网**(World Wide Web，WWW)就是这些应用中的例子。第 5 层的内容在第 9 章中讨论，其他高级应用如 VoIP 等，在第 18、19、20 章中讲述。

在两个用户间传递给定消息的执行过程为：①数据从上到下穿过发送端的所有层次；②把数

据送到两端点之间的设备内特定协议的层次上；③当消息到达对端，数据向上穿过接收端的各层次，直到消息的目的地。

主机

网络主机是连接到计算机网络的计算设备，并且有一个已分配的网络地址。主机可向用户或向网络上其他的节点提供信息资源、业务服务、应用服务。图 1.10 显示了使用不同层次的协议在两个主机间建立连接的场景，消息从主机 1 传输到主机 2。如图所示，协议模型的五个层次都参与了建立连接的工作。从主机 1 发出的数据向下穿过了所有的五个层次后，到达路由器 R1。R1 作为主机 1 网络操作的网关，不包含 4 和 5 层的功能。同样情景也适用于另一端的 R2。类似地，R2 作为主机 2 网络操作的网关，也不包含 4 和 5 层的功能。最后，在主机 2 上，数据从物理层向上传递到了应用层。

通信协议栈的主要思想是，网络中两个端点间的通信过程可分为多层来实现，每个层次增加与自己相关的一组特定功能。图 1.11 用不同的形式展现两个主机经过两个路由器通信的协议层次，该图用一种结构化观点说明了通信的建立并明确了涉及的协议层次的顺序。

图 1.11　两个主机通过两个路由器通信的协议层次结构图

1.4.2　七层 OSI 模型

OSI 模型是网络初期的标准，它描述了在任意两点间消息应该如何传递。与 TCP/IP 五层结构相比，OSI 在应用层之下还增加了以下两层：

1. **第 5 层**，即**会话层**，用于建立和协调各端点上的网络应用；
2. **第 6 层**，即**表示层**，这是操作系统的一部分，用于把到达和送出的数据从一种表示格式转换成另一种表示格式。

在新的五层 TCP/IP 模型中，这额外的两层融入了应用层和传送层中，OSI 模型也逐渐不再流行。TCP/IP 得到更多的关注，原因在于它的稳定性和能提供更好的通信性能。因此，本书内容主要集中在五层模型上。

1.5　互联网中的编址方案

编址方案在计算机网络通信中显然是需要的，利用编址方案，分组才能从一个地方转发到另一个地方。TCP/IP 协议栈中的三个层次，即第 2、3、4 层都要生成首部，如图 1.12 所示。图中，主机 1 与主机 2 的通信穿过了网络中 R1~R7 共 7 个节点，数据净荷、网络层首部、传送层首部被链路层首部封装成帧，在链路上传输。这三个首部各自都指定了相应协议层的源和目的地址标识。三种地址总结如下：

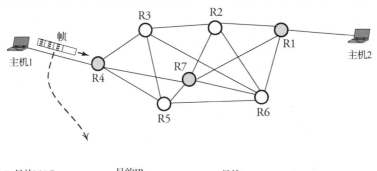

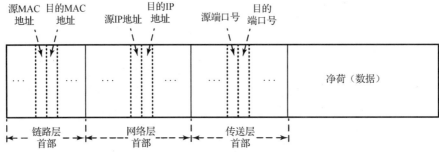

图 1.12   在链路上传输的一种典型帧结构

- **链路层(第 2 层)地址**。一个 6 Byte(48 bit)字段，称为介质访问控制(Media Access Control, MAC)地址，表示成 6 字段的十六进制数，如 89-A1-33-2B-C3-84，每个字段为 2 Byte 长。网络设备的每个输入或输出都有一个接口与链路相连，每个接口有唯一的 MAC 地址，并且仅在本地链路级别上有效。通常，不会发生两个接口共用一个 MAC 地址的情况，链路帧首部包含源接口和目的接口的 MAC 地址，如图中所示。
- **网络层(第 3 层)地址**。一个 4 Byte(32 bit)字段，称为 IP 地址，表示成 4 字段的点分隔数，如 192.2.32.83，每个字段为 1 Byte 长。网络中的每个实体必须有一个 IP 地址作为通信的身份标识，IP 地址可以是网络层级别上全局可见的。网络层首部中包括了源节点和目的节点的 IP 地址，如图中所示。
- **传送层(第 4 层)地址**。一个 2 Byte(16 bit)字段，称为端口(port)号，表示成 16 bit 的数，如 4892。端口号标识了通信中的两端主机端口，每台主机可同时运行多个网络应用，因此，每个应用都需要标识自己，供对方主机实现到目标应用的通信。例如，图 1.12 中的主机 1 需要用端口号来唯一标识运行在主机 2 上的应用进程。如图所示，传送层首部包含了源主机和目标主机的端口号。需注意的是传送层的"端口"是逻辑意义上的，而不是真实或物理意义上的端口，它是作为主机上端点应用的标识。

链路层首部的内容，包括 MAC 地址和首部其他字段，在第 4 章中讨论；网络层首部的内容，包括 IP 地址和首部其他字段，在第 5 章中讨论；传送层首部，包括端口号和首部其他字段的内容，在第 8 章中讨论。同时，基本 IP 编址方案的一些内容放在下一节，了解了 IP 编址才能更好地理解后面的网络概念。

1.5.1   IP 编址方案

IP 协议首部用 32 bit 来寻址网络中的期望设备，IP 地址是定位 IP 网络中设备的唯一的标识。为使系统具备可扩展性，地址结构分成**网络 ID**(network ID)和**主机 ID**(host ID)。网络 ID 标识了设备所在的网络，主机 ID 标识了该设备，这就意味着属于同一个网络的所有设备都具有相同的网络 ID。根据分配给网络 ID 和主机 ID 的比特位置，IP 地址进一步分为 A 类、B 类、C 类、D 类(多播)和 E 类(保留)，如图 1.13 所示。

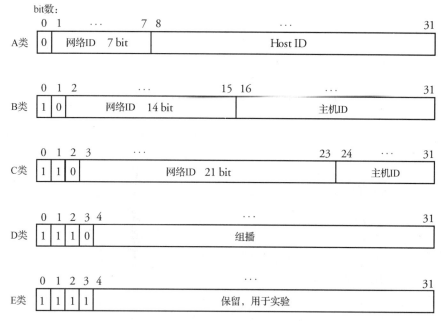

图 1.13　IP 地址的分类

考察图中各类地址相应字段的长度：

- A 类，以 0 开始，紧接着是 7 bit 的网络 ID，24 bit 的主机 ID；
- B 类，以 10 开始，紧接着是 14 bit 的网络 ID 和 16 bit 的主机 ID；
- C 类，以 110 开始，紧接着是 21 bit 的网络 ID 和 8 bit 的主机 ID；
- D 类，以 1110 开始，紧接着是 28 bit，D 类仅用于多播编址，一组主机组成的多播组需要一个多播地址，多播技术和路由选择在第 6 章详细介绍；
- E 类，以 1111 开始，紧接着是 28 bit。E 类作为保留地址，仅作实验用途。

为方便使用，IP 地址表示成**点分十进制**形式，用点把 4 字节分开，例如，32 bit 全 0 的 IP 地址可以表示为 0.0.0.0 的点分十进制，其中的每个 0 代表逻辑比特格式中的 00000000。

IP 编址的详细比较见表 1.1。需注意的是，在此表中，"可用网络地址数"和"每个网可用主机地址数"已减去了 2。例如，表中 A 类地址的网络 ID 字段长度为 $N=7$，而可用的网络地址数为 $2^N-2=128-2=126$，减 2 是因为网络 ID 中 bit 全 0 或全 1(十进制的 0 和 127)这两个地址的用法是为管理所保留的，不能挪作他用。可用主机地址数也是同样的道理，主机 ID 字段的长度为 $N=24$，每个网络可以有 $2^N-2=16\,777\,216-2=16\,777\,214$ 个主机地址可用。表中最后两列显示了每个地址类的起始地址和结束地址，包括了前面提到过的保留地址。

表 1.1　IP 编址方案比较

地址类	起始比特	网络 ID 字段长度	主机 ID 字段长度	可用网络地址数	每个网可用主机地址数	开始地址	结束地址
A	0	7	24	126	16 777 214	0.0.0.0	127.255.255.255
B	10	14	16	16 382	65 534	128.0.0.0	191.255.255.255
C	110	21	8	2 097 150	254	192.0.0.0	223.255.255.255
D	1110	N/A	N/A	N/A	N/A	224.0.0.0	239.255.255.255
E	1111	N/A	N/A	N/A	N/A	240.0.0.0	255.255.255.255

例：一台主机的 IP 地址是 10001000 11100101 11001001 00010000，找出它所属的地址类，并写出它的等效十进制表示。

解：主机的 IP 地址属于 B 类地址，因为它的起始比特为 10，它的等效十进制表示为 136.229.201.16。

1.5.2　子网编址和掩码

引入划分子网的想法是为了克服 IP 编址短缺问题，管理大量的主机也是一项艰巨的任务。如一个公司的网络使用了 B 类编址方案，可支持在一个网络上拥有高达 65 535 台主机。如果公司的网络不止一个，就要使用多网络的地址方案或**子网方案**，把原来 IP 地址的主机 ID 部分进一步划分成**子网 ID 和主机 ID**，如图 1.14 所示。

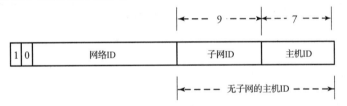

图 1.14　B 类编址中的子网 ID 和主机 ID

根据网络的大小，子网 ID 和主机 ID 可选择不同的值，这样做可预防网络地址短缺。要确定子网数目，可采用子网**掩码**进行逻辑与运算。子网掩码用全 0 的 bit 域对应主机 ID，其余部分为全 1。

例：给定 IP 地址 150.100.14.163 和掩码 255.255.255.128，找出每个子网的最大主机数。

解：图 1.15 给出了解的细节。掩码 255.255.255.128 与 IP 地址相与，结果为 150.100.14.128。很明显，IP 地址 150.100.14.163 为 B 类地址。B 类地址中，后 16 bit 分配给了子网和主机。运用掩码，可以看到最大的主机数为 $2^7=128$。

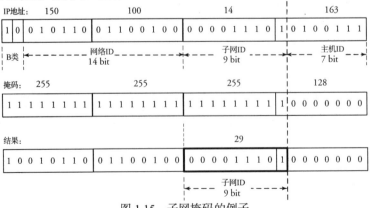

图 1.15　子网掩码的例子

例：连接在网络上的一台路由器收到了一个 IP 分组，目的 IP 地址是 190.155.16.16，为网络分配的地址是 190.155.0.0。假设网络有两个子网，地址分别是 190.155.16.0 和 190.155.15.0，两个子网 ID 域均为 8 bit。说明转发分组的细节。

解：当路由器收到分组后，它决定向哪个子网转发分组的方法如下：目的 IP 地址为 190.155.16.16，路由器使用的子网掩码为 255.255.255.0，结果为 190.155.16.0。路由器在自己的路由表中查找 190.155.16.0 对应的下一个子网，假定为子网 2。当分组抵达子网 2 时，子网 2 中的路由器确定分组的目的地址在自己的子网中，于是将分组送向目的地。

1.5.3　无类别域间路由选择

前两节描述了把地址空间划分成五类的地址方案。然而，如果把某个 B 类地址给校园网使用，就无法保证所有的地址都能用上，造成了地址的浪费，这种不灵活的局面会耗尽 IP 地址空间。因此，A 类、B 类、C 类、D 类、E 类的这种分类编址方案造成了地址空间使用效率低下。

于是，出现了一种新的、不受类别限制的方案：**无类别域间路由选择**（Classless Inter-Domain Routing，CIDR）地址方案。CIDR 特别灵活，允许用可变长度的前缀来表示网络 ID，32 bit 的其余部分表示网络中的主机。例如，一个团体可选择 20 bit 的网络 ID，而另一个团体可选择 21 bit 的网络 ID，而且这两个网络 ID 的前 20 bit 都相同，这还意味着一个团体的网络地址空间包含了另一个团体的地址空间。

CIDR 技术使路由器速度显著提高，并使路由表尺寸大大缩小。使用 CIDR 地址空间的路由器的路由表项包含网络 IP 地址和掩码对。超网技术是一种 CIDR 技术，一组相邻的地址用单条路由表项就足以表示。因为采用了变长前缀，路由表就可能出现有相同前缀的两个表项，如果要转发的分组与这两个表项都匹配，那么路由器采用最长前缀匹配技术在这两个表项中选择其中之一。

例：假设 R1 收到了目的 IP 地址为 205.101.0.1 的分组，如图 1.16 所示，找出分组的目标路径。

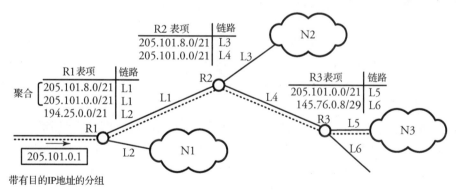

分组的目的地址：205.101.0.1　　　1100 1101 . 0110 0101 . 0000 0000 . 0000 0001
　　　　　　L1：205.101.8.0/20　　　1100 1101 . 0110 0101 . 0000 1000 . 0000 0000
　　　　　　L1：205.101.0.0/21　　　1100 1101 . 0110 0101 . 0000 0000 . 0000 0000

图 1.16　CIDR 路由选择

解：在 R1 路由表中的两条 L1 路径分别属于 205.101.8.0/21 和 205.101.0.0/21。CIDR 协议指定较长前缀匹配才是合适的匹配。如图中底部所示，205.101.0.0/21 的 21 bit 前缀匹配目的 IP 地址，因此被选中，分组最终从该链路送向目的网 N3。

CIDR 使用**聚合技术**，把那些有部分相同的前缀合并成一条表项，可减少路由器中路由表项的数量。例如，在图 1.16 中，两个表项 205.101.8.0/21 和 205.101.0.0/21 可合并成 205.101.0.0/20，节约了表中的一个表项。合并表项不仅节约空间，而且提升了路由器的速度，因为路由器每次查找的地址数减少了。

1.6　等长分组模型

此处，我们建立一个所有分组的长度相等的网络模型。等长分组，或叫**信元**（cell），带来了网络硬件的极大简化，因为缓冲区、多路复用和信元的交换都变得十分简单。然而，这种网络的主要缺点是首部与数据净荷相比，所占的比例高，这个问题通常发生在消息尺寸大而分组标准尺寸小的情况中。如同 1.3 节中提到的，首部占用比例高的网络会引起时延和拥塞。

用等长分组模型创建的网络技术之一是**异步传送模式**（Asynchronous Transfer Mode，ATM）。ATM 技术的目标是提供一个均匀同质的主干网，各种流量都用小的、固定长度的信元来传送。ATM 系统关键的优点之一是各节点对信元的处理灵活，不考虑流量的类型及源的发送速度，流量都转换成 53 Byte 的 ATM 信元，每个信元有 48 Byte 数据净荷和 5 Byte 首部，首部标识了信元传输的虚通道。然而，因为信元首部所占比例高，故在广域网中会产生很大的时延。ATM 在网络基础设施中部署极少，因而我们在后面不再对 ATM 展开讨论。

1.7　总结

本章为学习后续章节建立基础性概念。首先，我们清晰地梳理和定义了网络的基本关键术语，展现了计算机网络的大视图。从一侧看，大型服务器连接到网络的骨干网上，从另一侧看，家庭通信设备用长距离电话线连接到网络主干上。我们举例说明了 ISP 控制着网络用途，越来越多的 ISP 都采用了分组交换网络来提供各种类型的数据业务，不只是语音、有线电视等。

分组交换网中的数据传输构建成了一个多层的结构，数字消息被分段成格式化的消息单元或分组。在一些场合，如局域网中，分组还需进一步修正，形成更大或更小的帧。有两种类型的分组交换网，一种是采用无连接协议的网络，它不需要预先建立连接，另一种是采用面向连接协议的网络，必须预先建立连接。

分组长度可进行优化。用数据使用链路的百分比 ρ_d 作为主变量，我们给出了基于 ρ_d 的最佳分组长度和优化的分组时延。无连接网络中的分组总时延比面向连接网络的总时延小很多，只有在传输的文件非常大时，建立连接和释放连接的时间与传输文件的时间相比才算是小的。

本章还涉及了很多网络协议的基础内容。我们描述了互联网协议的基本结构和 TCP/IP 层次结构的概况，该结构模型为运行在不同机器上进行信息交换的对等协议提供了通信服务。

本章还涉及协议层次的基础：网络层及 IPv4 和 IPv6 的结构。IP 编址被进一步分为**有类别**或**无类别**。无类别编址对管理路由表更加实用。本章还做了等长分组网络与 IP 网络的对比，虽然分组多路复用更容易，可是流量的管理却具有相当的挑战性。

下一章的内容关注组网设备的基本工作原理，描述组网基础设施的基础硬件概况，组网设备用于构建我们的计算机网络。

1.8 习题

1. 我们在两台相距 6 000 km 的服务器间通过卫星传输数据，卫星位于两台服务器间的地球正上方 10×10^3 km 处。通信速率为 100 Mb/s。

   (a) 求传播时延。假设数据以光速传播 $(2.3 \times 10^8 \text{ m/s})$。

   (b) 求在传播时延期间传播路途中的 bit 数目。

   (c) 如果发送 10 Byte 的数据并收到返回的 2.5 Byte 确认，那么计算所需要的时间。

2. 我们分析习题 1 的变化情况，两台服务器靠得很近但仍然使用卫星来进行通信。服务器间相距 60 m，卫星在正上方 10×10^3 km 处，通信速率为 100 Mb/s。

   (a) 求传播时延。假设数据以光速传播 $(2.3 \times 10^8 \text{ m/s})$。

   (b) 求在传播时延期间传播路途中的 bit 数目。

   (c) 如果发送 10 Byte 的数据并收到返回的 2.5 Byte 确认，那么计算所需要的时间。

3. 闪存设备存储的 200 MB 的消息用 E-mail 从一个服务器传递到另一个服务器上，经过了**无连接网络**的 3 个节点。该网络要求的分组长度为 10 KB（不包含分组首部的 40 Byte）。节点间相距 400 英里，而服务器距离相应的节点 50 英里。所有传输链路为 100 Mb/s，每个节点处理时间为 0.2 s。

   (a) 给出每个分组在服务器到节点和节点到节点的传播时延。

   (b) 给出发送该消息所需的总时间。

4. 公式 (1.2) 给出了面向连接网络的总时延。用 t_p 表示分组的节点间传播时延，t_{f1} 表示数据分组的发送时间，t_{r1} 表示数据分组的处理时间，t_{f2} 表示控制分组的发送时间，t_{r2} 表示控制分组的处理时间。用这些变量给出 D 的表达式。

5. 假定连接某服务器的闪存设备上有一个 200 MB 的消息要上传到目标服务器上，经过的是面向连接的分组交换网上的 3 个顺序串联节点。网络要求分组长度为 10 KB（包括分组首部的 40 Byte）。节点间的距离是 400 英里，服务器距离相应节点 50 英里，传输链路均为 100 Mb/s，节点处理时间为 0.2 s，信令分组长度为 500 bit。

   (a) 求建立/接受连接过程的总时间。

   (b) 求释放连接过程的总时间。

   (c) 求传输该消息的总时间。

6. 经过 10 个节点的分组交换网络的虚电路，把 12 KB 的消息上传到目标 Web 站点上。信令分组长度为 500 bit，网络要求的分组长度为 10 KB（包括分组首部的 40 Byte），节点间的距离为 500 英里，所有传输链路均为 1 Gb/s，每个节点的处理时间是每分组 100 ms，信号传播速度为 2.3×10^8 m/s。

   (a) 求建立/接受连接过程的总时间。

   (b) 求释放连接过程的总时间。

   (c) 求传输该消息的总时间。

7. 考虑串联起来的五个节点 A、B、C、D、E，100 Byte 的数据要从 A 传输到 E，使用了一种协议，它需要 20 Byte 的分组首部。

   (a) 忽略 t_p、t_r 和所有控制信令，把数据分别分成 1 个分组、2 个分组、5 个分组和 10 个分组来传输，分别画出每种传输情况的示意图，并计算总的传输时间 t_t，t_t 用字节-时间表示。

   (b) 把 (a) 的所有结果在图上用一条曲线画出来，估计最小时延出现的位置（不需要数学运算，只需给出图中最小时延的位置）。

8. 为分析长度为 10 kb 的分组传输，我们希望分组数据部分的链路利用率能达到 72%，还希望分组首部 h 和分组数据 d 之比为 0.04。链路传输速率为 $s = 100$ Mb/s。

    (a) 计算链路利用率 ρ。

    (b) 计算链路容量 μ，单位为分组/s。

    (c) 计算分组的平均时延。

    (d) 计算分组的优化平均时延。

9. 一条数字链路最大容量 $s = 100$ Mb/s，链路利用率为 80%。已知：链路上每秒传输 8000 个等长分组、分组首部给链路利用率的贡献是 0.8%。

    (a) 计算每个分组的总长度。

    (b) 计算每个分组的首部长度和数据长度。

    (c) 如果分组首部的长度不可变，那么分组最佳长度是多少?

    (d) 计算最佳长度分组的时延。

10. 针对电路交换网络画出一个与图 1.7 和图 1.8 类似的信令时延图，通过这些步骤，理解需要在电路交换网上建立电话呼叫过程的思想。

11. 公式 (1.7) 的最佳分组长度计算在实际中取决于若干因素。

    (a) 把分组首部长度考虑进来，推导分析最佳长度 h。此时是两个变量：d 和 h。

    (b) 其他因素对最佳分组长度的影响是什么?

12. 针对下列情形，给出地址的类别和子网 ID：

    (a) 分组的 IP 地址为 127.156.28.31，掩码为 255.255.255.0。

    (b) 分组的 IP 地址为 150.156.23.14，掩码为 255.255.255.128。

    (c) 分组的 IP 地址为 150.18.23.101，掩码为 255.255.255.128。

13. 针对下列情形，给出地址的类别和子网 ID：

    (a) 分组的 IP 地址为 173.168.28.45，掩码为 255.255.255.0。

    (b) 分组的 IP 地址为 188.145.23.1，掩码为 255.255.255.128。

    (c) 分组的 IP 地址为 139.189.91.190，掩码为 255.255.255.128。

14. 应用 CIDR 聚合方法聚合这些 IP 地址：150.97.28.0/24、150.97.29.0/24 和 150.97.30.0/24。

15. 应用 CIDR 聚合方法聚合这些 IP 地址：141.33.11.0/24、141.33.12.0/24 和 141.33.13.0/24。

16. 将子网掩码 255.255.254.0 应用于下列 IP 地址，并把它们转换成 CIDR 形式：

    (a) 191.168.6.0

    (b) 173.168.28.45

    (c) 139.189.91.190

17. 某团体拥有一个子网，前缀为 143.117.30.128/26。

    (a) 给出该子网的任意一个 IP 地址的例子。

    (b) 假设该团体要将子网变小，把该块地址划分成三个新的子网，每个新的子网都拥有相同的 IP 地址数。给出这三个新子网地址的 CIDR 表示。

18. 一个目的地址为 180.19.18.13 的分组到达了路由器，路由器使用 CIDR 协议，它连接的三个网络所对应的路由表项分别为：180.19.0.0/22、180.19.4.0/22 和 180.19.16.0/22。

    (a) 用二进制形式给出这些表项的网络 ID。

    (b) 哪个表项与分组是正确匹配?

19. 网络的某个部分有 3 个路由器 R1、R2 和 R3，以及 6 个子网 N1~N6，如图 1.17 所示，每个路由器的地址项也在图中给出了。一个目的 IP 地址为 195.25.17.3 的分组到达路由器 R1。

(a) 用二进制形式给出每个网络的网络 ID。

(b) 给出该分组的目的网络(需证明)。

(c) 计算 N1 中可寻址多少台主机。

R1表项	链路	R2表项	链路	R3表项	链路
195.25.0.0/21	L11	195.25.24.0/22	L21	195.25.20.0/22	L31
195.25.16.0/20	L12	195.25.16.0/21	L22	其他	L32
195.25.8.0/21	L13	195.25.28.0/22	L23	195.25.16.0/22	L33

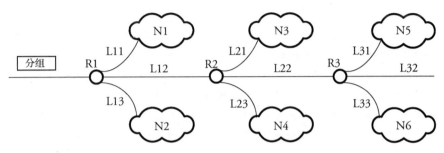

图 1.17 练习题 19 的网络

20. 考虑大约 6.2 亿的人口。

(a) 每个人最多可以分到多少个 IPv4 地址?

(b) 设计适当的 CIDR 来对 (a) 进行编址。

21. 一个路由器有四条输出链路 L1、L2、L3 和 L4,相应的路由表为:

表 项	链 路
192.5.150.16/28	L3
192.5.150.32/28	L2
129.95.38.0/28	L1
129.95.38.16/28	L3
129.95.39.0/28	L2
0.0.0.0/0	L4

对每个分组应用掩码以找出正确的输出链路。如果分组的目的 IP 地址分别是下列的几个地址,指出找到的输出链路:

(a) 192.5.150.18

(b) 129.95.39.10

(c) 129.95.38.15

(d) 129.95.38.149

22. 一个路由器有四条输出链路 L1、L2、L3 和 L4,相应的路出表为:

表 项	链 路
192.5.150.0/24	L1
129.95.39.0/24	L2
129.95.38.128/25	L3
0.0.0.0/0	L4

对每个分组应用掩码以找出正确的输出链路。如果分组的目的 IP 地址分别是下列的几个地址，指出找到的输出链路：

(a) 129.95.39.10

(b) 129.95.38.16

(c) 129.95.38.149

1.9　计算机仿真项目

网络分组仿真。用 C 或 C++编写程序来仿真"分组"，每个分组须有首部和数据两部分，数据为固定的 10 Byte，内容全部为逻辑 1；首部是 9 Byte，由 3 个字段构成——优先级(1 Byte)、源地址(4 Byte)、目的地址(4 Byte)。

(a) 分组 A，初始化优先级字段为 0，源地址和目的地址分别为 10.0.0.1 和 192.0.1.0。

(b) 分组 B，初始化优先级字段为 1，源地址和目的地址分别为 11.1.0.1 和 192.0.1.0。

(c) 分组 C，初始化优先级字段为 0，源地址和目的地址分别为 11.1.0.1 和 192.0.1.0。

(d) 演示所编写的程序能够创建(a)、(b)、(c)定义的分组。

(e) 在程序中扩展一个比较器，它查看优先级和目的地址来比较任意两个分组，如果目的地址相同，就选择高优先级的分组，把低优先级的分组放到寄存器中增加优先级；否则，就任意选择一个分组，把另一个分组放到寄存器中增加优先级。演示你的程序能够选到分组 B。

第2章 连网设备概述

本章重点关注连网设备。熟悉连网硬件设备是理解局域网或广域网如何运行的关键。本章包括网络组件功能的以下方面：

- 网络接口卡（Network Interface Card，NIC）；
- 交换和路由设备；
- 无线交换和路由设备；
- 调制解调器；
- 复用器。

本章我们从讨论 NIC 的结构开始。NIC 将一个连网设备与其外部世界物理相连，如连接到计算机网络的一条链路。然后我们通过说明路由选择或交换功能的框图设置，继续讨论路由和交换设备。本章的讨论还将扩展到无线交换和路由设备的内部结构。

本章最后介绍另外两类主要的连网设备：用于调制数据的**调制解调器**和将多条链路的数据合并到一条链路中的**复用器**。针对复用器，我们将介绍一些有用的分析方法。

图 2.1 显示了本书中使用的主要计算机连网和通信设备及其符号。这些设备包括有线和无线设备，可作为用户主机、服务器或网络设备。图 2.1(a)显示了交换和路由设备、无线交换和路由设备，以及一些其他连网设备，如 NIC、复用器和调制解调器；图 2.1(b)显示了"计算"和"用户"设备，以及一些其他符号，如服务器、笔记本电脑和智能手机等。

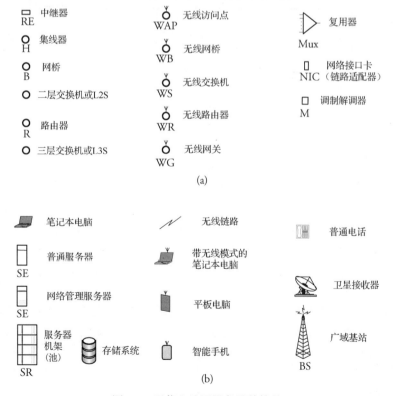

图 2.1 通信和连网设备及其符号

2.1 网络接口卡

NIC 也叫**网络接口控制器**、网络适配器、链路适配器或 LAN 适配器。它是一个接口的硬件部分，可以连接一个连网设备，从而连到计算机网络中。NIC 通常是设备硬件电路的一部分，并且作为设备和链路之间的物理接口存在。

NIC 实现了所有数据链路层标准所要求的通信功能，如将在后两章讨论的以太网或 WiFi 标准。因此，网络接口的概念为网络协议栈链路层部分的实现提供了基础，可以允许在一组计算机和连网设备之间通信。图 2.2 显示了在一个路由设备和一个笔记本电脑之间简单通信的例子。在这个例子中，笔记本电脑可通过自己的 NIC 生成消息帧，并通过互连链路控制与另一端的 NIC 保持联系。

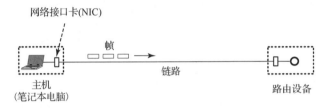

图 2.2 NIC 在设备和链路之间的接口角色

NIC 允许网络中的计算机采用有线电缆或无线传输介质，主要实现了第 2 层(数据链路层)协议相应的链路访问机制。因为还提供一些连网介质的物理访问操作，故也包括一些第 1 层功能，这些功能如图 2.3 所示。需要强调的是 NIC 具有双向端口(图中没有显示)，即图中显示的过程是可逆的。

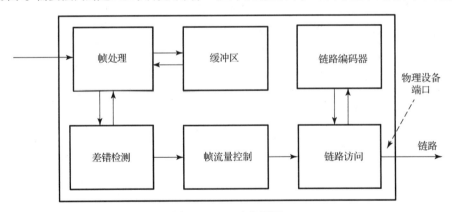

图 2.3 NIC 功能框图

在图 2.3 中，送到**帧处理**单元的帧，会处理它们的链路层地址。我们会在第 4 章的 MAC 地址一节中介绍链路层地址的相关知识。简单地说，帧处理单元的功能是通过查表，将 IP 地址转换成本地链路层地址或相反操作。在第 4 章中，我们将学习能够完成此功能的**地址解析协议**(Address Resolution Protocol，ARP)。

NIC 会将来不及处理的帧暂时存储在**缓冲区**中。对于每个收到的帧，NIC 的**差错检测**单元都会对该帧进行检查，查看是否出错。在此过程之后，是**帧流量控制**，负责对应链路上帧传输速率的控制。NIC 还会根据链路标准，采用**链路编码器**，完成编码过程。最后，**链路访问**模块会在对应链路上尝试访问空闲信道发出一帧。第 3 章将详细描述如下四个单元：**链路编码器**、**差错检测**、**帧流量控制和链路访问**。

2.2 交换和路由设备

交换与路由设备用于接收帧或分组，然后根据一定的策略或协议，再将它们传输到网络的不同位置。这些设备可以按照容量、功能、复杂度进行分类，主要有以下几种：

- 一层设备；
- 二层设备；
- 三层设备。

图 2.4 描述了基于五层协议栈结构的三种设备，它们的互连和交换功能分别在第 1 层、第 2 层和第 3 层中实现。一层设备非常简单，这类设备典型的例子是**中继器**（repeater）和**集线器**（hub）。当网络中部署了一层设备后，该设备只具有协议栈的物理层通信功能，如图 2.4(a) 所示。

如果网络中使用二层设备，那么需要使用物理层和链路层作为网桥来管理通信，因此，网桥也可以称作二层交换机，如图 2.4(b) 所示。和一层设备相比，二层设备会更复杂，主要是因为它们对帧的路由能力。然而二层设备的路由功能只是针对简单的小规模网络设计的，这类设备中典型的是**网桥和二层交换机**。二层交换机又称作 LAN 交换机或简单交换机。

三层设备是比较复杂的。两种典型的三层设备是**路由器**和**三层交换机**。三层交换机可以看作简化版的路由器，通常称为**交换机**。图 2.4(c) 显示了一个三层设备(如路由器)的功能，这样的设备涉及协议栈的物理层、链路层和网络层。

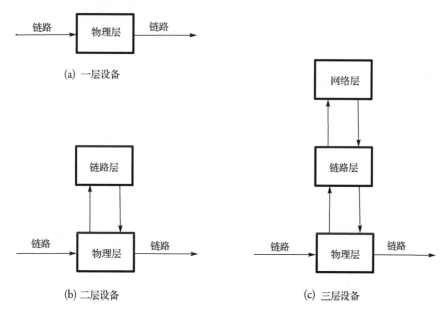

图 2.4　协议栈中不同层中的连接

2.2.1 一层设备

协议栈的第 1 层定义了两个端点之间为激活和保持物理链路的电气特性、功能特性和规程特性。因此，一层设备不提供路由功能。NIC 中的物理接口可以看作第 1 层性能的一部分。大家熟知的两个属于这一类的设备是**中继器**和**集线器**。图 2.4(a) 显示了这些一层设备的点到点的连接模型。

中继器

中继器可看作最简单的交换设备，主要用来互连两个主机或者两个没有复杂路由选择过程的 LAN 设备。中继器本身主要的功能是信号再生或信号增强，这与其他连网设备都不同。当信号的传输距离增加时，就需要信号中继功能。当两个端点之间的传输链路延长了，如果不进行信号放大，所传输的比特信号就会衰减或损坏。如图 2.4(a)所示，两个链路在物理层(第 1 层)上通过中继器互连。中继器认为所连接的两个主机遵循相同的协议，它会简单地从一个主机接收比特，然后传到另一个主机上。

集线器

集线器是另一种简单的设备，常用于协议栈第 1 层中为多个用户提供连接。集线器与中继器类似，但可以连接多个主机或 LAN。因此，集线器是一个多点中继器。要用集线器提供多点连接，集线器中要安装复制单元，将一个分组或一个帧复制并转发给其他所有连接的用户。图 2.4(a)仅仅显示了一个点到点的集线器模型。作为一种典型的中继器，集线器具有中继能力来增强收到的信号，以防止信号衰减。在第 4 章会提供一些中继器和集线器的应用实例。

2.2.2　二层设备

二层设备不像一层设备那样，将帧发给 LAN 内所有相连的用户，它不会将帧转发给所有 LAN 用户，因此能够隔离两个 LAN 之间的流量。二层设备可以不需要处理 IP 地址或检查 IP 地址，就能决定将帧转发到哪里。二层设备完成的是数据链路层的功能，如转发帧和进行差错检测。然而，不像集线器那样复制数据并发给所有的端口，二层设备拥有一张不断更新的转发表，该转发表能够告诉二层设备在哪个端口上检测到了哪个二层地址(MAC 地址)。我们回顾一下属于这一类的两个主要的设备：**网桥**和**二层交换机**。二层交换机有一些特殊变形，如**直通转发交换机**(cut-through switch)或无碎片转发交换机(fragment-free switch)，都属于这一类设备。

网桥

网桥具有两个端口，通常用来连接两个 LAN。然而，一些特殊的网桥具有两个以上的端口。网桥工作在协议栈的第 2 层。网桥或其他智能二层交换机转发或过滤第 2 层数据和流量。因为工作在第 2 层，因此网桥不只是简单地用来扩展网络的范围。网桥会检查任何目的用户的 MAC 地址，并通过在多个 LAN 间同时传输来增加网络的效率。关于 MAC 地址，会在第 4 章中解释，它是与链路适配器相关的链路层地址。

二层交换机

二层交换机，又叫 **LAN 交换机**或以太网交换机，或者就简单地称作**交换机**，本质上是一个具有更强交换功能的桥。二层交换机可以看作网桥的升级版，典型的二层交换机具有 32～128 个端口。交换机用于更大的 LAN 中，可以一定程度上减小网络中的流量拥塞。网桥就缺乏这种流量拥塞控制功能，但网桥比交换机更便宜。网桥也不具有过滤帧的能力，而交换机可以根据内部的访问控制列表来实现帧的过滤。

二层交换机将帧从 LAN 的一端转发到另一端，将连接扩展到子网的边缘设备，如路由器。如果交换机收到一个目的地并不在自己的转发表中的帧，那么它会将该帧发送至所有的端口，就像普通的集线器一样。但交换机会从响应帧中学习端口与目的主机的对应关系，并记录到自己的转发表中，以便下次使用。交换机在转发前会先缓存接收到的帧，所以不会有帧冲突发生。

直通转发交换机

有一种特殊的二层交换机称为**直通转发交换机**。通常二层交换机仅仅采用存储转发的方式转发一帧，即当一帧到达时，先将该帧存储在缓冲区中，然后查找到目的地后再将该帧转发到对应的输出端口。然而，更多复杂的二层设备可以通过多条并行的数据链路同时转发多个帧。二层"直通转发"交换机不需要将完整的帧接收完，就可以转发该帧，从而提高通信的性能。只要检测出到达帧的目的地址，就可以转发该帧了。考虑到速率的要求，直通转发交换只发生在输出线的速率小于或等于输入线的速率的情况下。

与存储转发帧的常规二层交换机相比，直通转发技术降低了延迟，依靠目的端设备进行差错处理。某些二层交换机可以完成动态自适应交换，即交换机会根据当前网络情况自动在直通转发和存储转发方式之间切换。

无碎片转发交换机

无碎片转发交换机是直通转发交换机的变体。直通转发速度快的优点也需要付出代价，当一个 LAN 中使用直通转发，交换机在转发某一帧时，无法判断该帧的完整性。这是因为帧的校验字段（在第 3 章讨论）通常出现在帧的末尾。因此，直通转发交换机会不做校验就转发出错帧，而不会丢弃它。无碎片转发交换机则可以通过确保不转发冲突帧，来部分地解决这个问题。

无碎片转发交换机会先存储到达帧的前几字节，通常是前 64 Byte，然后检测是否发生转发冲突。这对于解决端口冲突很有用。当两个来自不同源的帧要同时访问一条链路时，就会产生冲突，两个帧也会损坏。损坏的帧通常比标准最小长度的 64 Byte 帧还要短。因此，无碎片转发交换机会缓存每帧的前 64 Byte，然后读取源地址、目的地址和对应的端口，并转发该帧。但如果某一帧小于 64 Byte，交换机就会丢弃该帧。无碎片转发交换机和普通存储转发交换机相比转发速度更快。尽管它可以丢弃一些损坏帧，但转发错误帧的风险仍然存在。

2.2.3　三层设备

三层设备主要是为支持互联网的连接而设计的。这类设备有处理 IP 地址的能力，但需要依靠连网功能，它们才能在不同层次上为 IP 分组的路由做出决定。三层设备保持并不断更新一张路由表，该路由表包含该三层设备的端口与第 3 层地址（IP 地址）的对应关系。图 2.5 显示了一个三层设备的简单模型。分组到达 n 个输入端口，经过路由，再从 n 个输出端口输出。一个三层设备由五个部分组成：NIC、**输入端口处理器**（Input Port Processor，IPP）、**输出端口处理器**（Output Port Processor，OPP）、**交换引擎**（switch fabric）和**中央控制器**（central controller）。

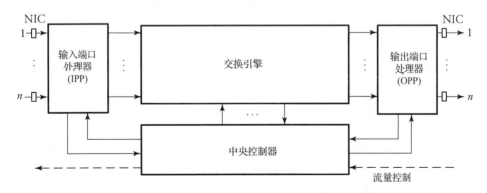

图 2.5　三层设备（如三层交换机和路由器）简单模型

NIC 在本章开始已经讨论过了。剩余的四个部分，我们在第 12 章将详细讨论，包括高级路由器的结构。总的来说，IPP 用来缓存接收到的分组，或者对大的分组进行分段，然后为该分组找到一条路由，而 OPP 则将它们发到正确的端口上。在这个过程中，交换引擎和中央控制器负责在不同的输入和输出端口之间的交换功能。

路由器

路由器是一个三层设备，与其他的路由节点互连，提供虚电路或实电路。路由器依靠协议为网络中连接的两个节点建立物理链路。路由器可以实现 WAN 之间的连接、LAN 与 WAN 之间的连接，或者一个子网与另一个子网之间的连接。路由器通过 IP 路由表为网络中的 IP 分组进行路由。IP 路由表中既包含静态路由，也包含动态路由。静态路由是手工设置的，并且是固定的，除非人为修改。动态路由则可以根据网络情况动态更新。当一个 IP 分组到达路由器的某一个物理端口时，路由器会在路由表中查找该 IP 分组的目的 IP 地址，如果没有查到，就选择表中的默认路由。如果表中没有默认路由，就丢弃该分组。

在分组交换网络中，两个端节点之间可以采用虚拟专用信道，而不需要独占整个物理电路，从而实现物理电路的共享。这样，分组交换网络中的带宽就可以按需动态分配和共享了。路由器通过路由表为分组进行路由。如果是无连接通信，分组就会独立发送，但不一定是按序发送的。因为路由器的输入和输出处理器更加复杂，因此路由器不关心分组的顺序。三层设备主要有两种类型：

● **基于分组的路由器**。根据每个独立分组进行分组转发处理。
● **基于流的路由器**。识别具有相同的源和目的地址的分组，统一转发。这个策略加速了转发过程。

根据尺寸、复杂度和功能，路由器可以按以下所示进行分类：

● **小型路由器**。用于小型网络，比如家庭网络。
● **中型路由器**。用于一栋建筑的内部网络与外网的接入设备，这种设备常常称作**网关路由器**（Gateway Router，GR）或网关（gateway）。
● **大容量路由器**。用于互联网主干的核心网结构中。这种设备往往非常复杂，可能会连接到某个地区级 ISP 或者其他国家。用于这种连接的路由器称作**边界路由器**（Border Router，BR）或**边缘路由器**（Edge Router，ER）。

三层交换机

我们已经知道，如果和目的主机在同一个物理网络中，就可以用二层设备替代昂贵的路由器来实现转发。网络管理中典型的策略是在靠近目的主机的地方采用二层交换技术来提升转发的速度，再通过另一层的交换，即**三层交换机**，来负责路由器和二层交换机之间的接口。基于这个思想，一个**三层交换机**(或简写为**交换机**)是一个比二层交换机更为复杂的设备，它可以处理 IP 地址。一定要记住，如果将这个设备用作"交换机"，就不应将该"交换机"误认为是二层交换机的简写。

三层交换机与路由器或高级路由器相比，没那么复杂也没那么昂贵，但它既能处理 MAC 地址，也能处理 IP 地址。三层交换机常常用于主机与互联网之间的连接。它可以看作一个具有链路接口的简单路由器，因此兼具二层交换机和路由器的功能。实际上，如果具有相同容量的路由器可以将分组从连接的子网中转发出去，就不需要在子网中使用三层交换机。尽管路由器看起来能支持更多流量监测功能，而交换机看起来不能支持，但通过运行适当的软件，三层交换机也能运行路由选择协议。

一个三层交换机可以像一个路由器一样工作，因为它的内部也有 IP 路由表用来查询，可以构成一个广播域。除具有路由器的 IP 路由功能外，三层交换机和二层交换机几乎一样。也就是说，三层交换机像是一个没有 WAN 连接的高速路由器。它可以保存第一个 IP 分组首部中源和目的 MAC 地址，以及生存时间(Time To Live，TTL)值，然后第一个分组按照普通路由查询方式路由，后续所有的分组则按照交换方式转发。和路由器不同，三层交换机不支持某些服务质量(Quality of Service，QoS)特性，主要是因为即使支持这些特性，也不一定会在核心互联网路由器上得到保证。从某种程度上来说，三层交换机是集成了二层交换机与小型路由器的功能。

2.3 无线交换和路由设备

无线通信是在两个或多个没有物理线路连接的点之间进行信息传递。在无线通信中，**无线链路**代替了物理线路。最常见的无线链路是使用**无线电波**。无线电波长可以很短，比如用于电视的波长仅有几米；也可以很长，比如用于深空无线电通信中的有几千千米甚至上百万千米。无线电通信有各种类型，如固定的、移动的和便携式的应用，包括双向无线电通信、蜂窝电话、无线连网、车库门禁系统、无线鼠标或键盘、无线耳机、无线电接收机、卫星电视、广播电视和无绳电话等。

在下面的章节，我们回顾一些基本的无线连网设备，比如**无线接入点**(Wireless Access Point，WAP)、**基站**(Base Station，BS)、**无线交换机**(Wireless Switch，WS)、**无线路由器**(Wireless Router，WR)和**无线网关**(Wireless router with Gateway，WG)。

2.3.1 无线接入点和基站

WAP 是一个局域网设备，它可以把其他无线设备连接到有线网络中。WAP 通常是一个独立的设备，通过有线链路连接到路由器上，但也可以集成在路由器内部。有了 WAP，用户不需要铺设电缆，就可以灵活地向无线网络中添加无线设备。

一个 WAP 通常直接连到一个有线 LAN 上，最终接入互联网。WAP 通过无线频率链路为用户和无线设备提供无线连接。大多数 WAP 都可以支持 IEEE 802.11 标准来收发数据。WAP 设备通常用在家庭网络中。家庭网络通常使用特定类型的 WAP，又称为无线路由器，是集 WAP、路由器和二层交换机于一体的设备。有些 WAP 甚至还包括了宽带调制解调器的功能。

WAP 的覆盖范围变化较大，受很多因素的影响，如天气、无线电频率、室内外环境、高度、障碍物等。其他电子设备的相同传输频率、天线类型、输出功率也可能引起信号干扰。WAP 的可用范围可以通过中继器放大信号来扩展。

相反，**BS** 则是广域网的接入设备，允许无线设备按照相关标准远距离接入有线网络。小规模的 BS 也可以用作 WAP，它们之间可以互换。图 2.6 就是一个 WAP 和 BS 应用的例子，分别将笔记本电脑、智能手机和平板电脑接入互联网中。

图 2.6 无线网络中使用：(a)WAP；(b)BS 将用户接入互联网

2.3.2　无线路由器和交换机

WR 是一种与路由器有类似功能的连网设备，但还具有无线接入功能。因此，图 2.6 中网络的路由和交换功能可以用一个无线路由器或交换机来完成。无线路由器和交换机通常用来提供互联网或一个无线计算机网络环境的无线接入，网络中的设备不需要有线链路，通过无线电波进行连接。无线交换机或路由器可用在 LAN 中，形成无线局域网（Wireless LAN，WLAN），或根据需要，形成有线/无线 LAN 或 WAN 的混合网络。**WG** 是一种无线通信的设备，可以提供与固定的 WAP 或有线互联网设备之间的通信。

相比于传统的路由器或交换机，无线设备的一个共同特性是**天线**。无线信号的收发都是通过天线进行的。这是我们接下来要讨论的问题。

2.3.3　无线设备的天线

天线是一个电子设备，无线设备通过它可以将电能量转换为无线电波或进行相反操作。因此，天线是一个无线发送器或接收器的一部分。如果设备工作在传输模式，它的无线发送器就产生一定频率的振荡电流，输送给天线，天线将电能以某个频率电磁波的形式向周围发射，即**无线电波**；如果设备工作在接收模式，天线就会接收电磁波的能量并将其转换成电流。

在无线系统中，一个好的天线可以增强信噪比。天线可以分为几类，两种最主要的类型分别是**全向天线**和**定向天线**。

全向天线

全向天线在各个方向上传输的信号是相同的，如果全向发送器在各个方向上发射 P_t 瓦的信号，就会形成一个半径为 d 的球面。球表面积为 $4\pi d^2$，则距离天线 d 的接收器收到的功率密度为

$$\phi_r = \frac{P_t}{4\pi d^2} \tag{2.1}$$

在通信系统的另一端，用 P_r 表示捕获能量，它依赖于天线的尺寸和朝向。如果我们令 a 为接收天线的有效面积，P_t 和 P_r 之间的关系就可以表示为

$$P_r = \phi_r a = \left(\frac{P_t}{4\pi d^2}\right) a \tag{2.2}$$

根据电磁理论，一个全向天线的有效面积为 $a = \dfrac{\lambda^2}{4\pi}$。这样，公式（2.2）可以改为

$$P_r = \frac{P_t}{\left(\frac{4\pi d}{\lambda}\right)^2} \tag{2.3}$$

其中 λ 为信号的波长。和自由空间不同，大部分传输媒介的接收信号功率与 d^3 或 d^4 成反比，而自由空间中则与 d^2 成反比。

定向天线

定向天线可以减少无线通信中一些不必要的影响。它在一个很小的角度内放大信号，在其他角度上减弱信号。这种方法能够降低接收端的多径影响。定向天线能够降低来自其他用户的干扰。天线必须精确地对准用户，或跟随用户的轨迹。这种特性也导致了智能天线的发展，智能天线可以通过天线控制精确地跟踪移动用户。

MIMO 天线

多进多出（Multiple-Input and Multiple-Output，MIMO）是发送和接收端用来提升通信性能的一组天线。MIMO 是一种智能天线技术。这里涉及的"进"和"出"是指在无线射频信道上承载信号。MIMO 技术能在没有额外带宽资源时提高数据吞吐量，或在不增加传输功率的情况下，提高链路传输范围。它是通过在多个天线上扩展同一个总的传输功率来获得一组增益，从而提高频谱效率的。频谱效率越高意味着单位带宽传输的比特数越多。MIMO 还可以获得分集增益来提高链路可靠性，从而降低信号衰减的影响。由于具有这些特性，MIMO 目前是现代无线通信标准的重要组成部分，广泛应用于无线路由器和无线接入点中。

2.4　调制解调器

为了降低数字信号的带宽，传输信号前需要使用**数字调制技术**。在调制过程中，模拟的"**载波信号**"（如正弦波）的幅度、相位或频率，会随着传输信息的变化而变化。这样经过调制后，原始的信息信号，如数字信号，就可以表示成带宽更低的模拟信号，送上电缆、无线信道，或其他传输线路。在另一端，解调过程进行相反的操作。

调制解调器（modulator-demodulator，modem）是用户在家里访问互联网的一种主要方式。调制解调器能将数字数据转换成适合传输的调制信号，它也可以生成合适的数字信号来访问互联网。用户既可以通过现有的电话线也可以通过有线电视（Cable TV，CATV）基础设施访问互联网。因此，互联网用户可以根据需求灵活选择调制解调器。两种最常用的调制解调器是如图 2.7 所示的**数字用户线**（Digital Subscriber Line，DSL）**调制解调器**和**电缆调制解调器**（cable modem）。DSL 公司采用现有的双绞线铜线提供互联网接入；有线电视公司采用光纤和同轴电缆提供接入。

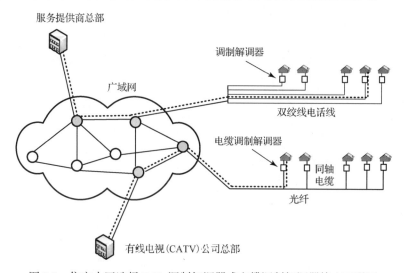

图 2.7　住宅小区选择 DSL 调制解调器或电缆调制解调器接入互联网

2.4.1　基本调制技术：ASK、FSK 和 PSK

下面三种机制是基本的调制技术。在实际通信系统应用中，这些调制技术不会单独使用，而是采用一种或多种调制技术的组合来使用。我们将简单学习它们的基本知识。这些基本调制技术是：

- **幅移键控**(Amplitude Shift Keying，ASK)；
- **频移键控**(Frequency Shift Keying，FSK)；
- **相移键控**(Phase Shift Keying，PSK)。

图 2.8(a)显示的是 ASK 调制技术的实现。在 ASK 调制系统中，输入的数据 $D(t)$ 包含二进制的 0 和 1 信号，被调制到固定频率和固定幅度的余弦载波信号 $\cos2\pi ft$ 上，其中 f 是载波频率。调制后的信号，1 用具有相同频率的余弦波表示，0 则用无信号表示。换句话说，如果我们用余弦信号乘以二进制数据，就可以得到 ASK 调制信号 $M(t)=D(t)\cos(2\pi ft)$。在接收端，ASK 解调只需要在指定的时间间隔乘以正弦信号就可以检测出 0 或 1 信号。在实际应用中，接收端可以通过将 $M(t)$ 乘以相同的载波信号来提取 $D(t)$ 信号，但幅度需要加倍，公式如下：

$$[D(t)\cos(2\pi ft)][2\cos(2\pi ft)]=2D(t)\cos^2(2\pi ft)=D(t)[1+\cos(4\pi ft)] \tag{2.4}$$

其中 $\cos(4\pi ft)$ 部分可以很容易过滤掉。FSK 与 ASK 相比稍微复杂一点，FSK 调制有两个不同的正弦载波信号：f_1 表示二进制 1，f_2 表示二进制 0，如图 2.8(b)所示。因此，FSK 和 ASK 类似的是我们都可以用二进制数据乘以一个固定的正弦波来获得调制后的信号，不同的是当有二进制 0 出现时，FSK 仍然采用一个正弦波表示。很明显，在一个 FSK 系统中，载波频率是随着携带信息的内容而变化的，即二进制 1 用 $\cos(2\pi f_1 t)$ 表示，二进制 0 用 $\cos(2\pi f_2 t)$ 表示。注意，为了实现二进制 0 出现时的乘法运算功能，需要将 0 转换为 1，即用 $\cos(2\pi f_1 t)$ 乘以 1，而不是乘以 0。

PSK 系统中，正弦载波信号的相位会根据携带的信息序列的变化而变化，如图 2.8(c)所示。二进制的 1 用 $\cos(2\pi ft)$ 表示，二进制 0 用 $\cos(2\pi ft+\pi)$ 表示。和前面类似，我们也可以定义 PSK 系统为：当传输二进制 1 时，我们用+1 乘以正弦载波信号表示，当传输二进制 0 时，我们用−1 乘以正弦载波信号。

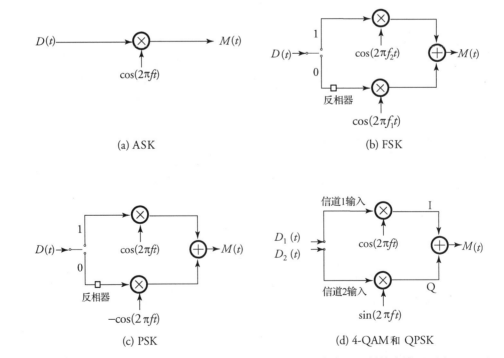

图 2.8　三种基本调制技术模型：(a)ASK，(b)FSK，(c)PSK；以及两个实用调制技术模型：(d)QPSK 和 4-QAM

2.4.2　实用的调制技术：4-QAM 和 QPSK

前面介绍的 ASK、FSK 和 PSK 都是最基本的数字技术，实际应用中，更多采用这些基本调制技术的组合。例如，依据一个调制解调器的特性和目的，两种常见的调制解调器 **DSL 调制解调器和电缆调制解调器**就需要专门的调制技术。下面列出实际中常用的调制技术：

- **正交相移键控**（Quadrature Phase Shift Keying，QPSK）；
- **正交幅度调制**（Quadrature Amplitude Modulation，QAM）。

QPSK 和 QAM 的共同点是都具有"正交"的概念。正交的意思是载波平移 90°。基于正交的调制，幅度和相位可以同时独立调制，这样可以比单独调制携带更多的信息。其本质上是 ASK 和 PSK 的组合。一个典型的正交技术的实现方法是将原始的 $D(t)$ 信号分离成两个独立的部分：I（同相分量）和 Q（正交分量）。I 和 Q 两个分量可以看作相互正交的，因为它们相差 90°。I 和 Q 分量可以映射为星座图。星座图是一个可以表示调制信号的二维 I-Q 平面图，I 表示虚部，Q 表示实部。因此星座图显示的是调制方案所选择的复数平面中所有点表示的符号。

用一个复数来表示所传输的符号，就可以用余弦或正弦载波调制复数的实部和虚部，因此，这个符号就可以用两个相同频率的载波信号来发送，这就是**正交载波**。这种采用非独立的调制载波的原理是正交调制的基础。在相位调制中，调制符号的相位是载波本身的相位。因为符号被表示成一个复数，它就可以用复数平面的一个点表示。实轴和虚轴常常又称为**同相轴**（或 I 轴）和**正交轴**（或 Q 轴）。将每一个符号对应的点画出来就生成一幅星座图。在 I-Q 星座图中的点是**调制符号**的集合。

在 QPSK 中，正交意味着载波信号的相位相差 90°，即取以下几个值：225°，135°，315° 和 45°。调制器收到数据比特 $D(t)$ 后，分成两路信道 I 和 Q，分别表示为 $D_1(t)$ 和 $D_2(t)$，分别是 $D(t)$ 的两个部分。在每个信道上同时传输 2 bit 符号：00，01，10 和 11。每个信道调制一个载波，载波的频率相同，但相位相差 90°。这就形成四种状态来传输符号 00，01，10 和 11，对应的载波相位分别为 225°，135°，315° 和 45°。

如图 2.8（d）所示，本地振荡器产生一个载波 $\cos(2\pi ft)$，相位偏移 90° 后生成 $\sin(2\pi ft)$，得到第二个载波，两个载波都采用幅度调制，一个用 I 信号调制，另一个用 Q 信号调制，然后两个载波相加，输出一个数字化的调制信号。QPSK 采用 4 个点的星座图，4 个点平均分布在一个圆上。对应 4 个相位，QPSK 对每个符号采用 2 bit 编码，并采用格林编码来最小化比特差错率（Bit Error Rate，BER）。相关研究结果表明，和 PSK 相比，QPSK 在保持相同信号带宽不变的情况下，数据速率可以加倍。然而，QPSK 为此所付出的代价是发送端和接收端比 PSK 更加复杂。

4 级 QAM 或者 4-QAM，可以由 ASK 和 PSK 的组合来实现，其功能与 QPSK 相同。图 2.8（d）显示了一个 4-QAM 的简单框图。符号 00，01，10 和 11 对应的载波相位分别是 270°，180°，90° 和 0°。QAM 可以用不同的级数表示：4-QAM、16-QAM、64-QAM 等，数字表示对应的符号个数。例如，在 4-QAM 中，我们将原始信息流分成两个相等的序列 $D_1(t)$ 和 $D_2(t)$，分别包含奇数符号（01 和 11）和偶数符号（00 和 10）。在 16-QAM 中，则有 16 种不同的符号：0000，0001，…，直到 1111。

如图 2.8（d）所示，在 T 秒时间间隔内，我们用 $D_1(t)$ 乘以 $\cos(2\pi ft)$ 得到相应的调制信号；同样，用 $D_2(t)$ 乘以 $\sin(2\pi ft)$ 得到另一个调制信号。$D_1(t)$ 是**同步相位分量**，$D_2(t)$ 是**正交相位分量**，因此可以得到输出的信号为

$$M(t) = D_1(t)\cos(2\pi ft) + D_2(t)\sin(2\pi ft) \tag{2.5}$$

QAM 机制是同时实现载波的幅度和相位调制，因此公式（2.5）还可以写为

$$M(t) = \sqrt{D_1^2(t) + D_2^2(t)} \cos\left(2\pi ft + \arctan\frac{D_2(t)}{D_1(t)}\right) \tag{2.6}$$

和 ASK 系统类似，可以在接收端乘以幅度加倍的相同的载波信号来提取原始数据 $D(t)$。然而，在上述例子中，$M(t)$ 有两项，因此 $D_1(t)\cos(2\pi ft)$ 必须乘以 $2\cos(2\pi ft)$，$D_2(t)\sin(2\pi ft)$ 必须乘以 $2\sin(2\pi ft)$。

2.4.3　DSL 调制解调器

　　DSL 技术是家庭用户访问互联网的一种方便的方法。这一方法包含各种版本的 DSL 技术：ADSL、VDSL、HDSL 和 SDSL，通常表示为 xDSL。

　　在这些 xDSL 类型中，**不对称 DSL**（Asymmetric DSL，ADSL）是最常用的，它是专门为住宅用户和小型公司用户设计的，是一种可以连接电话线的调制解调器。电话线链路的带宽大约是 1.1 MHz，在这个带宽内，仅有 4 kHz 用于语音通信。因此，剩余带宽就可以用于数据通信。然而，其他一些因素，如用户与交换局之间的距离、链路的状态和尺寸等，都可能限制剩余带宽的充分使用。

　　ADSL 频谱的详细划分如图 2.9(a) 所示。ADSL 采用标准的 4-QAM 调制技术，将 1.1 MHz 的带宽分成 256 个信道，每个信道带宽约 4.312 kHz。语音通信只使用信道 0，信道 1～5 保留，作为语音信道与数据信道之间的保护带宽。剩余的数据通信信道被分成两个不相等的带宽，即从用户到互联网的上行和从互联网到用户的下行，因此是不对称的。信道 6～30 属于上行带宽，其中 1 个信道用来控制，另外 24 个信道用来传输数据。因此总的上行带宽是 25×4 kHz = 100 kHz，从 26 kHz 一直到 126 kHz，如图 2.9(a) 所示。从数据传输速率来看，4-QAM 的 24 个信道可以提供 24×4 kHz×15 = 1.44 Mb/s 的上行速率（4-QAM 要求 15 b/Hz 编码）。信道 31～255 属于下行带宽，其中 1 个信道用于控制，其余 224 个信道用于传输数据。采用 4-QAM，可以获得大约 224×4 kHz×15 = 13.4 Mb/s 的下行速率。

　　另一种 DSL 技术是**对称数字用线**（Symmetric Digital Subscriber Line，SDSL），它将信道带宽分割成相等的上行和下行带宽。**高比特率数字用户线**（High-bit-rate Digital Subscriber Line，HDSL）是另一种 DSL 技术，它的设计是为了与 T1 线路（1.544 Mb/s）竞争。T1 线路上高频信号容易衰减，因此通常线路长度不超过 1 km。HDSL 采用双绞线和 2B1Q 编码，以降低衰减的影响。因此，HDSL 在不需要中继器的情况下，传输距离可以达到 3.6 km，数据速率可达 2 Mb/s。**甚高比特率数字用户线**（Very high-bit-rate Digital Subscriber Line，VDSL）是更简化的 ADSL，但采用同轴电缆或者光纤，可以获得 50～55 Mb/s 的下行传输速率和 1.5～2.5 Mb/s 的上行传输速率。

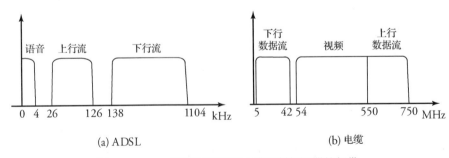

(a) ADSL　　　　　　　　　　　　　　(b) 电缆

图 2.9　ADSL 调制解调器和电缆调制解调器的频带

2.4.4　电缆调制解调器

　　前面提到过，DSL 调制解调器采用双绞线电话电缆提供互联网接入，供住宅用户访问，如

图 2.7 所示。这种类型的线路带宽受限,并且很容易出错。一种替代方案是通过有线电视网络来访问互联网。有线电视公司铺设高速骨干光纤电缆到住宅楼宇,然后根据需求和预算,通过同轴电缆或光纤连接到用户家中,提供电视、无线电或互联网的访问服务。这种网络称为**混合光纤同轴电缆**(Hybrid Fiber-Coaxial,HFC)。电视信号可以从电视台沿着下行信道送给用户。HFC 有线电视网的通信是双向的,有线电视公司将信道带宽划分为视频/音频、下行数据、上行数据三个子信道。同轴电缆可以承载 750 MHz 的信号。

电缆调制解调器的详细频谱分配见图 2.9(b)。大约有 500 MHz 带宽分给 TV 信道,由于每个 TV 信道的带宽为 6 MHz,因此分配的带宽可以提供超过 80 路信道。采用某些特殊技术,则可以达到 180 路 TV 信道。同轴电缆带宽约有 200 MHz,550～750 MHz 可以用来进行下行数据的传输,即从互联网到用户方向。这一带宽被分成 33 个信道,每个信道 6 MHz 带宽。电缆调制解调器下行采用 64-QAM 或 256-QAM 调制技术,采用 5 bit 编码,所以下行信道可以提供 5 b/Hz×6 MHz = 30 Mb/s 的速率。

上行数据提供到互联网的通信,占用 37 MHz 带宽,从 5～42 MHz,也被分成 6 MHz 带宽的多个子信道。上行采用 QPSK 调制技术,在低频范围内可以减少噪声的影响。采用 2 b/Hz 编码,因此上行数据传输速率为 2 b/Hz×6 MHz = 12 Mb/s。上行通信的协议总结如下:

开始上行通信协议

1. 电缆调制解调器检测下行信道,确定是否有搜寻调制解调器的探测分组传来;
2. 有线电视公司发送分组给电缆调制解调器,指示调制解调器分配下行信道;
3. 电缆调制解调器发送分组给有线电视公司,请求分配互联网地址;
4. 双方进行握手过程并交换分组;
5. 有线电视公司发送确认给调制解调器;
6. 使用分配的上行信道带宽访问互联网。

注意,这里一个用户需要占用 6 MHz 带宽的信道。为了充分利用光纤信道的带宽,同一片区的所有用户需要分时共享信道。因此,上网用户必须和其他人竞争信道的使用权,如果发生冲突就需要等待。

2.5 复用器

复用器是用来最大化网络中高带宽线路的传输容量的一种设备。抛开具体的复用器类型,复用技术允许多个通信源在同一个物理线路上传输数据。复用机制可以分为三类:**频分复用**(Frequency-Division Multiplexing,FDM)、**波分复用**(Wavelength-Division Multiplexing,WDM)和**时分复用**(Time-Division Multiplexing,TDM)。WDM 传输系统将光纤的带宽分成多个光波长互不重叠的信道,称为 **WDM 信道**。一个 WDM 信道可同时传输多个不同波长的信号,传送到同一输出端。第 15 章将对 WDM 展开详细讨论。接下来的章节中,我们概述一下 FDM 和 TDM。

2.5.1 频分复用

FDM 是将频谱分成多个频带或信道,每个用户占用一个频带或**信道**进行通信。图 2.10 显示了 FDM 中 n 个频率信道复用的情况。当多个信道复用时,需要分配保护带宽来保证信道彼此独立。

要实现一个复用器,n 个原始输入信号的频率会乘以不同的常量,搬移到新的频率上。然后这 n 个新的频带组合在一起传输,其中任意两个信道都不会具有相同的频率。尽管信道之间有保护带宽,然而任意两个相邻的信道仍然会有一些重叠，因为每个信道的频谱都不会有明显的边界。相互重叠的部分会在每个信道的边界处引入尖峰脉冲噪声。FDM 常采用铜线或微波信道，适合模拟线路。

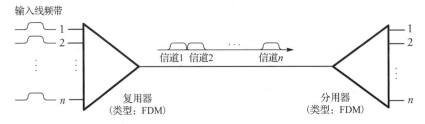

图 2.10　具有 n 个输入的频分复用器（FDM）

正交频分复用（Orthogonal Frequency Division Multiplexing，OFDM）

OFDM 是 FDM 的一种特殊形式，是为在无线链路上进行大数据量传输而设计的。由于它是大部分无线局域网的核心技术，如 WiFi，因此应用非常广泛。采用 OFDM 技术可以降低信号传输中串扰的影响。

OFDM 将无线信号分成多个更小的子信号，这些子信号采用不同的频率同时传输到接收端。每个信号占用一个具有不同频率的窄带信道。FDM 和 OFDM 之间的不同之处在于信号的调制与解调。OFDM 中，一条单独的信道会使用多个相邻频率的子载波。和传统的 FDM 技术相反，OFDM 通过加大信道频谱的相互重叠以获得最大的频谱利用率。而子载波之间是相互正交的，这样它们之间虽然重叠但互不干扰。因此，OFDM 系统能够避免相邻信道之间的干扰，使频谱效率最大化。

图 2.11 显示了 WiFi 设备中使用 OFDM 发送器的过程。OFDM 发送器首先使用一个**分用器**，也称为**串并转换器**，可以将串行比特流转换为并行格式。正常情况下，发送的数据会加载到大量载波信号上去。然后，使用一个具有数字**调制器**功能的映射单元，通常是 **QAM** 或 **QPSK**，这两种技术在前面都介绍过。数据就通过一组子载波并行传输出去。因为子载波彼此是正交的，因此不会影响子载波信号的提取。

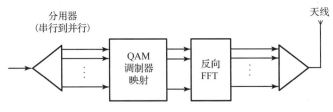

图 2.11　OFDM 发射机框图

这一技术的核心是反向**快速傅里叶变换**（Fast Fourier Transform，FFT）。在 FFT 中，载波频率是基于存储值的位置生成的，这就产生了一组时域采样信号。FFT 是离散傅里叶变换（Discrete Fourier Transform，DFT）的一种快速算法。DFT 会将时域（或空域）转换为频域，或将频域转换为时域（或空域），而 FFT 通过将 DFT 矩阵因式分解成具有稀疏因子（主要是 0）的矩阵来实现这一过程的快速计算。

在接收端，需要通过相反的过程来获得数据。OFDM 信号接收有一个时域-频域挑战性的任务，采样、时钟同步和信道估计。当信号通过传输媒介传输时，由于多径衰落，导致延迟传播，因此各个信号到达接收端的时间是不同的。一个简单的解决办法是扩展信号持续时间，这可以通过增加载波数量获得，从而来减小失真。

2.5.2 时分复用

在 TDM 中,用户按照事先规定好的顺序,轮流使用信道的所有带宽。对于输入的 n 路信号,信道将以帧的方式来分配使用时间,每一帧又进一步分成时隙或信道。每个信道分配一路信号,如图 2.12 所示。这种复用技术只用于数字信号。当 n 路数据到达时,复用器通过对每一路进行扫描,形成具有 n 个信道的帧,输出到线路上。在实际应用中,数据的大小是变化的。这样,为了复用不等长的数据,需要额外的硬件来进行扫描和同步。TDM 可以是**同步**或**统计**的。

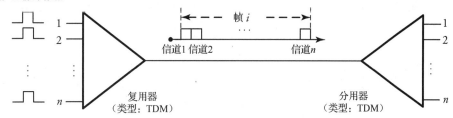

图 2.12　具有 n 路输入的时分复用器

同步 TDM

同步 TDM 中,复用器扫描每一路的输入信号。每一路的扫描时间是预先分配好的;不管该线路上是否有信号,只要系统不主动改变扫描时间,扫描器都会在该条线路扫描相应的时间。因此,尽管同步复用的复杂度低,但它的效率并不高。

当同步复用器形成了固定长度的帧,帧中某些信道可能没有数据发送,这会带来线路上平均比特速率的变化。此外,模拟数据和数字数据共用时分复用器时,比特速率之间有时也需要同步。

例:考虑有集成三个模拟源和四个相同的数字源通过一个时分复用器的情况,如图 2.13 所示。模拟线路的带宽分别为 5 kHz、2 kHz 和 1 kHz,经过采样、复用、量化和 5 bit 编码等过程,转换为数字信号,输入时分复用器中。数字线路每路数据传输速率为 8 kb/s,也分别输入时分复用器中。求时分复用器的输出速率。

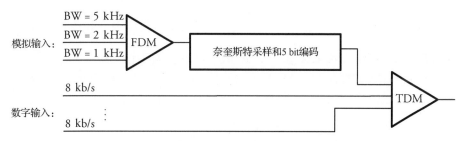

图 2.13　模拟和数字信号的集成多路复用

解:根据奈奎斯特采样定理,需要对每个输入的模拟信号以其两倍的带宽频率采样。因此,每秒钟可以得到 $5 \times 2 + 2 \times 2 + 1 \times 2 = 16\ 000$ 个采样点。经过编码,我们可以得到总的数据速率为 $16\ 000 \times 5 = 80$ kb/s。数字线路总的数据速率为 $4 \times 8 = 32$ kb/s。因此,复用器总的输出数据传输速率为 $80 + 32 = 112$ kb/s。

考虑一个可以提供 n 个信道的复用器,如果有 m 个输入请求,$m > n$,那么复用器可能会阻塞。没有分配到信道的输入源不能传输,因此处于非活跃状态。令 t_a 和 t_d 分别表示输入的活跃时间和空闲时间。

如果处于活跃状态的输入源 $m > n$，那么我们只能从 m 个活跃状态的输入源中选择 n 个进行传输，其他的保持阻塞。如果这 n 个被选择的信道中的一个变成空闲的了，我们就再将该信道提供给其他的输入源。当信道被长时间占用时，阻塞很容易发生。传统的电话系统就是一个典型例子：在呼叫开始时进行信道分配，如果没有多余信道分配，呼叫用户就会被阻塞。假定 t_a 和 t_d 是随机的，并且是指数分布的，处于活跃状态的输入源的概率可以表示为

$$\rho = \frac{t_a}{t_d + t_a} \tag{2.7}$$

令 p_j 表示 j 个输入处于活跃状态的概率。采用附录 C 中的公式 (C.4)，对于 $0 \leqslant j \leqslant m$，有

$$p_j = \binom{m}{j} \rho^j (1-\rho)^{m-j} \tag{2.8}$$

令 P_j 表示 n 个信道中有 j 个被占用的概率，则可以用归一化的 p_j 表示为 $P_j = p_j \Big/ \sum_{i=0}^{n} p_i$，或者表示为

$$P_j = \frac{\binom{m}{j} \rho^j (1-\rho)^{m-j}}{\sum_{i=0}^{n} \binom{m}{i} \rho^i (1-\rho)^{m-i}}, \qquad 0 \leqslant j \leqslant n$$

$$\tag{2.9}$$

$$= \frac{\binom{m}{j} \left(\dfrac{\rho}{1-\rho}\right)^j}{\sum_{i=0}^{n} \binom{m}{i} \left(\dfrac{\rho}{1-\rho}\right)^i}, \qquad 0 \leqslant j \leqslant n$$

采用归一化的原因正如前面提到的，没有分配到信道的源永远不会变为活跃状态。因此，将永远不会有超过 n 个活跃的源和 n 个活跃的输出信道。条件概率要求输入概率归一化来反映出最大的处于激活状态的输入源个数 n 是小于输入源的个数 m 的。注意，因为 $n \leqslant m$，所以 $\sum_{i=0}^{n} \rho_i$ 不等于 1。

但根据全概率规则，我们可以认为 $\sum_{i=0}^{n} \rho_i = 1$。可以看到，公式 (2.9) 符合**恩格塞特分布**(Engset distribution)。恩格赛特分布常用来根据已知的有限数量的数据源计算呼损。

要表示所有 n 个信道都被占用，可以简单地令公式 (2.9) 中的 $j = n$，就可以计算出多路复用器的阻塞概率 P_n。如果将 $\rho = t_a / (t_d + t_a)$ 代入公式，那么 $j = n$ 时的阻塞概率为

$$P_n = \frac{\binom{m}{n} \left(\dfrac{t_a}{t_d}\right)^n}{\sum_{i=0}^{n} \binom{m}{i} \left(\dfrac{t_a}{t_d}\right)^i} \tag{2.10}$$

前面的讨论可以通过基本概率理论得到信道平均占用个数或数学期望为

$$E[C] = \sum_{j=0}^{n} j P_j \tag{2.11}$$

例：一个具有 12 路输入源的 TDM 复用信道，如果每路输入活跃时间为 2 μs，那么空闲时间

为 1 μs。复用信道上的帧只能容纳 5 路输入的数据。求输入源处于活跃状态的概率 ρ 和 5 个信道全忙的概率。

解：此例中 $m = 12$，$n = 5$，$t_a = 2$ μs，$t_d = 1$ μs，则有

$$\rho = \frac{t_a}{t_d + t_a} = 0.66$$

5 个信道全忙的概率为

$$P_{n=5} = \frac{\binom{12}{5}\left(\frac{2}{1}\right)^5}{\sum_{i=0}^{5}\binom{12}{i}\left(\frac{2}{1}\right)^i} = 0.72$$

统计 TDM

统计 TDM 中，帧中的时隙是按需动态分配的。这种方法去掉了帧中的所有空闲时隙，复用器的效率更高。然而这一技术付出的代价是在每一信道上附加一定的额外开销。这些额外的开销用来表示该信道的数据应该属于哪一条输入线路。因此，统计 TDM 的帧长是可变的，因为不仅不同的信道占用的时间不同，而且信道的数量也不固定。

考虑一个可以提供 n 个信道的复用器，如果有 m 个输入源，$m > n$，复用器就会按需来传输，没分配到信道的数据源可能只有部分被传输或被截断。设计这种 $m > n$ 的复用器的前提是实际应用中，所有 m 个输入源通常不会同时处于活跃状态。在一些复用器应用中，**削波**(clipping)技术特别适用于源端不连续传输的应用，并以多路输出线路的最佳使用为目标。通过动态分配信道，这种复用器可以获得更高的信道利用率。比如，一些卫星或微波系统会通过检测信息能量来给活跃的用户分配信道。

再来看前面阻塞例子中定义过的 t_a，t_d，m，$n(m > n)$ 和 ρ。同样假设 t_a 和 t_d 的值是随机变化的，并且遵循指数分布。复用器可以提供 n 个复用信道进行传输，但输入端有 m 个输入源，其中 $m > n$。如果有超过 n 个输入源是活跃的，那么从这些活跃的输入源中选择 n 个来分配信道，其他的暂时阻塞。被阻塞的输入源可能会短暂丢失或截断数据，但仍可以回到搜索状态寻找空闲信道。这种方法最大化利用了传输线路，提供了一种在静默模式下使用复用器带宽的方法。每个源端丢失的数据量取决于 t_a，t_d，m，n。与阻塞的情况相似，ρ 也定义为 $\rho = t_a/(t_a + t_d)$，m 个源中 i 个处于活跃状态的概率为

$$P_i = \binom{m}{k}(\rho)^i(1-\rho)^{m-i} \tag{2.12}$$

因此，削波概率 P_C，或者空闲源在其变为活动状态时发现至少有 n 个输入源同时为活动状态的概率，可以通过考虑 n 个活动源以外的所有 $m-1$ 个(检查源)源来获得：

$$P_C = \sum_{i=n}^{m-1}\binom{(m-1)}{i}\rho^i(1-\rho)^{m-1-i} \tag{2.13}$$

显然，信道占用的平均个数为 $\sum_{i=0}^{n} i\rho_i$，其又可以分解为

$$E[C] = \sum_{i=0}^{n} i p_i + n\sum_{i=n+1}^{m} p_i \tag{2.14}$$

例：一个有 10 路输入，每帧包含 6 个信道的复用器，$\rho = 0.67$，求削波概率。

解：因为 $m = 10$，$n = 6$，所以 $P_C \approx 0.65$。

2.6　总结

本章介绍了计算机网络的硬件构成模块。这些构成模块通过物理链路直接相连，并允许在通信网络中进行消息交换。

我们从 NIC 开始本章，它也称为**网络接口控制器**、网络适配器、链路适配器或 LAN 适配器。NIC 是将连网设备连接到计算机网络链路的硬件组件。

交换和路由设备是我们在本章中研究的下一个主题。显然，这些设备是很重要的，因为计算机网络主要由这些设备组成。交换和路由设备是根据它们在网络中所连接的层来组织的。**中继器**是一层设备，主要是扩展局域网的物理通信距离。**集线器**也是一层设备，比中继器具有更多的端口。集线器会将接收到的数据向所有输出端口广播。**网桥和二层交换机**在协议栈模型的第 2 层进行连接。互联网中最重要的组件是**路由器**，被视为三层设备。一个路由器由**输入端口处理器**、**输出端口处理器**、**交换引擎**和**中央控制器**组成。

连网**调制解调器**是我们接下来研究的设备。调制解调器用于从远程和居民区访问互联网。**DSL 调制解调器**使用双绞线电话线接入互联网，而**电缆调制解调器**采用光纤电缆来提供互联网接入。我们研究了 ASK、FSK、PSK 等基本调制技术，以及用于调制解调器的实际调制方案 QPSK 和 QAM。

复用器是我们讨论的最后一个主题。复用器是一种设备，通过从多条链路收集数据集并将数据传输到一条链路上来提供经济有效的连接。复用器有多种类型，如 FDM 和 TDM。我们研究了一种特殊形式的 FDM，即 OFDM，它在包括 WiFi 网络的无线网络中有许多应用。我们学习了一些有用的复用器分析方法。

在第 3 章，我们将讨论与数据链路相关的问题。数据链路可以在数据链路层评估，并与物理层和网络层连接。

2.7　习题

1. 人类声音的频率范围是 16 Hz～20 kHz。电话公司采用此频谱中最重要的 4 kHz 部分来传送两个用户之间的语音对话。这样会降低通话质量，但可以大量节省传输链路的带宽。使用三级分层复用技术(即 12:1、5:1 和 10:1)：

   (a)这个系统可以承载多少通话量？

   (b)这个系统最终的传输容量是多少？

2. 假设集成三路模拟源和四路相同的数字源通过一个时分多路复用器，该复用器的最大容量为 160 kb/s。模拟线路的带宽分别为 5 kHz、2 kHz 和 1 kHz，经过采样、复用、量化和 5 bit 编码。

   (a)对于模拟信号，求总的比特率。

   (b)对于数字信号，求每路的比特率。

   (c)如果一帧里有 8 个采样模拟信道、4 个数字数据信道、一个控制信道和一个保护比特，求帧速率。

3. 假设有两个 600 b/s 的终端，五个 300 b/s 的终端和一组 150 b/s 的终端，以字符交错格式被时分复用到一条具有 4800 b/s 的数字线路上。终端发送 10 bit 每个字符，每 99 个数据字符后面插入一个同步字符。所有终端均保持同步。

   (a)确定可容纳的 150 b/s 终端的数量。

   (b)假设每个 150 b/s 终端有 3 个字符，画出复用器可能的帧格式。

4. 有一个时分复用器，一帧的时长为 26 μs。每个用户信道有 6 bit，每帧有 10 bit 的开销信息。假设传输线路承载 2 Mb/s 的信息。

   (a) 线路上可以容纳多少个用户信道？

   (b) 考虑系统中有 10 个源，并假设一个源忙的概率为 0.9。削波概率是多少？

5. 考虑一个 2:1 的时分复用器，其中每个数据信道或任何类型的控制信道的长度都是 8 bit。在输入线路 1 上，"A" 表示存在要扫描的 8 bit 数据单元，"x" 表示没有数据。同样，在输入线路 2 上，"B" 表示存在要扫描的 8 bit 数据单元，"x" 表示没有数据。针对下面两种输入情况，请画出并比较每种情况中使用同步和异步复用器生成的所有帧结构。

   (a) 输入线路 1 和输入线路 2 分别包含 AxAx 和 xBxB。

   (b) 输入线路 1 和输入线路 2 分别包含 AxAx 和 BxBx。

6. 有两个 4:1 的 TDM，一个是同步 TDM，一个是异步 TDM。两个复用器在其输入线路上同时接收相同的数据，其中每条线路上的数据到达速率为 10 Mb/s。令 Y(4 bit 长) 和 N(4 bit 长) 分别表示有数据和无数据，因此输入线路上的数据模式为：输入线路 1(YNYN)、输入线路 2(NNYN)、输入线路 3(NYNY) 和输入线路 4(YNNY)。同步 TDM 要求帧中仅有一个 4 bit 控制信道，而异步 TDM 要求每帧有一个 4 bit 控制信道，并且每个信道还有一个额外的 4 bit 控制信道。

   (a) 在同一个时间图表中画出这两个复用器的输出。

   (b) 求同步情况的帧速率。

   (c) 假设每一比特占一个时钟周期，求每个复用器的时钟频率。

7. 一个具有 8 路输入的同步 TDM，每路平均有 2 μs 忙，6 μs 空闲。复用帧仅包含 4 个信道的数据。

   (a) 求源处于活动状态的概率。

   (b) 求帧的 3 个信道正在使用的概率。

   (c) 求该复用器的阻塞概率。

   (d) 求帧中使用过的信道的平均数量。

8. 对一个具有 4 路输入的统计时分复用器，假设帧的大小分别为 2 和 3，请画出当 $\rho = 0.2, 0.4, 0.6, 0.8$ 时对应的削波概率。

9. 若某一统计 TDM 有 11 个源和 10 个信道，求削波概率。假定源忙的概率为 0.9。

10. 求统计 TDM 中每次突发信息的**平均削波时间**。

11. 一个 100101011 的字符串到达调制解调器的调制单元。如果采用如下调制技术，请给出输出信号：

    (a) ASK。

    (b) FSK。

    (c) PSK。

12. 我们想设计一个高速路由器的 IPP，并分析延迟。IPP 收到的分组被分成较小的段，每段包含 d bit 数据和 50 bit 首部。交换引擎需要以 r b/s 的速度传输段。若想获得最大速度：

    (a) 是否可以根据 d 和 r 优化每个段的处理延迟 D？具体如何优化？

    (b) 与 D 相比，交换引擎中的处理延迟是否显著？为什么？

2.8 计算机仿真项目

路由器的路由表仿真。仿真路由器的路由表，编写一个计算机程序来构造一个具有 10 个表项的查找路由表。每个表项必须包含序列号、时间、目的地址、目的节点(给定特定网络)的成本和路由器端口号。程序需要经常演示更新机制。

第3章 数据链路和链路接口

迄今为止，我们已经讨论了基本的网络协议和设备。本章重点关注数据**链路**和设备**链路接口**的功能，尤其是有线和无线数据传输方法。在介绍了传输介质的一般特性后，我们会研究整个协议栈的链路层问题。本章的重点如下：

- 数据链路；
- 链路编码器；
- 链路上的检错与纠错；
- 链路上的流量控制；
- 多用户链路访问；
- 多用户无线信道访问；
- 链路聚合。

本章的重点内容之一是链路问题，在第2章的**网络接口卡**（Network Interface Card，NIC）一节中简要介绍过。本章首先在数据链路这节中讨论有线和无线传输介质。我们通过对比导向和非导向链路，简单讨论它们的应用，并总结关键的传输特性。

我们的下一个主题是数据链路上的**检错**和**纠错**。然后我们研究链路的帧**流量控制**，这是实现链路流量控制的保证。流量控制的内容包括**停等**协议和**滑动窗**口协议。对于这两种流量控制技术，我们还将介绍保证丢失帧重传的**自动重传请求**（Automatic Repeat Request，ARQ）协议。

接着，我们描述在有线和无线环境中，多个用户试图使用单个链路或信道时的链路访问和信道访问方法。最后，我们讨论多链路聚合的方法，该方法可以提高吞吐量，并在其中一个链路故障时提供冗余。

3.1 数据链路

数据链路是数据发送器和数据接收器之间的物理路径。图3.1显示了数据通信中各种应用的电磁波频谱频率范围。

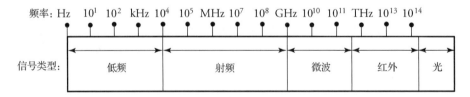

图3.1 不同数据通信应用中的频谱范围

- 低频子谱覆盖了0～15 kHz范围内的所有频率，是通常用于**电话系统**中的人的语音频率范围。
- **射频**（Radio Frequency，RF）子谱覆盖几千Hz到几GHz的频率。电信中的RF应用包括**无线电系统**、**电视系统**、**蓝牙通信**和**手机**。
- **微波**频率子谱范围从几GHz一直到10^{11} Hz以上，用于**微波系统**、**雷达**和**卫星通信**等应用中。

- 红外频率子谱范围从 10^{11} Hz 以上到 10^{14} Hz 以内。红外信号可用于**遥控**、**激光**和**导弹**。
- 光频率子谱包括所有可见光部分，主要用于**光纤通信**。

数据传输可以使用**有线链路**或**无线链路**，具体取决于应用和链路的可用带宽。传输链路也可以分为**导向**(或**定向**)和非导向。有线链路通常被认为是数据传播的导向介质，无线介质可以设计在多个方向上传播信号，因此是非导向的。信号以电磁波的形式在链路上传输。令 c 为电磁波的速度，f 为传输信号的频率，λ 为信号波长，那么：

$$\lambda = \frac{c}{f} \tag{3.1}$$

一个导向链路，无论是有线还是无线，都可以是**全双工**的(即两个反向的比特流可以同时传)，也可以是**半双工**的(即在任何一个时间点上，仅在一个方向上传输比特流)。下面将探讨最常用的数据链路。

3.1.1　数据链路类型

数据链路为两个通信实体之间的信号传播提供了物理路径。计算机网络中常用的四种链路是**双绞线链路**、**同轴电缆链路**、**光纤链路**和**无线链路**。

双绞线链路

双绞线链路是用于数据传输的最简单的导向介质。双绞线通常用铜制造，由两根绝缘线组成。导线的绞缠作用降低了每对传输链路之间产生的串扰。为了增加传输电缆的容量，特别是对于长距离应用，将多对这样的链路一起捆绑包裹在保护套中。双绞线链路最常见的应用之一是用于电话网传输链路。双绞线电缆的频率范围是 0～1 MHz。

同轴电缆链路

使用**同轴电缆**可以实现更高数据速率的远距离应用。同轴电缆是一个空心的圆柱状外部导体包裹一个内部导线。外部导体与内部导线之间由固体绝缘材料隔离。外部导体也屏蔽于外界。这种同心结构使同轴电缆能抗干扰。同轴电缆有着广泛的应用，如有线电视分配、长途电话传输和局域网。同轴电缆可承载的频率范围是 0～750 MHz。

光纤链路

使用光纤可以实现高带宽通信链路。**光纤链路**是一种能引导光线的薄玻璃或塑料线。制作光纤最好的材料之一是**超纯熔融石英**。这种光纤自然比普通玻璃光纤更贵。塑料光纤常用于可承受较高损耗的短距离链路。

与同轴电缆类似，光纤线缆也具有圆柱形结构。具有相同轴心的三个部分是**纤芯**、**包层**和**护套**。纤芯由几根非常细的光纤组成，每根光纤都包裹有自己的包层。每个包层也有一个玻璃或塑料涂层，但和纤芯不同。这种差异是将光限制在线缆中的关键机制。总的来说，纤芯与包层之间的边界能将光反射回纤芯，并使其穿过整个线缆。

纤芯和包层又被一个护套包裹，护套由一种能保护线缆不受外界干扰和损坏的材料制成。光纤优于同轴电缆，主要是因为光纤具有更高的带宽、更轻的重量、更低的信号衰减和更小的外部干扰影响。光纤链路用于各种类型的数据通信 LAN 和 WAN 应用。光纤的频率范围是 180～330 THz。

无线链路

在无法铺设物理线路时，计算机网络可以采用无线基础设施。一个典型的例子是移动数据通信，即移动用户试图连接并保持到互联网的连接。无线课堂教育是另一个例子，教师通过无线介质教授课程，学生可以使用便携计算机在规定的附近任何地点学习课程。

无线网络的关键挑战之一是对可用传输频谱的有效利用。由于无线通信可用的频谱通常是有限的，因此必须在不同的物理区域重复使用频率。用于无线通信的频谱通常可达几 GHz。安全也是无线网络中的一个问题。开放的空中接口将难以防止窥探。

链路层设计技术要在链路层相关的各种参数之间进行权衡。理想的设计是在使用最小的带宽和传输功率的同时维持高数据速率、低延迟和低比特差错率(Bit Error Rate，BER)。这些设计挑战必须在诸如平坦衰落、多径效应、阴影效应和干扰等信道不理想的情况下实现。

无论是导向还是非导向的无线链路都用于数据通信。无线链路使用天线设备通过**真空**、**空间**、**空气**或**物质**传输信号。电磁波可以通过前三种传播，也可以通过水和木头传播。频率范围取决于物质的类型。高效的无线链路和传输系统的总体设计面临的两个关键挑战是**天线和无线信道的选择**。

3.2　链路编码器

回顾上一章，NIC 的主要功能之一是**线路编码**。在处理要调制的原始信号之前，要对用于数字传输的二进制信号执行**线路编码过程**。通过线路编码，二进制信息序列被转换成数字编码。为了在数字传输中达到最大的比特速率，需要进行线路编码。编码过程中，从数字信号中恢复比特时序信息也是必不可少的，这样接收采样时钟可以与传输时钟同步。时序同步对 LAN 的性能尤其重要。线路编码的其他原因是降低传输功率和消除传输线路中的直流电压。

通常，线路编码器的成本和复杂性是为给定应用选择编码器的主要因素。图 3.2 显示了几种用于计算机通信的实用线路编码技术。二进制序列 1011 0100 1110 0010 通过线路编码生成编码信号。最简单的线路编码形式是使用原始比特，即二进制 1 由+V 电压电平表示，二进制 0 由 0 电压表示。该方法的平均传输功率为 $(1/2)V^2+(1/2)0^2 = V^2/2$。这种方法会在传输线路上产生一个平均直流电压，这在 LAN 系统中并不常用。

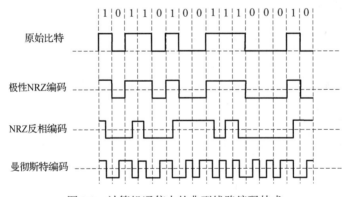

图 3.2　计算机通信中的典型线路编码技术

一个更节能的线路编码方法是**极性** NRZ，其中 NRZ 代表不归零码(Non-Return to Zero，NRZ)。在这种方法中，将二进制 1 映射为+V/2，0 表示为–V/2。平均功率即为 $(1/2)(+V/2)^2+(1/2)(-V/2)^2 = V^2/4$。一般来说，这种方法没有直流分量，适用于大多数网络应用。

原始比特和极性 NRZ 编码方法都存在一个问题，就是极性错误可能导致 1 序列被当成弱 1 甚至是 0 进行传递。为了解决这个问题，引入了 **NRZ 反相编码**(NRZ-Inverted，NRZ-I)。在 NRZ-I编码中，二进制 1 被映射成比特间隔中的一次改变。例如，如果在新的二进制 1 到达之前的二进制电平为 1，那么新的二进制 1 可以映射为三部分：①比特周期的一半为 1；②从 1 到 0 的跃迁；
(3)比特周期的另一半为 0。同样，如果在新的二进制 1 到达之前的二进制电平为 0，那么新的二
进制 1 可以映射为三部分：①比特周期的一半为 0；②从 0 到 1 的跃迁；③比特周期的另一半为 1。
使用 NRZ-I 编码，二进制 0 没有电平改变，信号在整个比特时间内保持不变。应注意，NRZ-I 编
码后的平均电压为 0。这种编码方法中的错误会成对出现。这意味着在一个比特时间内产生的错误
会导致下一个比特出现新的错误。

从频率的角度来看，由于存在直流分量或 0 到 1 的跃迁(反之亦然)，原始比特编码和 NRZ-I
编码方法都会产生一个从接近 0 的极低频率开始的频谱。尽管双极 NRZ 有更好的频谱分布，但是
对噪声的抗干扰能力弱仍然是三种 NRZ 编码的一个共同问题。低频率在一些通信系统中也是一个
瓶颈，因为电话传输系统不会通过低于 200 Hz 的频率。为了解决这个问题，提出了**曼彻斯特编码**。

在曼彻斯特编码方法中，从 1 到 0 的跃迁表示二进制 1，从 0 到 1 的跃迁表示二进制 0。曼彻
斯特编码方法的一大特点是自同步。事实上，每个二进制比特都包含一个在比特中间位置的跃迁，
这使得时序恢复非常容易。从频率的角度来看，比特率是 NRZ 编码的两倍，这显著增强了频谱形
状，将较低的频率上移。这种线路编码方法适用于 LAN，特别是第 4 章讨论的千兆以太网。

3.3 链路上的检错和纠错

数据在介质中传输时会出现差错，即使在传输过程中采用所有可能的降低差错措施，差错仍
然会出现，并扰乱数据传输。任何计算机或通信网络都必须传递准确无误的消息。

检错主要应用于数据链路层，在其他层中也执行。在某些情况下，传送层会包含一些检错机
制。当一个分组到达目的地时，目的地可以从传送层首部提取检错码进行检错。有时，网络层协
议会在网络层首部应用检错码。在这种情况下，仅对 IP 首部进行检错，而不是数据字段。在应用
层，也可能有一些类型的检错，如检测丢失分组。但是最常发生差错的仍然是数据链路层。在数
据链路层常见的差错如图 3.3 所示，并描述如下。

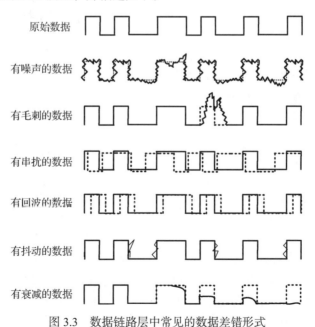

图 3.3 数据链路层中常见的数据差错形式

- **噪声**是连续的，取决于介质的温度。噪声可能会改变数据的内容，如图 3.3 所示。噪声可以通过一组滤波器过滤掉。
- **毛刺**不是连续的，但它可能会完全消除数据，使其无法恢复。
- **串扰**是两个有源链路之间的耦合作用。耦合可以是电气的，如两组双绞线之间；也可以是电磁的，如通过天线收到不需要的信号。
- **回波**是发射信号的反射影响。信号在传输到电缆末端后会被导线反射回来，干扰原始信号。这种差错常常发生在总线型 LAN 中。通常采用单向滤波器，如回声消除器，加在链路上来消除回波。
- **抖动**是一种定时不规则，出现在信号的上升和下降处，进而导致差错。抖动可能由电磁干扰或串扰引起，可以通过适当的系统屏蔽来减少抖动。
- **比特衰减**是比特信号在通过介质传输时的比特强度损失。在数字系统中使用放大器和中继器可以消除这种类型的差错。

任何链路都会受到差错影响。铜线介质的双绞线受到多种干扰和噪声的困扰。卫星、微波和无线电网络也容易产生噪声、干扰和串扰。光缆也可能会出现差错，尽管概率很低。

3.3.1　检错方法

数据链路层的大多数网络设备都会插入一些类型的检错码。当帧到达传输路径上的下一跳节点时，接收节点提取检错码来检查这个帧。当检测到差错时，通常会丢弃该消息。在这种情况下，错误消息的发送方将收到通知，并重发消息。但是，在一些实时应用中，不能重发消息。最常用的检错方法是：

- 奇偶校验；
- 循环冗余校验(Cyclic Redundancy Check，CRC)。

奇偶校验法是计算数据中所有 1 比特的个数，并添加一个额外的**奇偶校验位**。这使得 1 比特的总个数为偶数(偶校验)或奇数(奇校验)。奇偶校验法是最简单的检错技术，但其效果不佳。CRC 方法是最精细和实用的技术之一，但它要复杂一些，要在数据块中添加 8～32 bit 检错码。我们的重点是 CRC。

在这一点上，需要说明的是**互联网校验和**是另一种检错方法，不过它用于网络层和传送层，我们会在第 5 章和第 8 章中进行讨论。

3.3.2　CRC 算法

CRC 方法提供了智能的差错校验，已被大多数计算机和通信系统采用。图 3.4 显示了一个用于链路检错的传输 NIC 的 CRC 单元。

在任何系统中，都采用发送器和接收器之间的一个标准和公共值进行差错处理。这个 g bit 长度的公共值称为校验**生成因子**，表示为 G。在发送器上，部分或整个帧被视为一个数据块，每个数据块被单独处理。

发送器中的 CRC 单元首先将数据(D)和 $g-1$ 个 0 结合生成一个(D,0)项。(D,0)的值经过一个 CRC 过程，即使用 G 进行模 2 除法，如图 3.4 所示。将这个过程产生的 CRC 值追加到 D 之后，生成(D,CRC)。(D,CRC)项在链路上发送，可以保证(D,CRC)，即数据帧中的差错可以在链路的另一端用相似的逆操作检测出来。发送器部分的 CRC 算法可概括如下：

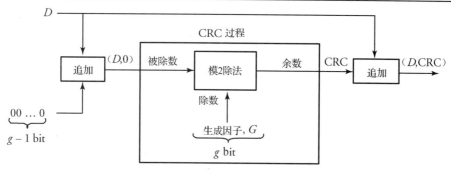

图 3.4　发送器上执行链路检错的 CRC 单元

开始发送器中的 CRC 算法

1. 将 $g-1$ 个 0 bit 串添加到输入数据 (D) 中，我们将这个新数据块称为 $(D,0)$。
2. $(D,0)$ 是被除数，生成因子 G 是除数，进行模 2 的除法运算。
3. 丢弃除式的商，余数则为 CRC。
4. 将 CRC 值追加到数据后，生成 (D,CRC)。

在通信系统的另一端，接收器收到 (D,CRC) 值，并执行一个算法来检测差错。图 3.5 显示了用于链路检错的接收 NIC 的 CRC 单元。接收器中的 CRC 单元首先执行一个类似的 CRC 过程，即使用 G 进行模 2 除法，只是这次该过程作用于输入的 (D,CRC) 值。这个过程生成 0 表示数据没有错误并可接收，或是生成一个表示数据(帧)有错的非 0 值。接收端的 CRC 算法可以概括如下：

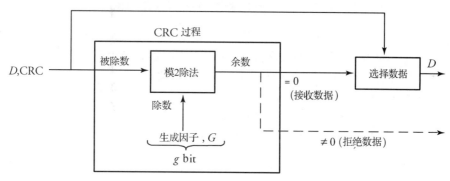

图 3.5　接收器上执行链路检错的 CRC 单元

开始接收器中的 CRC 算法

1. (D,CRC) 是被除数，与发送器相同的生成因子 G 是除数，进行模 2 除法运算。
2. 丢弃除式的商，如果余数为 0，接收器就知道数据没有错误；否则，不能接收数据，因其有一个或多个错误。

模 2 除法运算非常简单。模 2 除法函数是**加法**不进位或**减法**不借位。有趣的是，模 2 除法函数的执行与异或逻辑完全相同。例如，使用模 2 除法运算，我们可以得到 1+1=0 和 0–1=1。同样地，使用异或逻辑运算：$1 \oplus 1 = 0$ 和 $0 \oplus 1 = 1$。

例：使用 CRC 检错方法传输一个 1010111 的数据块 (D)。假设生成因子 G 的公共值是 10010。求发送器在链路上发送的最终值 (D,CRC)，并写出接收器详细的检错过程。

解：显然，在发送器上要追加到 (D) 中的 0 的个数是 4$(g-1=4)$，因为生成因子有 5 bit$(g=5)$。

图 3.6(a)显示了发送器端的 CRC 详细过程。因为(D)=1010111，所以(D,0)=1010111,**0000**，是被除数。除数是 G =10010。使用模 2 除法运算，得到的商是 1011100，余数是 CRC =1000。因此，发送器发送(D,CRC)=1010111,1000。在接收器上，如图 3.6(b) 所示，(D,CRC)=1010111,1000，为被除数，除以相同的除数 G =10010。因为余数为 0，所以接收器知道数据中没有差错，可以提取数据。

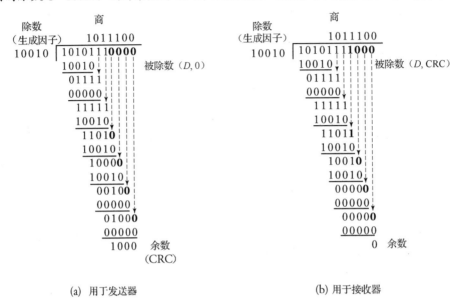

(a) 用丁发送器　　　　　　　　　　　　　　　　　　(b) 用于接收器

图 3.6　用于发送器和接收器 CRC 过程的模 2 除法

　　CRC 算法相当简单。再看一下上面的例子，模 2 运算的一个事实是余数总是(g-1)bit 长，所以本例中，余数是 4 bit 长。因此，如果我们确保 g-1 个附加 0(本例中是 4 个 0)在被除数的末尾，接收器就可以根据被除数的长度执行相同的运算。如果发送器产生一个余数，如 1000，那么将这个值添加到相同的数据中则确实可以得到余数 0，说明这个数据与发送器使用的数据相同。因此，如果在传输中有任何差错，接收器端的余数就可能不为 0，从而能认为有错。读者可以研究一下如果传输中有差错，那么接收器端余数为 0 的可能性很小。

等效的多项式表示

　　可以重述之前的类推，即 CRC 检错方法将要传输的数据视为多项式。通常，可以将一个比特串 $a_{n-1}a_{n-2}a_{n-3}\cdots a_0$ 表示成一个普通多项式：

$$a_{n-1}x^{n-1} + a_{n-2}x^{n-2} + a_{n-3}x^{n-3} + \cdots + a_0x^0$$

其中 a_i 可以是 0 或 1。也就是说，如果数据比特是 1，对应的多项式项就保留。例如，比特流(D)=1010111 产生的串 $a_6a_5a_4a_3a_2a_1a_0$=1010111，可以表示为

$$x^6 + x^4 + x^2 + x^1 + x^0$$

为除数的**生成因子**值，这里称为**生成多项式**。一些熟知且被行业认可的、用于创建循环校验和余数的生成多项式(即发射器和接收器之间的公共除数)有：

CRC-10: $x^{10} + x^9 + x^5 + x^4 + x + 1$

CRC-12: $x^{12} + x^{11} + x^3 + x^2 + x + 1$

CRC-16: $x^{16} + x^{15} + x^2 + 1$

CRC-CCITT: $x^{16} + x^{15} + x^5 + 1$

CRC-32-IEEE 802:

$$x^{32} + x^{26} + x^{23} + x^{22} + x^{10} + x^8 + x^7 + x^5 + x^4 + x^2 + x + 1$$

需要注意的是，多项式表示只是解释 CRC 算法的一种简便方法。在实际应用中，发送器和接收器执行如前所述的比特除法。

CRC 的有效性

CRC 校验是很好的检错方法。但是，需要分析一下接收器是否总是能够检测到损坏的帧。考虑有 g 项的生成多项式 $x^{g-1}+x^{g-2}+\cdots+1$。显然，$g-1$ 是生成多项式的最高次幂。令 n 为接收消息中突发错误的长度。如果突发错误的长度 $n < g$，那么差错检测为 100%。对于所有其他情况，在 x^{g-1} 与 1 之间的所有项定义了哪些比特是错误的。因为有 $g-2$ 项，所以就有 2^{g-2} 种可能的错误比特组合。假设所有组合发生的概率相等，则组合与多项式的项完全匹配的可能性是 $1/2^{g-2}$。这是没有检测到损坏比特的概率。在所有情况下，通过 CRC 捕捉到这类突发差错的概率为

$$p = \begin{cases} 1, & n < g \\ 1 - \left(\dfrac{1}{2}\right)^{(g-2)}, & n = g \\ 1 - \left(\dfrac{1}{2}\right)^{(g-1)}, & n > g \end{cases} \tag{3.2}$$

例：考虑之前定义的基于 CRC-CCITT 的计算机通信标准。在这个标准中，多项式的最高次幂为 $g-1=16$。如果突发错误的比特长度 n 小于 $g=17$ bit，那么 CRC 可以检测出来。假设 $n=g=17$：

$$p = 1 - \left(\frac{1}{2}\right)^{(17-2)} = 0.999\,969$$

该概率接近于 1。

CRC 单元中模 2 除法的硬件实现

硬件和软件的结合可以很快执行除法过程。用于执行 CRC 计算的基本硬件示例如图 3.7 所示。硬件包括一个简单的寄存器，用来实现 CRC 过程的生成多项式 x^4+x。除第一项 x^4 外，现有项的每次幂都包含一个异或，如图所示。注意生成因子值 10010 现在以硬件形式出现，由 1 bit 移位寄存器和异或门的组合来表示除第一项 (x^4) 外的每个现有项 (如 x)，用一个寄存器来请求得到每个不存在的项 (如 x^2 或 x^3)。因此，我们可以从图中看到生成多项式只有一项。

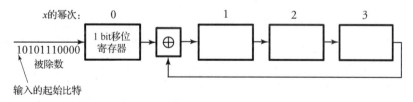

图 3.7　CRC 单元中模 2 除法的实现：最高位首先进入

最初，寄存器的内容为 0。1010111,**0000** 的所有数据比特从左边第一比特开始，进入 1 bit 移位寄存器。当下一比特到来时，移位寄存器向右移动一比特。最右边的移位寄存器的输出比特反馈到异或门处，进行异或运算。在比特右移之前，如果要经过一个异或门，就要将移位的比特和最右边寄存器的输出比特进行异或运算后的值移入下一个寄存器中。当所有数据比特都输入完后，寄存器的内容即为图 3.6(a) 中所示的余数。

例：若采用与 CRC 小节中相同的$(D,0)=1010111,0000$ 和相同的生成因子 $G=10010$，请直接给出模 2 移位寄存器的内容。证明移位寄存器的最终内容即为 CRC 值。

解：我们需要将$(D,0)=1010111,0000$ 输入用 $G=10010$(x^4+x)构建的移位寄存器，移位寄存器的内容初始化为 0000。在分别移入$(D,0)$的第 1 和第 2 比特后，移位寄存器的内容分别变为 1000 和 0100。注意，比特移要从$(D,0)$的最高位开始，见表 3.1。如果继续一步一步将$(D,0)$的所有比特输入移位寄存器中，那么移位寄存器中的最终内容为 0001，其倒序即为 CRC =1000。

表 3.1 移位寄存器模 2 运算的数据结果

$(D,0)$的比特左移	移位寄存器的内容
1010111,0000	0000
010111,0000	1000
10111,0000	0100
0111,0000	1010
111,0000	0101
11,0000	1110
1,0000	1111
0000	1011
000	0001
00	0100
0	0010
–	**0001**

3.4 链路上的流量控制

通信系统必须在传输链路上使用**流量控制技术**来确保发送器不会用数据淹没接收器。一些协议保证了链路流的控制。两种广泛使用的流量控制协议是**停等**和**滑动窗口**。

3.4.1 停等流量控制

停等协议是最简单且成本最低的链路流控制技术。该协议的主要思想是：发送器在发送一帧后等待确认(见图 3.8)。协议的本质是如果发送器在约定的一段时间后没有收到确认，就会重传这一帧。

在图中，我们假设有两个连续的帧 1 和帧 2。帧 1 已经准备好进入链路，并在 $t=0$ 时发送。假设 t_f 是将一个帧的所有比特传送到链路上所需的时间，t_p 是发送器(T)和接收器(R)之间的帧传播时间，t_r 是节点收到帧的处理时间。将一个帧从发送器传输到接收器所需的时间为 $t=t_f+t_p$。当帧 1 到达时，接收器处理帧的时间是 t_r，并产生一个确认帧 ACK 2，因此总的时间为 $t=(t_f+t_p+t_r)+t_{fa}$，其中 t_{fa} 是将 ACK 帧传输到链路上所需的时间。注意，协议要求帧 1 的确认必须是期望收到的下一帧(帧 2)，因此接收器将返回 ACK 2。

同样道理，发送器收到 ACK 2 帧所需的时间为 $t=t_{fa}+t_p$，并需要 t_{ra} 的时间进行处理。因此传送一帧并接收到其确认帧的总时间为

$$t=(t_f+t_p+t_r)+(t_{fa}+t_p+t_{ra}) \tag{3.3}$$

注意，使用这种技术，接收器可以通过抑制或延迟确认来停止或减慢数据流的传输。实际上，t_r、

t_{fa} 和 t_{ra} 与公式中的其他项相比可以忽略不计。因此，公式可以近似为

$$t \approx t_f + 2t_p \tag{3.4}$$

所以，链路效率可以定义为

$$E_l = \frac{t_f}{t} = \frac{1}{1 + 2\left(\dfrac{t_p}{t_f}\right)} \tag{3.5}$$

在这个公式中，$t_f = f/r$，其中 f 是以 bit 为单位的帧长度，r 是数据速率；$t_p = l/c$，其中 l 是传输线路的长度，c 是传播速度。对于无线和有线传输，$c = 3 \times 10^8$ m/s，而光纤链路的 $c \approx 2.3 \times 10^8$ m/s，这是因为光在链路上以之字形传输，因此整体速度较低一些。

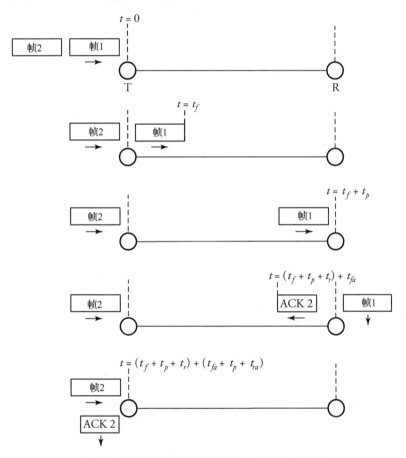

图 3.8　数据链路中停等流量控制的简单时序图

　　例：两个计算机直接在 $l=1$ km 长的光纤链路上使用总长度 $f = 424$ bit 的帧进行通信。假设以 $r =155.5$ Mb/s 的速率传输数据，传播速度为 $c \approx 2.3 \times 10^8$ m/s。假设使用停等流量控制协议，求链路效率。

　　解：首先求得传输时间 $t_f = f/r$，为 2.7 μs，并求得传播时间 $t_p = l/c$，为 4.3 μs。接着，代入公式 (3.5) 可得链路效率为：

$$E_l = \frac{1}{1 + 2\left(\dfrac{4.3}{2.7}\right)} = 23\%$$

在研究另一种称为"滑动窗口"的流量控制时，我们可以通过一个类似的例子来了解链路效率的性能。

ARQ 协议

ARQ 协议，也称为自动重复查询协议，是一种控制帧时序从而在不可靠服务上实现可靠数据传输的协议。ARQ 可以用在任何流量控制协议中，如停等协议。在 ARQ 协议中，由接收器(R)发出的确认帧(ACK)表示接收器在超时时间内正确收到了数据帧。超时是收到确认之前允许经过的指定时间段。如果发送器(T)在超时前没有收到帧的确认，就必须重传该帧直到收到确认或超过预定的重传次数为止。

图 3.9 展示了发送器(T)和接收器(R)之间停等流量控制的五个不同时间段，并包括链路活动中的 ARQ 协议。这五个时段是 ARQ 超时时段，即超时 1～超时 5。在超时 1 期间，是一次正常交互，即在定时器到期前收到帧 1 的 ACK，这意味着成功传送了帧 1 并收到其 ACK 2。注意，协议要求对帧 1 的确认必须是期望收到的下一帧(帧 2)，因此接收器返回 ACK 2。在超时 2 期间，下一个帧 2 成功到达接收器，但由于某种原因，ACK 3 在传输链路上丢失了。为此，发送器没有收到确认，于是在超时 3 期间重发帧 2。在超时 4 期间，也存在导致超时 5 期间重传帧的类似情况，只不过这次是帧 3 自己在传输过程中丢失了。

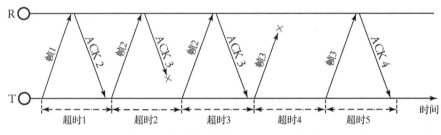

图 3.9　停等流量控制中的 ARQ 实现

3.4.2　滑动窗口流量控制协议

停等协议的缺点是每次只能传输一帧。在传输链路上传送多个帧会显著改善这种流量控制。然而允许同时传输一系列帧需要一个更复杂的协议来控制链路上的数据溢出。众所周知的**滑动窗口**协议是一种有效控制帧流的技术。

图 3.10 显示了一个无阻塞的滑动窗口流量控制示例。使用这个协议，发送器(T)和接收器(R)约定形成相同长度的帧序列。令序列长度为 w，那么，发送器为 w 个帧分配缓冲区空间，接收器最多可以接收 w 个帧。在图中，$w = 5$。发送器可以在不等待任何确认帧的情况下最多发送 $w = 5$ 个帧。序列中的每个帧都由唯一的序号标记。

首先，发送器打开一个 $w = 5$ 的窗口，接收器也打开一个 w 大小的窗口，指示可以接收的帧数。第一次尝试中，传输序列 i 的第 1～5 帧。然后发送器等待，直到接收器告知已收到帧。与停等控制类似，ARQ 协议要求帧 1～5 的确认必须是期望收到的下一帧(帧 6)，因此，接收器返回 ACK 6(而不是 ACK 1)，如图所示。此时，发送器和接收器将其窗口移至后续的 w 个帧，重复前面的过程，以传送第 6～10 帧。

图 3.11 显示了流量拥塞情况下的滑动窗口流量控制示例。首先，发送器打开一个 $w = 5$ 的窗口，如图所示，接收器也打开一个 w 大小的窗口，指示可以接收的帧数。第一次尝试中，假设由于流量拥塞，只传了序列 i 的第 1～3 帧。然后发送器将其窗口收缩到 $w = 2$，但在缓冲区中保存

这些帧的副本，以防止接收器没有收到这些帧。在收到这三个帧后，接收器也将其接收窗口收缩到 $w=2$，并向发送器发送确认帧 ACK 4 来确认收到了帧，并告知发送器下一个期望的序列必须从第 4 帧开始。

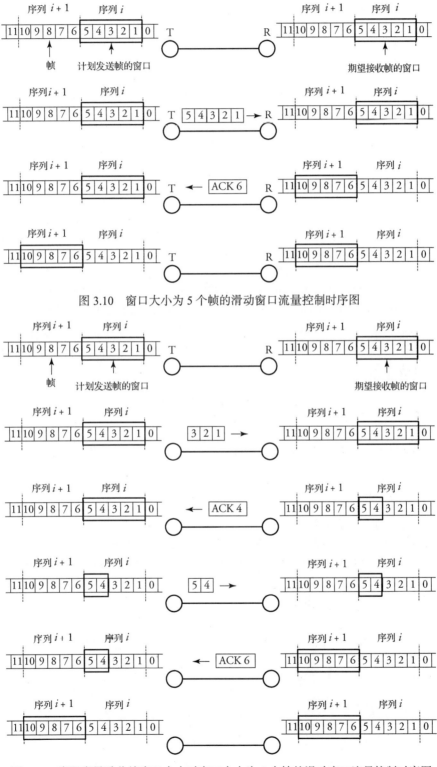

图 3.10   窗口大小为 5 个帧的滑动窗口流量控制时序图

图 3.11   当阻塞导致收缩窗口大小时窗口大小为 5 个帧的滑动窗口流量控制时序图

在发送完 ACK 4 后，接收器将接收窗口大小改回 $w = 5$。确认帧还携带下一个期望收到的帧序号，并通知发送器接收器已准备好接收后续的 5 个帧。收到 ACK 4 后，发送器扩大窗口回到 $w = 5$，丢弃第 1～3 帧的副本，并继续发送后续帧。在这个协议中，窗口好像随着帧的到来而滑动，如图所示。

同样地，我们可以为这个协议推导出类似停等协议的表达式。可以通过公式(3.3)得出传输 w 个帧中的一帧的总时间，包括所有确认过程，对 w 求平均并包含 wt_f：

$$t = \frac{1}{w} \left[(wt_f + t_p + t_r) + (t_{fa} + t_p + t_{ra}) \right] \tag{3.6}$$

实际上，t_r、t_{fa} 和 t_{ra} 与公式中的其他项相比可以忽略不计。因此，公式可以近似为

$$t \approx t_f + 2\left(\frac{t_p}{w}\right) \tag{3.7}$$

所以，链路效率可以表示为

$$E_l = \frac{t_f}{t} = \frac{w}{w + 2\left(\dfrac{t_p}{t_f}\right)} \tag{3.8}$$

链路效率为网络设计者提供了用于网络管理目的的链路利用率参考。

例：重复为停等协议提出的相同示例，但这次使用滑动窗口流量控制协议，其中窗口大小为 $w = 5$。我们记得这个示例中，两个计算机直接在 $l = 1$ km 长的光纤链路上使用总长度 $f = 424$ bit 的帧进行通信。假设以 $r = 155.5$ Mb/s 的速率传输数据，传播速度为 $c \approx 2.3 \times 10^8$ m/s。

解：我们获得传输时间 $t_f = f / r$，为 2.7 μs，再求得传播时间 $t_p = l/c$，为 4.3 μs。接着，代入公式(3.8)可得链路效率为

$$E_l = \frac{5}{5 + 2\left(\dfrac{4.3}{2.7}\right)} = 61\%$$

与停等协议相比，使用滑动窗口协议的链路性能更好，因此滑动窗口更普遍，尤其是在链路流量较大的情况下。

滑动窗口中的 ARQ

ARQ 协议也用于滑动窗口流量控制中。图 3.12 显示了发送器(T)和接收器(R)之间滑动窗口链路流量控制的三个不同时间段，并包括链路活动中的 ARQ 协议。这三个时段是 ARQ 超时时段，即超时 1～3。周期可以看作 ARQ 三个超时时间。在超时 1 期间，是一次正常交互，即在定时器到期前收到序列 i(包含帧 1～5)的 ACK 6，这意味着成功传输帧 1～5 并收到其 ACK 6。再次注意，协议要求对帧 1～5 的确认必须是期望收到的下一帧(帧 6)，因此接收器返回 ACK 6(而不是 ACK 1)。

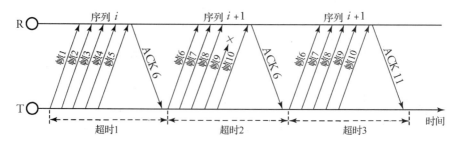

图 3.12　滑动窗口流量控制中的"回退 N 帧"类型的 ARQ 实现

在超时 2 期间，发送包含帧 6~10 的下一个序列 $i+1$，但由于某种原因，序列中的一个帧(帧 9)在传输链路上丢失了。接收器根据序号发现收到的序列 $i+1$ 中缺少一帧，因此它再次发送 ACK 6 请求重传序列 $i+1$。发送器收到的 ACK 6 表示发送器需要重传整个序列 $i+1$。这个技术也称为回退 N 帧 (Go-back-N) ARQ。

3.5 多用户链路访问

有线或无线链路的访问方法可以大致分为三种类型：

- **竞争访问方法**，每个需要发送数据的用户必须通过竞争来访问介质。
- **轮询访问方法**，每个用户以轮询方式获得发送数据的公平机会。
- **预约访问方法**，主要用于流通信。这种方法和同步时分复用一样，使用时隙来访问介质。用户可以提前预约传输时隙。预约的控制机制可以是集中的，也可以是分散的。

预约访问方法将在本书第二部分的多媒体和高级网络章节中介绍。前两种访问方法中，轮询方法并不实用，因为会造成链路带宽的浪费，因此我们将不再讨论它。竞争访问方式是最常用的链路访问方法，下面将详细描述。

竞争访问方法是随机的，更适合于突发的流量，不容许浪费共享介质的带宽。与轮询和预约方案不同，竞争方案不用控制，而是每个需要发送数据的用户必须通过竞争来访问介质。这种方案易于实现，是轻度或中度流量的有效解决方案。

当用户登录到 LAN 中时，随时都可能需要传输帧的信道，这可能导致帧冲突。这个严重的问题可以通过以下几种方式解决：

- **给每个用户永久分配一个信道**。这种方法明显浪费了系统带宽。
- **周期性检查用户**。系统周期性地询问用户是否有需要传输的数据。这种方法在较大规模的网络中会导致很长的延迟。
- **随机访问信道**。系统可以提供一种机制，使用户可以随时访问信道。这种方法是有效的，但如果同时传输两个或多个帧，就会面临冲突问题。

计算机网络有几种随机访问方法。两种常用的方法是 **Aloha** 方法和**载波监听多路访问**(Carrier Sense Multiple Access，CSMA)方法。下一节将讨论 CSMA 方案。

3.5.1 CSMA

CSMA 协议一次只允许一个用户传输数据。需要传输数据的用户首先要侦听介质并监听介质上的载波，以确定其他用户是否正在传输，即**载波监听**阶段。如果介质忙，用户就等待介质空闲。用户必须等待的时间取决于特定类型的协议。如果没有其他用户传输数据，该用户就开始传输数据。当信道忙时，用户可以采用以下三种方法之一：

- **非坚持 CSMA**。用户在冲突后等待一个随机时间，然后再监听信道。随机延迟用来减小冲突的可能性。但是，这个方案会带来较低的信道利用率：即使另一个传输结束了，用户只能在随机延迟结束后重新检查介质。随机等待时间通常是 $512g$ bit 时间，其中 g 是一个随机数。
- **1-坚持 CSMA**。这个方案克服了非坚持 CSMA 的缺点，即在信道忙时持续监听信道，一旦介质空闲，用户就立即传输。在这个方案中，如果有多个用户都在等待传输，就会发生冲突。

● **_p-_坚持** CSMA。这个方案是非坚持和 1-坚持方法之间的折中。当介质空闲时，用户以概率 p 传输数据。如果介质忙，用户就等待一个最大传播延迟的时间后再传输。选择一个适当的 p 值是有效运行这个方案的关键。

如果两个或多个用户同时尝试传输，就会发生帧冲突，并且损坏所有数据。在这种情况下，所有的相关用户都停止传输。当采用非坚持 CSMA，发生冲突后，每个用户都将在随机选择的时间后开始竞争。完成数据传输后，用户将等待来自目的用户的确认。如果未收到确认，用户将重传数据。

在发生冲突时，CSMA 的主要缺点是其他用户必须等到传输完所有损坏的帧后才能使用介质。这个问题在长帧情况下更加严重。但是，使用 CSMA/CD 可以解决这个问题，用户在传输数据的同时侦听信道，发生冲突时，停止传输，并发送一个干扰信号通知其他用户发生了冲突。用户进入**退避模式**，等待一个退避时间后如果信道空闲就发送。图 3.13(a)中，用户 4 向用户 2 发送的帧与用户 1 发给用户 3 的帧冲突，如图 3.13(b)所示。冲突后，用户 2 立即发现介质空闲，并向用户 1 发送帧，如图 3.13(c)所示。

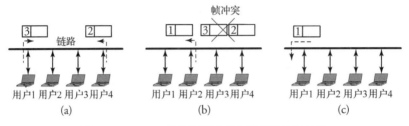

图 3.13   CSMA 竞争访问过程中帧的移动与冲突

考虑将 n 个用户连接到一个公共电缆上，这样当一个用户传输帧而其他用户静默时，所有其他用户都能侦听到该帧。当用户开始传输时，在该用户传输完成之前没有其他用户会开始发送。这样，用户可以在没有冲突的情况下传完帧。用户在传输过程中很可能侦听电缆，显然，如果两个或多个用户同时开始传输，就会发现冲突而停止传输。这就是为什么将这个过程称为带冲突检测的 CSMA（CSMA with Collision Detection，CSMA/CD）。

CSMA/CD 要求帧长度足够长，这样才能在传输完成前检测到冲突。检测冲突的最大时间不能超过两倍的端到端传播延迟。可以用时隙和微时隙来描述 CSMA/CD 过程。将信号从电缆的一端传到另一端，需要设置微时隙。微时隙用于竞争方式。如果所有用户在微时隙上是同步的，那么一个用户在空闲时隙传输，所有其他用户可以接收该帧，直到该帧传输完毕。然而，如果在一个时隙内有多个用户传输，那么每个传输用户会监听到这个情况并停止发送。

帧延迟分析

再次考虑图 3.13 中的用户竞争。令 1 表示两个用户之间的平均距离。最大的 1 是用户 1 和用户 4 之间的距离，最小的 l 值是用户 1 和用户 2 之间的距离。令 c 表示信号的传播速度。任意两个用户之间的帧平均传输延迟可以确定为

$$t_p = \frac{l}{c} \tag{3.9}$$

令 f 表示以 bit 为单位的平均帧长度，r 表示数据速率，可以计算出帧传输时间 t_f 为

$$t_f = \frac{f}{r} \tag{3.10}$$

在这里，可以得出 LAN 总线的利用率为

$$u = \frac{t_f}{t_f + t_p} \tag{3.11}$$

竞争分析

当共有 n 个用户连到一个介质上时，其中 n_a 个用户以概率 p 保持活跃状态。实际上，每个用户的概率都是不同的。通常，一个空闲的空时隙要么被用户占用，要么发生冲突。显然，时隙可用且只有一个用户无冲突地成功传输的概率是

$$p_c = \binom{n_a}{1} p^1 (1-p)^{n_a-1} = n_a p (1-p)^{n_a-1} \tag{3.12}$$

另一种情况是用户尝试在 i 个不同的空闲时将帧发送 i 次，并因为冲突而失败，但在第 $i+1$ 次成功发送了帧。显然，发生这种情况的概率可以通过一个几何随机变量建模，详细的过程见附录 C，并可得到

$$p_i = p_c (1-p_c)^i \tag{3.13}$$

有趣的是，可以通过这个行为模型用期望值计算出平均竞争次数 $E[C]$，详细过程见附录 C：

$$\begin{aligned} E[C] &= \sum_{i=1}^{\infty} i p_i = \sum_{i=1}^{\infty} i p_c^{(1-p_c)i} \\ &= \frac{1-p_c}{p_c} \end{aligned} \tag{3.14}$$

例：假设有 7 个主机作为用户连接在一条电缆上。在某个时刻，3 个主机变为活动，每个主机有一个可用时隙的概率为 0.33。计算活动主机尝试了 8 次并最终在第 9 次成功发送帧的概率 p_8。另外，计算每个主机的平均竞争次数。

解：在本例中，$n = 7$，$n_a = 3$，$p = 0.33$，代入公式 (3.12)，可得 $p_c = 0.44$。使用公式 (3.13) 可以算出活动主机尝试了 8 次并最终在第 9 次成功发送帧的概率 $p_8 = 0.004$。根据公式 (3.14) 可以算出每个主机的平均竞争次数 $E[C]=1.27$。

图 3.14(a) 显示了帧持续时间为 T 秒的帧到达。最后一个冲突帧引起的延迟由随机变量 Y 建模。在这种情况下，帧 2 指示的所需帧与帧 1 和帧 3 冲突。与此相反，图 3.14(b) 中帧 1 的传输没有冲突，其中 Y 是表示帧 2 和帧 3 之间时间间隔的一个随机变量。

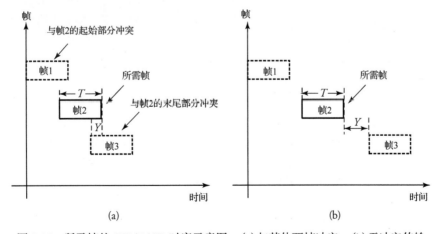

图 3.14 所需帧的 CSMA/CD 时序示意图：(a) 与其他两帧冲突；(b) 无冲突传输

3.6　多用户无线信道访问

无线网络上的语音和视频应用可能需要连续传输，需要为该应用专门分配可用资源。与前一节介绍的多用户访问物理链路类似，无线用户之间共享可用信道带宽，也需要专用的**多路访问**机制。任何无线链路都像有线链路一样有可用带宽。

图 3.15 显示了两种链路访问场景。图(a)中三个主机 11，12 和 13 尝试访问一个公共链路(粗线表示)的某个信道，以便到达外网。根据我们在前一节中学的内容，如果公共链路上只有一个可用信道，那么协议(如 CSMA)只允许其中一个主机访问链路。在这种情况下，主机 13 竞争成功，而其他主机则竞争失败。相比于这种情况，图(b)中三个无线主机 21，22 和 23 也类似地竞争访问到无线接入点(Wireless Access Point，WAP)的公共无线链路。为了解决这个竞争，可以使用一些特殊用途的无线协议来确定竞争成功的主机，如图中所示的主机 23。

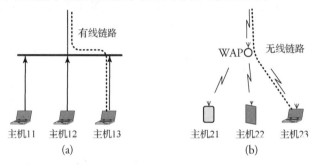

图 3.15　(a)有线链路和(b)无线链路的链路信道访问比较

请注意，无线主机通过射频波传播其数据，所以公共链路上的信道分配是一项挑战。无线主机开始传输之前必须尝试访问无线链路上的"信道"。因此，无线信道是建立通信的部分传输带宽。大多数无线应用都涉及需要某种随机"信道分配"的随机数据传输，这种分配不保证资源的可用性。多路访问技术通过给每个独立的用户分配部分可用频谱，来为用户分配带宽。

信道容易受到干扰和噪声的影响。大多数商用无线系统使用特高频(Ultra-High Frequency，UHF)段的无线电波进行通信。UHF 段的范围为 0.3～3 GHz。卫星通信通常使用 3～30 GHz 的超高频(Super-High Frequency，SHF)段。

有几种无线链路访问方法。最常见的方法是**频分多路访问**(Frequency-Division Multiple Access，FDMA)、**时分多路访问**(Time-Division Multiple Access，TDMA)、**正交频分多路访问**(Orthogonal Frequency-Division Multiple Access，OFDMA)、**单载波频分多路访问**(Single-Carrier Frequency-Division Multiple Access，SC-FDMA)和**码分多路访问**(Code-Division Multiple Access，CDMA)。下面具体讨论这些信道访问方法。

3.6.1　FDMA

在 FDMA 中，每个用户传输时不受时间限制，但只使用整个可用频率带宽的一部分，如图 3.16(a)所示。不同用户在频域中是分开的。因此，在 FDMA 中，可用带宽被划分成互不重叠的频带，即频率信道，每个用户都被分配了一部分链路频谱。

3.6.2　TDMA

TDMA 将一个给定的频谱在时域上划分为多个信道，然后为每个用户分配一个可以使用"整个"时间段的信道。如图 3.16(b) 所示，每个用户只能在指定的时间间隔内传输，并占用整个频率带宽。用户间的分离是在时域中进行的。这些时隙是不重叠的。

TDMA 技术更加复杂，因为用户之间需要时间同步。TDMA 将每个信道划分为正交的时隙，因此根据可用带宽限制了用户数量。TDMA 对支持的用户数量和每个用户的可用带宽进行了严格限制。一种实用的 TDMA 是主要用于局域网的**随机接入技术**。

3.6.3　OFDMA

OFDMA 是一种非常流行的多用户链路访问方法，在大多数 4G 无线网络中都有应用。我们将在第 7 章讨论 4G 网络。OFDMA 是前一章讨论的 OFDM 数字调制方案的多用户版本。OFDMA 通过给单个用户分配子载波的子集来实现多路访问，如图 3.16(c) 所示。这种方法允许几个用户同时进行低速率传输。

OFDMA 同时使用多个窄带子载波传输数据流，每个子载波使用不同的频率。子载波的数量可以达到 512、1024 甚至更多，这取决于整个可用信道带宽是 5、10 还是 20 MHz。由于许多比特是并行传输的，因此每个子载波的传输速度可能比产生的总数据速率低很多。最大限度地减少来自不同方向的信号到达时间稍有不同所造成的多径衰落影响，在实际的无线电环境中非常重要。

OFDMA 中的调制方案是 QAM，如 16-QAM，用于构成每个子载波。理论上，每个子载波信号可由分离的传输链硬件模块生成。这些模块的输出必须与空中传输产生的信号叠加。由于移动台并没有使用所有的子载波，因此其中的许多都被设置为 0。其他移台站可能会、也可能不会使用这些子载波，如图上所示。

3.6.4　SC-FDMA

SC-FDMA 是另一种为多个用户分配共享通信资源的频分多路访问方案。SC-FDMA 作为一种有吸引力的 OFDMA 替代方案受到了广泛关注，特别是在上行链路通信中，较低的峰值平均功率比(Peak-Average Power Ratio，PAPR)在传输功率效率方面极大地有利于作为手机的移动终端，从而降低了功率放大器的成本。在第 7 章讨论的 4G **长期演进**(Long Term Evolution，LTE)无线网络中，已经采用 SC-FDMA 作为上行链路多路访问方案。

与 OFDMA 类似，SC-FDMA 也使用多个子载波传输数据，但增加了额外的处理步骤。SC-FDMA 中额外的处理模块把每一比特的信息传播到所有子载波上。这是通过将多个比特(如表示 16-QAM 调制的 4 比特)组合起来实现的。在 SC-FDMA 中，这些比特通过管道传入**快速傅里叶变换**(Fast Fourier Transform，FFT)函数中。最终结果如图 3.16(d) 所示。该过程的输出是创建子载波的基础。与 OFDMA 一样，并非所有子载波都由移动台使用。

3.6.5　CDMA

在 CDMA 中，为用户分配一个"唯一的码序列"，用来对其数据信号进行编码。用户的每个接收器知道其唯一的码序列，因此能用其码序列对接收到的信号进行解码并恢复原始数据。编码数据信号的带宽要大于原始数据信号的带宽，如图 3.16(e) 所示，即编码过程扩展了数据信号的频谱。因此 CDMA 是基于**扩频调制**的。当多个用户同时传输扩频信号时，接收器仍然能够区分用户，因为每个用户都分配有唯一的码序列。

CDMA 中，传输的每个数据比特都要乘以这个"唯一的码序列"来进行编码。码的变化速率比数据速率更快，这个速率称为**码片速率**。图 3.17 显示了一个 CDMA 编码和解码方案。图中，我们假设传输每个用户的数据比特 1 需要 1 bit 时隙。请注意，为了便于分析，我们用–1 值代替 0。

在每个 1 或 –1 的数据时隙中，我们还假设用户 1 的数据是{1, –1}，唯一分配给接收器和发送器的用户 1 的码序列为{–1,1,–1,–1,1,–1,1,1}。

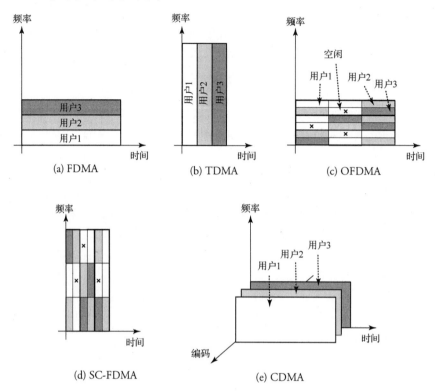

图 3.16   无线链路信道访问方法的比较

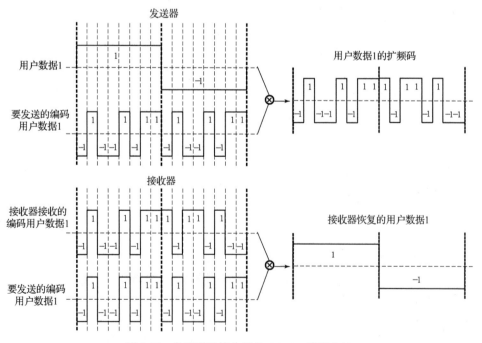

图 3.17   发送器和接收器的 CDMA 编码方法

在发送器中,用户数据乘以用户的码序列。在图 3.17 的示例中,一旦发送器将用户数据乘以码序列,图中所示的用户 1 数据就被编码为{−1,1,−1,−1,1,−1,1,1,1,−1,1,1,−1,1,−1,−1},并通过射频波传播给接收器。接收器将被编码的用户 1 数据再次乘以相同的码序列,即可恢复出原始数据{1,−1},如图所示。CDMA 编码和解码理论的神奇之处在于其他用户不能恢复出用户 1 的数据,唯一能恢复用户 1 数据的码序列是仅分配给用户 1 的码序列{−1,1,−1,−1,1,−1,1,1}。

实际上,其他用户的编码数据比特可以与用户 1 的编码数据比特一起传输。CDMA 的工作原理是假定来自其他用户的干扰传输比特信号是叠加的。例如,如果五个发送器中的每一个都发送一个 1 值,与此同时第六个用户发送一个−1 值,那么在这段时间内所有接收器收到的信号都是 4。这在解码过程中仍然易于解决,但已经超出本章的讨论范围。

扩频技术

与其他信道访问方法相比,CDMA 的根本优势在于使用了**扩频技术**。扩频技术将传输信号的频率扩展到更宽的范围。这项技术减少了平坦衰落和码间干扰。消息信号被具有更宽带宽的**伪噪声信号**调制。因此,合成的传输信号获得了更大的带宽。

扩频技术可以通过两种方法实现。在第一种**直接序列扩频**(Direct Sequence Spread Spectrum,DSSS)中,消息信号与伪噪声序列进行异或,从而扩展频率范围。伪噪声序列是一个周期性重复的脉冲序列。第二种技术是**跳频**,使用"随机"伪噪声序列在一个频率范围内传输。

在如图 3.18 所示的 DSSS 技术中,使用了多径技术,即发送器发送的信号(二进制数据)有多个副本,每个副本具有不同的延迟,而接收器可以从多个传输中恢复信号。传输的二进制数据先与发送器的碎片码(一种脉冲速度快于二进制数据 0 和 1 的指定码)进行异或,以扩展传输信号的频率范围。然后对信号进行调制,以便在无线介质上传输。无线介质中的多径效应会导致信号出现多个副本,每个副本都有不同的延迟 t_1、t_2 和 t_3,以及不同的衰减 α_1、α_2 和 α_3。接收器解调复合信号,然后将结果注入其**耙式接收器**(rake receiver)单元,如图所示。在耙式接收器中,信号首先与恢复的码进行异或操作,但根据发送器产生的延迟进行延迟处理。然后将产生的信号与不同的权重因子 β_1、β_2 和 β_3 结合,以得到减少多径效应的合成信号。

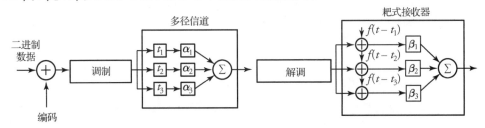

图 3.18　CDMA 中直接序列扩频技术的发送器(左)和接收器(右)

CDMA 的优势是对支持的用户数量没有任何严格限制。但由于编码的影响,随着用户数量的增加,来自其他用户的干扰也随之增加。不过,使用转向天线、干扰均衡和多用户检测技术可以减少干扰。

在 CDMA 中,每个小区的可用带宽分为两部分:一部分用于基站到移动单元的正向传输,另一部分用于移动单元到基站的反向传输。采用的传输技术就是 DSSS。正交碎片码用于提高数据速率并支持多个用户。传输信号的带宽也有所增加。在蜂窝系统中使用 CDMA 有几个优点:

● **频率多样性**。在 CDMA 中,传输信号占用更宽的频率范围,因此传输信号不受噪声和选择性衰落的影响。

- **多径效应**。CDMA 中使用的正交碎片码具有较低的互相关和自相关性，因此，被多个碎片间隔延迟的多径信号不会干扰主信号。
- **私密性**。由于 DSSS 技术使用伪随机序列，因此可以保证私密性。
- **可扩展性**。FDMA 或 TDMA 系统只支持固定数量的用户，CDMA 在可接受的性能下降前提下，能支持更多的用户。随着用户数量的增加，差错率也会逐渐增加。

CDMA 也有一些缺点。在 CDMA 中，不同用户的扩频序列不是正交的，会有一些交叠，这会增加互相关性，导致自干扰。此外，距离接收器较远的信号比靠近接收器的信号有更大的衰减，因此远程移动设备的信号强度较弱。

3.6.6 其他多路访问技术

三种多路访问技术 FDMA、TDMA 和 CDMA 都基于**全向天线**。全向天线在各个方向上的操作都是相同的。无线系统中的另一种多路访问方法是使用智能天线的**空分多路访问**(Space-Division Multiple Access，SDMA)。在通信系统的一端，定向天线通常称为智能天线，可以直接定向传输到系统的另一端。这种技术有一些优点，如降低传输功率，通过降低传输功率来减少干扰，以及接收器通过高增益天线接收到较强的信号。

一个有效的多路访问方案需要根据应用需求仔细选择。实际的无线系统通常使用两种或多种多路访问技术。这种策略提供了合理的增长计划以及与现有系统的兼容性。还可以将多路访问方法进行组合，以便更好地服务于特定应用。两种最常用的混合方案是 FDMA/TDMA 和 FDMA/CDMA。CDMA 的其他一些应用形式有 W-CDMA 和 TD-CDMA。W-CDMA 提供更高的数据速率，更有效地使用了频谱；TD-CDMA 结合了 W-CDMA 和 TDMA。

随机访问技术

大多数无线网络都以突发的形式传输流量。专用资源分配策略(如多路访问技术)对一些突发流量的系统是无效的。**随机访问方案**可以随机访问信道。**基于 Aloha** 和基于**预约**的协议是两种广为人知的随机访问技术，需要对分组进行确认。但是，无线信道的失真会导致确认丢失或延迟。在这种情况下，需要重传分组，这会降低处理效率。解决这个问题的一种方法是使用更智能的链路层技术来提高确认分组的可靠性。执行信道访问技术的共同目标如下：

- 为了尽量减少来自其他用户的干扰，发送器在任何传输之前都要进行侦听；
- 为了保证所有用户能公平访问信道，发送器只传输特定的一段时间；
- 为了尽量降低发送器的功率，可以在更远的区域重复使用相同频率。

在基本的 Aloha 方案中，发送器只要有数据就发送分组。这自然会导致大量的冲突，于是又要重传大量的数据分组。因此，Aloha 信道的有效吞吐量很低，因为分组冲突的概率很高。为了解决冲突问题，提出了时隙 Aloha 方案。在时隙 Aloha 中，时间被划分为时隙，分组的传输被限制在这些时隙中。因此，冲突的数量显著下降。时隙 Aloha 的吞吐量是基本 Aloha 吞吐量的两倍。扩频技术与 Aloha 结合使用可以支持大量用户。

冲突检测和载波监听在无线环境中是非常困难的。阴影衰落效应会削弱冲突检测，因为物体会阻挡用户之间的直接信号路径。无线环境中的这种冲突检测困难通常称为**隐藏终端问题**。路径损耗和阴影衰落效应导致信号被隐藏在用户之间。因此，在无线网络中，尤其是在 WLAN 中通常使用冲突避免方案。在冲突避免方案中，接收器在接收分组时发送一个忙音，这个忙音被广播给附近所有的发送器。发送器收到来自任何接收器的忙音就会抑制传输。忙音结束，发送器在发送分组之前等待一段随机时间。这种随机后退方案用于防止所有发送器都在忙音结束时同时发送。冲突避免方案有助于减少 Aloha 信道中的冲突，从而显著提高 Aloha 的吞吐量。

基于预约的方案将信道按需分配给用户。有效信道带宽被划分成数据信道和预约信道。用户在预约信道上预约信道带宽，在数据信道上发送数据分组。用户在预约信道上发送一些小分组，请求访问数据信道。如果数据信道可用，就接收请求，并向用户发送一个消息。因此，基于预约的方案的开销是数据信道的分配。但是这些数据信道只能按需分配。对于只交换少量信息的网络，开销是可以容忍的。当网络中的流量快速增加时，预约信道可能会被请求消息阻塞。

分组预约多路访问（Packet-Reservation Multiple-Access，PRMA）方案结合了 Aloha 和预约方案的优点。在 PRMA 中，时间被划分为若干帧，每个帧有 N 个时隙。要传输数据的主机在每一帧中竞争一个可用时隙。一旦主机在某个时隙成功传输一个分组，就会在后续的每一帧中为用户保留这个时隙，直到用户没有更多的分组要传输。当用户停止传输时，预约被取消，用户必须为发送更多的分组而竞争时隙。PRMA 用于多媒体应用。

3.7 链路聚合

链路聚合也称为**端口聚合**、**链路捆绑**或 **NIC 分组**，是一种将多个并行链路组合在一起来提高远大于单个链路提供的吞吐量的方法。链路聚合还有一个好处，即在其中一个链路故障时提供冗余。链路聚合可以在协议栈模型的第 2 层或第 3 层实现。本节所关注的是第 2 层链路聚合，这是最常见的资源聚合方法。

3.7.1 链路聚合的应用

聚合链路可以通过组合多个网卡共享一个地址（IP 地址或链路层地址）来实现，也可以实现每个网卡都有自己的地址。正如我们前面的讨论总结，在网络中应用链路聚合主要有两个好处：**增加总链路带宽和链路弹性调配**，接下来详细讨论。

增加总链路带宽

当两个或多个用户同时尝试传输时，通常会出现链路带宽不足。在网卡中使用更好的集成电路芯片技术和更快的时钟系统，可以提高连接带宽。但显然这个解决方案会受到各种技术因素的限制。另一种不依赖于电路技术而增加带宽的解决方案是链路聚合，这种方法要求链路的两端使用相同的聚合方法。

图 3.19 显示了交换机 S1 通过三个链路连接服务器 SE1 的情况。链路聚合协议可以通过一个"信道绑定"过程将两个或多个物理链路虚拟组合成一个逻辑链路，如图中所示。通过信道绑定将主机或交换设备上的两个或多个 NIC 组合在一起。请注意，这个解决方案需要人工配置，并且聚合的链路两端必须是同一种设备。NIC 上的链路聚合需要链路一端的参与交换机或路由器与另一端的主机操作系统之间相互合作，主机操作系统通过 NIC 传送帧。

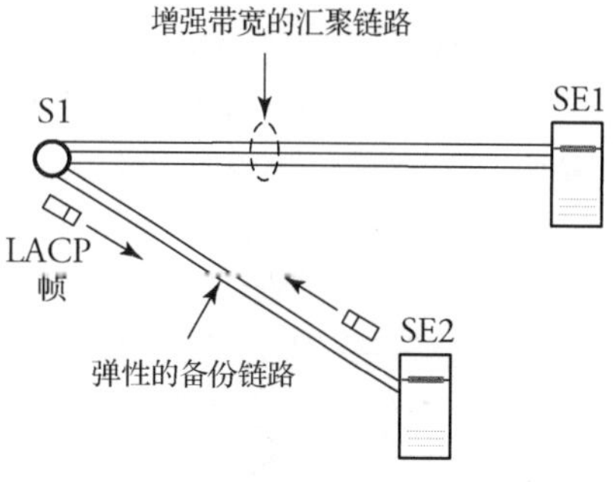

图 3.19 LACP

链路弹性调配

链路聚合的第二个好处是在连接链路的任何一侧端口故障时为系统提供弹性。这里的弹性是指使用随时可用的冗余端口或链路代替故障的端口或链路。图 3.19 显示了交换机 S1 通过两个链路连接到服务器 SE2 的情况, 这个例子中的链路聚合操作可以人工或自动配置故障链路的替代链路, 最少只需一个冗余链路来保持弹性。

我们在本书中讨论了不同网络层次的资源冗余和网络弹性, 已经提出了几种链路聚合的 IEEE 标准。其中, **链路聚合控制协议**(Link Aggregation Control Protocol, LACP)提供了一种控制多个物理端口绑定在一起形成单个逻辑信道的方法, 接下来对此进行介绍。

3.7.2　LACP

LACP 提供了一种控制多个物理端口绑定在一起形成单个逻辑信道的方法。LACP 允许一个网络设备通过向支持 LACP 协议的直连网络设备发送 LACP 帧来协商自动绑定链路, 如图 3.19 所示。但是, LACP 限制了交换机和路由器在端口通道中允许绑定的端口数量。

实现在设备中的 LACP 协议生成 LACP 帧, 从链路的一端发给其网卡已启用该协议的所有其他链路。这个过程需要将 LACP 帧多播(复制)到设备的所有相关物理端口。设备如果通过响应消息发现链路另一端的网络设备也启用了 LACP, 就会沿相同链路转发帧。这个操作使两个端设备能检测到它们之间的多个链路, 然后将它们组合成单个逻辑链路。

在 LACP 检测期间, LACP 帧在每个固定周期发送, 通常是 1s。LACP 可以生成一个**链路** ID 整数, 用于标识绑定链路中的"成员链路", 以实现负载均衡。因此, 通过接收绑定的链路 ID, 可以将链路动态组合成一个逻辑链路。链路 ID 保存在 NIC 中以供实现。

在设备(如主机、交换机和路由器)的所有端口上实现动态 LACP, 且有一个链路故障时, 将这些设备连接到另一端的系统能察觉到任何连接问题。因此, 设备可以确认另一端的配置能处理链路聚合, 于是立即分配链路 ID 来重组链路, 并将故障链路替换为正常链路。LACP 还允许静态链路聚合以实现链路故障恢复, 这个过程由人工完成; 但是如前所述, 使用人工链路聚合, 可能无法检测出配置错误, 并导致不良的网络反应。

3.8　总结

本章从讨论有线和无线传输介质开始。数据可以在导向链路(如光纤)和非导向链路(如某些类型的无线链路)上传输。链路容量被进一步划分为**信道**。

访问链路信道的方法是处理如何协调访问共享信道, 以便所有用户最终都有机会传输其数据。我们研究了频分、时分、码分和空分多路访问方法; 在大多数情况下, 时分多路访问方法为局域网中的信道访问提供了一些好处。

我们还介绍了确定传输比特是否正确或是否可能在传输中损坏的方法。使用 CRC 方法, 到达目的节点的一些错误帧会被丢弃。

两种链路控制方案是**停等**和**滑动窗口**。在停等方法中, 发送方在发完一帧后等待确认。这种流量控制方法在**滑动窗口**方法中得到了显著改进, 它允许在传输链路上发送多个帧。我们注意到, 通过在这些流量控制技术中包含 ARQ 协议, 就有可能重传丢失的帧。

在本章的最后, 讨论了在常规和无线环境中多用户访问链路和信道的方法。对多路访问链路的必要讨论是非常重要的, 因为可能需要在资源有限的链路上为网络中的语音和视频应用连续和专门分配可用资源。我们介绍了用于有线链路中熟知的 CSMA 多用户链路访问方法, 这显然是最常用的访问协议之一。然而, 在高使用率期间, 帧冲突是其瓶颈。

我们回顾了最主要的多用户链路访问方法: FDMA、TDMA、OFDMA、SC-FDMA 和 CDMA。

本章的最后一个主题是链路聚合，即合并多个并行链路，提高远大于单个链路提供的吞吐量。链路聚合的另一个好处是其中一个链路故障时提供冗余。

在下一章中，我们将利用本章的数据链路知识，形成小型 LAN 和 LAN 网络。

3.9　习题

1. 为了在相距 5000 km 的两地之间传输一本 500 页的书，每页平均有 1000 个字符，我们假设每个字符使用 8 bit，所有信号都以光速传输，并且不使用链路控制协议。
   (a) 当使用 64 kb/s 的数字语音电路时，需要多少时间？
   (b) 当使用 620 Mb/s 的光纤传输系统时，需要多少时间？
   (c) 对于拥有 200 万册书的图书馆，重新计算 (a) 和 (b)。

2. 链路适配器的线性编码器收到一个 110011101 的序列。当线性编码器设计如下时，请给出相应的输出形式。
   (a) 原始 NRZ 编码。
   (b) 极性 NRZ 编码。
   (c) 曼彻斯特编码。

3. 计算以下链路上数据传输的总功率消耗。
   (a) 原始 NRZ 编码。
   (b) 极性 NRZ 编码。
   (c) 曼彻斯特编码。

4. 为以下两个计算机网络的标准生成因子设计 CRC 处理单元。
   (a) CRC-12。
   (b) CRC-16。

5. 在 CRC 小节中的例子，数据块 (D) 为 1010111，作为除数的生成因子 G 的公共值是 10010。
   (a) 写出被除数和除数的多项式形式。
   (b) 写出多项式除法步骤。
   (c) 将 (b) 中的结果与例子中的二进制形式进行比较。

6. 考虑一个链路层检错系统，生成因子 G 的公共值设为 10010。画出 CRC 处理单元的实现，并写出针对以下数据的每一步寄存器内容。
   (a) $(D,\text{CRC}) = 1010111,0000$。
   (b) $(D,\text{CRC}) = 1010111,1000$。

7. 假设使用 CRC 检错方法传输的数据块 (D) 为 1010110101011111，若生成因子的公共值 G 为 111010。使用模 2 运算：
   (a) 写出发送器传输到链路上的 (D,CRC) 值。
   (b) 写出接收器的详细检错过程。

8. 针对习题 6 的 (a)，写出 CRC 过程的具体实现（移位寄存器设计），以及每一步中的移位寄存器内容。

9. 考虑使用停等协议的同轴传输链路，要求传播时间与传输时间比为 10。数据以 10 Mb/s 的速率传输，使用 80 bit 的帧。
   (a) 计算链路的效率。
   (b) 求链路长度。
   (c) 求传播时间。
   (d) 画出传播时间与传输时间的比值降到 8、6、4 和 2 时的链路效率图。

10. 考虑 2 Mb/s 卫星传输链路传输 800 bit 的帧，传播时间为 200 ms。

    (a)求使用停等协议的链路效率。

    (b)求使用窗口大小 $w = 6$ 的滑动窗口协议的链路效率。

11. 考虑使用窗口大小 $w = 6$ 的滑动窗口协议对链路进行流量控制。当瞬时拥塞不允许每次传输超过 2 帧时，画出窗口调度的时序图。

12. 考虑在两个路由器 R2 和 R3 之间使用滑动窗口方法(窗口大小 $w = 5$)双向控制链路，在路由器 R3 和 R4 之间使用停等控制。假设 R2 与 R3 之间相距 1800 km，R3 与 R4 之间相距 800 km。有 1000 个平均长度为 5000 bit 的数据帧以 1 Gb/s 的速率从 R2 传向 R3。确认帧足够小，可以忽略不计。所有链路产生 1 μs/km 的传输延迟。

    (a)试确定 R3 到 R4 的输出端口数据速率满足 R3 无阻塞的条件。

    (b)求 R2-R3 链路的链路效率。

    (c)求 R3-R4 链路的链路效率。

13. 考虑在两个路由器 R2 和 R3 之间使用滑动窗口方法(窗口大小 $w = 50$)双向控制链路，在路由器 R3 和 R4 之间使用停等控制。假设 R2 与 R3 之间相距 1800 km，R3 与 R4 之间相距 800 km。有 1000 个平均长度为 5000 bit 的数据帧以 1 Gb/s 的速率从 R2 传向 R3。确认帧足够小，可以忽略不计。所有链路产生 1 μs/km 的传输延迟。

    (a)假设 R3 的部分输入流量可以转移到另外一条路径上，以便 R3-R4 可以直观地同步于 R2-R3。试确定 R3 到 R4 的输出端口数据速率满足 R3 无阻塞的条件。

    (b)求 R2-R3 链路的链路效率。

    (c)求 R3-R4 链路的链路效率。

14. 连接有 10 个用户的 10 Gb/s 链路使用 CSMA/CD。总线大约长 10 m，用户帧的最大长度限制为 1500 Byte。根据统计，平均有 4 个用户同时活动。

    (a)求帧的传播时间和传输时间。

    (b)求总线的平均利用率。

    (c)求用户尝试在一个空闲时隙传输帧的概率。

    (d)求因为冲突，用户在 7 个不同时隙尝试 7 次传输数据帧失败，但第 8 次成功的概率。

    (e)求平均的竞争次数。

15. 使用本章讨论的 CSMA 详细内容，画出下列算法的实现框图：

    (a)非坚持 CSMA。

    (b)p-坚持 CSMA。

16. 直接连接了 12 个用户的 1 Gb/s 光纤链路采用 CSMA/CD 访问方案。链路大约 100 m，帧的最大长度限制为 1500 Byte。平均有 3 个用户同时活动。在这个系统中，用户活跃的概率是 80%。

    (a)求帧的传播时间和传输时间。

    (b)假设 LAN 采用**停等**协议，求总线的平均利用率。

    (c)求 3 个用户中的一个占用总线上空闲时隙的概率。

    (d)求用户在 5 个不同时隙尝试 5 次传输帧失败，但第 6 次成功的概率。

    (e)求平均的竞争次数。

17. 假设一个拥有 200 个终端的无线系统使用 TDMA 进行信道访问。分组平均长度为 T，小于 TDMA 长信道长度。比较**轮询**和 CSMA 这两种策略的效率。

18. 考虑一个 CDMA 系统中的两个用户，用户 1 和用户 2 分别有数据{1,−1}和{1,1}，唯一分配给用户 1 和用户 2 的接收器与发送器的扩频码序列分别为{1,1,1,−1,1,−1,−1,1}和{−1,−1,1,−1,−1,1,1,−1}。

(a) 单独画出每个用户的 CDMA 编码时序图。

(b) 单独画出每个用户的 CDMA 解码时序图。

(c) 重复 (a)，但这次要考虑在需要添加两个用户编码值的传输中，一个用户对另一个用户的影响。画出实际传送给用户的值。

(d) 当用户 1 收到 (c) 所描述的额外编码结果时，重复 (b)。你认为需要用解码后的结果进行额外操作来提取原始数据吗？

3.10　计算机仿真项目

链路随机访问仿真。用 C、C++或 Java 编写一个程序来表示链路访问的概念。程序必须定义 10 个信道表示一个链路，每个信道依次表示链路上的数据传输。在每秒内随机可用一个信道。定义 20 个不同的用户，每个用户每 3 s 请求访问一个信道，以便用户一旦处于活跃状态，就会寻找第一个可用的信道并使用 1 s。

(a) 通过显示一个信道平均多久被拒绝访问链路一次来获得链路访问性能。

(b) 累计一个链路被 50%、70% 和 90% 的容量访问的秒数。

第 4 章　局域网和 LAN 网络

局域网(Local Area Network，LAN)是一种小型的组网架构，通常使用共享传输介质。由于流量、安全级别和成本等因素，局域网的网络结构与广域网中的网络结构有很大的不同。本章重点介绍局域网的基本原理，并描述 LAN 级别的**网络互联**概念。主要议题如下：

- **LAN 和基本拓扑结构**；
- **LAN 协议**；
- **LAN 网络**；
- 地址转换协议；
- 生成树协议；
- 虚拟局域网；
- 无线局域网；
- **IEEE 802.11 无线局域网标准**；
- **案例研究：有线电视协议 DOCSIS**。

首先，我们探索局域网的一些简单拓扑，看看 LAN 是如何形成的。然后，我们将第 1 章中讨论的协议栈扩展到 LAN 协议，重点讨论**介质访问控制**(Media Access Control，MAC)和编址。

本章要讨论的另一个重要主题是 LAN 的**网络互联**或**连网**。本文提供了一些使用基本网络设备(如网桥、交换机等)互连 LAN 的指南，后面还有更先进的网络互联实例。本章的重点主要是协议栈参考模型的第 2 层。

接下来的议题是**地址转换协议**，这是第 2 层地址和第 3 层地址之间相互转换的问题。本章将继续讨论**生成树协议**(Spanning-Tree Protocol，STP)这个非常重要的主题。STP 是一种防止帧或分组在网络中无限循环的技术。

虚拟局域网(Virtual LAN，VLAN)是下一个主题。VLAN 技术方法允许将单个 LAN 划分成多个看似分离的 LAN。然后将 LAN 的讨论拓展到无线局域网，接着是用于以太网连网的 IEEE 802.11 无线局域网标准。本章考察了多种无线局域网，包括我们日常使用的 WiFi。

本章的最后给出了一个名为**同轴电缆数据结构规范**(Data Over Cable Service Interface Specification，DOCSIS)的有线电视协议案例研究。DOCSIS 是一种国际电信标准，它规定了有线电缆数据网络体系结构及其技术。

4.1　LAN 和基本拓扑结构

LAN 是一种用于小团体中通信，实现打印机、软件和服务器等资源共享的网络。连接在 LAN 中的每个设备都有唯一的地址，同一类型的两个或多个 LAN 还可以连接起来，把数据帧转发给其他 LAN 的多个用户。在 LAN 中，分组有额外添加的首部，用于本地选路。这些新的分组称为**帧**。LAN 中的主机可以通过多种拓扑结构连接起来，基本的拓扑可以归类为**总线型**和**星形**，如图 4.1 所示。

图 4.1(a)中的 4 个主机 1、2、3、4 用一个简单的**总线**连接在一起，每个主机通过一条双向链

路直接连到总线上。在总线型拓扑结构中，所有主机都连接到一个称为总线的公共传输介质。主机通过允许上行和下行操作的全双工链路连接到公共总线，如图所示。主机的传输信息在总线上双向传播，总线上的所有主机都能接收到。但是，只有目的主机将帧复制到计算机中，所有其他主机都丢弃帧。

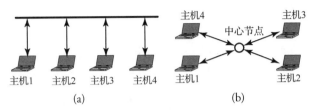

图 4.1 连接主机的两种基本 LAN 配置：(a)总线型 LAN 拓扑结构；(b)星形 LAN 拓扑结构

图 4.1(b)的**星形拓扑结构**上，每个主机通过用于上行和下行的双向链路直接连接到一个"中心节点"。中心节点可以从一层、二层或三层设备中任选其一。如果中心节点是一层设备，如集线器，这个设备就像一个广播节点，当它从某个主机的上行链路上接收到一个数据帧，它将在所有下行链路上把数据帧重传给主机。如果中心节点是二层或三层设备，就允许一次只有一个主机发送。在这种情况下，中心节点工作在**帧交换模式**，当它收到一个帧时，先缓存起来，然后再将帧发送给目的节点。

总线型拓扑部署灵活、成本低，它只是连接计算机的一段电缆和连接器。然而，由于在拥塞、安全、甚至是打开和关闭网络方面都缺乏必要的控制手段，使得总线型 LAN 在创建专业设计的网络方面不受重视。另一方面，星形 LAN 可以部署复杂的网络设备(如二层交换机)作为中心节点，构建一个安全、低拥塞的 LAN。

4.2 LAN 协议

为 LAN 设计的协议通常关注数据链路层(第 2 层)和物理层。因此，为第 3 层及以上层设计的协议独立于底层网络拓扑。从事 LAN 标准工作的组织遵从 IEEE 802 参考模型规范。按照这个参考模型，LAN 的物理层实现了信号发送与接收、编码与解码，以及同步信息的生成和去除。图 4.2 显示了两个 LAN 子层在协议栈总体结构中的位置。IEEE 802 标准将协议模型的**数据链路层**细分为**逻辑链路控制**(Logical Link Control，LLC)层和 MAC 层。接下来讨论这两个子层。

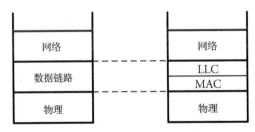

图 4.2 协议栈总体结构中的 LAN 子层协议

4.2.1 逻辑链路控制

高层传输的数据下发给 LLC 层，以确定跨介质寻址用户的机制。除向网络层提供接口外，LLC 层还实现了流量和差错控制。流量和差错控制机制已经在第 3 章中进行了详细解释。LLC 子层还控制用户之间的数据交换。LLC 添加其首部以形成 LLC 协议数据单元，然后将其传递给 MAC 层，MAC 层添加首部和帧校验序列以创建 MAC 帧。

4.2.2 介质访问控制

MAC 子层主要控制对传输介质的访问，并负责生成帧。LLC 可以选择不同类型的 MAC 层。当需要 LAN 提供对传输介质的共享访问时，为了确保有效访问介质，用户必须遵守一些规则。MAC 协议管理对介质的访问。图 4.3 显示了 MAC 协议的通用帧格式，这个帧通常用于面向连接的网络中，包含第 2 层（MAC 和 LLC）、第 3 层（IP）和第 4 层（TCP）的首部。帧格式中的字段如下：

- **MAC 首部**，提供 MAC 控制信息，如目的 MAC 地址、优先级等；
- **LLC 首部**，包含逻辑链路控制层的数据；
- **IP 首部**，指定原始分组的 IP 首部；
- **TCP 首部**，指定原始分组的 TCP 首部；
- **帧校验序列**，用于差错校验。

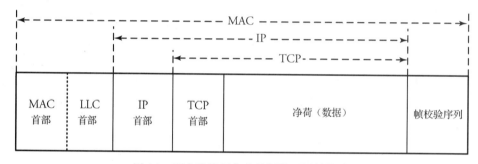

图 4.3 面向连接网络中使用的通用帧格式

根据网络体系结构的类型，MAC 协议可大致分为**集中式**或**分布式**。集中式方案中，中心控制器控制用户的运行，用户仅与中心控制器通信，遵从中心控制器的通信指挥调度。分布式方案中，用户之间相互对话，动态确定传输调度。集中式方案用于需要简单访问方案、QoS 和保证容量的应用。不过，集中式方案易受单点故障的影响。分布式方案没有单一的整体故障点。但是，设备之间的协调访问对分布式方案来说是一个复杂的处理过程，而且网络不能提供 QoS 保证。

MAC 协议还有**同步**或**异步**特征。同步方案有时分复用和频分复用，它的通信容量预先分配给各个连接。同步方案很少用在 LAN 上，因为用户的通信需求是动态变化的。最好是根据需求为用户异步分配通信容量。

以太网 LAN 标准 802.3，MAC 和 MAC 地址

IEEE 802.3 标准委员会发布了一个应用广泛的 LAN 标准，称为**以太网**，涵盖了 MAC 层和物理层。IEEE 802.3 标准使用 CSMA 来控制介质访问，并采用前面介绍的 **1-坚持算法**，尽管由于冲突而损失的时间比较多。此外，IEEE 802.3 使用了一种称为**二进制指数后退**（Binary Exponential Backoff, BEB）的退避算法。使用随机退避可以将后续的冲突减至最小。这种退避算法每次将后退间隔范围加倍后再从中随机选择一个后退值。用户在 16 次尝试后丢弃数据帧。1-坚持算法与二进制指数后退算法的结合形成了一个有效的信道访问方案。帧格式字段的简要描述如图 4.4 所示。

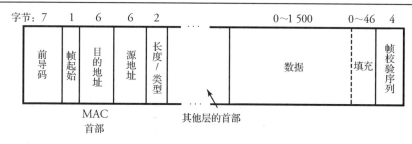

图 4.4 以太网 IEEE 802.3 MAC 帧的详细信息

- **前导码**是 7 Byte，由 0 和 1 交替组成。该字段用于提供比特同步。
- **帧起始**由 10101011 组成，向接收器指示帧的开始。
- **目的地址**指定目的 MAC 地址。
- **源地址**指定源 MAC 地址。
- **长度/类型**指定帧的字节长度或分组类型。如果长度/类型字段值小于 1500 Byte，就表示帧长度，否则表示发送的分组类型，如 IP、ARP（在后面的小节中讨论）等。
- **数据**和**填充**。数据（净荷）可以是 0~1500 Byte，填充可以是 0~46 Byte。因此，数据和填充字段的总长度可以是 1546 Byte。但是，数据和填充的最大组合长度通常是 1500 Byte，这对应了 1518 Byte 的最大以太帧长度。**填充**用于将帧长度增加到冲突检测工作所需的值。
- **帧校验序列**是用于差错校验的 32 bit CRC，我们已在第 3 章中详细讨论过了。

我们前面提到，链路层的源或目的地址基本上是一个 MAC 地址，现在是时候知道什么是 MAC 地址了。MAC 地址是一个 48 bit 长的地址，表示成 6 段十六进制数，如 89-A1-33-2B-C3-84。设备或主机的每个 NIC 都有一个唯一的 MAC 地址。MAC 地址存储在 NIC 的内存中。根据主机或设备的输入/输出端口数量，每个主机或网络设备必须至少有一个 NIC。通常，可以安全地假设没有两个 NIC 的 MAC 地址相同，因为 NIC 供应商从电气电子工程师协会（Institute of Electrical and Electronics Engineers，IEEE）购买地址块，并在制造时为每个 NIC 分配一个唯一的地址。

以太网各个版本有不同的数据速率。1000Base-SX 的速率是 1 Gb/s，10GBase-T 的速率是 10 Gb/s，是未来高速 LAN 发展中最有希望的。

4.3 LAN 网络

增加互连设备的数量和业务量需要将单个大型 LAN 拆分成多个较小的 LAN。这样做极大地提高了网络性能和安全性，但也带来了新的挑战：如何互连多个 LAN？LAN 可以是不同类型的，或者有彼此不兼容的设备。这需要开发新的协议，允许 LAN 的各个部分彼此通信。

多个 LAN 可以连接形成一个大学校园网。校园网主干充当一个部门与校园网其他部分之间的通道，通过网关路由器为部门提供与互联网的连接。校园网主干是路由器和交换机的互连。整个组织使用的服务器通常位于数据中心和组织调度中心。

用于互连多个 LAN 的设备称为**协议转换器**。根据需要的互连级别，可用第 1 层、第 2 层和第 3 层的协议转换器。两个 LAN 可以使用一层设备（**中继器**或**集线器**）连接。第 2 层的协议转换器具有所互连 LAN 的第 2 层协议信息，可以将一个协议转换成另一个协议。在第 2 层，**网桥**（**LAN交换机**）和二层交换机（交换机）可以作为第 2 层设备执行任务。在第 3 层，**三层交换机**（交换机）或**路由器**可以作为第 3 层设备使用。

4.3.1　用第 1 层设备互连 LAN

第 2 章中讲解了第 1 层设备(如**中继器**和**集线器**)的工作原理。中继器本质上是一种用来放大信号的装置。通常,中继器放置在两个相距很远的用户之间,因此中继器可以将信号从一侧中继到另一侧,以便接收用户接收到衰减很小的原始信号。两个 LAN 可以通过集线器连接,集线器把帧信号复制并转发给所有连接的 LAN 或用户。与总线型 LAN 一样,如果两个或多个用户试图同时传输,就可能发生冲突。集线器有以下限制:

- 集线器将帧转发给所有主机。这种连网方式由于流量过大而导致 LAN 性能下降。
- 冲突域中包含大量主机。
- 无法实现安全性,因为帧会转发给所有主机。

图 4.5 描述了使用**集线器**进行 LAN 连网的示例。网络由以太网 LAN 1、LAN 2 和 LAN 3 组成,连接在**集线器** H1 的端口 1、3、2 上。在 LAN 1 中,主机 1 是 MAC 地址为 89-A1-33-2B-C3-84 的发送主机。注意,MAC 地址通常表示为十六进制格式。LAN 2 有主机 2、主机 3 和主机 4 这三个主机,LAN 3 有主机 5、主机 6 和主机 7 这三个主机。假设 MAC 地址为 21-01-34-2D-C3-33 的主机 7 是目的地,那么所有发给主机 7 的帧中都将包含这个 MAC 地址。如图所示,当 H1 从端口 1接收到来自主机 1 的帧时,它将根据第 2 章中解释的集线器功能,在其输出端口 2 和 3 上"广播"这个帧。这种操作的结果是,发送到 LAN 3 的任何帧也会发送到 LAN 2,这是不希望的。LAN 2上的主机必须丢弃不需要的帧,而 LAN 3 最终会将帧传送到目的主机 7。

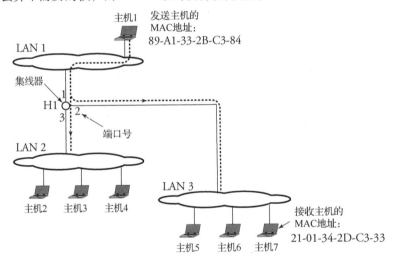

图 4.5　集线器互连三个 LAN:主机 1 作为发送主机与作为接收主机的主机 7 通信

请注意,如果 LAN 3 具有简单的广播结构,它也将帧广播到主机 5、主机 6 和主机 7 这三个主机。当然,主机会丢弃所有不需要的帧。任何主机读取其他主机发送的所有帧,但只接收那些专门发给它的帧。因此,如果两个或多个主机同时尝试传输,就可能在整个网络中发生冲突。这里的结论是,集线器不会隔离两个连接的网络。

4.3.2　用第 2 层设备互连 LAN

显然,与集线器相比,使用**网桥**(也称为 LAN **交换机**)进行以太网 LAN 连网可以减小冲突的可能性。这是因为网桥将 LAN 系统划分成不同的冲突域。因为网桥可以有选择地转发帧,所以也提供了比中继器更高的安全级别。网桥还易于实现跨多个 LAN 和网桥的通信。有时，连接两个具有不同比特速率的 LAN 的网桥必须有一个缓冲区。网桥的缓冲区容纳从快速 LAN 发到慢速 LAN 的帧。这会带来传输延迟，并可能对网络产生不利影响，导致流量控制协议超时。

图 4.6 显示了与 4.3.1 节中描述的集线器类似的场景，但这次使用了网桥。同样，假设网络由连接在网桥 B1 的端口 1、2 和 3 上的以太网 LAN 1、LAN 3 和 LAN 2 组成。在 LAN 1 中，MAC 地址为 89-A1-33-2B-C3-84 的主机 1 是发送主机。LAN 2 有主机 2、主机 3 和主机 4 这三个主机，LAN 3 有主机 5、主机 6 和主机 7 这三个主机。假设 MAC 地址为 21-01-34-2D-C3-33 的主机 7 是目的主机，那么所有发给主机 7 的帧都将包含这个 MAC 地址。

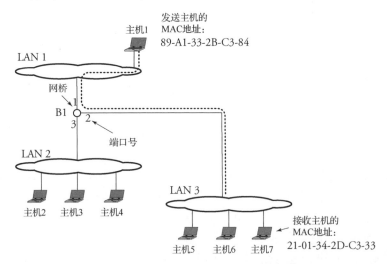

图 4.6　网桥互连三个 LAN：主机 1 作为发送主机与作为接收主机的主机 7 通信

在这个情况下，当 B1 从端口 1 收到来自主机 1 的帧时，它检查目的地址，确定该转发帧是否传递给 LAN 3 上的某个主机。如果 B1 连接的各 LAN 中都没有主机 7，就丢弃该帧。这种选路决策是网桥的选路能力，取决于网桥选路表的结构。因此，网桥随时决定是否接收或拒绝帧。如果网桥找到了帧的正确输出端口，那么它会根据其转发表将帧"路由"（而不是广播）到所选的输出端口 2。这种操作的结果是，发送到 LAN 3 的任何帧最终都将发送到主机 7。

LAN 3 上的任何主机都会读取其他主机发送的所有帧，但只接收那些专门发给它的帧。因此，冲突可能仅限于总线型 LAN，网桥已经完全隔离了这三个 LAN。这是网桥相比集线器最重要的优势。这里的结论是，网桥确实隔离了两个连接的网络。

二层交换机(简称**交换机**)是网桥的改进版本。交换机设计运行在更大的 LAN 网络中，能够在一定程度上减少流量拥塞。网桥无法处理大业务量是与网桥成本较低的折中。因此，交换机可以连接子网的边缘设备，如路由器。

图 4.7 显示了校园网的一部分示例，其中各个 LAN 通过二层交换机互连。在这部分校园网的中心，三层交换机 S5 将所有流量发往 LAN 1～LAN 4(我们将在 4.3.3 节介绍三层交换机)。多端口交换机 S5 隔离了两个二层交换机 S2 和 S4，以及校园网其余部分的业务量。LAN 1 和 LAN 2 配备了两个交换机 S1 和 S2，用于隔离 LAN 1 和 LAN 2。类似地，LAN 3 和 LAN 4 也配备了交换机 S3 和 S4。我们注意到，这个网络拓扑中的每个 LAN 都使用交换式星形 LAN 拓扑。

第 2 层设备中的选路表

第 2 层设备不具有外部网络的全局视图，仅知道其直接邻居。第 2 层设备的选路是决定在 LAN

中转发接收帧的过程。网桥或二层交换机将选路信息存放在称为**选路表**的表中。有多个子选路表对应其周围连接的所有 LAN。选路表由目的地址和目的 LAN 组成。因为二层交换机是网桥的改进版本，所以我们重点关注二层交换机的选路表结构。网桥的选路表结构类似，但较为简单。

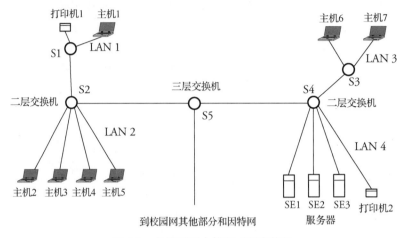

图 4.7　在校园网中使用二层交换机

　　图 4.8 显示了由二层交换机连接的多个 LAN。交换机端口上的每个数字表示对应的交换机端口号。假设主机 1 想将一个帧发送给主机 3。首先，交换机 S1 检查帧的目的地址，确定这个转发帧是否要传递给 LAN 2 中的某个主机。如果主机 3 不在 S1 连接的 LAN 中，那么 S1 可以丢弃帧，也可以转发到 LAN 2 上。做出这种决定是一种交换机选路能力，取决于交换机选路表的结构。因此，交换机任何时候都在决定是接收还是拒绝帧。

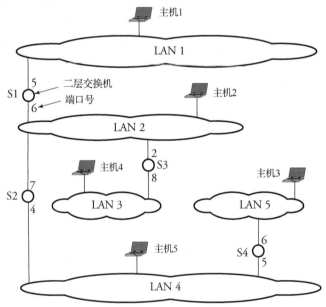

图 4.8　通过交换机连接多个以太网 LAN

　　如果 S1 决定将帧转发到 LAN 2 上，它还会进行检错以确保帧没有损坏。接着，交换机检查 LAN 1 和 LAN 2 是否具有相同的帧格式。如果相同，S1 就按原样转发帧。如果帧格式不同，S1 就按 LAN 2 的帧格式修改帧结构。如果这种情况下交换机连接到总线型以太网 LAN，那么交换机在传输帧时必须遵照 CSMA/CD。当帧到达交换机 S2 和 S3 时，与 S1 中完成的过程相同。因此，S3 拒绝帧，而 S2 接收帧。这个帧现在转发到 LAN 4 上，最终在安全地经过 LAN 4、S4 和 LAN 5 后到达目的主机 3。

例：为图 4.8 的二层交换机 S1 创建选路表。

解：表 4.1 是交换机 S1 的选路表，其中，一条针对 LAN 1，其他针对 LAN 2。如果一个帧由 LAN 1 到达，交换机就解析帧的目的地址，并在表中查询源 LAN 1 的表项。如果目的是主机 1，那么交换机不转发该帧。但如果目的是主机 2、主机 4 和主机 5，交换机 S1 就将帧转发到 LAN 2。

表 4.1　图 4.8 中交换机 S1 的详细选路表

来自 LAN 1 目的主机	目的 MAC 地址	来自 LAN 1 下一 LAN	输出端口	来自 LAN 2 下一 LAN	输出端口
主机 1	00-40-33-40-1B-2C	—	—	LAN 1	5
主机 2	00-40-33-25-85-BB	LAN 2	6	—	—
主机 3	00-40-33-25-85-BC	LAN 2	6	—	—
主机 4	00-61-97-44-45-5B	LAN 2	6	—	—
主机 5	00-C0-96-25-45-C7	LAN 2	6	—	—

在静态网络中，连接是固定的，所以可以在**固定选路**的情况下将选路表项编写到交换机中。如果网络发生变化，就需要重新编写表项。这种解决方案无法扩展到用户频繁加入和离开的大规模动态网络。因此，这种网络使用**自动更新**的选路表。

交换机通过来自其他交换机的更新初始化自己的选路表。网桥也是这种更新机制。LAN 中任意一个交换机都将自己的选路信息广播给 LAN 中的所有交换机。当 LAN 中所有交换机的选路表都为空时，就会将第一个帧洪泛至网络中的所有交换机，初始化交换机的选路表项，将洪泛更新发送给所有交换机是第 2 层协议的基本操作。随着更多的帧在网络上洪泛，所有交换机最终都更新了选路表。

例：演示图 4.8 中交换机 S2 的选路表的自动更新。

解：假设含有选路信息的帧从 S1 出发，穿过 LAN 2 后到达 LAN 3 和 LAN 4，分别更新 S2 和 S3。同时，含有选路信息的帧从 S4 出发，穿过 LAN 4 到达 LAN 2，更新了 S2。当 S3 向包括 S2 在内的所有交换机发送更新时，也会发生类似过程。此时，S2 只能掌握其周围交换机范围的 LAN 拓扑结构。这些信息将足以处理和路由发往各个 LAN 主机的输入帧。

另一个用网桥实现 2 层连网的场景，见图 4.9。网桥的连网与 2 层交换机的连网功能相似，只不过 2 层交换机是比网桥更高级的设备而已。图中，如果 LAN 1 上的主机 1 向 LAN 4 上的主机 9 发送帧，网桥 B1 所能知道的，就是目的 MAC 地址为主机 9 的帧应该送向 LAN 2 的链路。一般情况下，网桥仅仅掌握连接了哪些 LAN 这种有限的信息。同样，网桥 B2 用主机 9 的 MAC 地址信息，由选路表知道 LAN 4 是目的的方向。

自动更新自身选路表的网桥称为**透明网桥**，网桥上通常配备了 IEEE 802.1d 协议，这种网桥是一个**即插即用**的设备，能够快速地建立自己的选路表。透明网桥具备一定的智能，能够获知网络拓扑变化，以更新选路表。网桥根据帧到达的信息，并解析帧中源 MAC 地址信息，就能知道如何访问到达帧的源网络，以此来更新选路表。

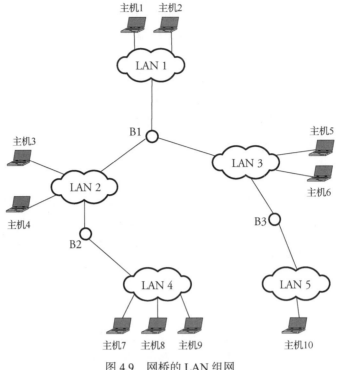

图 4.9   网桥的 LAN 组网

4.3.3   用第 2 层和第 3 层设备连网

随着网络系统的复杂性不断增加，第 2 层设备不足以满足其需求。通过第 2 层交换机连接的 LAN 上的用户有一个公共的广播地址。因此，目的 MAC 地址为广播地址的帧将被转发给网络中的所有用户，在大型网络中，这会带来非常大的开销，还可能引起网络拥塞。第 2 层交换机的另一个问题是为了避免环路，两个用户之间只能有一条传输路径，这极大地限制了大型网络的性能。克服这种限制的方法是将网络划分成多个子网。

路由器或第 3 层交换机在协议栈的网络层实现交换和转发功能。路由器能够处理大量的业务量负载，也用来连接 LAN 中的多个子网。路由器是一个复杂的设备，允许访问用户之间的多条路径。路由器使用软件转发分组。然而，软件的使用大大降低了分组转发的速度。由于高速 LAN 和高性能 LAN 交换机每秒可处理数百万个帧，这就要求第 3 层设备也能匹配这样的负载性能。

交换层：边缘、核心和汇聚交换

在实践中，网络设计者根据**交换层**结构设计典型组织的网络。图 4.10 显示了位于一个建筑物中的典型网络场景，网络分为若干 LAN 子网，每个子网上有多个主机、服务器，以及打印机等设备。

直接连接用户设备的交换结构第 1 层由**边缘交换机**组成。边缘交换机是第 2 层交换机，即图中的 S6、S7、S8 和 S9，它们使用 MAC 地址路由到端用户。这四个交换机同时又接到**汇聚交换**层。采用两层次的第 2 层交换机是一种通常的做法，它提供了更灵活的从外部到用户的选路方案。在这两层次的交换机之上，第 3 层交换机 S1 和 S2 充当核心交换机或主干网，它们关联了 IP 地址，如图中所示。S1 和 S2 通过高速链路连接了第 2 层交换机和组织中的其他设施，如邮件服务器和 Web 服务器等，并最终连接到主路由器 R1 以接入互联网。

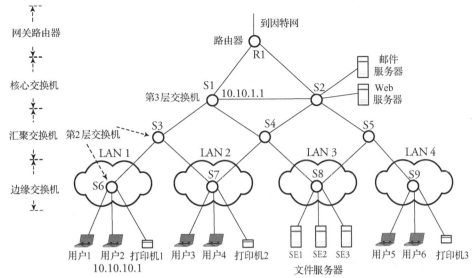

图 4.10　具有第 2 层交换机、第 3 层交换机和路由器的网络

4.4　MAC/IP 地址转换协议

网络中节点的每个端口至少有一个 IP 地址。每个节点连接链路的 NIC 都有一个链路层地址，实际上就是 **MAC 地址**。回忆一下，MAC 地址为 6 Byte，通常用十六进制标记法表示，如 00-40-33-25-85-BB。MAC 地址对每个设备而言是唯一的，并且永久存储在适配器的只读存储器中。因此，网络设备制造商需要为其产品购买 MAC 地址。与 IP 地址不同，MAC 地址没有层次结构。MAC 编址的优点是设备不需要 IP 地址就能与自己所在 LAN 中的周围设备通信。

每个节点适配器收到帧后，检查帧的目的 MAC 地址是否与自己的 MAC 地址匹配。如果匹配，适配器就提取帧内的分组并将其上交给协议栈。总之，IP 分组首部的目的地址是逻辑地址，与物理地址或链路层地址不同。为了将一个分组从源主机成功传送到目的地，主机需要知道 IP 地址和链路层地址。

我们现在可以详细讨论 MAC 寻址方案及其与 IP 地址的合作。源主机使用**地址解析协议**（Address Resolution Protocol，ARP）找出目的链路地址，执行反向功能的另一个协议称为**反向地址解析协议**（Reverse Address Resolution Protocol，RARP）。下面介绍这两个协议。

4.4.1　ARP

ARP 设计用于将 IP 地址转换成 MAC 地址，反之亦然。但值得一提的是 ARP 只解析同一个 IP 子网上的主机 IP 地址。假设一个主机想向目的主机发送分组，如果它不知道目的主机的链路层地址，就广播一个 ARP 分组来请求给定 IP 地址的链路层地址。ARP 有专门的分组格式用于请求将 IP 地址转换为 MAC 地址。ARP 分组包含有发送方和接收方的 IP 地址，以及发送方和接收方的 MAC 地址。ARP 查询分组和响应分组的格式相同。

ARP 查询分组向子网上的所有主机和路由器请求确定给定 IP 地址的 MAC 地址。ARP 查询分组被广播到子网上的所有主机。为此，将 ARP 查询分组封装在以目的地址为广播地址的帧中。每个主机的 NIC 在其帧处理单元（见第 2 章的 NIC 功能框图）中都有一个 ARP 模块，每个主机上的 ARP 模块检查 IP 地址是否与自己匹配。如果匹配，就回送一个包含自己 MAC 地址的 ARP 响应分组。

之后源主机将这个地址存储到本地 ARP 表中供后续使用。记住，每个 NIC 都有一个表，用于保存所接网络(子网)上每个设备的 MAC 地址。NIC 的 ARP 表中列入了 MAC 地址。这里描述的 ARP 过程具有即插即用性质，即每个主机的 NIC 中的 ARP 表自动生成，无须网络管理员参与。

例: 图 4.11 显示了通过第 3 层交换机 S1 连接的 LAN 1、LAN 2、LAN 3 和 LAN 4。位于 LAN 1 中的源主机 IP 地址为 150.176.8.55，要找到 LAN 4 中 IP 地址为 150.176.8.5 的主机的 MAC 地址。详细说明 ARP 分组如何从源主机广播并最终到达 LAN 4。

解: 首先，我们注意到 IP 地址为 150.176.8.55 的源主机(LAN 1)和 IP 地址为 150.176.8.5 的目的主机(LAN 4)位于同一个 IP 子网中，第 3 层交换机 S1 连接了 LAN 1 和 LAN 4。在这种情况下，源主机的 NIC 首先将 ARP 查询分组转换成帧，然后广播给子网上的所有主机。ARP 分组广播到 LAN 1 上的所有主机和交换机 S1。交换机 S1 能工作在第 2 层和第 3 层上，因此可以将 ARP 分组转发给 LAN 4 主机。只有 IP 地址为 150.176.8.5 的目的主机才匹配 ARP 查询，并回复其 NIC 的 MAC 地址 76-A3-78-08-C1-6C。交换机用这个新 MAC 将发送主机的消息转发到目的主机。

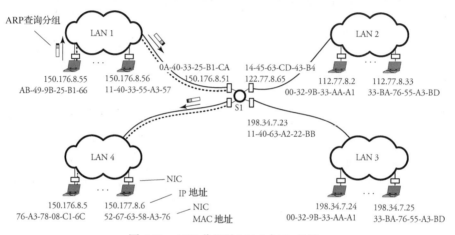

图 4.11 ARP 分组及 MAC 与 IP 地址

我们在前面提到过，ARP 只能为同一个子网中的主机解析 IP 地址。在某些罕见的情况下，获得子网外部主机 MAC 地址的唯一方法是子网之间的路由器有连接到所需主机的子网上的端口 IP 地址。这需要对连接路由器进行高级配置，以便主机在需要将流量发到其所在子网外时能加上路由器的 MAC 地址和目标主机的 IP 地址。否则，ARP 过程就会失败。

4.4.2 RARP

RARP 也是一个查找特定地址的协议。但在这种情况下，RARP 用于解决已知自己的链路层地址(而不是 IP 地址)，需要查找对应的 IP 地址。使用 RARP 解决方案，主机首先广播自己的链路层地址以请求 IP 地址。RARP 服务器将主机的 IP 地址包含在 RARP 响应分组中发送给主机。需要说明的是，计算机网络中的 RARP 应用已被一个更强大的协议 DHCP 所取代，第 5 章将详细描述这个协议。

例: 图 4.12 显示了由属于同一网络的 4 个 LAN(LAN 1~LAN 4)构成的网络。该网络使用三个第 2 层交换机 S1、S2 和 S3，以及一个网关路由器。在这个网络中，LAN 中的每个设备的组件(链路适配器)都分配了 IP 地址(简单起见，没有画出链路适配器)。该网络中，主机 1 广播自己的链路地址来请求其 IP 地址 133.167.8.78。服务器 SE1 发送 IP 地址 133.167.8.78 进行响应。

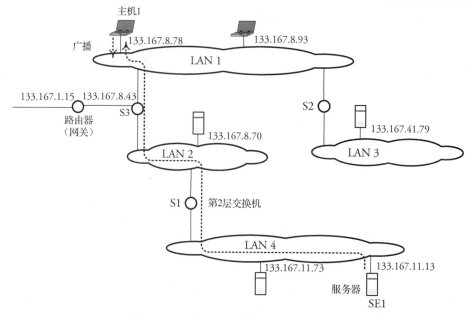

图 4.12　一个 LAN 系统和 RARP 的实现

4.5　生成树协议

生成树协议(Spanning Tree Protocol，STP)用于解决网桥或交换机网络中的无限循环问题。它确保了任何网桥或交换机局域网的无环路拓扑。STP 的基本功能是防止网桥或交换机网络形成环路，但它也允许网络设计包括冗余链路。冗余链路可以在网络活动链路出现故障时，起到自动备份路径的作用，且没有环路危险，也不需要人工启用/禁用备份链路。

STP 的标准是 IEEE 802.1D。顾名思义，它在 LAN 网络中创建了一个"生成树"，并禁用那些不在生成树上的链路，使得网络上任意两个节点间只有一条活动路径。每个 LAN 交换设备上都实现了该协议的一个算法，用来生成在网络中使用的设备子集以避免出现环路。使用交换机(或网桥)的 LAN 网络生成树协议算法如下。

开始生成树算法：

1. **指派一个根交换机**。网络中连接 LAN 的所有交换机都同意"根交换机"是 ID 号(通常为 MAC 地址)为最小值的那个交换机。
   - **初始化**。每个交换机初始时都声称是根交换机，并向邻居广播一个帧，其中包含：(a)其 ID 号；(b)到当前声明的根交换机的距离(在这个初始阶段是 0)。
   - **分析帧**。交换机将收到的原始发送方 ID 号与自己的 ID 号进行比较：
     - 如果原始发送方 ID 号大于自己的 ID 号，交换机就知道自己更可能是根交换机的候选者，它将停止转发该帧给自己的邻居。
     - 否则，交换机认为到目前为止原始发送方还是根交换机，于是：(a)计算到这个根交换机的距离，即增加跳(交换机)数值；(b)更新其数据库中的根交换机 ID 和到根交换机的距离；(c)将帧传递给自己的邻居。
   - **确定根交换机**。一旦这个过程稳定，所有交换机就都知道了根交换机的 ID 号及其距离。

2. **寻找最短路径**。每个交换机确定到根交换机的最短路径及其距离。交换机连向根的端口称为 "根端口"。

3. **寻找指定交换机**。每个 LAN 确定一个 "指定交换机",可以通过它沿最短路径到达根。

4. **断开所有环路**。步骤 2 和步骤 3 形成一个从根到网络中所有交换机的最短树,称为 "生成树"。每个交换机将不参与生成树的端口阻塞(断开环路)。

在该算法的步骤 1 中,选择 ID 号最小的交换机作为根交换机。ID 号可以是网络管理员选择的任何数字,包括 MAC 地址。为了简单起见,我们假定交换机的 ID 号是其标号,如 S1。生成树从根交换机开始构建。要确定生成树的根,任何交换机都会发送一个称为**网桥协议数据单元**(Bridge Protocol Data Unit,BPDU)的特殊控制帧,该帧包含交换机 ID 和累计成本。这个过程中的成本通常指源节点和当前节点之间的交换机个数。然而,有时在网络流量很大的情况下,为每个链路分配一个与链路比特速率成反比的链路成本。较高的比特速率意味着较低的成本。

然后,接收交换机将发送方的交换机 ID 与自己的 ID 进行比较。如果发送方的交换机 ID 大于自己的 ID,就不转发该 BPDU。因此,交换机确定它不是根交换机,并停止发送具有较大交换机 ID 的 BPDU 通告。如果发送方的交换机 ID 较小,就存储该 BPDU,并增加成本值后转发给其他用户。经过一段时间,除最小 ID 交换机外的所有交换机都停止发送 BPDU。当 ID 号最小的交换机不再收到其他 BPDU 时,它就宣称自己是根交换机。在步骤 2 中,每个交换机根据存储的 BPDU,确定到根交换机最短路径的端口。这个端口称为根端口,任何交换机都通过这个端口与根交换机通信。

在该算法的步骤 3 中,每个 LAN 都确定一个指定交换机,通过它来转发帧。为了确定指定交换机,每个交换机都向自己连接的所有 LAN 发送 BPDU。连接到特定 LAN 上的交换机比较各自到根交换机的成本。具有最小成本(最短路径)的交换机就是指定交换机。在成本相同的情况下,最小 ID 的交换机是指定交换机。这样,步骤 2 和步骤 3 就形成了从根到网络中所有交换机的最短树,称为 "生成树"。各个交换机阻塞那些没有加入生成树的端口,从而断开所有环路。

例:图 4.13(a)显示了一个包含多个 LAN 的网络。LAN 1~LAN 5 通过交换机 S1~S5 互连。我们假设每个交换机的 ID 与其标号相同,如交换机 S1 的 ID 号是 S1。假设 LAN 4 和 LAN 5 分别选择 S3 和 S4 为指定交换机。很明显,这个网络有两个环路。环路的存在会导致任何具有未知目的 MAC 地址的外部帧通过任何交换机到达该网络后,将在环路上无限循环。应用生成树算法解决网络中的环路问题。

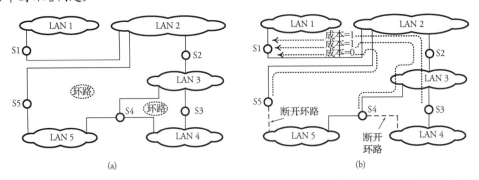

图 4.13 应用在 LAN 网络上的生成树协议:(a)有两个环路的 LAN 网络;(b)实现生成树协议后的网络

解:图 4.13(b)显示了避免环路的生成树协议的实现。在该协议的步骤 1 中,交换机 S1 被明确指派为根交换机,因为 ID 号 S1 被认为小于 S2~S5。例如,在交换机 S3 上,步骤 1 在邻居交换机

S2 和 S4 之间选择 S2 作为候选根节点,因此只允许将 S2 的 BPDU 帧进一步传播给其他交换机。在步骤 2 中,所有其他交换机都测量其到 S1 的成本,如图中所示。例如,从 S4 到 S1 的成本是 1,因为该路径上只有一个交换机(S2)。在步骤 3 中,S5 断开与 LAN 5 的连接,因为 S4 是 LAN 5 的指定交换机,并且 S5 到 LAN 5 的连接不参与到生成树中。同样原因,S4 断开与 LAN 4 的连接,因为 S3 是 LAN 4 的指定交换机,并且 S4 到 LAN 4 的连接不参与到生成树中。协议最终创建了一个虚线表示的最短树,通过断开短画线表示的链路来消除两个环路。

4.6 虚拟局域网

虚拟局域网(Virtual LAN,VLAN)是一组具有公共需求的主机,它们物理位置虽然各异,但却如同连接到同一个区域一样进行通信。VLAN 允许将单个 LAN 虚拟地分割成多个看似独立的 LAN。每个虚拟的 LAN 都分配了一个标识符,帧只能在具有相同标识符的网段之间进行转发。VLAN 的特性与物理 LAN 是一样的,但 VLAN 的优势在于,它允许将不在同一个交换机上的用户组在一起。这种网络结构的配置只需要某些软件,而不是物理上重新放置设备。

使用 VLAN 有几个优点。首先,在实际的物理局域网上新定义的虚拟局域网可以将虚拟网段上的数据流量与物理网络的其余部分隔离开来。VLAN 还可以更有效地管理用户。如果用户在网络中进行物理移动,并使用 VLAN,就不需要更改物理布线将用户连接到另一个交换机上。VLAN 内的用户彼此通信,就像他们连接到一个交换机上一样。

一个虚拟的 LAN 可以通过"VLAN 交换机"形成,VLAN 交换机允许在单个**物理** LAN 上定义多个**虚拟**局域网。网络管理员将 VLAN 交换机的端口分为几个组,每组端口形成一个 VLAN 域。这样,各个组相互隔离。

图 4.14 显示了通过交换机 S1 连接的三个 LAN,该网络的问题是广播通信的私密性或安全性。例如,如果从外部到达 S1 的某个帧只想广播到 LAN 1 和 LAN 2 中,但是 S1 由于其有限的多播选路能力而无法这样处理,那么交换机只能将帧广播给包括 LAN 3 用户在内的所有主机。可以通过创建两个虚拟局域网(VLAN 1 和 VLAN 2)并将两个交换机端口 1 和 2 指派给 VLAN 1、端口 3 指派给 VLAN 2 来解决这个问题。将一定数量的交换机端口指派给一个 VLAN 是用交换机上为此目的而设计的交换机管理软件完成的,网络管理员可以利用软件将任意端口指派给某个 VLAN。在该软件中,有一个表将交换机端口映射到 VLAN。

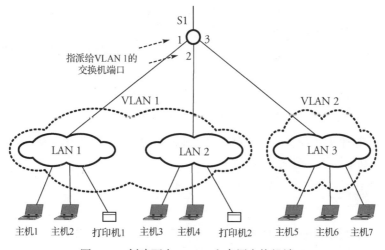

图 4.14 创建两个 VLAN 和专用交换机端口

4.6.1 VLAN 交换机

再次考虑图 4.14，要在此图中配置 VLAN，我们需要使用软件在交换机 S1 的每个端口上配置 VLAN ID。当 LAN 1 传输一个帧时，它会到达交换机 S1。交换机发现该帧是来自配置为 VLAN 1 的端口。为了避免将帧发送给 LAN 3，交换机在帧的 MAC 首部与净荷之间插入一个 "VLAN 首部"。在这种情况下，交换机使用其常规选路方式转发帧，使其远离 VLAN 2（即 LAN 3）。请注意，VLAN 1 内的任何流量（如从 LAN 1 到 LAN 2）都可以通过交换机转发。将交换机和必要软件的组合设计成一个称为 **VLAN 交换机**的设备单元。

在网络中加入 VLAN 交换机，就打开了这样一扇大门：能够在不移动或修改任何硬件、线缆或地址的情况下更改网络的逻辑拓扑结构。例如，如果要将 LAN 2 加入 VLAN 2 中，只需要简单地更改交换机上的端口配置即可。另一个例子是，如果想将打印机 2 加入 VLAN 2 中，只需要更换 LAN 2 内的一个 VLAN 交换机，并做好相应配置，这样 LAN 3 中的用户就可以访问打印机 2 了。

4.6.2 VLAN 中继协议和 IEEE 802.1Q

VLAN 中继协议（VLAN Trunking Protocol，**VTP**）是在连接有局域网的整个网络域中传播 VLAN 配置的协议。VTP 将 VLAN 信息传递给网络域中的所有交换机。为了实现这个协议，通常在每个交换机上将一个特殊端口配置为 "中继端口"，用于 VLAN 交换机之间的连接。

然后网络中的所有 VLAN 都使用中继端口，以便将发往域中某个 VLAN 的帧转发到中继端口，从而发到其他交换机。当帧到达中继端口时，每个交换机通过检查扩展的 MAC 帧格式（由 IEEE 802.1Q 标准化定义）来找出该帧属于哪个特定的 VLAN。802.1Q 帧与普通 MAC 帧基本相同，只是在帧首部加入了 4 Byte 含有该帧所属 VLAN 标识的 VLAN 标记字段。VLAN 中的发送方在帧中加入 VLAN 标记信息，VLAN 中的接收方从帧中去除 VLAN 标记。这里值得一提的是，VLAN 也可以基于网络层协议使用。

VTP 交换模式

根据在网络域中的行为，有三种用于 VTP 配置的交换机模式。这些模式用于 VTP 通告：

- **服务器模式**。交换机可以添加、删除或修改 VLAN。VLAN 修改包括配置修订、VTP 版本和 VTP 参数。VTP 参数由同一网络域中的交换机通告。如果域相同，那么交换机接收帧并修改和更新其存储的参数。
- **客户端模式**。交换机不能修改 VLAN。客户端模式的交换机只能接收来自服务器交换机的通告分组。
- **透明模式**。交换机的行为类似于透明交换机，不创建或接收任何通告。它只是在域中运送这些分组。透明模式的交换机不会添加、删除或修改网络域中的 VLAN。

现在我们继续讨论无线局域网，看看无线环境下的网络功能。这里，我们将了解到许多关于常规 LAN 与无线局域网互连组网的内容。

4.7 无线局域网

无线技术帮助有线数据网络连接无线组件。局域网可以用无线方式构建，以便在特定组织（如大学校园）内供移动的无线用户访问主干网。

无线局域网的基本拓扑结构如图 4.15(a) 所示。无线网络中的每个主机都直接与其他主机通信，而无须主干网。这种网络的改进方案是使用**无线接入点**(Wireless Access Point，WAP) 或收发器，它们也可以作为有线和无线局域网之间的接口。图 4.15(b) 显示了具有 WAP 的典型结构。

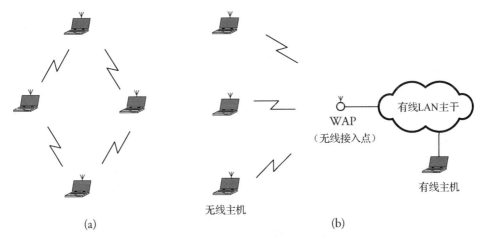

图 4.15　基本的无线局域网：(a) 基本拓扑结构；(b) 具有 WAP 的典型结构

在这种方案中，所有无线主机都传输给 WAP，从而与有线或无线局域网上的主机进行通信。用户在无线局域网中的移动范围可以通过使用多个 WAP 来扩展。如果附近接入点的信号强度超过了当前接入点的信号强度，移动主机就会搜索新的 WAP。无线局域网技术可以分为四种类型：

- 红外局域网；
- 扩频局域网；
- 窄带射频局域网；
- 家庭射频和蓝牙局域网。

4.7.1　红外局域网

红外局域网中的信号覆盖范围仅限于一个房间大小。覆盖范围小是因为红外光不能穿透墙壁和其他不透明的障碍物。红外通信技术用于一些家用设备，如电视遥控器。红外数据传输采用三种可选传输技术：**定向光束**、**全向配置**和**漫射配置**。

定向光束是一种点到点连接，通信范围受发射功率和聚焦方向的限制。通过适当聚焦，通信距离可达一千米。这个技术可用于令牌环局域网和建筑物之间的通信连接。**全向配置**由通常安装在天花板上的单个基站构成，基站发送全向信号，所有收发器都能接收到。收发器反过来使用定向光束聚焦到基站上。在**漫射配置**方法中，红外发射器将发射信号定向到具有漫射效果的反射天花板，信号从天花板反射到各个方向，接收器就能接收到发送的信号。

红外线的使用有几个优点。例如，红外通信的带宽很大，可以实现高数据速率。此外，由于红外线是由浅色物体反射的，因此可以借助物体的反射覆盖房间的整个区域。由于红外线不能穿透墙壁和其他不透明的障碍物，任何对手都很难进行被动攻击或窃听。因此，使用红外技术的通信更加安全。此外，相邻的房间各自使用独立的红外网络，不会出现相互干扰。最后，红外通信设备比微波通信设备便宜得多。红外技术的一个主要缺点是来自阳光和室内照明的背景光辐射会对红外接收器造成干扰。

4.7.2　扩频局域网

　　扩频局域网应用于工业、科学和医疗等领域,它采用多个相邻小区的形式工作,每个小区使用同一个频段中的不同中心频率来避免相互干扰。在这些小区内,可以部署成星形结构或**对等拓扑结构**。如果使用星形拓扑,作为网络中心的集线器就安装在天花板上。这个集线器是有线和无线局域网之间的接口,可以连接到其他有线局域网。无线局域网中的所有主机都从集线器发送和接收信号,因此,主机之间的流量要流过中心的集线器。每个小区还可以部署成对等拓扑结构。扩频技术使用三个不同的频带: 902～928 MHz、2.4～2.4835 GHz 和 5.725～5.825 GHz。频率越高,提供的带宽能力越大。当然,高频设备也更加昂贵。

4.7.3　窄带射频局域网

　　窄带射频局域网使用非常窄的带宽。窄带射频局域网的频段可以是授权或非授权的。在授权的窄带射频中,授权机构分配射频的频段。大多数地理区域仅限于少量授权。通常相邻小区使用不同的频段。另外,需对传输进行加密以防止攻击。授权的窄带射频局域网保证通信不受任何干扰。非授权的窄带射频局域网使用非授权的频谱和对等局域网拓扑结构。

4.7.4　家庭射频和蓝牙局域网

　　家庭射频是一种工作在 2 GHz 频段的无线网络标准。家庭射频用于互连各种家用电子设备,如台式机、笔记本电脑和电器。家庭射频支持大约 2 Mb/s 的语音和数据速率,范围约为 50 m。**蓝牙**技术取代了 10 m 以内短程通信所需的电缆,如显示器与 CPU、打印机与个人计算机之间的电缆等。蓝牙技术还消除了笔记本电脑与打印机的电缆需求。蓝牙工作在 2.4 GHz 频段,支持 700 kb/s 的数据速率。

4.8　IEEE 802.11 无线局域网标准

　　IEEE 802.11 无线局域网标准定义了无线局域网(如 WiFi)的物理层、MAC 层服务,以及 MAC 管理协议。物理层负责通过射频或红外介质传输原始数据。MAC 层解决接入控制问题,确保传输数据的私密性和数据服务的可靠性。管理协议确保认证和数据传递。

　　图 4.15(b)中的每个无线局域网主机都有一个无线局域网适配器,用于无线介质上的通信。该适配器负责认证、保密和数据传递。要将数据发送到有线局域网中的主机,无线局域网中的主机首先将数据分组发送到接入点。接入点通过称为**服务集标识符**(Service Set IDentifier, SSID)的唯一 ID 识别无线主机。SSID 就像一个允许无线客户端加入无线局域网的口令保护系统。一旦无线主机通过了认证,接入点就将数据分组通过交换机或集线器转发给需要的有线主机。

　　接入点建立了一个关联表,其中包含无线网络中所有主机的 MAC 地址。接入点使用表中记录的信息在无线网络中转发数据分组。图 4.16 显示了位于一个建筑物的两个不同房间中的 LAN 1 和 LAN 2 通过**无线网桥** WB1 和 WB2 互连。无线网桥与普通网桥基本相同,但配有无线收发器。无线网络最常用的传输介质是 2.4 GHz 频率的无线电波。无线网桥还可用于连接不同建筑物中的 LAN。无线局域网的接入范围可以通过部署更多的接入点来扩展。

　　图 4.17 显示了使用多个接入点扩展无线网络的连接范围。相邻接入点的覆盖区域可以相互重叠,以提供不中断的无缝主机移动。无线局域网中的无线电信号电平必须保持在最佳值。通常,为满足这些要求必须进行现场勘察。现场勘察包括室内和室外场地,通常需要调查电源要求、接入点放置位置、射频覆盖范围和可用带宽。

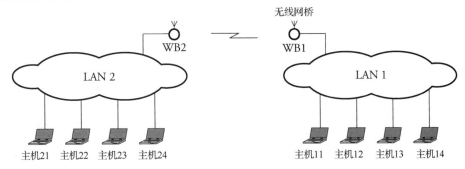

图 4.16　通过无线网桥连接的两个 LAN

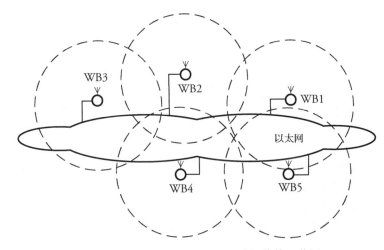

图 4.17　使用多个接入点扩展无线网络接入范围

高速局域网使用的传输介质是双绞线和光缆。使用无线介质有一些优点，如主机移动性和降低传输介质的成本。主机移动性使主机可以从地理区域的任何位置访问网络资源。为了广泛部署，无线局域网必须可靠和安全。无线局域网的标准包括 802.11 及其系列：802.11a、802.11b 和 802.11g 等。

标准 802.11 通常使用**带冲突避免的载波监听多路访问**（Carrier Sense Multiple Access with Collision Avoidance，CSMA/CA）方法。使用这种方法，每个主机侦听来自其他主机的流量，并在信道空闲时发送数据。如果信道忙，主机将等待至信道空闲。然后，主机在随机的**退避时间**后发送数据。这样做是为了防止所有主机在信道变为空闲时同时发送数据。802.11 标准的细节将在接下来的两个部分中进一步解释。

4.8.1　IEEE 802.11 物理层

IEEE 802.11 工作在 2.4 GHz 频段，支持 1～2 Mb/s 的数据速率。IEEE 802.11a 工作在 5 GHz 频段，支持高达 54 Mb/s 的数据速率。IEEE 802.11b 工作在 2.4 GHz 频段，支持 5.5～11 Mb/s 的数据速率。IEEE 802.11g 工作在 2.4 GHz 频段，支持更高的数据速率。

另外两个流行的 IEEE 物理层标准是 IEEE 802.11n 和 IEEE 802.11ad。IEEE 802.11n 采用多进多出（Multiple-Input Multiple-Output，MIMO）天线技术，如第 2 章所述，以提高前面两个标准（802.11a 和 802.11g）的网络吞吐量。由于这种硬件改进，数据速率甚至可达 600 Mb/s。这个标准可用于 2.4 GHz 或 5 GHz 频段。

IEEE 802.11 物理层有四种类型:

- **直接序列扩频**(Direct Sequence Spread Spectrum,DSSS)使用 7 个信道,每个信道支持 1~2 Mb/s 的数据速率。工作频率范围在 2.4 GHz ISM 频段。DSSS 在 2.4 GHz ISM 频段使用三个无交叠信道。802.11 使用的 2.4 GHz 频段会受到工作在同一个频段的一些家用电器(如微波炉、无绳电话)的干扰。

- **跳频扩频**(Frequency-Hopping Spread Spectrum,FHSS)使用伪噪声序列和信号从一个信道跳到另一个信道。这项技术使用了 79 个信道。FHSS 工作在 2.4 GHz ISM 频段,支持 1~2 Mb/s 的数据速率。

- 工作范围约为 20 m 的**红外线**采用广播通信模式,使用**脉冲位置调制**(Pulse Position Modulation,PPM)方案。

- 第 2 章中介绍的**正交频分复用**(Orthogonal Frequency Division Multiplexing,OFDM)是一种多载波调制/复用方案,其中载波间距经过精心挑选,使得每个子载波都与其他子载波正交。两个信号正交是指两个信号的乘积信号在一个区间的积分值为 0。正交性可以通过使载波间距等于有用符号周期的倒数来实现。由于子载波是正交的,所以在系统频谱中,每个子载波在所有其他子载波的中心频率处为零值。这样子载波之间就没有干扰,使得它们的间距尽可能小。

IEEE 802.11a 使用 OFDM,使用 5 GHz 范围内的 12 个正交信道。与 802.11b 不同,这减少了来自其他家用电器的干扰。802.11a 和 802.11b 这两个标准可以在一起工作而不会相互干扰:由于使用 OFDM,因此 802.11a 设备更昂贵、功率消耗更大。IEEE 802.11a 的频率信道不重叠,运行在 5 GHz 频段。可实现的数据速率是 6、9、12、18、24、36、48 和 54 Mb/s。卷积编码用于前向纠错。

IEEE 802.11b 使用 DSSS,但支持高达 11 Mb/s 的数据速率,采用的调制方案称为**补码键控**(Complementary Code Keying,CCK)。工作频率范围是 2.4 GHz,因此会干扰一些家用电器。**IEEE 802.11g** 实现了比 802.11b 高得多的数据速率,并使用 2.4 GHz 频段。802.11g 使用了多种编码方案的组合。802.11g 客户端可以在 802.11b 接入点下工作;同样,802.11b 客户端也可以在 802.11g 接入点下工作。

4.8.2 802.11 MAC 层

IEEE 802.11 提供了几个关键功能:可靠的数据传递、介质访问控制和安全功能。**可靠的数据传递**是 IEEE 802.11 MAC 层提供的一个关键功能。由于无线介质的非理想特性,如噪声、干扰、多径效应等,可能导致帧的丢失。IEEE 802.11 使用确认(ACK)来保证可靠的数据传递。当源节点发送一个数据帧时,目的节点用一个 ACK 回应以确认接收该帧。如果源节点在一段时间内未收到 ACK,就会等待超时后重新发送这个帧。

还可以使用**请求发送/允许发送**(Request-To-Send/Clear-To-Send,RTS/CTS)机制来进一步提高可靠性。当源节点有数据要发送时,它首先以帧的形式向目的节点发送一个 RTS 信号。如果目的节点接收就绪,就回送一个 CTS 信号。源节点收到来自目的节点的 CTS 信号后就发送数据帧。目的节点再响应一个 ACK 以表示成功接收数据。这种四次握手机制可以提高数据传递的可靠性。当源节点发送一个 RTS 帧时,在源节点覆盖范围内的所有主机都接收到了该 RTS 帧,这些主机在此时段内将不发送帧,从而减少了冲突的风险。出于同样的原因,当目的节点发送一个 CTS 帧时,它覆盖范围内的主机都接收到了该 CTS 帧,这些主机在此时段内也不发送任何帧。

另一个关键功能是 MAC。介质访问算法有两种类型：**分布式访问**和**集中式访问**。在分布式访问协议中，介质访问控制分布在所有节点上。节点使用载波监听机制侦听信道，然后进行传输。分布式访问协议用于具有高突发业务量的自组织网络。在集中式访问协议中，介质访问问题由一个中心机构解决。集中式访问协议用于具有基站主干结构的无线局域网和涉及敏感数据的应用系统中。IEEE 802.11 MAC 算法提供了分布式和集中式的访问功能。集中式访问建立在分布式访问之上，是可选的。

MAC 层有两种工作方式：**分布式协调功能**(Distributed-Coordination Function，DCF)算法和**点协调功能**(Point-Coordination Function，PCF)算法。

DCF 算法

DCF 算法使用竞争解决方案，其子层采用 CSMA 方案进行介质访问控制和竞争解决。如第 3 章所述，CSMA 发送方侦听介质上传输的信号。如果检测到介质空闲，就发送；否则，如果介质忙，发送方就推迟发送，直到介质空闲。DCF 没有提供冲突检测，这在无线网络中很困难，因为有隐藏终端问题。为了克服这个问题，采用了帧间间隔(Inter-Frame Space，IFS)技术。IFS 是一个延迟，其长度基于帧优先级。IFS 有三种计时长度。DCF 算法的步骤如下：

802.11 MAC 的 DCF 算法

1. 发送方侦听介质以检测是否有流量。
2. **如果介质空闲**，发送方等待长度为 IFS 的时间间隔。然后发送方再次侦听介质。如果介质依旧空闲，发送方立即传输帧；**如果介质忙**，发送方持续侦听介质，直到介质变为空闲。
3. 一旦介质变为空闲，发送方等待长度为 IFS 的时间间隔，然后再次侦听介质。
4. **如果介质依旧空闲**，发送方退避一个指数时间间隔，然后再次侦听介质。

   如果介质依旧空闲，发送方立即传输。

   如果介质变忙，发送方停止退避计时，并在介质变为空闲时重新启动整个过程。

IFS 时间间隔技术基于数据的优先级，有三种计时间隔：

- **短帧间间隔**(Short IFS，SIFS)。该计时间隔用于需要立即应答的场合。使用 SIFS 的发送方具有最高优先级。SIFS 用于发送 ACK 帧。当主机接收到只送给自己的帧时，在等于 SIFS 的时间间隔之后响应一个 ACK。SIFS 时间间隔是对无线网络中缺乏冲突检测系统的补偿。
- **点协调功能帧间间隔**(PCF IFS，PIFS)。该计时间隔由 PCF 方案中的集中控制器使用。
- **分布式协调功能帧间间隔**(DCF IFS，DIFS)。该计时间隔用于正常的异步帧。等待 DIFS 间隔的发送方具有最低优先级。

PCF

PCF 提供一种无竞争的服务。PCF 是 IEEE 802.11 中的一个可选功能，它建立在 DCF 层之上，提供集中式介质访问。PCF 在集中式轮询主机(点协调器)上实现**轮询功能**。点协调器使用 PIFS 间隔进行轮询。由于这个间隔大于 DIFS 间隔，因此点协调器在发出轮询时有效地抑制了所有异步通信。PCF 协议定义了一个称为**超帧间隔**的区间，它包含一个无竞争期和一个竞争期，无竞争期用于点协调器发出轮询，竞争期用于站点发送正常的异步数据。下一个超帧间隔仅在介质变为空闲后开始。在这段时间内，点协调器必须等待以获得访问权。

802.11 MAC 帧

802.11 MAC 帧首部格式如图 4.18 所示，具体描述如下：

- **帧控制**(Frame Control，FC)字段提供帧类型信息——控制帧、数据帧或管理帧。
- **持续时间**(Duration/ID，D/I)表示为成功传输帧分配的时间。
- **地址**字段有四个 6 Byte 地址——源地址、目的地址、接收器地址和发送器地址。
- **序列控制**(Sequence Control，SC)字段由用于分片与重组的 4 bit 和用于特定发送器与接收器之间的 12 bit 帧序列号组成。
- **帧体**字段包含 MAC 服务数据单元或控制信息。
- **循环冗余校验**(Cyclic Redundancy Check，CRC)字段用于检错。

字节:

2	2	6	6	6	2	6	4	4
FC	D/I	地址	地址	地址	SC	地址	帧体	CRC

图 4.18　IEEE 802.11 MAC 帧首部格式

IEEE 802.11 中三种类型的帧是**控制帧**、**数据承载帧**和**管理帧**。控制帧用来确保可靠的数据传递。控制帧的类型有：

- **节能查询**(Power Save-Poll，PS-Poll)。发送方将这个请求帧发送到接入点。发送方向接入点请求其缓存的帧，因为发送方此前处于节能模式。
- **请求发送**(Request To Send，RTS)。发送方在发送数据前向目的站发送一个 RTS 帧。这是 IEEE 802.11 为可靠数据传递而实现的四次握手中发送的第一帧。
- **允许发送**(Clear To Send，CTS)。目的站发送 CTS 帧以表明它准备好接收数据帧。
- **ACK**。目的站使用此帧指示发送方成功的帧接收。
- **无竞争结束**(Contention-Free End，CF-End)。PCF 使用此帧来指示无竞争期的结束。
- **CF-End + CF-ACK**。PCF 使用此帧指示无竞争期的结束，同时对接收帧进行确认。

数据承载帧有以下类型：

- **Data**。这是通常的数据帧，可用于竞争期和无竞争期。
- **Data + CF-ACK**。这是用于无竞争期的数据承载及对接收数据的确认。
- **Data + CF-Poll**。PCF 使用此帧向目的站发送数据，以及向目的站请求数据。
- **Data + CF-ACK + CF-Poll**。该帧将以上三个帧的功能组合在一个帧中。

管理帧用于通过接入点监控和管理 IEEE 802.11 LAN 中各个主机之间的通信。

4.8.3　WiFi 网络

无线保真(Wireless Fidelity，WiFi)是 WiFi 联盟技术的商标，是一套用于无线局域网(Wireless LAN，WLAN)的标准。WiFi 基于 IEEE 802.11 标准，允许移动设备(如笔记本电脑、数码相机、平板电脑等)连接到 WLAN 中。WiFi 也用于互联网接入和无线 IP 语音(Voice over IP，VoIP)电话。任何主机都可以内置 WiFi，允许办公室和家庭在没有昂贵布线的情况下进行联网。

WiFi 网络中的路由选择

图 4.19 显示了以某种方式接入互联网的三个 WiFi 网络 1、2 和 3。网络 1 使用**无线网关 WG1**，因此 WG1 可以与这个网络中的四个主机 11、12、13 和 14 建立无线通信，而它的网关功能提供了到互联网的有线接入。网络 2 配备了**无线接入点 WAP1**，用来与主机 21、22、23 和 24 通信，同时由于缺少有线接入，因此需要用 WG2 接入互联网。两个无线网关 WG1 和 WG2 也可以相互通信，但由于假设它们相距较远，因此假设它们之间的通信要通过有线和互联网。

网络 3 与网络 2 相似，使用**无线接入点 WAP2** 与其主机 31、32、33 和 34 通信，但由于无法接入有线互联网，于是使用了**无线路由器 WR1** 通过临近的 WG2 接入互联网。图 4.19 中，主机 13 和 21 通过互联网建立通信连接；主机 24 和 34 也可以建立通信连接，但不需要访问互联网。

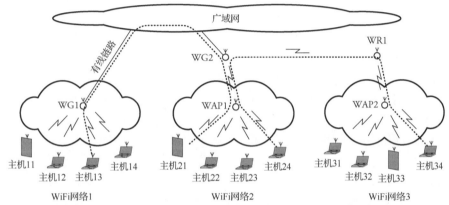

WAP = Wireless Access Point
WR = Wireless Router
WG = Wireless Router with Gateway

图 4.19　通过无线主机到 WiFi 接入点的连接来实现互联网访问和直接的无线连接

一些路由选择协议可以用在 WiFi 设备上，其中一个协议是为移动网络开发的**优化链路状态路由选择**（Optimized Link State Routing，OLSR）协议。OLSR 是表驱动和先应式协议。因此，网络节点之间周期性地交换拓扑信息。一些相邻节点选择某些节点进行多点中继，它们在控制消息中周期性地交换这些信息。

WiFi 的物理层和链路层

WiFi 网络中的连接由无线链路信号形成。**热点**被定义为 WiFi 覆盖的地理区域中的接入点。内置在典型 WiFi 家庭路由器中的接入点的覆盖范围是室内约为 50 m，室外约为 90 m。WiFi 基于 IEEE 802.11 标准。使用最广泛的 WiFi 版本基于 802.11b/g，工作在 11 个信道上，每个信道 5 MHz，以 2412 MHz 的信道 1 为中心，一直到 2462 MHz 的信道 11。在美国，最大发射功率是 1 W，最大有效辐射功率是 4 W。新的 WiFi 标准使用 OFDM（见第 2 章）以便管理无线链路上的用户。OFDM 是一种多载波调制和多路复用方案，精心设计的载波间隔，使得子载波之间两两正交。

WiFi 允许在不布线的情况下部署 LAN，从而降低了网络部署和扩展的成本。WiFi 可用在无法部署线缆的地方。但是在全世界的大部分地区中，使用 2.4 GHz WiFi 频段是不需要许可证的，只是要接受当地的监管限制，还要忍受来自其他来源的干扰，甚至是导致设备无法工作的干扰。

用于 WiFi 的 802.11b 和 802.11g 标准工作的 2.4 GHz 频段挤满了其他设备，如蓝牙设备、微波炉和无绳电话。这会导致性能下降，并阻碍他人使用开放的接入点。此外，与其他标准相比，功耗相当高，这使得电池寿命和散热成为必须考虑的问题。

4.9　案例研究：有线电视协议 DOCSIS

作为案例研究，我们来了解一个熟悉的系统：有线电视(Cable TV，CATV)系统。在第 2 章中，我们回顾了电缆调制解调器和它采用的调制解调技术。家庭中使用电缆调制解调器接入互联网。有线电视公司可以是互联网与电视的服务提供者。电缆接入网将住宅中的电缆调制解调器连接到**电缆调制解调端接系统**(Cable Modem Termination System，CMTS)，作为电缆网络总部的端系统。

有线电视公司使用**同轴电缆数据结构规范**(Data Over Cable Service Interface Specification，DOCSIS)协议，这是一个国际电信标准，规定了电缆数据网络架构及其技术。DOCSIS 是在现有的有线电视系统上加入高速互联网接入。许多有线电视运营商都使用该协议，在他们现有的混合光纤同轴电缆基础设施上提供互联网接入。要理解 DOCSIS，我们需要讨论 CMTS 到家庭调制解调器的下行传输，以及家庭调制解调器到 CMTS 的上行传输。

在物理层，DOCSIS 使用 6 MHz 信道进行下行传输，使用 6.4 MHz 信道进行上行传输。上、下行信道都是广播型信道。DOCSIS 的典型版本规定：下行数据调制使用 64 级或 256 级 QAM(64-QAM 或 256-QAM)，上行传输使用 QPSK 或 16 级 QAM(16-QAM)调制方案(均见第 3 章)。下行信道带宽为 6 MHz，每个信道的最大数据速率为 40 Mb/s，上行信道带宽为 6.4 MHz，每个信道的最大数据速率为 30 Mb/s。

DOCSIS 的数据链路层采用 TDMA(见第 3 章)和同步 CDMA 的确定性混合接入方法进行上行传输，对带宽请求的竞争有限。从 CMTS 到所有家庭电缆调制解调器的下行信道上传输帧是没有多路访问问题的，而上行方向的帧，由于多个电缆调制解调器共享同一个上行信道到 CMTS，就可能发生冲突。与旧的以太网系统中使用的基于纯竞争 MAC 的 CSMA/CD 相比，DOCSIS 系统的冲突相对较少。由于采用了 TDMA，在电缆调制解调器向 CMTS 传输期间，上行信道被分成若干时间间隔，每个时间间隔包含一系列较小的时隙。CMTS 通过在下行信道上转发一个 MAP 控制消息将上行传输权限指派给一个电缆调制解调器，指定哪个电缆调制解调器可以在 MAP 控制消息中提及的时间间隔的哪个时隙中传输数据。

DOCSIS 的 MAC 层还包含了丰富的 QoS 功能，有助于高效地支持 IP 语音等应用。较新版本的 DOCSIS 3.0 包括信道绑定功能，允许单个用户同时使用多个下行和上行信道。DOCSIS 的网络层支持通过 IP 地址管理调制解调器。DOCSIS 增加了 IPv6(将在第 5 章中讨论)的管理。

4.10　总结

局域网是互连各种数据通信设备为小型区域提供服务的通信网络。LAN 的主要特点是能够共享数据和软件以提供公共服务，如文件服务、打印服务、电子邮件支持及办公和工业环境中的过程控制与监视。我们利用第 2 章所述设备和第 3 章所述链路的基本知识，探讨了局域网的两种基本拓扑结构：总线型和星形。总线型 LAN 的简单性是电缆通过其接头连接主机的优势。星形拓扑是总线型拓扑的一种变体，由集线器提供连接能力。星形拓扑比总线型拓扑更容易安装。

本章还介绍了无线网络的基础知识，但没有涉及大规模路由选择问题。我们从 LAN 的基本概念出发，分析了几个 IEEE 802.11 标准。802.11a、802.11b 和 802.11g 这些基本版本通常使用 CSMA/CA。

为了让主机能够将数据送入局域网，网络须配备一个 MAC 协议来使用共享介质。ARP 设计用于将 IP 地址转换为 MAC 地址，或反向转换。

我们还讨论了**网络互联**及中继器、集线器、网桥和交换机使用的重要主题。网桥工作在第 2 层，通常将主机分隔在两个冲突域中。路由器或第 3 层交换机用来连接大型 LAN 中的多个子网。路由器可用于重负载流量的处理。

然后，我们研究了两个用来转换第 2 层和第 3 层地址的**地址转换协议**。ARP 是其中一种地址转换协议，旨在将 IP 地址转换为 MAC 地址。我们还讨论了 STP 的重要主题。STP 防止了帧或分组在网络中的无限循环。

VLAN 也是一个有趣的主题。我们了解到 VLAN 方法允许将单个 LAN 虚拟地划分为几个看似独立的 LAN。在本章的最后，我们介绍了多种无线局域网，包括我们每天都在使用的 WiFi。具体来说我们主要介绍了无线局域网的几个 IEEE 标准，包括 802.11 及其系列：802.11a、802.11b 和 802.11g。

在下一章中，我们将研究广域路由选择和网络互联主题。我们将探讨如何在单个广域网内、外执行路由选择算法和协议。

4.11　习题

1. 考虑将包含 100 万个字符的文件从一个计算机传输到另一个计算机。传输过程由一个周期序列组成。一个周期 a =(数据帧传输时间+传播时间)+(ACK 帧传输时间+传播时间)。吞吐量是指传输 100 万个字符所需的序列数。每个字符需要 8 bit。两个计算机相距 $D=1$ km，每个计算机产生的数据速率为 $b=1$ Mb/s，帧长度为 $s=256$ bit，其中包含 80 bit 的帧首部。总线上的传播速度为 200 m/μs。分别计算以下两种情况的吞吐量和总传输时间：

    (a)总线型拓扑结构，在发送下一帧之前，用一个 88 bit 帧来确认每一帧。

    (b)环型拓扑结构，环的总长度为 2D，两个计算机相距为 D。确认是通过数据帧经目的主机传回源主机来实现的。环上有 $N=100$ 个中继器，每个中继器都会引入 1 bit 时间的延迟。

2. 我们想看看，在同一个以太网络中任意两个 MAC 地址是相同的可能性有多大，假设以太网 MAC 地址是随机选择的。

    (a)在一个有 500 个主机的以太网上，两个 MAC 地址相同的概率是多少？

    (b)在全球 500 个主机的 100 万个以太网中，相同 MAC 地址出现的概率是多少？

3. 考虑一个由 200 Mb/s 环形电缆构成的 LAN，数据以光速(2.3×10^8 m/s)在电缆上传输。在环上，n 个中继器以相等距离互连形成一个闭环，每个主机连接一个中继器。当主机发送帧时，它连接的中继器将帧转发到环上。环是单向的，所以帧朝着一个方向流动。帧在环上流动时，目的主机将帧复制到自己的缓冲区中。帧被目的主机复制后将继续沿环流动，直到源主机接收并将其从系统中删除。为避免冲突，在给定时间内只有一个主机能进行传输。

    (a)忽略中继器的延迟，计算可以准确容纳 1400 Byte 帧的环周长。

    (b)如果 $n=12$，每个中继器及其主机共引入 5 bit 延迟，计算可以准确容纳 1400 Byte 帧的环周长。

4. 为处于布局相似的三层楼中的 12 间办公室设计一个同轴电缆 LAN，每层楼中间是走廊，两边各有两间办公室。每个办公室为 5 m × 5 m，高 3 m。LAN 中心在一楼的中间位置。假设每个办公室需要两个 IP 电话线路，并以平均每个页面 22 KB 的速率在每分钟内访问两个网页。

    (a)估计每个办公室到 LAN 中心的距离。

    (b)估计 LAN 所需的可用比特速率。

5. 考虑一个长度为 1000 m 的总线型 LAN，它有许多数据速率为 100 Mb/s 的等间距计算机。

    (a)假设传播速度为 200 m/μs。发送一个 1000 bit 帧到另一个计算机的平均时间(从传输开始到接收结束)

是多少? 假设计算机之间的平均距离是 0.375 km, 这是根据以下观察得出的近似值: 位于一端的计算机到其他计算机的平均距离是 0.5 km; 位于中心位置的计算机到其他计算机的平均距离是 0.25 km。在这个假设下, 发送时间等于传输时间加上传播时间。

(b) 如果相隔平均距离为 0.375 km 的两个计算机同时开始传输, 那么它们的帧会相互干扰。如果计算机在发送的同时监测总线, 那么经过多长时间它才能发现冲突? 请用真实时间和比特时间来显示你的答案。

6. 考虑一个 100 Mb/s 的 100Base-T 以太网 LAN 上连接有四个主机, 如图 4.1(a) 所示。在非坚持 CSMA/CD 算法中, 发生冲突后, 主机通常要等待 512 g bit 的时间后才又开始发送帧, g 是一个随机值。假设需 96 bit 的等待时间来清除 100Base-T 以太网链路上的冲突信号。假设只有主机 1 和 4 是活动的, 它们之间的传播延迟是 180 bit 时间。假设这两个主机要相互传递帧, 并且它们的帧在 LAN 链路的半路上发生了冲突。然后主机 1 选择 $g = 2$, 主机 4 选择 $g = 1$, 两者都开始重传。

(a) 主机 1 要等多长时间才开始重传?

(b) 主机 4 要等多长时间才开始重传?

(c) 主机 4 的帧多长时间后才能到达主机 1?

7. 考虑图 4.8 所示的互连 LAN 结构。假设主机 1～5 的 MAC 地址分别是 00-40-33-40-1B-2C、00-40-33-25-85-BB、00-40-33-25-85-BC、00-61-97-44-45-5B 和 00-C0-96-25-45-C7。给出交换机 S3 的选路表结构, 其中输入项是: 目的(主机, MAC 地址), 两个输出项是: 来自 LAN 2(下一 LAN, 交换机端口号)和来自 LAN 3(下一 LAN, 交换机端口号)。

8. 考虑图 4.8 所示的互连 LAN 结构, 并假设网络中还有一个交换机 S5 连接了 LAN 3 和 LAN 5。交换机的 ID 号是字母 S 后的数字。我们希望实现**生成树协议**使其具有无环路结构。

(a) 为这个网络选择一个 "根交换机"。

(b) 给出各交换机的最短树。

(c) 确定每个 LAN 的 "指定交换机"。

(d) 给出在网络上应用生成树协议的结果。

9. 假设图 4.20 所示的 LAN 互连结构是一个楼宇网络的一部分。假设分配给主机 1～6 的 MAC 地址分别是 11-24-C2-25-78-90、DD-34-93-1D-CC-BC、00-40-33-40-1B-2C、00-40-33-25-85-BB、00-40-33-25-85-BC、00-C0-96-25-45-C7。给出交换机 S2 的选路表结构, 其中输入项是: 目的(主机, MAC 地址), 两个输出项是: 来自 LAN 1(下一 LAN, 交换机端口号)和来自 LAN 4(下一 LAN, 交换机端口号)。

10. 假设图 4.20 所示的 LAN 互连结构是一个楼宇网络的一部分。交换机的 ID 号是字母 S 后的数字。我们希望实现**生成树协议**使其具有无环路结构。

(a) 为这个网络选择一个 "根交换机"。

(b) 给出各交换机的最短树。

(c) 确定每个 LAN 的 "指定交换机"。

(d) 给出在网络上应用生成树协议的结果。

11. 设计(仅给出网络图)一个小型五层建筑的 LAN 系统。一层专用于 2 个邮件服务器和 3 个独立的数据库服务器, 其余每层楼有 4 个可接入宽带的计算机。你的设计需满足以下限制条件: 3 个集线器、1 个网桥和无限的以太网总线。接入的宽带互联网必须连接到 6 个中继器的环上, 楼层外不允许有总线 LAN, 网络上必须连接一个流量分析仪。

12. 我们希望在支持 10 个 VLAN 的 5 个交换机上应用 VLAN 中继协议, 每个 VLAN 覆盖 2 个物理 LAN。

(a) 求连接交换机所需的端口数量。

(b) 求将 LAN 连入网络所需的每个交换机的端口数。

(c) 给出网络配置草图。

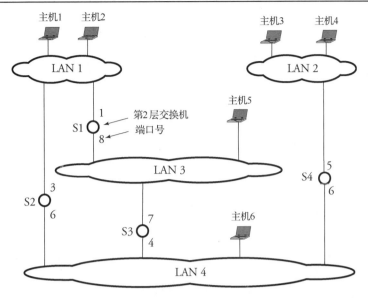

图 4.20　习题 9 和习题 10 使用网桥的 LAN 网络

4.12　计算机仿真项目

VLAN 仿真。用计算机网络仿真器(如 ns-3 工具)来模拟一个 VLAN。仿真器必须能够实现 VLAN。本项目的主要目标是评估在计算机网络中起关键作用的 VLAN 的性能。本项目中使用的拓扑结构必须包含 50 个节点,包括主机和本地交换机。每个 VLAN 中放置 10 个节点。因此,本项目包含 5 个 VLAN。帧从同一 VLAN 中的节点和不同 VLAN 中的节点发送。

(a) 创建一个 VLAN "安装函数"。在 ns-3 中创建一个可以在交换机中添加 VLAN ID 的新函数,可以通过在 ns-3 中创建一个新的 install_vlan 函数来完成。这个函数通过交换机重复添加所有需要的端口,然后返回交换机添加的 VLAN。注意,在 VLAN 中配置主机时,需要在与各自 VLAN ID 相同的子网中分配 IP 地址。这样,交换机根据主机所属的 VLAN ID 进行转发决策。交换机逻辑中最重要的部分是流量限制。单播和广播分组都需要限制。

(b) 在交换机中加入流量限制逻辑。编写的代码必须遍历交换机的所有端口。在进行帧转发决策时,将输入端口的 VLAN ID 与输出端口的 VLAN ID 进行比较。帧只能向与输入端口 VLAN ID 相同的那些端口转发。当帧被限制在一个分段的 VLAN 广播域中时,即会发生流量限制。在添加了流量限制逻辑后,需要访问交换机的各个端口,并为端口分配各自的 VLAN ID。

(c) 访问交换机的端口。如果使用的是 ns-3 工具,则可:n0 = switch→GetBridgePort(0), ..., n10 = switch→GetBridgePort(0)。

(d) 为交换机端口分配 VLAN ID。要访问端口,首先需要访问交换机。为端口分配随机的 VLAN ID。如果使用的是 ns-3 工具,则可:n0→vlanid = 1, ..., n10→vlanid = 1。

(e) 捕获分组。所有节点连接到一个桥接网络设备,该设备在 ns-3 中如同交换机一样工作。分组捕获:从同一 VLAN 中的节点及不同 VLAN 中的节点之间发送分组。当同一 VLAN 中的节点之间发送帧时,使用 Wireshark 捕获来显示通信。

(f) 收集性能评估结果。VLAN 的性能评估可以使用 ns-3 的流量监测器类来完成。这个类具有流量统计功能,可以用来收集带宽、抖动、吞吐量、效率等参数。

第5章 广域路由选择和网络互联

本章关注点是大型网络的组网架构。分组的**路由选择**是计算机网络最重要的功能之一，特别是在广域网中。在分组交换网络中，这个功能是使用特定算法查找一个分组从源点到目的地的所有可能路径的过程。在本章中，我们将了解 WAN 内(**域内连网**，或**内联网**)和 WAN 间(**域间连网**，或**互联网**)的路由选择算法与协议。本章主要包括以下内容：

- **IP 分组和基本路由选择策略**；
- **路径选择算法**；
- **域内路由选择协议**；
- **域间路由选择协议**；
- **第 6 版互联网协议**(Internet Protocol version 6，IPv6)；
- **网络层拥塞控制**。

我们首先介绍**互联网控制消息协议**(Internet Control Message Protocol，ICMP)、**动态主机配置协议**(Dynamic Host Configuration Protocol，DHCP)、**网络地址转换**(Network Address Translation，NAT)等基本路由选择策略。然后，我们从路径成本的定义和路径选择算法的分类开始，解释**路径选择算法**如何在广域网路由选择中选择一条路径。

网络的基础设施中部署了用于路由选择分组的各种算法，这些算法可分为两类：使用最优路由和使用非最优路由。我们还可以根据是作用在一个域内(intradomain)还是域间(interdomain)来对路由选择协议进行分类。域内路由**选择协议**在一个指定区域内路由分组。我们主要介绍这类协议中的**开放最短路径优先协议**(Open Shortest Path First，OSPF)和**路由选择信息协议**(Routing Information Protocol，RIP)。与之相反，一个域间路由选择协议是在多个区域的网络之间路由分组。我们在这类协议上重点关注**边界网关协议**(Border Gateway Protocol，BGP)，该协议使用两种主要的数据交换方式：**内部 BGP**(internal BGP，iBGP)和**外部 BGP**(external BGP，eBGP)。

接着我们简要介绍 IPv6，它是第 4 版互联网协议(Internet Protocol version 4，IPv4)的下一个版本。接下来的章节包括了 IPv6 的各个方面。

本章最后将介绍可以在网络层节点之间单向或双向实现的拥塞控制机制。在讨论拥塞控制的最后，将介绍一种计算**链路阻塞**的近似方法，该方法为链路性能评估提供了一种快速近似解。

5.1 IP 分组和基本路由选择策略

IPv4 的分组首部格式如图 5.1 (a)所示，其首部长度可变，包括 20 Byte 的固定长度首部和一个最大 40 Byte 可变长度的**选项**字段。下面是每个字段的简要说明，其详细描述将在本章后续部分给出。

- **版本**：IP 协议的版本。
- **首部长度**(HL)：以 4 Byte 为单位的首部长度(包括选项和填充字段)。例如，假设一个分组的首部总长(包括选项和填充字段)是 60 Byte，则 HL= 60 B/4 B = 15，即二进制的 1111。
- **服务类型**：分组的服务质量(Quality of Service，QoS)要求，比如优先级、时延、吞吐量、可靠性和成本。

- **总长度**：指定 Byte 为单位的分组总长度，包括首部和数据。该字段共分配了 16 bit。
- **标识、标志和片偏移**：用于分组的分片与重组。
- **生存时间**：分组在被丢弃之前经过的最大跳数。
- **协议**：目的端所用的协议。
- **首部校验和**：一种差错检测方法，参见第 3 章。
- **源 IP 地址和目的 IP 地址**：分别指定源地址和目的地址的 32 bit 字段。
- **选项**：一个很少使用的可变长度字段，用于指定安全级别、时戳和路由类型。
- **填充**：用于确保首部长度是 32 bit 的倍数。

由于**总长度**字段用 16 bit 表示一个分组的总长度，因此分组的总长度限制是 2^{16} Byte。但是很少会使用到 2^{16} Byte 的最大分组，因为分组大小受限于物理网络容量。每个分组的实际物理网络容量通常小于 10 kB，甚至更小，当分组到达一个局域网时仅有 1500 Byte。为了完成分组的划分，在需要时将使用**标识、标志**和**片偏移**字段执行并跟踪分组的分片过程。

在我们深入网络互联和路由选择的话题之前，本节先介绍主要的策略和协议。路由选择算法和协议实现了将分组从源点路由到目的点的过程。路由器主要负责执行路由选择算法。这些路由选择任务本质上是为网络中的分组传输寻找最佳路径的方法。路由选择协议的选择决定了一个特定路由选择任务的最佳算法。如图 5.1(b) 所示，一个主机和一个服务器是通过路由器 R4、R7 和 R1 连接的两个端点，每个端点属于一个单独的 LAN。在这种情况下，必须为分组建立一条三层(网络层)的路径；如图所示，包括终端用户和路由器在内的所有设备在其协议栈的第 3 层上处理该路径。

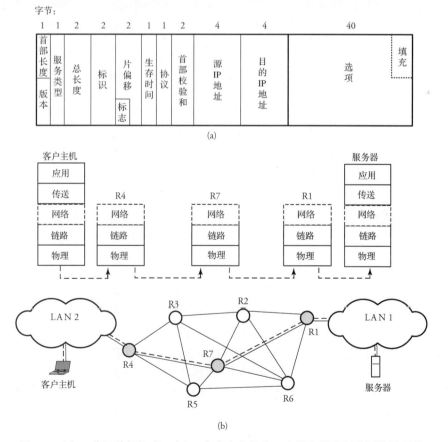

图 5.1　(a) IP 分组首部格式；(b) 一个客户主机和一个服务器之间的网络层通信

可以基于几个关键特性来区分路由选择算法。

- **准确性**：算法必须正确运行，以便在适当的时间内找到目的地。
- **简单性**：算法的低复杂度是特别重要的，因为路由器中软件相关的物理资源有限。
- **最优性**：是指路由选择算法选择最佳路径的能力。
- **稳定性**：路由选择算法必须在诸如节点故障和路由表损坏等不可预见的情况下正确执行。
- **适应性**：当网络中发生故障时，算法应能适应负载的增加或减少。
- **收敛**：当网络分发路由更新消息时，路由选择算法必须快速收敛。
- **负载均衡**：一个好的路由选择算法应平衡超载链路上的负载，以避免出现严重的临时性拥塞链路。

通常在实践中使用以上特性来确定如何有效选择一条路径。确定到目的地的最佳路径的首要考虑因素是前面提到的流量。

在我们开始路由选择话题之前，在接下来的几个小节中，我们将学习一些以协议形式用于协议栈第三层中的主要策略，比如**分组分片和重组**、ICMP、**获取和分配 IP 地址**、DHCP、NAT，以及**通用即插即用**(Universal Plug and Play，UPaP)。

5.1.1 分组的分片和重组

网络的物理容量限制了分组大小的上限，即**最大传输单元**(Maximum Transmission Unit，MTU)。例如，作为一个 LAN 标准，以太网将其传输帧的大小限制为 1500 Byte，采取这个限制措施是为了避免中间路由器上要用大缓冲区来存储数据块。MTU 的限制要求 IP 协议将大报文分割为分片，分片的大小受限于底层物理网络的 MTU。根据经过的物理网络，分片还可能被分成更小的分片。每个分片在通过网络时被独立路由。最终目的地一旦收到了所有分片，就将它们重组成原始分组。

IP 首部中的标识、标志和片偏移字段用于完成分片和重组处理。标识字段用来区分不同分组的各个分片。标志字段中有一个 MF 比特(more-fragment，还有分片)，当 MF 比特置 1 时，表示还有更多分片在路上。片偏移字段表示一个分片在整个分组中的相对位置。除最后一个分片外，其他所有分片的长度必须能被 8 整除。

组成一个分组的所有分片必须都到达目的地后才能成功重组。如果丢失了一个分片，那么其余的分片都必须被丢弃，并且要重传整个分组。在这种情况下，分组的重传会导致网络带宽的低效使用。

例：假设一个主机的应用程序要发送 3500 Byte 的数据(包括传送层协议报文首部)，物理层的 MTU 是 1500 Byte。封装这些数据的 IP 分组有一个 20 Byte 的固定长度首部和一个包括选项及填充字段(如 5.1 节所述)的 20 Byte 可变长度首部。对该分组进行分片，给出所有分片的总长度、MF 和片偏移字段值。

解：允许的数据长度=1500–20–20 =1460 Byte。因为 1460 Byte 部分不能被 8 整除，故允许的数据长度被限制为 1456 Byte。因此，该 IP 分组中的 3500 Byte 数据要被分成 1456、1456 和 588 Byte 的三段。其中，分片 1 的总长度是 1496 Byte，MF 为 1，片偏移值为 0；分片 2 的总长度是 1496 Byte，MF 为 1，片偏移值为 182；分片 3 的总长度是 628 Byte，MF 为 0，片偏移值为 364。

5.1.2　ICMP

主机或路由器使用 ICMP 在网络层彼此发送管理和路由选择信息。ICMP 的一个典型应用是报告网络中的差错。例如，在广域网中，IP 协议可能无法将一个分组传送到它的目的地，导致不能连接到目的地。这个问题也会典型地出现在路由器自主运行的无连接路由选择中，因为它们对分组的转发与交付不需要源点的协调配合。另一个同样重要的问题是——发送者不知道交付失败是由本地还是远程技术问题导致的。

ICMP 报文被封装在 IP 分组（数据报）的数据部分。虽然 ICMP 是一个第 3 层协议，但是我们需要理解 ICMP 报文是作为净荷被承载在 IP 分组中的。当差错发生时，ICMP 向连接的源点报告该差错。这是因为事实上 IP 数据报首部中仅指定了源点，而没有指定任何路由器。ICMP 报文携带了导致该 ICMP 报文产生的 IP 分组的首部和前 8 字节数据。这样，收到 ICMP 报文的源点就可以判定产生差错的原始 IP 分组，并解读该差错。

表 5.1 列出了典型的 ICMP 报文。一个 ICMP 报文有两个字段标识：**类型**和**代码**。让我们来看一些 ICMP 报文的例子：在互联网中一个常见的差错是目的网络不可达，路由器无法找到一条去往应用指定的目的主机的路径。这种情况下将产生一个类型 = 3、代码 = 1 的 ICMP 报文。

表 5.1　典型的 ICMP 报文

类　　型	代　　码	功　　能
0	0	ping 的回送应答
3	0	目的网络不可达
3	1	目的主机不可达
3	2	目的协议不可达
3	3	目的端口不可达
3	6	目的网络未知
9	0	路由器通告
10	0	路由器发现
11	0	生存时间（TTL）超时
12	0	IP 首部不正确

除了硬件故障，其他因素也会造成交付失败问题。例如，5.1 节中提到的 IP 分组首部的**生存时间（TTL）**字段指定了分组在被丢弃之前经过的最大跳数。如果这个字段的计数器到期，就不能再交付分组。这种情况下将产生一个类型 = 11、代码 = 0 的 ICMP 报文。

例：在图 5.2 中，源主机试图将一个分组发送给目的主机，但是路由器 R1 将该分组发送到错误的路径上（R1-R3-R4-R5），而不是发到正确的路径上（R1-R2-R6）。

解：在这种情况下，如果错误路径中的一个路由器，比如 R5，发现了这个路由选择错误，它就不能向 R1 发送 ICMP 报文去更正它的路由选择。能够解决这个路由错误的 ICMP 报文是本例中使用的**目的主机不可达**报文。但是 R5 不知道 R1 的地址，因此只能向源主机发送 ICMP 报文。

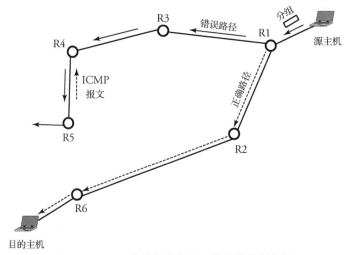

图 5.2　ICMP 差错报告报文只能发送给源主机

5.1.3　获取和分配 IP 地址

IP 地址由一个名为**互联网名字与号码分配协会**(Internet Corporation for Assigned Names and Numbers，ICANN)的非营利组织负责管理。一个 ISP 可以从 ICANN 申请一个地址块，然后一个组织的网络管理员再从它的 ISP 申请一个地址块。网络管理员可以将一个从 ISP 获得的地址块分配给主机、服务器和路由器接口。

请注意，必须给每个主机，比如一个客户机或一个服务器或一个路由器接口(输入端口或输出端口)分配一个唯一的 IP 地址。不过，在某些情况下，可以不必分配全球唯一的 IP 地址。

例：假设一个 ISP 拥有 188.32.8.0/21 的地址块，机构 A、B、C 各自要申请 256 个地址，求 ISP 将如何分配。(回顾并使用第 1 章的 CIDR IP 编址方案)

解：ISP 可以将其地址块分成几个连续的小地址块，将每个小地址块分配给请求地址块的每个机构。地址块分布如下：

ISP 的地址块：188.32.8.0/21

分配给机构 A 的地址块：188.32.8.0/24

分配给机构 B 的地址块：188.32.9.0/24

分配给机构 C 的地址块：188.32.10.0/24

ISP 地址块的第 3 Byte(.8.)的二进制值是 0000 1000，/21 表示第 3 Byte 的前 5 bit(即 00001xxx)。因此，188.32.8.0/21 表示 ISP 的所有地址是 188.32.8.0～188.32.15.255。ISP 可以继续将剩余的地址块分配给其他机构、公司或私人实体。

也可以合并被分配的 IP 地址。假设在一个城市运营的 ISP 1 为 IP 地址块分别是 188.32.8.0/24 和 188.32.9.0/24 的两个机构提供网络服务。在这种情况下，ISP 1 将通过其网关路由器向它的外部区域明确通告它可以处理任何目的地址的前 23 bit 完全匹配 188.32.8.0/23 的数据报(IP 分组)。注意，这里我们将 188.32.8.0/24 和 188.32.9.0/24 两个 CIDR IP 地址块合并为 188.32.8.0/23，而且外部区域不需要知道这两个地址块的内容，因为每个机构的内部路由选择由内部服务器处理。

同样，还可能在 ISP 层面合并被分配的 IP 地址。例如，假设在同一城市运营的 ISP 2 为 IP 地址块分别是 145.76.8.0/24 和 145.76.9.0/24 的两个机构提供网络服务。ISP 2 将通过其网关路由器 R4 向它的外部区域通告它可以处理任何目的地址的前 23 bit 完全匹配 145.76.8.0/23 的数据报(IP

分组)。现在, ISP 1 和 ISP 2 因为某些原因合并了, 避免更改 ISP 地址块的最低成本解决方案是保持所有的地址块不变, 让机构的网关路由器向它的外部区域通告它可以处理任何目的地址的前 23 bit 完全匹配 188.32.8.0/23 或前 23 bit 完全匹配 145.76.8.0/23 的数据报。

5.1.4　DHCP

为主机自动分配 IP 地址是通过 DHCP 实现的。DHCP 能让主机获得它的子网掩码、第一跳路由器的地址, 甚至是本地其他主要服务器的地址。因为这种自动编址能让主机获得网络中的一些关键信息, 所以 DHCP 有时又被称为一种**即插即用**(plug-and-play)协议, 即主机无须网络管理员的配置即可加入或离开网络。

动态 IP 地址分配过程

一个机构中运行的主机和路由器在任何时候都需要 IP 地址, 以保持连接到互联网。当一个机构已经从 ISP 得到了它自己的地址块后, 就可以为这个机构中的主机和路由器接口指派各自的 IP 地址了。机构的网络管理员使用网络管理工具远程地在路由器接口上手动配置 IP 地址。但是, 主机地址可以使用 DHCP 配置, DHCP 允许主机自动配置 IP 地址。

对于一个给定主机, DHCP 会在它每次接入网络时为其分配相同的 IP 地址。一个接入网络的新主机会被分配一个临时的 IP 地址, 该主机每次接入网络时被分配的地址都会不同。这种地址分配方法为 DHCP 提供了复用 IP 地址的便利。如果网络管理员没有足够数量的 IP 地址, 就使用 DHCP 为每个接入主机分配一个临时 IP 地址。当一个主机加入或离开时, 管理服务器必须更新其可用的 IP 地址列表。当一个主机加入网络, 服务器会为其分配任意一个可用的 IP 地址; 每次主机离开时, 它的地址将被回收到可用地址池中。

一旦主机被分配了一个 IP 地址, 它就有机会去获取它的子网掩码、网关路由器地址, 以及本地**域名服务器**(Domain Name System, DNS)地址。在**移动** IP 中, DHCP 对频繁加入和离开一个 ISP 的移动主机是特别有用的。在实践中, 一个移动互联网用户在其进入每个场所的期间内都需要一个新子网和一个新 IP 地址。分配 IP 地址的过程被称为**动态地址分配**。

动态地址分配也可以用在使用少量 IP 地址提供大面积互联网服务的大型住宅区中。ISP 可以根据互联网的使用统计信息决定在某个区域实际需要多少 IP 地址。

例如, 考虑一个城市的某个区域有 10 000 个客户订购了互联网服务, 但是客户主机是在每天的特定时段加入和离开的。ISP 估计只需要为该区域的这个时段提供 3000 个 IP 地址, 因为并不是所有客户在所有时间内都是活跃的。因此, ISP 的 DHCP 服务器可以"动态"分配 IP 地址。与一个机构的动态地址分配类似, 住宅区中的动态地址分配要求 DHCP 服务器更新其可用的 IP 地址列表。DHCP 过程总结如下:

开始 DHCP 步骤

1. **发现**(Discover)

   初来主机在一个请求分组中插入:
   - 源地址: 0.0.0.0
   - 目的多播地址: 255.255.255.255

   初来主机多播发送一个发现分组来发现 DHCP 服务器。

2. **提供**(Offer)

   DHCP 服务器回应一个 DHCP 提供分组。

提供: 事务标识 + 提供的 IP 地址 + 网络掩码 + 租用时间

3. 请求(Request)

初来主机发送 DHCP 请求分组。

4. 确认/拒绝(ACK/NAK)

If DHCP 服务器同意主机的请求，则回应一个 ACK。

Otherwise 拒绝请求，并回应 NAK。

在上面的步骤 1 中，初来主机需要发现它附近的 DHCP 服务器。这个过程是通过向端口 67 广播一个"发现"分组来完成的。这个"端口"是协议栈第 4 层的 UDP 协议的一个参数。由于主机此时还没有 IP 地址，因此该分组首部中的源地址默认设置为 0.0.0.0，目的多播地址是 255.255.255.255。

在步骤 2 中，任何一个收到发现分组的 DHCP 服务器将基于发现分组中标志字段的广播比特位值，广播或单播回应一个"提供"分组给主机。提供分组包含一个事务 ID、提供给主机的 IP 地址、网络掩码，以及可使用该 IP 地址数小时或数天的租用时间。

在步骤 3 中，初来主机在一个或多个 DHCP 服务器的提供信息中进行选择，并向所选择的服务器发送一个 DHCP 请求分组。该步骤中同样使用目的多播地址 255.255.255.255 广播发送请求分组。

在步骤 4 中，DHCP 服务器将发送同意主机请求参数的回应(ACK)或拒绝回应(NAK)。这种动态地址分配方法类似于一种即插即用行为，例如，当一个移动互联网用户从一栋大楼移动到另一栋大楼时要加入一个新子网，并获得一个新 IP 地址。图 5.3 显示了一个 DHCP 服务器为一个新加入的主机分配地址的例子。图中的 WiFi 网络 1 通过二层交换机 S1 接入网络 2，DHCP 服务器位于网络 2 中。在 WiFi 网络中，主机 1 是经由 4 个 DHCP 步骤新加入的主机。

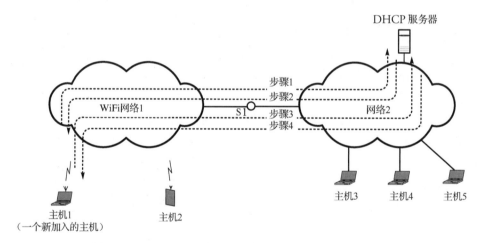

图 5.3 DHCP 服务器为一个新加入的主机分配地址的例子

5.1.5 NAT

任何 IP 设备都需要一个唯一的 IP 地址。由于互联网用户数量和设备数量的增长，每个用户或设备都需要一个唯一的 IP 地址成为一个难题，特别是在一个 IP 地址数量有限的社区网络中增加新的主机和局域网时。即使在很小的住宅网络中，在有新设备加入网络时也会出现地址问题。尽管用户、服务器或子网的数量会随着时间而增长，相关 ISP 可分配的 IP 地址总量却是不变的。

除本章后面要介绍的 IPv6 外，可用来解决地址问题这一挑战的另一个方案是 NAT。NAT 的想法是一个专用网的所有用户和主机并不需要全球唯一的地址，在他们自己的专用网中可以为他们分配专用唯一的 IP 地址，然后通过一台将专用网接入外部世界的启用 NAT 功能的路由器或服务器将他们的地址转换为全球唯一的地址。NAT 路由器对外隐藏了专用网的细节，使得整个专用网对外呈现为一个具有单一 IP 地址的单一网络设备。NAT 协议建议为 NAT 应用保留 3 段 IP 地址范围，这些地址范围是：

- 10.x.x.x
- 172.16.x.x ～ 172.31.x.x
- 192.168.x.x

假设一个专用网通过一个具有 NAT 功能的路由器连接外部。假设这个网络中的所有机器被内部分配在 10.0.0.0/9 中，路由器的外网接口 IP 地址分配为 197.36.32.4。现在，这个网络的优点是可以增加更多的机器甚至局域网，每个机器可以使用 10.0.0.0/9 地址块中的一个地址。因此，网络中的用户和服务器可以使用 10.0.0.0/9 寻址对方并发送分组，但是分组被转发到互联网时则不能使用这些地址。此时，NAT 路由器对外部世界而言并不是一个路由器，而是一个具有单一 IP 地址的单一设备。使用这种技术，成千上万的网络、社区或区域都可以在其内部使用相同的地址块。

在一个 ISP 的专用网中使用前一小节介绍的 DHCP 技术为主机分配专用 IP 地址，该 ISP 的相关 NAT 路由器可以得到主机的专用地址，并运行 DHCP 服务器来为主机提供地址。

NAT 路由器收到一个数据报时，我们需要弄清楚它是如何知道这个数据报应该交付给哪个内部(专用)主机的。答案就是在路由器的 NAT 转换表中使用**端口号**和**专用 IP 地址**来区分内部主机。第 1 章中提到端口号是定义在协议栈第 4 层，即第 8 章中详细讨论的"传送层"上的一个网络设备或主机标识。为简单起见，使用"IP 地址-端口号"表示 IP 地址与端口号组合。

例：假设图 5.4 中的主机 1 属于一个专用网，它的内部 IP 地址和端口号组合是 10.0.0.2-4527。主机 1 请求连接公用网中位于另一个国家的服务器 1，服务器 1 的 IP 地址是 144.55.34.2，端口号是 3843。假设 NAT 路由器的出口 IP 地址是 197.36.32.4，并且路由器为主机 1 分配了一个公用端口号 5557。请给出 NAT 的操作细节。

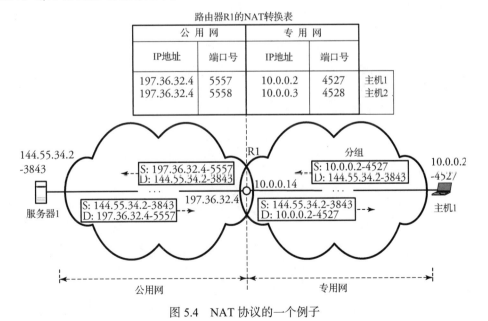

图 5.4　NAT 协议的一个例子

解：图 5.4 显示了 NAT 的操作细节。为了建立连接，主机 1 将源地址为 10.0.0.2-4527 的请求发到 NAT 路由器 R1。路由器在它的 NAT 转换表中将端口号 4527 转换成 5557，将内部 IP 地址 10.0.0.2 转换成自己的出口 IP 地址 197.36.32.4。然后路由器使用地址 197.36.32.4-5557 将主机 1 的连接请求发往站点 144.55.34.2-3843。当路由器收到远程站点的响应时，则进行反向转换后将响应交付给主机 10.0.0.2。虽然 NAT 解决了一个小型社区的 IP 地址短缺问题，但它的主要缺点是无法为每个网络组件分配一个唯一的 IP 地址。

5.1.6　UPnP

UPnP 是使用互联网技术，让客户主机(如笔记本电脑和无线计算机)连接到网络并自动识别对方的一个协议。UPnP 的一个目的是让加入与离开网络的任务简单而灵活。UPnP 还允许主机发现和配置附近的 NAT 设备。当一个主机连接到网络中时，它会进行自配置，获取 TCP/IP 地址，并使用一个发现协议向其他网络设备宣告自己在网络上的存在。这个发现协议基于第 9 章中介绍的**超文本传送协议**(Hypertext Transfer Protocol，HTTP)。

当主机连接到一个专用网中时，主机上运行的应用程序将请求它的专用 IP 地址和端口号与公用 IP 地址和端口号的 NAT 映射。此时，主机依赖于 NAT 接收请求。如果请求被接收，那么 NAT 设备即产生映射，外部用户就可以向被映射的公用 IP 地址和端口号发起连接。

例如，一个笔记本电脑和一个打印机都连接在一个网络上，如果要开始打印笔记本电脑上的一份文件，就让笔记本电脑发送一个发现请求去询问网络上是否有打印机。打印机确定自己使用 UPnP 协议，就以**统一资源定位符**(Universal Resource Locator，URL)的形式发送它的位置信息。一旦笔记本电脑和打印机之间建立了一种共同语言，笔记本电脑就可以控制打印机并打印文件。

5.2　路径选择算法

现在我们介绍**路径选择算法**。路径选择是路由选择协议的第一步，是决定从源主机到目的主机的一条路径的过程。路径选择算法有几种分类方式。一种方式是将它们分类为**最小成本路径**(least-cost path)或非**最小成本路径**(non-least-cost path)，前者是必须使用最小成本的路径进行路由选择，而后者则不是基于路径成本来决定路径的。

分组交换网络由链路连接的节点(路由器或交换机)组成。一对源和目的节点之间的链路成本(link cost)主要与链路当前的流量负载有关，也可以与其他一些次要因素相关。路由选择的目标是选择**最小跳数路径或最小成本路径**。例如，图 5.5 显示了一个网络，其中每两个节点之间的连线代表一条链路，每条连线上的数字表示相应方向的链路成本。

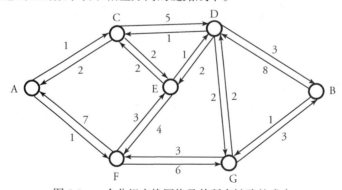

图 5.5　一个分组交换网络及其所有链路的成本

　　每对节点之间的**最小成本路径**是考虑这两个节点之间所有可能链路中成本最小的路径。例如，图 5.5 中节点 A 和 D 之间的最小成本路径并不是 A-C-D，这条路径的计算成本是 1+5=6。更好的路径是 A-C-E-D，它的计算成本是 1+2+1=4。虽然第二条路径有较多跳，但是它的成本小于路径较短但成本较大的第一条。

　　在实践中，大多数互联网路由选择方法都基于最小成本算法。在该算法中，链路成本与链路当前的流量负载成比例。当然，链路成本也不总与当前负载成比例。每对节点之间的两个方向上都定义了链路成本。针对分组交换网络开发使用了一些最小成本路径算法，其中 **Dijkstra 算法**和 **Bellman-Ford 算法**是最有效和最广泛使用的算法。

　　我们的网络基础设施根据应用、意义及网络建设预算，部署了各种路由选择分组的程序、算法和协议。最小成本路径算法有效地确定了最佳路径，在不需要复杂且昂贵的路由选择协议的应用中，还可以使用一些非最小成本路由选择算法，如**分组洪泛算法**(packet flooding algorithm)和**偏转路由选择**(deflection routing)算法。

5.2.1　Dijkstra 算法

　　Dijkstra 算法是一种在中心点上维护信息的中心式路由选择算法。它的目标是找到一个给定源点到所有其他节点的最小成本路径。该算法通过多次循环来优化成本，从而确定源节点到目的节点的最小成本路径。Dijkstra 算法具体如下：

开始 Dijkstra 算法

定义

　　　$s =$ 源节点

　　　$k =$ 算法选中的节点集合

　　　$\alpha_{ij} =$ 节点 i 到节点 j 的链路成本值

　　　$\beta_{ij} =$ 节点 i 到节点 j 的最小成本路径成本值

1.　初始化

　　$k = \{s\}$

　　For 任意 $j \neq s$，$\beta_{sj} = \alpha_{sj}$

2.　下一个节点

　　For 所有 j 且 $j \notin k$

　　　　查找 $\beta_{sx} = \min \beta_{sj}$ 且 $x \notin k$

　　　　将 x 加入集合 k

3.　最小成本路径

　　For 所有 j 且 $j \notin k$

　　$\beta_{sj} = \min(\beta_{sj},\ \beta_{sx} + \alpha_{xj})$

　　如果任意两个节点 i 和 j 不是直连的，那么它们之间的链路成本就是无穷大，即 $\beta_{ij} = \infty$。在步骤 1 中，集合 k 中只有 s，β_{sj} 是 s 到节点 j 的最小成本路径成本值。在步骤 2 中，我们想要找到不在 k 中的所有邻居节点中成本值最小的节点 x。在步骤 3 中，我们简单地通过选择最小成本的路径项来更新最小成本路径。重复步骤 2 和步骤 3，直到所有节点都被加入节点集合 k 中，此时算法结束。

　　例：使用 Dijkstra 算法，找到图 5.5 中节点 A 到节点 B 的最小成本路径。

解：详细操作如表 5.2 所示。第一步是找到源节点 A 到所有其他节点的路径。因此，第一行 $k = \{A\}$。显然 A 到节点 C 和 F 有直连链路，所以到这两个节点的最小成本路径成本值是图 5.5 所示的 1，于是我们在表中分别填入 AC(1) 和 AF(1)。在 $k = \{A\}$ 时，A 和节点 D、E、G、B 之间没有连接。算法继续执行，直到所有节点均被加入，即 $k = \{A,C,F,E,D,G,B\}$，至此我们得到了最小成本路径 ACEDB(7)。

表 5.2　Dijkstra 算法过程

k	β_{AC}	β_{AF}	β_{AE}	β_{AD}	β_{AG}	β_{AB}
{A}	AC(1)	AF(1)	∞	∞	∞	∞
{A,C}	AC(1)	AF(1)	ACE(3)	ACD(6)	∞	∞
{A,C,F}	AC(1)	AF(1)	ACE(3)	ACD(6)	AFG(7)	∞
{A,C,F,E}	AC(1)	AF(1)	ACE(3)	ACED(4)	AFG(7)	∞
{A,C,F,E,D}	AC(1)	AF(1)	ACE(3)	ACED(4)	ACEDG(6)	ACEDB(7)
{A,C,F,E,D,G}	AC(1)	AF(1)	ACE(3)	ACED(4)	ACEDG(6)	ACEDB(7)
{A,C,F,E,D,G,B}	AC(1)	AF(1)	ACE(3)	ACED(4)	ACEDG(6)	ACEDB(7)

5.2.2　Bellman-Ford 算法

Bellman-Ford 算法发现的源节点到目的节点之间的最小成本路径是经过的链路不超过 l 条。该算法包括以下步骤：

开始 Bellman-Ford 算法

定义

　　$s =$ 源节点

　　$\alpha_{ij} =$ 节点 i 到节点 j 的链路成本值

　　$\beta_{ij}(l) =$ 节点 i 到节点 j 之间不超过 l 条链路的最小成本路径成本值

1. 初始化

　　For 所有 j 且 $j \neq s$

　　　　$\beta_{sj}(0) = \infty$

　　For 所有 l

　　　　$\beta_{ss}(l) = 0$

2. 最小成本路径

　　For 前驱节点为 i 的任意节点 $j \neq s$

　　　　$\beta_{sj}(l+1) = i$

如果任意两个节点 i 和 j 不是直连的，那么它们之间的链路成本就是无穷大，即 $\beta_{ij}(l) = \infty$。在步骤 1 中，初始化所有的 β 值。在步骤 2 中，我们循环增加链路 l 的数量。在每次循环中，我们针对给定的 l 值查找最小成本路径。当所有节点都被计算后，算法结束。

例：使用 Bellman-Ford 算法，找到图 5.5 中节点 A 到节点 B 的最小成本路径。

解：详细的最小成本路径循环操作如表 5.3 所示。$L = 1$ 时只有成本值为 1 的 AC 和 AF。当 $l = 2$ 时，成本值为 3 的 ACE 被加入最小成本路径集合。本例中最终得到的最小成本路径与 Dijkstra 算法结果相同。

表 5.3　Bellman-Ford 算法过程

l	β_{AC}	β_{AF}	β_{AE}	β_{AD}	β_{AG}	β_{AB}
0	∞	∞	∞	∞	∞	∞
1	AC(1)	AF(1)	∞	∞	∞	∞
2	AC(1)	AF(1)	ACE(3)	ACD(6)	AFG(7)	∞
3	AC(1)	AF(1)	ACE(3)	ACED(4)	AFG(7)	ACDB(9)
4	AC(1)	AF(1)	ACE(3)	ACED(4)	ACEDG(6)	ACEDB(7)

我们现在比较一下这两种算法。在 Bellman-Ford 算法的步骤 2 中，计算到任意节点 j 的链路成本需要的是到所有邻居节点的链路成本信息。在 Dijkstra 算法的步骤 3 中，每次循环中每个节点需要的是网络拓扑信息。每种算法的性能因网络而异，取决于特定网络的拓扑结构和规模。因此，这两种算法的比较依赖于在给定的网络中执行其相应步骤(以实现路由选择目标)的速度。

5.2.3　分组洪泛算法

分组洪泛算法是一个非常简单的路由选择方法，涉及较少的硬件设置。这种路由选择方法的本质是将收到的节点分组复制并发送到除该分组达到链路外的所有出口链路上。第一次发送之后，一跳范围内的所有路由器都收到了这个分组。第二次发送后，两跳范围内的所有路由器都收到了这个分组，依次类推。除非有一种机制来停止发送，否则发送会一直持续下去，流量也会不断地增加，如图 5.6 所示。

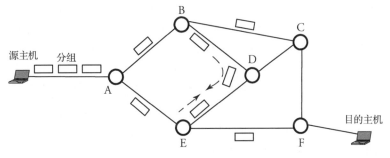

图 5.6　分组洪泛算法

图 5.6 中，源主机发送的 3 个分组到达节点 A。第一个分组被复制并发送给节点 B 和 E，然后节点 B 和 E 将收到的分组副本复制后发给各自的邻居节点。这种方法有分组反射的缺陷：一个节点可能会收到多余的分组副本。虽然这个问题可以通过随时丢弃多余的分组副本来解决，但是多余的分组副本会增加额外的流量，影响网络利用率。一种防止分组重复的方法是：每个节点存储记录它们已发送分组的标识，从而不再重复发送这些分组。

5.2.4　偏转路由选择算法

偏转路由选择算法有时也被称为**热土豆路由选择算法**(hot-potato routing algorithm)，这种算法中，分组可以在每个路由器上选择发往目的地的出口。在路由选择的每一步中，根据分组的目的地进行检查。如果请求的链路是空闲的，就将分组发到该链路上；否则将分组**偏转**发送到另一条随机选择的链路上，并在偏转分组的优先级字段中给定一个增量，使得该分组有较大的机会赢得下一次竞争。偏转分组如果在下一跳需要与其他分组竞争，那么有较高优先级的分组将竞争到请求的链路，另一个分组则被偏转并在其优先级字段中给定一个增量。在图 5.7 中，一个分组在节点 B 被偏转发送，经由额外的一跳后最终达到节点 C，其总成本不是 3。

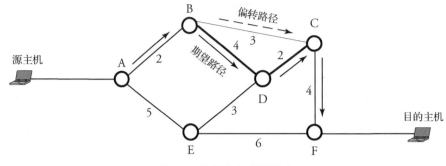

图 5.7　偏转路由选择算法

5.3　域内路由选择协议

有两类路由选择协议：**域内路由选择协议**（或**内联网路由选择协议**）和**域间路由选择协议**（或**互联网路由选择协议**、**外联网路由选择协议**）。域内路由选择协议在一个指定区域内路由分组，例如，在一个机构网络内为 E-mail 或网页浏览进行路由选择。

对域内路由选择协议进行分类的一种方法是看路由选择协议是**分布式**还是**集中式**。在分布式路由选择中，所有节点参与每个分组的路由选择决策。也就是说，分布式路由选择算法允许一个节点从所有节点中获得信息，但是在本地确定最小成本路径。在集中式路由选择中，只有一个指定节点可以做出决定。这个中心节点使用从所有节点中获得的信息，如果中心节点故障，那么会中断网络中的路由选择功能。集中式路由选择的一个特例是**源路由选择**，即仅由源服务器而非网络节点做出路由选择决定，并将结果传送给其他节点。

域内路由选择协议还可以分为**静态**和**动态**。在静态路由选择中，网络建立了一个初始的路径拓扑。初始路径的地址被加载到每个节点的路由表中一段时间。静态路由选择的主要缺点是网络规模必须足够小以便于控制。此外，如果网络出现故障，那么静态路由选择是无法立即做出反应的。在动态路由选择中，每个路由器通过与其邻居的交互来学习网络的状态。因此，当所有节点最终更新了它们的路由表后，每个区域的状态将被传送到整个网络中。每个路由器通过接收周围节点的更新信息，可以找到去目的地的最佳路径。

图 5.5 显示了一个域内路由选择平台的例子，其中每条点到点链路连接了一对相邻路由器，并标示了连接的相应成本。**主机**是一个可以直接连接到路由器的端系统。**成本**对应于每个路由器接口的输出端。最广泛使用的域内路由选择协议是我们接下来将要介绍的两个单播路由选择协议：OSPF 和 RIP。

5.3.1　OSPF

OSPF 是域内路由选择协议的一个较好选择，特别是 TCP/IP 应用。OSPF 基于 Dijkstra 算法，使用描述网络拓扑的树来定义从每个路由器到每个目的地址的最短路径。由于需要跟踪一条路由的所有路径，因此 OSPF 协议的开销比 RIP 协议多，但是它提供了更强的稳定性和有用的选项。OSPF 协议的原理如下：

开始 OSPF 协议步骤

1. **确定邻居节点成本表**：每个路由器获得到邻居路由器的成本，并记录在一张表中。
2. **应用 Dijkstra 算法**：每个路由器使用 Dijkstra 算法计算最小成本路径。
3. **生成路由表**：通过步骤 2，在每个路由器上生成路由表。
4. **更新网络的路由表**：每个路由器使用 OSPF 分组发送"（直连）邻居路由器成本表"信息给网络中的"所有"路由器（即链路状态路由选择过程）。

在关注 OSPF 的细节之前，我们需要了解在协议步骤 4 中使用的**链路状态路由选择**过程的原理。

链路状态过程

在**链路状态过程**中，路由器通过交换含有邻接链路状态信息的分组进行协作。路由器收集所有分组，确定网络拓扑，从而执行它自己的最短路径算法。

正如在 RIP 协议一节中描述的，在距离向量路由选择中，每个路由器必须向所有邻居发送距离向量信息。一旦链路成本变化，就需要一些时间才能将这个变化信息传播到整个网络中。**链路状态路由选择过程**可以解决这个问题，每个路由器将路由选择信息发送给所有路由器，而不仅仅是邻居。当发送路由器发现链路成本变化时，即生成一个新的链路成本。由于每个路由器接收来自所有路由器的所有链路成本，它就可以计算出到网络中每个目的地的最小成本路径。路由器可以使用任何一个有效的路由选择算法，如 Dijkstra 算法，来发现最短路径。

链路状态过程的核心功能是分组洪泛算法，该算法不需要网络拓扑信息。让我们回顾一下用于链路状态过程中的分组洪泛的三个重要特性。首先，分组总是在源和目的地之间的至少一条路径上传送。这个特性使得这种路由选择技术较为健壮。其次，到达目的地的分组至少有一个副本具有最小延迟，因为网络中的所有路由器都会发送。最后，分组会经过网络中的所有节点，无论它们与源节点是直连还是非直连的。这个特性使得每个路由器都可以接收到更新其路由表所需的所有信息。

OSPF 操作细节

现在回到 OSPF 协议：每个使用 OSPF 的路由器都知晓它的本地链路成本情况，并在变化时向所有路由器发送更新信息。收到更新分组后，每个路由器向发送路由器确认收到更新。这些通信会产生额外的流量，有可能导致拥塞。OSPF 提供一种基于服务类型（Type of Service，TOS）的灵活的链路成本规则。TOS 信息允许 OSPF 基于 TOS 字段值来为 IP 分组选择不同的路径。因此，可以根据每个数据块的 TOS 值为链路分配不同的成本值，而不是为链路指定一个成本值。

TOS 有 5 个级别的值：**1 级 TOS**（值最高，也是默认值）~**5 级 TOS**（值最低，表示最小延迟）。根据这 5 个级别，路由器可以为每个级别的 TOS 建立一张路由表。例如，链路针对延迟敏感的流量，路由器会给低延迟需求的流量分配一个 5 级 TOS 值，给其他类型的流量分配一个较高的 2 级 TOS 值。如果收到的分组是不需要延迟最优路径的普通分组，OSPF 就会为其选择一条基于 2 级 TOS 值的最短路径。

由于在实际网络中基本上不使用 OSPF 的 TOS 路由选择，因此该功能在 OSPF 协议标准中已被取消。但为了兼容以前的协议版本，仍在 OSPF 分组中保留了 TOS 相关字段。

OSPF 分组格式

携带 OSPF 的 IP 分组使用 224.0.0.5 的多播 IP 地址进行分组洪泛算法。所有 OSPF 分组均使用一个如图 5.8 所示的 24 Byte 首部，具体包括以下字段：

图 5.8　OSPF 分组首部格式

- **版本**：OSPF 协议的版本。
- **类型**：Hello、**数据库描述**、链路状态请求、链路状态更新和链路状态确认 5 种 OSPF 分组中的一种。
- **分组长度**：OSPF 分组的长度。
- **路由器 ID**：始发该分组的路由器的 ID。
- **区域 ID**：指示源路由器所属区域。
- **校验和**：整个分组的标准 IP 校验和(参见第 3 章)。
- **认证类型**：表示选用的认证方法(参见 10.5 节)。
- **认证**：基于认证类型的认证信息(参见 10.5 节)。

类型字段指示的 Hello 分组用于检测每个路由器的活跃邻居。每个路由器定期向它的邻居发送 Hello 分组，以发现活跃的邻居路由器。每个分组中包含了从已收到的邻居的 Hello 分组中获得的邻居路由器接口标识。**数据库描述**分组用于两个邻接路由器之间交换数据库中的所有链路状态项目的摘要信息，以同步它们的网络拓扑知识。**链路状态请求**分组用来请求邻居路由器的链路状态数据库中某些链路状态项目的详细信息。**链路状态更新**分组将链路状态信息传送给所有邻居路由器。最后，**链路状态确认**分组用来确认收到链路状态更新分组信息。

综上所述，当一个路由器启动时，它会向所有邻居路由器发送 Hello 分组，然后通过同步数据库建立路由连接。然后，每个路由器将描述其路由数据库的链路状态更新消息发送给所有路由器。至此，所有路由器都具有了相同的本地网络拓扑描述。每个路由器计算出一个最短路径树以表示到每个目的地址的最短路径，并指明最邻近的通信路由器。

例：在位于图 5.5 所示网络中的路由器 A 上使用 OSPF 协议。假设网关路由器 C、F、D、G 和 B 连接的目的 IP 地址分别为 152.1.2.45、178.3.3.2、123.45.1.1、148.11.58.2 和 165.2.2.33，再假设路由器 A 使用掩码 255.255.255.0 来确定子网。

解：在 OSPF 协议的步骤 1 中，路由器 A 获得到它邻居路由器的成本：路由器 C 的成本=1，路由器 F 的成本=1。在步骤 2 中，路由器 A 生成如表 5.2 所示的 Dijkstra 最小成本表。注意，第一次循环形成的表不是表 5.2 所示的完整表，但在多次循环更新后最终会与表 5.2 一致。在步骤 3 中，将会建立一张如表 5.4 所示的路由表，表的第一列是可通过网关路由器到达的外部区域中的目的 IP 地址。在步骤 4 中，路由器 A 向所有路由器 C、F、E、D、G 和 B 发送包含"(直连)邻居路由器成本表"(路由器 C 和 F)的信息。当邻居路由器成本变化时，将会重复执行这 4 个步骤。

表 5.4　图 5.5 中路由器 A 使用 OSPF 协议构建的路由表

目的 IP 地址	目的掩码(如果需要)	下 一 跳	更新后的总成本
152.1.2.45	255.255.255.0	C	1
178.3.3.2	255.255.255.0	F	1

续表

目的 IP 地址	目的掩码(如果需要)	下 一 跳	更新后的总成本
123.45.1.1	255.255.255.0	C	4
148.11.58.2	255.255.255.0	C	6
165.2.2.33	255.255.255.0	C	7

5.3.2 RIP

RIP 是一个简单的域内路由选择协议。RIP 是在互联网基础设施中最广泛使用的路由选择协议之一，特别适用于较小区域内的路由选择。在 RIP 中，路由器交换关于网络的可达性信息及到达每个目的地的跳数和相关成本。协议概述如下：

开始 RIP 协议步骤

1. **确定邻居节点成本表**：每个路由器获得到邻居路由器的成本，并记录在一张表中。
2. **应用 Bellman-Ford 算法**：每个路由器使用 Bellman-Ford 算法计算最小成本路径。
3. **生成路由表**：通过步骤 2，在每个路由器上生成路由表。
4. **更新网络的路由表**：每个路由器使用 RIP 分组发送"整张路由表"信息给网络中的"邻居"路由器(即距离向量过程)。

在关注 RIP 的细节之前，我们需要了解**距离向量选择过程**的原理。

距离向量过程

距离向量过程主要被设计用于小型网络拓扑。**距离向量**这个术语源于协议的路由更新是基于距离的向量或跳数的。在距离向量路由选择中，所有节点仅仅与其邻居节点交换信息。在同一个本地网络中的节点即为邻居节点。在这个协议中，每个独立的节点 i 维护三个向量：

$$\boldsymbol{B}_i = [b_{i,1},\ldots,b_{i,n}] = \text{链路成本向量}$$
$$\boldsymbol{D}_i = [d_{i,1},\ldots,d_{i,m}] = \text{距离向量}$$
$$\boldsymbol{H}_i = [h_{i,1},\ldots,h_{i,m}] = \text{下一跳向量}$$

计算链路成本向量时，我们假设节点 i 直连了 m 个网络中的 n 个网络。链路成本向量 $\boldsymbol{B}_i$ 是包含节点 i 到其所有直连网络的成本的一个向量。例如，$b_{i,1}$ 表示节点 i 到网络 1 的成本。距离向量 $\boldsymbol{D}_i$ 包含节点 i 到路由域内所有网络的最短距离。例如，$d_{i,1}$ 表示节点 i 到网络 1 的最短距离。最后，下一跳向量 $\boldsymbol{H}_i$ 是包含从节点 i 到最短距离路径上的下一个节点的矩阵向量。例如，$h_{i,1}$ 表示节点 i 到网络 1 的最短距离路径上的下一个节点。每个节点每隔 r 秒与其所有邻居交换距离向量信息。节点 i 按照以下公式更新自己的向量：

$$d_{i,j} = \min_{k\in\{1,\cdots,n\}}\left[d_{h,j} + b_{i,g(x,y)}\right] \tag{5.1}$$

和

$$h_{i,j} = k \tag{5.2}$$

其中，$\{1,\cdots,n\}$ 是节点 i 的网络节点集合，$g(x,y)$ 是连接节点 x 和节点 y 的网络；因此，$b_{i,g(x,y)}$ 是节点 i 到网络 $g(x,y)$ 的成本。公式(5.1)和公式(5.2)是用于 RIP 中的 Bellman-Ford 算法的分布式版本。每个路由器 i 如果直连到网络 j，那么其初始的 $d_{i,j}=b_{i,j}$。所有路由器更新并计算公式(5.1)的距离向量，然后再次重复这个过程。步骤 2 的 Bellman-Ford 算法循环地并发运行在网络图中的每个节点上。第一次循环后会得到一跳的最短距离路径，然后在第二次循环时得到两跳的最小成本路径，直到发现所有的最小成本路径。

RIP 中的路由表更新

由于 RIP 基于距离向量路由选择，每个路由器会将自己的距离向量发送给其邻居。通常，无论是否有请求都会发送更新信息以回应。当路由器广播一个 RIP 请求分组时，域中收到该请求的每个邻居路由器都立即发送一个应答。节点在一段时间内收到它所有邻居发来的距离向量后，再基于这些向量信息进行全面更新。但是这种处理方式是不可行的，因为算法是异步的，即在规定的时间内不一定会收到所有的更新信息。

RIP 分组使用 UDP 发送，所以总有可能会丢失分组。在这种环境中，路由器处理完每个距离向量后才使用 RIP 更新路由表。在更新路由表时，如果收到的距离向量中包含一个新目的网络，就将其添加到路由表中。节点收到一条更短距离的路由时，则用其替换原来的路由。在某些情况下，如路由器重置后，路由器会收到其下一跳的所有表项来重建它的新表。

RIP 的**水平分割**(split-horizon)规则规定不能将有关一条路由的信息在其收到的方向上发送回去。水平分割的优点是加快了收敛速度，并在一个超时时间内删除不正确的路由。RIP 的**毒性逆转**(poisoned-reverse)规则有较快的响应速度和较大的消息长度。不同于原始的水平分割，节点将来自其邻居的路由信息以 16 跳的距离值发回给邻居。

RIP 分组格式

图 5.9 是 RIP 版本 1 的分组格式，每个分组包含若干地址距离。包含第一个地址距离的 RIP 分组各字段含义如下。

图 5.9　路由选择信息协议(RIP)版本 1 分组格式

- **命令**：指明是请求(值为 1)还是应答(值为 2)。
- **版本号**：定义版本是 RIP 1 还是 RIP 2。
- **地址族标识**：定义地址类型，如 IP 地址。
- **IP 地址**：提供一个特定目的网络的 IP 地址。
- **度量**：定义通告路由器到目的网络的距离。

如图 5.9 所示，在 RIP 版本 1 中有 4 个全 0 比特的附加字段是未使用的。在 RIP 版本 2 中，这 4 个字段中的 3 个被定义为如下含义：从右到左的第一个 4 Byte 的 0 字段表示去往该表项目的网络的分组应发往的**下一跳**；第二个 4 Byte 的 0 字段是**子网掩码**，用来解析 IP 地址中的网络部分；第三个 2 Byte 的 0 字段是**路由标记**，用来标记区分从其他路由选择协议注入 RIP 路由选择域中的路由。

如果把链路成本都设为 1，度量值就变成了跳数值，但如果将链路成本设为更大的值，那么跳数就是最小的度量值。每个分组可包含多个地址距离。如果需要有多个地址距离，图 5.9 所示的分组就必须扩展包含所需的多个地址距离，除**命令**、**版本号**及之后的 2 Byte 的 0 字段外的其余字段将重复出现于每个地址距离中。

例：在位于图 5.5 所示网络中的路由器 A 上使用 RIP 协议。假设网关路由器 C、F、D、G 和 B 连接的目的 IP 地址分别为 152.1.2.45、178.3.3.2、123.45.1.1、148.11.58.2 和 165.2.2.33，再假设路由器 A 使用掩码 255.255.255.0 来确定子网。

解：在 RIP 协议的步骤 1 中，路由器 A 获得到它邻居路由器的成本：路由器 C 的成本=1，路由器 F 的成本=1。在步骤 2 中，路由器 A 生成如表 5.3 所示的 Bellman-Ford 最小成本表。注意，第一次循环形成的表不是表 5.3 所示的完整表，但在多次循环更新后最终会与表 5.3 一致。在步骤 3 中，将会建立一张如表 5.4 所示的路由表(类似于 OSPF 例子中建立的路由表)。表的第一列是可通过网关路由器到达的外部区域中的目的 IP 地址。在步骤 4 中，路由器 A 仅向"邻居"路由器 C 和 F 发送包含"整张路由表"的信息(距离向量过程)。这 4 个步骤将会周期性执行。

RIP 的问题和局限

RIP 的缺点之一是它在响应网络拓扑变化时的收敛速度慢。**收敛**是指整个网络完成更新的过程。在大型网络中，路由器之间交换的路由表非常大且维护困难，这会使得收敛非常缓慢。此外，RIP 还会导致次优路由，因为它的选择是基于跳数的。因此，低速链路与高速链路被等同对待，有时还会首选低速链路。RIP 的另一个问题是**计数到无穷大**的限制。距离向量协议将跳数超过限定值的路由视为不可访问。这个限制在大型网络中会出问题。

RIP 还有基于距离向量算法带来的其他问题。首先，依赖跳数是一个不足，这使得路由器要通过周期广播整个路由表来交换所有网络信息。此外，距离向量算法可能导致环路和延迟，因为它们基于周期更新。例如，一条路由如果在一定时间内没有收到相应的更新信息就会进入**保持**状态。这种情况会使得网络在更新收敛中延迟发现某路由信息已经丢失。

RIP 版本 1 的一个主要缺陷是不支持变长子网掩码。RIP 在发送路由更新时不交换掩码信息。路由器使用自己收到路由更新接口的子网掩码进行更新，这在变长子网划分的网络中将导致混乱与误解。距离向量网络没有层次结构，因此不能用于大型网络。

5.4　域间路由选择协议

不同于域内路由选择协议，**域间路由选择协议**创建了一个网络的网络，或一个**互联网**。域间路由选择协议将分组路由到一个指定域之外，每个域包含多个可以公共访问的网络和路由器。图 5.10 显示了一个网络互联的例子，其中路由器 R1 处的一个分组面临两个指定的大型服务提供者域 A 和 B。每个服务域被显示为一组互相连接的圆圈，每个圆圈表示一个网络或一个路由器。显然，在路由器 R1 处为分组找寻一条去往特定域的最佳路径是一个挑战。在后续小节中讨论的 BGP 作为一个广泛使用的域间协议将完成这一挑战。为了便于理解 BGP 的原理，我们首先需要学习**自治系统**(Autonomous System，AS)模型下的分层路由架构。

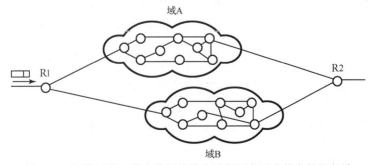

图 5.10　网络互联，其中分组的路由选择面向两个指定的服务域

5.4.1　AS

互联网的 AS 是处于一个网络管理实体控制之下的相互连接的 IP 路由设备集合，这些路由设备使用相同的路由选择策略。一个自治系统也称为**域**（domain），由公司运营的域称为 ISP。图 5.10 中的域 A 和 B 如果分别由一个独立的 ISP 自主控制，就可被视为自治系统 A 和 B。从自治系统的角度看待互联网使得查看其管理更为容易。在互联网这种大型网络中的每个主机和路由器上存储路由信息，需要大量的内存，并会增加路由计算的复杂性。

可以将互联网看作一组自治系统的集合，每一个自治系统由一个单一管理实体或 ISP 控制。例如，一个公司的内部网络可以是一个 AS。之所以需要自治系统是因为越来越多的路由器导致了计算、存储和传送路由信息的大量开销。这也使得多个组织可以使用专用 AS 编号运行 BGP 协议接入 ISP 以连接到互联网。我们应该注意，尽管一个 ISP 可以支持多个自治系统，但互联网只识别 ISP 的路由选择策略。因此，ISP 必须有正式注册的**自治系统编号**（Autonomous System Number，ASN）。幸运的是，标识互联网中每一个自治网络的 AS 都被指派了一个唯一的 ASN。

5.4.2　BGP

BGP 是域间（即自治系统之间）通信的首选路由选择协议。BGP 的路由选择决策基于网络策略、网络路径状态及网络管理员配置的规则集。在 BGP 中，路由器交换到特定目的路径的综合信息，而不是单纯的成本和最佳链路信息。在我们学习这个协议的细节之前，让我们先了解一下 BGP 分组。

BGP 分组

图 5.11(a)、(b)、(c)和(d)依次显示了以下 4 种 BGP 分组：

(a)**打开（Open）分组**。这个分组用于请求建立两个路由器之间的联系，具有以下首部字段：16 Byte 的**标记**字段用于检测 BGP 对等路由器之间的同步丢失以及对分组的认证；2 Byte 的**长度**字段表示包括首部在内的分组总长度；1 Byte 的**类型**字段指示 4 种 BGP 分组类型之一；1 Byte 的**版本**字段表示 BGP 版本；2 Byte 的**我的自治系统**字段表示始发者的 AS 编号；2 Byte 的**保持时间**字段表示由始发者建立的一个 BGP 会话的以秒为单位的持续时间；4 Byte 的 **BGP 标识符**字段表示分配给始发 BGP 路由器的 IP 地址；1 Byte 的**可选参数长度**字段表示可选参数字段的总长度；可变长度的**可选参数**字段包含用于通告支持的可选能力（如多协议扩展、路径刷新等）的一系列可选参数。

(b)**更新（Update）分组**。这个分组用于传送路径的更新信息，包括通告一条可用路径，或撤销多条不可用路径，或两者皆有。分组首部包含以下字段：**标记**、**长度**和**类型**字段含义与打开分组中的这三个字段相同；2 Byte 的**不可用路径长度**字段表示撤销路径字段的总字节长度；可变长度的**撤销路径**字段包含一系列撤销服务的不可达路径；2 Byte 的**路径属性总长度**字段表示路径属性字段的总字节长度；可变长度的**路径属性**字段列出了与网络层可达性信息字段相关的属性，每个路径属性为一个可变长度的[属性类型，属性长度，属性值]字段；可变长度的**网络层可达性信息**（NLRI）字段包含该路径上一系列可达的 IP 网络前缀，采用[长度-前缀]表示，长度值为 0 表示匹配所有 IP 前缀的前缀。

(c)**保活（Keep-alive）分组**。一旦两个路由器之间建立了联系，就使用该分组周期性地证实其邻居关系。分组首部包含以下字段：**标记**、**长度**和**类型**，其含义也与打开分组中的这三个字段相同。

(d)**通知（Notification）分组**。发生错误时将使用这个分组。该分组首部包含以下字段：**标记**、长度和**类型**字段含义与**打开分组**中的这三个字段相同；1 Byte 的**错误代码**字段指示错误的代码，例如，1 表示"消息标头错误"、4 表示"保持计时器过期"，每个**错误代码**都会有一个或多个相关的**错误子代码**；1 Byte 的**错误子代码**字段提供所报告错误的详细信息。

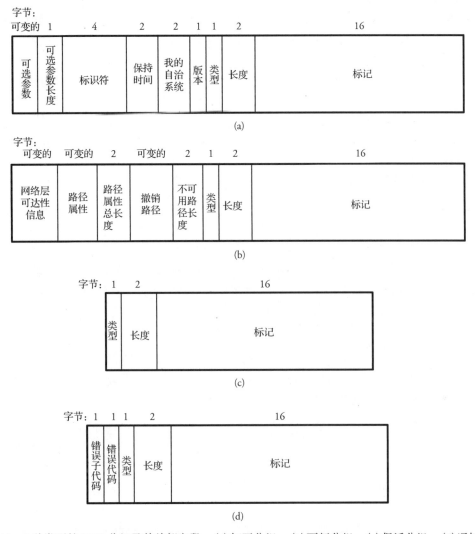

图 5.11　4 种类型的 BGP 分组及其首部字段：(a)打开分组；(b)更新分组；(c)保活分组；(d)通知分组

在 BGP 中，两个路由器即使位于两个不同的自治系统，也可以交换路由选择信息。当选择了一个外部目的时，路由器会将信息发送给所有内部邻居。然后，网络实体在所有其他路由器的帮助下决定所选的路径是否合适，如果合适就将该路径添加到路由器的数据库，随后发送新的更新分组。

更新分组可以包括穿过一个网络的单条路径信息。该信息可以分为三个字段：**网络层可达性信息**字段、**路径属性**字段和**路径属性总长度**字段。**网络层可达性信息**字段包括路由器所能发现的一系列子网标识符。**路径属性**字段是与一条特定路径相关的属性列表。第二种更新信息用于删除一个或多个路由由目的子网 IP 地址标识的路径。在这种情况下，如果出现错误，如认证错误、更新分组中的有效性错误或保持时间过期错误等，就发送**通知**分组。

BGP 详述

为了解决自治系统之间的域间路由，设计并使用 BGP 执行域间路由选择。BGP 的运行需要通过建立长距离的 TCP 会话来建立连接。BGP 具有三个功能阶段：

1. **邻居联系（neighbor relationship）**。邻居联系是指位于两个不同自治系统中的两个路由器之间定期交换路由选择信息的协定。路由器可以基于域规则、过载或外部链接的临时故障等原因拒绝建立邻居联系。
2. **邻居维护（neighbor maintenance）**。邻居维护是维护已建立的邻居联系的过程。通常情况下，每个相应的路由器都需要查明与其他路由器的联系是否仍然可用。为此，两个路由器向对方发送**保活分组**。
3. **网络维护（network maintenance）**。最后一个 BGP 阶段是网络维护。每个路由器维持一个可达子网的数据库，并尝试获得每个子网的最佳路径。BGP 中最重要的一项技术是**路径向量路由选择协议（path vector routing protocol）**。

RIP 和 OSPF 是不适合作为域间路由选择协议的。如前文所述，距离向量路由选择用来将信息发送到路由器的每个邻居，然后每个路由器生成一个路由选择数据库。然而，路由器并不知道任何一条特定路径上的路由器身份。这会产生两个问题：首先，如果不同的路由器为一个指定的成本给出不同的信息，就不可能形成稳定且无环路的路径；其次，一个自治系统对于可以使用哪些特定自治系统是有限制的，而距离向量算法却没有关于自治系统的信息。在链路状态路由选择中，每个路由器向所有其他路由器发送其链接成本，然后开始路由计算，也会出现两个问题：

1. 不同的独立系统会使用不同的成本，并具有不同的限制。链路状态协议允许路由器生成拓扑，而每个独立系统的拓扑度量标准可能不同。这种情况下的路由算法是不可靠的。
2. 跨越独立系统的域间路由选择协议采用洪泛路由选择是不稳定的。

要解决这些问题，BGP 考虑了一种替代解决方案：**路径向量路由选择协议**。该协议提供了如何达到一个网络的特定路由器信息，并指明应该访问哪个自治系统。路径向量路由选择协议不同于每条路径都具有成本和距离信息的距离向量算法。路径向量路由选择协议并不包括这些信息，而是包含到达目的网络的所有可以访问的自治系统和域的所有部分。因此，路由器可以拒绝采纳其接收的路径信息中没有的一条特定路径。

图 5.12 显示了一个长途 TCP 连接中的 BGP 应用。假设 ISP 1 控制的自治系统 1（域 1）中的主机 1 试图建立一条 TCP 连接到 ISP 3 控制的自治系统 3（域 3）中的主机 2。自治系统 1 和 3 通过自治系统 2（域 2）相连。每两个自治系统可以通过一对或多对边界路由器互连，例如，[R13 和 R21]、[R13 和 R24]及[R15 和 R24]作为自治系统 1 和 2 的边界路由器对。这些参与长途 TCP 连接应用的边界路由器对交换路由选择信息，通常称为 BGP **对等体（peer）**。

因此，TCP 连接应用可经由边界路由器对[R13 和 R21]、[R13 和 R24]或[R15 和 R24]中的一对。此外，每个自治系统中的每对内部路由器之间也将建立网状的 TCP 连接。在这种情况下，我们还可以将处于同一自治系统中的边界路由器定义为内部 BGP 对等体。

在 BGP 路由选择中，每个自治系统要知道经由其相邻自治系统可以到达哪些目的地。请注意，BGP 中的目的地是表示一个或多个子网的 CIDR 地址的**前缀**。例如，如果 CIDR 地址为 188.32.8.0/24 的一个子网连接到一个自治系统，那么该自治系统使用 BGP 通告前缀 188.32.8.0/24（188.32.8.0 的前 24 bit）。在一个 ISP 中，每个边界路由器都会获得所有其他边界路由器所掌握的所有路由。例如，当一个 ISP 的边界路由器获得一个地址前缀时，这个 ISP 中的所有其他路由器也将学习到该前缀。这样就使得 ISP 中的任何一个路由器都能到达这个前缀。

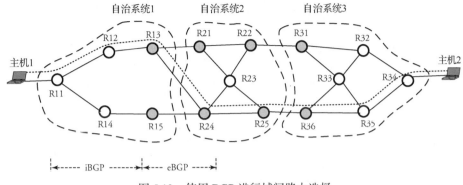

图 5.12　使用 BGP 进行域间路由选择

BGP 采用两种主要的数据交换模式：iBGP 和 eBGP。**打开分组中的我的 AS** 字段表示始发者的 AS 编号，并确定 BGP 会话是 iBGP 还是 eBGP。iBGP 模式用于一个自治系统中的内部对等体之间的路由信息交互，运行在同一个自治系统内的两个 BGP 路由器之间。如果两个 BGP 对等体在同一个自治系统中，那么这两个 BGP 对等体之间的 BGP 会话就是一个 iBGP 会话。为了避免在一个自治系统内出现环路，一个 iBGP 对等体将不通告由其他 iBGP 对等体告知的前缀。因此，BGP 不是将路由信息发送到整个自治系统中，而是由内部对等体将路由信息发布给自治系统内的所有对等体。为了将路由信息通告给内部对等体，需要使用 iBGP 模式。

相比之下，eBGP 用于不同自治系统中的外部对等体之间的路由信息交互，运行在不同的自治系统中的两个 BGP 路由器之间。也就是说，在 eBGP 中，对等体是处于两个不同自治系统中的。在 eBGP 中，分组的生存时间(TTL)字段值设置为 1，表示对等体是直接连接的。一个 eBGP 对等体通告它所知道的或者是其对等体告知到的所有最佳路径。外部对等体将 eBGP 对等体告知的路由信息通告给其他对等体。例如图 5.12 中，在边界路由器 R13 和 R24 之间使用 eBGP 模式会话，将自治系统 1 可达的前缀列表从自治系统 1 转发到自治系统 2；将自治系统 2 可达的前缀列表从自治系统 2 转发到自治系统 1。自治系统 2 和 3 也通过一对边界路由器对(如 R22 和 R31)交换类似的相关信息。

BGP 的路径选择策略

到目前为止，我们了解了一个自治系统的边界路由器获得的路由信息可以通过 BGP 与所连接的另一个自治系统共享。为此，BGP 使用 eBGP 和 iBGP 在自治系统的所有路由器之间共享路径信息。如果到达一个前缀地址有多条路径，那么路由器需要一定的策略来选择最佳路径。下面列出了 BGP 中使用的一些重要策略：

- 基于所关联自治系统的最高优先级进行路径选择，优先级由网络管理员设置在本地路由器上，供其他路由器学习。
- 基于自治系统的最少数量进行路径选择。从源到目的有多条跨越其他自治系统的路径时，将使用这个策略。
- 基于自治系统内所确定的最小成本路径进行路径选择。
- 基于一个自治系统内每个路由器从其连接路由器处获得路径的学习过程进行路径选择。

例如图 5.12 中，主机 1 要建立一条到主机 2 的 TCP 连接。TCP 连接的操作细节将在第 8 章中讨论，现在只需将其看作两个主机之间的一条连接。假设通过 BGP 的学习过程，主机 1 到达主机 2 的最佳路径是从自治系统 1 的边界路由器 R13 到自治系统 2 的边界路由器 R24。根据 BGP，主机 1 开始打开与目的主机 2 的 TCP 连接，这个打开分组被路由器 R13 发送给 R24。R24 将标识这个 TCP 分组的发送者属于哪个自治系统域。

每个自治系统中的边界路由器都会定期向其邻居发送**保活**分组以防止商定的保持时间过期。路由器 R13 通过 BGP 可获知它可以经由路由器 R21 或路由器 R24 到达主机 2。边界路由器 R25 和 R36 也同样会获知其到达主机 2 的多条路径。每个路由器通过一些策略从获知的路径集合中选择一条最佳路径。在本例中，路径的选择是基于自治系统的最少数量，本例中只有一个中间自治系统(自治系统 2)。

5.5 IPv6

IPv4 的使用使得 32 bit 地址空间枯竭，在某种程度上 IPv4 已经耗尽了它的寻址空间。因此，IPv6 采用 128 bit 地址空间。IPv6 因其简单性和灵活性而易于广泛适应不同的网络技术。IPv6 与 IPv4 兼容，并支持实时应用，包括那些需要 QoS 保证的应用。图 5.13 显示了 IPv6 的首部。首部中各字段的简要描述如下：

- **版本**与 IPv4 中版本字段的含义相同，表示协议的版本号。因此在 IPv6 分组中该字段值为 6。
- **流量类型**是一个 8 bit 字段，表示指派给分组的优先级，其功能类似于 IPv4 中的 ToS。
- **流标签**是一个 20 bit 字段，表示一个特定的数据报(分组)流。
- **净荷长度**是一个 16 bit 字段，表示数据报中的数据(净荷)字节长度。
- **下一个首部**指示数据报中的数据字段应被交付的协议，如 TCP 或 UDP。
- **跳数限制**与 IPv4 中生存时间字段的含义相同。
- **源地址**和**目的地址**各自为一个 128 bit 的地址字段。

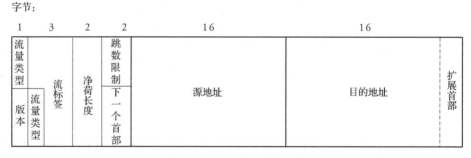

图 5.13 IPv6 分组首部格式

IPv4 和 IPv6 首部格式有一些显著的差异。首先，IPv6 使用 128 bit 的地址字段，而不是 IPv4 中的 32 bit 字段。128 bit 字段最多可支持 $3.4×10^{38}$ 个 IP 地址。IPv6 有一个更简单的首部格式，取消了分片、校验和和首部长度字段。在 IPv6 中取消校验和字段使得路由器可以处理得更快。在 IPv6 中，**检错**和**纠错**功能由数据链路层和 TCP 层处理。此外，IPv6 还可以适应一些应用程序的 QoS 要求。除了这些重要的优点，IPv6 还可以提供内置的安全功能，如机密性和认证。这些特性将在第 10 章中讨论。

5.5.1 IPv6 地址格式

由于地址空间巨大，IPv6 的网络寻址非常灵活。为了有效、紧凑地表示 128 bit 的 IPv6 地址，所以使用十六进制数字。每 4 个十六进制数字之间用冒号分隔。例如，2FB4:10AB:4123:CEBF:54

CD:3912:AE7B:0932 可以是一个源地址。在实践中，IPv6 地址含有大量的零比特位，因此通常采用一个更紧凑的形式表示。例如，可以将地址 2FB4:0000:0000:0000:54CD:3912:000B:0932 压缩表示为 2FB4::54CD:3912:B:932。

与 CIDR 类似，IPv6 采用一个斜杠(/)后跟一个网络前缀比特长度的十进制数字来表示一个地址块的大小。例如，地址块 1::DB8:0:1/34 的前缀有 34 bit，包括 $2^{128-34} = 2^{94}$ 个地址。

IPv6 网络地址空间被分为不同类型，每个类型都分配有一个二进制前缀。目前，只有一小部分的地址空间已被分配，剩余的保留供未来使用。第一个字节全 1 的地址类型是多播；当前分配的其余类型用于单播应用。除单播和多播地址外，IPv6 还定义了**任播**(anycast)地址。一个任播地址类似于一个多播地址，标识连接一组网络设备。但是，与多播地址不同的是，只需要将分组转发到组中的任何一个设备即可。任播地址与单播地址共享地址空间。IPv6 地址还保留了一些特殊用途的地址。

5.5.2 扩展首部

扩展首部位于首部和净荷之间。IPv4 中的选项字段功能被定义在扩展首部中，但扩展首部比选项字段更为灵活。图 5.14 的上部显示了只有一个扩展首部，即一个 TCP 报文段(TCP 是一个第 4 层的协议)。如果使用多个扩展首部，就将它们串接起来，如图 5.14 所示，并按序处理。图 5.14 显示的扩展首部序列由下一个首部字段指定，依次为路由、分片、认证和 TCP。

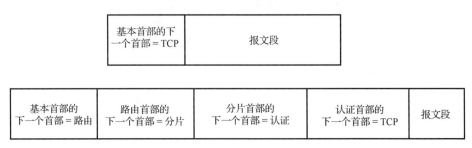

图 5.14 串接的 IPv6 扩展首部

5.5.3 分组分片

IPv6 中只允许在源端进行分片。这一限制使得路由器的分组处理更快。主机在发送分组前要进行分组发送路径中的 MTU 发现操作。所得到的最小 MTU 决定了分组的大小，因而需要从主机到目的地的路径保持稳定。如果物理网络的这个最小值小于要发送的分组大小，那么中间路由器将丢弃该分组并向源端回送一个差错消息。源端收到这个差错消息后就对分组进行分片，并在扩展首部中包含分片信息。

5.5.4 IPv6 的其他特性

IPv6 的其他功能将在后续章节中介绍。例如，基于 IPv6 的路由表将在第 12 章介绍，IPv4 到 IPv6 的隧道技术将在第 14 章介绍。

5.6 网络层拥塞控制

拥塞是指一个网络的超负荷情况。可以通过对网络中可用资源的优化利用来实现拥塞控制。

图 5.15 显示了网络的一组性能图，对比了无拥塞、中度拥塞和严重拥塞这三种情况。这些曲线表明，如果一个网络没有拥塞控制，那么将导致严重的性能下降，甚至在一定程度上，网络承载的负荷开始随输入负荷的增加而下降。理想的情况是因为没有拥塞而没有数据丢失，如图所示。通常情况下，设计具有无拥塞的网络需要大量的工程努力。

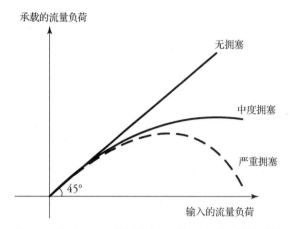

图 5.15　无拥塞、中度拥塞和严重拥塞情况下的网络性能对比

如图 5.16 所示，拥塞可能是**逻辑的**或**物理的**。在图中，分布在不同 LAN 中的主机 A 和主机 B 尝试通过它们连接的 ISP 域进行通信。在如图所示的 LAN 中两个第 3 层交换机上的排队功能会在主机 A 和主机 B 之间造成一个逻辑瓶颈。这个问题可能是由于主机 C 获取服务器上的视频流使得 LAN 2 的第 3 层交换机耗尽了带宽。

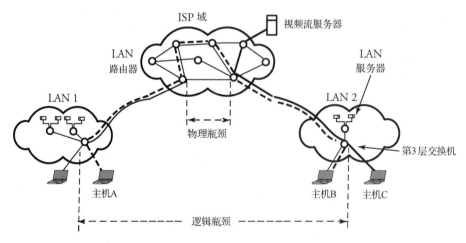

图 5.16　两个用户间往返路径上的瓶颈形式

同时，路由器和网络之间的物理链路上的带宽不足，即资源短缺，也是一个瓶颈，会造成拥塞。资源短缺可能发生：

● 在**链路层**，链路带宽耗尽；
● 在**网络层**，节点上的分组队列溢出；
● 在**传送层**，通信会话的两个路由器之间的逻辑链路不足。

避免拥塞的一个重要方法是为用户和应用程序分配网络资源。网络资源，如带宽和缓冲区空间，可以分配给竞争的应用程序。设计优化和公平的资源分配方案可以在一定程度上控制拥塞。拥塞控制尤其适用于控制一组发送者与接收者之间的数据流量，而流量控制则与链路上的业务流分配有关。资源分配和拥塞控制不局限于协议层次结构的任何一层。资源分配可以发生在交换机、路由器和终端主机上。路由器发送信息需要占用一定的可用资源，因此，终端主机可以预约路由器上的资源以供各种应用程序使用。

拥塞控制的常用方法是**单向**或**双向拥塞控制**。接下来将介绍这两种方法。

5.6.1 单向拥塞控制

网络可以通过**背压信令**(back-pressure signaling)、**抑制分组**(choke packet)**传输**和**流量监察**(traffic policing)进行单向控制。图 5.17 显示了含有 8 个路由器(R1～R8)的一个广域网络。这些路由器连接各种服务商：无线蜂窝、住宅和企业网络。在这种配置中，路由节点之间的拥塞可能会在一天的某个时间发生。

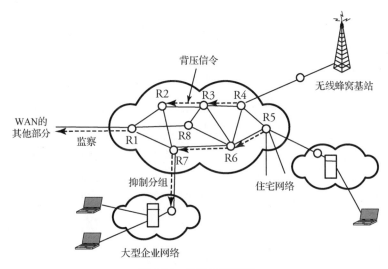

图 5.17 单向拥塞控制

第一种拥塞控制方法是在两个路由器之间产生一个**背压信令**。背压方法类似于管道中的液体流，当管子的一端封闭时，压力向后传播，以减缓源头处的水流。同样的原理可以应用于网络。当一个节点变得拥塞时，它将减慢其输入链路上的流量，直到拥塞解除。例如，图中路由器 R4 发现超载，因此发送背压分组到路由器 R3，再到路由器 R2，假设 R2 为超载路径的源。可以在逐跳基础上控制分组流。背压信令反向传输路径上的每个节点，直到源节点为止。于是，源节点限制其分组流，从而减少拥塞。

抑制分组传输是另一种拥塞解决方案。在这个方案中，拥塞节点向源节点发送抑制分组，以限制来自源节点的分组流量。路由器或终端主机接近满负荷，预计会导致路由器拥塞时可以发送这些分组。抑制分组被定期发送，直到拥塞解除。收到抑制分组的源主机将减小其流量生成速率，直到它不再收到抑制分组。

拥塞控制的第三种方法是相当简单的**监察**。边缘路由器，如图 5.17 中的 R1，作为一个"交通警察"，直接监视和控制其直接连接的消费者。在图中，R1 监管着来自"WAN 的其他部分"的流量进入网络，并禁止或减缓某些模式的流量，以维持网络的可用带宽和功能处于良好状态。

5.6.2　双向拥塞控制

图 5.18 显示了**双向拥塞控制**，一种基于主机的资源分配技术。假设在 ISP 一侧的主 Web 服务器提供大量查询业务，在 ISP 另一侧的大型企业文件服务器是众多文件查询的目的地。假设这两个服务器有交互，在这种情况下，ISP 需要平衡这两个流量热点之间的双向流量，并控制它们的流量接收速率。这种流量控制需基于可观察到的网络条件，如延迟和分组丢失。如果源站检测到长延迟和分组丢失，就会减慢其分组流速。网络中的所有源站都会如此调整其分组生成速率，拥塞因而受到控制。隐式信令广泛应用于分组交换网络中，如互联网。

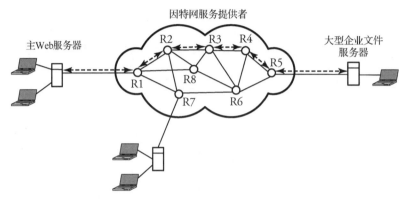

图 5.18　双向拥塞控制

在双向信令中，网络路由节点通过在发送给源的分组首部中设置比特位来警告拥堵资源的来源。另一种机制是向源站发送控制分组，如抑制分组，以提醒它网络中的拥堵资源。源站将减慢其分组流速，当它收到一个分组时，源站检查拥塞指示比特位。如果在分组流的路径上设置了该比特位，源站就会减慢它的发送速率。

5.6.3　随机早期检测

随机早期检测(Random Early Detection，RED)通过检测并及早采取适当措施来避免拥塞。当一个路由器缓冲区中的分组队列出现拥塞时，就会丢弃无法保存在缓冲区中的所有传入分组。这种**尾部丢弃策略**(tail-drop policy)会导致两个严重的问题:TCP 会话的全局同步和网络拥塞的延长。RED是在平均队列大小超过给定的最小阈值时随机丢弃分组，克服了队列中采用尾部丢弃策略的缺点。

从统计角度来看，当队列缓冲区满时，随机的分组丢弃策略优于同时丢弃多个分组。RED 作为一种反馈机制来通知 TCP 会话的源可能拥塞了，必须降低其传送速率。分组丢弃的概率是基于流的权重分配计算的。例如，重载流会有大量的分组丢失。平均队列长度的计算采用指数加权移动平均值，使得 RED 不受突发性的互联网流量影响。当平均队列大小超过最大阈值时，后续的所有传入分组将被丢弃。

路由器上的 RED 设置

使用 RED 时，路由器持续监视自己的队列长度和可用缓冲区空间。当缓冲区空间开始填满且路由器检测到拥塞的可能性时，它将丢弃几个来自源站的分组来隐式地通知源站。源站通过超时或重复的 ACK 检测到分组的丢失。因此，路由器早于拥塞发生之前丢弃分组，并隐式通知源站缩小拥塞窗口大小。RED 方法的"随机"部分表明路由器在队列长度超过一个阈值时以某个丢弃概率丢弃到达的分组。平均队列长度 $E[N_q]$ 的递归计算为

$$E[N_q] = (1 - \alpha)E[N_q] + \alpha N_i \tag{5.3}$$

其中，N_i 是当前的队列长度；$0 < \alpha < 1$ 是权重因子。平均队列长度用于估量负载。每次一个新分组到达网络的网关时即测量 N_i，得到 N_i 即可求得平均队列长度 $E[N_q]$。求平均队列长度的原因是互联网有突发流量，瞬时队列长度不是队列长度的准确测量值。

RED 设置了队列长度的最小和最大阈值，分别为 $N_{\min}$ 和 $N_{\max}$。路由器采用以下方法来决定是否丢弃一个新分组：$E[N_q] \geq N_{\max}$ 时，丢弃新到达的分组；$E[N_q] \leq N_{\min}$ 时，将分组排入队列；$N_{\min} < E[N_q] < N_{\max}$ 时，将新到达的分组按如下所示的概率 P 丢弃。

$$P = \frac{\delta}{1 - c\delta} \tag{5.4}$$

其中系数 c 由路由器设置，以确定它希望达到所期望的 P 的速度。

当 $N_{\min} < E[N_q] < N_{\max}$ 时，分组的丢弃概率 P 增长缓慢，在阈值上限时达到最大分组丢弃概率 $P_{\max}$。事实上，可以将 c 看作已排队的到达分组的数目。我们接着可以获得 δ

$$\delta = \left(\frac{E[N_q] - N_{\min}}{N_{\max} - N_{\min}} \right) P_{\max} \tag{5.5}$$

从本质上说，当队列长度小于最小阈值时，该分组被放入队列中。图 5.19 显示了 RED 拥塞避免算法中的参数设置。当队列长度在两个阈值之间时，分组丢弃概率随着队列长度的增加而增大。当队列长度超过最大阈值时，分组即被丢弃。此外，如公式 (5.4) 所示，分组丢弃概率取决于一个变量，即一个流中已排队的到达分组的数目。当队列长度增加时，则需要丢弃来自源站的一个分组。源站随后将其拥塞窗口大小减半。

一旦少量分组被丢弃，如果平均队列长度超过最小阈值，那么相关的源站即减少它们的拥塞窗口，使得到达路由器的流量下降。使用这种方法，即可通过分组的早期丢弃来避免拥塞。

RED 还具有一定的公平性：流量越大，被丢弃的分组就越多，因为这类流的 P 值较大。RED 的挑战之一是设置 $N_{\min}$、$N_{\max}$ 和 c 的最优值。通常情况下，$N_{\min}$ 要设置得较大，以保持较高的吞吐量，但为了避免拥塞又必须低一些。在实践中，互联网中的大多数网络将 $N_{\max}$ 设置为两倍的最小阈值。另外，如图 5.19 所示的**保护区间**，必须有足够的缓冲区空间超过 $N_{\max}$，因为互联网流量是突发性的。

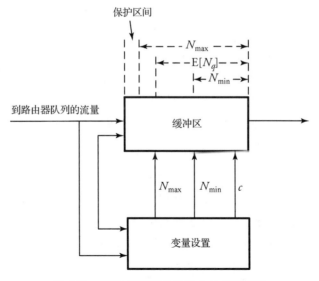

图 5.19　RED 拥塞避免算法中的参数设置

5.6.4　链路阻塞的快速评估

许多技术可以用来评估一个通信网络的阻塞概率，这些技术因精度和网络架构而不同。一个有趣且相对简单的计算阻塞程度的算法是使用 Lee's 概率图。虽然 Lee's 技术需要近似，但它仍然提供了合理准确的结果。

5.6.5　Lee's 串行和并行连接规则

Lee's 算法基于**串行和并行连接**这两个基本规则。每个链路由其阻塞概率表示，基于每个链路上的阻塞概率，使用一个或两个规则来评估整个链路网络。这个算法易于公式化，且公式直接与底层网络结构相关，不需要任何其他详细的参数。因此，Lee's 算法提供了深入了解网络结构的性能评估解决方案。

令 p 为链路忙的概率，或者是链路利用率的百分比。因此，链路空闲的概率为 $q = 1-p$。现在，考虑概率为 p_1 和 p_2 的两条链路并行连接的简单例子。总的阻塞概率 B_p 为两条链路同时忙的概率，即

$$B_p = p_1 p_2 \tag{5.6}$$

如果两条链路串行连接，那么阻塞概率 B_s 为 1 减去两条链路都空闲的概率：

$$B_s = 1 - (1 - p_1)(1 - p_2) \tag{5.7}$$

我们可以将网络链路评估概括为两个基本规则。

规则 1：对于并行连接的链路，阻塞概率是子网中各链路阻塞概率的乘积，如图 5.20 所示。令源和目的之间通过 n 条概率为 $p_1 \sim p_n$ 的链路连接，如图 5.20 所示。因此，如果源和目的之间的链接是并行连接，那么阻塞概率通过如下所示的乘积获得：

$$B_p = p_1 p_2 \cdots p_n \tag{5.8}$$

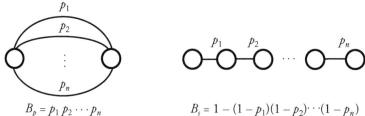

图 5.20　串行和并行连接规则的模型

规则 2：对于串行连接的链路，阻塞概率取决于网络中各条链路的无阻塞概率的乘积。这个方法假设给定链路忙的概率在链路之间是独立的。虽然这种独立性假设不是严格正确的，但所得到的估计是足够精确的。如果链路串联，那么阻塞概率获得如下：

$$B_s = 1 - (1 - p_1)(1 - p_2) \cdots (1 - p_n) \tag{5.9}$$

例：图 5.21 所示网络有 6 个节点，从 A 到 F，由 10 条链路连接。链路上标注了相应的链路阻塞概率 $p_1 \sim p_{10}$。针对这个网络，请找到从 A 到 F 的总阻塞概率。

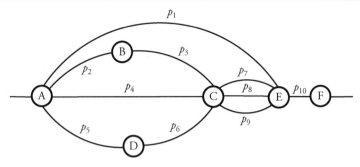

图 5.21　一个网络链路及其阻塞概率

解：这个网络由一组串行和并行连接构成，例如，$p_{ADC} = 1-(1-p_5)(1-p_6)$，$p_{ABC} = 1-(1-p_2)(1-p_3)$，以及 $p_{CE} = p_7 p_8 p_9$。所以：

$$B = p_{AF} = 1 - \{1 - [1 - (1 - p_4 \cdot p_{ABC} \cdot p_{ADC})(1 - p_{CE})]p_1\}(1 - p_{10})$$

5.7　总结

本章关注协议栈参考模型的第 3 层及三层设备之间的路由选择。本章先从基本路由选择策略开始，如 ICMP、NAT、UPnP 和 DHCP。

接着讨论了**路径选择算法**。在这一节中，我们看到了如何在广域网中选择一条路径进行路由。我们首先定义了路径成本，接着对路径选择算法进行了分类。两种最小成本路径算法是 Dijkstra 算法和 Bellman-Ford 算法。Dijkstra 算法是一个中心式最小成本算法，通过路径成本优化寻找从源到目的的最佳路径。Bellman-Ford 算法是一个分布式最小成本算法，每个节点获取每个邻居可达节点的信息。非最小成本算法——偏转路由选择和分组洪泛路由选择算法——不是最优的，但有其特定应用。

本章进一步介绍了一些现有的实用路由选择协议。一类是域内路由选择协议，如 OSPF 和 RIP。使用 OSPF 的路由器知晓其本地链路成本情况，并在变化时向所有路由器发送更新信息。OSPF 是基于**链路状态路由选择**的，即路由器交换携带有邻接链路状态信息的分组。路由器在其输入端口收集所有的分组，确定网络拓扑结构，从而执行它自己的最佳路由算法。RIP 是互联网基础设施中广泛使用的路由选择协议之一，其路由器交换有关可达路由器的信息和跳数。RIP 使用 Bellman-Ford 算法。

与之相反，**域间路由选择协议**，如 BGP，让两个位于不同自治系统中的路由器交换路由信息。每个路由器发送信息给所有的内部邻居，并决定新路由是否可行。我们学习了 BGP 使用的两种主要数据交换方式：iBGP 和 eBGP。iBGP 模式可用于一个自治系统的内部对等体之间的路由选择交互，eBGP 用于自治系统的外部对等体之间的路由选择交互。

我们还在本章中学习了 IPv6，这个协议需要 128 bit 长的网络地址域。这种编址方案的改进解决了与 IPv4 中地址短缺相关的所有问题。IPv6 的各种例子将在后续章节中介绍。

网络层的**拥塞控制**是一个重要问题。在计算机网络中，拥塞表示某种形式的过载，通常是由于链路和设备的资源短缺造成的。**单向拥塞控制**可以采取几种形式：背压信令、传输抑制分组和**流量监察**。双向拥塞控制是一种基于主机的资源分配方案。在这一类中，**随机早期检测**是一种拥塞避免技术。一种计算**链路阻塞**的近似方法遵循两个简单规则：链路串行连接和链路并行连接。这两个规则可以用来估计任何复杂组合链接中的阻塞。

下一章将讨论多播路由选择和协议，这是计算机网络中的高级路由选择问题。

5.8 习题

1. 考虑服务器与 n 个节点通信的分组交换网。草绘以下每一种拓扑的网络,并给出一对服务器之间的平均跳数(服务器-节点的链路为一跳)。

    (a)**星形**:所有服务器连到一个中心节点。

    (b)**双向环型**:每个节点连接另外两个节点形成一个环,每个节点连接一个服务器。

    (c)**全连接**:每个节点直接连接到所有其他节点,每个节点连接一个服务器。

    (d)**一个环上的 $n-1$ 个节点连接到一个中心节点**,环上的每个节点连接一个服务器。

2. 一个 NAT 路由器 R1 将一个专用网接入公用网。路由器的专用网侧使用 IP 地址 192.168.0.0。专用网中有 20 个主机。这 20 个主机被分为 5 类,每个处理一个特定的应用程序,使用相同的端口号。假设 NAT 路由器连接公用网的端口 IP 地址为 136.2.2.2。

    (a)写出 NAT 路由器的 NAT 转换表结构。

    (b)假设主机 6 请求连接公用网中 IP 地址为 205.1.1.1、端口号为 8001 的服务器 1。写出一个分组在以下各段路径上传递时的源和目的 IP 地址:从主机 6 到 R1、从 R1 到服务器 1、从服务器 1 到 R1,以及从 R1 到主机 6。

3. 图 5.22 显示了一个网络。

    (a)使用 Dijkstra 算法找出两个服务器之间的最小成本路径。

    (b)画出所找出的最小成本路径的迭代图。

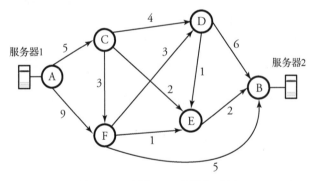

图 5.22　习题 3~7 的网络示例

4. 根据习题 3,给出节点 A 通过 OSPF 分组提供给以下节点的信息:

    (a)节点 C。

    (b)节点 D。

5. 针对如图 5.22 所示的网络:

    (a)使用 Bellman-Ford 算法找出两个服务器之间的最小成本路径。

    (b)画出所找出的最小成本路径的迭代图。

6. 根据习题 5,给出节点 A 通过 RIP 分组提供给以下节点的信息:

    (a)节点 C。

    (b)节点 D。

7. 考虑图 5.22 中的网络,假设每条链路是双向的,且每个方向的成本相同。

    (a)使用 Dijkstra 算法找出两个服务器之间的最小成本路径。

(b)画出所找出的最小成本路径的迭代图。

8. 图 5.23 所示网络是含有 7 个路由器的一个实际网络示意图，每条链路上的数字表示该链路的负载。

(a)使用 Dijkstra 算法找出两个路由器 R1 和 R7 之间的最小成本路径。

(b)画出所找出的最小成本路径的迭代图。

9. 根据习题 8，给出节点 R1 通过 OSPF 分组提供给以下节点的信息：

(a)节点 R2。

(b)节点 R7。

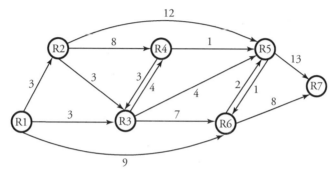

图 5.23　习题 8～11 的网络示例

10. 针对如图 5.23 所示的网络：

(a)使用 Bellman-Ford 算法找出 R1 和 R7 之间的最小成本路径。

(b)画出所找出的最小成本路径的迭代图。

11. 根据习题 10，给出节点 R1 通过 RIP 分组提供给以下节点的信息：

(a)节点 R2。

(b)节点 R7。

12. 图 5.24 所示的实际网络是含有 7 个路由器 R1～R7 且互连 4 个 LAN 的一个 WAN，每条链路上的数字表示该链路的负载。假定所有的链路都是双向的，且具有相同负载。

(a)使用 Dijkstra 算法找出连接主机 A 和 B 的两个路由器 R1 和 R4 之间的最小成本路径。

(b)画出所找出的最小成本路径的迭代图。

13. 图 5.24 所示的实际网络是含有 7 个路由器 R1～R7 且互连 4 个 LAN 的一个 WAN，每条链路上的数字表示该链路的负载。假定所有的链路都是双向的，且具有相同负载。

(a)使用 Bellman-Ford 算法找出连接主机 A 和 B 的两个路由器 R1 和 R4 之间的最小成本路径。

(b)画出所找出的最小成本路径的迭代图。

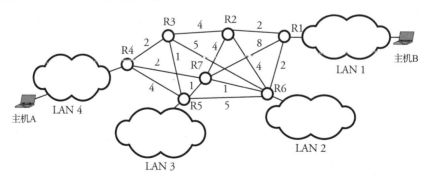

图 5.24　习题 12 和习题 13 的网络示例

14. 一个 IP 地址范围是 192.168.2.0/25 的大企业拥有自己的 ISP。假设企业内部使用 192.168.2.0/28 地址范围的办公楼除接入该企业外，还想与公司自己的自治 ISP 连接。办公楼通过边缘路由器 R2 连接到企业边缘路由器 R1，并通过 R3 连接自己的 ISP。我们要根据 BGP 配置连接的路由器。

　　(a) 给出 R1 和 R2 的配置，并具体说明 R1 和 R2 应通告的内容。

　　(b) 当办公楼管理员决定使用自己独立的网络 IP 地址时，重复(a)。

　　(c) 当企业因流量高峰期的比特速率较慢而决定使用办公楼的 ISP 时，请说明路由器应如何配置。

15. 考虑人口大约 300 万人。

　　(a) 可以分配给每个人使用的 IPv4 地址数量最大是多少？

　　(b) 可以分配给每个人使用的 IPv6 地址数量最大是多少？

16. 写出以下每个 IPv6 地址的缩写形式，然后将结果转换成二进制形式。

　　(a) 1111:2A52:A123:0111:73C2:A123:56F4:1B3C

　　(b) 2532:0000:0000:0000:FB58:909A:ABCD:0010

　　(c) 2222:3333:AB01:1010:CD78:290B:0000:1111

17. 研究为什么 IPv6 只允许在源站分片。

18. 图 5.25 所示的网络有 6 个互连的节点 A～F，每条链路的阻塞概率标识在相应链路上。针对这个网络，找出从 A 到 F 的总阻塞概率。

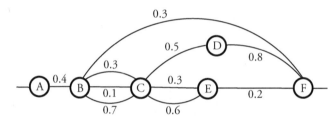

图 5.25　习题 18 的链路网络

19. 图 5.26 显示了一个有 6 个互连节点 A～F 的大型网络，每条链路的阻塞概率标识在相应链路上。针对这个网络，找出从 A 到 F 的总阻塞概率。

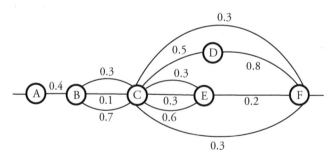

图 5.26　习题 19 的链路网络

5.9　计算机仿真项目

1. **Dijkstra 算法仿真**。写一个计算机程序来仿真用于图 5.24 所示 7 个节点网络的 Dijkstra 算法。程序要求：

　　(a) 可运行于任何假设的链路成本。主机 A 和 B 之间的路由器使用 Dijkstra 算法。

　　(b) 计算任意两个路由器之间的最小成本路径。

2. **Bellman-Ford 算法仿真**。写一个计算机程序来仿真用于图 5.24 所示 7 个节点网络的 Bellman-Ford 算法。程序要求：

　(a)可运行于任何假设的链路成本。主机 A 和 B 之间的路由器使用 Bellman-Ford 算法。

　(b)计算任意两个路由器之间的最小成本路径。

3. **NAT 协议仿真**。使用 C 或 C++程序语言仿真 NAT 操作。为一些专用主机分配 192.168.2.0/28 的专用地址范围，相应的端口号(第 4 层参数)选择 2000 或以上。将这些数据记录在名为 NAT1 的数据库中。创建另一个数据库 NAT2，存放由 IP 地址 158.1.1.2 和从 3000 或以上范围随机选择的公用端口号组成的 IP 地址与端口号对。

　(a)在仿真中关联 NAT1 和 NAT2。

　(b)显示 ID 为 192.168.2.1-2000 的设备连接某个公用目的主机 200.1.1.1-5000 的地址转换细节。

　(c)显示 ID 为 200.1.1.1-5000 的某个公用主机连接专用设备 192.168.2.1-2000 的地址转换细节。

第6章 多播路由选择和协议

多播(multicasting)业务的传输能力已成为计算机通信设计中的一个基础指标。多播是从一个源到一组目的的数据传输。数据网络必须能够通过多播传输数据、语音和视频来支持多媒体应用。多播引领了诸如电话会议、多点数据传播、远程教育学习和互联网电视等应用的发展。在这些应用中,多媒体应用实时组件所需的音频和视频流技术使得多播传输得以实现。在本章中,我们将重点介绍在互联网中使用的先进多播协议。本章主要包括以下内容:

- 基本定义和技术;
- 本地和成员多播协议;
- 域内多播协议;
- 域间多播协议。

本章首先介绍一些基本定义和技术,包括多播组、多播地址和多播树算法。之所以必须探讨多播树算法,是因为它们是理解互联网分组多播传输的基础。接着介绍**本地和成员多播协议**的种类,这类协议用于局域网中主机多播组的创建。

接下来,介绍广域网中的两大类协议:在单一网络域内多播传输分组的**域内多播协议**,以及在两个或多个网络域间多播传输分组的**域间多播协议**。

请注意,路由器中使用的分组复制技术和算法将在第 12 章的高级路由器详细架构中介绍。

6.1 基本定义和技术

可以通过一个发送主机和多个接收主机来观察数据多播传输的简单操作。源主机不需要强制地向每一个目的主机或用户发送一个单独的分组,而只需向多个地址发送一个分组,并且网络必须能够将该分组的副本送到接收主机或用户所在的每一个**组**。主机可以选择加入或离开这个组,而无须与其他成员同步。

一个主机可以同时属于多个组。图 6.1 显示了一次典型的分组多播传输及其在不同协议层次中的位置。如图所示,虽然一个分组的多播传输主要是网络层协议的任务,但是它仍会涉及通信网络中的所有协议层。可以在应用层执行多播任务,在这一层中,任意两台主机可以通过复制源分组实现直接连接。同时,消息可以通过物理层、链路层和网络层进行系统化地多播传输。

通过使用健壮的多播传输协议,网络能够将单一的信息流同时送至数以千计的潜在接收者,从而减少网络流量负载。实时股票行情和新闻的发布就是一个例证。在这个例子中,应用源产生的流量通过消耗最少的网络带宽送交给多个接收者,而无须加重源和接收者的负担。实现数据多播传输有以下两项挑战,特别是对于大型网络尤为相关:

1. **可管理性**(manageability)。随着数据网络的日益庞大,为分布式多播任务构建一个集中式管理系统变得越来越具有挑战性。

2. **可扩展性**(scalability)。在实践中,一个大型网络缺乏扩展或添加设备的机制,会使其遇到重大的可扩展性问题,特别是在构建多播树时。

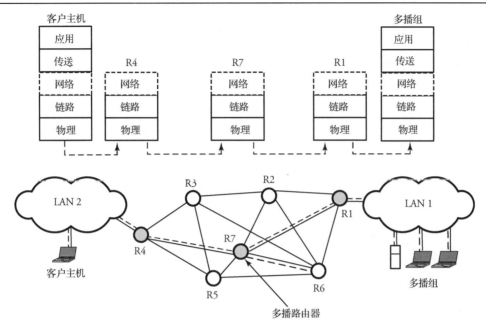

图 6.1　路由器 R7 和 LAN 1 上的 IP 多播模型

严格的实时业务组件需要恒定的数据流，并具有非常低的抖动容限。为此，损坏的数据帧通常是被丢弃而非重发。在这种情况下，人们希望看到一个动态的多播系统，它可以适应随时删除和添加不间断的数据。在多播服务中，我们希望数据复制只发生在源或其附近，该处只有一个传输介质访问点。但是复制分组的扩散会引发拥塞问题。然而，如果只在目的地附近复制分组，那么原始分组在该处丢失则会有丢失所有分组副本的风险。

6.1.1　IP 多播地址

第 1 章讨论了 IP 编址，指出多播分组使用 D 类地址。D 类 IP 地址的前 4 bit 标识地址的类别，其中 1110 表示多播地址。其余 28 bit 标识特定的多播组。因此，多播地址的范围是 224.0.0.1～239.255.255.255，2^{28} 是可以同时形成的最大多播组个数。

多播编址在网络层和链路层是一个重要问题。如图 6.2 所示，在进行 IP 多播和以太网多播地址映射时，网络层的多播地址需要映射到数据链路层的多播地址。注意，IP 多播地址的后 23 bit 被置于以太网多播地址字段的后 23 bit。映射 IP 多播地址的以太网组播地址的 25 bit 前缀被分配了一个固定值。

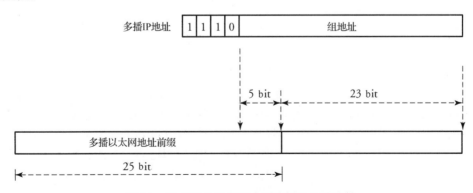

图 6.2　IP 多播地址和以太网多播地址的映射

6.1.2 基本多播树算法

多播组成员是一个动态集合，因此任何主机都可以随时加入或离开一个 IP 多播组。多播分组也会受到丢失、延迟、重复和失序传递的影响。在 WAN 中，数据的多播传输需要能够管理多播树的路由器。常规的单播通信和多播通信的主要区别是其路由选择特性。单播路由选择使用最短路径，即两个节点通过最小权重路径进行通信。

多播路由选择的挑战是识别节点的多播组，然后在多播组中找到覆盖该组所有成员的最小权重树。多播树还必须具有低端到端延迟、可伸缩性和可生存性，并支持动态成员。在多播传输中，分组的一个副本被发送到具有多播能力的路由器上，路由器复制并转发给所有接收者。这是对带宽的有效利用，因为一条链路上只有一个报文副本。IP 网络的标准多播模型描述了端系统发送和接收多播分组的方式。该模型概述如下：

- 在进行多播传输时，尽管 UDP 是比 TCP 更为常见的传输协议，但源可以使用 TCP 或 UDP 作为传输协议。如果选择 TCP，就要建立从一个主机到多个主机的多个可靠连接；如果使用 UDP，则可以随时使用尽力而为的算法传送多播分组，而不需要注册或调度传输。
- 源只需要考虑多播地址，而不需要成为目的多播组的成员。
- 多播组成员不需要与中心组管理器协商。因此，他们可以随时加入或离开一个组。

多播树算法是多播协议的核心，它实现了网络中分组复制和分发的基本任务。注意单播路由选择使用目的地址进行转发决策，而多播路由选择通常使用源地址进行转发决策。树算法形成一个三角形或一棵树，其顶点表示源，分组的所有接收者位于底线上。在分发树的构建过程中，必须形成一个组成员关系，并将复制节点作为组成员。作为组成员的路由器必须维护更新信息。构建多播树有两种方法：**密集模式**(dense-mode)树和**稀疏模式**(sparse-mode)树，如图 6.3 所示。

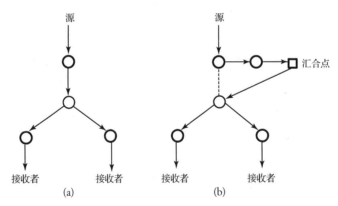

图 6.3　构建多播树的两种方法：(a)密集模式，使用有源树；(b)稀疏模式，使用共享树

密集模式算法

在**密集模式**(dense-mode)或**广播和剪枝**(broadcast-and-prune)算法中，使用了一种称为**有源树**(source-based tree)的多播树技术。这种技术需要确定到所有目的地的最短路径树，并使用以源为根的反向最短路径树。树发源于源节点；每个多播源都有一个相应的最短路径树。这样生成的树确保了从源到所有树叶节点的成本最小。分组在这棵最佳(取决于网络策略的最短路径或最小成本路径)树上的转发将基于：(1)产生它们的源地址；(2)它们被送往的组地址。网络中的有源树提供从源到所有接收者的最短距离和最小延迟。

稀疏模式算法

稀疏模式算法使用**共享树**(shared-tree)技术。选择到目的地相对较短的距离，而不是去努力找寻最佳路径。首先形成一些共享。这些树考虑多个发送者和接收者，使用一些节点作为**汇合点**(Rendezvous Point，RP)连接源和接收者。汇合点，也称为**核心或根**，被认为是网络中的一个点，在该点上共享所有分布式子树的根，并且多播数据从该点向下流动到达网络中的接收者。稀疏模式算法使用汇合点协调从源到接收者间的分组转发，并防止分组的初始洪泛。不过，这可能会引入从源到所有接收者的额外延迟，但对于寻找最短路径的硬件复杂度要求较小。网络中的所有路由器必须发现成为汇合点的网络路由器信息和多播组到汇合点的映射。

稀疏模式有一些缺点，其中一个缺点就是汇合点可能成为多播流量的热点和路由选择故障点。另外，将流量传送到汇合点后再转发给接收者会产生延迟和较长的路径。

6.1.3　多播协议分类

6.1.2 节描述的基本算法是构建网络多播协议的基本过程。这些算法是在互联网上多播传输分组的协议基础。在接下来的小节中，将描述三种主要的多播协议：用于本地多播传输和将主机加入一个组的**本地和成员多播协议**、在域内多播分组的**域内多播协议**，以及在域间多播分组的**域间多播协议**。

6.2　本地和成员多播协议

本地和成员多播协议主要用于主机加入一个组，以及在类似局域网的小型网络中进行简单的多播传输。这种协议中最流行的是接下来要描述的**互联网组管理协议**(Internet Group Management Protocol，IGMP)。

6.2.1　IGMP

在计算机网络中，使用 IGMP 在潜在的多播组成员和其直连的多播路由器之间报告多播组信息。一个多播组的直连多播路由器(或三层交换机)称为**指定路由器**(Designated Router，DR)。该协议有多个版本，所有接收 IP 多播的主机都要求支持该协议。在 IPv6 网络中，**多播接收方发现**(Multicast Listener Discovery，MLD)消息处理等效于 IGMP 的多播管理。

顾名思义，IGMP 是面向组的管理协议，它为一个多播组中注册的个人主机提供一种动态服务。该协议运行在多播客户机和本地多播路由器之间，并在主机及其连接的指定路由器上实现。图 6.4 展示了在一个连接到 WAN 的部分 LAN 上多播传输 IGMP 分组的概况。在这幅图中，路由器 R9 作为 LAN 中由主机 1、2 和 3 组成的多播组的 DR。DR 负责多播组与其 ISP 之间的协调。

任何运行应用程序并想加入多播组的主机通过其 DR 请求成员资格，DR 监听这些请求并定期发送订阅查询。当源主机向它的 DR 发送 IGMP 报文时，该主机实际上是在标识组成员身份。DR 通常对这些类型的消息很敏感，并定期发送查询以发现哪些子网组是活动的。当一个主机想加入一个组时，会将该组的多播地址插入一个用于声明组成员的 IGMP 报文中。DR 接收该报文，并将组成员信息扩散给网络中的其他多播路由器来构造所有路径。

IGMP 分组首部格式有几个版本，图 6.5 显示了版本 3 的 IGMP 分组首部。前 8 bit 表示报文类型。类型字段可以是以下内容之一：发送给主机以询问主机是否要加入一个组的**成员资格查询**(membership query)、用于响应成员资格查询的**成员资格报告**(membership report)，或由主机离开组时发送的**离开组**(leave group)。主机也可以不经由**成员资格查询**请求而发送**成员资格报告**来加入组。

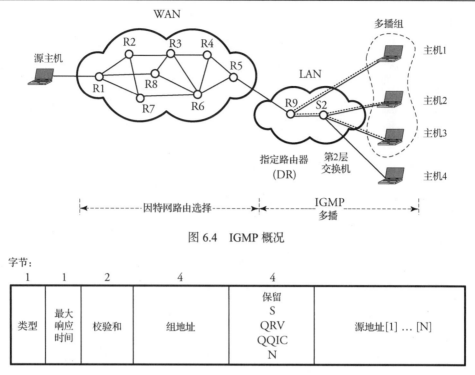

图 6.4　IGMP 概况

字节:					
1	1	2	4	4	
类型	最大响应时间	校验和	组地址	保留 S QRV QQIC N	源地址[1] … [N]

图 6.5　IGMP 分组首部格式

运行在主机上的 TCP/IP 协议栈在应用程序打开一个多播套接字时会发送 IGMP 成员资格报告。路由器周期性地发送 IGMP **成员资格查询**来核实子网中是否至少还有一个主机仍要接收到该组的流量。在这种情况下，如果没有收到连续 3 个 IGMP **成员资格查询**的响应，则路由器将该组置为超时状态，并停止转发到该组的流量。

IGMP 版本 3 支持**包含**(include)和**排除**(exclude)模式。在**包含**模式中，接收者发布其组成员资格，并提供一份它希望接收流量的源地址列表；在**排除**模式中，接收者发布其组成员资格，并提供一份它不希望接收流量的源地址列表。使用**离开组**报文，主机可以通知本地的多播路由器它们打算离开组。如果仍有其他主机要接收流量，那么路由器将发送一个指定组的查询消息。在这种情况下，如果路由器没有收到响应，就会将该组置为超时状态，并停止转发流量。

接下来的 8 bit，**最大响应时间**，是用来指示发送响应报告之前的时间(默认为 10 秒)。**保留**字段设置为 0 留待将来使用。下一个字段是 **S** 标志，用于抑制路由器侧的处理。**查询者的健壮性变量**(Querier's Robustness Variable，QRV)是一个性能因子。**QQIC** 是查询者的查询间隔码(Querier's Query Interval Code)。**N** 表示源的数量，**源地址[i]**提供 N 个 IP 地址向量。

例：考虑图 6.4，假设三个连在局域网(LAN)上的主机 1、2 和 3 试图加入一个地址为 239.255.255.255 的多播组，与位于广域网(WAN)的源主机通信。主机 2 在加入实例后立即离开。请给出成员资格和路由选择的详细信息。

解：首先，路由器 R9 发送**成员资格查询**报文给包括主机 1、2、3 和 4 在内的所有主机，以确认局域网中有地址为 239.255.255.255 的多播组存在。主机 1、2 和 3 用**成员资格报告**报文来回复**成员资格查询**报文，以证实它们的成员身份。此时，主机 2 发送一份**离开组**报文给 R9，表示它要离开组。路由器 R9 于是更新其数据库。现在，源主机可以使用多播地址 239.255.255.255 与该组通信了。

6.3 域内多播协议

域内多播协议在域内完成多播功能。多播路由选择的实现面临以下特殊挑战：

- 组成员资格的动态变化；
- 最低化网络负载和避免路由环路；
- 发现流量的汇集点。

在实践中，有几个协议在建立多播连接工程中起了主要作用。**距离向量多播路由选择协议**（Distance Vector Multicast Routing Protocol，DVMRP）是**多播主干网**（Multicast Backbone，MBone）协议早期版本的雏形。其他协议，如**多播开放最短路径优先**（Multicast Open Shortest Path First，MOSPF）、**有核树**（Core-Based Tree，CBT）、协议无关多播（Protocol-Independent Multicast，**PIM**）都在互联网中发挥着重要的作用。接下来我们来描述这些协议。

6.3.1 MBone

创建实用多播平台的第一个里程碑是 MBone 的发展，它第一次受到世界瞩目是使几个站点同步收到音频。多播路由选择功能采用单播封装多播分组来实现。某些接收者之间的连接使用的是点到点 IP 封装**隧道**。图 6.6 展示了运行早期 MBone 版本的路由器之间建立隧道的一个例子。每个隧道经由一条逻辑链路连接两个端点，并跨越多个路由器。在这种情况下，一旦接收到分组，就可以将其发送到其他隧道端点或广播给本地成员。MBone 早期版本中的路由选择基于 DVMRP 和 IGMP。

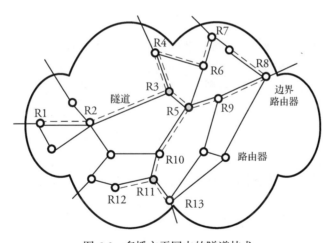

图 6.6 多播主干网中的隧道技术

例如，从边界路由器 R1 开始的一个隧道经过路由器 R2 和 R3，其中 R3 形成两个隧道分支，一个指向 R4，另一个指向 R5。每一个分支都建立了一个隧道延伸。这种形成新隧道扩展的趋势在隧道终止之前还会再次发生。

6.3.2 DVMRP

DVMRP 是最早的多播协议之一，它基于在直连的邻居路由器之间交换路由表信息的思想。MBone 的拓扑可以运行于在一条普通物理链路上运行多个隧道。每个参与的路由器维护系统内所有目的地的信息。DVMRP 使用密集模式算法创建多播树。多播路由器除实现用于多播路由选择的 DVMRP 外，通常还要为单播路由选择实现另外几种独立的路由协议，如 RIP 或 OSPF。

本协议并不适用于具有大量节点的 WAN，因为它只能为分组提供有限的跳数支持。这显然是该协议的一个缺点，因为如果分组在最大跳数设置内未能到达目的地，就会被丢弃。协议的另一个约束是多播树的周期性扩展，从而导致多播数据的周期性广播。这种约束会导致路由表的周期性广播问题，会消耗大量的可用带宽。DVMRP 仅支持有源多播树。因此，该协议适用于在源附近有限数量的分布式接收者中多播传输数据。

6.3.3　MOSPF 协议

MOSPF 协议是第 5 章讨论的 OSPF 单播模式的延伸，它采用一种通告机制构建一个链路状态数据库。让我们来探究一下链路状态路由器需要哪些新特征来实现多播功能。

链路状态多播

正如第 5 章所解释的，当网络中节点链路状态一旦发生变化，就需要在获取其连接链路的状态后向所有其他路由器发送更新，这就是**链路状态路由**选择。收到路由信息时，每个路由器重新配置整个网络的拓扑。链路状态路由选择算法使用 Dijkstra 算法来计算最小成本路径。

在使用链路状态路由选择算法的路由器上添加多播特性的方法是在路由器上实现多播树。路由器使用树来识别最佳的下一个节点。为了具备多播支持能力，链路状态路由器需要一个多播组集合，多播组需要包含通过特定链路连接的成员，并将其添加到该链接的**状态**中。为此，通过网络连接的每个 LAN 都必须让它的主机周期性地宣告它所属的所有组。这样，路由器就可以从局域网中简单地检测此类通告并更新其路由表。

MOSPF 细节

在 OSPF 中，路由器使用洪泛技术将分组发送给同一分层区域内的所有路由器和所有其他网络路由器。这就允许一个区域内的所有 MOSPF 路由器具有相同的组成员资格视图。一旦建立起链路状态表，路由器就使用 Dijkstra 算法计算到每个多播成员的最短路径。该协议的核心算法概述如下。

开始 MOSPF 协议

定义:

j = 多播组号(一个 D 类 IP 地址)

i = 有 n 个接收者的多播组 j 中的接收者(设备、主机、LAN 等)标识，其中 $i \in \{1, 2, ..., n\}$

$DR_j(i)$ = 直连多播组 j 中的接收者 i 的 DR

1. **多播组:** $DR_j(i)$ 维护组 j 的成员资格。
2. **更新成员资格:** 每个接收者设备 i 向它的所有 $DR_j(i)$ (一个组可能有多个 DR)洪泛其多播组成员资格。
3. **最小成本树:** 每个路由器为使用链路状态多播的每个目的组构建一个最小成本树。
4. 当一个多播分组到达路由器时，路由器找到正确的树，为该分组生成必需数量的副本，并路由发送这些副本。

在步骤 1 中，MOSPF 添加一种链接状态信息，主要包含关于需要接收多播分组的主机组或 LAN 的多播组成员资格信息。在步骤 2 中，网络中每个组成员设备向其直连的指定路由器 $DR_j(i)$ 注册组，使得路由器可与其他网络路由器共享组成员资格。在步骤 3 中，MOSPF 使用 Dijkstra 算法，如 OSPF 一样，计算最小成本多播树。当组成员资格变化时必须重新运行 Dijkstra 算法。MOSPF 不支持稀疏模式树(共享树)算法。每个 OSPF 路由器建立单播路由选择拓扑，每个 MOSPF 路由器可以为每个源和组建立最短路径树。组成员资格报告在整个 OSPF 区域广播。MOSPF 是密集模式协议，成员资格信息被广播给所有 MOSPF 路由器。注意，频繁的成员资格信息广播会降低网络性能。

6.3.4　PIM

无论是何种规模和成员密度，PIM 都是一种有效的多播协议。PIM 是"无关"的，其原因在于它的多播传输实现方法独立于构成多播路由选择信息数据库的其他路由协议。PIM 可以工作在**密集模式**和**稀疏模式**下。密集模式是一种洪泛和剪枝协议，最适合于接收者分布密集且带宽足够的网络。这种版本的 PIM 与 DVMRP 类似。

由于其建立树的方式，稀疏模式 PIM 通常能提供较好的稳定性。该版本假定系统之间可以彼此远离，组成员在系统中分布"稀疏"。该协议的核心算法概述如下。

开始 PIM

定义:

j = 多播组号(一个 D 类 IP 地址)

i = 有 n 个接收者的多播组 j 中的接收者(设备、主机、LAN 等)标识，其中 $i \in \{1, 2, ..., n\}$

$DR_j(i)$ = 直连多播组 j 中的接收者 i 的 DR

1. **向指定路由器(DR)注册:** 任一接收者 i 向其 $DR_j(i)$ 发送一个加入报文进行注册。DR 维护组 j 的成员资格。

2. **RP 和共享树:**
   ● 组 j 中所有多播接收者的 $DR_j(i)$ 选定一个 RP。
   ● 每个 $DR_j(i)$ 构建到 RP 的路径。这些源自 $DR_j(i)$ 的路径集合为组 j 形成了一个根在 RP 的共享树。

3. **多播通信:**
   ● 源主机的直连路由器找到 RP 的 IP 地址，准备对组 j 进行多播通信。
   ● 源主机的直连路由器将多播分组发送给 RP。
   ● RP 为组 j 找到正确的共享树，并使用该共享树转发一个 D 类多播分组给所有接收者。

任何多播接收者 i 都可以通过发送**加入**或**剪枝**协议报文加入或离开多播组 j。一个加入组 j 的多播接收主机 i 与一个指定路由器 $DR_j(i)$ 关联，它是直接连到该网络的路由器。在步骤 1 中，来自任一接收者 i 的多播组 j 成员资格信息被发给该接收者的指定路由器 $DR_j(i)$。这样，$DR_j(i)$ 就收集了所有的组成员信息。

在步骤 2 中，一个组的所有指定路由器选出一个 RP。由于 RP 充当了多播源和接收者的汇聚场所，所以 RP 所在位置被认为是网络中最不拥挤的地方。这样，其他路由器不需要知道每个多播组的源地址，它们只需要知道 RP 路由器的 IP 地址。RP 发现所有相关多播组的源。设置汇合点减轻了从每个路由器找到多播源的负担。

现在，假设 $DR_j(i)$ 路由器发现在其直连子网设备中的一个多播接收者想要形成一个多播组 j，该路由器即决定为这个组创建一个**共享树**。$DR_j(i)$ 首先为组 j 确定 RP 的 IP 地址，并发送一个单播加入报文给 RP。共享树通常是最小成本树，但不是必需的，因为如前所述，RP 的位置必须是该组在网络中的最佳位置。注意，这一阶段中多播的源不起任何作用，因此加入报文中没有多播源主机的 IP 地址。加入报文到达其 RP 的路径上的每一个路由器都形成一张"转发表"，该表指示了加入报文到达的多播输入接口和离开的输出接口。这样做是为了确保共享树上的所有路由器都有详细的树结构记录。

一旦消息到达指定的 RP，就可以构造一段共享树分支，该共享树以 RP 为树根。随着新的 DR 加入该多播组，共享树随即可以扩展更多的分支。此时，这个多播组的 RP 的 IP 地址必须众所周知，且必须插入主要路由器的数据库中。注意，该协议使用单播路由的最小成本路径算法构造共享树的各个路径。具有讽刺意味的是，我们注意到这个协议中的多播共享树是从下至上构建的。

在步骤 3 中，当源主机向组 j 发送多播报文时，它的直连路由器首先找到已形成多播组 j 的 RP 的 IP 地址。然后，它将具有 D 类地址的多播 IP 分组封装到一个被称为**注册**报文的常规单播 IP 分组中，发送给该多播组的 RP。现在，RP 收到了来自源主机的多播分组，并且清楚地知道多播组成员的确切共享树路径。RP 路由器即充当报文来源，通过共享树向每个组成员发送报文。然后 RP 在返回源的方向上发送一个加入报文逐跳传送至源主机的直连路由器，从而建立一个从源主机至 RP 的最短路径树(SPT)。至此，源主机发送的多播分组将通过新建的这个 SPT 流向 RP。此时，RP 将单播一份**保留**报文给源主机的直连路由器，指示其停止发送封装有源主机多播分组的**注册**报文。

6.3.5　CBT 协议

在稀疏模式中，流量转发至汇合点后再到接收者会导致延迟和较长的路径。这个问题可以在使用双向树的 CBT 协议中得到部分解决。CBT 与稀疏模式 PIM 类似，但有两点差异。首先，CBT 使用双向共享树，而稀疏模式 PIM 使用单向共享树。显然，当分组从一个源送到多播树根时，双向共享树的效率更高，因为分组可以沿树上行和下行传输。其次，CBT 只使用共享树，不使用最短路径树。

CBT 使用基本的稀疏模式来创建供所有的源使用的单一共享树。使用共享树算法，树必须植根于一个**核心点**。所有源都将数据发送到核心点，而所有接收者都向核心发送显式的加入报文。与之相比，DVMRP 的开销较大，因为它的广播分组使每个参与的路由器不堪重负，需要跟踪每一个源-组对。CBT 的双向路径在建立时考虑了当前的组成员资格。

由于 CBT 对每个组都有一棵传输树，因此当广播发生时，会导致流量集中到单一链路上。虽然是专为域内多播路由选择设计的，但该协议也适用于域间应用。但是，它可能会受到延迟问题的影响，因为在大多数情况下，流量必须流经核心路由器。这类路由器的位置如果没有仔细选择就会成为瓶颈，尤其是当发送者和接收者相距甚远时。

6.4　域间多播协议

域间多播协议是为了层次化的互联网多播目标而设计的。在域内，网络管理者可以实现所需的任何路由协议。域间多播管理的挑战是为域外主机选择最佳的外部链路路由。这类协议有**多协议边界网关协议**(Multiprotocol Border Gateway Protocol，MBGP)、**多播源发现协议**(Multicast Source Discovery Protocol，MSDP)和**边界网关多播协议**(Border Gateway Multicast Protocol，BGMP)。

6.4.1　MBGP

MBGP 是对第 5 章中讨论的 BGP 单播版本的扩展。MBGP 在 BGP 中添加了在自治系统(域)外启用多播路由选择策略和在 BGP 自治系统之间连接多播拓扑的功能。因为 MBGP 是 BGP 协议的扩展，因此采用第 5 章中研究的 BGP 基本原理进行路径选择和路径验证。该协议的域间多播主要任务是由指定的边界路由器 **MBGP 路由器**完成的。让我们首先了解协议步骤的概要。

开始 MBGP

更新：每个边界 MBGP 路由器将路由选择策略应用于多播路径，更新相邻自治系统的 MBGP 路由器。MBGP 路由器也接收自己域内的普通路由器更新。

1. **MBGP 能力协商**：每个 MBGP 路由器扩展了"打开分组"格式从而包括新的能力选项协商字段参数，并与其 MBGP 对等体进行协商。一个 MBGP 路由器使用能力选项字段路由最小公共能力集合。
2. **域间多播**：任何一个 MBGP 路由器为需要的目的域生成必需数量的副本。
3. **域内多播**：当一份复制的分组副本到达目标域时，MBGP 路由器使用普通的域内多播协议实现域内的多播传输。

MBGP 路由器能够处理单播和多播流量，它们之间通过 MBGP 链路连接，使用 **MBGP 更新分组**相互更新。这些分组类似于第 5 章 BGP 部分中提到的 **BGP 更新分组**。更新分组使用其分组首部中的**网络层可达性信息**(NLRI)字段，其中包含所选路径上一系列可达的 IP 网络前缀。

在任何自治系统中，路由器被分为两种类型：单播路由器(BGP 路由器)和多播路由器(MBGP 路由器)。类似于我们所学的单播 BGP，MBGP 路由器向其他域中的对等体通告多播路由。因此，一个 MBGP 路由器从位于其他自治系统的邻居那里获得多播路由。每个 MBGP 路由器扩展**打开分组**(见第 5 章的 BGP)首部，使其包含新的**能力选项协商**字段参数。一个 MBGP 路由器使用"能力选项"字段路由最小公共能力集合。如果两个 MBGP 对等体无法支持相同的能力，就会终止 MBGP 会话，并发出一个错误分组。

每个域管理系统都会通告可以到达特定目的的路由集合。分组被逐跳路由。这样，MBGP 就可以确定下一跳，但不能提供多播树构建功能。当 PIM-SM 作为域内多播协议时，域内的源会向一个汇合点注册，接收者会向该汇合点路由器发送加入报文。加入报文需要发现到源的最佳反向路径。

MBGP 的多播路由选择就像执行多个单播路由选择一样分层工作。每对相邻区域之间，两个对应的 MBGP 路由器计算送到任一网络的域参数集合。通常，一个域的参数对其他域来说是不可知的或不被信任的。MBGP 可以处理多协议路径，每个参与的路由器只需要知道自己域的拓扑及到达其他各域的路径。因为 MBGP 是域间协议，MBGP 报文不能携带 D 类地址，且不携带多播组信息。由于该协议中没有确定加入报文的发送时间和频率，并且不同域中的多播树没有连接，因此其他多播协议选择更具吸引力。

6.4.2　MSDP

域间多播传输的一个主要问题是如何将其他域中的资源通知给一个域内的汇合点。换句话说，当一个域的汇合点收到源注册报文时，却不能通知给相邻域中的另一个汇合点。在实践中，每个域中只有一个汇合点。这个问题在组成员分布于多个域时更加重要。在这种情况下，域间多播树是不相连的。因此，流量可以到达一个域内的所有接收者，但域外的任何源却保持不相交。

MSDP 是解决这些问题的潜在方案。该协议的一个独特功能是它在每个域中指派代表，该代表将活动源的存在报告给其他域。一个新的多播组源首先必须向域的汇合点注册。MSDP 协议的域间多播传输任务是由称为 **MSDP 路由器**和 **MSDP 代表路由器**的指定边界路由器实现的。让我们首先来了解协议的步骤概述。

开始 MSDP

1. **向 MSDP 代表路由器注册**：一个自治系统(AS)中每个接有源的路由器通过向本 AS 中的

MSDP 代表路由器发送注册分组和接收加入分组来进行注册。

2. **MSDP 代表路由器间的更新**：每个 MSDP 代表路由器发送源活动(Source-Active，SA)分组和接收加入分组，从而与其他相邻的 MSDP 代表路由器交换信息。

3. **域间多播**：任何一个 MSDP 路由器都会使用 D 类 IP 地址为多播的目的域制作必要数量的副本。

4. **域内多播**：一旦复制的分组副本到达目的域，相应的 AS 将使用其当前的域内多播协议在该域内实现必要的副本。

使用 MSDP 时，自治系统中的所有路由器都向 MSDP 代表路由器注册。注册过程是通过发送一个包含多播组信息的**注册分组**和接收一个**加入分组**来完成的。

一个自治系统中的 MSDP 代表路由器还与其附近相邻域的所有 MSDP 代表路由器通信，并更新它们的多播路由选择。这是通过发送 **SA 分组**和接收**加入分组**实现的。SA 分组包含了源、源所发往的组和起始 MSDP 代表路由器的地址或 ID。MSDP 代表路由器也可以是稀疏模式 PIM 的 RP。

域中的每个 MSDP 代表路由器还要检测是否有新的源存在，并更新所有其他 MSDP 代表路由器。MSDP 代表路由器对收到的 SA 分组进行逆向路径检查，只接收从正确路径上收到的 SA 分组，从而避免 SA 分组环路。一旦检查正确，就将 SA 分组转发给其他 MSDP 代表路由器。

同一个域的 MSDP 代表路由器(PIM-SM 的 RP)与另一个域的 MSDP 代表路由器是对等体关系。MSDP 对等体关系建立在 TCP 连接上，主要交换多播组的源列表。MSDP 对等体之间的 TCP 连接由底层路由选择系统实现。由于 MSDP 代表路由器与所在域的 RP 可以是同一个点，故这个点是检查多播组成员资格状态的检查点。如果它有组成员，就向 SA 分组中的源地址发送加入报文。

这里我们假设域内多播使用的是 PIM-SM，该协议可以生成和处理加入报文。加入报文由 RP 转发到多播树上，一旦所有组成员都收到该报文中的数据，就可以使用稀疏模式 PIM 的最短路径树。当所有 MSDP 代表路由器完成这个过程，MSDP 过程即告结束。

这种多播过程结合使用了三个协议：MBGP、稀疏模式 PIM 和 MSDP。虽然这种多播过程已被公认为一种实用的多播方法，但它的复杂性导致了可扩展性问题。当源突发或组成员的加入和离开事件频繁时，管理组的开销就很严重。

6.4.3 BGMP

BGMP 是基于在域间构建使用单一树根的双向共享树。找到放置这些共享树根的最佳域是一个挑战，但仍存在几种可行的解决方案。其中一种方法是将分配了一个特定多播地址的域作为根域。多播地址分配的方法之一是**多播地址设置声明**(Multicast Address-Set Claim，MASC)协议，该协议可确保解决地址分配冲突。

解决这个问题的另一种方法是使用**根寻址多播体系结构**(Root-Addressed Multicast Architecture，RAMA)，选择一个源作为树的根。这样，就可以消除其他多播路由协议中根放置的复杂性。RAMA 有两种类型。第一种类型是**快速多播**(express multicast)：树根位于源，组成员沿着反向路径将加入消息发送至源。该协议针对使用逻辑信道的系统，如单源多媒体应用、电视广播和文件分发。第二种类型是**简单多播**(simple multicast)：允许每个组有多个源。在这种情况下，必须选择一个源，并将树根作为主要和第一跳路由器放在这个节点上。然后，所有接收者向源发送加入报文。下一步是构造一个双向树，使得其他源将分组发送给根。由于构造了双向树，分组到达树上的一个路由器后将被下行转发给接收者、上行到根。

6.5　总结

通信系统必须能够向多个用户多播发送消息，甚至将许多消息路由给一个用户。在多点环境中，传统网络受到严重阻塞，因为它们通常不是为高带宽通信设计的。在多速率和多点条件下，交换网络的性能与网络结构密切相关。

本章主要研究多组播算法和协议。在定义了包括密集模式和稀疏模式多播树算法等基本术语和技术之后，我们描述了一类**本地和成员多播协议**。这类协议仅用于局域网和创建多播主机组。这一类中最流行的协议是 IGMP，用于本地主机加入和离开一个多播组的通信。IGMP 本身也可以用于多播传输目的，但仅限于局域网级。

然后我们讨论了两大类广域网多播协议：如何在一个域内多播分组的**域内多播协议**和如何在域间多播分组的**域间多播协议**。域内协议中有两个协议特别流行：基于密集模式树算法的单播 OSPF 协议扩展的 MOSPF，以及通常采用稀疏模式树算法的 PIM。域间多播协议中，MSDP 是在互联网架构中最常使用的。

在下一章中，我们将研究广域无线网络，分析主要关注蜂窝结构和**长期演进**(Long-Term Evolution，LTE)技术的这类无线网络。

6.6　习题

1. 为了从一个点向多个点发送一份报文，比较使用多个单播连接和使用本章描述的 DVMRP 等任一多播方法之间的优劣。
2. 探讨使用稀疏模式算法的 MOSPF 的效率。
3. 考虑图 6.7，假设我们想使用 MOSPF 从 LAN 1 中的服务器到 5 个成员的多播组，3 个组成员在 LAN 3 中，另外 2 个在 LAN 4 中。再假设每条链路的成本由链路两端路由器的下标和表示，例如，R3 到 R8 的链路成本是 11。当路由器连接 LAN 时，其对应链路的成本假设为 1。
   (a) 给出网络中所有链路的成本。
   (b) 画出该多播操作的最小成本树。

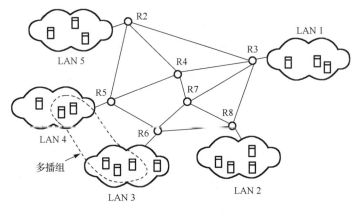

图 6.7　习题 3、6、7 的多播协议示例

4. 假设在一个 ISP 中，LAN 1 中有两个 IP 地址为 192.1.12.1 和 192.1.12.2 的主机试图与 LAN 2 中 IP 地址为 192.3.3.3 的主机组成一个多播组。IP 地址为 178.5.12.6 的源主机尝试与该组进行多播连接。ISP 分配

的多播组地址是 224.1.1.1。给出形成此多播组的消息传递活动，包括源、三个主机及其指定路由器(DR)之间交换的分组地址字段，这些分组专门用于以下通信：

(a)源到 DR(非 IGMP 分组)。

(b)DR 到三个主机(IGMP 分组)。

(c)主机到 DR(IGMP)。

(d)DR 到源(非 IGMP 分组)。

5. 优化稀疏模式 PIM 的路由选择延迟：

(a)找到汇合点的最优位置。

(b)列举一个共享树的例子，来证明你的答案是正确的。

6. 考虑图 6.7，假设我们想使用稀疏模式 PIM 从 LAN 1 中的服务器到 5 个成员的多播组，3 个组成员在 LAN 3 中，另外 2 个在 LAN 4 中。再假设每条链路的成本由链路两端路由器的下标和表示，例如，R3 到 R8 的链路成本是 11。当路由器连接 LAN 时，其对应链路的成本假设为 1。

(a)为该多播操作的汇合点找到一个较好的位置。

(b)画出共享树。

7. 考虑图 6.7，假设我们想使用稀疏模式 CBT 从 LAN 1 中的服务器到 5 个成员的多播组，3 个组成员在 LAN 3 中，另外 2 个在 LAN 4 中。再假设每条链路的成本由链路两端路由器的下标和表示。例如，R3 到 R8 的链路成本是 11。当路由器连接 LAN 时，其对应链路的成本假设为 1。

(a)为该多播操作的汇合点找到一个较好的位置。

(b)画出该多播操作的共享树。

8. 图 6.8 中的 5 个 LAN(1~5)通过它们直连的路由器 R3、R8、R6、R5 和 R1 联网，每条链路的成本标识在图中。LAN 1 中的一个服务器想向标识的多播组发送报文。

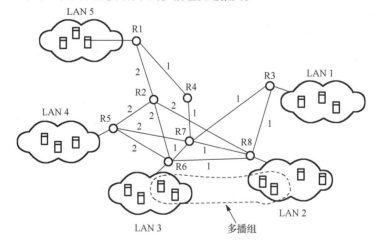

图 6.8 习题 8 的多播协议示例

(a)部署 MOSPF 协议，给出多播树。

(b)部署稀疏模式 PIM 协议并使用(a)中获得的同一个树，给出汇合点的位置建议及到每个多播组成员的成本。

9. 三个主要的互联网服务提供者的域 ISP 1、ISP 2 和 ISP 3 通过三个边界路由器 R10、R20 和 R30 连接，如图 6.9 所示。三个 ISP 都同意使用 MSDP 进行域间多播。每个域都选择了一个路由器作为其 ISP MSDP 代表路由器，同时也可以作为汇合点。ISP 1 中的一个源希望将消息多播到位于不同地理位置的三个组中，如图所示。ISP 1、ISP 2 和 ISP 3 使用稀疏模式 PIM 进行域内多播。图中显示了每个链路的成本(两个方向都相等)。

(a)指出 ISP 1 中涉及的所有路由器,并找出 LAN 1 和 LAN 2 的总多播成本。

(b)指出 ISP 2 中涉及的所有路由器,并找出 LAN 3 和 LAN 4 的总多播成本。

(c)指出 ISP 3 中涉及的所有路由器,并找出 LAN 5 的总多播成本。

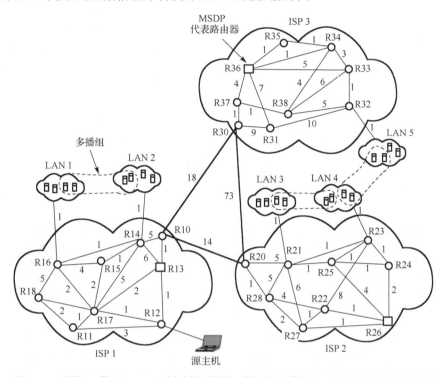

图 6.9　习题 9:使用 MSDP 进行域间多播,使用稀疏模式 PIM 协议进行域内多播

6.7　计算机仿真项目

稀疏模式 PIM 仿真。使用第 5 章中模拟 7 个节点网络的计算机程序,修改该程序对图 6.7 所示网络进行建模。对稀疏模式 PIM 进行仿真,实现从路由器 R1 到分布在广阔区域的多播组中 4 个接收者的多播传输。

(a)构造一个多播组,并为其分配一个 D 类 IP 地址。

(b)编写计算机程序来实现稀疏模式多播树。

(c)指派一个汇合点。

(d)演示为多播组生成 4 个分组副本。

第7章 无线广域网和LTE技术

无线网络是针对家庭网络和企业网络应用设计的,可用在局域网(Local Area Network,LAN)和广域网(Wide Area Network,WAN)中。在第2～4章中,我们回顾了链路层和LAN规模下的无线通信介质的一些基本原理。在本章中,我们将探讨WAN规模下的无线网络概念。本章主要包含以下内容:

- 无线网络的基础设施;
- 蜂窝网络;
- 蜂窝网络中的移动IP管理;
- LTE技术;
- 与LTE结合的无线网状网;
- 无线信道特性。

我们首先概述从卫星到LAN的各级无线通信系统,然后将重点放在**蜂窝网络**上,它是无线组网基础设施的主干之一。我们将回顾无线环境下广域网的协议和拓扑结构,以及无线网络中的移动性问题。然后讨论蜂窝网络中的**移动IP**,其中移动用户需要在改变自身位置的同时保持数据通信连接。在讨论完移动IP蜂窝网络后,我们将概述无线广域网的换代和家族成员。

然后,我们将用一整节来专门讨论称为**长期演进计划**(Long-Term Evolution,LTE)的第四代无线广域网。LTE已经成为第一个真正意义上的全球移动电话与数据标准。本章对LTE的讨论还将扩展到**无线网状网**(Wireless Mesh Network,WMN)的混合无线网结构,这种结构能够将各种类型的网络基础设施(如WiFi和LTE)连接在一起。本章最后将讨论**无线信道特性**。

7.1 无线网络的基础设施

与有线网络类似,无线网络也是分层的。图7.1显示了各级无线通信网络系统的层次结构。卫星可以为语音、数据和视频应用提供广泛的全球覆盖。卫星围绕地球运行,并在接收器和发射器之间建立接口连接,这个接口连接有助于将数据传输到远程目的地。卫星系统根据其与地球的轨道距离分类为:

- **低地球轨道**。这些卫星轨道到地球的距离在500～2000 km之间,可以提供全球漫游。
- **中地球轨道**。这些卫星轨道到地球的距离大约为10 000 km。
- **同步地球轨道**。这些卫星轨道到地球的距离约为35 800 km。它们的覆盖范围很大,可以处理大量数据。

无线网络的特点是资源有限,特别是频率范围和可用带宽资源有限。可用带宽经常随时间变化。无线网络必须能够适应不断变化的网络拓扑结构。无线广域网的拓扑结构可分为三大类:

1. 蜂窝网络;
2. WMN;
3. 移动自组织网。

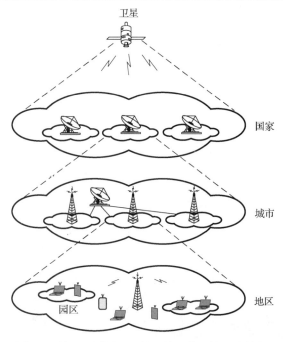

图 7.1　从卫星到园区网的无线通信系统层次结构

在**蜂窝网络**中，**基站**作为一个称为小区的区域中的星形拓扑结构的中心设备，将小区中的所有无线通信设备连接起来。正如我们在第 4 章中解释的，星形拓扑中的用户主机通过中心设备连接起来。因此，用户的所有流量都要流经这个中心设备。蜂窝和寻呼系统通常采用星形网络。

WMN 是一种**混合型网络**，作为多个较小的基站生成树来覆盖一个区域。WMN 通常用于覆盖一个较大的地理区域。WMN 层次结构的最低层通常是覆盖范围很小的室内系统，层次结构的上一层由蜂窝系统组成。这个层次结构可以扩展到全域覆盖。混合拓扑结构非常适合于大型网络。

第 21 章将深入讨论**移动自组织网络**的一般概念。总之，在自组织网络中，两个主机独立通信，不需要第三方服务器来帮助建立连接。自组织网络的特征是有多对节点。在这些网络中，节点是自配置的，各种任务均匀分布在节点间。移动自组织网络是多跳网络，节点要经过多跳来与另一节点通信。这些网络通常在两个节点间有多条路径以进行路由，从而跨过故障链路。

7.2　蜂窝网络

蜂窝网络是由多个称为小区的无线网络区域组成的无线网络。每个小区都是一个星形拓扑网络，在小区中心位置配备了一个**主基站**(Base Station，BS)作为中央收发信机设备。每个基站连接小区的所有无线通信设备。小区中的用户移动通信设备通过小区基站连接。因此，来自移动用户的所有流量都会流经中央基站。蜂窝网络是由联网的基站阵列组成的，每个基站位于一个小区中以覆盖某一区域的网络服务。

每个小区都被分配了一个小频段，由基站提供服务。相邻小区被分配不同的频率以避免干扰。由于发射功率不高，因此可以在相距较远的小区上重复使用频率。

为了便于网络建模，蜂窝网络中的每个小区都建模成一个六边形，这与真实情况相差不大，如图 7.2 所示。每个小区的基站通常被认为位于六边形的中心。采用小区的六边形图案，使得任意两个相邻小区之间的中心距离都相等。距离 d 由下式给出：

$$d = \sqrt{3}r \tag{7.1}$$

其中，r 是小区半径。实际中的小区半径典型值为 3～5 km。随着 3G/4G 蜂窝网络的出现，无线网络上可以支持多媒体和语音应用。

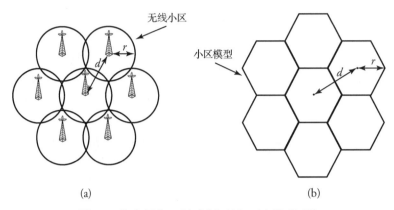

图 7.2 蜂窝划分：(a)实际区域；(b)模型区域

7.2.1 蜂窝网络设备和操作

在本节中，我们将介绍蜂窝网络运行所需的一组通用设备。为不失一般性，本节使用设备的最常用术语和名称。蜂窝网络中的用户**移动单元**(用户的移动设备)可以是移动主机或手机(也称为移动电话或智能手机)。小区中心有一个 **BS**，它由一个天线塔和一个用于发射与接收无线电波的收发信机组成。如图 7.3 所示，为了网络的运行，蜂窝无线服务提供商需要以下附加的"控制节点"：

- **基站控制器**(Base Station Controller，BSC)。BSC 是一个路由器/处理器，负责移动单元之间的呼叫连接，以及蜂窝区域内的移动性管理。一个 BSC 可服务于多个基站。基站到 BSC 之间的链路可以是有线的，也可以是无线的。
- **移动交换中心**(Mobile Switching Center，MSC)。MSC 是一个网关路由器，可服务于多个基站。MSC 提供到公用电话交换网(Public Switched Telephone Network，PSTN)的连接。
- **通用分组无线业务服务支持节点**(Serving General Packet Radio Service Support Node，SGSN)。SGSN 负责分组到公用分组交换网的路由选择、基于 IP 的设备移动性管理、用户的认证与注册。SGSN 的功能与 MSC 对语音流量的功能相同。SGSN 还在需要时处理 SGSN 与移动用户之间使用的 IP 协议到链路层协议的协议转换。
- **位置寄存器**。位置寄存器是用于记录蜂窝网络某一个区域的永久移动单元信息的主要数据库。**归属位置寄存器**(Home Location Register，HLR)由移动用户的归属 ISP 维护，记录了相关用户的地址、账号状态和首选项。HLR 与用于呼叫控制和处理的 MSC 交互。当移动单元进入一个新蜂窝网络时，**漫游位置寄存器**(Visitor Location Register，VLR)维护临时用户信息，包括当前位置等，以管理那些不在其归属系统覆盖区域内的用户的请求。
- **移动代理**。移动代理是一个维护有关用户 IP 设备位置信息的路由器。**家乡代理**(Home Agent)存储了移动单元(主机)在其家乡代理的网络中的永久家乡地址信息。**外地代理**(Foreign Agent)存储了漫游(外地)网络中的临时性信息和移动单元的永久家乡地址信息。

图 7.3 显示了电话 1(位于 PSTN 中)、移动电话 1(位于小区 1 中)、主机 1(位于公用分组交换网中)和移动主机 1(位于小区 2 中)之间所需的所有链路。各小区中心的基站都连接到一个公共 BSC。MSC

是蜂窝网络与 PSTN 之间的中间接口，为移动用户和固定电话用户提供连接。在图中，MSC 连接到一个**位置寄存器**，也连接到一个 BSC。BSC 监管其管辖范围内的所有基站。SGSN 作为**移动代理**与公用分组交换网（互联网的其余部分）之间的接口，实现移动单元与互联网其余部分之间的通信。

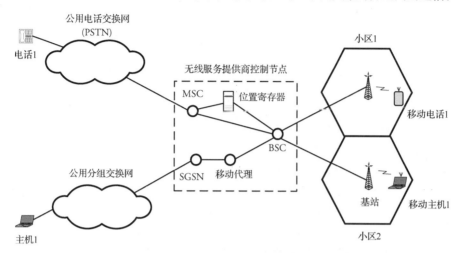

图 7.3　一个蜂窝网络的两个小区和无线服务提供商的控制节点

在无线链路的信道化方面，蜂窝网络根据操作应用的不同，在移动单元和基站之间使用两种类型的信道进行通信。这两种类型的信道是**控制信道**和**业务信道**。控制信道用于呼叫的建立和维护。这个信道承载控制和信令信息。业务信道承载用户之间的数据。固定用户和移动用户之间也可以通话。在下一节中，我们将讨论蜂窝网络中移动单元和基站的详细操作，然后讨论移动 IP 的操作。

注册和 IMSI 分配

当移动单元（如智能手机）在家乡网络中开机时，它首先搜索信号最强的无线控制信道，该信道通常与最近的基站关联。然后将移动单元分配给与其尝试接入的小区关联的基站。移动单元通过基站与关联的 BSC 之间进行消息握手，如图 7.4 中移动电话 1 的步骤 1 所示。该步骤的结果是移动单元在**位置寄存器**的 HLR 部分和网络的 MSC 进行了注册。BSC 和 MSC 通过基站对移动设备进行注册和认证。

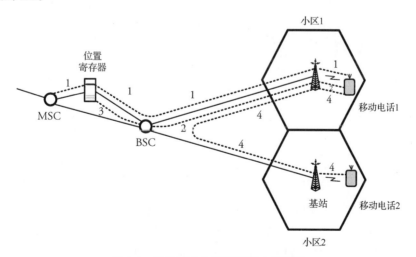

图 7.4　移动用户在蜂窝网络中的连接

移动单元注册成功之后，系统就会为移动单元分配一个**国际移动用户标志**（International Mobile Subscriber Identity，IMSI）。每个 IMSI 是与所有蜂窝网络相关联的唯一标识，蜂窝网络服务提供商用它来标识蜂窝网络中的用户。IMSI 是一个 64 bit 字段，由移动电话发送给网络，同时也用于从 HLR 获取移动单元的其他详细信息。

如果移动单元移动到了同一个蜂窝网络中的一个新小区，就会在新小区中使用 IMSI 码重复上述注册步骤，同时位置寄存器的家乡部分需要更新该移动单元的位置信息。位置更新用于确定移动单元处于空闲状态时的位置。空闲状态是移动单元连接到网络但没有活动呼叫的模式。

呼叫建立和终止

当移动单元发起呼叫时，将被叫号码送给小区基站，再转发给 BSC。例如，在完成了如图 7.4 中步骤 1 所示的移动电话 1 与关联 BSC 的消息握手之后，移动电话 1 将被叫号码发送给它所在小区基站，该基站又将被叫号码转发给 BSC，如图中的步骤 2 所示。在步骤 3 中，BSC 在**位置寄存器**的 HLR 部分中查出移动电话 2 的位置。最后在步骤 4 中，移动电话 1 和 2 之间建立了无线连接。

一旦建立了连接，两个移动单元之间便可通过基站和 BSC 进行语音交换。如果被呼叫的移动电话占线，就阻塞呼叫，并向呼叫的移动单元回送一个占线提示音，或者为该呼叫激活一个语音信箱。当基站的所有业务信道都繁忙时也采用这种方式处理。当移动通话中的某个移动单元挂机时，向基站控制器通知呼叫终止，并且两个基站都回收业务信道，以供其他呼叫使用。当基站在呼叫期间不能保持最小信号电平时，呼叫就会被丢弃。信号微弱的原因可能是干扰或信道失真。

图 7.5 显示了蜂窝呼叫连接的另外两个例子。在第一例中，固定电话 1 向位于蜂窝网络 1 小区 1 中的移动电话 1 发起呼叫。呼叫建立的步骤与前面的示例类似。在图中的步骤 1 中，固定电话 1 通过 PSTN 拨出号码，PSTN 在自己的数据库中查看被叫号码是否是与其连接的 MSC 相关联的移动号码。在此例中，确定 MSC 1 为到目的蜂窝网络的中间节点。

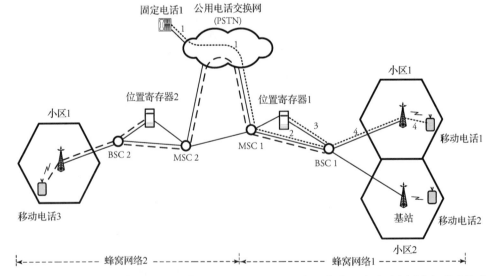

图 7.5　步骤 1～4 显示固定电话和移动电话之间的连接，以及蜂窝网络中两个移动电话之间的连接尝试失败

由于每个 MSC 可以向多个蜂窝网络提供服务，因此，MSC 1 需要确定哪个蜂窝网络是移动电话 1 的家乡网络。这可以通过它的数据库来完成。一旦确定了家乡网络，本例中的 BSC 1 即为目标蜂窝网络的基站控制器，于是呼叫请求就转发到相应的 BSC（本例步骤 2 的 BSC 1）。在步骤 3 和步骤 4 中，从 BSC 1 到移动电话 1 的路由过程与上一例类似。

图 7.5 中的短线状虚线显示了第二个例子。位于蜂窝网络 2 小区 1 中的移动电话 3 向位于蜂窝网络 1 小区 2 中的移动电话 2 发起呼叫，但此时移动电话 2 关机。在这种情况下，蜂窝网络 2 中完成的路由过程与前面的例子类似，如图中短线状虚线轨迹所示。一旦呼叫请求到达 MSC 2，MSC 2 或是将连接直接连到 MSC 1，或是把呼叫请求路由到 PSTN，再通过 PSTN 转到 MSC 1，进而抵达 BSC 1。通常情况下，如果 MSC 2 的数据库中没有足够的信息来找到 MSC 1，就会采用第二种方式。在本例中，假设 BSC 1 知道移动电话 2 是不可用的，因此它拒绝了这个呼叫请求。

漫游

漫游是指当移动单元在位于家乡网络地理覆盖区域之外的到访网络中移动时，可自动获得通信服务的能力，包括语音和数据通信服务。如果家乡网络与到访网络间没有漫游协定，则维持通信服务是不可能的，到访网络会拒绝提供服务。漫游有助于保证移动单元在到访网络中持续得到无线通信服务，连接不中断。漫游需要若干要素来支撑，如移动性管理、认证、授权和计费等过程。

当移动单元在一个由不同服务提供商管辖的到访网络中开机时，到访网络通过接收移动单元发出的服务请求来辨识在其区域中新到达的移动单元。如果到访网络的位置寄存器的 HLR 中没有这个来访移动单元的记录，到访网络就会尝试确定移动单元的家乡网络。必须首先由到访网络请求所需的移动单元信息，并且应该检查移动单元使用到访网络服务的授权情况。

总之，到访网络联系移动单元的家乡网络，并请求关于该漫游移动单元的服务信息。如果这个过程成功完成，到访网络就开始为这台设备维护一个临时的用户记录。同样地，家乡网络必须更新它的数据库以标识该移动单元在到访网络中，发送到该移动单元的任何呼叫都可以路由到它的新位置。移动单元在到访网络的位置寄存器的 VLR 数据库中形成了一条记录，它的授权网络服务就被激活了。为此，HLR 将移动设备的信息转发给自己的 MSC，MSC 又把信息发送到访 MSC，从而送给 VLR。VLR 将路由信息转发回 MSC，这就使得 MSC 能够找到基站，进而找到呼叫发起的移动单元。

假设一部固定电话或移动电话拨打一个正在漫游的移动电话，解析漫游功能的信令步骤如下所述。下列步骤中的 IAM、SRI、PRN 等信令消息是基于 7 号信令系统（Signaling System 7，SS7）标准中定义的移动应用部分（Mobile Application Part，MAP），SS7 将在第 18 章中进行详细描述。

漫游时建立呼叫的信令步骤

1. 通过**初始地址消息**（Initial Address Message，IAM），根据电话号码将呼叫路由到 MSC。
2. MSC 向 HLR 转发**发送路由选择信息**（Send Routing Information，SRI）消息，以定位到访网络中的移动单元。
3. HLR 根据过去的位置更新获知移动单元当前的 VLR。于是，HLR 向 VLR 发送提供**漫游号码**（Provide Roaming Number，PRN）消息，以获取漫游移动单元的电话号码。这类似于 HLR 能够将呼叫送向正确的 MSC。
4. VLR 为漫游用户分配一个临时的电话号码，并将这个号码复制到**路由选择信息确认**（Routing Information Acknowledgement，RIA）消息中送给 HLR。
5. 家乡 MSC 使用 IAM 消息将呼叫路由到漫游移动单元，并将该临时电话号码视为被叫方号码。到访网络现在知道了移动单元的电话号码和 IMSI。
6. MSC 向 VLR 发送一个**发送信息**（Send Information，SI）消息，以获取关于到访移动单元的能力和订阅服务的其他信息。如果被呼叫的移动单元具备权限并有能力接收呼叫，VLR 将向 MSC 回送一个**完成呼叫**（Complete Call，CC）消息。

寻呼

　　蜂窝网络中的 BSC 可以根据被呼叫的号码，通过基站**寻呼**特定的移动单元。如图 7.6 所示，基站依次在其建立信道上发送寻呼消息来定位被叫单元。在许多场合中，寻呼是必要的。例如，当移动单元在漫游状态时有呼叫到达，由于移动用户如果没有离开小区就不会报告自己的位置，所以蜂窝网络就必须向小区中的所有移动单元进行寻呼。

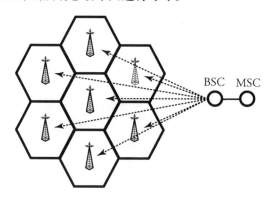

图 7.6　包含多个小区的蜂窝网络中的寻呼操作

7.2.2　切换

　　广域无线网络中的**切换**是向另一方移交资源的行为，以下三种情况下会发生切换：(1)当移动主机需要改变信道(**信道切换**)时；(2)正在从一个小区移动到另一个小区(**蜂窝切换**)时；(3)正在从一个区域切换到另一个区域(**区域切换**)时。

　　信道切换涉及在一个小区内的信道之间转移呼叫。这个任务通常是由基站来完成的。当活动信道因噪声增大等原因而性能变差时，移动单元就会向小区基站发起改变信道请求。如果小区基站没有空闲信道，就会拒绝该请求，移动单元就只能保持在原来的信道上。

　　蜂窝切换发生在两个相邻小区之间，此时移动主机从一个小区移动到另一个小区。当发起蜂窝切换请求时，需要使用 MSC 将业务信道切换到新的基站上，如图 7.7 所示。这种基站的切换要求无缝转接移动主机，而不中断业务。如果新小区没有可用的信道，则必须拒绝或终止切换呼叫。

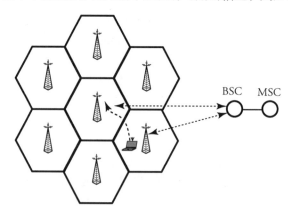

图 7.7　移动单元的蜂窝切换操作

　　基站控制器在其关联的 MSC 支持下可以被视为蜂窝网络中的呼叫、路由和移动性管理的执行实体。移动性管理包含三个功能：**用户跟踪的位置管理、用户认证、呼叫路由**。位置管理包括跟踪用户的物理位置，并将呼叫导向正确位置。在将用户的呼叫路由到所需位置之前，必须对用户进行身份认证。路由包括建立通往用户的数据传输路径，并且在用户位置变化时更新传输路径。在蜂窝网络中，MSC 与基站一起协调路由和位置管理功能。

当移动主机移动到了一个新的小区，就要在新小区中请求切换信道。成功的切换需要满足一定的条件。当无线设备从一个小区移动到另一个小区时，切换协议将重新路由新小区中的现有活动连接。这给无线网络带来的挑战是：在维持 QoS 保障的同时，最大限度地减少分组丢失，并有效利用网络资源。健壮性和稳定性也是切换协议设计中必须考虑的。当无线信道上的干扰或衰落导致无线设备请求切换操作时，健壮性和稳定性尤为重要。

区域切换发生在移动用户从一个区域移动到另一个区域时。从理论上讲，叫用随机模型来建立任意两个区域间切换过程的模型。考虑多个六边形的区域，每个区域又由一组六边形的小区构成，如图 7.8 所示。通常，区域切换的假设是，区域切换模型只涉及图 7.8 中标记的区域边界小区。同样，如果新区域中的所有信道都在使用中，就必须拒绝所有的切换请求。

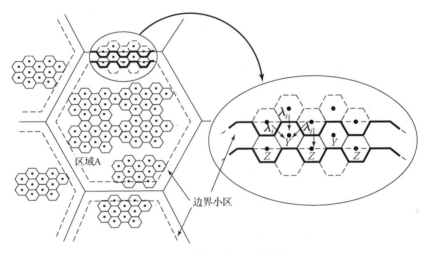

图 7.8　蜂窝网络和区域切换

蜂窝切换建模

蜂窝切换可以用不同的方法进行建模。其中一种方法称为**停止—行走模型**，这个模型考虑了移动主机的速度。是否需要切换取决于移动主机的速度及移动用户与小区边缘的距离。还有一个因素是移动主机的状态——它在进行呼叫时是处于静止状态还是在移动中——这都是分析切换时需要加以考虑的。在现实中，两种情况需要考虑切换：(1)小区的信号强度低；(2)当移动设备到达小区边缘时。我们假设切换模型不考虑信号强度障碍。在到达小区边缘之前，我们的第二个假设是正在进行呼叫的移动设备在静止(停止状态)和移动(行走状态)之间交替。

可以使用简单的状态机来表示停止—行走状态。在状态 0(停止)下，移动设备停止不动，但正在进行通话。在状态 1(行走)下，移动设备以平均速度 k m/h 移动，并正在进行通话。令 $\alpha_{i,j}$ 为从状态 i 转移到状态 j 的速率，例如，$\alpha_{0,1}$ 为离开状态 0 进入状态 1 的速率，$\alpha_{1,0}$ 为离开状态 1 进入状态 0 的速率。

处于停止状态的持续时间是一个指数分布的随机变量，均值为 $1/\alpha_{0,1}$(见附录 C)；处于行走状态的持续时间也是一个指数分布的随机变量，均值为 $1/\alpha_{1,0}$。令 $P_i(t)$ 为 t 时刻正在通话的移动设备处于状态 i 的概率。根据连续时间马尔可夫链的**查普曼–科尔莫戈罗夫**(Chapman-Kolmogorov)理论

(参见 C.5.1 节)，我们可以推导出

$$P_j^{'}(t) = \sum_i \alpha_{i,j} P_i(t) \tag{7.2}$$

其中，$P_j^{'}(t)$ 是状态 j 概率对时间的微分。在有两个状态，即 0 和 1 的系统上应用公式(7.2)，可得到

$$P_0^{'}(t) = \alpha_{0,0} P_0(t) + \alpha_{1,0} P_1(t) \tag{7.3}$$

$$P_1^{'}(t) = \alpha_{0,1} P_0(t) + \alpha_{1,1} P_1(t) \tag{7.4}$$

其中，$P_0(t)$ 和 $P_1(t)$ 分别是通信中的移动设备在 t 时刻处于状态 0 和状态 1 的概率。所有概率之和等于 1，于是就有 $P_0(t) + P_1(t) = 1$。现在可以使用 $P_0(t) + P_1(t) = 1$ 及其求导结果 $P_0'(t) + P_1'(t) = 0$，再结合公式(7.4)，得到一阶微分方程：

$$P_0^{'}(t) + (\alpha_{0,1} - \alpha_{1,1}) P_0(t) = -\alpha_{1,1} \tag{7.5}$$

该微分方程的总解包含一个齐次解 $P_{0h}(t)$ 和一个特殊解 $P_{0p}(t)$。对于齐次解，有 $P_0'(t) + (\alpha_{0,1} - \alpha_{1,1}) p_0(t) = 0$，初始条件为 $P_{0h}(0) = P_0(0)$。因此我们可得到方程(7.5)的一般解为

$$
\begin{aligned}
P_0(t) &= P_{0p}(t) + P_{0h}(t) \\
&= \frac{\alpha_{1,0}}{\alpha_{0,1} - \alpha_{1,1}} + \left(P_0(0) - \frac{\alpha_{1,0}}{\alpha_{0,1} - \alpha_{1,1}} \right) e^{-(\alpha_{0,1} - \alpha_{1,1})t}
\end{aligned} \tag{7.6}
$$

其中，$P_0(t)$ 是通信中的移动设备在时刻 t 处于状态 0 的概率。同样，方程(7.4)的一般解为

$$
\begin{aligned}
P_1(t) &= P_{1p}(t) + P_{1h}(t) \\
&= \frac{\alpha_{0,1}}{-\alpha_{0,0} + \alpha_{1,0}} + \left(P_1(0) - \frac{\alpha_{0,1}}{-\alpha_{0,0} + \alpha_{1,0}} \right) e^{-(-\alpha_{0,0} + \alpha_{1,0})t}
\end{aligned} \tag{7.7}
$$

其中，$P_1(t)$ 是通信中的移动设备在时刻 t 处于状态 1 的概率。移动设备改变状态有 4 种情况：

1. 移动设备在通信中，但永久停止不动，因此，$P_0(0) = 1$，$P_1(0) = 0$。
2. 移动设备以速度 k 持续运动，直到行进到小区边缘，因此，$P_0(0) = 0$，$P_1(0) = 1$。
3. 移动设备最初是停止的，然后在拥挤的路径上行进到小区边缘，因此，$P_0(0) = 1$，$P_1(0) = 0$。
4. 移动设备在拥挤的路径上停停走走，直到行进至小区边缘，因此，$P_0(0) = 0$，$P_1(0) = 1$。

现在，考虑如图 7.9 所示的移动模型。这是一个停止-行走模型，行走的平均速度为 k m/h，为求得通信呼叫到达小区边缘的概率或需切换的概率，令移动设备的平均速度为 s，且在状态 0 下 $s = 0$，在状态 1 下 $s = k$。令 $x(t)$ 为时刻 t 移动设备的位置，假定 $x(0) = 0$。令 d_b 为移动设备距离边界的距离，假定 t 是一个表示信道保持时间的随机变量，或表示移动设备到达小区边界所需的时间。令 $P_i(t, d_b)$ 为处于状态 i 的通信中的移动设备在时刻 t 处于小区边界的概率，其中 $i \in \{0,1\}$。从而，速度为 s 并经历停停走走状态的移动设备到达小区边界的概率为

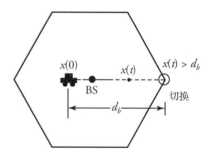

图 7.9 移动中的蜂窝切换模型

$$P[x(t) \geq d_b] = P_0(d_b/s, d_b)\big|_{s=0} + P_1(d_b/s, d_b)\big|_{s=k} \tag{7.8}$$

其中

$$P_0(d_b/s, d_b)\big|_{s=0} = \frac{\alpha_{1,0}}{\alpha_{0,1} - \alpha_{1,1}} \tag{7.9}$$

以及

$$P_1(d_b/s, d_b)\big|_{s=k} = \frac{\alpha_{0,1}}{-\alpha_{0,0} + \alpha_{1,0}}$$
$$+ \left(P_1(0) - \frac{\alpha_{0,1}}{-\alpha_{0,0} + \alpha_{1,0}} \right) e^{-(-\alpha_{0,0} + \alpha_{1,0})d_b/k} \tag{7.10}$$

在情况 1 下,因为移动设备一直处于静止状态,速度为 0,所以到达小区边界的概率也就为 0;相反地,在情况 2 下,移动设备以平均速度 k 持续运动,所以到达小区边界的机会是 100%。于是,不管移动设备是静止还是运动状态,是否需要切换都与 d_h 无关。

7.3　蜂窝网络中的移动 IP 管理

移动 IP 是负责处理互联网上用户的移动性的协议。**移动计算**可以让计算设备(如计算机)在移动过程中仍能保持正常连接。在移动 IP 网络中,移动用户和有线用户都必须实现无缝互操作。在某些移动 IP 情况下是不能使用 TCP 的,因为拥塞控制方案将大大降低吞吐量,并且固有延迟和突发错误可能导致大量重传。在这些情况下,要在有线和无线互连的网络上使用 TCP,就必须对 TCP 进行一些修改。移动 IP 面临的主要挑战是:

- **高质量的移动连接**。当用户以不同速度移动时,需要高质量的连接。
- **注册**。在不同的区域中都必须识别和登记移动用户的地址。
- **互操作性**。移动用户必须能与其他固定用户或移动用户相互交流。
- **连接可靠性**。必须能够在移动条件下保持 TCP 连接。
- **安全性**。连接一定要安全,尤其是无线连接很容易遭受入侵。

移动用户需要一个与有线 TCP 连接具有相同等级的可靠性。值得注意的是,互联网典型的拥塞控制方案不能在无线网络中使用,因为分组丢失主要是由链路质量差或信道失真引起的,而不是拥塞造成的。信道缺陷使得除尽力而为模型外,很难实现服务质量模型。变化的数据速率和延迟使得通过无线网络实现语音与视频等高速和实时的应用变得具有挑战性。

7.3.1　家乡代理和外地代理

在移动 IP 网络中,移动单元的永久归属地称为**家乡网络**,家乡网络中执行移动性管理功能的网络设备称为**家乡代理**。一个移动主机允许同时保有两个地址,一个是永久地址,另一个是临时地址。主机的永久地址是传统的 IP 地址。注意,类似于常规网络,无线网络中仍然有 MAC 地址(位于链路层),用于标识链路的物理终端。在这种情况下,MSC 实际上是家乡代理。

移动主机在其家乡网络中必须拥有一个永久 IP 地址,家乡网络是移动主机永久注册到网络服务提供商的无线网络,这个地址称为**家乡地址**。家乡地址是一个长期分配给移动主机的 IP 地址,即使主机移出了家乡区域,家乡地址仍然保持不变。在这种情况下,主机需要在家乡代理注册。

当移动主机离开家乡网络、进入**外地网络**时,主机也必须在新网络注册并获得一个临时地址。移动主机在城市中漫游或变更了城市,就改变了它所在的网络。一旦移动主机离开其家乡网络到了一个外地网络,就会为它分配一个**外地地址**,以反映移动主机离开家乡网络后的当前连接点。此时,来自互联网服务器的消息仍将发送到移动主机的家乡地址。类似地,**外地代理**是在移动主机的外地网络中的一个路由器,它向主机的家乡代理通告主机当前的外地地址。于是家乡代理就将消息转发到移动主机的当前位置。图 7.10 显示了互联网上的两个无线网络，移动主机 B 已经从家乡网络移动到了一个外地网络。

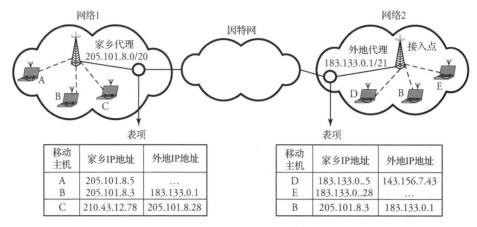

图 7.10   移动主机从家乡网络移动到外地网络

      一般情况下，网络中的代理路由器通过高速链路连接到网络中的所有接入点(基站)。代理路由器维护两个数据库：**归属位置数据库**和**外地位置数据库**。当移动主机移动到其家乡网络时，就会发送信号到本地基站，基站将该信号转发给 MSC。MSC 路由器依次对用户进行认证，并在其归属位置数据库中注册用户。

7.3.2   代理发现阶段

      家乡代理维护一个包含移动主机家乡地址的数据库。当移动主机移动到外地网络时，其家乡代理和外地代理建立一个关联，供外地代理向家乡代理更新注册。这种关联通过发送代理通告消息来实现。当移动主机接收到代理通告消息时，根据消息类型就可了解到自己是位于家乡网络还是外地网络。移动主机可以检测它是连接到其家乡链路还是外地链路。一旦主机移动到一个新的网络，它就可以确定是否已经改变了连接点，并获得了一个外地地址。

      所有代理都以广播方式周期性地发布通告消息。移动主机完全有可能因为时间限制而没有收到通告消息。在这种情况下，移动主机需要向它所附着的代理发送请求消息。如果该主机所附着的代理是家乡代理，则注册过程与传统主机在固定位置的注册过程相同。但是，如果该代理是一个外地代理，则代理回答的消息中将包含外地代理地址。

7.3.3   注册

      移动 IP 在家乡网络和移动主机当前驻留的外地网络之间起着接口作用。移动 IP 保持跟踪移动主机的位置，并将家乡地址映射到当前的外地地址。在移动主机完成向外地代理的注册后，移动 IP 以无缝对接的方式，从家乡网络向位于外地网络中的移动主机传递消息。新网络的注册步骤概括如下：

移动 IP 注册步骤

1. 在新网络中，向代理注册。
2. 在家乡网络中，向代理注册请求呼叫转移。
3. **如果注册期限快过期，则更新注册。**
4. 当回到家乡网络后，注销新网络。

在注册阶段，移动主机与家乡代理之间要交换两个消息：**注册请求**和**注册响应**。一旦移动主机进入一个外地网络，它就会侦听代理通告，然后从该外地网络获得一个外地地址。外地代理经家乡代理完成对主机的认证后，家乡代理会把这个外地代理地址添加到它的位置数据库中。此后，家乡代理就会将所有的呼叫转移到外地网络的主机中。在互联网中，位置管理和路由都是通过移动 IP 实现的。

移动主机也可以使用**配置外地地址**注册。配置外地地址是一个临时分配给移动主机的局部 IP 地址，这样就可以不使用外地代理。在配置外部地址中，移动主机通过自己的家乡网络接收指派的临时外地地址。同时，当移动主机离开外地网络时，还需要注销。

例：重新考虑图 7.10 显示的连接到互联网的两个无线网络。网络 1 的 CIDR IP 地址（关于 CIDR 编址，见第 1 章）为 205.101.8.0/20，并有三个活跃的移动主机 A、B 和 C。假设网络 1 是主机 A 和 B 的家乡网络，而不是主机 C 的，这可以从代理路由表项中的家乡 IP 地址看出。考虑这样一个场景，主机 A 停留在网络 1 中（因此没有外地地址），主机 B 移出网络 1（从而获得一个外地地址）。特别地，主机 B 移动到了网络 2。网络 2 为其分配了一个 CIDR IP 地址为 183.133.0.1/21，此时网络 2 中便有了三个活跃的移动主机 D、E 和 B。给出网络 2 的编址，以及主机 B 和网络 2 的关系。

解：在这个案例中，网络 2 是主机 B 的外地网络，并为其分配了一个外地网络地址 183.133.0.1。如图 7.10 所示，该地址出现在了主机 B 所关联的家乡代理和外地代理的路由表项中。

7.3.4　移动 IP 路由

在移动 IP 系统中，数据报通过一个移动 IP 首部进行封装。图 7.11 显示了移动 IP 注册报文首部格式。**类型**字段决定注册报文是请求还是应答。**标志/代码**字段用于应答消息，用来指定转发的细节。**寿命**字段给出注册有效的时间长度（以秒为单位）。**家乡地址**和**临时地址**字段是前面已解释过的两个地址，**家乡地址**字段是主机的家乡代理地址。**标识**字段帮助移动主机识别重复消息。

图 7.11　移动 IP 注册报文首部格式

每个发送到移动主机家乡地址的数据报都由其家乡代理接收，然后再被转发到移动主机的外地地址。在这种情况下，外地代理接收数据报，然后转发给移动主机。如果驻留在外地网络中的移动主机要向网络之外的主机发送消息，则不需要通过其家乡代理传递，而是由外地代理处理。

移动 IP 有两种路由方案：**三角路由**和**直接路由**。在三角路由中，主机的家乡代理、外地代理和目标机器之间建立了一条三角形路径。假设属于无线网络 1 上的主机移动到外地网络 2 上，在这个外地网络上，移动主机还在与固定在驻地网络中的服务器（即目标机器）进行通信。此时，从服务器发出的数据报（IP 分组）先是使用标准的 IP 路由方式发送到移动主机的家乡网络。主机的家乡代理检测到这个报文，找出主机的外地地址，并将消息转发给主机的外地代理。外地代理将消息发送给移动主机。作为响应，移动主机可以通过外地代理直接将其应答发送到服务器。这个路由过程形成一个三角形的路径路由，这就是称其为三角路由的原因。

现在，考虑同一场景中移动主机向服务器发起消息传输的情况。首先，移动主机把自己的外地地址告诉服务器。然后，移动主机绕过家乡代理，通过外地代理直接将消息发送给服务器。这种方式消除了由于需路由到家乡代理而导致的大量信令交互。因为服务器不了解移动主机的实时行踪，所以相关服务器应首先通过联络移动主机的家乡代理来发起与移动主机的通信。

正如我们所看到的，移动用户的路由可能涉及许多不同的挑战。例如前面场景中，考虑移动主机又移动到了另一个新的外地网络，比如网络 3。在这种情况下，移动主机就要把新的外地地址告诉给先前的外地代理，这样就可以让路由到旧位置的数据报（IP 分组）再路由到新的外地位置。

虚拟注册和路由

为了降低家乡代理的成本和注册量，移动 IP 协议提供了一种称为**虚拟注册**的功能。在每个区域中，除了家乡代理，还设定了**虚拟代理**，然后根据统计数据和流量密度定义了虚拟区域。每个虚拟代理服务于一个本地虚拟区域提供。当移动主机进入虚拟区域时，它向虚拟代理注册。这样，在前文所述的移动主机与相关服务器之间传递消息的场景中，数据报从通信服务器发送到移动主机的家乡地址，然后再路由到移动主机的外地地址。此时，数据报首先从家乡代理发送到虚拟代理，再从虚拟代理发送到外地代理。在这种情况下，移动主机一般不知道网络路由是如何决策的。

基于树的路由

通过仔细设计外地代理层次结构，可以减少家乡网络和外地网络之间的注册量。在层次结构中，代理通告消息通告了多个外地代理。在这个方案中，移动主机必须配置其将要注册的代理是在树中的哪个层级。这时，移动主机应将注册消息送到从它自己到新、旧代理的共同父亲之间的所有层级上。如果移动主机从当前的外地代理移动到另一个外地代理，它就可以不再需要直接向家乡代理注册了。

图 7.12 显示了一个基于树的外地代理层次结构。假设当前移动主机所在位置是 L1，外地代理 A16 正在为它服务。移动主机收到外地代理 A1、A2、A4、A7、A11 和 A16 的代理通告，注册消息也送给了这几个代理及家乡代理。然而，家乡代理目前对外部世界只能辨识出外地代理 A1。这意味着家乡代理对 A1 以外的拓扑结构还未掌握，尽管有可能也收到了其他代理的消息。A1 也有类似情况，A1 仅能看见最近的邻居 A2 和 A3，其他代理也以此类推。实际上，除了 A16，其他代理并不知道移动主机的确切位置。

当移动主机移动到位置 L2 处的代理 A17 附近时，主机新的注册信息要上行到 A11 都有效才行。如果主机移动到位置 L3 处的代理 A19 附近时，情况就不同了，因为 A16 和 A17 直接连接到共同的上层节点，而 A17 和 A19 没有共同的上层节点。此时，移动主机收到的代理通告消息指定了 A4、A8、A13 和 A19 的层次结构。移动主机将新的层次结构与先前的层次结构对比，并确定它已使注册上升到了 A4 层级。当主机移动到位置 L4 时的注册过程与此类似。

IPv6 的移动路由

移动 IPv6 提供了更简单的移动路由方案。在 IPv6 中，不需要外地代理。移动主机应使用 IPv6 内嵌的**地址自动配置过程**来获得外地网络上的外地地址。使用移动 IPv6 进行路由的过程概述如下：

移动 IPv6 路由步骤

1. 主机把自己的外地地址通报给家乡代理和通信设备。
2. 如果，通信设备知道了主机当前的外地地址，它就可以用 IPv6 路由首部将分组直接送给移动主机；

   否则，通信设备发送的分组将没有 IPv6 路由首部。
3. 将没有路由首部的分组路由到移动主机的家乡代理。

4. 将分组转发到移动主机的外地地址。

5. 如果移动主机回到了家乡网络，它将告知其家乡代理。

很明显，这个过程跟移动 IPv4 的过程很相似，不同点在于，IPv6 没有了外地代理的处理。总的来说，移动 IPv6 要简单些，而且可以使用源路由选项。

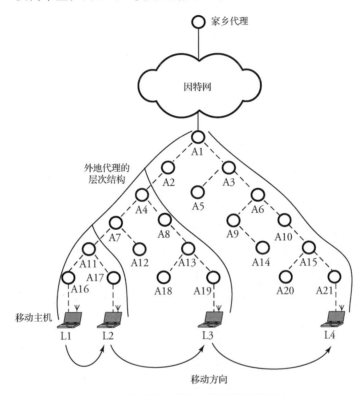

图 7.12　外地代理的基于树结构下的路由

7.3.5　历代蜂窝网络

第一代（First-Generation，1G）蜂窝网络主要是模拟信号的，信道分配给单个用户使用，每个用户都有专用的频道访问权限。每个用户使用一个确定的信道，这导致了资源的低效率使用。第二代（Second-Generation，2G）蜂窝网络是数字的，支持更高的数据速率，提供数字业务信道，在信道上传输数字化的语音信号。数字化的数据使得加密处理变得简单，数字化的业务也很容易实施更好的检错和纠错技术。最后，多个用户通过使用多路访问机制来共享一个信道，如 TDMA 或 CDMA（第 3 章中有关于这些技术的描述）。第三代（Third-Generation，3G）蜂窝网络提供高数据速率，除了语音通信，还支持多媒体通信。这些蜂窝网络的主要目标是为固定和移动用户提供高质量的语音通信、高速率的数据通信，支持多种类型的移动主机，以及能够适应各种环境（如办公室、城市、飞机等）中可用的新服务和新技术。

WiMAX 技术和 IEEE 802.16

全球微波接入互操作性（Worldwide interoperability for Microwave Access，WiMAX）是另一种无线广域网技术，它被认为是一种介于 3G 和第四代（Fourth-Generation，4G）移动通信间的技术。WiMAX 是 IEEE 802.16 标准的认证标志。该标准适用于点到多点的宽带无线接入。WiMAX 是一种无线广域网技术, 可用于 IEEE 802.11 的 WiFi 热点间的相互连接, 以及把 WiFi 热点与互联网连接。WiMAX 同时还作为同轴电缆或 DSL 等有线宽带接入的一种无线替代方案。WiMAX 设备具备形成网络上的无线连接、承载互联网分组业务的能力。

IEEE 802.16 标准在无线通信上做了大幅度改进, 它的 MAC 层支持多种物理层规范, 使得 WiMAX 成为一种功能强大的宽带无线通信架构。IEEE 802.16 的 MAC 是一种调度型 MAC, 移动用户只需要在开始时竞争接入网络, 接入网络后, 基站就为移动用户分配了时隙。这个时隙可以加大, 也可以缩减, 是该用户的专用时隙, 其他用户不可使用。与 802.11 不同, 802.16 的调度算法在过载时稳定性好, 并提供更高的带宽利用率。802.16 的另一个优点是基站可以平衡用户间的时隙分配, 从而提供了 QoS 保障。

IEEE 802.16 标准规定使用的频率范围是 10~66 GHz。WiMAX 极好地利用了多径信号, IEEE 802.16 规定用户间非视距通信服务距离可达 50 km。当然这并不意味着, 相隔 50 km 且为非视距的用户还能与系统连接, 实际应用中的距离为 5~8 km。WiMAX 的数据速率最高可达 70 Mb/s, 这个速率完全可以同时支持大于 60 路 T1 连接的商业用户, 支持视距范围内 1000 个家庭 1 Mb/s 速率的 DSL 级别的连接。

WiMAX 的天线可以和蜂窝网络共享天线塔, 它不会对蜂窝网络造成什么影响。WiMAX 的天线甚至可通过光缆或定向微波链路连接到互联网的主干网。WiMAX 可以考虑用于愿意跳过有线基础设施的城市或国家, 以低成本、无中心化、部署容易且有效的方式建立无线基础设施。

LTE 和后 4G

电信公司已经投入巨资建立了无线广域服务的分组交换系统, 这些投资促生了称为 LTE 的 4G 无线广域网络。LTE 是一种蜂窝系统标准, 为移动电话和数据终端提供高速的无线数据业务, 数据速率可超过 10 Mb/s。现在, 第五代(Fifth-Generation, 5G)移动网络是继 4G 之后的下一阶段无线网络标准。5G 技术包括更新的标准, 这些标准定义了当前 4G 标准中未定义的功能。这些新功能按照当前的 ITU-T 4G 标准进行分组。此处重点关注的是 LTE 技术, 将在下一节展开讨论。

7.4　LTE 技术

LTE 是第一个真正的全球移动电话与数据的标准。LTE 是为无线语音、视频和数据的综合通信而设计的, 其目标是增加无线数据网络的容量和通信速度。LTE 还致力于简化网络结构以便为基于 IP 的业务提供显著降低的数据传输延迟。LTE 本质上是一个蜂窝系统, 支持的蜂窝小区半径尺度变化大, 从小到数十米的**毫微蜂窝**和**微微蜂窝**, 大到 100 km 的**宏蜂窝**。在用于乡村区域的低频段, 最佳小区半径为 5 km, 而 30 km 的小区也具有可信任的性能。

LTE 在**演进分组核心网**(Evolved Packet Core, EPC)中定义了一组标准, 将原来各自分离的蜂窝语音网和蜂窝数据网统一到全 IP 网络上, 语音和数据全部都用 IP 分组来传递。在第 18 章中, 我们将学到如何将语音转换成分组交换网中的 IP 分组。LTE 语音承载(Voice over LTE, VoLTE)方案将语音业务当作数据流来传递和处理。在此方案中, 当要建立语音通信或接收语音呼叫时, 将由 EPC 管控网络资源, 从而为这类业务提供服务质量保障。

7.4.1　LTE 组网设备

本节将讲述应用于 LTE 中的一些设备。LTE 中的移动用户设备称为**用户设备**(User Equipment, UE)。UE 是用户的接入设备, 不过, 这个设备还要向网络提供表征信道条件的测量结果。LTE 小区中心的基站称为**演进节点 B**(evolved Node B，eNodeB)，它负责实施各层中的各种规则和协议，如物理层、介质访问控制(Media Access Control，MAC)层、无线链路控制(Radio Link Control，RLC)层和分组汇聚协议(Packet Data Convergence Protocol，PDCP)层。中心 eNodeB 还要负责数据压缩和加密处理、准入控制、调度、执行协商的上行链路 QoS 等。此外，LTE 蜂窝网络的运行还需要由一系列网络节点构成的 EPC，如图 7.13 所示。

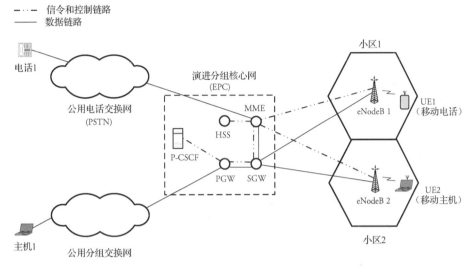

图 7.13　LTE 蜂窝网络结构概况

- **分组数据网关**(Packet data network GateWay，PGW)。PGW 是用于提供 UE 到外部分组网连接的路由器，是 UE 业务流量的进出口。它为移动用户提供策略实施、分组过滤、收费支持、合法拦截和分组筛选等。它同时还充当 LTE 和非 LTE 技术之间的移动接口。
- **业务网关**(Serving GateWay，SGW)。SGW 是用于转发用户数据分组的路由器，同时还作为 eNodeB 到 eNodeB 切换时用户平面的移动性锚点。小区内的所有路由信息都存放在 SGW。SGW 的另一个主要任务是为空闲态 UE 终止下行数据链路，以及有下行链路数据到达时寻呼 UE。
- **归属用户服务器**(Home Subscriber Server，HSS)。HSS 是一个数据库服务器，存储了用户相关信息和用户业务相关信息。HSS 执行移动性管理、呼叫/会话建立支持、用户认证和访问授权。
- **移动管理实体**(Mobility Management Entity，MME)。MME 是 LTE 控制中心，负责空闲态 UE 的跟踪和寻呼操作。当用户设备单元在初始接入小区需要选择 SGW 时，以及在 LTE 内切换需要选择 SGW 时，MME 可以为用户选择 SGW。MME 同时通过与 HSS 的信息交互来认证用户和管理安全密钥。MME 具有为 UE 产生和分配临时标识符的最终决定权。最后，MME 还是 LTE 蜂窝网络与 PSTN 的连接点。
- **代理呼叫会话控制功能**(Proxy Call Session Control Function，P-CSCF)。P-CSCF 是一个服务器，专门用于 IP 语音的信令处理部分，将在第 18 章讨论。

7.4.2　LTE 小区中的呼叫建立

图 7.14 显示了通过公用分组交换网与 LTE 蜂窝系统建立数据连接的例子。假定移动主机 UE 1 试图连接到互联网并从主机 1 下载文件。在图中所示的步骤 1 中，UE 1 向它的基站 eNodeB 1 发起连接；在步骤 2 中，基站向 MME 发出请求。此时，MME 的作用是确定 UE 1 的移动性是否合

规，并在步骤 3 中从 HSS 获取 UE 1 的授权信息。一旦连接所需要的参数都得到了认可，MME 就在步骤 4 中通知 SGW 可以建立连接。在步骤 5 中，SGW 将连接的一端连接到 eNodeB 1，从而在步骤 6 中连接到 UE 1。在步骤 7 中，SGW 将连接的另一端接到接口节点 PGW，从而在步骤 8 中连接到主机 1。

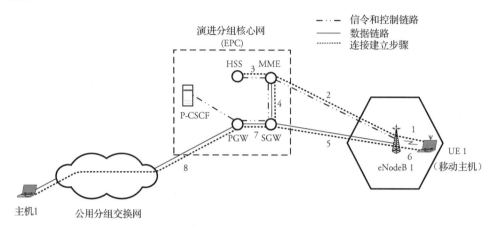

图 7.14 通过步骤 1～8，在 LTE 蜂窝网的移动主机与互联网有线部分的主机之间建立连接

7.4.3 LTE 中的切换

从前面一节的内容可以看到，LTE 配备了一个真正基于 IP 的网络架构，称为 EPC。EPC 旨在支持语音和数据的无缝切换。无缝切换支持的例子是支持移动单元以高达 350 km/h 或 500 km/h 的速度移动，具体取决于频段。图 7.15 显示了一个切换场景，具有一条互联网连接的小区 1 中的移动主机移动到小区 2。在图 7.15(a) 中，移动主机通过 SGW 和 MME 连接到互联网上，其控制信道与 MME 关联。当向小区 2 移动时，移动主机持续测量邻近小区的信号强度。

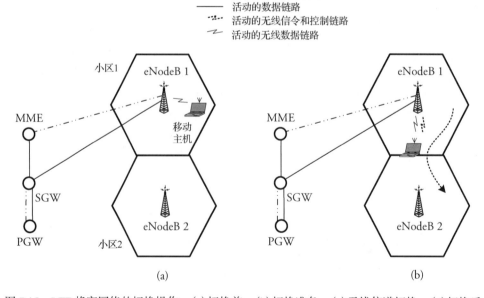

图 7.15 LTE 蜂窝网络的切换操作：(a)切换前；(b)切换准备；(c)无线信道切换；(d)切换后

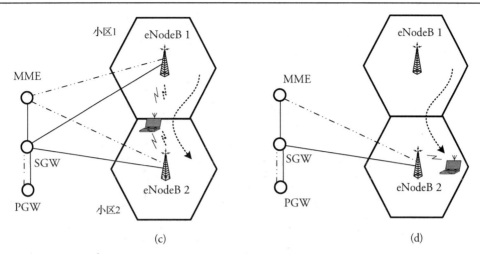

图 7.15(续) LTE 蜂窝网络的切换操作：(a)切换前；(b)切换准备；(c)无线信道切换；(d)切换后

一旦移动主机到达小区 1 和小区 2 的边界，数据信道的信号强度报告就通过信令与控制信道送向 eNodeB 1，然后再送向 MME，如图 7.15(b)所示。MME 了解到主机将从小区 1 越过边界到小区 2，一旦信号强度测量值报告表明小区 2 的信号强度更强，就产生**切换**。切换时，通过 eNodeB 2 提供新的无线信道，移动主机就从 eNodeB 1 换接到 eNodeB 2 上，如图 7.15(c)所示。最后，如图 7.15(d)所示，当移动主机完全进入小区 2 时，MME 断开 eNodeB 1 与该主机的无线信道，于是 eNodeB 2 就成为该移动主机的基站。

7.4.4 LTE 的上/下行链路方案

对于**下行链路**通信，即从 eNodeB 到 UE 的通信，LTE 使用 OFDMA 多路访问方案；对于**上行链路**通信，即从 UE 到 eNodeB 的通信，LTE 使用 SC-FDMA 多路访问方案。这两种方案都是多载波方案，即把无线资源分配给多个用户使用，如第 3 章所述。为了降低能耗，OFDMA 将载波频率分割成若干小的子载波，每个子载波为 15 kHz，然后使用第 2 章中介绍的 QPSK、16-QAM 或 64-QAM 数字调制技术调制每个子载波。OFDMA 根据用户传输的需求为用户分配带宽。OFDMA 下行链路方案的一个值得关注的地方是未分配的子载波不发送载波信号，从而减小了功耗，也降低了干扰。子载波划分成时隙，每个时隙长度为 0.5 ms。移动用户在活跃期间，可分配到多个子载波上的多个时隙，从而获得较高的传输速率。在 SC-FDMA 上行链路方案中，数据则是分散在多个子载波上。

7.4.5 频率复用

蜂窝网络中**频率复用**的基本思想是，如果某个频率的信道覆盖一个区域，那么同样频率的信道还可重新用来覆盖另一个区域。在小区中，天线发射功率受到限制，以防止能量泄漏到邻居小区。定义**小区复用簇**为 N 个不同频率的小区。一个小区使用的频率在另一个小区又重复使用，这样两个小区就称为**同频小区**。图 7.16 显示了蜂窝网络中的一种频率复用形式。在这个例子中，每个复用簇包含 7 个小区，编号相同的小区为同频小区。

令 F 为频率总数，并分配给有 N 个小区的簇。假设把频率平均分配给簇中所有小区，那么每个小区可分配到的信道(频率)数为

$$c = \frac{F}{N} \tag{7.11}$$

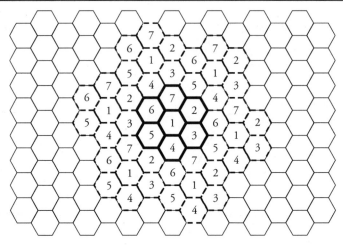

图 7.16　7 个小区组成的频率复用簇

　　小区簇的部署可以重复多次。如果重复次数为 k，这个蜂窝系统的信道总数（也称为**系统容量**）可由下式得出：

$$C = kF = kcN \tag{7.12}$$

　　令 d 为任意两个相邻小区中心位置的距离，r 为小区半径，如图 7.17 所示。现在我们为了确定同频小区的位置，从一个小区的中心位置朝任意方向移动，穿过 m 个小区或 md km，然后沿逆时针方向转 $60°$，再移动 n 个小区或 nd km，直到抵达同频小区为止。图 7.17 所示的情景为：$m = 2$ 和 $n = 1$。使用简单的几何方法，就可以计算出最近同频小区中心点间的距离，$D = \sqrt{A^2 + (md + x)^2}$：

$$\begin{aligned} D &= \sqrt{(nd\cos 30)^2 + (md + nd\sin 30)^2} \\ &= d\sqrt{m^2 + n^2 + mn} \end{aligned} \tag{7.13}$$

　　根据公式(7.1)，任意两个相邻小区中心点间的距离是 $d = \sqrt{3}r$，公式(7.13)可改写为

$$D = r\sqrt{3(m^2 + n^2 + mn)} \tag{7.14}$$

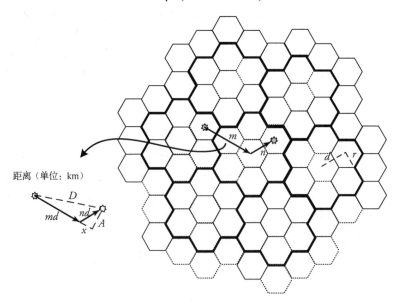

图 7.17　最近的同频小区

如果将编号为 1 的六边形同频小区的中心点连接起来，可形成一个更大的六边形，它的半径为 D，包含 N 个小区，如图 7.18 所示。对于编号 2、3…的同频小区也是一样的情况。六边形的面积大约是 $2.598 \times r^2$，我们可以得出半径为 r 的六边形面积 A_r 和半径为 D 的六边形的面积 A_D 之比，为

$$\frac{A_r}{A_D} = \frac{2.598r^2}{2.598D^2} \tag{7.15}$$

将公式(7.14)代入公式(7.15)，可得出面积之比为

$$\frac{A_r}{A_D} = \frac{1}{3(m^2 + n^2 + mn)} \tag{7.16}$$

从几何图上很容易验证，半径为 D 的六边形包围了 N 个小区，以及与六边形每个边所交叠的 1/3 小区。因此，半径为 D 的六边形覆盖的小区总数为 $N+6(1/3)N = 3N$，那么，$\frac{A_r}{A_D} = \frac{1}{3N}$，于是公式(7.16)可简化为

$$N = m^2 + n^2 + mn \tag{7.17}$$

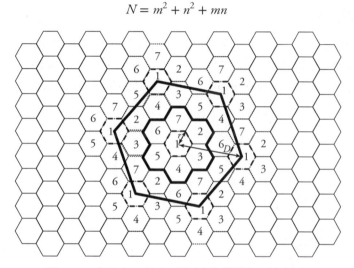

图 7.18　半径为 D 的小区簇(连接编号为 1 的小区)

这是一个重要结论，它用 m 和 n 来表达小区簇的大小。随着蜂窝网络中用户数量的增加，分配给每个小区的频率数量就可能不足以满足它的用户需求。可以采取若干技术来克服这些问题，如下所示：

● **添加新信道**。随着网络范围的增大和小区数量的增加，可添加新的信道来容纳大量用户。
● **频率借用**。当一个小区变得繁忙拥挤时，它可从邻近小区借用频率来处理增加的负载。
● **小区分裂**。在业务量高的区域，可将小区分裂成更小的小区。相应地，收发信机的发射功率也降低下来，以实现频率复用。然而，更小的小区会让用户移动时发生的切换变得更加频繁。
● **小区扇区化**。将小区分成多个扇区，每个扇区包含一部分子信道。
● **微蜂窝**。对于大业务量的区域，如城市道路和高速公路，可以构造微蜂窝。在较小的小区中，基站和移动单元的功率都相对要低一些。

例：考虑一个包含 64 个小区的蜂窝网络，每个小区的半径为 $r = 2$ km。令 $F = 336$，$N = 7$。求每个小区的面积和总信道容量。

解：六边形的面积为 $1.5\sqrt{3}r^2 = 10.39 \text{ km}^2$。64 个六边形小区覆盖的总面积为 $10.39 \times 64 = 664.96 \text{ km}^2$。对于 $N = 7$，则每个小区的信道数量为 336/7 = 48 个。因此，总信道容量为 $48 \times 64 = 3072$ 个信道。

7.5　与 LTE 结合的无线网状网

无线网状网（Wireless Mesh Network，WMN）是蜂窝网络的替代品。WMN 是一种维持动态"网状"连接的自组织无线网络。WMN 使用多个基站，但每个基站可以小于蜂窝网络中使用的基站。基站之间相互合作形成覆盖区域，让用户在任意地点、任意时间、无限期地保持在线。实现这一点的关键元素是网状结构中的节点，即无线路由器节点和基站节点，而且每个节点既是路由器节点，同时也是基站节点。本章研究 WMN 和 WiMAX 网络的应用，以及对等网络（Peer-to-Peer，P2P）与主干无线网状网的连通性。

7.5.1　网状网的应用

在 WMN 中，两种类型的节点实现路由功能：**Mesh 路由器**和 **Mesh 用户**。图 7.19 显示了主干网状网到 WiFi 和 LTE 无线蜂窝网络的详细连接。在图中，WiFi 网络和 LTE 蜂窝网络通过基于网状的**无线网关**连接。无线网关能够将 WMN 主干网与其他类型的网络进行集成。

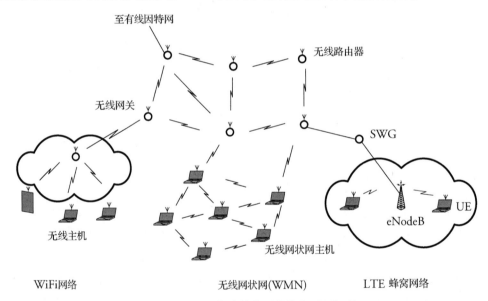

图 7.19　WMN 作为其他网络的主干网概况

WMN 主机也可作为 WMN 中的无线路由器，使得连接比传统的有基站的无线网络更简单。图 7.19 中展示了这个场景，其中有部分 WMN 主干网是由 WMN 主机构成的。WMN 主机采用自组织模式通信。移动自组织网络是一种自组织网络，各个独立的节点同时也是路由器，我们将在第 21 章讨论移动自组织网络。在 WMN 网络结构中，如果需要，还可以将有线链路加入进来。由 WMN 主机组成的子网，可以理解为一种 P2P 网络，与第 9 章中介绍的 P2P 网络相似。

WMN 设计用于城市和企业网络，WMN 基础设施中采用了 IEEE 802.11、IEEE 802.15、IEEE 802.16 等大多数的标准。广泛采用的无线技术是 IEEE 802.11 标准系列。在 WMN 路由器中包含多个无线接口可增强 WMN 的灵活性。与常规自组织网络相比，WMN 的成本更低、网络管理更容易、覆盖服务更可靠。除此以外，WMN 还具备如下的一些优越性：

- **端节点的移动性支持**。端节点通过 WMN 基础设施得到支持。
- **与有线基础设施的连接**。无线网关可以通过有线和无线方式集成异构网络。
- **可扩展性**。设计 WMN 基础设施可随网络访问需求的增加而扩展。
- **自组织组网支持**。WMN 具备自组织能力，可与自组织网络特定节点短期互联。

为了在 WMN 中实现可扩展性，从 MAC 层到应用层的所有协议都必须是可扩展的。"拓扑"和"路由感知"MAC 可显著提升 WMN 的性能。

WMN 提供的 QoS 性能与传统的自组织网络不同，许多应用都是具有多样化 QoS 需求的宽带业务。因此，在建立路由时必须考虑其他性能指标，如延迟抖动、汇集效应、单节点吞吐量。一些与应用相关的安全协议也需要加以考虑，而自组织网络的安全协议不能提供任何可靠性，因为这种网络的流量类似于有线的互联网中的数据流，是分布到多条路径上的。

7.5.2　WMN 的物理层和 MAC 层

WMN 的物理层采用现有的调制与编码技术，高速率的无线通信采用了**正交频分复用**(Orthogonal Frequency Division Multiplexing，OFDM)和**超宽带**(Ultra-Wide Band，UWB)技术来实现。

物理层

使用多天线系统，如分集天线、智能天线，以及**多进多出**(Multiple-Input Multiple-Output，MIMO)系统，可以提升 WMN 的通信质量和系统容量。MIMO 的算法是将信号用两个或多个天线发射出去。无线电信号碰到物体会产生反射形成多路径传输，对常规无线电系统而言，形成的是干扰和衰落，而 MIMO 系统却利用这些不同路径来携带更多的信息。WMN 另外的改进包括**认知无线电**技术，这是一种动态捕获频谱空洞的技术。这个技术的一个独特性质是无线电的各个单元部件，包括射频频段、信道访问模式、信道调制方式，都是可编程实现的。

MAC 层

WMN 的 MAC 层不同于常规无线网络的 MAC 层。WMN 的 MAC 层在设计上就面临着多跳通信的需求，还应具有自组织的特性。这一点使得 WMN 的节点与普通基站节点有些不同。与常规无线网络相比，WMN 支持的移动性相对要低一些。WMN 的 MAC 协议既可支持单信道也可支持多信道，甚至是单信道和多信道同时运行。多信道 MAC 可显著提升网络性能，增加网络容量。由于 CSMA/CA 机制的扩展性不够好，因此它不是单信道 MAC 的有效解决方案。WMN 的最佳解决方案是增强版本的 TDMA 或 CDMA，因为它们的技术复杂性低，成本也低。

多信道 MAC 可以有多种应用方式。对于**多信道单收发信机 MAC**，每个网络节点在每个时刻仅有一个活动信道，因为节点只有一个信道机可用；对于**多信道多收发信机 MAC**，多个信道可以同时工作，仅有一个 MAC 模块来协调所有信道的工作；对于**多无线电**(multi-radio) MAC，每个节点有多部无线电设备，每部无线电设备有各自独立的 MAC 层和物理层。

7.6　无线信道特性

无线通信的性质可以用一系列信道问题来刻画。信道容易受干扰和噪声的影响，无线信道的特性随时间和用户的移动而变化。发送的信号经过三个不同的路径到达接收端：**直射**、**散射**和**反**

射。通过散射和反射到达接收端的信号通常发生振幅和相位的偏移。无线信道的特征刻画为**路径损耗、阴影衰落、平坦衰落和深衰落、多普勒频移**和**干扰**，我们简要地讨论每一个因素。

路径损耗

路径损耗是接收信号功率损失的度量。路径损耗取决于发射功率和传播距离。接收信号强度的一个重要度量是**信噪比**（Signal-to-Noise Ratio，SNR）。如果接收机的平均噪声功率为 P_n，那么信噪比为

$$\text{SNR} = \frac{P_r}{P_n} \tag{7.18}$$

其中，P_r 定义为接收信号功率。接收信号功率随着频率增高而降低，因为信号衰减得更快，因此路径损耗随频率的增加而增大。信噪比维持在较高水平上时，才能保证信道有较低的差错率。路径损耗 L_p，定义为接收功率与发送功率之比，即

$$L_p = \frac{P_t}{P_r} = \left(\frac{4\pi d}{\lambda}\right)^2 \tag{7.19}$$

其中，P_t 为发送功率。要知道发送功率和接收功率的比率为什么可表示成 λ 与 d 的关系，详细的解释见第 2 章的公式(2.3)。

例：考虑一个商用的无线移动电话系统。假设发射机工作频率为 850 MHz，发射功率为 100 mW，移动接收机的接收功率为 $10^{-6}\,\mu\text{W}$。计算发射机与接收机之间的距离。

解：首先，路径损耗计算为

$$L_p = \frac{P_t}{P_r} = \frac{100 \times 10^{-3}}{10^{-6} \times 10^{-6}} = 10^{11} \tag{7.20}$$

已知 $\lambda = c / f$，其中工作频率 f 为 850 MHz，自由空间中的光速 c 为 3×10^8 m/s，由公式(7.19)可计算出 d。结果为 $d = 8.8$ km。

阴影衰落

无线信号在无线介质中传播时可能遇到各种障碍，如建筑物、墙壁、山脉和其他物体。物理障碍导致传输信号衰减。由于这些障碍引起的接收信号功率的变化称为**阴影衰落**。典型情况下，阴影衰落造成的接收信号功率变化服从高斯分布。从公式(2.3)可知，接收信号功率在距离发射机相等的情况下看起来是相同的。然而，即使公式(2.3)中的 d 相同，接收信号功率也会变化，因为有些位置的阴影衰落比其他位置要大。通常，应该增大发射功率 P_t 以补偿阴影衰落效应。图 7.20 显示了接收信号的阴影衰落效应。

平坦衰落和深衰落

在每个无线接收器上，接收信号功率随时间波动快，随距离波动慢，这种现象称为**平坦衰落**。图 7.20 示出了随距离变化的接收信号功率。由图中可见，接收信号功率从其平均值下降。接收信号功率低于满足链路性能约束所需的值的现象，称为**深衰落**。

多普勒频移

令 v_r 为发射机和接收机间的相对位移速度。由相对速度造成的传输信号的频率偏移称为**多普勒频移**，可表示成 f_D：

$$f_D = \frac{v_r}{\lambda} \tag{7.21}$$

其中，λ 为发送信号的波长。如果相对速度随时间发生变化，那么多普勒频移也随之发生变化。在频谱调制中，这种频移可能导致信号带宽的增加。在大多数情况下，多普勒频移在几赫兹量级，而信号的带宽一般在数千赫兹量级。这些情况下，多普勒频移的影响可忽略不计。

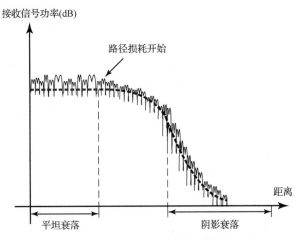

图 7.20　平坦衰落、路径损耗和阴影衰落

干扰

无线信道有限的频谱资源导致了在空间分离位置上的频率复用。频率复用会导致**干扰**。可通过使用更复杂的系统来减少干扰，如动态信道分配、多用户检测和定向天线等。当相邻信道占用其分配频带之外的频谱时，也可能产生干扰，尽管可以通过在信道之间设置保护频带来减少干扰。干扰还可能由同一频带中运行的其他用户和其他系统引起，这类干扰可用某些滤波器和扩频技术来消除。

7.6.1　无线信道的容量

克劳德·香农推导出了通信信道容量的解析公式（后称香农公式）。信道容量（单位为 b/s）的公式如下：

$$C = B \log_2 (1 + \text{SNR}) \tag{7.22}$$

其中，B 为信道带宽，SNR 为接收机端的信噪比。香农公式仅给出了信道容量的理论估计值，并且是在忽略了阴影、衰落、码间干扰效应情况下得出的。对有线网络而言，香农公式能很好地估计可达到的最大数据速率；对无线信道而言，可达到的速率比香农公式给出的结果要低很多，其原因是阴影、衰落、码间干扰等因素使得信道特性随着时间在不断变化。

7.6.2　信道编码

信道编码是一种用于克服信道噪声和纠正信道误差的机制。这个过程包括在传输的信息中添加一些冗余比特，这些冗余比特可用于检测错误和纠正错误。当信道发生差错时，使用信道编码可以消除重传的需要。冗余比特可用于纠正错误，从而降低发射功率并实现较低的误码率。

前向纠错（Forward Error Correction，FEC）是一种常用的信道编码方案。FEC 方案通常增加了信号的带宽并降低了数据的速率。**自动重传请求**（Automatic Repeat reQuest，ARQ）是一种链路差错控制技术，可用于纠正信道上发现的差错。FEC 通常要配合 ARQ 一起使用，因为 FEC 还不足以实现信道编码。Turbo 码已成功达到了逼近香农容量的数据速率。但是，Turbo 码非常复杂且延迟大。

7.6.3　平坦衰落对策

应对平坦衰落的常用技术有**分集**、**编码与交织**，以及**自适应调制**。通过**分集**，多个独立衰落路径在接收机处组合起来以减少功率变化。可以通过在时间、频率或空间上分离信号来获得这些独立的衰落路径。空间分集是最常用和有效的分集技术之一，该技术采用天线阵列来获得独立的衰落路径。阵列中的天线单元之间的距离至少相隔半个波长。

编码与交织是用来应对平坦衰落的另一种技术。通常，平坦衰落会导致突发错误。通过编码与交织，将单个码字的相邻比特分散到多个码字中去，这些突发错误就分散在多个码字上。这就减少了单个码字上的突发错误。理想情况下，送给交织解码器的码字最多包含一比特错误，FEC信道编码可以用来纠正这种错误。

自适应调制方案根据信道的变化进行自适应调整。基于送回发射机的信道估计，自适应调整传输方案；基于接收到的信道估计，自适应修正数据速率、发射功率和编码策略。对信道估计的准确程度，直接受平坦衰落量大小的影响。这些自适应方案有利于降低误码率和提高效率。如果不能对信道做出估计或者信道特性变化非常快，自适应方案就不能正常工作。值得注意的是，将信道估计传回发射机的反馈机制需要额外的带宽。

7.6.4　码间串扰对策

用于**符号间干扰**(Inter-Symbol Interference，ISI)的技术可以分为信号处理技术和天线解决方案。信号处理技术试图补偿ISI或降低ISI对发射信号的影响，包括均衡、多载波调制和扩频技术。天线解决方案试图通过减少多径信号分量之间的相对延迟来降低ISI，包括定向波束和智能天线技术。

均衡方法采用反转信道机制补偿接收机中的ISI。接收信号通过一个具有逆频率响应的线性滤波器，将ISI清零。信号在通过逆向滤波器之前，必须先降低噪声干扰，这由一个最小均方的线性均衡器来完成。由于信道频率响应变化范围大，可采用非线性**判决反馈均衡器**(Decision-Feedback Equalizer，DFE)。DFE利用先前检测符号的ISI信息来实现均衡。

DFE很复杂，但可获得更低的误码率。其他均衡技术有最大似然序列和Turbo均衡。这些方案比DFE的性能更好，但要复杂得多。均衡器技术需要准确的信道估计来正确地补偿ISI。所以，对于特征迅速变化的信道，均衡器技术可能达不到预期效果。

多载波调制是另一种用于降低ISI效应的技术。传输带宽被分成若干子信道，包含要发送的信息的消息信号也被分成相同数量的块。每个数据块被调制到一个子信道上，得到的序列并行传输。子信道带宽保持在信道的相干带宽之内，从而使得每个子信道都是平坦衰落而非频率选择性衰落，进而有助于消除ISI。子信道可以是重叠的或非重叠的。重叠子信道被称为OFDM，该技术提高了频谱效率，但却造成更大的频率选择性衰落，从而降低了信噪比。

7.7　总结

本章介绍了无线网络的基础，但没有涉及大规模网络的路由问题。我们从**蜂窝网络**开始，介绍了无线广域网的基本概念。蜂窝网络包含一个网络化的**基站**阵列，每个基站位于一个六边形小区内以提供覆盖域内的网络服务。每个移动用户都应该注册到区域**移动交换中心**。由于用户使用射频工作时会出现意外干扰，所以我们研究了已知的干扰和**频率复用**。当在一个区域中使用的相同频率可以被重用以覆盖另一个区域时，可在对应的无线网络区域中进行频率重用。

我们还研究了**移动IP**协议。我们已经知道，该协议负责处理接入互联网的用户的移动性。移动主机允许同时拥有两个地址：一个家乡地址和一个外地地址。移动 IP 协议的主要内容之一是移动主机在外地网络中的注册。

接下来我们讨论了第四代移动通信，即 LTE。可以看到，LTE 的一个突出特点是，它是一种宽带无线技术，可以为移动设备提供互联网漫游访问服务支持，这是对旧的蜂窝通信标准的重大改进。通过标准基站 eNodeB、信令路由器 MME，以及两个网关路由器 SGW 和 PGW，就可以实现与互联网的通信连接。

然后，我们介绍了 WMN，它是由分布式小基站为各种应用集结而形成的无线主干网。WMN 可与 WiFi 技术、LTE 技术的网络相连。本章最后，我们回顾了无线信道相关的一些问题，并发现无线信道存在若干弱点，如阴影衰落、路径损耗和干扰等。

下一章将讨论传送层和端到端协议的基本原理。传送层负责信令和文件传输。

7.8　习题

1. 考虑一个商用无线移动电话系统，发射机和接收机之间相距 9.2 km，都使用全向天线。通信的介质不是自由空间，路径损耗是 d^3 而非 d^2 的函数。假设发射机和移动接收机间的通信频率为 800 MHz，接收机接收到的信号功率为 $10^{-6}\,\mu\text{W}$。

   (a) 计算接收天线的有效面积。

   (b) 计算所需的发射功率。

2. 假设蜂窝网络的小区模型是正方形。

   (a) 计算小区覆盖面积，并与六边形小区进行比较。假设这两个模型的小区中心间距相等。

   (b) 与六边形小区相比，它有哪些缺点？

3. 一个覆盖区域面积为 1800 km² 的蜂窝网络，总共有 800 个无线信道。每个小区的覆盖面积为 8 km²。

   (a) 当小区簇大小为 7 时，计算系统容量。

   (b) 如果要覆盖几乎全部的区域，大小为 7 的簇总共要重复多少次？

   (c) 小区簇大小对系统容量的影响是什么？

4. 考虑一个蜂窝网络，它有 128 个小区，小区半径为 $r = 3$ km。$N = 7$ 个信道的簇系统的业务信道数为 $g = 420$。

   (a) 计算每个六边形小区的面积。

   (b) 计算总信道容量。

   (c) 计算最近同频小区的中心间距。

5. 如果在业务繁忙的区域将小区分裂成更小的小区，那么这个区域内蜂窝系统的容量将会增加。

   (a) 分裂小区以增加系统容量，需要做哪些权衡？

   (b) 考虑一个 7 小区频率复用簇的网络，小区的基站都放置在中心位置。以簇中心为基础，设计一种该簇的小区分裂方式。

6. 我们想仿真一下本章讨论的蜂窝网络中的移动性和小区切换。假设市区为 25 km/h≤k≤45 km/h，郊区为 45 km/h≤k≤75 km/h。令 d_b 为车辆到达小区边界的距离，范围从 −10～10 km。

   (a) 画出到达小区边界且需要切换的概率曲线。讨论到达边界的概率为什么是一种指数下降的形式。

   (b) 说明车辆在通话过程中到达小区边界的概率取决于 d_b。

   (c) 说明车辆到达边界的概率是车辆速度的函数。

   (d) 讨论车辆到达边界的概率为什么与车辆速度成正比。

7. 考虑一个 LTE 蜂窝网络，它有 32 个小区，小区半径为 5 km，频率带宽内共有 343 个信道。信道复用簇为 7 个小区。

(a) 给出该六边形蜂窝网络的近似地理草图。

(b) 该蜂窝网络能并行进行的呼叫数可以达到多少?

(c) 将小区半径改为 2 km,重做(a)和(b)。

8. 假设连接到 ISP 1 的主机使用稀疏模式 PIM(见第 6 章)作为其多播策略,打算与 ISP 2 中的主机(也使用稀疏模式 PIM)和 LTE 蜂窝网络中的智能手机进行多播连接。域间多播使用 MSDP 协议。

(a) 画出这个多播连接的网络场景草图,标出与此通信相关的节点,包括 MSDP 代理、PIM 汇合点和 eNodeB 等。

(b) 重做(a),这次考虑与蜂窝网络的连接必须通过另一个 ISP。

7.9 计算机仿真项目

无线蜂窝网络上的文件传输仿真实验。需要仿真的是本章讨论的蜂窝网络的移动性。用两个笔记本电脑,其中一个作为发送主机,通过无线连接到本地蜂窝网络中,具有移动能力;另外一个作为固定的接收主机连接到互联网。从发送主机向接收主机发送大文件。

(a) 找出这两个主机的 IP 地址,以及两个主机间存在的设备。根据得到的结果,能否猜测出 eNodeB 的 IP 地址?

(b) 在网络活动过程中,运行 Wireshark,抓取文件传输时从发送主机到接收主机的分组,抓取 20 个分组即可。

(c) 传输文件总共花了多长时间? 能否由此估计出从 eNodeB 传输文件所需的时间?

第8章 传送和端到端协议

至此，我们已讨论了 IP 协议栈中的物理层、链路层和网络层。本章将关注第 4 层，即传送层的基础知识。我们将介绍几种**传输控制协议**（Transmission Control Protocol，TCP）的拥塞控制技术。当发送方发送分组（数据段）而接收方确认收到分组时，这些技术在 TCP 会话中使用一种端到端拥塞控制的形式。本章将包含以下内容：

- **传送层概况**；
- **用户数据报协议**；
- **传输控制协议**；
- **移动传送协议**；
- **TCP 拥塞控制**。

我们首先详细介绍**第 4 层**，即**传送层**的内容，并解释该层协议是如何传输文件的。第 4 层处理数据传输的细节，并通过网络充当通信主机和服务器之间的接口协议。接着我们将介绍**用户数据报协议**（User Datagram Protocol，UDP），它是位于网络层之上的一个无连接传送层协议。

其次，将介绍在 TCP 下建立可靠的端到端连接，我们将分别了解启动连接和终止连接所需的连接请求和连接终止信令；同时，还将介绍利用 TCP 进行数据传输的几种方式。

传送层的移动性是本章要讨论的另一个重要话题。在无线移动网中，UDP 和 TCP 都有其特定的应用。无线传送协议应用的一个典型例子是当用户（主机）移动到一个远程区域或蜂窝区域并希望保持无缝连接时。我们会从不同的角度讨论传送协议的移动性。

本章最后将介绍 TCP 的拥塞控制。一般来说，需要大量工程上的努力来设计一个低拥塞甚至无拥塞的网络。在通信网中，**拥塞**是指一种当前网络可用资源无法满足业务流量需求的状态。通常情况下，网络拥塞是由链路和网络设备的资源短缺造成的。我们将区分两类资源短缺的情况并分别介绍其预防措施：**流量控制**和**拥塞控制**。最后，我们将讨论 TCP 和 UDP 的应用。

8.1 传送层概况

传送层作为 TCP/IP 协议栈模型中的第 4 层，负责处理数据传输的细节。传送层协议实现在通信的端点上，而不是网络路由器上。传送层确保应用进程的完整数据传输，应用程序无须担心任何网络问题或者是物理基础设施的细节。该层显然充当了通信主机的"应用程序"与网络之间的接口协议，如图 8.1 所示。

传送层提供应用进程之间的"逻辑"通信。如图中所示，LAN 2 中客户机运行的应用程序通过两个端点之间的**逻辑**（而非物理的）链路与 LAN 1 中服务器上的应用程序连接。**逻辑链路**是指运行应用程序的两个端点（如本例中的客户机和服务器）直接连接，而实际上两个端点可能相距很远，并通过物理链路、交换机和路由器连接。例如，图中所示的客户机和服务器位于网络的两端，并通过路由器 R4、R7 和 R1 连接。通过这种方式，一个应用进程可以通过传送层提供的逻辑链路向另一个应用进程发送信息，而无须在意这些信息发送过程中需要处理的各种细节。

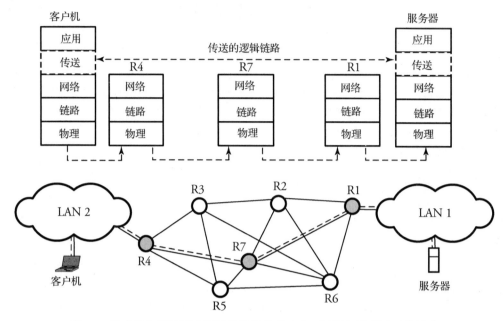

图 8.1　客户机与服务器之间的传送层呈现一个"逻辑"端到端通信链路

8.1.1　传送层与相邻层的相互作用

图 8.1 所示的直接逻辑链路反映了三个路由器(R4、R7 和 R1)仅作用于分组(数据报)的网络层字段，而从不检查传送层数据段的字段。这就像是两个端点之间有一条直连的逻辑链路。一旦末端服务器接收到了报文，网络层就从数据报中提取传送层数据段，并将其递交给传送层。在接收端，传送层会处理其数据段并提取其中的应用程序数据。

传送协议通常可以为某个应用程序提供可靠的数据传输服务，尽管下层网络协议会由于丢失分组而不可靠。一个传送协议还可以使用自己的安全过程来确保应用程序消息不会被他人侵入。

数据段

传送层将应用程序消息封装成传送层分组，称为**数据段**(segment)。该层管理端到端通信的细节，如分段、重组、检错等。分段指的是将应用数据分成更小的块，并为每块添加传送层首部从而生成数据段。数据段一旦形成，将被送至网络层，从而进一步被封装为网络层分组(数据报)，送往目的地。

端口号

任何一个主机都可以同时运行多个网络应用程序，因此每个应用程序都需要由与目标应用程序通信的另一个主机标识。为此，在传送层定义了一个**端口号**(port number)，并包含在每个数据段的首部中。传送层端口是一个逻辑端口，而非实际端口或物理端口，其作用是主机中的端点应用程序标识。另一方面，源主机需要一个通信端口号来唯一标识运行在目的主机上的应用进程。

为主机内的应用进程分配端口的概念使得多个通信应用程序可以共享连到该主机的单个物理链路，就像时分复用一样。

主机中的每个端口都与主机的 IP 地址及用于通信的协议类型相关联。当在两个需要使用第 4 层协议的主机之间建立连接时，**端口号**是用于标识消息的发送主机和接收主机的寻址信息的一部分。因此，端到端连接中需要一个**源端口**和一个**目的端口**，分别标识发送分组的源端口号和接收分组的目的端口号。端口号与网络寻址方案相关联。传送层连接使用自己的一组端口，这些端口与 IP 地址一起工作。

可以把主机的 IP 地址想象成电话号码，其端口号就相当于电话分机号码。具有 IP 地址的主机可以拥有多个端口号，就像一个电话号码可以拥有多个分机号码。一个端口号由 2 Byte(16 bit)组成。使用 16 bit，可以创建 65 536 个端口号(0~65 535)。表 8.1 给出了一些常见应用程序(如 E-mail 和 Web)的周知端口号。

表 8.1 常见端口号

端 口 号	协 议	端口分配主机	协议讲解的章节
25	SMTP	E-mail 服务器	第 9 章
80	HTTP	Web 服务器	第 9 章
110	POP3	E-mail 服务器	第 9 章
143	IMAP	E-mail 服务器	第 9 章
443	HTTPS	安全 Web 服务器	第 10 章

套接字

网络**套接字**(socket)是应用进程的中间端点入口，消息通过这个入口从网络传递到应用进程，并从应用进程传递到网络。注意这里的入口是虚拟或逻辑的入口，而非实际的物理入口。套接字只是传送层和应用层之间的软件接口入口。接收主机的传送层将数据传送到套接字，从而传递给应用进程。

每个套接字都有一个唯一的标识符。套接字的标识符由关联主机的 IP 地址和关联特定应用的端口号组成。互联网套接字将传入的分组传送到相应的应用进程。任何应用进程都可以有一个或多个套接字。当主机接收到一个数据段时，传送层会检查数据段的首部并识别接收套接字。一旦发现数据段中的套接字标识符已知，就会将该数据段传递至对应的套接字。当客户主机被分配一个本地端口号时，会立刻绑定一个**套接字**。客户主机会通过向套接字中写入数据来和目的主机交互，通过从套接字中读取数据来接收目的主机传来的信息。

这里举一个端口和套接字的例子：假设一个用户正从互联网下载一个文件，并同时接收朋友的 E-mail。在这种情况下，用户的计算机必须有两个端口，也因此有两个套接字，Web 和 E-mail 应用程序通过这两个套接字在传送层进行通信。图 8.2 详细展示了一个客户机正与两个服务器 A 和 B 通信的情况。服务器 A 向客户机发送了数据段 A，服务器 B 向客户机发送数据段 B。这些数据段到达客户主机的第 4 层后，通过数据段中标识的相关端口号 A 和 B 在两个套接字上进行解复用。通过这种方式，对数据段 A 和 B 进行分类，并将每种类型传递到对应的套接字，然后传递到第 5 层中对应的应用进程。当源主机需要从它的几个应用进程中传输数据时，即采用称为复用的反向操作。在这种情况下，来自应用进程的数据必须从不同的套接字中收集，封装成数据段，并传送到网络层。复用操作与我们在第 2 章中讨论的 TDM 相同。

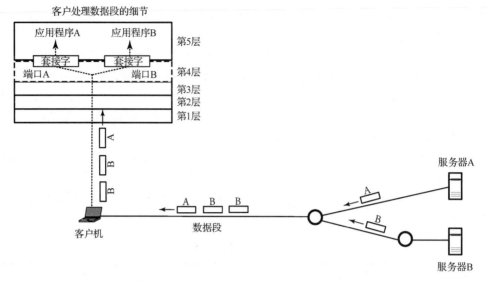

图 8.2　使用不同端口通过套接字向客户发送数据段示意图

8.1.2　传送层协议

TCP/IP 网络中两种最重要的传送方式分别对应两个协议：

- UDP；
- TCP。

UDP 是一种**无连接**服务，对调用的应用程序不可靠。TCP 是一种**面向连接**的服务，因此对于调用的应用程序来说是一个可靠的服务。相关的网络应用程序设计要在这两个传送协议之间做出谨慎的选择，因为对于调用应用程序来说，每个协议的行为都大不相同。

8.2　用户数据报协议

UDP 是一种位于网络层之上的传送层协议。UDP 是无连接协议，因为在发送数据段之前发送方和接收方之间是没有握手过程的。UDP 不能提供可靠的服务，主要原因在于缺乏对分组传输的确认；但是，一旦数据段到达目的地，UDP 协议就会进行一定程度的差错检测。

当一个主机向另一个主机发送分组（数据报）时，IP 能够将分组传递到目的主机，但不能将其传递到特定的应用程序。UDP 通过提供一种机制来区分多个应用程序，并将分组传递给所需的应用程序来填补这一空白。当源主机上的应用程序选择 UDP 而不是 TCP 时，应用程序将与 IP 交互。UDP 从应用进程获取应用消息，将源和目的端口号字段及其他字段添加到数据段中，然后将生成的数据段传递给网络层。网络层将传送层的数据段封装在 IP 数据报中，然后尝试将这些数据段发送至目的主机。在目的主机上，UDP 处理到达的数据段，识别目的端口号，并将数据段中的数据提取出来递交给正确的应用进程。

8.2.1　UDP 数据段

UDP 数据段的首部格式如图 8.3 所示。注意其他首部，如 IP 首部（第 3 层协议）和数据链路首部（第 2 层协议）也会加到 UDP 首部之前，以提供路由及传递分组时所需的完整信息。

字节:

图 8.3 UDP 数据段的首部

UDP 数据段的首部从**源端**口开始，其后是**目的端口**。这两个端口号分别用于标识源和目的端的应用程序。源端口标识发送数据的应用程序，目的端口则协助 UDP 对分组解复用并将其递交至正确的应用程序。**UDP 长度**字段表示 UDP 首部及其数据的总长度，最大值几乎可以达到 2^{16} Byte。数据段的最后一个字段是 **UDP 校验和**，将在下一段介绍。

UDP 校验和

UDP 校验和是一个用于检错的 2 Byte 字段。尽管数据链路层协议已经提供了差错检测功能（如第 3 章所述），但是为了确保安全，传送层协议在第 4 层又进行了一次差错检测。进行第二次差错检测的原因有两个：首先，不能保证源和目的之间的所有链路都进行了差错检测；其次，从噪声到分组存储错误的各种差错源可能发生在路由器或交换机中，而不一定发生在链路上。因此，即便一个数据段在链路上正确传递，该数据段存储在交换机或路由器的内存中时也很可能会发生错误。现在，我们先来学习一下传送层中实现的校验和算法。

开始校验和算法：

初始化：

- 将数据段分为 n 个 2 Byte（16 bit）长的字，令字号为 $i \in \{1, 2, \cdots, n\}$
- 令 Sum = 0，Checksum = 0

源端的校验和：

1. For $1 \leqslant i \leqslant n$：

   Do Sum = 字 i + Sum

   如果 Sum 产生进位（carry），则 Sum = Sum + carry

2. **1 的补码：** Checksum = Sum 的每一比特取反

目的端的差错校验：

3. 在收到的数据段上执行"源端的校验和"中进行的步骤 1，得到"目的"的 Sum。

4. 如果 Sum（目的端得到的）+ Checksum（接收到的）的所有比特均为 1，则收到的报文没有错误；**否则收到的报文有错误。**

例． 假设源数据段由以下比特流组成：1000,1111,0000,1110,1000,0000,0110,0000，计算其校验和，并在目的端检测该数据段是否有错误发生。

解： 在初始化阶段，我们将比特流分成 $n = 2$ 个字：字 1 = 1000,1111,0000,1110，字 2 = 1000,0000,0110,0000。同时，令 Sum = 0000,0000,0000,0000。在步骤 1 中，$i = 1$ 时，Sum = 字 1 + Sum = 1000,1111,0000,1110 + 0000,0000,0000,0000 = 1000,1111,0000,1110，没有产生进位；$i = 2$ 时，Sum = 字 2 + Sum = 1000,1111,0000,1110 + 1000,0000,0110,0000 = 0000,1111,0110,1110，发生了进位 1，所以 Sum = Sum + Carry = 0000,1111,0110,1110 + 1 = 0000,1111,0110,1111。在步骤 2 中，取 Sum 的反码，得到 Checksum = 1111,0000,1001,0000，并将此值插入 UDP 数据段的**校验和字段**中。在目

的端检测收到的数据段是否发生错误时，执行步骤 3，在目的端使用和源端相同的方法得到 Sum ＝ 0000,1111,0110,1111。现在，将此 Sum 与收到的校验和相加，得到 0000,1111,0110,1111 ＋ 1111,0000,1001,0000 ＝ 1111,1111,1111,1111，因为所有比特均为 1，所以收到的数据段没有错误发生。

请注意，即使 UDP 提供了差错检测机制，但并没有从错误中恢复的能力。在大多数情况下，UDP 只是丢弃受损数据段或将受损数据段传递给应用层并发出警告。

8.2.2　UDP 的应用

尽管 UDP 不能像 TCP 一样提供可靠的服务，但是通信系统中的很多应用更适合使用 UDP，因为 UDP 有如下的优点：

- **更快地传递应用数据**。TCP 具有拥塞控制机制，需要一定的时间成本来保证数据正确传送。这可能不太适用于实时应用程序。
- **支持更多的活跃客户机**。TCP 需要保持连接状态并跟踪连接参数。因此，当应用程序通过 TCP 而不是 UDP 运行时，特定应用程序的服务器支持较少的活跃客户机。
- **较小的数据段首部开销**。UDP 只有 8 Byte 开销，而 TCP 数据段的首部有 20 Byte。

RIP 和 OSPF（第 5 章所述）的路由表更新、域名系统（Domain Name System，DNS）和 SNMP 网络管理等应用程序都运行在 UDP 上。例如，RIP 更新是周期性发送的，可靠性可能不是问题，因为最近的更新总是可以替换丢失的更新。我们将在第 9 章详细讨论 DNS 和 SNMP。

8.3　传输控制协议

TCP 是通过使用**自动重传请求**（Automatic Repeat reQuest，ARQ）提供可靠服务的另一种传送层协议。此外，TCP 使用第 3 章中介绍的**滑动窗口机制**提供流量控制功能。TCP 是建立在 IP 之上的服务，可以在源应用程序和目的应用程序之间建立双向连接。

作为面向连接的协议，TCP 需要在两个应用程序之间建立连接。连接的建立需要定义协议所需的变量，并将其存储在**传输控制块**中。在连接建立后，TCP 以**字节流**的形式顺序发送分组。TCP 可以将来自应用层的数据以单个数据段的形式发送出去，也可以在下层物理网络限制时将数据拆分为多个数据段发送。

第 4 层需要确保数据无错且有序地到达。主机上的应用需要将存储在发送缓冲区中的某些数据发送出去。数据会以字节流的形式发送。发送主机会创建一个包含若干字节的数据段。该数据段会被添加上 TCP 首部，TCP 首部包含目的应用端口和**序列号**。当该数据段到达目的地时，会被检测是否完整。当确定了该数据段不是重复数据且数据段编号在本地缓冲区范围内时，接收方会接收该报文。接收方也可以接收乱序的数据段。在此情况中，接收方会将乱序的数据段在缓冲区中重新排序，以便在应用程序读取之前得到有序的数据段。确认是累积的，并且逆向传递给源主机。

8.3.1　TCP 数据段

如前所述，TCP **数据段**是包含一部分 TCP 发送字节流的 TCP 会话分组。TCP 数据段的首部如图 8.4 所示。如同 UDP 数据段，如 IP 首部（第 3 层协议）和数据链路首部（第 2 层协议）的其他首部也会加到 TCP 数据段的首部之前，从而形成一个包含完整的路由和传递信息的分组。TCP 数据段的首部至少包含 20 Byte 固定字段和可变长度的选项字段。字段的详细信息如下：

- **源端口**和**目的端口**分别指定发送数据的源用户端口号和接收数据的目的用户端口号。
- **序列号**是一个 32 bit 字段，其值为 TCP 每个数据段第一个数据字节的序号。当序列号到达 $2^{32}-1$ 时会从 0 重新开始。
- **确认号**指定了接收方等待接收的下一字节的序号，并确认接收了在此序号之前的所有字节。如果 SYN 字段被设置，那么确认号为**初始序列号**(Initial Sequence Number，ISN)。
- **首部长度**是一个 4 bit 字段，以 32 bit 字为单位指明首部的长度。
- **紧急**(Urgent，URG)字段是一个 1 bit 字段，如果该字段被设置为 1，就意味着紧急指针字段是有效的。
- **确认**(Acknowledgment，ACK)字段指明确认是否有效。
- **推送**(Push，PSH)字段如果被设置为 1，就要求接收方立刻将此数据转发至目的应用。
- **重置**(Reset，RST)字段如果被设置为 1，就要求接收方中断此连接。
- **同步**(Synchronize，SYN)字段是一个 1 bit 字段，在连接请求同步序列号时使用。
- **完成**(Finished，FIN)字段是一个 1 bit 字段，指明发送方已经将数据发送完毕。
- **窗口大小**指明通告的窗口大小。
- **校验和**用来校验错误和检测接收到的报文的有效性。TCP 的校验和算法与 8.2.1 节中的 UDP 校验和算法相同。
- **紧急指针**字段如果被设置为 1，就指示接收方将紧急指针字段的值与序列号字段的值相加，以得到向目的应用程序紧急传送的数据的最后一个字节号。
- **选项**字段是一个可变长度字段，指定了不用于基本首部中的其他功能。

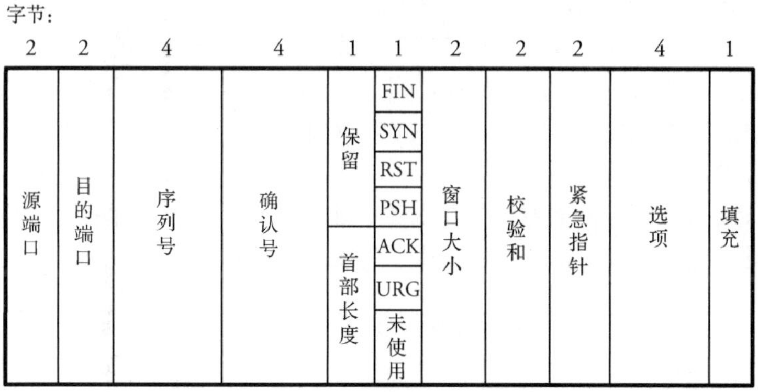

图 8.4　TCP 数据段的首部

从数据段字段中可以看出，TCP 连接中的每个数据段都会被赋予一个**序列号** i，在后续的讨论中记作 seq(i)。数据段的序列号实际上是数据段中的第一个数据字节在字节流中的序号。起始序列号是一个取值范围为 $0\sim(2^{32}-1)$ 的随机整数。

例：假设现在需要使用 TCP 协议传输 4000 Byte。如果连接中数据的起始序列号选择为 2001，那么传输的字节将被编号为 2001～6000。在这种情况中，从第一个数据字节开始的第一个数据段的序列号为 seq(2001)。

IPv4 和 IPv6 的最大数据段长度

前面提到的**选项**字段中的一个可能的选项就是**最大数据段长度**(Maximum Segment Size，MSS)，定义为 TCP 连接可处理不包含首部的最大数据段长度。目的主机使用选项字段指定可接收的最大数据段长度。这个选项提供 16 bit。因此，最大数据段长度被限制为 65 535 Byte 减去 TCP

首部的 20 Byte，再减去 IP 首部的 20 Byte，即 65 495 Byte。典型的 TCP 数据段长度在 576~1500 Byte 之间，因此，一个 TCP 连接的典型 MSS 是 536(576–20–20 = 536)Byte 到 1460(1500–20–20 = 1460)Byte 之间，都减去了 TCP 首部的 20 Byte 和 IP 首部的 20 Byte。尽管如此，一般主机默认的 MSS 是 536 Byte。关于 MSS 的另一个事实是双向 TCP 连接中的每个数据流方向可以使用不同的 MSS。此外，IPv6 的主机一般需要能够处理 1220(1280–40–20 = 1220)Byte 的 MSS。

选项字段中另一个可能的选项是**窗口扩大因子**。该选项可以增大首部中的通告窗口大小，使其超过 $2^{16}–1$。通告窗口最大可以增大 2^{14}。

8.3.2 TCP 连接

作为一个面向连接的协议，TCP 需要有明确的**连接建立**阶段、**数据传输**阶段和**连接终止**阶段。在下面三个部分中，将分别介绍这三个阶段。

连接建立阶段

连接建立使用三次握手过程，如图 8.5(a)所示。假设主机 A 是源主机，主机 B 是目的主机。在三次握手过程的第一步中，源主机向目的主机发送第一个数据段，该数据段称为"连接请求"。这个数据段并没有包含真正的数据，其作用只是初始化连接。连接请求包含一个作为初始序列号的随机数，记为 seq(i)，且 SYN 比特设置为 1(SYN = 1)。序列号 seq(i)指明当开始传输数据时，期望的序列号应为 seq(i+1)。

在三次握手过程的第二步中，收到连接请求时，目的主机 B 会发送一个确认号为 ack(i+1)的确认数据段给源主机，其中 ACK 比特设置为 1(ACK=1)。在这一步中，通过将 i 增加到 i+1，目的主机指明了三次握手过程之后开始数据传输时，希望第一个数据段的序列号为 seq(i+1)。目的主机还指示它已启动了自己的起始序列号 seq(j)，因此将 SYN 比特设置为 1(SYN = 1)。

最后，在三次握手过程的第三步中，源主机 A 返回一个确认数据段 ack(j+1)，并将 ACK 比特设置为 1(ACK=1)，指明主机 A 正在等待下一字节。第三个数据段的序列号为 seq(i+1)且 SYN = 0，尽管这个数据段没有包含实际的数据，只是对第二步的确认。三次握手过程在发送方和接收方之间建立了一个连接，此时数据传输可以从序列号为 seq(i+1)的第一字节开始。

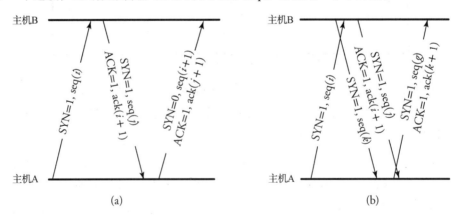

图 8.5 TCP 信令：(a)建立连接的三次握手过程；(b)两个同时连接请求的冲突

例：使用三次握手过程进行连接建立，使用 MSS 为 1000 Byte 的 TCP 连接传输 4000 Byte 的数据。假设源主机启动连接建立的第一步中第一字节序列号为 i = 2000，目的主机启动连接建立的第二步中起始字节序列号为 j = 12000。请给出这个过程中详细的数据段序列号。

解： 在第一步中，源主机向目的主机发送序列号为 seq(2000) 且 SYN 比特设置为 1(SYN = 1) 的连接请求数据段。在第二步中，目的主机向源主机发送确认号为 ack(2001) 且 ACK 比特设置为 1(ACK = 1) 的确认数据段。此时，通过将 2000 增加到 2001，目的主机指明了在数据传输开始时期望第一个数据段的序列号为 seq(2001)。注意，此报文中还包含目的主机自己的序列号 seq(12000) 且 SYN 比特设置为 1(SYN = 1)。在第三步中，源主机回应目的主机一个确认报文段，其中确认号为 ack(12001) 且 ACK 比特设置为 1(ACK = 1)，以指明正在等待下一字节。第三个数据段的序列号为 seq(2001) 且 SYN = 0。当开始数据传输时，从数据的第一字节开始的第一个数据段的序列号为 seq(2001)。在这个连接中，分别用序列号 seq(2001)、seq(3001)、seq(4001) 和 seq(5001) 创建了四个 (4000/1000 = 4) 数据段，包含 2001～6000 的所有数据字节。

在连接建立阶段，有可能存在某些情况会导致参与的主机做出特殊安排。例如，在图 8.5(b) 中，两个端主机同时尝试建立连接，一个从 seq(i) 开始，另一个从 seq(k) 开始。在这种情况下，两个主机都能识别来自彼此的连接请求，因此只建立了一个连接。这种情况下的连接过程在源主机和目的主机之间使用不同的初始序列号来区分新旧数据段，从而避免数据段的重复和后续数据段的删除。

此外还有两种需要安排初始序列号的特殊情况。其一是如果前一连接的某个数据段受到延迟而在连接建立阶段到达，那么接收主机会以为这是属于新连接的数据段文，从而接收这个数据段。其二是具有相同序列号的当前连接的数据段到达时，会被认为是重复的数据段而丢弃。因此，确保初始序列号不同是相当重要的。

数据传输阶段

三次握手过程一旦完成，则认为 TCP 连接已经建立，因此允许源主机向目的主机发送数据。图 8.6 展示了数据传输的一个示例。在此例中，源主机(主机 A)有长度为 2 倍 MSS 的数据要发送，因此，被分成两个数据段，每个数据段的数据长度为 1 个 MSS Byte。假设第一个数据段分配的序列号为 seq(i+1)。这个数据段的 PSH 标志设置为 1(PSH = 1)，因此目的主机收到该数据段时立刻将其中的数据递交给应用进程。TCP 的实现提供了是否设置 PSH 标志的选项。第一个数据段有 MSS Byte 的数据，其编号是 i+1～i+MSS。这些数据到达目的主机时会被缓存起来，当应用进程准备就绪时将其递交给应用进程。一旦缓存了第一个数据段的数据，目的主机就会发送一个确认，该确认的序号基于连接建立时目的主机随机选择的初始序列号，假设为 seq(j+1)，确认号为 ack(i+MSS+1)，暗示源主机希望接下来到达的数据段的序列号为 seq(i+MSS+1)。如图所示，连接中第二个数据段的处理和第一个数据段类似，其序列号为 seq(i+MSS+1)。

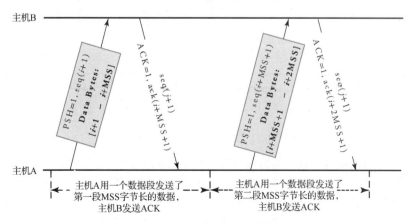

图 8.6 TCP 连接中的数据传输

连接终止阶段

　　当一个端点决定终止连接时，将在两个端站之间执行另一个被称作连接中止的三次握手过程。图 8.7 显示了连接终止过程的一个例子。假设主机 A 希望终止 TCP 连接。在这个例子中，主机 A 在过程的第一步向主机 B 发送了一个称为"终止请求"的数据段。终止请求包含了一个序列号，记作 seq(i)，且设置了 FIN 比特(FIN = 1)。在这个过程的第二步中，终止请求的接收方，即主机 B 向源主机发送确认号为 ack(i+1)且设置了 ACK 比特 (ACK=1)的确认数据段。主机 B 还指示自己的起始序列

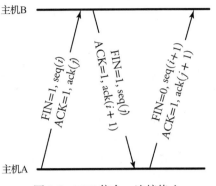

图 8.7　TCP 信令：连接终止

号为 seq(j)，并设置了 FIN 比特(FIN = 1)。最后，在三次握手过程的第三步中，主机 A 回应一个 ack(j+1)且设置了 ACK 比特(ACK = 1)的确认数据段。第三个数据段的序列号为 seq(i+1)且 FIN = 0，尽管这个数据段没有发送实际的数据，仅仅是对第二步的确认响应。

8.3.3　TCP 中基于窗口的传输和滑动窗口

　　与链路层类似，处于协议栈传送层的 TCP 也可以在预定窗口时间内发送多个数据段。窗口大小的选择根据目的主机分配给该连接的缓冲区容量而定。此功能是使用 TCP 首部中的**窗口大小**(w)字段实现的。因此，源主机在任何时刻都不能出现超过窗口大小的未确认数据段。所以目的主机必须根据其缓冲区容量确定一个合适的窗口大小值，以避免源主机的发送量超出目的主机的缓冲区容量。

　　图 8.8 显示了一个场景，其中主机 A 启动 TCP 数据传输过程，通过一个数据段发送 MSS Byte 的数据，并收到其确认。在图中，主机 B 随后允许按照一次一个数据段的规律传输 w = 2 个数据段，所以主机 A 连续发送两个数据段 seq(i+MSS+1) 和 seq(i+2MSS+1)，接着目的主机 B 为两个数据段生成一个确认。注意，图中显示的是一个双向连接，主机 B 也在确认数据段中发送了 MSS Byte 的数据，并接收到了主机 A 发来的确认。

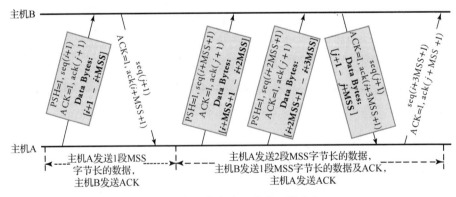

图 8.8　窗口大小为 2 的窗口的建立

　　第 3 章介绍了**滑动窗口协议**作为协议栈第 2 层(链路层)中的一种有效的流量控制方法。总的来说，滑动窗口协议保证了帧的可靠传递，而且还保证了帧的到达次序和发送次序相同。这主要是通过对接收帧的每个窗口执行确认来实现的。

　　在协议栈的第 4 层，TCP 也使用滑动窗口协议来保证数据段的可靠传递，以及确保数据段的

到达次序和发送次序相同。TCP 中的滑动窗口协议与链路层中的滑动窗口协议的唯一区别在于链路层的目的(接收)主机通告固定大小的滑动窗口，而 TCP 连接中的目的主机向源主机通告其选择的窗口大小。

为了运行滑动窗口协议，源主机必须维护一个缓冲区来存储已经发送但还未确认的数据段，以及那些已经由应用程序产生但还没有发送的数据段。类似地，目的主机也必须维护一个缓冲区来保存没有按序到达的数据段，以及按序到达但还没有被应用层接收的数据段。

8.3.4　TCP 的应用

TCP 提供可靠服务，因为它配备了拥塞控制机制，并需要一定的时间成本来保证数据传递。使用 TCP 协议的最常见应用程序包括 **E-mail**、**Web**、**远程终端访问**和**文件传输协议**。这些应用程序都运行在 TCP 上，因为它们都需要可靠的数据传输服务。在第 9 章中，我们将深入讲解这些应用。

8.4　移动传送协议

在无线移动网络中，UDP 和 TCP 都有其各自的应用。但是，这些协议需要进行一些修改，以便适用于无线网络。修改需求的一个明显原因是用户(主机)可能会移动到远程区域，并且仍然需要无缝连接。

8.4.1　用于移动的 UDP

在无线移动 IP 网络中使用 UDP 有几个原因。我们在第 7 章中了解到移动主机需要向外地代理注册。向外地网络中的代理注册使用的就是 UDP。这个过程从外地代理使用 UDP 连接广播通告开始。由于传统的 UDP 不使用确认，也不执行流量控制，因此它不是传输协议的首选。处理这种情况的一种方案是在移动主机报告其下线时停止向其发送数据报。但是由于连接质量差，此方法并不实用。

8.4.2　用于移动的 TCP

由于面向连接的特性，TCP 提供可靠的数据传递服务。为移动主机提供 TCP 服务的最大挑战是防止由于较差的无线链路质量而造成中断。链路质量差通常会造成 TCP 数据段丢失，从而可能导致超时。即使劣质的无线信道持续时间很短，也会由于窗口太小而导致较低的吞吐量。

解决这个问题的一种思路是当分组无论什么原因丢失时，都不允许发送方缩小拥塞窗口。如果无线信道很快从断开连接中恢复，那么移动主机将立即开始接收数据。为此，还使用了其他一些协议，其中我们将重点讨论**间接传输控制协议**(Indirect Transmission Control Protocol，I-TCP)和**快速重传协议**。

I-TCP

假设移动 IP 网络(如蜂窝网络)中的个移动主机试图和固定网络中的固定主机建立 I-TCP 连接，如图 8.9 所示。在 I-TCP 方案中，首先将连接拆分成两个单独的连接。移动主机和基站(Base Station，BS)之间建立一个连接，另一个连接是在 BS 和固定主机之间。请注意，图中没有显示 BS 和网关路由器之间的网络细节，以及网关路由器和固定主机之间的细节。两个主机间的连接由两部分链路构成：无线链路和固定链路。此时，无线和有线链路的特性对传送层来说是不可见的。将连接分成两个不同的部分有利于基站更好地管理移动主机的通信开销。这样，由于移动主机可能在基站附近，因此连接的吞吐量得到了增强。

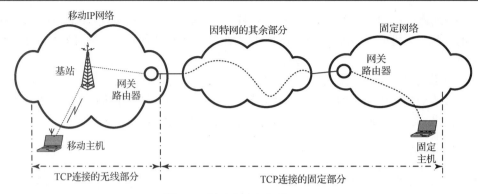

图 8.9　用于移动主机的 I-TCP

无线部分的 TCP 连接可以支持断开连接和用户移动，此外还支持有线 TCP 功能，如在可用带宽变化时通知更高层。此外，无线链路上的流量控制和拥塞控制机制与有线链路上的机制保持分离。在 I-TCP 方案中，TCP 确认对于连接的无线链路和有线链路部分也是分开的。这类似于链接在一起的两个不同的 TCP 连接。请注意，如果出于某种原因移动主机断开了无线部分的通信，发送方就可能不会意识到连接断开，因为有线部分仍然完好无损。因此，数据段的发送方可能并不知道数据段不能递交到移动主机。

快速重传协议

快速重传协议是 TCP 用于移动的另一个方案。快速重传协议提高了连接的吞吐量，特别是在小区切换期间。这个方案不会将 TCP 连接拆分成无线和有线连接。只要两个无线基站为移动主机执行切换功能，移动主机就停止接收 TCP 数据段。发送方可以将这种情况解释为拥塞，因此可以开始执行拥塞控制方案，如减小窗口大小或重传。这也可能导致移动主机要等待很长时间后才会超时。利用快速重传协议，移动主机一旦完成切换，就会将最后一个旧的确认重传三次。这将尽快减小拥塞窗口。

8.5　TCP 拥塞控制

TCP 使用端到端的流量控制形式。在 TCP 中，发送方发送一个数据段时，接收方要确认收到的数据段。一个发送源可以使用确认的到达速率来度量网络的拥塞。当成功接收到一个确认时，发送方就知道分组已经成功到达目的地。发送方可以继续在网络中发送新的数据段。发送方和接收方需要为数据段流商定一个公共的窗口大小。窗口大小表示源一次可以发送的字节数。窗口大小根据网络中的流量状况而变化，从而避免拥塞。通常，在一个 TCP 连接上，大小为 f 的文件的总传输时间为 Δ，则 TCP 的**传输吞吐量** r 可以通过下式得到：

$$r = \frac{f}{\Delta} \tag{8.1}$$

我们还可以得到**带宽利用率** ρ_u，假设链路的带宽为 B，则有：

$$\rho_u = \frac{r}{B} \tag{8.2}$$

TCP 有三种拥塞控制方法：**加法增大**、**慢启动**和**快速重传**。在接下来的小节中将介绍这三种机制，有时会将其组合形成 TCP 拥塞控制方案。

8.5.1　加法增大、乘法减小控制

拥塞窗口的值是 TCP 拥塞控制的一个重要变量。每个连接都有一个拥塞窗口大小，记为 w_g。

拥塞窗口代表了网络中发送源在某一特定时刻允许发送的数据字节数量。**加法增大、乘法减小**（Additive Increase, Multiplicative Decrease，AIMD）**控制**指的是网络拥塞减轻时缓慢增加拥塞窗口大小，而拥塞增加时则快速减小窗口大小。令 w_m 表示**最大窗口大小**，单位是字节，表示允许发送方发送的未确认数据的最大数量。目的主机基于其缓冲区大小发送的通告窗口大小记为 w_a。因此有：

$$w_m = \min(w_g, w_a) \tag{8.3}$$

通过用 w_m 替换 w_a，TCP 源的传输速度不允许超过网络或目的主机。TCP 拥塞控制的挑战在于源节点要为拥塞窗口找到一个合适值。拥塞窗口大小根据网络中的流量情况而变化。TCP 将超时视为拥塞的征兆。可以安排用于确认的超时来找到拥塞窗口的最佳大小。这样做是因为窗口过大比窗口过小更糟糕。这种 TCP 技术需要合适地设置超时值。设置超时值有两个重要的因素：

1. 平均往返时间（Round-Trip Time，RTT）和 RTT 标准偏差基于设定的超时。
2. 每次 RTT 完成后，都会对 RTT 进行采样。

图 8.10 展示了加法增大方法。拥塞窗口是以数据段为单位的，而非字节。开始时，源拥塞窗口被设置为一个数据段。一旦源接收到对该数据段的确认，就会将拥塞窗口增加一个数据段长度。因此，源此时发送两个数据段。一旦收到对这两个数据段的确认，源又将拥塞窗口增加一个数据段长度（加法增大）。

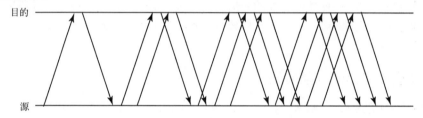

图 8.10　TCP 拥塞控制中的加法增大控制

在实践中，源在每个确认到达后将拥塞窗口增加一小部分，而不是等待所有确认都到达后才增加。如果发生超时，就假设源正在发生拥塞，因此将拥塞窗口大小减为当前窗口值的一半（乘法减小）。拥塞窗口的最小值是 MSS，即一个数据段的长度。通常，一个 TCP 数据段指的是一个 TCP 会话数据段，包含了传输的 TCP 字节流的一部分。

8.5.2　慢启动方法

加法增大非常适合于网络运行接近满负载的情况。但在开始时，该方案需要相当长的时间来增加拥塞窗口的大小。与加法增大的线性增加相比，**慢启动方法**非线性地增加拥塞窗口大小，在大多数情况下呈指数增加。图 8.11 展示了慢启动机制。在这个例子中，拥塞窗口依然是以数据段为单位的，而非字节。

源在初始时将拥塞窗口设置为一个数据段。当对应的确认到达时，源将拥塞窗口设置为两个数据段。现在，源发送两个数据段。在接收到对应的两个确认时，TCP 将拥塞窗口大小设置为 4。因此，每次 RTT 后发送的数据段数量翻倍，窗口大小的非线性增加趋势如图中所示。使用这种拥塞控制方法，路径上的路由器可能无法为业务流提供服务，因为数据段数量以非线性的方式增长。这种拥塞控制方案本身就可能导致新的拥塞。慢启动方法通常在以下情况中使用：

1. TCP 连接刚建立时；或
2. 源被阻塞等待超时，或者在超时发生后。

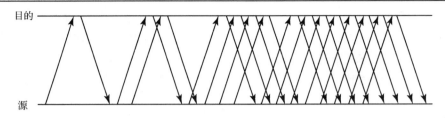

图 8.11　源和目的之间的慢启动时序图

现在定义一个新的变量：**拥塞阈值**。此变量是超时发生时拥塞窗口的保存大小。当超时发生时，该阈值被设置成拥塞窗口大小的一半。然后，将拥塞窗口的大小重置为一个数据段的长度，并使用慢启动方法将拥塞窗口一直增加到拥塞阈值。一旦连接建立，在慢启动期间将会发出一系列的数据段。与此同时，由于不允许源等待确认时间，可能会丢失许多数据段。因此，超时发生，并减小拥塞窗口。所以，与前面的方案相同，超时会导致拥塞窗口的减小。最后，重置拥塞阈值和拥塞窗口。

当达到拥塞阈值之后，将使用"加法增大"。这时，由于数据段可能丢失一段时间，源删除确认的等待时间。然后，立即发生超时，并减小拥塞窗口；重置拥塞阈值，并将拥塞窗口重置为一个数据段的长度。此时，源使用慢启动增加拥塞窗口大小。到达拥塞阈值后，使用加法增大。这种模式会持续进行，导致一种类似脉冲的图形。初始慢启动时大量数据段丢失的原因是在开始时以较为激进的方法来了解网络。这可能会导致一些数据段丢失，但它似乎比保守方法更好，保守方法的吞吐量非常小。

8.5.3　快速重传和快速恢复方法

快速重传是基于重复确认(ACK)的概念。加法增大和慢启动机制具有空闲期，在此期间不允许源主机等待确认时间。数据段的快速重传有时会导致丢失的数据段在其对应的超时到达之前被重传。

每次接收到乱序数据段时，目的主机回复一个重复 ACK 对应最后一个成功按序到达的数据段。即使目的主机已经确认了该数据段，也必须这样做。图 8.12 显示了这个过程，传输前三个数据段，并收到它们的确认。

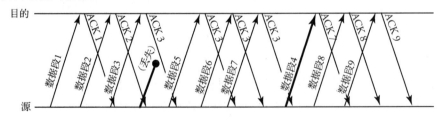

图 8.12　源和目的之间的重传方法时序图

现在，假设数据段 4 丢失。因为源不知道该数据段已经丢失，因此继续发送数据段 5 及后续数据段。但是，目的主机发送对数据段 3 的重复确认，让源知道它没有接收到数据段 4。在实践中，源一旦接收到三个重复确认，就会重传丢失的数据段。此例中，目的接收到数据段 5、6 和 7 之后都会发送 ACK 3。但是需要注意，一旦源收到作为对数据段 6 进行确认的第三个 ACK 3，源就知道应当重传数据段 4。在收到数据段 4 后，目的回复 ACK 7 来表明自己已经收到了数据段 8 之前的所有数据段。

快速恢复是 TCP 拥塞控制的另一种改进。它消除了快速重传检测到数据段丢失与加法增大重新开始之间的慢启动过程。当拥塞发生时，拥塞窗口的大小减半并使用加法增大，而不是将拥塞窗口减小到一个数据段的长度。因此，只在初始连接阶段和超时发生时使用慢启动方法，其他情况下，使用加法增大。

　　网络拥塞是源和目的之间的流量瓶颈。**拥塞避免**使用了预防性算法来避免网络中可能的拥塞。否则，一旦网络发生拥塞，就会使用 TCP 拥塞控制。TCP 提升流量速率直到拥塞发生，然后逐渐降低速率。如果可以避免拥塞，应该能得到更佳的性能。这将涉及在丢弃数据段之前向源端发送一些预防信息。然后，源端将降低其发送速率，从而可在一定程度上避免拥塞。

基于源的拥塞避免

　　基于源的拥塞避免可以在端主机上提前检测拥塞。端主机使用 RTT 和吞吐量来估计网络的拥塞情况。RTT 的增加可能表明当前所选路径上的路由器队列长度正在增加，可能会发生拥塞。基于源的方案可分为以下四种基本算法：

1. **使用 RTT 作为网络拥塞的度量**。随着路由器中队列长度的增加，发送到网络上的新数据段的 RTT 将会增加。如果当前的 RTT 大于目前为止测量到的最小和最大 RTT 的平均值，就减小拥塞窗口的大小。

2. **使用 RTT 和窗口大小来设置当前窗口大小**。令当前窗口大小为 w，旧窗口大小为 w_0，当前的 RTT 为 r，旧的 RTT 为 r_0。窗口 RTT 乘积等于 $(w-w_0)(r-r_0)$。如果这个乘积是正值，那么窗口大小将按照其旧值的一定比例减小；如果这个乘积为负值或 0，那么窗口大小增加一个数据段的长度。

3. **使用吞吐量作为一种度量来避免拥塞**。在每个 RTT 期间，窗口大小增加一个数据段的长度。将获得的吞吐量与窗口大小比当前窗口小一个数据段时的吞吐量进行比较。如果差值小于连接起始时窗口大小为一个数据段时的吞吐的一半，那么窗口大小减小一个数据段的长度。

4. **使用期望吞吐量作为一种度量来避免拥塞**。这个方法与方法 3 类似，但在这种情况下，算法使用两个参数来避免拥塞：当前吞吐量和期望吞吐量。

下面介绍第四种算法的例子：**TCP 归一化方法**。

TCP 归一化方法

　　在 **TCP 归一化方法**中，拥塞窗口的大小在前几秒内增加，但是吞吐量保持不变，因为已经达到了网络的容量，而导致路由器的队列长度增加。因此，窗口大小的增加会导致吞吐量的增加。超过网络可用带宽的流量称为**额外数据**。TCP 归一化方法的思想就是将这些额外数据保持在一个标称水准上。过多的额外数据会导致更长的延迟和拥塞。额外数据太少则会导致资源利用不足，因为可用带宽会由于互联网流量的突发性而变化。该算法将速率期望值 $E[r]$ 定义为

$$E[r] = \frac{w_g}{r_m} \tag{8.4}$$

其中，r_m 是所有测量到的 RTT 最小值，w_g 是拥塞窗口大小。我们定义 A_r 为实际速率，$(E[r]-A_r)$ 为速率差。同时令最大和最小阈值分别为 ρ_{max} 和 ρ_{min}。当速率差很小（小于 ρ_{min}）时，此方法会增加拥塞窗口的大小，将额外数据量保持在标称水准；如果速率差在 ρ_{max} 和 ρ_{min} 之间，那么拥塞窗口的大小不变；如果速率差大于 ρ_{max}，就意味着额外数据过多，此时会减小拥塞窗口的大小。拥塞窗口的减小是线性的。TCP 归一化方法就是努力维持数据流量，使得期望速率和实际速率的差值维持在这个范围内。

8.6　总结

所有的端到端通信,如分段、重组和差错检测等都通过**传送层**管理。传送层负责连接信令和文件传输。两个最重要的传送层协议是 UDP 和 TCP。

UDP 是本章介绍的一个传送层协议。UDP 位于网络层之上,是一个无连接协议,在发送数据段之前发送端和接收端之间不会进行握手。

TCP 是另一个提供可靠服务的传送层协议。我们了解到 TCP 是一个可靠的端到端连接建立协议。我们还看到在连接请求和连接终止时需要三次握手信令。本章还描述了 TCP 的几种数据传输方式。TCP 提供可靠性的一种方法是使用 ARQ 协议。

接下来,我们学习了传送层的移动性。无线传送协议的一个明显应用是用户(主机)移动到远程或蜂窝区域,并且仍然需要无缝连接。**快速重传**协议是 TCP 实现移动性的一个方案。快速重传协议不会将 TCP 连接拆分为无线和有线连接。只要两个无线基站为移动主机执行切换功能,移动主机就停止接收 TCP 数据段。

TCP 还使用滑动窗口方案提供流量控制及拥塞控制。**加法增大**、**乘法减小**在网络拥塞减轻时缓慢增大拥塞窗口,在网络拥塞增加时快速减小拥塞窗口。非线性增加拥塞窗口大小的**慢启动**是一个更好的解决方案。数据段的**快速重传**有时会在超时前重传丢失的数据段。我们讨论了多种拥塞避免机制,包括 TCP 归一化机制。

下一章将介绍协议栈的应用层。这层负责网络应用程序,如文件传输协议、**E-mail**、**万维网**(World Wide Web,WWW)、**对等**(Peer-to-Peer,P2P)**网络**等。下一章最后还会讨论网络管理。

8.7　习题

1. 假设广域网中有两个主机 A 和 B,通过速度为 1 Gb/s 的 100 km 通信链路相连。主机 A 希望将闪存中的 200 kB 音乐数据传输给主机 B,主机 B 保留有 10 个并行缓冲区的部分空间,每个缓冲区的容量为 10 kb。使用图 8.5,假设主机 A 发送一个 SYN 数据段,其初始序列号为 2000 且 MSS = 2000,主机 B 发送的初始序列号为 4000 且 MSS = 1000。画出数据段交互的时序图,从主机 A 在 $t = 0$ 时刻发送数据开始。假设主机 B 每收到 5 个数据段发送一个 ACK。

2. 考虑 UDP 通信中一个假设的源数据段为:1001, 1001, 0100, 1010, 1011, 0100, 0110, 0100, 1000, 1101, 0010, 0010, 1000, 0110, 0100, 1110。
   (a) 为这个数据段生成一个校验和。
   (b) 检查数据段在目的端是否有错误。
   (c) 研究一下当数据段的长度不是 2 Byte 的整数倍从而无法实现校验和算法时,网络将如何处理。

3. 考虑主机 1 在 100 Mb/s 链路上向主机 2 传输一个大小为 f 的大文件,MSS = 2000 Byte。
   (a) 已知 TCP 序列号字段有 4 Byte,计算不耗尽 TCP 序列号的 f 值。
   (b) 计算传输 f 需要的时间,包括为每个数据段添加的链路层、网络层和传送层首部。

4. 考虑一个使用 TCP 通信中的滑动窗口的可靠字节流协议。TCP 通信运行在 1.5 Gb/s 的连接上。网络的 RTT 为 98 ms,数据段的最大寿命为 2 min。
   (a) 设计**窗口大小**字段包含的比特数。
   (b) 设计**序列号**字段包含的比特数。

5. 假设建立了 TCP 连接。计算该连接传送 n 个数据段所需的 RTT 数量,分别使用:
   (a) 慢启动拥塞控制。
   (b) 加法增大拥塞控制。

6. 假设在一条中等拥塞程度的链路上建立了一条 TCP 连接，该连接每发送 5 个数据段会丢失 1 个数据段。

　(a) 拥塞避免的线性部分开始时，该连接是否还存在？

　(b) 假设发送方知道网络中的拥塞会持续很长时间。发送方的窗口大小能否大于 5 个数据段？为什么？

7. 在 1.2 Gb/s 链路上建立了一条 TCP 连接，RTT 为 3.3 ms。为了传输大小为 2 MB 的文件，我们使用 1 KB 的数据段开始发送该文件。

　(a) 当使用加法增大、乘法减小控制且窗口大小为 $w_g = 500$ KB 时，传输该文件需要多长时间？

　(b) 使用慢启动控制，重做 (a)。

　(c) 计算该文件传输的吞吐量。

　(d) 计算此次传输的带宽利用率。

8. 考虑一个已建立的 TCP 连接的 RTT 约为 0.5 s，其窗口大小为 $w_g = 6$ KB。发送源每 50 ms 发送一个数据段，目的方每 50 ms 确认一个数据段。现在，假设这个连接中发生了拥塞，从而导致目的方没有收到一个数据段。在第 4 次收到重复的 ACK 时，通过快速重传方法检测到该数据段丢失。

　(a) 当发送源在收到重复 ACK 时才将窗口向前移动一个数据段时，计算发送方损失的时间。

　(b) 重做 (a)，这次是发送源在收到重传数据段的 ACK 时才将窗口向前移动一个数据段。

9. 假设服务器 A 使用 TCP 连接向主机 B 发送一个 10 KB 的文档。TCP 使用**慢启动**拥塞控制，而拥塞控制是线性增长的，不可能快速传输。所有数据段的长度都为 1 KB，链路带宽为 150 Mb/s。假设 RTT 是 60 s。

　(a) 确定该 TCP 连接的最大窗口大小。

　(b) 计算向主机 B 发送完此文档所需的 RTT 数量。画出此例的时序图。

　(c) 假设第 5 个数据段丢失，重做 (b)，并说明拥塞窗口是否可以达到其最大值。

10. 考虑 TCP 连接使用 AIMD 拥塞控制方法。每次收到一个 ACK，拥塞窗口就增加一个 MSS。RTT 是 20 ms 的常数。

　(a) 画出此连接的时序图，标出其中的数据段和 ACK，直到拥塞窗口达到 $w_g = 5$ MSS 并传输其数据。

　(b) 拥塞窗口从 1 增加到 5 需要多长时间？

11. 考虑需要通过 TCP 连接下载一个 20 KB 的文件，该 TCP 连接使用了 AIMD 拥塞控制方法。连接从 1 MSS 的拥塞窗口开始，每收到一个 ACK 加 1。MSS 设置为 1000 Byte。一个数据段及其 ACK 的平均 RTT 约为 8 ms（忽略每个数据段与其 ACK 之间的处理时间）。

　(a) 画出此连接的时序图，标出其中的数据段和 ACK，直到窗口长度达到了 $w_g = 7$ MSS 并传输其数据。

　(b) 拥塞窗口从 1 增加到 7 需要多长时间？

　(c) 计算下载此文件的**传输吞吐量** r。

　(d) 重做 (a)，这次考虑使用**慢启动**拥塞控制方法，在时序中间由于丢失 ACK 而导致一个数据段丢失。

8.8　计算机仿真项目

通过套接字仿真传送层的数据段解复用过程。编写一个计算机程序来仿真传送层套接字上解复用服务的实现。程序必须显示分配给主机的 IP 地址 192.2.2.2 及套接字 1 和套接字 2 分别对应的端口号 3500 和 3501。创建随机的 1000 Byte 长的数据段，其首部指明目的端口号为 3500 或者 3501。当一个数据段到达主机时，检查数据段中的目的端口号，并将该数据段送给相应的套接字。然后，数据段的数据通过套接字传递给对应的进程。

　(a) 捕获每个端口上的数据段传递快照。

　(b) 计算数据段的平均延迟。

第9章 基本网络应用和管理

在介绍了网络互联中实现端到端连接的基本概念和定义之后，我们现在来关注协议栈的最上层，即**应用层**和某些网络管理问题。本章将研究基本的网络应用，如电子邮件和 Web，以及它们支持的协议和服务。这些服务展示了用户如何理解计算机网络并表现互联网技术的强大功能。一些更先进的互联网应用，如 IP 语音（Voice over IP，VoIP）、视频流、多媒体应用将在本书的第二部分介绍。本章主要关注以下主题：

- 应用层概述；
- 域名系统；
- 电子邮件；
- 万维网；
- 远程登录协议；
- 文件传输和 FTP；
- 对等网络；
- 网络管理。

第 5 层，即**应用层**，决定了用户应用程序应该如何使用网络。**域名系统**（Domain Name System，DNS）服务器是将计算机名或域名转换为数字化 IP 地址的基本实体。

在接下来的两节中，我们将介绍两个最广泛使用的互联网应用：**电子邮件**（Electronic Mail，E-mail）和**万维网**（World Wide Web，WWW），或简称 Web，以及与它们相关的若干协议。例如，我们描述了**简单邮件传输协议**（Simple Mail Transfer Protocol，SMTP），它是将 E-mail 从源邮件服务器发送到目的邮件服务器的协议之一。Web 是通过协议连接到一起的全球服务器网络，用户可以访问连接在一起的资源。对于这种应用，我们将介绍在应用层上传输网页的**超文本传输协议**（Hypertext Transfer Protocol，HTTP）。

远程登录协议允许应用程序在远程站点上运行，并将运行结果送回本地站点。本章介绍的两个远程登录协议是 TELNET 和安全外壳（Secure Shell，SSH）。本章还介绍了文件传输的方法和协议，如 FTP。

本章的下一个主题是**对等**（Peer-to-Peer，P2P）网络。P2P 是一种网络技术，它让所有主机都负责处理数据，例如，无须第三方服务器的上传和下载文件。这里将介绍几种流行的 P2P 协议，如 BitTorrent。

最后，本章讨论网络管理。ASN.1 是在网络管理中定义每个被管设备的形式语言。管理信息库（Management Information Base，MIB）是另一种管理工具，是用于存储设备信息和特性的数据库。**简单网络管理协议**（Simple Network Management Protocol，SNMP）使网络管理器能够找到故障的位置。SNMP 运行在 UDP 之上，并使用客户机/服务器配置。SNMP 命令定义了如何从服务器上查询信息并将信息转发给服务器或客户机。

9.1 应用层概述

应用层建立在传送层之上，为用户应用程序提供网络服务。应用层定义和实现了诸如 E-mail、远程访问计算机、文件传输、新闻组和 Web，以及视频流、互联网广播和电话、P2P 文件共享、多用户网络游戏、流存储视频片段和实时视频会议等应用程序。应用层有自己的软件依赖关系。开发一个新应用程序时，其软件必须能够在多台计算机上运行，这样就不需要为网络设备(如工作在网络层的路由器)重写应用软件。

9.1.1　客户机/服务器模型

在**客户机/服务器**架构中，**客户**主机向**服务器**主机请求服务。客户主机可以有时或始终打开。图 9.1 显示了应用层通信的一个例子。在图中，客户主机上的应用程序通过"逻辑"链路(虚链路)与服务器上的另一个应用程序进行通信。两者之间的"实际"通信需要如图所示的所有物理层、链路层、网络层和传送层协议的参与。

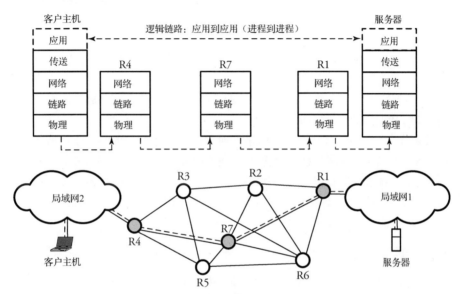

图 9.1　两个端系统上的应用程序之间的逻辑通信

客户机/服务器模型向多台计算机提供特定的计算服务，如分时使用服务。可靠通信协议(如 TCP)也允许交互式的使用远程服务器。例如，我们可以构建一个向客户提供远程图像处理服务的服务器。要实现这个通信服务就需要一个加载了应用协议的服务器来接收客户机发出的请求。调用远程图像处理时，用户首先运行客户机程序来建立到服务器的 TCP 连接，然后客户机开始将原始图像的片段发送到服务器，服务器处理接收到的对象并送回结果。

9.1.2　图形用户界面

图形用户界面(Graphical User Interface，GUI)是另一个与应用层相关的要素。GUI 是计算设备或其他电子设备提供给用户的界面，让用户可以通过图形可视化的方式与设备进行交互。"用户界面"的基本概念与应用层协议是不可分割的，因为用户界面是为使用应用程序的人与主机之间的交互而自然设计的。图形用户界面通常使用图标、文字和可视标记的组合来控制给定系统。GUI 允许以直观且适合特定任务的方式显示和操作信息。

基于 GUI 的系统最简单的例子是 Windows 和 Mac 等操作系统中的 GUI。基础和高级网络应用都已开发有 GUI。本章下一节讨论的网络应用程序都可以有自己的特定用户界面。例如，对于 E-mail 应用，网络设计工程师开发了专门的 E-mail 用户界面，供用户阅读和撰写 E-mail。

应用程序接口

应用程序接口(Application Programming Interface，API)是一组程序和软件工具形式的规则，允许应用程序控制和使用网络**套接字**。回顾第 8 章，套接字是应用层到传送层的入口。连接到网络上的主机通过 API 指定其运行的应用程序必须如何请求网络将一段数据传输到运行在另一个连接主机上的目标应用程序。这可以被认为是两个应用程序组件彼此交互过程中的 API 接口。也可以将 API 视为一个简单的 GUI，它对用户隐藏了所用技术的底层基础设施的复杂性和细节。

此外，可以使用 API 简化 GUI 组件的编程操作。API 甚至可用于操作系统中，例如，API 允许用户将文本从一个应用程序复制并粘贴到另一个应用程序。在实践中，API 通常以数据库的形式出现，其中包括数据结构、变量和计算机程序的规范。

9.2　DNS

域名是互联网中某个网络域或网络实体的标识字符串。根据域的大小，每个域名由一个或多个 IP 地址标识。应用层最重要的组件之一是 DNS，它是一个分布式层次结构和全局目录服务器系统，可以将主机名或域名转换为 IP 地址。DNS 可以被认为是一个分布式数据库系统，用于实现主机名或网络域名到 IP 地址的映射，反之亦然。

DNS 可以运行在 UDP 或 TCP 之上。但是，通常首选运行在 UDP 上，因为需要 UDP 提供快速事务响应。DNS 通常构造查询消息并传递给 UDP 传送层，而不需要与目的端系统上运行的 UDP 实体进行任何握手。然后，将 UDP 首部字段加到消息中，并将生成的数据段传递到网络层。网络层总是将 UDP 数据段封装到**数据报**中。然后将数据报或分组送往 DNS 服务器。如果 DNS 服务器没有响应，则故障可能是 UDP 的不可靠性。

9.2.1　域名空间

TCP/IP 环境中的任何实体都由 IP 地址来标识，从而标识相应主机到互联网的连接。也可以为 IP 地址分配**域名**。分配给主机的唯一域名必须取自于**域名**空间，并且通常以分层方式组织。域名被设计成树状结构，树根在顶部，如图 9.2 所示。树最多有 128 级，从 0 级(根)开始。每级由一些节点组成。树上的节点用一个最多包含 63 个字符的字符串**标签**标识，但根标签除外，根标签是一个空字符串。

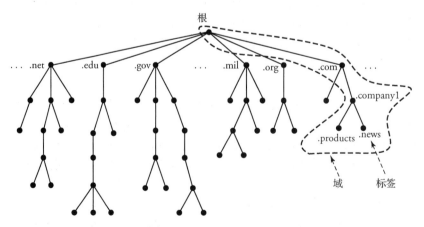

图 9.2　域名空间的层次结构、标签和域名

域名的最后一个标签表示组织类型，域名的其他部分表示组织内各部门的层次结构。因此，一个组织可以在其名称中添加任何后缀或前缀来定义其主机或资源。域名是用点(.)分隔的标签序列，从节点读取到根。例如，我们可以把域名 news.company1.com 从右向左解析成商业团体(.com)"company1"的"news"部门(news.company1)。域名也可以是部分域名。例如，company1.com 是一个部分域名。

DNS 服务器

DNS 是一个关键的基础设施，任何不知道其目的 IP 地址的主机在发起连接之前都会查询 DNS 服务器进行解析。DNS 是一个应用层的协议，每个互联网服务提供者，无论是组织团体、大学校园，甚至是住宅，都有一个 DNS 服务器。在常规操作模式下，主机向 DNS 服务器发送 UDP 查询，DNS 服务器可以答复，或将查询转给其他服务器。DNS 服务器还存储主机地址以外的信息。

DNS 服务器实现的一些信息处理功能有：

- 查找特定主机的地址；
- 将服务器名称子树委托给另一个服务器；
- 标示包含缓存和配置参数的子树起始位置，并给出相应的地址；
- 命名一个为指定目标处理传入邮件的主机；
- 查找主机的类型和操作系统信息；
- 查找主机真实名称的别名；
- 将 IP 地址映射到主机名。

域名空间被划分为子域，每个域或子域分配有一个**域名服务器**。通过这种方式，我们可以形成服务器的层次结构，如图 9.3 所示，就像域名的层次结构一样。域名服务器有一个数据库，包含了该域下每个节点的所有信息。层次结构中任意位置的服务器都可以从自己域中划分出一部分，并将某些职责委托给另一个服务器。**根服务器**管理整个域名空间。根服务器通常不存储有关域的任何信息，只保留其管辖范围内的服务器的引用关系。根服务器分布在世界各地。

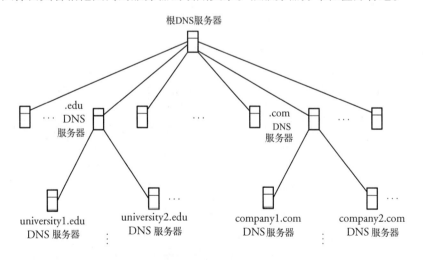

图 9.3　DNS 域名服务器的层次结构

9.2.2　名字/地址映射

DNS 工作在客户机/服务器模式下。任意的客户主机都可将 IP 地址发送到域名服务器以映射到域名。当主机需要将地址映射到域名或反之亦然时，应向最近的 DNS 服务器发送请求服务器查找请求的信息并将其发给主机。如果没有找到请求的信息，服务器要么将该请求委托给其他服务器，要么请求其他服务器提供信息。主机收到映射信息后，检查信息的正确性，并将其传递给请求进程。

　　映射可以是**递归**的，也可以是**迭代**的。在递归映射中，如图 9.4 所示，客户主机将请求发送到其对应的本地 DNS 服务器，本地 DNS 服务器负责递归查找答复信息。在步骤 1 中，请求客户主机 news.company1.com 向其本地 DNS 服务器 dns.company1.com 寻求答复。假设该服务器找不到该请求的任何答复信息，因此需要在步骤 2 中联系根 DNS 服务器。进一步假设根 DNS 服务器也没有请求的信息，因此在步骤 3 中通知本地 DNS 服务器。这一次，根 DNS 服务器在步骤 4 中将查询发送给.com DNS 服务器，但处理仍然不成功，导致步骤 5。最后，步骤 6 中的.com DNS 服务器将查询发送到请求位置的本地 DNS 服务器，即 dns.company2.com，并找到了答复信息。这个方法中查询的答复信息按原路返回发起请求的主机，如图中的步骤 7～10 所示。请求位置的本地 DNS 服务器称为**权威服务器**，并将称为生存时间（Time To Live，TTL）的信息添加到映射中。

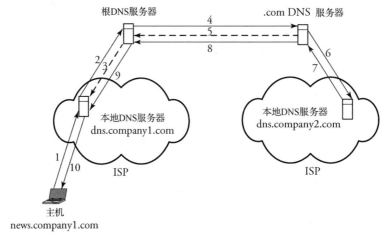

图 9.4　递归映射

　　在迭代方法中，映射操作如图 9.5 所示。在这种情况下，如果服务器不提供名字，服务器将向客户主机反馈。然后，主机必须向下一个可能提供名字的 DNS 服务器重复发起查询。这个过程将一直持续到主机成功获得名字为止。在图 9.5 中，news.company1.com 主机将查询发送到自己的本地 DNS 服务器 dns.company1.com，然后先尝试根 DNS 服务器（步骤 2 和 3），进而尝试.com DNS 服务器（步骤 4 和 5），最后结束在请求位置的本地 DNS 服务器 dns.company2.com（步骤 6～8）。

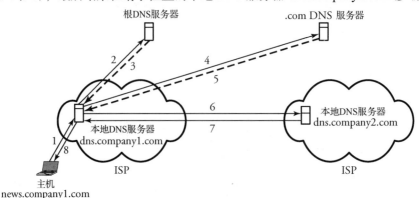

图 9.5　迭代映射

9.2.3　DNS 报文格式

可以通过**查询**和**应答**报文进行 DNS 通信。这两种报文类型都具有图 9.6 所示的 12 Byte 首部格式。查询报文仅包括一个首部和一个问题消息。应答报文包括一个首部和四个消息字段：**问题**、**答复**、**授权**和**附加信息**。

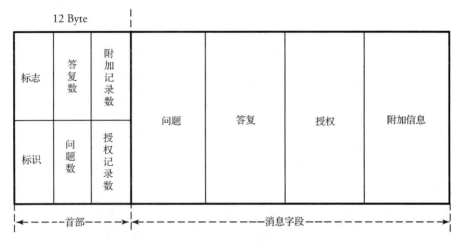

图 9.6　DNS 报文格式

首部有以下六个字段。客户机使用**标识**字段将应答与查询匹配。客户机每次发送查询时，该字段使用不同的数值。服务器在其应答中复制这个数值。**标志**字段包含表示报文类型的子字段，例如，请求或是请求 DNS 递归或迭代映射的答复类型。**问题数**字段表示在报文的问题部分中有多少项查询。**答复数**字段表示在报文的答复部分中有多少项答复，对于查询报文，这个字段值为 0。**授权记录数**字段包含了应答报文的**授权**部分中的授权记录数。同样，查询报文中这个字段值为 0。最后，**附加记录数**字段是应答报文的附加信息部分中的附加记录数，且在查询报文中值为 0。

问题字段可包含一个或多个问题。**答复**字段只属于应答报文，包含从 DNS 服务器到相应客户机的一个或多个答复。**授权**字段仅出现在应答报文中，并提供一个或多个权威服务器的域名信息。最后，**附加信息**字段仅出现在应答报文中，包含其他信息，如权威服务器的 IP 地址。这些附加信息有助于客户机进一步识别问题的答复。

新的信息和名字通过**注册商**添加到 DNS 数据库中。在请求包含新域名时，DNS 注册商必须先验证域名的唯一性，然后才能将其录入数据库中。

9.3　电子邮件(E-mail)

电子邮件(E-mail)是一种将数字消息以电子方式从发送主机转发到一个或多个接收主机的技术。E-mail 系统基于存储转发模型，E-mail 由发送主机撰写并发送到主机的**邮件服务器**。每个网络组织通常都有一个邮件服务器。邮件服务器将消息存储在其缓存区中，然后找寻到目的地的路由，并将其转发到正确的路径上。当 E-mail 到达目的邮件服务器时，再次进行存储转发操作，这一次的最终结果是将 E-mail 从其邮件服务器转发到目的主机。因此，邮件服务器可以充当接收服务器或发送服务器。在较新的 E-mail 传输系统中，发送和接收方的主机都不需要在线。

9.3.1 基本的 E-mail 结构和定义

E-mail 地址的结构包含三个部分: 用户名、@符号和 E-mail 服务提供者的域名。例如, E-mail 地址 user1@isp.com 表示一个用户名为 "user1" 的用户使用了域名为 "isp.com" 的互联网服务提供者提供的 E-mail 服务。在介绍 E-mail 协议之前, 我们先快速回顾一下基本的 E-mail 定义, 如**邮箱**和用户代理。

邮箱和邮件用户代理

每个 E-mail 用户在其关联的邮件服务器中都有一个**邮箱**。用户邮箱是邮件服务器上为用户放置和保存 E-mail 的存储区域。在任何 ISP 的邮件服务器中, 每个用户都有一个专用邮箱。当用户收到 E-mail 时, 邮件服务器会自动将其保存在用户邮箱中。为了查看和使用 E-mail, 必须在用户主机上安装一个名为**邮件用户代理**(Mail User Agent, MUA)的 E-mail 程序。MUA 是一个用户界面, 可以是 GUI, 允许用户通过邮件服务器检索和发送 E-mail。MUA 还可以允许用户将 E-mail 下载和存储到主机上, 并离线阅读或撰写它们。

通用 E-mail 消息结构

分组中的 E-mail 消息包含一个首部和一个正文。这两部分都以美国信息交换标准代码(American Standard Code for Information Interchange, ASCII)文本格式组成。ASCII 是一种基于英文字母的字符编码方案, 将 128 个指定字符编码为 7 bit 二进制整数。128 个指定的 ASCII 字符是数字 0~9、字母 a~z 和 A~Z、一些基本标点符号、一些控制代码和空格。ASCII 标准的细节不在本书范围内。

消息首部包含几个控制信息, 包括发件人的 E-mail 地址(以 "**From:**" 开头)、收件人的 E-mail 地址(以 "**To:**" 开头)、主题(**Subject**)和消息标识(**Message-ID**)。消息正文字段包含用户要发送的 E-mail 数据部分。消息正文包含各种数据, 如前所述, 数据必须转换为 ASCII 文本。首部和正文字段用空行分隔。

例: 下面的示例显示了从 user1@isp.com 发送给 user2@organization.com 的一封 E-mail, 主题为 "technical inquiry"。该示例显示了发件人的 E-mail 地址(From 部分)和消息发送时间, 本地标识为 LAA35654 的接收主机名和消息接收时间(Received 部分), 接收的服务器名为 organization.com, IP 地址为 128.12.1.2, 收件人的 E-mail 地址(To 部分), 服务器生成的邮件标识符(Message-Id 部分)及主题(Subject 部分)。

```
From user1@isp.com Mon, Dec 5 2015 23:46:19
Received:  (from user1@localhost)
           by isp.com (8.9.3/8.9.3)id LAA35654;
           Mon, 5 Dec 2015 23:46:18 -0500
Received: from organization.com (organization.com [128.12.1.2])
           by isp.com (8.9.3/8.9.3)id XAA35654;
           Mon, 5 Dec 2015 23:46:25 -0500
Date: Mon, 5 Dec 2015 23:46:18 -0500
From: user1 < user1@isp.com >
To: user2 < user2@organization.com >
Message-Id: <201512052346.LAA35654@isp.com >
Subject: technical inquiry
```

本行是 E-mail 的文本部分示例，用空行与前面的首部隔开

邮件标识符(Message-Id)是用于 E-mail 协议中的全局唯一标识符。在 E-mail 交换中需要邮件标识符具有特定的格式并且是全局唯一的。不同邮件的邮件标识符必须是不同的。唯一性是为了便于跟踪公共邮件列表中的邮件。通常用时间和日期戳及本地主机域名来构成邮件标识符，如 201512052346.LAA35654@isp.com，这表示 2015 年，然后是详细的日期和时间，以及主机名 LAA35654@isp.com。

E-mail 协议分类

两个服务器之间的 E-mail 通信需要多种协议。协议有两种类型，各自负责不同的功能。第一类协议负责向目的服务器转发邮件。发送方邮件服务器没有把邮件直接送达目的主机的原因是它可能不知道目的主机的确切地址。因此它只将邮件送达目的方的邮件服务器。互联网中大量使用的此类协议中，最实用的协议之一是**简单邮件传输协议**(Simple Mail Transfer Protocol，SMTP)，我们将在后面加以讨论。第二类协议负责从邮件服务器检索邮件，包括**第 3 版邮局协议**(Post Office Protocol version 3，POP3)、**互联网邮件访问协议**(Internet Mail Access Protocol，IMAP)和**网页邮件**(Webmail)。这些协议将在下一节中介绍，而 Webmail 将在 9.4 节中介绍。

9.3.2　简单邮件传输协议(SMTP)

SMTP 在传输互联网 E-Mail 中发挥着重要作用。该协议将 E-mail 从发送主机传输到主机的邮件服务器，进而传输到目的地的邮件服务器。SMTP 施加了一些限制条件，如限制邮件内容的大小，并且如前一节讲到的，它是一种"推送协议"，也就是说它仅转发邮件。这意味着接收端主机还需要使用另一种类型的协议来检索 E-mail。

图 9.7 中，用户 1 位于住宅区，有一个互联网服务提供者(ISP)，他正向在某组织中工作的用户 2 发送一封 E-mail。假设各自的邮件服务器分别是 isp.com 和 organization.com。于是用户 1 和用户 2 的邮箱地址分别是 user1@isp.com 和 user2@organization.com。SMTP 使用可靠传输协议 TCP 将 E-mail 从源邮件服务器传输到目标邮件服务器，SMTP 服务器的 TCP 协议端口号是熟知的 25。用户 1 和用户 2 之间的 E-mail 交换过程如下：

开始用户 1 和用户 2 之间的 SMTP 交互

1. 用户 1 提供用户 2 的 E-mail 地址(如 user2@organization.com)，并撰写邮件。
2. 用户 1 将邮件发送到自己的邮件服务器(如 isp.com)。
3. 用户 1 的邮件服务器将邮件放入其队列中。
4. 用户 1 的邮件服务器上的 SMTP 发现队列中的邮件后，建立到 organization.com 邮件服务器的 TCP 连接。
5. 两端服务器进行 SMTP 初始握手。
6. 使用建立的 TCP 连接，将 E-mail 发送到用户 2 的邮件服务器上。
7. 用户 2 的邮件服务器接收到邮件后，将邮件放入用户 2 的邮箱中，供用户 2 检索。

用户邮箱已经在前一节中进行了定义，它是邮件服务器中分配给用户以存储其 E-mail 的空间。SMTP 旨在连接两个相关联的邮件服务器，而不管两个用户间的距离。因此，该协议仅涉及通信的两个邮件服务器。用户要从自己的邮件服务器检索他们的 E-mail，应使用"检索协议"，如 POP3、IMAP 或 Webmail。

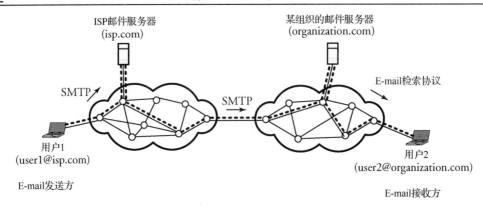

图 9.7 用户 1 使用 SMTP 向位于不同域中的用户 2 发送 E-mail，用户 2
使用 E-mail 检索协议（如 POP3、IMAP 或 Webmail）获取 E-mail

9.3.3 第 3 版邮局协议（POP3）

我们已经了解到，一旦通过 SMTP 将 E-mail 保存在邮件服务器中，接收客户机就使用"检索协议"来访问存储在邮件服务器中的 E-mail。POP3 是用于从邮件服务器获取 E-mail 的协议之一。POP3 是一个具有有限功能的简单检索协议。首次使用该协议时，主机客户机的用户代理必须向邮件服务器建立一个 TCP 连接。POP3 服务器使用的 TCP 端口号是熟知的 110。

TCP 连接建立后，E-mail 用户需进行"用户名和口令"授权步骤，然后 POP3 才允许用户访问他或她的 E-mail。完成此步骤后，用户端的用户代理可以访问和检索自己的 E-mail。此时，对 E-mail 有任何更改（如删除 E-mail）都可以反映在服务器的邮箱中。POP3 命令很简单，例如，"dele 2"表示删除第 2 封 E-mail，"retr 3"表示检索第 3 封 E-mail。在 POP3 服务器中会跟踪标记为已删除的用户邮件，但不会在 POP3 会话中保留任何其他状态信息。图 9.7 显示了用户 2 使用一种如 POP3 的检索邮件协议来获取 E-mail。

9.3.4 互联网邮件访问协议（IMAP）

虽然 POP3 简单且易于部署和维护，但它不允许用户在远程服务器上创建可以从任何主机（包括移动主机）访问的 E-mail 文件夹层次结构。另一种"检索"E-mail 的协议——IMAP 旨在克服 POP3 的这个缺点。IMAP 比 POP3 更复杂。使用 IMAP，E-mail 保存在用户的"收件箱"文件夹中。用户可以在主机的用户代理中创建层次结构的文件夹，并将 E-mail 归类保存在各个文件夹中。

这个功能的一个重要用途是，当 E-mail 在用户代理侧从收件箱移动到某个文件夹时，IMAP 同时在服务器端也做了同样的事情。IMAP 的另一个改进是对于很长的 E-mail，它允许用户只下载邮件的一部分，以避免在不需要查看整个邮件时浪费时间和空间。图 9.7 显示了用户 2 使用一种如 IMAP 的检索邮件协议获取 E-mail。IMAP 服务器在熟知的端口号 143 上监听。端口号是传输协议的参数。

9.4 万维网（WWW）

应用层软件是为终端服务器构建的智能软件。**万维网**（World Wide Web，WWW），或简称 Web，是一个用通用协议连接起来的全球服务器网络，允许访问所有连接的资源。Web 上下文的通信是通过**超文本传输协议**（Hypertext Transfer Protocol，HTTP）进行的。当客户主机请求一个对象（如文件)时，相应的 Web 服务器通过浏览工具发送所请求的对象来响应。HTTP 在应用层传输该页面。还有一种称为 Gopher 的互联网 Web 协议，它是专门用于在互联网上分发、搜索和检索文档的。Gopher 协议是面向菜单文档设计的。Gopher 系统通常被视为 WWW 的前身。在深入研究 Web 概念和协议细节之前，让我们先回顾一下与 Web 相关的基本定义：

- **超文本(hypertext)和超链接(hyperlink)**。**超文本**是一种引用或链接到其他更详细文本或附加说明的文本格式，读者可以使用可用的"链接"直接访问这些文本或附加说明。在 HTTP 上下文中，链接被称为**超链接**。
- **网页(Web page)**。网页是由文件或图像组成的 Web 文档，使用标记语言创建。标准的标记语言是**超文本标记语言**(Hypertext Markup Language，HTML)。
- **Web 客户机**或**浏览器**。Web 浏览器是显示所请求网页的一个用户代理。Web 浏览器协调网页的样式、脚本和图像以呈现网页。Web 浏览器也称为 HTTP **客户机**。
- **Web 服务器**。Web 服务器是指实现 Web 协议的服务器端并包含客户机要访问的 Web 对象的硬件或软件。Web 服务器通常有一个固定的 IP 地址。
- **统一资源定位符**(Uniform Resource Locator，URL)。URL 是 Web 上的网页、文档、对象或资源的全局地址。URL 只是应用层地址。

URL 由三部分组成。第一部分表示使用了哪个"应用协议"(如 HTTP 或 FTP)，第二部分是存放对象(如文档)的服务器的"主机名"，第三部分是对象的"路径名"。虽然 URL 是在网络中定义的地址，但它本身不能用于路由目的。如果 URL 是主机用于路由的唯一地址，那么主机必须首先通过地址解析数据库(如 DNS 服务器)解析该 URL 以获取 IP 地址，才有可能进行路由。

例：http://www.domain1.com/directory1/file1 这个 URL 由以下部分组成：第一部分 http://表示应用协议是 HTTP；第二部分 www.domain1.com 表示主机名；第三部分/directory1/file1 表示服务器中的对象路径名。此域名必须通过 DNS 服务器解析成 IP 地址才能进行路由。

9.4.1　超文本传输协议(HTTP)

HTTP 是设计用于运行在应用层的主要 Web 协议。我们可以说 HTTP 是一种分布式协作协议，使用超链接交换或传输对象和超文本。HTTP 基于客户机/服务器模型，旨在通过交换 HTTP 消息在客户机程序和服务器程序之间进行通信。该协议在客户机程序和服务器程序中都有涉及。例如，HTTP 定义了一对客户机/服务器应该如何交换消息。让我们首先看看 HTTP 在以下各步骤中的工作原理：

开始将对象从服务器下载到客户机的 HTTP 步骤

A. 建立 TCP 三次握手连接：

1. 客户机(浏览器)通过发送请求 TCP 报文段来发起与服务器的 TCP 连接，从而在客户机上创建一个套接字。为此需要：
   - 客户机使用服务器的 IP 地址；
   - 客户机使用服务器的默认 TCP 端口号 80 来创建套接字。
2. 服务器发送确认报文段(ACK)，从而在服务器上创建一个套接字。
3. 客户机通过套接字向服务器发送一个包含 URL 的 HTTP 请求消息。

B. 服务器传输请求的对象：服务器进程从套接字接收到请求消息，并且：
   - 服务器提取出所请求对象的路径名；

　　- 服务器将所请求的对象附加到 HTTP 响应消息中；

　　- 服务器通过其套接字将 HTTP 响应消息发送给客户机。

C. 终止 TCP 连接： 客户机从响应消息中接收到请求的对象。

　　- TCP 准备终止连接。

　　- 服务器告知 TCP 终止连接。

　　- TCP 终止连接。

　　图 9.8 展现了基于刚刚描述的 HTTP 协议步骤从 Web 下载一个简单文件的过程。HTTP 使用 TCP，因为传递的可靠性对于包含文本的网页非常重要。然而，HTTP 中 TCP 连接建立的延迟是下载 Web 文档的主要延迟因素之一。前面的协议步骤 A 中，首先需要完成 TCP 连接的三次握手过程。从图 9.8 及协议步骤的描述中可以看出，客户机（或浏览器）通过发送请求 TCP 报文段来发起与服务器的 TCP 连接。如同我们在第 8 章中讨论过的，这会在客户机上创建一个套接字。请注意，客户机为了建立连接必须具

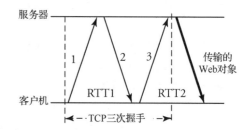

图 9.8　Web 下载过程中 TCP 连接的三次握手

有 IP 地址和端口号。Web 服务器的默认 TCP 端口号固定为 80。服务器通过其创建的套接字发送确认报文段（ACK）。最后，客户机通过套接字向服务器发送包含 URL 的 HTTP 请求消息。此时，三次握手过程已完成，TCP 连接已经建立。

　　在协议步骤 B 建立 TCP 连接后，客户机和服务器进程都处于连接状态。请注意，一旦用户选择了网页中的超链接，就会自动进行这个连接建立过程。然后服务器通过其套接字和 TCP 连接发送包含所请求网页内容的 HTTP 响应消息来响应。通常，这个过程需要两个往返时间（Round-Trip Time，RTT）来完成所请求对象的传输，如图 9.8 所示。

保活（keep alive）连接与 SPDY 协议

　　HTTP 连接的协议步骤统称为**非持久连接**。一个**非持久连接**即可为单个 TCP 连接。然而在一些情况下，用户可以使用多个并行的 TCP 连接，其中每个连接提供一个请求响应。这种情况被归类为一种称为 **HTTP 保活**或**持久连接**或 **HTTP 连接重用**的方法。保活方法是扩展单个 TCP 连接以发送和接收多个 HTTP 请求和响应，而不是为每个请求和响应打开一个新连接。保活连接方法的思想在安全性和速度方面得到显著改进，产生了 **SPDY 协议**。SPDY 协议由谷歌开发，允许多个请求和响应对在单个连接上进行"复用"。这个方法的目标是通过在协议中增加数据压缩和优先级来减少网页加载延迟，提高 Web 安全性。

HTTP 消息

　　HTTP 有两种类型的消息：**请求消息**和**响应消息**，如同我们在上一节的协议描述中了解到的。两种消息都以 ASCII 格式编写。回忆一下，E-mail 消息也是以 ASCII 格式编写的，如 9.3.1 节所述。

　　请求消息由一个**请求行**、一些**标题行**后跟一个空行以及消息**实体正文**组成，如图 9.9(a)所示。请求行、标题行和空行都以回车换行符结尾。请求行由三个字段组成：**方法**（后跟空格）、**URL**（后跟空格）和版本。方法字段充当一个指令性命令，告诉服务器浏览器想要它做什么。最常用的方法字段有：

● GET，当浏览器请求 URL 中指定的对象时从服务器检索信息。

● POST，也是一个网页请求，但用于浏览器请求 Web 服务器接收请求消息正文中包含的数据以进行存储。

- HEAD，与 GET 类似，但它的响应消息中没有消息正文，用于管理目的。
- PUT，浏览器用于将对象上传到 Web 服务器。
- DELETE，从服务器上删除指定的资源。

响应消息由一个**状态行**、一些**标题行**后跟空行以及消息**实体正文**组成，如图 9.9(b)所示。同样地，任何状态行、标题行和空行都以回车换行符结束。状态行由三个字段组成：**版本**(后跟空格)、**状态代码**(后跟空格)和**状态**。状态代码和状态字段报告消息的状态，一个以代码的形式，另一个以命令的形式。

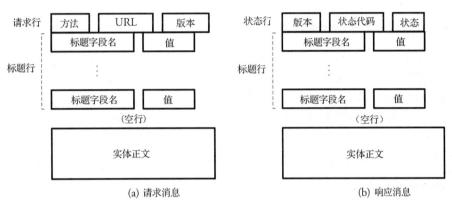

图 9.9　HTTP 消息格式

例：假设使用 Mozilla/4.0 浏览器的用户请求位于 domain1 服务器的 directory1 目录中的 file1 文件。这种情况下，浏览器使用 URL http://www.domain1.com/directory1/file1，并转换为下面的 GET 消息：

```
GET /directory1/file1 HTTP/1.1
Host: www.domain1.com
Accept: image/jpeg, */*
Accept-Language: en-us
User-Agent: Mozilla/4.0 (compatible; MSIE 6.0; Windows 8)
```

[实体正文]

注意，请求行由 **GET 方法**、空格、**URL 路径名**(/directory1/file1)、空格、**版本**(HTTP/1.1)构成。后面的行是标题行。例如，Accept-Language: en-us 的标题字段名和值组合表示语言是美式英语(U.S.English)。

下面的内容是 HTTP 响应消息：

```
HTTP/1.1 200 OK
Date: Fri, 9 Jan 2015 08:56:53 GMT
Server: Apache/2.2.14 (Win32)
Last-Modified: Sat, 10 Jan 2015 07:16:26 GMT
Content-Length: 44
Connection: close
Content-Type: text/html
```

[实体正文]

注意，状态行报告协议版本为 HTTP/1.1，响应的状态代码是 200，意思是响应中的所有内容均正常。标题行报告了其他信息。例如，Last-Modified: Sat, 10 Jan 2015 07:16:26 GMT 的标题字段名和值组合表示所请求对象的创建与最后一次修改的日期和时间。此外，Content-Length: 44 表示字节数，本例的对象中包含 44 字节。

HTTPS 协议

当 Web 的连接需要安全时，如在线金融交易，就会使用称为 HTTPS 的 HTTP 安全版本。为了安全起见，HTTPS 的传送层端口号是 443，不同于分配给 HTTP 的端口 80。使用 HTTPS 代替 HTTP 是由请求的服务器自动完成的。网络安全的详细信息将在第 10 章描述。

9.4.2　Web 缓存(代理服务器)

用户的 HTTP 请求首先被定向到网络**代理服务器**或 **Web 缓存**。一旦网络做了此类配置，浏览器的请求就会被定向到 Web 缓存，这个缓存必须包含其代理职责范围内所有对象的最新副本。采用 Web 缓存主要是为了减少用户请求的响应时间。当请求服务器的带宽由于一天中某些时段的流量而受到限制时，这种好处就更加明显了。通常，每个组织或 ISP 都应该有自己的缓存，为其用户提供高速链接。这样，用户就可以从这种快速查找对象的方法中受益。这种互联网访问方法还可以减少组织到互联网的接入链路上的流量。Web 缓存的具体方法如下：

开始 Web 缓存算法

1. 源用户浏览器与 Web 缓存建立 TCP 连接。
2. 用户浏览器将其 HTTP 请求发送给 Web 缓存。
3. 如果，Web 缓存中有请求对象的副本，则将该副本转发给用户浏览器。
   否则，Web 缓存与请求的服务器建立 TCP 连接并请求对象。一旦接收到请求的对象，Web 缓存就存储对象的副本，并通过现有的 TCP 连接将另一个副本转发给用户浏览器。

图 9.10 中有三个 ISP。ISP 3 中的主机正在浏览并查看 ISP 1 中名为 http://www.filmmaker.com 的对象。对该对象的请求被定向到 Web 缓存，如图中虚线所示。该例中，Web 缓存没有所请求对象的记录，因此正在建立另一个 TCP 连接来更新其记录。

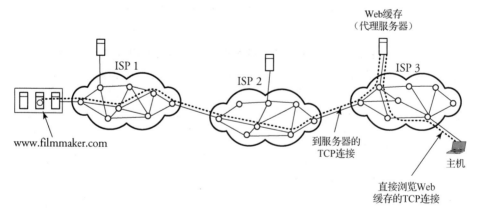

图 9.10　用户浏览器通过 Web 缓存请求一个对象

9.4.3　Webmail

Webmail 或基于 **Web** 的 E-mail 是安装在主机上的 E-mail 客户机，是一个通过 Web 浏览器访问 Web 邮箱的 Web 应用程序。Webmail 是 9.3 节中提到的非 Web E-mail 系统的替代方案。使用
Webmail 时，如前所述的邮件用户代理就是一个普通的 Web 浏览器，因此用户必须通过 HTTP 连
接到邮箱。一些 ISP 在其提供的互联网服务中包含了 Webmail 客户机作为 E-mail 服务的一部分。
要在完全以 Web 形式操作的 E-mail 系统中发送和访问邮件，收、发用户都必须通过浏览器使用
Webmail 协议。这两个操作替代了 POP3、IMAP 或 SMTP 协议。但是，从发送邮件服务器到接收
方邮件服务器的 E-mail 传输仍然必须使用图 9.11 所示的 SMTP。

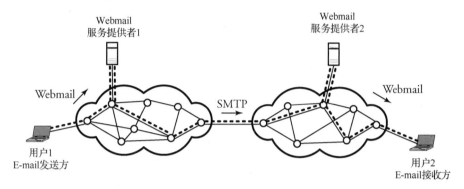

图 9.11　用户 1 使用 Webmail 向位于不同域中的用户 2 发送 E-mail，用户 2 使用 Webmail 获取 E-mail

9.5　远程登录协议

客户机/服务器模型可以创建这样一种机制，允许用户在远程计算机上建立会话，然后运行应用
程序。这种应用程序称为**远程登录**。用户可能希望运行远程站点上的应用程序，并将结果传输回本
地站点。例如，在家工作的员工可以登录到他或她的工作服务器，以访问用于执行项目的应用程序。
这可以使用客户机/服务器应用程序来实现所需的服务。两个远程登录协议是 TELNET 和 SSH。

9.5.1　TELNET 协议

TELNET（teletype network）是建立到远程系统连接的一个 TCP/IP 标准。TELNET 允许用户通
过建立 TCP 连接把应用程序的详细信息传递给远程计算机，从而实现通过互联网登录到远程计算
机。这个应用可以将传输的文本视作通过连接在远程计算机上的键盘输入的。

登录到远程服务器

使用 TELNET，用户计算机上的应用程序是客户机。用户的键盘和显示器也直接连接到远程
服务器。远程登录是一种分时共享的操作，授权用户有登录名和口令。TELNET 具有以下属性：

- 客户机程序使用标准的客户机/服务器接口，无须知道服务器程序的细节。
- 客户机和服务器可协商数据格式选项。
- 一旦通过 TELNET 建立了连接，连接的两端均对称处理。

当用户登录到远程服务器时，客户机的终端驱动程序接收击键，并通过操作系统将它们解析
为字符。字符通常被转换成一种名为**网络虚拟终端**（Network Virtual Terminal, NVT）的通用字符集，
它使用 7 bit 的 US-ASCII 表示法来表示数据。然后，客户机建立到服务器的 TCP 连接。NVT 格式
的文本使用 TCP 会话传输，并送到远程服务器的操作系统。服务器将字符从 NVT 转换回本地客
户计算机的格式。

NVT 过程是必要的，因为远程登录的计算机不同。在这种情况下，TELNET 客户机和服务器都必须使用特定的终端仿真器。客户机接收来自用户键盘的击键，同时还要接收服务器发回的字符。在服务器端，数据通过服务器的操作系统上传到应用程序。然后，远程操作系统将字符传递给用户正在运行的应用程序。同时，远程字符回送通过相同的路径从远程服务器传回客户机。如果服务器站点上的应用程序由于某种原因停止读取输入，那么关联的操作系统及服务器将会不堪重负。

TELNET 还提供了一些选项，允许客户机和服务器协商一些非常规事务。例如，其中一个选项是允许客户机和服务器之间传递 8 bit 数据。在这种情况下，客户机和服务器必须在进行任何传输之前就同意传递 8 bit 数据。

9.5.2 安全外壳协议（SSH）

另一个远程登录协议 SSH 基于 UNIX 程序。SSH 使用 TCP 进行通信，但比 TELNET 更强大、更灵活，允许用户更容易地在远程客户机上执行单个命令。相比 TELNET，SSH 具有以下优点：

● SSH 通过加密和认证消息提供安全通信（将在第 10 章讨论）。
● SSH 通过对远程登录的多个通道进行复用，实现在同一个连接上传输更多的数据。

SSH 的安全性是通过在客户机和远程服务器之间使用**公钥**加密来实现的。当用户建立到远程服务器的连接时，即使入侵者获得了通过 SSH 连接发送的分组副本，所传输的数据仍然是保密的。SSH 还实现了对消息的认证过程，以便服务器能够发现并验证试图建立连接的主机。通常，SSH 要求用户输入一个私有口令。

一个简单的 SSH 交互会话从服务器在指定的安全传输端口上监听开始。提交口令后，SSH 将为会话启动一个命令解释程序（shell）。SSH 可以在一个会话中同时处理多个数据传输。这种类型的远程登录服务通过 SSH 连接进行多路复用。SSH 还可以在两台计算机之间通过建立一个安全隧道来执行**端口转发**。在 SSH 远程登录程序中，用户可以允许 SSH 通过隧道自动将传入的 TCP 连接与新连接拼接在一起（第 14 章介绍隧道技术及其应用细节），确保通过互联网发送的数据不受窥探和篡改。

SSH 类似于隧道功能。例如，当它为其端口 k_1 与远程服务器形成 SSH 连接时，客户机可以确定此端口的传入 TCP 连接会通过隧道自动转发到服务器，然后拼接到另一个到第二个服务器端口 k_2 的连接。这样，客户机在其计算机上建立了一个 TCP 连接，第二个服务器与第一个服务器建立了一个 TCP 连接。端口转发的优点是应用数据可以在客户机和第二服务器这两个站点之间传递，而不需要第二客户机（即第一个服务器作为客户机）和服务器（即第二个服务器）。图 9.12 显示了 SSH 分组的格式。

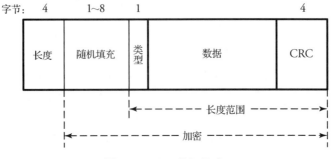

图 9.12　SSH 分组格式

- **长度**：表示分组的大小，不包括**长度**字段和紧随其后的可变长度的**随机填充**字段。
- **随机填充**：使入侵更加困难。
- **类型**：标识消息类型。
- CRC 或循环冗余校验：是一个差错检测字段（参见第 3 章）。

启用加密后，除**长度**外的所有字段都将被加密。SSH 还允许选用数据压缩功能，这在低带宽情况下使用 SSH 时非常有用。在这种情况下，客户机和服务器协商压缩，只压缩**类型**和**数据**字段。

9.6　文件传输和 FTP

文件传输是另一种计算机网络应用。分布在不同位置上的文件和信息在工作组成员之间共享是很必要的。在某些应用程序中，文件通常保存在服务器上。然后用户使用文件传输协议访问服务器并传输所需的文件。两种文件传输协议是 FTP 和 SCP。

9.6.1　文件传输协议（FTP）

FTP 是 TCP/IP 协议族的一部分，非常类似于 TELNET。FTP 和 TELNET 都建立在客户机/服务器模式之上，并且都允许用户建立远程连接。但是，TELNET 提供了更广泛的用户访问服务，而 FTP 只允许访问某些文件。协议的实质如下：

开始文件传输协议

1. 用户向远程服务器请求连接。
2. 用户等待确认。
3. 连上服务器后，用户必须输入用户 ID 及口令。
4. 通过 TCP 会话建立连接。
5. 传输所需的文件。
6. 用户关闭 FTP 连接。

FTP 也可以通过 Web 浏览器运行。

9.6.2　安全复制协议（SCP）

安全复制协议（Secure Copy Protocol，SCP）类似于 FTP，但它具有安全性。在 SCP 结构中包含了一些类似 SSH 中的加密和认证功能。同样相似的还有本地主机和远程主机之间的命令交换。当需要访问远程计算机时，SCP 命令会自动提示用户输入口令信息。但 SCP 无法处理不同体系结构的计算机之间的文件传输。

9.7　对等网络

对等（Peer-to-Peer，P2P）网络是在互联网上允许一组称为对等节点的主机彼此互连且直接访问彼此文件或数据库的一种通信方式。在一般意义上，P2P 源于数据文件或数据库位置的分散和自组织，其中各个主机无须任何集中服务器协调即可将它们自己组织成网络。

回忆一下，9.1.1 节描述的客户机/服务器模型看起来像一个简单的 P2P 通信例子，其中每个主机都具有成为服务器或客户机的权利。但是，客户机/服务器模型对网络资源的依赖性使其与 P2P

模型有显著区别。P2P 方案也可以在没有任何主服务器辅助的情况下，用一组隧道把用户和资源连接起来。这样，查找文件和将文件下载到对等主机上的过程都可以在对等节点不必联系集中式服务器的情况下进行。P2P 网络协议可以分为以下几类：

- **P2P 文件共享协议**，文件在多个对等节点之间共享。
- **P2P 数据库共享协议**，数据库在多个对等节点之间共享。
- **P2P 社交网络协议**，多个对等节点可以构建独立网络。

图 9.13 显示了 P2P 网络的一个抽象示例。在该示例中，连接到 WAN 的对等节点 2 直接连接到对等节点 3，相同的网络方案也发生在连接到 WAN 的对等节点 4 和位于 LAN 中的对等节点 7 之间。我们还可以看到，位于 WiFi 网络中的对等节点 5 正在向对等节点 1、2 和 6 发送泛洪查询，以搜索某个文件或数据库。下一节中，我们将讨论 **P2P 文件共享协议**。

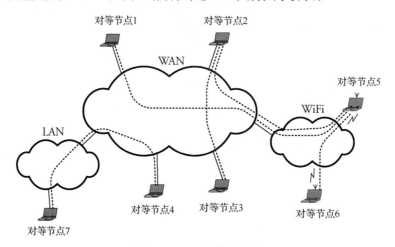

图 9.13　P2P 网络示意图

9.7.1　P2P 文件共享协议

P2P 网络的应用之一是**文件共享**，通过文件共享可以将文件从服务器分发到大量对等节点上。分发的文件可以小如简单的文本文件，也可以大如服务器中的视频文件。当用于共享文件场景时，P2P 似乎是一种便利的方法，例如，共享音乐文件却无须从中心站点去下载。通过 P2P 网络，任何对等节点都可以从拥有该文件的任何其他对等节点处获取该文件的副本，而无须访问中央服务器。

P2P 文件共享的优点对于大公司来说是显而易见的，因为任何接收了全部或部分文件的对等节点都可以将其重新分发给其他对等节点，而不是由服务器将文件逐个分发给每个对等节点。例如，通过 P2P 文件共享，企业和组织不需要花费维护中心服务器的费用就能实现文件共享。

在 P2P 方案中，源主机作为对等节点必须首先下载和执行 P2P 网络应用程序。应用程序通常有一个 GUI，允许主机用户有效地连接响应的对等节点。应用程序在主机中启动后，主机用户应在 P2P 用户界面窗口中输入第二个对等节点的 IP 地址。通过这个 IP 地址，源对等节点就可以找到目的对等节点并与它连接。

在 P2P 文件共享中，对等节点的网络可以认为是"结构化"的，即组网的对等节点都遵循结构化的规则；否则就被归类为"非结构化"。文件共享的一个例子是对等主机使用的应用软件将它们自己安排为非结构化 P2P 网络。运行在每个对等节点上的应用程序软件都知道运行该应用程序的其他对等节点。当一个对等节点想要查找一个文件时，应用软件就会向其相邻对等节点发送查

询消息。具有所请求文件的任何对等节点则发送文件位置的响应。非结构化 P2P 文件共享协议的
详细信息如下：

开始非结构化 P2P 文件共享协议

1. 请求方对等节点向相邻对等节点洪泛具有唯一标识符的 QUERY 消息，消息中包含生存时
   间（Time To Live，TTL）以避免无限期搜索时间。
2. 具有所请求文件的任何邻居对等节点发送 QUERY RESPONSE 消息进行响应。
3. 具有或知道所请求文件的邻居对等节点将以下信息转发给请求方：
   - 文件位置的 IP 地址；
   - 文件位置的 TCP 端口号。
4. 请求方使用 GET 或 PUT 消息存取文件。
5. 若请求方在步骤 4 失败，则
   回到步骤 1，并排除已失败的邻居节点的位置。

在这个协议中，每个对等节点都必须使用唯一的 QUERY 标识符来维护 QUERY 消息的历史记
录，以避免将相同的消息转发给其他节点。接下来，介绍一种非常重要的非结构化 P2P 文件共享
协议，即 BitTorrent 协议。

BitTorrent 协议

BitTorrent 文件共享协议由布拉姆·科恩（Bram Cohen）开发，是一个"非结构化"的 P2P 协
议。BitTorrent 协议通常用于在互联网上共享大型文件，但它可能会降低分发大文件对服务器和网
络造成的影响。在 BitTorrent 协议中，单个计算机以 P2P 方式高效地将文件分发给许多接收者。这
种方法明显减小了网络的带宽使用，还可以防止在网络特定区域中突发大流量。让我们首先熟悉
这个协议的一些术语，如下所示：

● **客户机**（Client）。客户机是实现 BitTorrent 协议的程序，因此将对等节点定义为运行客户机
  实例的任何计算设备。
● **块**（Chunk）。对等节点可以相互下载一个文件的等长块，称为**块**。
● **群**（Swarm）。群是参与特定文件分发的所有对等节点的集合。每个群都会收到一个**群 ID**。
● **种子**（Seed）和**下载者**（Leecher）。群中的对等节点分为两类：具有所请求文件完整版本的**种
  子**，以及还没有下载完整文件的**下载者**。
● **跟踪器**（Tracker）。**跟踪器**是专用于 BitTorrent 协议的独立服务器，用于维护和跟踪群内
  活跃的客户机成员列表。协议还提供了另一种分散式的跟踪方法，即每个对等节点都
  可以充当跟踪器。BitTorrent 协议允许客户机加入一个主机**群**中，相互间同时进行下载
  或上传。与从单个源服务器下载文件的传统方法比较，这里的方法是从多个对等节点
  复制并下载文件块。这个协议中的文件复制是下载过程的一部分，因为一旦对等节点
  下载了某个块，它就成为该块的新来源。为了理解 BitTorrent 协议的操作，让我们先看
  看如下总结的分步算法：

开始 BitTorrent P2P 文件共享协议

1. **一个计算设备想要加入一个群，成为一个对等节点：**
   - 在设备上安装 BitTorrent 客户机软件。
   - 客户机向一个跟踪器注册。

2. 对等节点想要分享文件：
- 对等节点生成对应的"种子文件"(torrent file)。
- 将种子文件发送给跟踪器以开始文件共享。

3. 对等节点想要下载文件：
- 对等节点下载所请求文件的相应种子文件。
- 客户机打开相应的种子文件，从而连接上跟踪器。
- 跟踪器将目标群的群组 ID，以及种子列表及其 IP 地址转发给请求方对等节点。
- 对等节点使用 TCP 与群中的对等节点通信，下载所需文件的各个块。

如协议步骤 1 所示，为了让对等节点加入一个群，必须在其计算机上安装 BitTorrent 软件，然后向一个跟踪器注册。当一个对等节点想要分享文件时(步骤 2)，它必须首先为该文件生成一个称为**种子文件**的小文件，如 file1.torrent。种子文件包含有关跟踪器、要分享的文件及协助分发文件的对等节点信息。种子文件有一个用于指定关联跟踪器的 URL 的**公告字段**，以及一个包含文件名、文件长度、所使用的块长度和每个块的安全代码(**SHA-1 哈希码**)的**信息**字段。SHA-1 哈希是一种安全算法，将在第 10 章中介绍。然后由客户机验证这些信息。

使用 BitTorrent 下载或上传文件与使用 HTTP 或 FTP 的传统方法不同。使用 BitTorrent，大量文件块通过几个不同的 TCP 连接传输到不同的对等节点，而不是一个到文件源的 TCP 连接。这种大文件的分布式处理方式实际上比从单个源下载大文件要快得多。此外，BitTorrent 下载的 TCP 连接确保以随机方式下载数据块，而不是传统的 TCP 顺序下载。这种策略允许下载流量均匀分布在网络的地理区域上。

任何想要下载文件的对等节点必须首先下载目标文件对应的种子文件，如协议步骤 3 所示。接下来，当 BitTorrent 客户机打开种子文件时，客户机会自动连接到种子文件中推荐的跟踪器。跟踪器向该客户机转发称为**种子**的可传输所需文件块的对等节点列表、种子的 IP 地址及对应的群 ID。然后，客户机与这些对等节点通信，以随机顺序下载这些块。每当下载的对等节点下载完一个文件块后，它就向每个邻居对等节点发送一条标识该块的消息。邻居对等节点是与该节点直接相连的对等节点。

群中的每个对等节点都可以从其他对等节点下载文件块，并向它们报告自己拥有哪些文件块，这样群中的每个对等节点都会知道哪些对等节点拥有哪些块。当一个对等节点第一次加入群时，它没有任何文件块。但随着时间的推移它会积累文件块，并从其他对等节点下载文件块，以及将文件块上传到其他对等节点。对等节点执行"公平交易"策略，谁送块给我，我也送块给谁，但新加入的对等节点除外。客户机程序还使用一种称为**乐观疏通**的机制，即客户机预留一部分带宽来向随机选择的对等节点发送文件块，这有助于发现更有利的合作者。

正如我们所讨论的，BitTorrent 协议也支持无跟踪器的群。在这种情况下，客户机使用 UDP 来通信，既可充当对等节点，也可充当跟踪器。

例： 图 9.14 显示了一个 BitTorrent P2P 网络示例，一个新加入的对等节点正从多个对等节点处下载文件，该文件共有 3 个块。对等节点 5 是新加入的节点，因此首先向跟踪器注册。跟踪器提供了拥有对等节点 5 想要下载的文件的对等节点列表。该列表包含一个群，群中包含种子节点 1、2 和 4。对等节点 3 仍是一个下载者，因为它还没有所请求文件的任何部分。对等节点 5 从对等节点 1 处下载文件块 2，从对等节点 4 处下载文件块 2，从对等节点 2 处下载文件块 3。此时，更新群列表以包含对等节点 5。

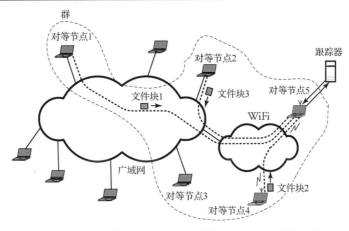

图 9.14　在这个 BitTorrent P2P 网络示例中，一个对等节点正在从多个对等节点处下载文件块

9.7.2　P2P 数据库共享协议

我们探讨的第二个 P2P 应用类型是 **P2P 数据库共享协议**，通过该协议，诸如视频内容、音乐和书籍之类的对象数据库可以分布在大型的对等节点社区上。数据库共享的关键问题之一是如何定位哪些对等节点具有所搜索的对象。例如，一个互联网用户可能有一个或多个对象，如歌曲、视频和文件，而其他用户可能希望拥有它们，但找到这些对象是一个挑战。解决这一挑战的一个直接方法是创建一个包含所有对象的数据库，但这种方法是集中式的，可能对公众没有吸引力。让每个对等节点都维护其自己的数据库也不太好，因为这种方法需要大量的努力来保持所有对等节点上的数据库一致更新。该挑战的解决方案是建立一个共享的分布式数据库，每个对等节点都拥有数据库的一小部分内容，同时又关联其他对等节点以访问和更新内容。这种分布式数据库的实例是下面描述的**分布式哈希表**（Distributed Hash Table，DHT）。

分布式哈希表（DHT）

DHT 是一个"结构化"的 P2P 网络，作为一个包含（对象名，对象地址）对的数据库系统进行操作。**对象名**可以是音乐标题、视频片段名或书名，**对象地址**可以是存储对象的对等节点地址，如对等节点的 IP 地址。当然，对等节点的数据库中可以存储多个（对象名、对象地址）对，一个对象可以由多个对等节点存储。

这种 P2P 网络面临的挑战是如何建立（**对象名、对象地址**）对的"分布式"数据库，其中每个对等节点只存储所有对的一个子集。在这种情形下，对等节点必须使用特定键查询一个很大的分布式数据库。然后 DHT 必须能够找到那些包含目标键的（**对象名，对象地址**）对的对等节点，再将（键，值）返回给请求方对等节点。这种类型的分布式数据库称为**分布式哈希表**（**DHT**）。

为了为 P2P 应用程序构建这样一个分布式对象数据库，使用了**哈希函数**。有关哈希函数的详细信息见 10.5.1 节。简而言之，当任何消息映射到称为**哈希**或**消息摘要**的定长数据时，哈希函数 h 用于发现对消息的故意损坏。计算机网络中运行的哈希函数可以让主机易于验证某些输入数据是否经过认证。哈希函数通常用于**哈希表**，通过将搜索键映射到索引来灵活地查找数据记录。哈希表中的索引提供了哈希表中存储相应记录的位置。

一种 DHT 网络拓扑结构称为"**弦**"（chord），其中整个数据库分布在加入环形网络的对等节点上。所有的对等节点都可以使用哈希函数，这就是在"分布式哈希函数"中使用术语**哈希**的原因。DHT 网络使用以下规则：

- 对任何对象,使用哈希函数将**对象名**转换成 n bit 的整数标识符,称为"**键**"(**key**),键的取值范围是 $0 \sim 2^n-1$。
- 对任何参与的对等节点,使用哈希函数将**对象地址**转换成 n bit 的整数标识符,称为"**值**"(**value**),值的取值范围是 $0 \sim 2^n-1$。n 的取值取决于对等节点的数量。
- (**对象名,对象地址**)对的哈希表示为(**键,值**)对,关联于**键**所标识的对象。
- 与对象关联的(**键,值**)对存储在沿弦的顺时针方向离键最近的一个下游对等节点上。

例:考虑图 9.15 所示的有五个活跃对等节点参与的弦状 DHT 网络。假设在图中所示的环形 P2P 网络上,选择 n 为 3。因此,对象名和对象地址必须进行哈希处理,以生成为 $0 \sim 2^3-1=7$ 范围内的标识符。假定该网络上这五个活跃的对等节点经过哈希得到标识符 0、1、3、4 和 6。在这种情况下,考虑一个作为对象名的音乐标题经过哈希得到一个标识符为 5 的**键**。因为在环上离 5 最近的顺时针方向下游节点是对等节点 6,于是形成(5,6)的(**键,值**)对并保存在对等节点 6 中。注意,如果一个键的值大于所有对等节点标识符,DHT 就使用模 2^n 规则将(**键,值**)对存放到具有最小标识符的对等节点中。

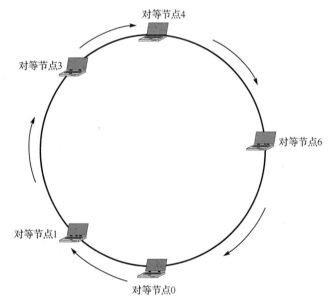

图 9.15 一个弦状(环形)的 DHT P2P 网络

现在,我们来研究一个对等节点是如何找到存储其查找对象的对等节点的。回忆一下,DHT 中每个对等节点必须按模 2^n 规则只跟踪它的直接上游节点和直接下游节点。因此,当一个对等节点想要查找一个对象时,它必须首先哈希对象名以找到对象的键,然后在弦网上按顺时针方向发送一个查询分组来查找对象的(**键,值**)对。弦上的对等节点收到这个消息,就能够确定它的上游和下游节点。收到查询消息的对等节点检查消息中的值,如果不满足以下两个条件,就将查询消息送给下游节点:

(1)自己的标识符(值)大于键值;

(2)键值比下游节点的标识符更接近自己的标识符。

在一个有 m 个活跃节点的弦网上,DHT 中的所有 m 个对等节点都要沿环转发查询消息,以便找到负责处理键的对等节点,平均要发送 $m/2$ 个查询。这是一个相当大的流量,为了解决这个流量问题,开发了一种称为对等节点流失(peer churn)的方法。在这种方法中,允许在弦中实现快捷方式，让每个对等节点不仅跟踪其直接的上、下游节点，而且还可以跟踪少量的快捷对等节点。这样一来，当对等节点收到一个键查询分组时，它会将其转发给下游节点，或者是离键值最近的快捷对等节点。

9.7.3 对等节点连接效率估计

我们现在对 P2P 网络性能做一个粗略评价。令 t_e 为建立到一个对等节点的连接所需的时间，t_f 为建立连接后完成服务所需时间。假设到节点的连接请求是随机的、速率为 λ，服务时间 S 为

$$S = \begin{cases} t_f, & \text{节点已连接} \\ t_f + t_e, & \text{节点未连接} \end{cases} \tag{9.1}$$

当请求达到时，对等节点已经连接的概率为 p，未连接的概率为 $1-p$。S 通常是一个连续随机变量（见附录 C），仅在公式（9.1）中讨论的两种情况下是离散的。那么，可得出服务时间的均值或期望值为

$$E[S] = pt_f + (1-p)(t_f + t_e) = t_f + (1-p)t_e \tag{9.2}$$

令 $\rho = \lambda/\mu$ 为对等节点的效率，其中 λ 为连接请求达到速率，μ 为节点的平均服务速率。于是，给定任意时间 Δ，节点有 ρ 部分的时间处于"节点在连接中"或"连接服务中"的状态，这可以表示成

$$\delta_s = p\rho\Delta \tag{9.3}$$

同理，节点有 $1-\rho$ 部分的时间处于空闲状态，可表示成

$$\delta_i = (1-p)(1-\rho)\Delta \tag{9.4}$$

这里的空闲时间指当节点断开了连接或者虽然有连接但没有使用该连接时。于是，可以推导出对等节点的连接效率 u 为

$$u = 1 - [p\rho + (1-p)(1-\rho)] \tag{9.5}$$

对等节点的连接效率可用来计算整个 P2P 连接的效率。

9.8 网络管理

网络管理的主要目的是监视、管理和控制网络。一个网络可以由许多链路、路由器、服务器和其他物理层设备组成，并且配备了许多用来协调它们的网络协议。想象一下，当成千上万的这些设备或协议被一个 ISP 绑定在一起时，为避免日常服务中的任何中断，对它们的管理会变得异常艰难。在这种情况下，网络管理的目的是监视、测试和分析网络的硬件、软件和人为元素，然后配置和控制这些元素以满足网络的运行性能要求。

图 9.16 展示了一个简单的网络管理场景，其中 LAN 连接到互联网。LAN 1 专用于网络管理员设施。网络管理员可以定期发送管理分组与某个网络实体通信。网络中出现故障的组件也可以向网络管理员发起通信，报告其问题。

网络管理任务可分为如下几类：

- **QoS 与性能管理**。网络管理者周期性地监测和分析路由器、主机、链路利用率，然后导引业务流量以避免出现过载点。有一些工具可以用来检测流量的快速变化。
- **网络故障管理**。网络一定要能够检测、定位并响应网络中的任何故障，例如，链路、主机、路由器的硬件或软件失效。典型的情况是，帧校验错误的增加预示着可能出现了某种故障。图 9.16 显示了路由器 R3 和主机 H37 的网络接口卡（Network Interface Card，NIC）故障，可以通过网络管理检测到这种故障。

- **配置管理**。配置管理的任务是跟踪所有的被管设备，确保这些设备正常联网运行。如果路由器的路由表出现非正常的变化，网络管理者就必须发现这种错误配置点，在错误对网络产生影响之前完成网络的重新配置。
- **安全管理**。网络管理者要对其所管理的网络安全负责，这个任务主要依靠防火墙实现（第 10 章讨论）。防火墙可以监测和控制访问接入点。在这种情况下，网络管理者就能掌握对网络的可疑攻击源，比如网络上的主机受到大量 SYN 分组的攻击。
- **计费与记账管理**。网络管理者规定用户对网络资源的访问权限或限制，并给用户开具费用账单。

使用恰当的网络管理工具，可以定位网络故障点，如主机或路由器网络接口卡失效。通常，为网络管理规定了标准的分组格式。

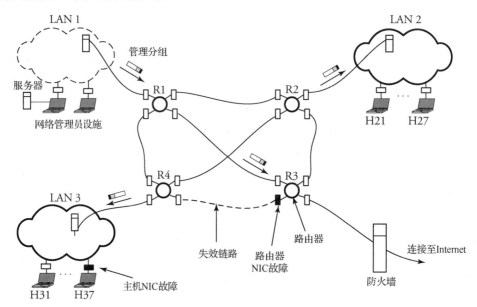

图 9.16　LAN 连接到互联网场景中的简单网络管理

9.8.1　网络管理要素

网络管理有三个主要组成部分：**管理中心**、**被管设备**和**网络管理协议**。管理中心由网络管理者和其设施组成。通常，管理中心由网络管理员及其设备组成。被管设备是受管理中心控制的网络设备，包括其软件。各种集线器、网桥、路由器、服务器、打印机或调制解调器都可以是被管设备。网络管理协议是管理中心和被管设备之间的条约，这种协议允许管理中心获取被管设备的状态。在网络管理中，被管设备称作**代理**（**agent**），如路由器、集线器或网桥；管理网络的设备称作**管理者**（**manager**），如管理主机。代理可以使用网络管理协议将意外事件通知给管理中心。

9.8.2　管理信息结构（SMI）

管理信息结构（Structure of Management Information，SMI）语言用于定义命名对象的规则和对托管网络中心的内容进行编码。换句话说，SMI 是一种语言，通过该语言可以定义托管网络中心中数据的特定实例。例如，Integer32 表示一个 32 bit 的整数，取值范围在 $-2^{31} \sim 2^{31}-1$ 之间。SMI 还提供更高级的语言结构，通常用来说明包含管理数据的被管对象的数据类型、状态和语义。例

如，"STATUS"语句用来说明对象定义是当前有效还是已经过时，"ipInDelivers"语句定义了一个
32 bit 的计数器，用来跟踪被管设备上收到并且递交给上层协议的 IP 数据报数量。

9.8.3　管理信息库（MIB）

　　管理信息库（Management Information Base，MIB）是包含反映网络当前状态的被管对象的信息
存储介质。因为 MIB 中存放了被管对象的相关信息，所以 MIB 形成了命名对象的集合，包括它们
在管理中心中彼此之间的关系。可以直接从网络管理中心获取这些信息。

　　对象以层次结构的方式组织，并用**抽象语法表示 1 号**（Abstract Syntax Notation One，ASN.1）
对象定义语言来标识。称为 **ASN.1 对象标识符**的对象名称层次结构是一个对象标识符树，其中每
个分支都有一个名称和一个数字，如图 9.17 所示。网络管理可以通过从根到一个对象的一系列名
称或数字来标识该对象。

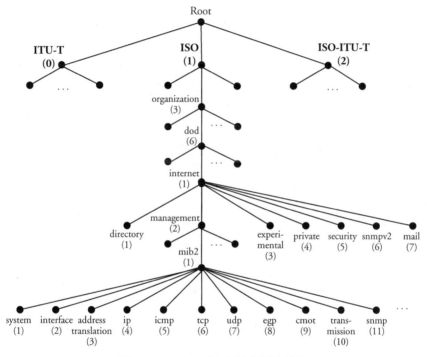

图 9.17　ASN.1 对象标识符层次结构

　　在对象标识符层次结构的根位置有三个条目：ISO（International Organization for Standardization，
国际标准化组织）、ITU-T（International Telecommunication Union-Telecommunication，国际电信联
盟-电信）标准化部门和 ISO-ITU-T（两组织的联合分支）。图 9.17 只显示了层次结构的一部分。在
ISO 条目下有其他分支。例如，**organization**（3）分支从根开始顺序标记为 1.3。如果继续跟踪这个
分支上的条目，我们会看到一条通过 **dod**（6）、**internet**（1）、**management**（2）、**mib2**（1）和 **ip**（4）的
路径，这条路径由（1.3.6.1.2.1.4）标识，以指示从根到 **ip**（4）条目的所有标记号。除了这个条目，这
棵树的底部有代表许多网络接口和知名互联网协议的 MIB 模块。树的路径清楚显示了所有与
"MIB-2"计算机网络"管理"相关的"IP"协议标准系列。

9.8.4　简单网络管理协议（SNMP）

　　简单网络管理协议（Simple Network Management Protocol，SNMP）是一种用来监视网络协议和

设备性能的协议。SNMP 协议数据单元（Protocol Data Unit，PDU）承载在 UDP 数据报的净荷中，因此不能保证传送到目的地。被管设备（如路由器和主机）是对象，每个对象都有一个正式的 ASN.1 定义。对于每个对象，在 MIB 中都有一个描述其特性的信息数据库。使用 SNMP 协议，网络管理员就可以找到故障的位置。SNMP 运行在 UDP 之上，使用客户机/服务器工作模型。该协议的命令消息定义如何从服务器查询信息并将信息转发给服务器或客户机。

SNMP 的任务是在管理中心和代理之间传输 MIB 信息，代理按照管理中心的指令执行操作。对于每个被管 MIB 对象，使用 SNMP 请求检索或更改其关联值。如果代理收到未经请求的消息，或者当接口或设备发生故障时，也可以用 SNMP 协议通知管理中心。该协议的第二版本 SNMPv2 能够运行在更多的协议之上，并具有更多的消息传递选项，从而实现更有效的网络管理。SNMPv3 有更多的安全选项。SNMPv2 有七种 PDU 或消息，如下所示：

1. GetRequest 用于获取 MIB 对象的值。
2. GetNextRequest 用于获取 MIB 对象的下一个值。
3. GetBulkRequest 用于获取多个值，等效于多个 GetRequest，但开销更小。
4. InformRequest 是管理者到管理者的消息，表示两个通信的管理中心彼此远程。
5. SetRequest 由管理中心用来初始化 MIB 对象的值。
6. Response 是对各种请求类型 PDU 的应答消息。
7. Trap 通知管理中心发生了意外事件。

图 9.18 显示了 SNMP PDU 的格式。有两种形式的 PDU：Get 或 Set，以及 Trap。Get 或 Set PDU 的格式如下：

● **PDU 类型**表示七种 PDU 类型之一。
● **请求 ID** 用于验证请求与响应的对应关系。因此，管理中心可以检测丢失的请求或应答。
● **错误状态**仅用于响应 PDU，以指示代理报告的错误类型。
● **错误索引**是一个参数，用于向网络管理员指示哪个**名称**导致了错误。

如果请求或应答丢失，SNMP 不会强制进行任何方式的重传。除 GetBulkRequest PDU 外的**错误状态**和**错误索引**字段都是零。图 9.18 还显示了 Trap PDU 的格式，其中**企业字段**用于多个网络，**时间戳字段**用于测量正常运行时间，**代理地址字段**用于指示 PDU 首部中包含被管代理的地址。

图 9.18　SNMP PDU 格式

9.9　总结

网络协议栈的顶层称为**应用层**。这类服务允许用户和程序可以与远程计算机上的服务及远程用户交互。应用层为用户提供网络服务和应用，并运行某些应用程序。DNS 是一种分布式的层次结构和全局目录，它将机器名或域名转换为数字形式的 IP 地址。可以为 IP 地址分配**域名**。分配给主机的唯一域名必须从**域名空间**中选择，并且通常以分层结构的形式组织。

SMTP 可以将 **E-mail** 从源邮件服务器发送至目的邮件服务器。用户邮箱是由邮件服务器分配给用户以保存其 E-mail 的特定存储空间。SMTP 旨在仅连接两个相关联的邮件服务器，而不考虑两个用户之间的距离。因此，该协议只涉及通信用户的两个邮件服务器。

文件传输允许工作组成员之间共享地理位置分散的文件和信息。用户可以使用文件传输协议访问服务器并传输所需的文件，FTP 和 SCP 就是这样的两个协议。**WWW** 或者简称 Web，是通过一个公共协议连接在一起的全球服务器网络，允许访问所有连接的超文本资源。HTTP 请求首先被定向到称为 **Web 缓存**的网络代理服务器。一旦网络配置妥当，浏览器对对象的请求就被定向到 Web 缓存。

TELNET 远程登录协议使用协商方法，允许客户机与服务器重新配置控制其交互的参数。SSH 远程登录协议的通信实现在 TCP 上。SSH 比 TELNET 更强大、更灵活，允许用户在远程客户机上更轻松地执行单个命令。

本章还介绍了 **P2P** 网络。可以看到，P2P 是一种非集中式的联网方式，主机无须第三方服务器就可以分担处理数据的责任，比如上传和下载文件。P2P 网络不同于传统网络的最重要的因素之一是某些主机负责提供数据，而其他主机则消费数据或作为服务主机的客户机。可以看到，在流行的 BitTorrent 协议中，所请求的文件可以被划分成称为**块**的小数据片，并且每个块可以保存在其中一个对等节点中以供另一个对等节点下载。

本章的最后是计算机网络的管理。被管设备（如路由器和主机）是被管对象，每个对象都有一个正式的 ASN.1 定义。另一个用来容纳对象信息和特性数据库的工具是 MIB。使用 SNMP，网络管理者可以找到故障的位置。SNMP 运行在 UDP 之上，使用客户机/服务器模型。SNMP 命令定义如何从服务器查询信息并将信息转发给服务器或客户机。

下一章将讨论计算机网络的安全问题，包括网络攻击类型、消息加密协议和消息认证技术等。

9.10　习题

1. 找出一个你熟悉的 IP 地址，比如你的大学或你的工作服务器的 IP 地址。设置一个实验，在这个实验中查找这个 IP 地址的域名。

2. 考虑 DNS 服务器。
   (a) 比较两种方法：从远程计算机的文件和从本地 ISP 的 DNS 服务器获取名字。
   (b) 描述从 DNS 服务器获取的域名与 IP 地址子网的关系。
   (c) 在 (b) 中，是否需要由同一个 DNS 服务器标识同一子网内的所有主机？为什么？

3. 假设一个 Web 浏览器开始下载 n 个不同但相关的文件，每个文件在不同的 Web 站点上。Web 浏览器平均需要联系 m 个 DNS 服务器以查找每个 Web 服务器的 IP 地址。给出采用非持久连接情况下接收页面的 RTT 总数。
   (a) 如果采用迭代 DNS 映射。
   (b) 如果采用递归 DNS 映射。

4. 假设一个 Web 浏览器开始下载位于一个 Web 站点上的 10 个不同文件，即文件 1～文件 10。当 HTTP 的三次握手完成之后，开始下载文件 1～文件 10，每个文件的传输时间分别是 10 ms、20 ms、…、100 ms。Web 服务器断开任何超过 110 ms 的服务器使用事务的连接。再假设三次握手的每次握手过程需要 10 ms。给出下载这些文件所需的总时间。

(a) 如果采用非持久连接。

(b) 如果采用保活连接。

5. 研究哪些字母（如 A、B、C……）或符号（如#、*、•……）不允许在 URL 中发送给 Web 服务器。

6. 阅读附录 B 中列出的所有与 HTTP 相关的 RFC。

(a) GET 命令的目的是什么？

(b) PUT 命令的目的是什么？

(c) 接着(a)的内容，解释为什么 GET 命令在应用时需要使用所联系服务器的名字。

7. 阅读附录 B 中列出的所有与 TELNET 和 SSH 相关的 RFC。

(a) 这两个协议之间最大的差别是什么？

(b) 比较这两个协议的"rlogin"功能。

8. 阅读附录 B 中列出的所有与 FTP 相关的 RFC。

(a) FTP 要计算所传输的文件的校验和吗？为什么？

(b) FTP 基于 TCP。如果 TCP 连接关闭，请说明文件传输的状态，并将其与其控制连接保持活动状态的相同情况进行比较。

(c) 从 RFC 中找出 FTP 客户机的所有命令。

9. 建立一个实验，其中两台计算机通过一个定义的网络用 FTP 交换一个定义的文件。测量文件传输延迟：

(a) 当网络处于最佳通信状态时，在两个方向上测量文件传输延迟。

(b) 当网络处于最差通信状态时，在两个方向上测量文件传输延迟。

(c) 当在其中一台计算机上做本地 FTP 时，在一个方向上测量文件传输延迟。

10. 假设一个对等节点加入 BitTorrent P2P 网络，而不想将任何对象上传到该网络中的任何对等节点上。对等节点能否接收到群共享的对象副本？

11. 考虑一个 BitTorrent P2P 网络。

(a) 讨论群中对等节点数量对共享文件性能的影响。

(b) 讨论块大小对共享文件性能的影响。

12. 假设在一个 DHT P2P 弦网中 $n=4$，因此标识符的范围是[0, 31]。假设有九个活动对等节点，标识符分别为 2、7、17、18、20、25、27、28 和 30。

(a) 如果网络上有五个键值 3、8、15、16 和 29，那么各个对等节点该负责哪些键值？

(b) 当需要查询键值 29 时，查询指令会向哪几个节点转发？

13. 考虑一个 DHT P2P 弦网，其中有 m 个活动对等节点和 k 个键值。给出每个对等节点负责的键值数量上限。

14. 一个 P2P 弦网中有三个对等节点 0、1 和 2 处于待机状态，等待激活。在环上建立连接后，建立到下一个对等节点的连接和完成服务所需的平均时间分别为 200 ms 和 300 ms。假设对等节点 0、1 和 2 的连接请求到达率分别为每分钟 2、3 和 4 个查询，而平均的对等节点服务率为每分钟 7 个查询。当查询在任何时刻到达时，对等节点 0、1 和 2 可以分别以 0.2、0.3 和 0.5 的概率连接到网络。

(a) 给出每个对等节点的服务时间。

(b) 给出每个对等节点的利用率。

(c) 计算每个对等节点的平均服务时间。

(d) 计算所有对等节点的平均服务时间。

(e) 对于每个对等节点，估计在任意两个小时内该对等节点用于建立连接或连接用于服务的时间。

(f) 计算每个对等节点的连接效率。

15. 图 9.17 显示了网络管理的分层 ASN.1 对象标识符。

(a) 解释 ASN.1 在协议参考模型(五层或七层模型均可)中的地位和作用。

(b) 找出为 MIB 变量构建一组全局唯一 ASN.1 名称的影响。

(c) 查阅附录 B 中列出的相关 RFC,找出美国组织必须在 ASN.1 层次结构中注册自己开发的 MIB 的位置。

16. 考虑一个 SNMP 网络管理环境。

(a) 评价一下为什么会选择 UDP 而不是 TCP。

(b) MIB 变量可以在其所属的本地路由器读取。如果我们让所有的管理中心访问所有路由器上的 MIB,有什么利弊?

(c) MIB 变量在本地路由器内存中的组织方式是否与其在 SNMP 中的组织方式相同? 为什么?

9.11　计算机仿真项目

1. **客户机/服务器的 TCP 连接仿真**。编写计算机程序来模拟客户机/服务器组合的 TCP 连接,服务器接收来自客户机的小文件。设置另外一台计算机作为代理服务器,并尝试从代理服务器发消息到主服务器。在服务器上显示所有可能的消息。

2. **用软件工具对 HTTP 命令进行实验分析**。在使用浏览器请求选择的任一网站上的一个网页的同时,使用 Wireshark 分组分析器软件调查 HTTP 应用的几个方面:

(a) 加载跟踪文件;滤除非 HTTP 分组,重点关注分组首部详细信息窗口中的 HTTP 首部信息。

(b) 你的浏览器发出了多少个 HTTP GET **请求**消息?

(c) 检查 HTTP GET **请求**及其响应消息中的信息。检查从浏览器向服务器发出的第一个 HTTP GET **请求**的内容,然后检查服务器响应的内容。验证服务器是否显式返回文件的内容。

(d) 检查从浏览器向服务器发出的第二个 HTTP GET **请求**的内容,给出 "IF-MODIFIED-SINCE" 首部所包含的信息。

3. **对等网络中流媒体内容的仿真**。使用仿真工具模拟从一个对等节点到另一个对等节点的内容流,例如视频片段。你可以用任何可用的网络仿真工具如 NS2、NS3 或 GNS3 来模拟 P2P 网络。建立一个负载平衡的对等连接。创建从一个对等节点流传输到另一个对等节点的视频片段,使用流传输协议进行按比特或按分组的流传输。你可能需要在其中一个对等节点上安装一个电视调谐器卡,将比特流转换成比特分组。

(a) 测量**播放延迟**,即特定分组从生成到其在屏幕上播放之间的延迟时间。

(b) 测量**播放损失**,即在实时视频内容传递中目的对等节点未接收到的分组数与流源端发送的总分组数之比。可以使用 Wireshark 或 NCTUns 等网络分析工具分析每个节点的分组速率和负载。

(c) 测量**启动延迟**,即从用户向视频服务器发出请求,到视频内容在屏幕上播出所需的时间。通道建立时间和缓冲延迟是两个主要的启动延迟参数。通道建立时间为对等节点联络发送节点所需的时间,缓冲延迟是接收节点收集足够多的分组以保证播放连续性所需的时间。

(d) 测量**播放时差**,即在同一个 P2P 网络中的两个不同节点上播放同一分组的时间差。

4. **搭建对等网络中视频流的实验环境**。类似项目 2,但这次尝试实验性地实现从一个对等节点向另一个对等节点传输视频流,可以使用如 VP8、BitTorrent 直播或 PPLive 等协议实现将视频流从一个主机传向另一个主机。在自己的网络上需要放置一台视频流信号源的对等节点,信号源应具备发送实时视频流的能力,同时把视频流上传到 P2P 网络中的另一个对等节点。这种能力是通过数据分组的形式来实现的:一旦从直播视频流中下载了一大块数据,就将其转换成若干数据分组,然后将数据分组发送到另一个对等节点。这种同时下载和上传可以创建一个实时视频流。

第 10 章 网 络 安 全

计算机的发明使得数字信息的安全成为一个重要问题，计算机网络领域的进步使得信息安全变得极其重要。计算机系统必须具备相应机制以保证数据安全，计算机网络也需要有相应保护数据的措施，避免数据受到入侵。无线介质极易受到入侵和攻击，因此对于无线网络而言，安全问题尤其重要。本章将关注**网络安全**，主要包含以下内容：

- 网络安全概况；
- 安全方法；
- 对称密钥密码；
- 公钥密码；
- 认证；
- 数字签名；
- **IP** 和无线网络中的安全；
- 防火墙和分组过滤。

我们首先定义和划分了网络威胁、黑客和攻击(包括 DNS 攻击和路由器攻击)的类型。网络安全可以划分为三大类：**密码、认证**和**数字签名**。关于**密码**，我们将介绍对称密钥和公钥加密协议。我们将讨论消息认证和数字签名的方法，通过这两种方式，接收者能够确定到达的信息来自它所声称的发送者。

接下来，本章将讨论几个标准化的安全技术，例如，IPsec 及无线网络安全与 IEEE 802.11 标准。在本章结尾，我们将讲述**防火墙**和**分组过滤**。防火墙是使用预先设定的规则集来保护网络的程序或设备。分组过滤是由防火墙执行的。

10.1 网络安全概况

网络安全是数据网络中的首要问题。随着通信网络的迅速发展，网络安全已成为终端用户、管理员和设备供应商关注的首要问题。尽管众多组织已经为提出有效的网络安全方案做了大量努力，但黑客们仍利用互联网基础设施的缺陷不断推出新的、更为严重的威胁。

10.1.1 网络安全要素

网络安全主要包括以下两个要素。

1. **机密性**：信息只能被具有合法使用权的用户获得。
2. **真实性和完整性**：应该在接收方验证消息的发送方及消息本身。

在图 10.1 中，用户 1 发送了一条消息（"I am User 1"）给用户 2。在该图的(a)中，由于网络缺乏任何安全系统，所以入侵者能够接收到这条消息，将其内容改为另一条消息（"Hi! I am User 1"）并将它发送给用户 2。用户 2 可能并不知道这条伪造的消息是真正来自用户 1(认证)且这条消息的内容是用户 1 创建并发送的(机密性)。在该图的(b)中，通信的双方各自加入一个安全模块，包含了一个仅被用户 1 和用户 2 所知的密钥。因此,这条消息被变换为无法被入侵者改变的形式,入侵者将无法参与此次通信。

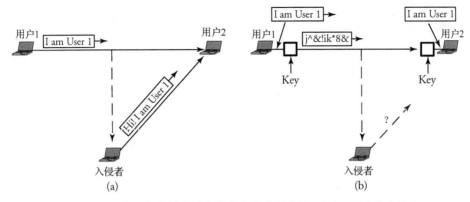

图 10.1 (a)入侵者伪造消息内容和发送者身份;(b)一种安全方法

通常,并不存在能确保完全安全的协议或网络架构。互联网的路由选择基于包含众多路由器、交换机和协议的分布式系统。这些协议包含大量的安全隐患,利用这些安全隐患可以导致诸如用户流量的错误交付或未交付、网络资源的滥用、网络拥塞和分组延迟,以及违反局部路由选择策略等问题。

10.1.2 网络攻击分类

针对互联网基础设施的**攻击**大致分为如下四类:

1. DNS 黑客攻击;
2. 路由表中毒;
3. 分组误处理;
4. 拒绝服务。

在这些威胁中,前三个攻击涉及网络基础设施,**拒绝服务攻击**则涉及端系统。

DNS 黑客攻击

正如第 9 章中提到的,DNS 是将域名转换为数字 IP 地址的分布式分层全球目录。DNS 是一个重要的基础设施,所有的主机通过联系 DNS 来访问服务器并开启通信连接。通常的操作模式是,主机向 DNS 服务器发送 UDP 查询。服务器返回一个恰当的答复,或将该询问发送给更智能的服务器。除了主机地址,DNS 服务器还会存储一些其他信息。

现代互联网环境中的域名解析服务对于 E-mail 传输、Web 网站导航和数据发送至关重要。因此,针对 DNS 的攻击将会影响互联网的很大一部分。DNS 攻击会导致数据缺乏真实性和完整性,具体表现为以下形式。

- **信息级攻击**迫使服务器使用正确答复之外的其他内容进行响应。在缓存中毒的情况下,黑客通过向域的授权服务器提供恶意信息,诱使远程域名服务器缓存第三方域的答复。黑客可以在这之后将数据流重定向到预选的站点。
- 在**伪装攻击**中,攻击者伪装成可信实体来获得私密信息。通过这种伪装,攻击者能够阻止消息的继续传递,或改变消息内容,或将分组重定向到伪造的服务器。这种行为也称为**中间人攻击**。

- 攻击者通常向每个主机发送查询并接收应答中的 DNS 主机名。在**信息泄露攻击**中，攻击者向所有主机发送查询，并标识哪些 IP 地址未使用。之后，入侵者即可使用这些 IP 地址进行其他类型的攻击。
- 域名一旦选定，就必须注册。互联网上有多种工具可以用来注册域名。如果工具不够智能，入侵者就可能从中获取安全信息，并使用这些信息在之后劫持该域名。在**域名劫持**攻击中，每当用户输入域名地址时，其都会被强迫进入攻击者的网站。这将会给用户带来巨大的烦恼，并导致无法使用互联网。

路由表中毒攻击

路由表中毒攻击是对路由表的意外修改。攻击者通过恶意修改路由器发送的路由选择信息更新分组来进行这种攻击。由于路由表是整个互联网中的路由选择基础，所以该攻击成为一个具有挑战性的重要问题。路由表中的任何错误表项都可能导致严重后果，例如拥塞、主机过载、路由环路、非法访问数据和网络分区。路由表中毒攻击的两种类型是**链路攻击**和**路由器攻击**。

当黑客接入链路并由此截获、中断或修改分组中的路由选择信息时，就会发生**链路攻击**。链路攻击对第 5 章中讨论的链路状态和距离向量协议的作用类似。如果攻击者成功在链路状态路由选择协议中实施了攻击，路由器就可能发送关于其邻居的错误更新，或者在其邻居链路状态发生改变时仍保持沉默。通过链路的攻击可能非常严重，攻击者可以控制路由器丢弃来自受害者的分组或将分组重新寻址发送至受害者，从而导致网络吞吐量降低。有时，路由器可以阻止目标分组被进一步转发。尽管如此，由于到达一个目的地存在多条路径，因此分组终将到达它的目的地。

路由器攻击会影响链路状态协议甚至距离向量协议。如果使用链路状态协议的路由器受到攻击，它们就会变成恶意的。它们可能会将不存在的链路加入路由表，删除现有链路，甚至更改链路的开销。这种攻击将会导致路由器忽略邻居发来的路由更新，从而严重影响网络流的传输。

在距离向量协议中，攻击者可能导致路由器发送关于网络中任何节点的错误更新，从而误导其他路由器并导致网络问题。

大部分未受保护的路由器无法验证路由更新。因此，链路状态和距离向量路由器攻击都非常有效。例如，在距离向量协议中，恶意路由器能够以距离向量的形式向其所有邻居发送错误信息。邻居可能无法检测到这种攻击，因此会基于错误的距离向量更新其路由表。该错误在被检测到之前可能被传播至网络的大部分。

分组误处理攻击

在任意数据传输过程中都可能发生**分组误处理攻击**。黑客会捕获某些分组并错误地处理它们。这类攻击很难被检测。这种攻击可能会导致拥塞、吞吐量降低和拒绝服务攻击。类似于路由表中毒攻击，分组误处理攻击也分为**链路攻击**和**路由器攻击**。链路攻击会导致分组的中断、篡改或复制；路由器攻击可能会错误路由所有分组，从而导致拥塞或拒绝服务攻击。下面是一些分组误处理攻击的示例。

- **中断**：如果攻击者截取了分组，就不能将这些分组传播到其目的地，这会降低网络的吞吐量。这种类型的攻击是不容易发现的，因为即使在正常操作中，路由器也会由于各种原因丢弃一些分组。
- **修改**：攻击者可以在传输过程中成功获取分组内容并修改这些内容。他们可以修改分组的地址甚至更改数据。为了解决这类问题，可以使用本章后面讨论的数字签名机制。
- **复制**：攻击者可能会捕获并重放分组。可以通过使用分组序列号检测到这种类型的攻击。

- **死亡之 ping**：攻击者将发送一个 **ping 消息**，该消息非常大，因此必须分片传输。然后，接收方在 ping 分片到达时开始重组分片。分组总长度太大，可能导致系统崩溃。
- **恶意错误路由分组**：黑客可能攻击路由器并更改其路由表，从而导致对数据分组的错误路由，造成拒绝服务。

拒绝服务攻击

拒绝服务攻击是一种安全漏洞，禁止用户访问正常提供的服务。拒绝服务攻击不会导致信息窃取或任何形式的信息丢失，但它仍然非常危险，因为它能消耗目标用户大量的时间和金钱。拒绝服务攻击影响的是通信终点，而不是数据分组或路由器。

通常，拒绝服务攻击会影响特定的网络服务，如 E-mail 或 DNS。例如，这种攻击会通过各种方式淹没 DNS 服务器，使其无法运行。发起这种攻击的一种方式是制造缓冲区溢出。在内存中插入可执行代码可能会导致缓冲区溢出；或者，攻击者可以使用各种工具向 DNS 服务器发送大量查询，使服务器无法及时提供服务。

拒绝服务攻击很容易产生，但可能很难检测到。它们会让重要的服务器停止工作几个小时，从而拒绝为所有用户提供服务。一些其他情况也会导致拒绝服务攻击，如 UDP 洪泛、TCP 洪泛和 ICMP 洪泛。在所有这些攻击中，黑客的主要目的是淹没受害者并破坏提供给他们的服务。

拒绝服务攻击有两种类型。

- **单个攻击源**：攻击者向目标系统发送大量分组将其淹没，使其无法正常工作。这些分组经过特殊设计，无法识别它们的真实来源。
- **分布式**：在这种类型的攻击中，大量的主机将不需要的通信流洪泛到单个目标。该目标由于需要处理大量的洪泛流，因而无法被网络中的其他用户访问。

洪泛可以是 UDP 洪泛或 TCP SYN 洪泛。UDP 洪泛用于两个目标系统，可以停止任一系统提供的服务。黑客通过发送带有伪造返回地址的 UDP 分组，将一个系统的 UDP 特征生成服务连接到另一个系统。这可能会在两个系统之间产生无限循环，导致系统不可用。

通常，SYN 分组由一个主机发送给一个想要建立连接的用户。紧接着，这个用户会返回一个确认。在 TCP SYN 洪泛中，黑客向目标用户发送大量的 SYN 分组。由于返回地址是伪造的，目标用户将 SYN/ACK 分组排队并从不处理。因此，目标系统一直在等待。结果可能是磁盘崩溃或重新启动。

10.2　安全方法

常用的保护计算机通信网抵御攻击的方法可以分为三类：**密码**、**认证**和**数字签名**。

密码有着悠久而迷人的历史。几个世纪前，密码被用作保护国家机密和战略的工具。如今，网络工程师们专注于计算机通信网的**密码**方法。密码是将双方共享的信息或消息转换为某种代码的过程。由于消息在传输之前被加密扰乱，所以外部的监视者无法检测到它。在进行任何进一步处理之前，需要在接收端对这种消息进行解码。

网络安全专家用来加密消息 M 的主要工具是密钥 K；常用的加密消息的基础操作是异或（$\oplus$）。假设我们拥有一比特的消息 M 和一个密钥比特 K。一个简单的加密可以通过使用 $M \oplus K$ 来实施。解密这条消息时，通信的另一方——如果他或她拥有密钥 K——就能够很容易地通过以下操作获得消息 M：

$$(M \oplus K) \oplus K = M \tag{10.1}$$

在计算机通信网中，数据能在两个用户之间加密传递。在图 10.2 中，两个服务器正在交换数据，同时在其通信网络中部署了两种类型的加密设备。第一种类型的加密设备提供**端到端加密**，即在两个端系统上执行秘密编码。在这个图中，服务器 A 对其数据进行编码，该数据只能由另一端的服务器解码。加密的第二个阶段是**链路加密**，用于保护通过该链路的所有通信流。

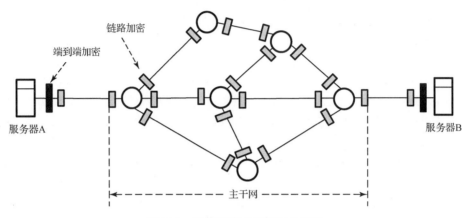

图 10.2　通信网络中的加密点概况

两种密码技术是**对称密钥密码**(或**密钥密码**)和**公钥密码**。在密钥模型中，发送方和接收方按照约定在加密过程中使用相同的密钥。在公钥模型中，发送方和接收方使用不同的密钥。公钥系统比对称密钥系统更强大，可以提供更好的安全性和消息的私密性。但公钥加密的最大缺点是速度。公钥系统在计算上更为复杂，在许多情况下可能不实用。因此，公钥系统仅用于建立会话以交换会话密钥。然后，在密钥系统中使用该会话密钥在会话期间加密消息。

加密方法为消息的机密性提供了保证。但是，网络系统必须能够验证消息及其发送者的真实性。在计算机网络中，这种形式的安全技术称为**认证技术**，分为**基于消息摘要的认证**和**基于数字签名的认证**。消息认证保护网络中的用户不受数据伪造的影响，并确保数据完整性。这些方法并不需要使用密钥。

数字签名是另一种重要的安全措施。就像个人在文件上的签名一样，消息中的数字签名被用于认证和识别正确的发送者。在接下来的小节中，我们将介绍上述三个主要的安全方法。首先讨论的是两种密码方法之一的**对称密钥密码**协议。

10.3　对称密钥密码

对称密钥密码，有时又称为**密钥密码**或**单钥密码**，是一种传统的加密模型。这种类型的加密方法通常由加密算法、密钥和解密算法组成。在端点，加密的消息称为**密文**。可以使用几种标准机制来实现对称密钥加密算法。这里，我们重点关注两个广泛使用的协议：**数据加密标准**(Data Encryption Standard，DES)和**高级加密标准**(Advanced Encryption Standard，AES)。

在这些算法中，发送端和接收端之间的共享密钥被分配给发送端和接收端。加密算法可以在任何时候为特定传输生成一个不同的密钥。改变密钥会改变算法的输出结果。在接收端，通过使用解密算法和加密时使用的相同密钥，可以将加密信息转换回原始数据。传统加密的安全性取决于密钥的保密性，而不是加密算法的保密性。因此，算法不需要保密，只有密钥需要保密。

10.3.1 数据加密标准(DES)

在 DES 中,明文消息被转换成 64 bit 块,每个块使用密钥加密。密钥长度为 64 bit,但仅包含 56 个可用比特;因此密钥中每一字节的最后 1 bit 是该字节的校验位。如图 10.3 所示,DES 的一次操作由 16 轮相同的循环组成。在第 i 轮循环中,消息中每个 64 bit 块的算法细节如下。

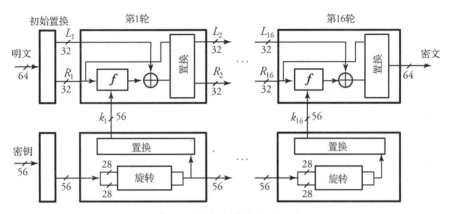

图 10.3 数据加密标准(DES)

开始 DES 算法

1. **初始化:** 在第一轮开始前,输入消息的所有 64 bit 和密钥的所有 56 bit 被分别置换(整理)。

2. 每个输入的 64 bit 消息被分解为两个 32 bit 的两等份,分别由 L_i 和 R_i 表示。

3. 56 bit 的密钥也被分解为两个 28 bit 的两等份,每一份依据当前的轮数旋转 1 或 2 bit 的位置。

4. 密钥的所有 56 bit 都被置换,在第 i 轮产生密钥的第 k_i 个版本。

5. 在这一步中,⊕ 是一个逻辑异或符号,对于函数 f 的描述会在之后出现。接着,L_i 和 R_i 可以通过以下方式确定:

$$L_i = R_{i-1} \tag{10.2}$$

$$R_i = L_{i-1} \bigoplus F(R_{i-1}, k_i) \tag{10.3}$$

6. 一个消息中的所有 64 bit 被置换。

在 DES 的任意第 i 轮中,对于函数 f 的操作如下:

1. 函数 f 从 k_i 的 56 bit 中选出 48 bit。

2. 32 bit 的 R_{i-1} 被扩充到 48 bit 以使它和 48 bit 的 k_i 结合。R_{i-1} 的扩充通过以下步骤执行,首先将 R_{i-1} 分解为 8 个 4 bit 的数据块,然后通过复制与数据块相邻的左边数据块的最右 1 bit 和右边数据块的最左 1 bit,来扩充每个数据块。

3. 函数 f 还将 48 bit 的 k_i 划分为 8 个 6 bit 的数据块。

4. R_{i-1} 和 k_i 对应的 8 个数据块通过以下方式结合:

$$R_{i-1} = R_{i-1} \oplus k_i \tag{10.4}$$

在接收方,使用相同的密钥和相同的步骤进行加密的反向操作。现在很明显,56 bit 长度的密钥不足以提供绝对的安全。不过这个结论仍然存在争议。三重 DES 为这种争议提供了解决办法:使用三个密钥,总共 168 bit。还应该提到的是,DES 在硬件上的实现效率高于软件。

10.3.2　高级加密标准(AES)

AES 协议相对于 DES 而言具有更强的安全强度。AES 支持 128 bit 的对称消息块,并使用 128、192 或者 256 bit 的密钥。AES 中的循环范围由 10 轮到 14 轮不等,取决于密钥和消息块的长度。图 10.4 展示了这个协议使用 128 bit 密钥的加密过程。当密钥长度为 128 bit 时,一共有 10 轮加密。除了不包含列混合阶段的最后一轮,其余每一轮的加密过程都完全相同。

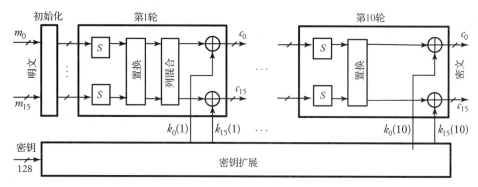

图 10.4　高级加密标准(AES)协议概述

一个 128 bit(16 Byte)的明文数据块作为输入从左侧到达。明文由从 m_0 到 m_{15} 的 16 Byte 组成,并在初始化阶段之后进入第 1 轮。在这一轮中,替代单元——在图中由 S 表示——执行了对于一个数据块的逐字节替换。行和列形式的密码经过**置换过程**对行进行移位,然后进行列混合。在这一轮的最后,所有 16 个密码块同从 $k_0(1)$ 到 $k_{15}(1)$ 的 16 Byte 的第一轮密钥进行异或。128 bit 的密钥经过了 10 轮的扩展。AES **解密算法**非常简单,基本上与一轮中每个阶段的加密算法相反。每一轮的所有阶段都是可逆的。

10.4　公钥密码

公钥密码的引入为计算机网络中的信息加密领域带来了新的革命。这个模型有时也称为**非对称密码**或双密钥密码。公钥密码为密钥交换提供了一种巧妙的方法。在公钥密码模型中,发送方和接收方使用不同的密钥。

尽管任何加密方案的安全性确实取决于密钥的长度和破坏加密消息所涉及的计算量,但公钥算法基于数学函数而非替代或置换。可以实现几种公钥加密协议。其中,我们关注以下两种协议:

● **RSA**(Rivest, Shamir, and Adleman)协议;
● Diffie-Hellman 密钥交换协议。

在公钥加密模型中,两个相关密钥中的一个可用于加密,另一个用于解密。仅给出算法和加密密钥来确定解密密钥在计算上是不可行的。使用这种加密方法的每个系统都会生成一对密钥,用于对接收到的信息进行加密和解密。每个系统将加密密钥放入一个公共寄存器或文件,并将该密钥作为公钥发布。

另一个密钥将被秘密保管。如果 A 希望发送一个消息给 B, A 会使用 B 的公钥加密这个消息。B 接收到这个消息之后,使用 B 的私钥对其进行解密。因为只有 B 知道自己的私钥,所以其他的接收者都不能解密该消息。通过这种方式,只要系统能控制它的私钥,公钥加密就能保护通信的安全。但是,公钥加密具有额外的计算开销,并且比传统加密更复杂。

10.4.1 RSA 算法

李维斯特(Rivest)、沙米尔(Shamir)和阿德曼(Adleman)提出了 RSA 公钥加密和签名机制。这是第一个实用的公钥加密算法。RSA 的基础是分解大整数的困难性。假设必须将明文 m 加密为密文 c。RSA 算法有三个阶段：**密钥生成**、**加密**和**解密**。

密钥生成

在 RSA 方案中，密钥长度通常是 512 bit，这需要巨大的计算能力。明文被分块加密，每个块具有一个小于某数 n 的二进制值。加密和解密从生成公钥和私钥开始，具体过程如下。

开始密钥生成算法

1. 选择两个质数 a 和 b，得到 $n = ab$。（质数指大于 1 且只能被 1 和它自身整除的数）
2. **寻找** x。选择加密密钥 x，使得 x 和 $(a-1)(b-1)$ 互质。（两个数互质指它们没有大于 1 的公因数）
3. **寻找** y。计算解密密钥 y：

$$xy \bmod (a-1)(b-1) = 1 \tag{10.5}$$

4. 这时，可以丢弃 a 和 b。
5. 公钥 = $\{x, n\}$。
6. 私钥 = $\{y, n\}$。

在这个算法中，发送者(拥有者)和接收者(非拥有者)均知道 x 和 n，但只有接收者知道 y。同时，a 和 b 必须足够大且具有相同长度，均大于 1024 bit。这两个值越大，加密越安全。

加密

发送者(拥有者)和接收者(非拥有者)都必须知道 n 的值。发送者知道 x 的值，只有接收者知道 y 的值。因此，这是一次公钥加密，公钥为 $\{x, n\}$，私钥为 $\{y, n\}$。考虑到 $m<n$，密文 c 由以下公式产生：

$$c = m^x \bmod n \tag{10.6}$$

值得注意的是，如果选择 a 和 b 为 1024 bit，那么 $n \approx 2048$。因此，我们不能加密长度超过 256 个字符的消息。

解密

给定密文 c，可以通过下式推导出明文 m

$$m = c^y \bmod n \tag{10.7}$$

实际上，由于数字通常很大，计算这个公式需要一个数学库。可以很容易看出公式(10.6)和公式(10.7)是如何工作的。

例：对一个 4 bit 消息 1001(或者 $m = 9$)进行 RSA 加密，我们选择 $a = 3$，$b = 11$。求用于本次安全操作的公钥和私钥，并给出密文。

解：显然，$n = ab = 33$。我们选择 $x = 3$，它与 $(a-1)(b-1) = 20$ 互质。接着，根据 $xy \bmod (a-1)(b-1) = 3y \bmod 20 = 1$，我们可以得到 $y = 7$。所以，公钥和私钥分别是 $\{3, 33\}$ 和 $\{7, 33\}$。如果我们加密这条消息，就可以得到 $c = m^x \bmod n = 9^3 \bmod 33 = 3$。解密过程是该操作的逆过程，所以 $m = c^y \bmod n = 3^7 \bmod 33 = 9$。

10.4.2　Diffie-Hellman 密钥交换协议

在 **Diffie-Hellman 密钥交换**协议中，两个终端用户可以在不预先共享任何信息的情况下共享一个共享密钥。因此，入侵者无法获取这两个用户之间传输的通信信息或发现共享的密码。该协议通常用于第 14 章所述的**虚拟专网**（Virtual Private Network，VPN）。该协议对于用户 1 和用户 2 的作用如下：假设用户 1 选择一个质数 a，一个随机的整数 x_1 和一个生成数 g，并产生 $y_i \in \{1, 2, \cdots, a-1\}$ 使满足 x_1：

$$y_1 = g^{x_1} \bmod a \tag{10.8}$$

在实践中，两个终端用户提前就 a 和 g 达成了一致。用户 2 执行相同的公式并得到 y_2：

$$y_2 = g^{x_2} \bmod a \tag{10.9}$$

接着，用户 1 将 y_1 发送给用户 2。现在，用户 1 使用同伴发来的消息生成了自己的密钥 k_1：

$$k_1 = y_2^{x_1} \bmod a \tag{10.10}$$

用户 2 也使用同伴发来的消息生成了自己的密钥 k_2：

$$k_2 = y_1^{x_2} \bmod a \tag{10.11}$$

很容易证明两个密钥 k_1 和 k_2 是相等的。因此，两个用户现在可以对其消息进行加密，每个用户都使用另一个用户的信息创建自己的密钥。

10.5　认证

认证技术用于核实身份。消息认证可以核实消息内容和消息发送者的真实性。通过执行**哈希函数**和结果消息摘要加密，可以验证消息内容。发送者的合法性可以通过使用数字签名来实现。哈希函数为消息创建足够的冗余信息以便发现任何篡改。

10.5.1　哈希函数

验证消息的常用技术是执行**哈希函数**(也称为**密码校验和**)。哈希函数表示为 h，用于产生一个消息的签名并及时发现对该消息的恶意篡改。作为哈希函数输入的任意长度**消息**都可以映射为固定长度的数据。哈希函数的返回值称为**哈希值**、**哈希**或**消息摘要**。运行在计算机网络中的哈希函数使主机可以轻松验证输入数据是否经过认证。

哈希函数在网络安全中有多种应用，尤其是在形成数字签名、消息认证编码和其他形式的认证中。哈希函数通常用在**哈希表**中，通过将输入键映射到索引来灵活地查找数据记录。哈希表的索引提供哈希表中应存储相应记录的位置。通常，可能的键集合远大于表索引的数量，因此可以使用同一个索引的多个不同键。

哈希函数的处理从传输前在消息末尾添加一个哈希值开始。接收者重新计算所收消息的哈希值，并将它和接收到的哈希值进行比较。如果两个哈希值相同，说明消息在传输期间没有被篡改过。将哈希函数应用于消息 m 后，其结果称为消息摘要，或者 $h(m)$。哈希函数具有如下性质：

- 不同于加密算法，认证算法不需要具有可逆性。
- 对于任意给定的消息，计算哈希值的过程很简单。
- 给定消息摘要 $h(m)$，无法通过计算得到 m。
- 在不改变哈希值的情况下修改一个消息在计算上是不可行的。

● 在计算上不可能找到两个不同的消息 m_1 和 m_2 使得 $h(m_1)=h(m_2)$。

消息认证的实现如图 10.5 所示。对消息 m 应用哈希函数，然后执行加密过程。仅当发送方和接收方共享**认证密钥** k 时才能确保这种方式下的消息认证。共享的认证密钥是一串比特。假设发送主机创建了消息 m。认证的第一步是对 m 和 k 组合应用哈希函数以产生一个称为**消息认证码**（Message Authentication Code，MAC）的消息摘要，表示为 $h(m+k)$。发送主机接着将 MAC 附在消息 m 后，将结果 m 和 $h(m+k)$ 通过互联网发送给接收主机。

接收主机需要在知道共享认证密钥 k 的情况下解密接收到的消息 m 和消息认证码 $h(m+k)$。它首先在本地使用相同的哈希函数生成 $h(m+k)$，然后将它与互联网接收到的值进行对比。如果两个 $h(m+k)$ 值完全相同，接收主机将对消息的完整性做出肯定判断，并接收该消息。

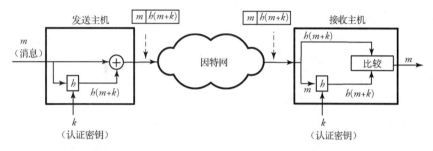

图 10.5　使用哈希函数和加密相结合的消息认证

消息认证协议中有 MD5 **哈希算法**和**安全哈希算法**（Secure Hash Algorithm，SHA），我们主要讨论 SHA。

10.5.2　安全哈希算法（SHA）

SHA 作为数字签名标准的一部分而被提出。SHA-1 是这个标准的第一个版本，使用最大长度为 2^{24} 的消息并产生一个 160 bit 的摘要。在这个算法中，SHA-1 使用从 $R_1 \sim R_5$ 的五个寄存器，以维护一个 20 Byte 的"状态"。

第一步是填充一个长度为 l_m 的消息 m。消息的长度被限制为 $l_m = 448 \bmod 512$。换言之，被填充的消息长度比 512 bit 的倍数小 64 bit。被填充的比特数目可以低至 1 bit 或高达 512 bit。填充包括一个 1 比特和所需的多个 0 比特。因此，附加消息长度的最低有效 64 bit，从而将填充消息转换为 512 bit 倍数的字。

填充之后，第二步是使用下面的公式将每个 512 bit（16 个 32 bit）的字块 $\{m_0, m_1, \dots, m_{15}\}$ 扩展为 80 个 32 bit 字：

$$w_i = m_i, \quad 0 \leqslant i \leqslant 15 \tag{10.12}$$

并且

$$w_i = w_{i-3} \oplus w_{i-8} \oplus w_{i-14} \oplus w_{i-16} \pm 1, \quad 16 \leqslant i \leqslant 79 \tag{10.13}$$

其中 $\pm j$ 表示左旋转 j bit。如果输入消息块与状态混合，这些比特会被移位很多次。接下来，来自每个块 w_i 的比特通过四轮被混合到状态里，每轮包括 20 个步骤。对于任意值 a、b 和 c，以及比特编号 i，我们定义如下函数 $F_i(a, b, c)$：

$$F_i(a, b, c) = \begin{cases} (a \cap b) \cup (\bar{a} \cap c), & 0 \leqslant i \leqslant 19 \\ a \oplus b \oplus c, & 20 \leqslant i \leqslant 39 \\ (a \cap b) \cup (a \cap c) \cup (b \cap c), & 40 \leqslant i \leqslant 59 \\ a \oplus b \oplus c, & 60 \leqslant i \leqslant 79 \end{cases} \tag{10.14}$$

接下来，这四轮的 80 个步骤 $(i = 0,1,2,...,79)$ 描述如下：

$$\delta = (R_1 \pm 5) + F_i(R_2, R_3, R_4) + R_5 + w_i + C_i \tag{10.15}$$

$$R_5 = R_4 \tag{10.16}$$

$$R_4 = R_3 \tag{10.17}$$

$$R_3 = R_2 \pm 30 \tag{10.18}$$

$$R_2 = R_1 \tag{10.19}$$

$$R_1 = \delta \tag{10.20}$$

其中，C_i 是一个常数值，由第 i 轮标准制定。消息摘要通过连接 $R_1 \sim R_5$ 的值产生。

HTTPS，安全网页协议

在第 9 章中，我们介绍了**超文本传输协议**(Hypertext Transfer Protocol，HTTP)。当需要保证 Web 中的连接安全性时，就必须使用 HTTP 的安全版本 HTTPS，例如线上金融交易的连接。对于安全的 Web 连接，HTTPS 的传输层端口号是 443。我们在第 9 章中提到过这个端口号，它与分配给 HTTP 的端口号 80 不同。被请求的服务器提出使用 HTTPS 代替 HTTP，并且其使用自动呈现。HTTPS 协议步骤总结如下：

开始 HTTPS 步骤

1. 客户机通过称为服务器"数字证书"的进程验证服务器。
2. 客户机和服务器为其连接交互和协商一组称为"密码套件"的安全规则。
3. 客户机和服务器生成用于加密和解密数据的密钥。
4. 客户机和服务器建立一个安全加密的 HTTPS 连接。

在上述 HTTPS 步骤中提到的 Web 服务器的**数字证书**建立了用户对这个网站的信任。它由证书颁发机构(CA)发行，包含用户名、序列号、截止日期、用于加密消息的证书用户的公钥副本、数字签名(将在后面讨论)和证书颁发机构的数字签名，因此接收方能够证实证书的真实性。通常，数字证书可以保存在注册表中。

在 HTTPS 步骤中提到的**密码套件**可以基于我们在本章中学到的任何安全协议，如安全哈希算法 1(SHA-1)、公钥加密、RSA 加密／解密、Diffie-Hellman，或后面讨论的**数字签名**。

10.6　数字签名

数字签名是最重要的安全措施之一。尽管前面部分描述过的消息认证码(MAC)能够保证消息完整性，但消息的目的地仍然需要确保任何传入消息都来自预期的消息源。在这种情况下，消息中作为真实性证明的电子签名称为数字签名。就像文件上的个人签名一样，消息上的数字签名用于验证和识别正确的发送者。数字签名与文档有关，因此相同个体签署的不同文档具有不同的签名。然而，数字签名被认为是个人独有的，并作为识别发送者的手段。电子签名不像纸上系统那么容易。数字签名需要大量的学习、研究和技术。即使满足这些要求，也不能保证满足所有的安全要求。

提供发送者认证的数字签名方法也是通过密码实现的。在所开发的密码机制中，RSA 公钥算法实现了加密和数字签名。当使用 RSA 时，使用发送者的私钥加密哈希消息。因此，整个加密消息充当数字签名。这意味着在接收端，接收方可以使用公钥对其进行解密。这就可以验证分组来自正确的用户。

10.7　IP 和无线网络的安全

本节介绍互联网协议(IP)和基础无线技术采用的一些安全策略实例。我们从 IPsec 开始，它是一个 IP 层标准。

10.7.1　IP 安全和 IPsec

有 TCP/IP 连接的任何两个用户之间都有多层安全性。当一个 IP 分组准备实现安全功能时，会在其中添加许多字段。**IP 安全**(IPsec)是**互联网工程任务组**(Internet Engineering Task Force, IETF)开发的一组协议，用于支持在 IP 层安全交互分组。图 10.6 显示了一个经过加密和认证的 IP 分组。IPsec 认证首部包含以下字段：

- **安全参数索引**(Security Parameters Index, SPI)是一个标识标签，包含在携带 IPsec 的 IP 分组首部。SPI 用于隧道化 IP 流量，通常是任何两个通信终端用户之间的单向关系，其中任何一个终端用户都可以接受另一个终端用户的安全特性。SPI 标签是被称为安全联盟(Security Association, SA)的 IPsec 规则集的重要部分，因为标签允许接收主机选择处理接收分组的适当 SA。可以使用不同的 SA 来为一个连接提供安全性。SPI 只具有本地意义，因为它由 SA 的创建者发起，并且该创建者仍在分析 SPI 以促进本地处理。
- **序列号**是一个递增的计数号。
- **净荷数据**是被加密保护的上层数据段。
- **填充**用于加密算法要求明文为 1 Byte 的倍数时。
- **填充长度**指定填充的字节数。
- **下一个首部**指示随后的下一个首部类型。
- **认证数据**提供完整性检查值。

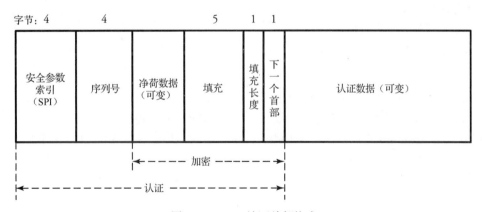

图 10.6　IPsec 认证首部格式

IPsec 提供了增强的安全特征，例如，更好的加密算法和更全面的认证。为了实现 IPsec，发送方和接收方必须交换公钥。IPsec 有两种加密方式：隧道和传输。隧道方式加密每个分组的首部和净荷；传输方式加密净荷。IPsec 可以加密设备之间的数据：路由器到路由器、安全设备到路由器、PC 到路由器，以及 PC 到服务器。

大多数 IPsec 实现包含一个运行在用户空间的**互联网密钥交换**(Internet Key Exchange, IKE)守护进程和一个处理实际 IP 分组的 IPsec 栈。守护进程是作为后台进程运行的程序，而不是由交互式用户直接控制。守护进程命名通常以字母"d"结尾。例如，sshd 是为 SSH 连接提供服务的守护进程。IKE（或 IKEv2）实际上是在 IPsec 协议套件中建立 SA 的协议。它利用前一节中讲到的某些 DNS 和 Diffie–Hellman 密钥交换建立一个共享会话，从中得到密码密钥。

IKE 使用 UDP 进行通信，其分组到达端口 500。协商的密钥信息是在多次周转时间之后建立的，然后提供给 IPsec 栈。例如，在 AES 的情况下，创建 AES 密钥以识别 IP 端点、要保护的端口，以及 IPsec 隧道的类型。作为响应，IPsec 在需要时拦截相关 IP 分组，并进行加密和解密。

10.7.2　无线网络和 IEEE 802.11 的安全

无线网络由于没有线路连接的基础设施，特别容易受到攻击。无线链路尤其容易受到窃听和链路监视的影响。无线网络固有的广播模式使其更易遭受不同类型的攻击，这种网络的安全问题包括：

- 网络安全；
- 无线链路安全；
- 硬件安全。

无线链路安全涉及防止无线电信号的截获、防御干扰攻击和加密通信以确保用户位置的隐私。无线网络的安全部分必须通过使用防篡改机制来防止滥用移动设备。无线安全的硬件组成十分复杂。入侵者可以通过接收网络基站和主机所需范围外的携带有分组和帧的无线电波来接入无线网络。我们的重点是无线 802.11 标准的安全机制，称为**有线等效保密**（Wired Equivalent Privacy，WEP）。

本节还将描述 IEEE 802.11a、b 和 i 所需的安全功能类型。WEP 提供了与有线网络相似的安全等级。它是 IEEE 802.11a 和 b 的安全标准，并使用秘密共享密钥在主机和无线基站之间提供认证和数据加密。该协议在主机和基站（无线接入点）之间的作用如下：

1. 主机请求来自基站的认证。
2. 基站响应请求。
3. 主机使用密钥加密数据。
4. 基站解密接收到的加密数据。如果解密后的数据和发送给主机的原始数据匹配，则主机成功被基站认证。

图 10.7 显示了数据是如何加密的。首先创建一个主机和基站都知晓的 40 bit 密钥 k，将用于加密单个帧的 24 bit 初始化字段附加到该密钥上。每个帧的初始化字段都不同。

如图所示，为数据净荷计算一个 4 Byte 的 CRC 字段。接着将净荷和 CRC 字节加密。加密算法产生了一串密钥值：k_1、k_2、…、k_i、…、k_{n-1}、k_n。假设明文被分成 i 字节，令 c_i 表示密文的第 i 字节，m_i 表示明文的第 i 字节，使用 k_i 完成加密的过程如下：

$$c_i = m_i \oplus k_i \tag{10.21}$$

为了解密密文，接收方使用和发送方相同的密钥，附加上初始化字段，进行计算：

$$m_i = c_i \oplus k_i \tag{10.22}$$

WEP 简单且相对较弱。IEEE 802.11i 由于其更为复杂的特性，因此安全性的实现过程有所不同。该标准规定了用于基站通信的认证服务器。认证服务器与基站的分离意味着认证服务器可以服务于多个基站。一个称为**可扩展认证协议**（Extensible Authentication Protocol，EAP）的新协议规定了用户与认证服务器（IEEE 802.11i）之间的交互。

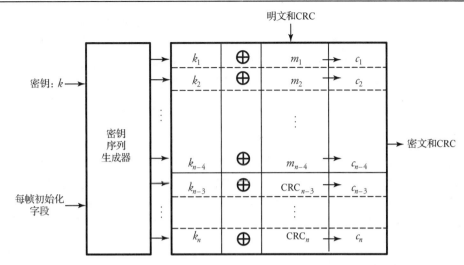

图 10.7 无线 IEEE 802.11 的安全实现

总结 IEEE 802.11i 安全机制：基站首先声明它的存在和它可以为无线用户提供的安全服务类型。这样，用户可以请求适当的加密或认证类型与级别。EAP 帧被封装并通过无线链路发送。在基站解封该帧后，会将它再次封装，这次将使用 RADIUS 协议通过 UDP 传输到认证服务器。EAP 使用公钥加密，从而创建仅被用户和认证服务器知道的共享密钥。无线用户和基站还可以生成其他密钥对无线链路上发送的数据进行链路级加密，这使其比 802.11a、b 更为安全。

10.8 防火墙和分组过滤

顾名思义，**防火墙**可以保护存储和维护在网络中的数据不受外界影响。防火墙是网络的一种安全机制，可以是基于应用规则集控制进出网络流量的软件程序或硬件设备。防火墙可以安装在网络的边缘路由器上，也可以安装在特定网络主机与外部世界之间的服务器上。家里使用的小型网络面临的安全问题与大型网络相似。防火墙用于保护网络和服务器(如 Web 服务器)免受有害网站和潜在黑客的攻击。防火墙可以通过以下两种方式之一控制分组流：

1. **分组过滤**。防火墙可以过滤通过的分组。如果分组可以通过过滤器，则会到达目的地，否则被丢弃。防火墙可以设置为丢弃送往特定目的 IP 地址或 TCP 端口号的数据分组。这种情况在一个特定主机不想响应来自外部源的任何访问时尤其有用。防火墙还可以根据源 IP 地址过滤分组。这种过滤在保护主机不受任何恶意的外部分组影响时非常有用。还可以在下一节讨论的应用层上进行过滤。
2. **拒绝服务**。这种方法在前面解释过了。这种方法最主要的特点是可以控制进入网络的分组数量。

在住宅网络中，防火墙可以部署在网络路由器和互联网之间，或者是主机和路由器之间。这种配置目的是监视和过滤来自未知源或未授权用户的分组。因此，在防火墙的保护下，黑客无法渗透系统。对于拥有很多小型网络的大公司来说，应将防火墙部署在接入互联网的每个连接上。公司可以设定一些关于其网络或特定系统如何工作的规则以保证安全。公司还可以规定系统如何连接到网站的规则。遵循这些预防规则是为了获得拥有防火墙的优势。因此，防火墙可以控制网络与互联网连接的工作方式。防火墙也可以用来控制数据流量。

软件防火墙程序可以通过使用一个带网关的互联网连接安装在家用计算机上，使用这种软件的计算机只能通过这个软件防火墙访问 Web 服务器。但硬件防火墙比软件防火墙更安全。而且，硬件防火墙并不昂贵。一些防火墙还提供病毒防护。在商业网络中安装防火墙的最大安全优势是防止任何外部人员登录进入受保护的网络。防火墙几乎是所有网络安全设施的首选，因为它允许在一个中心位置实现安全策略，而不是端到端。有时，防火墙被放置在预期有大量数据流的地方。

10.8.1　分组过滤

分组过滤由防火墙执行，以控制和保证网络访问。分组过滤器监视传出和传入的分组，并基于防火墙的常用规则允许它们通过或被丢弃。这些规则可以基于一些属性，如源 IP 地址、源端口、目的 IP 地址、目的端口、生存时间(TTL)值(第 5 章中提到)，以及 Web 或 FTP 之类的应用。因此，我们可以将分组过滤规则分为两大类：(1)网络/传输层分组过滤；(2)应用层分组过滤。下面对它们进行讨论。

网络/传输层分组过滤

网络/传输层分组过滤器通过不允许分组通过防火墙来保证网络设备的安全，除非分组匹配防火墙中基于网络层、传输层或两者的特定准则所建立的规则集。防火墙管理员可以定义规则。规则与以下参数或其组合相关联：

- **源或目的 IP 地址**；
- **源或目的端口号**；
- 首部中指示的**协议类型**——TCP、UDP、ICMP、OSPF 等；
- **TCP 标志**，如 SYN 或 ACK；
- **ICMP 报文类型和过期 ICMP 报文的 TTL**。

防火墙收到的分组首先与前面属性列表中定义的预定规则和策略进行匹配。一旦匹配，分组要么被接收要么被拒绝。防火墙中可以设置多种不同的安全策略集。例如，一个 LAN 有一个带防火墙的边缘路由器，可以设置阻止所有具有过期 TTL 值的 ICMP 报文离开这个 LAN。这个操作通常用于禁止外界对这个 LAN 进行跟踪路由或映射。

另一个例子是，可以设置分组过滤器检查传入分组的源和目的 IP 地址。如果两个 IP 地址都与规则匹配，则将分组视为安全并通过验证。由于仅基于 IP 地址的策略不能为源地址欺骗的分组提供保护，因此此过滤器可通过应用协议类型规则来添加第二层安全性，并检查源和目的协议，如 TCP 或 UDP。然而，分组过滤器也可以验证源和目的端口号。网络和传输层的分组过滤规则可以是**无状态**或**有状态**的：

- 防火墙中的**无状态分组过滤**无法记住已经使用的分组。防火墙的这种特性带来的安全性较低，但过滤功能的速度更快，处理分组所需的时间更少。通常，在没有会话(如 TCP 会话)时使用无状态分组过滤。
- 防火墙中的**有状态分组过滤**使用分组流的状态信息进行安全决策。有状态分组过滤器可以记住先前使用的分组属性的结果，如源和目的 IP 地址。

应用层分组过滤

应用层分组过滤器通过确定进程或应用程序是否接收给定的连接来提供安全性。这种过滤器基于应用数据进行决策。应用层防火墙的运行方式与网络/传输层分组过滤器非常相似，但是基于进程而不是 IP 地址或端口号应用过滤规则。提示主要用于为尚未接收到连接的进程定义规则。可以通过检查分组的净荷和阻止连接的异常分组来阻断针对计算机和服务器的威胁。在网络层或传输层过滤之上的这些附加检查标准可能会增加分组转发的额外延迟。

应用层防火墙是服务器程序,提供应用层分组过滤,检查所有应用层数据,然后传递或阻止。可以在同一主机上安装多个不同用途的应用服务器程序。应用层防火墙,即套接字防火墙,通过挂接到套接字网关来过滤应用层与底层协议(网络或传输)之间的连接,从而执行应用服务器的安全任务。此外,应用防火墙还根据分组传输中涉及的本地进程的传递规则集检查分组的进程 ID,从而进一步过滤连接。

例:图 10.8 显示了有两个防火支持的 LAN。第一个防火墙 F1 安装在边缘路由器 R1 上,第二个防火墙 F2 运行在 FTP 服务器上。防火墙 F1 包含一个网络/传输层分组过滤器。该分组过滤器配置为阻止除源自 FTP 服务器 IP 地址及从 LAN 外部到达 FTP 服务器之外的所有 FTP 连接。一旦分组的 IP 地址和端口号匹配当前策略规则,防火墙 F1 中的分组过滤器即允许与 FTP 服务器通信。在 FTP 服务器中,F2 的应用层分组过滤器再次检查通过 R1 的分组。这个分组过滤器运行在 FTP 服务器中,侦听传入的 FTP 套接字,并提示用户输入用户 ID 和口令。当用户提供这些信息时,FTP 服务器会检查它以判断是否允许这个用户访问 FTP 服务器。如果访问 FTP 的权限是安全的,则可以建立连接,否则将拒绝连接。

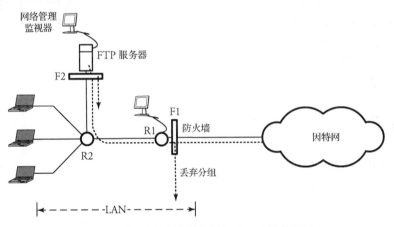

图 10.8　使用防火墙保护网络的一个简单配置

10.8.2　代理服务器

代理服务器(或代理)是在通用机器上运行的专用安全服务器软件,充当应用服务器(主要是 Web 服务器)的防火墙或授权服务器。代理服务器充当客户机向其他服务器请求资源时的中介。例如,想要从 Web 服务器下载文件的客户机首先连接到代理服务器请求 Web 网页服务,然后连接到 Web 服务器的代理服务器评估请求,如果该请求通过了安全性检查,则授权连接到 Web 服务器的请求。但是,代理服务器可以用作授权防火墙"代理",以在客户机与服务器之间、网络之间、用户客户机之间等充当中介。

10.9　总结

网络安全是计算机和通信网络中最重要的问题之一。安全问题已成为终端用户、管理员和设备供应商关注的首要问题。网络攻击可分为 **DNS 黑客攻击**、**路由表中毒**、**分组误处理**和**拒绝服务**。计算机网络安全的三种主要解决方案是**密码技术**、**认证技术**（验证）和**数字签名技术**。网络安全专家用来加密消息的主要工具是**密钥**，常用于加密消息的基本操作是异或操作。

两种秘密或对称密钥加密协议是 DES 和 AES。在这两种方法中，通过将密钥分配给传输节点和接收节点，实现双方对密钥的共享。公钥密码更加有效；发送方/接收方对使用不同的密钥进行加密和解密，并且每一方可以发布其公共（加密）密钥，以便任何人都可以使用这个密钥加密发送给这个用户的消息。两个公钥协议分别是 RSA 协议和 **Diffie-Hellman 密钥交换**协议。

接收方可以使用**消息认证**方法确保传入的消息来自其声称的发送者。密码哈希函数用于消息认证码。消息认证码通常被用于产生保证文档**真实性**的数字签名。SHA 已被提议作为数字签名标准的一部分。

IPsec 协议需要发送方和接收方交换公共加密密钥。IPsec 有两种加密模式：隧道和传输。隧道模式加密每个分组的首部和净荷，传输模式加密净荷。IPsec 可以对路由器和路由器之间、安全设备和路由器之间、PC 和路由器之间的数据进行加密。另一种安全机制是防火墙，它位于网络路由器和互联网之间，或用户和路由器之间的链路上。这种配置的目的是过滤来自未知源的分组。

最后，在本章的末尾讨论了**防火墙**和分组过滤。防火墙保护网络中存储和维护的数据不受外界影响。防火墙是网络的安全机制，可以是基于应用规则集控制进出网络流量的软件程序或硬件设备。**分组过滤**由防火墙执行，以控制网络访问。分组过滤器监视传出和传入的分组，并基于防火墙的常用规则允许分组通过或被丢弃。我们将分组过滤规则划分为两大类：网络/传输层分组过滤和应用层分组过滤。

接下来将是本书的第二部分。第 11 章是第二部分的第一章，这一章介绍了分组的单队列和队列网络的时延估计分析方法。

10.10   习题

1. 假设对一个消息进行 DES 处理的第四轮中，$L_4 = $ 4de5635d（十六进制），$R_4 = $ 3412a90e（十六进制），以及 $k_5 = $ be11427e6ac2（十六进制）。

   (a) 求 R_5。

   (b) 求 L_5。

2. 使用 DES 加密 64 bit 消息，包括包含 0101...01 的 56 bit 密钥的所有 1。假设密钥处理中采用 1 bit 旋转，求解第一轮的输出。

3. 检查你的系统并找出它的加密实体。如果使用 DES 算法：

   (a) 通过实验测算加密和解密的速度。

   (b) 使用不同的密钥重复 (a)。

4. 编写一个计算机程序求解消息密文，使用 DES 加密 64 bit 消息，包括包含 1010...10 的 56 bit 密钥的所有 0。假设密钥处理中采用 1 bit 旋转。

5. 在 RSA 加密算法中，说明公式 (10.6) 或公式 (10.7) 是如何从另一个公式得出的。

6. 对 4 bit 消息 1010 进行 RSA 加密，假设 $a = 5$，$b = 11$，$x = 3$。求解该安全过程的公钥和私钥，并给出密文。

7. 使用 RSA 进行以下操作：

   (a) 加密，$a = 5$，$b = 11$，$x = 7$，$m = 13$。

   (b) 求出对应的 y。

   (c) 解密密文。

8. 用户 1 和用户 2 为其通信实施 RSA 公钥加密。假设用户 3 已经找到了用于确定用户 1 和用户 2 公钥对的两个质数 a 和 b 中的一个。

   (a) 讨论用户 3 是否可以使用这个信息破解用户 1 的密码。

   (b) 用户 1 和用户 2 是否可以创建另一个不受用户 3 入侵的通信会话？

   (c) 如果你对 (b) 的回答是肯定的，你建议的方法是否可行？

9. 通常 RSA 加密算法的速度远低于密钥加密算法。为了解决这个问题，我们可以将 RSA 和一个密钥加密算法 (如 AES) 结合起来。假设用户 1 选择了一个 256 bit 的 AES 密钥，并使用用户 2 的 RSA 公钥加密其 AES 密钥，同时使用 AES 密钥加密消息。

   (a) 证明这个 AES 密钥太短，无法使用 RSA 进行安全加密。

   (b) 提供一个能被攻击者恢复的公钥的例子。

10. 再次考虑习题 9 中两种加密方法的结合。有什么办法可以克服上述方法的弱点？

11. 在 Diffie-Hellman 密钥交换协议中，证明两个密钥 k_1 和 k_2 是相等的。

12. 用户 1 和用户 2 为其通信实施 Diffie-Hellman 密钥交换协议。假设两个用户都同意其安全通信使用质数 $a = 2$ 和生成数 $g = 3$。

    (a) 选择一个随机整数 x_1，论证用户 1 如何计算其密钥 k_1。

    (b) 选择一个随机整数 x_2，论证用户 2 如何计算其密钥 k_2。

    (c) 重复 (b)，但这次假设用户 1 和用户 2 同意用户 2 可以违反协议而使用一个不同的质数 $b = 4$，只要用户 1 也知道这个质数。讨论这两个用户如何创建安全通信。

13. 考虑图 10.5，其中显示了对从一个端点传到另一个端点的消息 m 进行消息认证。

    (a) 对这幅图进行必要的修改，以说明使用认证密钥 k 和对称密钥 a 对接到该连接端点的用户 1 和用户 2 的机密性实现。

    (b) 将 (a) 扩展到用户 1 与用户 2 同时建立两个单独通信会话的情况，一个通信会话用于视频流，另一个用于数据。讨论在这种网络配置下是否需要额外的密钥。

10.11　计算机仿真项目

1. **防火墙中的网络层和传输层分组过滤。**使用仿真工具建立一个包含 5 个路由器的网络。将其中一个路由器连接到一个 LAN，这个 LAN 包含一个配有防火墙的本地路由器，该路由器连接一个 IP 地址为 133.1.1.1、端口号为 80 的服务器。在网络的另一端连接有两个 IP 地址分别为 151.1.1.1 和 152.1.1.1 的主机，这两个主机正尝试连接服务器。防火墙的过滤策略要求本地路由器阻止以下分组流：

   (a) 除目的端口 80 外的任何 TCP 或 SYN 报文段。

   (b) 除目的 IP 地址 133.1.1.1 外的任何分组。

   (c) 来自客户机 152.1.1.1 的所有分组都必须被阻止在网络外。

   运行仿真并产生各种类型的通信流到服务器，通过捕获和检查样本分组来显示仿真的正确性。

2. **防火墙中的应用层分组过滤。**使用仿真工具建立一个网络，模拟防火墙应用层中的分组过滤操作。你的仿真必须包括以下功能：

   (a) 防火墙设置为仅允许向一个特定服务器发送 HTTP 请求消息。

   (b) 外部入侵者尝试发送具有伪造内部地址的分组。

   (c) 来自特定远程服务器的所有分组不能进入网络。

   运行仿真并通过捕获和检查样本分组来显示仿真的正确性。

第 二 部 分

第11章 网络队列和延迟分析

排队模型为网络通信性能提供了定性的观察和对分组平均延迟定量的估计。在许多网络实例中，单个缓冲区形成一个分组队列。用单个分组队列来累积分组是某些路由器、甚至是整个网络的一种观点。对数据通信而言，**排队缓冲区**是存储传入分组的物理系统，可以将**服务台**视为处理分组并将其转发到所需端口或目的地的交换机或某种类似机制。**排队系统**通常由各种长度的排队缓冲区及一个或多个相同的服务台组成。本章主要讨论单一排队单元和排队网络的延迟分析，包括反馈。内容涵盖以下主题：

- 利特尔(**Little**)定理；
- 生灭过程；
- 排队规则；
- 马尔可夫 **FIFO** 排队系统；
- 非马尔可夫和自相似模型；
- 队列网络。

本章开始，首先分析一个基本定理，以及一个简单而著名的随机过程：Little 定理和生灭过程。接下来描述多种场景的排队规则：有限与无限的排队容量、一个服务台与多个服务台、马尔可夫与非马尔可夫系统。非马尔可夫模型是最基本的，因为许多网络应用不能用马尔可夫模型描述，如以太网、WWW 和多媒体流等。

队列网络依赖于两个重要的基本定理：**Burke** 定理和 **Jackson** 定理。Burke 定理用于多个队列网络的求解；Jackson 定理用于一个分组多次进入一个特定队列的情况，这通常是网络包含**环路**或**反馈**的场合。

11.1 Little 定理

分组排队的基本概念基于 **Little** 定理，或 **Little** 公式。该公式指出，当网络在稳定状态时，系统中的平均分组数等于平均到达率 λ 与分组在排队系统中平均消耗时间的乘积。例如，考虑图 11.1 的通信系统，假定系统在时刻 $t=0$ 开始，状态为空。设 A_i 和 D_i 分别为第 i 个到达分组和第 i 个离开分组的时刻，$A(t)$ 和 $D(t)$ 分别表示到时刻 t 时系统到达的分组总数和离开的分组总数。

于是，分组 i 在系统中消耗的时间可表示成 $T_i = D_i - A_i$，并且在时刻 t 系统中累积的分组总数表示为 $K(t) = A(t) - D(t)$。一个先到先服务规则下的分组累积时间曲线见图 11.2。系统中所有分组消耗的总时间可表示为 $\sum_{i=1}^{A(t)} T_i$。由此，系统中的平均分组数 K_a 可由下式得到：

$$K_a = \frac{1}{t} \sum_{i=1}^{A(t)} T_i \tag{11.1}$$

同理，分组在系统中的平均消耗时间 T_a 可表示成

$$T_a = \frac{1}{A(t)} \sum_{i=1}^{A(t)} T_i \tag{11.2}$$

图 11.1　缓冲通信系统的分组到达和离开概况

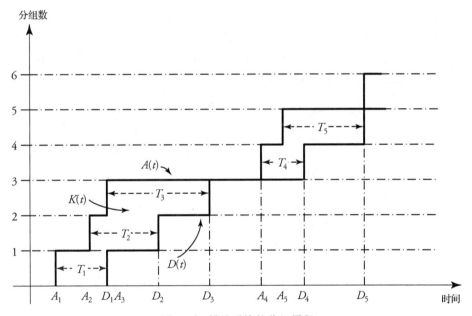

图 11.2　排队系统的分组累积

每秒平均到达的分组数 λ 为

$$\lambda = \frac{A(t)}{t} \tag{11.3}$$

由公式(11.1)、(11.2)和(11.3)可以得出

$$K_a = \lambda T_a \tag{11.4}$$

这个重要的结果就是 Little 公式。该公式的假设条件是时间 t 足够长，而且 K_a 和 T_a 分别收敛到相应随机过程的期望值 $E[K(t)]$ 和 $E[T]$。因此：

$$E[K(t)] = \lambda E[T] \tag{11.5}$$

Little 公式对大多数服务规则和任意数目服务台的情况都成立，因此，没有必要假设先到先服务的规则。

　　例：考虑一个有 3 条传输路线的数据通信系统,分组从 3 个不同节点到达的速率分别为 $\lambda_1 = 200$ 分组/秒、$\lambda_2 = 300$ 分组/秒、$\lambda_3 = 10$ 分组/秒。假设平均有 50 000 个长度相等的分组在排队系统中等待,求分组在排队系统中的平均延迟。

　　解：延迟为

$$T_a = \frac{K_a}{\lambda_1 + \lambda_2 + \lambda_3} = \frac{50\ 000}{200 + 300 + 10} = 98.04\ s$$

这是 Little 公式在通信系统中的简单应用。

11.2　生灭过程

　　如果分组进入或离开计算机网络的一个排队节点,节点的缓冲区状态发生改变,则队列状态也将改变。这种情况下,如同附录 C 中讨论的,如果系统可以用**马尔可夫过程**来表示,则可以用**马尔可夫链**的状态机来描述过程的活动,即分组数量。**生灭过程**是马尔可夫链的一个特例。

　　生灭过程中,给定状态 i 仅能以概率 μ_i 转移到状态 $i-1$ 或概率 λ_i 转移到状态 $i+1$,如图 11.3 所示。一般情况下,如果 $A(t)$ 和 $D(t)$ 分别是时刻 t 进入和离开的分组总数,则时刻 t 系统中的分组总数可表示成 $K(t) = A(t) - D(t)$。基于该分析,$A(t)$ 为**产生**的总数、$D(t)$ 为**灭亡**的总数。因此,$K(t)$ 可看作一个生灭过程,表示分组在先到先服务规则中的累积数。

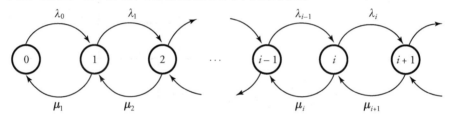

图 11.3　常规生灭过程及其转移图

　　令 p_i 为状态链处于状态 i 的概率。稳态情况下,处于状态 0 的概率 p_0 与状态 1 的概率 p_1 的关系表示为如下平衡方程：

$$\lambda_0 p_0 = \mu_1 p_1 \tag{11.6}$$

　　类似地,状态 1 的平衡方程为

$$\lambda_0 p_0 + \mu_2 p_2 = \lambda_1 p_1 + \mu_1 p_1 \tag{11.7}$$

应用公式(11.6),状态 1 的平衡方程可表示为 $\lambda_1 p_1 - \mu_2 p_2 = 0$。这一过程可以一直持续到状态 $i-1$,它的平衡方程为

$$\lambda_{i-1} p_{i-1} - \mu_i p_i = 0 \tag{11.8}$$

定义 $\rho_i = \dfrac{\lambda_{i-1}}{\mu_i}$ 为**状态 i 的利用率**,于是,平衡方程(11.8)可表示成如下的一般形式：

$$p_i = \rho_i p_{i-1} \tag{11.9}$$

对所有状态运用公式(11.9),从 $p_1 = \rho_1 p_0$ 开始,到 $p_i = \rho_i p_{i-1}$,结合这些等式,可以得到一般形式：

$$p_i = (\rho_1 \rho_2 \cdots \rho_i) p_0 \tag{11.10}$$

因为概率总和为 1,$\displaystyle\sum_{i=0}^{\infty} p_i = \sum_{i=1}^{\infty} (\rho_1 \rho_2 \cdots \rho_i p_0) = 1$,公式(11.10)可改写成

$$p_i = \frac{\rho_1 \rho_2 \cdots \rho_i}{\sum_{j=0}^{\infty} (\rho_1 \rho_2 \cdots \rho_j)} \tag{11.11}$$

该结果有一个重要的特性，就是状态概率 p_i 可以仅用利用率 ρ_1、ρ_2、…、ρ_i 表示出来。

11.3　排队规则

排队系统广泛采用 **Kendal**(肯达尔)记号表示，其形式为 $A/B/m/K$，其中 A 表示相继到达时间间隔分布，B 表示服务时间分布，m 表示服务台数目，K 表示系统最大容量。当系统到达它的最大容量时，就会把第 $K+1$ 个到达的分组阻挡在外。A 和 B 通常由下列符号表示：

M	指数分布
E_k	k 阶爱尔兰(Erlang)分布
H_k	k 阶超指数分布
D	确定性分布
G	常规随机分布
GI	间隔时间独立的常规随机分布
MMPP	马尔可夫调制的泊松(Poisson)过程
BMAP	批量马尔可夫到达过程

排队系统中，分组到达缓冲区并存入其中。如果有其他分组在队列中等待服务，新到达的分组排在所有其他分组的后面。这样，服务台的状态可以是**空闲**或**繁忙**。当前接受服务的分组离开系统后，系统根据**调度**规则选择存储的一个分组进行服务。最常用的到达过程是假定到达时间间隔序列是**独立同分布**(Independent and Identically Distributed，IID)。

排队系统可分为如下几种：

- **先进先出**(First In, First Out，FIFO)，分组按到达顺序接受服务；
- **后到先服务**(Last Come, First Served，LCFS)，分组接受服务的顺序与到达顺序相反；
- **随机服务**，随机选择分组进行服务；
- **优先级服务**，队列中分组的选择基于本地或永久分配给分组的优先级；
- **抢占**，当前分组的服务会被队列中具有更高优先级的分组中断和抢占；
- **循环**，如果一个分组的服务未在规定时间内完成，该分组将返回队列，该动作可重复多次，直到作业服务完成；
- **共享服务**，服务台相互共享服务能力，以便为需要更多处理时间的分组提供服务。

本章内容主要针对 FIFO 模型，阐述计算机网络中排队系统的工作原理。在第 13 章中将看到更多的高级排队模型的应用，如优先级、抢占式和循环式排队模型。

11.4　马尔可夫 FIFO 排队系统

马尔可夫排队系统中，分组到达和服务行为都基于马尔可夫模型排队规则：$M/M/1$、$M/M/1/b$、$M/M/a$、$M/M/a/a$ 和 $M/M/\infty$。

11.4.1   *M/M/*1 排队系统

图 11.4 显示了一个表示 *M/M/*1 模型的简单排队系统。该模型中，分组以每秒 λ 个的速率到达容量为 *K*(*t*) 的排队线路。排队线路接收并存储分组。在 *M/M/*1 模型中，实际上假定排队线路及系统能接纳无限多的分组。当服务台准备好后，队列中的分组一个接一个进入服务台接受服务，服务速率每秒 μ 个分组。

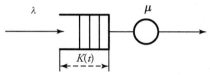

图 11.4   一种简单的队列/服务台模型

分组到达和服务模型

在 *M/M/*1 模型中，**分组到达**过程是一个速率为 λ 的泊松分布(见附录 C)，因而到达时间间隔是一个均值为 1/λ 的指数分布。类似地，服务过程是一个速率为 μ 的泊松分布，或服务时间是一个均值为 1/μ 的指数分布。注意，到达时间间隔和服务时间是相互独立的。图 11.5 描述了有 5 个分组的场合，到达和离开时间分别表示为 $A_1 \sim A_5$ 及 $D_1 \sim D_5$，到达是随机的且服务时间分别为 $S_1 \sim S_5$。在该场合中，排队发生在分组 A_3 和 A_4 在缓冲区中等待服务时。系统在时间间隔 τ 内有 1 个分组到达、0 个分组离开的概率由泊松公式得到：

$$P[1 \text{ 个分组到达，} 0 \text{ 个分组离开}] = \frac{\lambda \tau e^{-\lambda \tau}}{1!}$$

$$= \lambda \tau \left(1 - \frac{\lambda \tau}{1!} + \frac{(\lambda \tau)^2}{2!} - \cdots \right)$$

$$= \lambda \tau + \left(-\frac{(\lambda \tau)^2}{1!} + \frac{(\lambda \tau)^3}{2!} - \cdots \right) \tag{11.12}$$

$$\approx \lambda \tau$$

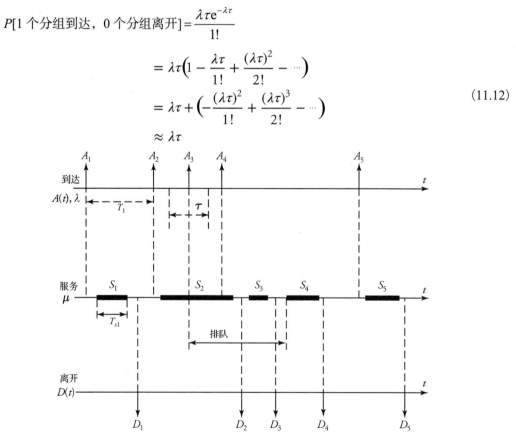

图 11.5   分组到达、服务和离开

公式(11.12)假定了时间间隔 τ 非常小，除第一项外，其余各项都可忽略。相同的分析方法也可用于在时间间隔 τ 内，没有分组到达且有一个分组离开的场合。因为有一个分组在间隔 τ 内接受了服务，所以可以在公式(11.12)中用 μ 替代 λ，由此：

$$P[0\ \text{个分组到达，1 个分组离开}] = \frac{\mu\tau e^{-\mu\tau}}{1!}$$

$$
\begin{aligned}
&= \mu\tau\left(1 - \frac{\mu\tau}{1!} + \frac{(\mu\tau)^2}{2!} - \cdots\right) \\
&= \mu\tau + \left(-\frac{(\mu\tau)^2}{1!} + \frac{(\mu\tau)^3}{2!} - \cdots\right) \\
&\approx \mu\tau
\end{aligned}
\tag{11.13}
$$

最后一种情况是系统中的分组数没有发生变化。这意味着可以是一个分组到达和一个分组离开，或者是没有到达也没有离开。两种情况发生的概率可由公式(11.12)和公式(11.13)推出：

$$P[\text{分组数量无变化}] \approx 1 - (\lambda\tau + \mu\tau) \tag{11.14}$$

这个过程的分析如图 11.6 所示。该过程起始于某个状态 i，意味着系统中有 i 个分组。

系统中的分组数

由式(11.12)、式(11.13)和式(11.14)的性质可推导出 $M/M/1$ 系统中的分组数 $K(t)$。事实上，$K(t)$ 符合生灭过程，也恰恰符合图 11.3 的一般随机分布马尔可夫链，只不过修改

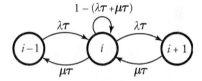

图 11.6　分组到达和离开

成了等速率的情况，如图 11.7 所示。指数随机变量的性质意味着到达时间间隔是独立于 $K(t)$ 当前和过去的状态。这样，如果系统有 $K(t)>0$ 个分组，分组离开的时间间隔分布也是指数分布随机变量，同样也意味着未来状态的概率与系统过去的历史状态是不相关的，因此随机过程符合马尔可夫链的性质。注意，$M/M/1$ 是生灭过程的一个简单场景，具有：

$$\lambda_0 = \lambda_1 = \lambda_2 \cdots = \lambda \tag{11.15}$$

和

$$\mu_0 = \mu_1 = \mu_2 = \cdots = \mu \tag{11.16}$$

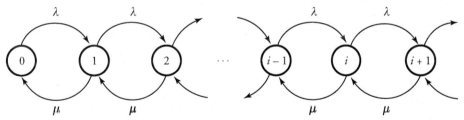

图 11.7　$M/M/1$ 排队过程及其转移图

我们定义 $\rho = \dfrac{\lambda}{\mu}$ 为**系统利用率**，前面的马尔可夫链的状态转移率如图 11.7 所示，它的全局平衡方程下的稳态概率可用生灭过程的结果得到，并简化成

$$p_i = (\rho\rho\cdots\rho)p_0 = \rho^i p_0 \tag{11.17}$$

由于所有概率之和为 1，所以有：

$$\sum_{i=0}^{\infty} p_i = \sum_{i=0}^{\infty} \rho^i p_0 = 1 \tag{11.18}$$

当到达速率小于服务速率，或 $\rho = \lambda/\mu < 1$ 情况下，存在稳定态。此时，$K(t)$ 不会无限制增长，因此，$\sum_{i=0}^{\infty} \rho^i \to \dfrac{1}{1-\rho}$。推导系统中的分组数时，可用该结果来简化公式(11.17)：

$$p_i = P[K(t) = i] = (1-\rho)\rho^i, \quad i = 1, 2, \cdots \tag{11.19}$$

系统稳定的条件是：$\rho = \lambda/\mu < 1$。否则，分组到达的速率比处理它们的速度还快。显然，分组到达速率超过了服务能力，分组在队列中的数量将无限增长，造成系统的不稳定。需要注意的是，$K(t)$ 的分布服从**几何分布**。

系统中平均延迟和平均分组数

公式(11.19)的结论可用于计算分组在队列或整个系统中的平均延迟，以及系统中的平均分组数（队列长度）。系统中的平均分组数，即 $K(t)$ 的期望值：

$$E[K(t)] = \sum_{i=0}^{\infty} i p_i = \sum_{i=0}^{\infty} i(1-\rho)\rho^i = (1-\rho)\sum_{i=0}^{\infty} i\rho^i = \frac{\rho}{1-\rho} \tag{11.20}$$

公式(11.20)的最后一部分，利用了数列性质 $\sum_{i=0}^{\infty} i\rho^i = \rho/(1-\rho)^2$。现在可用 Little 公式来推导系统中的平均分组延迟：

$$E[T] = \frac{1}{\lambda}E[K(t)] = \frac{1}{\lambda}\frac{\rho}{1-\rho} = \frac{1}{\mu-\lambda} \tag{11.21}$$

现在，我们可以用 $E[T]$ 和分组的平均服务时间 $E[T_s]$ 来得到队列中分组的平均等待时间 $E[T_q]$：

$$E[T_q] = E[T] - E[T_s] \tag{11.22}$$

分组的平均服务时间为 $E[T_s] = \dfrac{1}{\mu}$，因此：

$$E[T_q] = \frac{1}{\lambda}\frac{\rho}{1-\rho} - \frac{1}{\mu} = \frac{\rho}{\mu-\lambda} \tag{11.23}$$

类似地，要得到队列中平均分组数，可以用 Little 公式来计算，$E[K_q(t)] = \lambda E[T_q] = \dfrac{\rho^2}{1-\rho}$。有意思的是，前面所有的因素都是 λ 或 μ、或这两者的函数。换句话说，在单队列系统中，到达率和/或服务率决定了系统的平均分组数和平均延迟时间。

例：路由器的排队系统模型为 $M/M/1$，分组接收速率为 $\lambda = 0.25 \times 10^6$ 分组/秒，分组服务速率为 $\mu = 0.33 \times 10^6$ 分组/秒。计算路由器的利用率、平均分组数和平均分组延迟。

解：利用率 $\rho = \lambda/\mu = 0.75$。由公式(11.20)可得路由器中的分组数为 $\rho/(1-\rho) = 3$，由公式(11.21)可得路由器中的平均分组延迟为 $E(T) = 1/(\mu-\lambda) = 12.5\ \mu s$。

11.4.2 有限排队空间系统：$M/M/1/b$

在一个到达时间间隔和服务时间都是指数分布的队列中，系统可以容纳单个服务台和最多 b 个分组。一旦超出其容量，第 $b+1$ 个到达分组因没有空间存放而被系统丢弃。图 11.8 显示了 $M/M/1/b$ 系统的状态转移图。该转移图是一个马尔可夫链，与图 11.7 相似，不同点在于 $M/M/1/b$ 系统的链停在最大容量处。这样，全局平衡方程可由公式(11.18)推出，注意这里所有概率之和总是 1，由此得出：

$$\sum_{i=0}^{b} p_i = \sum_{i=0}^{b} \rho^i p_0 = 1 \tag{11.24}$$

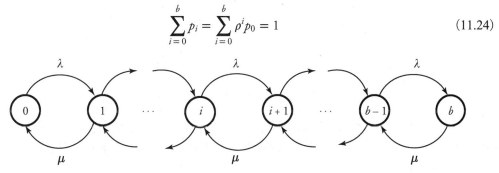

图 11.8　$M/M/1/b$ 系统的状态转移图

当到达速率小于服务速率，或者说当 $\rho = \lambda/\mu < 1$ 时，存在稳定状态。此处，$K(t)$ 不会无限制增长，因此，$\sum_{i=0}^{b} \rho^i \to \dfrac{1-\rho^{b+1}}{1-\rho}$。用该结果简化公式(11.17)，推导系统中的分组数量，这是一个连续时间马尔可夫链，分组数量的取值范围在集合{0、1、…、b}中：

$$p_i = P[K(t)=i] = \begin{cases} \rho^i \dfrac{1-\rho}{1-\rho^{b+1}}, & \rho \neq 1 \ \text{且} \ i = 1,2,\cdots,b \\ \dfrac{1}{1+b}, & \rho = 1 \end{cases} \tag{11.25}$$

注意系统中的分组数分为两部分，取决于利用率是否最大（$\rho = 1$）。

平均分组数

系统中的平均分组数，$E[K(t)]$ 由附录 C 中的公式(C.20)表示为

$$E[K(t)] = \sum_{i=0}^{b} i P[K(t)=i] = \begin{cases} \dfrac{\rho}{1-\rho} - \dfrac{(b+1)\rho^{b+1}}{1-\rho^{b+1}} & \rho \neq 1 \\ \dfrac{b}{2} & \rho = 1 \end{cases} \tag{11.26}$$

显然，在 $M/M/1$ 和 $M/M/1/b$ 系统的平均分组数的结果完全不同，原因是两个系统的容量不同。

11.4.3　$M/M/a$ 排队系统

一些随机系统模型化为 $M/M/a$，其中使用 a 个服务台而不是一个服务台来提升系统性能，如图 11.9 所示。每个服务台的服务速率可以相同也可以不同，服务台的服务速率表示为 $\mu_1 \sim \mu_a$，该系统与只有一个服务台的系统相比，有并行服务能力的优点。分组可划分成 $i < a$ 个不同的任务，由 i 个服务台为它并行服务。

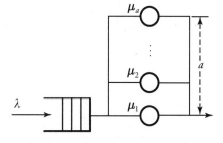

图 11.9　$M/M/a$ 系统的排队模型

这个系统可建模成连续时间马尔可夫链，如图 11.10 所示，最大服务台数量表示为 a。只要在队列中的分组数小于 a 且到达速率保持恒定，服务速率($i\mu$)将与等待的分组数成正比；然而，当队列中的分组数达到 a 时，服务速率稳定在最大速率 $a\mu$ 上。

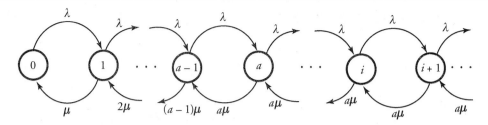

图 11.10 $M/M/a$ 系统的状态转移图

例：图 11.11 显示了 $M/M/1$ 和 $M/M/3$ 系统的统计比较，每个系统都有 7 个分组。在 $M/M/1$ 系统中，第三个分组 S_3 开始在队列中堆积。如果服务速率仍旧较低，排队趋势将持续，如图中灰色线条所示；与此相反，在 $M/M/3$ 系统中，到达的分组被分发给三个服务台，没有发生排队现象。

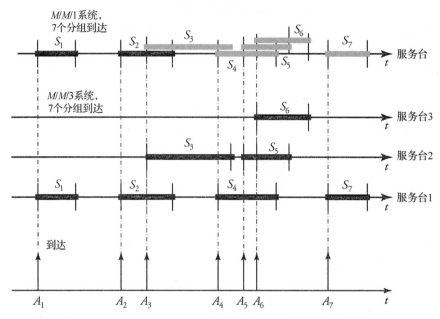

图 11.11 $M/M/1$ 和 $M/M/3$ 系统的比较，每个系统有 7 个分组

$i \leqslant a$ 的平衡方程

用生灭过程可获得 $M/M/a$ 的稳态概率。当 $i \leqslant a$ 时，i 个服务台都忙的平衡方程从 p_i 开始：

$$p_i = \left(\frac{\lambda}{i\mu} p_{i-1} \right) , \quad i = 1, \cdots, a \tag{11.27}$$

回忆一下，利用率 $\rho_i = \dfrac{\lambda}{i\mu}$，$p_i = (\rho_1 \rho_2 \cdots \rho_{i-1} \rho_i) p_0$。由此，$p_i$ 可重写成

$$p_i = \left(\frac{\lambda}{\mu} \frac{\lambda}{2\mu} \cdots \frac{\lambda}{(i-1)\mu} \frac{\lambda}{i\mu} \right) p_0 = \frac{\left(\dfrac{\lambda}{\mu} \right)^i}{i!} p_0 = \left(\frac{\rho_1^i}{i!} \right) p_0 \tag{11.28}$$

由此，很容易得到所有服务台都忙的概率，在公式(11.28)中令 $i = a$：

$$p_a = \left(\frac{\rho_1^a}{a!}\right)p_0 = \frac{\left(\frac{\lambda}{\mu}\right)^a}{a!}p_0 \tag{11.29}$$

$i \geqslant a$ 的平衡方程

为确定 $i \geqslant a$ 的平衡方程，我们再次使用生灭过程。从状态 a 开始的转移图后半部分，由状态 $i = a$、$a+1$、$a+2$、$\cdots$组成。使用与 $M/M/1$ 情况相同的方法，得到：

$$p_i = \rho^{i-a}p_a \tag{11.30}$$

这里，$\rho = \dfrac{\lambda}{a\mu}$。公式中的 p_a 可用 $i \leqslant a$ 情况的结果——公式(11.29)取代，从而，p_a 用 $\dfrac{\rho_1^a}{a!}p_a$ 代入，我们得到：

$$p_i = \frac{\rho^{i-a}\rho_1^a}{a!}p_0 \tag{11.31}$$

公式(11.28)和公式(11.31)一起覆盖了状态图的所有情况。由于所有概率的和为 1，$\displaystyle\sum_{i=0}^{\infty}p_i = 1$：

$$\sum_{i=0}^{a-1}\frac{\rho_1^i}{i!}p_0 + \frac{\rho_1^a}{a!}\sum_{i=a}^{\infty}\rho^{i-a}p_0 = 1 \tag{11.32}$$

要使系统稳定，应该 $\rho < 1$，这样，$\displaystyle\sum_{i=a}^{\infty}\rho^{i-a}$ 收敛于 $\dfrac{1}{1-\rho}$，用此结果，我们可以由公式(11.32)计算出第一个状态的概率：

$$p_0 = \frac{1}{\sum_{i=0}^{a-1}\dfrac{\rho_1^i}{i!} + \dfrac{\rho_1^a}{a!}\dfrac{1}{1-\rho}} \tag{11.33}$$

与前面情况相似，掌握 p_0 是基本的要求，因为我们可以从公式(11.31)推导出 p_i。

在 $M/M/a$ 系统中，我们可以用**爱尔兰 C 公式**计算阻塞概率。该公式计算当分组到达时发现所有服务台都忙的概率，该概率与队列中分组等待时间大于零的概率，或排队系统中分组数大于或等于 a 的概率，$P[K(t) \geqslant a]$相等：

$$P[K(t) \geqslant a] = \sum_{i=a}^{\infty}p_i = \frac{p_a}{1-\rho} \tag{11.34}$$

如同 $M/M/1$ 系统，我们可以估计 $M/M/a$ 系统的各种参数。队列中平均分组数为：

$$E[K_q(t)] = \sum_{i=a}^{\infty}(i-a)p_i = \sum_{i=a}^{\infty}(i-a)\rho^{i-a}p_a = p_a\sum_{i-a=0}^{\infty}(i-a)\rho^{i-a} = \frac{p_a\rho}{(1-\rho)^2} \tag{11.35}$$

相应地，队列中平均分组延迟可用 Little 公式获得：

$$E[T_q] = \frac{1}{\lambda}E[K_q(t)] = \frac{p_a}{a\mu(1-\rho)^2} \tag{11.36}$$

显然，包含服务时间的系统平均分组总延迟为

$$E[T] = E[T_q] + E[T_s] = \frac{p_a}{a\mu(1-\rho)^2} + \frac{1}{\mu} \tag{11.37}$$

系统中平均分组数可用 Little 公式推导出：

$$E[K(t)] = \sum_{i=0}^{a} i\, P[K(t)=i] = \begin{cases} \dfrac{\rho}{1-\rho} - \dfrac{(a+1)\rho^{a+1}}{1-\rho^{a+1}} , & \rho \neq 1 \\[3ex] \dfrac{a}{2} , & \rho = 1 \end{cases} \tag{11.38}$$

例： 一个通信节点接收分组的速率为 $\lambda = 1/2$ 分组/纳秒，交换服务处理分组的速率为 1 分组/纳秒。计算排队延迟和节点总延迟，比较使用 $M/M/1$ 和 $M/M/3$ 排队规则在服务能力相同时的结果，如图 11.12 所示。

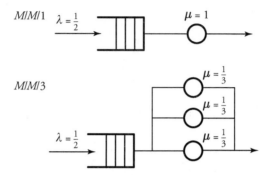

图 11.12　相同服务能力的两个排队规则

解： 对于 $M/M/1$ 排队规则，$\rho = \lambda/\mu = 0.5$，因此平均排队延迟为

$$E[T_q] = \frac{\rho/\mu}{1-\rho} = 1 \text{ ns} \tag{11.39}$$

节点总延迟为

$$E[T] = \frac{1/\mu}{1-\rho} = 2 \text{ ns} \tag{11.40}$$

对于 $M/M/3$ 排队规则，使用了 $a=3$ 个服务台，因此，$\rho_1 = \lambda/\mu = 1.5$，$\rho = \lambda/a\mu = 0.5$，可得：

$$p_0 = \frac{1}{\sum_{i=0}^{2} \dfrac{\rho_1^i}{i!} + \dfrac{\rho_1^3}{3!}\dfrac{1}{1-\rho}} \tag{11.41}$$

因为 $p_a = \dfrac{\rho_1^a}{a!} p_0 = 0.12$，排队延迟为

$$E[T_q] = p_a \frac{1}{a\mu(1-\rho)^2} = 0.48 \text{ ns} \tag{11.42}$$

节点总延迟均值为

$$E[T] = E[T_q] + E[T_s] = 0.48 + \frac{1}{\mu} = 3.48 \text{ ns} \tag{11.43}$$

这个有用的例子表达了一个重要的结论：**增加服务台数量降低了排队延迟，但增加了系统的总延迟**。总之，与 $M/M/a$ 系统 $(a>1)$ 相比，$M/M/1$ 系统具有较小的总延迟，但排队延迟较长。要注意上述结论有一个重要的条件，即 $M/M/a$ 模型中的 a 个服务台的总服务速率必须等于 $M/M/1$ 模型的服务速率。

11.4.4　延迟敏感流量模型：$M/M/a/a$

一些网络节点可以设计成无缓冲形式。这类系统的一种应用是如语音等延迟敏感流量需要无队列服务的情况。这些类型的节点可用无队列模型表示。这种模型的一个例子是 $M/M/a/a$ 排队系统，它有 a 个服务台但没有排队线路。如果所有服务台都忙，到达的分组就会被丢弃，从而产生图 11.13 所示的状态转移图。这种转换在一定程度上类似于 $M/M/a$ 系统。因此，我们使用前面得到的公式 (11.28) 来计算系统处于状态 $i \in \{0,\cdots,a\}$ 的概率：

$$p_i = \left(\frac{\rho_1^i}{i!} \right) p_0 \tag{11.44}$$

将公式 (11.44) 与 $\sum_{i=0}^{a} p_i = 1$ 结合，可得到：

$$p_0 = \frac{1}{\sum_{i=0}^{a} \frac{\rho_1^i}{i!}} \tag{11.45}$$

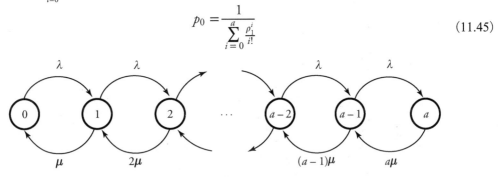

图 11.13　$M/M/a/a$ 系统的状态转移图

爱尔兰 B 阻塞概率

对于 $M/M/a/a$ 系统，可以使用爱尔兰 B 公式计算其阻塞概率。该公式计算没有分组等待线路情况下到达的分组发现所有服务台都忙的概率。系统中所有服务台都忙的概率用爱尔兰 B 公式计算，应用公式 (11.44) 及 $i=a$：

$$P[K(t)=a] = p_a = \frac{\rho_1^a}{a!} p_0 = \frac{\rho_1^a}{a! \left(\sum_{i=0}^{a} \frac{\rho_1^i}{i!} \right)} \tag{11.46}$$

这是一个非常重要的公式，表示在利用率为 $\rho_1 = \lambda/\mu$ 时 a 个资源（服务台）和所有资源都忙的系统阻塞概率。在这种情况下，新到达的分组被丢弃或阻止服务。本书附录 D 给出了基于公式 (11.46) 的爱尔兰 B 公式数值表。该表可用于多种应用场合，其中一个应用是在第 18 章中用来估计给定电话信道数量时的阻塞概率。

在这种系统中，因为不存在排队线路，求出系统中的平均分组数也很有趣。令 λ、λ_p 和 $\lambda_b - \rho_a \lambda$ 分别表示分组到达率、分组通过率和阻塞率。因此，$\lambda = \lambda_p + \lambda_b$。分组通过率可重写为 $\lambda_p = \lambda(1 - p_a)$。因不存在排队线路，系统中的平均分组数从 Little 公式可得：

$$E[K(t)] = \lambda_p E[T_s] = \lambda(1 - p_a) \frac{1}{\mu} \tag{11.47}$$

例：无线网络中的一个用户移动到了新区域，需要在新、旧两个区域之间进行切换处理。如果新区域中所有信道都被占用了，切换呼叫就会被终止和阻塞。将这种实时通信场景建模为 $M/M/a/a$ 系统，其中 $a = c_i$ 是 i 类通信流的切换服务台数目。假设 $c_i = 10$、50 和 100，平均服务时间

$1/\mu_i$=30 ms，切换请求率 λ_i=0,…,10 000。画出一组曲线图，说明切换处理的性能。

　　解： 计算过程留给读者。计算结果由图 11.14 给出。图中的曲线描述了无线切换的 $M/M/a/a$ 模型的结果。公式(11.46)可用于计算切换阻塞概率。

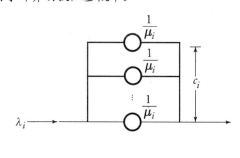

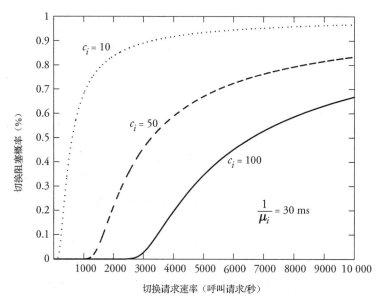

图 11.14　具有 c_i 个信道服务台的 $M/M/a/a$ 无线数据网络模型

11.4.5　$M/M/\infty$队系统

　　在许多高速网络节点中，为了获得更好的通信质量，可以容忍较高成本。提高分组处理质量的途径之一是在节点上配置大量的服务台。如果令 a 趋近于无穷大，$M/M/a/a$ 系统就成为 $M/M/\infty$ 系统。因此，状态转移图也延伸到无穷大，如图 11.15 所示。要得到该排队系统的稳态概率 p_i，应用 $M/M/a/a$ 系统的公式(11.46)，将 a 换成 i 并令其趋于无穷大：

$$p_i = \frac{\rho_1^i}{i!\left(\sum_{j=0}^{i} \frac{\rho_1^j}{j!}\right)} \tag{11.48}$$

该式的分母，$\sum_{j=0}^{i} \dfrac{\rho_1^j}{j!}$ 当 i 趋于无穷大时，收敛到 e^{ρ_1}：

$$p_i = \frac{\rho_1^i}{i!\, e^{\rho_1}} \tag{11.49}$$

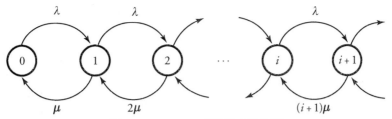

图 11.15　$M/M/\infty$ 系统状态转移图

11.5　非马尔可夫和自相似模型

另一类排队系统是完全或部分非马尔可夫。部分非马尔可夫是指到达或服务行为不是基于马尔可夫模型的。首先我们考虑一个单服务台，分组到达是泊松过程，但服务时间分布是**非泊松**或**非马尔可夫**的**一般分布**。非马尔可夫系统的一个例子是有优先级的 $M/G/1$ 队列，另一个是服务时间分布是确定而非随机的 $M/D/1$。还有一个例子是预约系统，其服务时间的一部分用来发送分组（即服务分组），另一部分时间用来发送控制信息或用来为发送分组预约资源。

11.5.1　波拉切克–欣钦（Pollaczek-Khinchine，P-K）公式和 $M/G/1$

考虑单个服务台的场景。分组按照速率为 λ 的泊松过程到达，但分组服务时间为**一般分布**。这表示服务时间的分布不一定是指数分布，如图 11.16 所示。假定按照分组的接收顺序进行服务，第 i 个分组的服务时间为 T_{si}。假设随机变量 T_{s1}、T_{s2}、$\cdots$ 为相同分布、相互独立且到达间隔时间独立。定义 T_{qi} 为分组 i 的排队时间，那么：

$$T_{qi} = \pi_i + \sum_{j=i-K_{qi}}^{i-1} T_{sj} \tag{11.50}$$

其中，K_{qi} 为分组 i 到达时队列中等待的分组数，π_i 为分组 j 已接受部分服务的时间。如果没有分组接受服务，π_i 为 0。为了理解提到的时间的平均值，对公式（11.50）两边求期望值：

$$E[T_{qi}] = E[\pi_i] + E\left[\sum_{j=i-N_i}^{i-1} T_{sj}\right] = E[\pi_i] + E\left[\sum_{j=i-K_{qi}}^{i-1} E[T_{sj}|K_{qi}]\right] \tag{11.51}$$

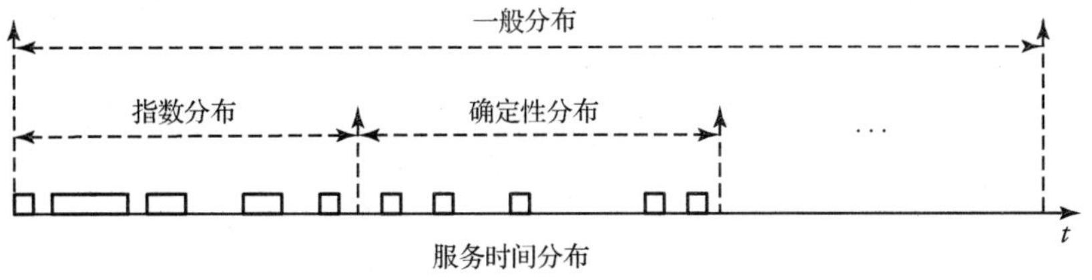

图 11.16　服务时间为一般分布

根据随机变量 K_{qi} 和 T_{qi} 的独立性，我们有：

$$E[T_{qi}] = E[\pi_i] + E[T_{si}]E[K_{qi}] \tag{11.52}$$

显然，我们可以认为公式（11.52）中的 $E[T_{si}]$ 为平均服务时间，$E[T_{si}]=1/\mu$，同时，利用 Little 公式，$E[K_{qi}]=\lambda E[T_{qi}]$，公式（11.52）演化成：

$$E[T_{qi}] = E[\pi_i] + \frac{1}{\mu}\lambda E[T_{qi}] = E[\pi_i] + \rho E[T_{qi}] \tag{11.53}$$

其中，$\rho = \lambda/\mu$ 为利用率，于是：

$$E[T_{qi}] = \frac{E[\pi_i]}{1-\rho} \tag{11.54}$$

图 11.17 的例子显示的是表示分组剩余时间的平均值 π_i 作为时间函数。如果开始一个 T_{si} 秒的新服务，π_i 从值 T_{si} 开始，并在 T_{si} 秒内 45° 线性衰减。由此，有 n 个三角形的 $[0,t]$ 区间中的平均值 π_i 等于所有三角形的面积 $\left(\sum_{i=1}^{n} \frac{1}{2}T_{si}^2\right)$ 除以总时间 (t)：

$$E[\pi_i] = \frac{1}{t}\sum_{i=1}^{n}\frac{1}{2}T_{si}^2 = \frac{1}{2}\frac{n}{t}\frac{\sum_{i=1}^{n}T_{si}^2}{n} \tag{11.55}$$

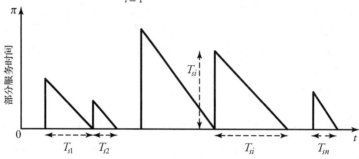

图 11.17　平均部分服务时间

如果 n 和 t 足够大，n/t 就成为 λ，$\sum_{i=1}^{n}T_{si}^2 / n$ 就成为 $E[T_{si}^2]$，即服务时间的二阶矩。公式 (11.55) 重写为

$$E[\pi_i] = \frac{1}{2}\lambda E[T_{si}^2] \tag{11.56}$$

公式 (11.55) 与公式 (11.54) 合并，得到了 P-K 公式：

$$E[T_{qi}] = \frac{\lambda E[T_{si}^2]}{2(1-\rho)} \tag{11.57}$$

显然，总的排队和服务时间为 $E[T_{qi}]+E[T_{si}]$。队列中分组数的期望值 $E[K_{qi}]$ 和系统中分组数的期望值 $E[K_i]$，通过 Little 公式可得到：

$$E[K_{qi}] = \frac{\lambda^2 E[T_{si}^2]}{2(1-\rho)} \tag{11.58}$$

和

$$E[K_i] = \rho + \frac{\lambda^2 E[T_{si}^2]}{2(1-\rho)} \tag{11.59}$$

P-K 理论的这个结论展现了一般随机分布服务时间模型 $M/G/1$ 的特性。例如，$M/M/1$ 系统用该结论来表示时，由于服务时间是指数分布，于是有 $E[T_{si}^2] = 2/\mu^2$，P-K 公式就演变成

$$E[T_{qi}] = \frac{\rho}{\mu(1-\rho)} \tag{11.60}$$

注意，排队度量作为公式 (11.60) 排队延迟的期望值，仍然是系统利用率的函数，然而，服务速率 μ 依然出现在了上面的公式中，这是非马尔可夫服务模型的原本特性。

11.5.2　$M/D/1$ 模型

在 $M/D/1$ 模型中，**分组到达分布**是速率为 λ 的泊松分布，因而到达时间间隔分布是均值为 $1/\lambda$ 的指数分布，之前已有描述。而服务时间分布为确定性分布或常数。计算机网络中服务时间为常数分布的一个例子是第 1 章中介绍的等长分组到达路由器后的服务。当所有分组的服务时间都是常数（相同）时，就有 $E[T_{si}^2] = 1/\mu^2$，于是：

$$E[T_{qi}] = \frac{\rho}{2\mu(1-\rho)} \tag{11.61}$$

注意，$M/D/1$ 队列的 $E[T_{qi}]$ 值是 $M/G/1$ 模型在相同 λ 和 μ 条件时对应值的下界，因为 $M/D/1$ 得到的是 $E[T_{si}^2]$ 的最小可能值。值得一提的还有 $M/M/1$ 队列的 $E[T_{qi}]$ 是 $M/D/1$ 的两倍，原因是两者的平均服务时间相等，如果 ρ_s 小，大多数的等待发生在服务部分，如果 ρ_s 大，大多数的等待发生在队列中。

11.5.3　自相似和批到达模型

在视频流量场合，流量遵从的模式为**批到达模型**而不是泊松模型，关于它的分析见第 20 章，所以非泊松到达模型的分析也放在那里。这里给出的是对该模型的描述和有启发性的例子，它就是**自相似流量**。

非马尔可夫到达模型本质上是**非泊松到达模型**，有不少重要的组网应用。例如，自相似的概念适用于 WAN 和 LAN 流量。这种到达情况的例子之一是 WWW 造成的自相似流量。这种流量的自相似可表示为基于 WWW 文档大小的基本分布、文件传输中的缓存和用户偏好的影响，甚至是用户的思考时间。另一个自相似流量的例子是与常规随机流量背景混合的视频流。这种情况产生成批的视频分组，然后将其发送到互联网的混合流量池中。

流量形态在大时间尺度上表现出明显的突发性或变化性。突发流量可以使用**自相似模式**来统计描述。在自相似过程中，以不同的时间尺度查看时，分组、帧或对象的分布保持不变。这种类型的流量模式具有可见的突发性，因此表现出长期关联性。关联性意味着在所有时间上的所有值与所有未来时刻的值相关。网络流量的长期关联性表明分组丢失和延迟行为与使用泊松模型的传统网络模型不同。

11.6　队列网络

可以对排队节点的网络进行建模，研究其行为，包括反馈。两个重要的基本定理是 **Burke 定理**和 **Jackson 定理**。Burke 定理用于多个队列网络的求解，Jackson 定理对于一个分组多次进入一个特定队列有重要的作用。

11.6.1　Burke 定理

当连接多个排队节点时，它们可能是串联或并联。这种情况下，整个系统需要仔细且合理的建模过程。Burke 定理通过两种模型来求解 m 个队列的网络：m 个串行的排队节点（级联）和 m 个并行的排队节点。每个节点都可以通过 $M/M/1$ 队列或任何处于稳定状态且到达率为 λ 的泊松过程的排队模型建模。离开过程的速率同样为 λ。注意，在 Burke 模型的各种情况中，在任意时间 t，排队节点中的分组数与时间 t 之前的离开过程相互独立。接下来讨论级联和并联这两种 Burke 模型。

级联节点的 Burke 定理

排队网络的一种常见情形是级联的排队节点，如图 11.18 所示。该网络中，从排队节点 i 离开的分组将到达节点 $i+1$。任意节点 i 的利用率为 $\rho_i = \lambda/\mu_i$，其中 λ 和 μ_i 分别为该节点的到达率和服务率。

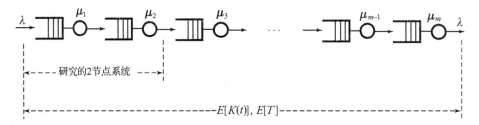

图 11.18　Burke 定理在 m 个级联队列中的应用

这个网络的分组移动行为可由 m 维马尔可夫链建模。为简单起见，考虑由节点 1 和节点 2 组成的两节点网络。图 11.19 显示了这个简化网络的二维马尔可夫链。

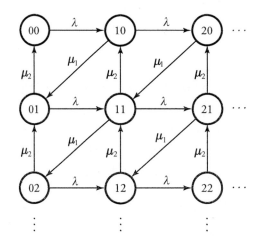

图 11.19　图 11.18 中前两个节点系统的二维马尔可夫链

链从表示节点的分组为空的状态 00 开始。当第一个分组以速率 λ 到达时，链转到状态 10。状态 10 表示节点 1 有一个分组而节点 2 没有分组的状态。此时，如果节点 1 以服务速率 μ_1 处理该分组并将分组送给节点 2，则链将转到状态 01。如果第二个节点以服务速率 μ_2 送出分组，则链返回状态 00，表示系统的空状态。对于更多的分组，可类似地解释马尔可夫链。

在一个有 m 个节点的系统中，假定每个节点都采用 $M/M/1$ 规则，系统中有 k 个分组的概率 $P[K(t) = k]$ 是

$$P[K(t) = k] = P[K_1(t) = k_1] \times P[K_2(t) = k_2] \times \cdots \times P[K_m(t) = k_m]$$

$$= \prod_{i=1}^{m} (1 - \rho_i)\rho_i^{k_i} \tag{11.62}$$

每个节点中分组数的期望值 $E[K_i(t)]$，根据 $M/M/1$ 性质，容易得到：

$$E[K_i(t)] = \frac{\rho_i}{1 - \rho_i} \tag{11.63}$$

从而，可推出整个系统中的分组数的期望值

$$E[K(t)] = \sum_{i=1}^{m} E[K_i(t)] = \sum_{i=1}^{m} \frac{\rho_i}{1 - \rho_i} \tag{11.64}$$

现在可用 Little 公式估计分组在整个系统中的排队延迟期望值：

$$E[T] = \frac{1}{\lambda} \sum_{i=1}^{m} E[K_i(t)] = \frac{1}{\lambda} \sum_{i=1}^{m} \frac{\rho_i}{1 - \rho_i} \tag{11.65}$$

最后这个重要结果可以帮助估计由一系列排队节点建模的特定系统的速度。

例：图 11.20 显示了四个排队节点。有两个外部源，速率分别为 $\lambda_1 = 2 \times 10^6$ 分组/秒和 $\lambda_2 = 0.5 \times 10^6$ 分组/秒。假设所有服务速率相同，即 $\mu_1 = \mu_2 = \mu_3 = \mu_4 = 2.2 \times 10^6$ 分组/秒。计算经过节点 1、2、4 的平均延迟。

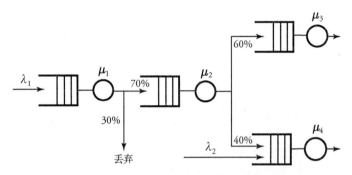

图 11.20　用 Burke 定理求解四个排队节点的系统

解：图中显示的利用率为

$$\rho_1 = \frac{\lambda_1}{\mu_1}, \rho_2 = \frac{0.7\lambda_1}{\mu_2} \tag{11.65a}$$

和

$$\rho_4 = \frac{0.4(0.7)\lambda_1 + \lambda_2}{\mu_4} = \frac{0.28\lambda_1 + \lambda_2}{\mu_4} \tag{11.65b}$$

节点 1、2、4 中的分组数期望值分别为

$$E[K_1(t)] = \frac{\rho_1}{1 - \rho_1} = \frac{\lambda_1}{\mu_1 - \lambda_1}, E[K_2(t)] = \frac{\rho_2}{1 - \rho_2} = \frac{0.7\lambda_1}{\mu_2 - 0.7\lambda_1} \tag{11.65c}$$

和

$$E[K_4(t)] = \frac{\rho_4}{1 - \rho_4} = \frac{0.28\lambda_1 + \lambda_2}{\mu_4 - 0.28\lambda_1 - \lambda_2} \tag{11.65d}$$

那么，总延迟的期望值为

$$E[T] = \frac{E[K_1(t)]}{\lambda_1} + \frac{E[K_2(t)]}{0.7\lambda_1} + \frac{E[K_4(t)]}{0.28\lambda_1 + \lambda_2} \tag{11.65e}$$

并联节点的 Burke 定理

我们现在可以容易地将 Burke 定理应用于并联排队节点的情况，如图 11.21 所示。假设速率为 λ 的传入流分别以概率 $P_1 \sim P_m$ 分配到 m 个并联排队节点上，同时假设排队节点的服务速率分别为 $\mu_1 \sim \mu_m$。在这个系统中，任一节点 i 的利用率表示为

$$\rho_i = \frac{P_i \lambda}{\mu_i} \tag{11.66}$$

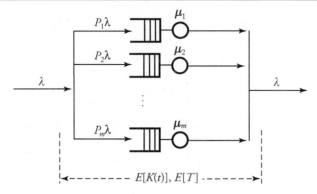

图 11.21　并联节点上的 Burke 定理应用

假设每个节点表示为 $M/M/1$ 排队模型，节点 i 的队列中分组数期望值计算如下：

$$E[K_i(t)] = \frac{\rho_i}{1 - \rho_i} \tag{11.67}$$

但是在平均延迟分析中，这里开始就是级联排队系统与并联排队系统的主要差异。在并联系统中，总的平均分组数 $\sum_{i=1}^{m} E[K_i(t)]$ 是一个不相关的度量。新出现的论据是分组以概率 P_i 选择 m 个节点中的一个(节点 i)，而不是针对所有的 m 个节点。因此，我们必须计算新到达的分组在第 i 条支路面临的平均排队分组数。该平均值 $E[K(t)]$ 具有完备的随机模式，计算得到：

$$E[K(t)] = E[E[K_i(t)]] = \sum_{i=1}^{m} P_i E[K_i(t)] = \sum_{i=1}^{m} P_i \left(\frac{\rho_i}{1 - \rho_i} \right) \tag{11.68}$$

使用 Little 公式，首先估计出支路 i 引入的延迟：

$$E[T_i] = \frac{E[K_i(t)]}{P_i \lambda} \tag{11.69}$$

现在，分组在整个系统中总的排队延迟期望值 $E[T]$，是所有 m 个并联支路的平均延迟。该延迟实际上就是所有并联支路延迟的概率平均值，如下：

$$E[T] = E[E[T_i]] = \sum_{i=1}^{m} P_i E[T_i] = \sum_{i=1}^{m} P_i \frac{E[K_i(t)]}{P_i \lambda}$$
$$= \frac{1}{\lambda} \sum_{i=1}^{m} \frac{\rho_i}{1 - \rho_i} \tag{11.70}$$

显然，$E[T]$ 能帮助我们评估 m 个并联节点系统的速度。重要提示：公式(11.64)和公式(11.68)可看作相同，但实际情况是因为利用率不同，级联节点为 $\rho_i = \lambda/\mu_i$，并联节点为 $\rho_i = P_i\lambda/\mu_i$，所以两种场合的 $E[K(t)]$ 结果也就不相同。对 $E(T)$ 的分析也一样，尽管公式(11.65)和公式(11.70)很相似，出于相同的原因，我们应该期望并联节点系统的总延迟远远低于串联节点系统。

11.6.2　Jackson 定理

队列网络分析中最常使用的定理之一是 **Jackson 定理**，它有若干片段和理论环节。这里我们重点关注应用最多的理论环节，称为"开放队列网络"。Jackson 定理的本质是分组多次进入某个特定队列的应用场合。这种情况表明网络中存在着**环路**或**反馈**。如果已知系统的利用率，并且系统遵从 $M/M/1$ 排队模型，则用 Jackson 定理就可推出系统中有 k 个分组的概率 $P[k(t)=k]$。

网络中的反馈模型

图 11.22 显示了一个基本的级联排队网络，包括一个简单的 $M/M/1$ 排队单元，一个服务台实现了简单反馈。分组以速率 α 从左边到达，通过排队和服务率为 μ 的服务台，并以速率 α_1 部分反馈回系统。因此，这种排队结构允许分组通过传回系统而多次进入队列。该系统是许多实际网络系统的模型。一个恰当的例子是交换系统，它使用后面章节讨论的回收技术一步步地多播传送分组。在图 11.22 中，如果分组返回到系统输入的概率为 p，显然队列总的到达率 λ 为

$$\lambda = \alpha + p\lambda \tag{11.71}$$

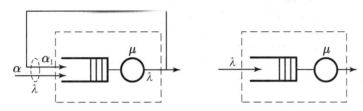

图 11.22　反馈系统及其等效简化

公式 (11.71) 表明系统可配置为图 11.22 虚线围绕的等效系统。由于 $\alpha_1 = p\lambda$，从公式 (11.71) 可推出 λ 与 α 的关系为

$$\lambda = \frac{\alpha}{1 - p} \tag{11.72}$$

简化系统的利用率表示为 $\rho = \lambda/\mu$，显然有：

$$\rho = \frac{\alpha}{\mu(1 - p)} \tag{11.73}$$

有了系统利用率，我们可推导出系统中有 k 个分组的概率。已知系统遵从 $M/M/1$ 规则：

$$P[K(t) = k] = (1 - \rho)\rho^k = \frac{\mu(1 - p) - \alpha}{\mu(1 - p)}\left(\frac{\alpha}{\mu(1 - p)}\right)^k \tag{11.74}$$

系统中分组数的期望值 $E[K(t)]$，用 $M/M/1$ 的性质，推导为：

$$E[K(t)] = \frac{\rho}{1 - \rho} = \frac{\alpha}{\mu(1 - p) - \alpha} \tag{11.75}$$

应用 Little 公式，可估计出分组在整个系统中期望的排队和服务延迟。令 $E[T_u]$ 为图 11.22 等效框图中总到达速率 λ 下的延迟期望值，$E[T_f]$ 为到达率 α 的系统延迟期望值：

$$E[T_u] = \frac{E[K(t)]}{\lambda} = \frac{\alpha}{\lambda(\mu(1 - p) - \alpha)} \tag{11.76}$$

及

$$E[T_f] = \frac{E[K(t)]}{\alpha} = \frac{1}{\mu(1 - p) - \alpha} \tag{11.77}$$

在此我们应该看到如同期望一样的 $E[T_u] < E[T_f]$。

开放网络

图 11.23 显示了一个开放系统的 Jackson 定理的通用模型。图中，将 m 个单元的系统的单元 i 建模为到达率之和 λ_i 和服务率 μ_i。单元 i 可以接收独立的外部流量 α_i。单元 i 也可以接收来自 $i-1$ 个其他单元的反馈流量和前行流量。在该单元的输出端，流量以概率 P_{ii+1} 继续前行，以概率 $1 - P_{ii+1}$

离开系统。那么，总的到达率 λ_i 为

$$\lambda_i = \alpha_i + \sum_{j=1}^{m} P_{ji}\lambda_j \qquad (11.78)$$

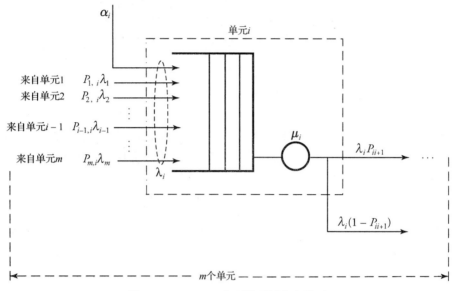

图 11.23 Jackson 定理的通用节点模型

所有 m 个节点中的瞬时分组总数 $\pmb{K(t)}$ 是每个单个节点中的分组数组成的向量，表示成

$$\pmb{K(t)} = \{K_1(t), K_2(t), \cdots, K_m(t)\} \qquad (11.79)$$

系统中有 k 个分组的概率是 m 个单元中分组数的联合概率：

$$P[K(t) = k] = \prod_{i=1}^{m} P[K_i(t) = k_i] \qquad (11.80)$$

所有单元中分组数的期望值由下式得到：

$$E[K(t)] = E[K_1(t)] + E[K_2(t)] + \cdots + E[K_m(t)] \qquad (11.81)$$

最后，应用 Little 公式计算评估排队节点系统的重要评价指标，即在阶段 i 测得的总延迟：

$$E[T] = \frac{\sum_{i=1}^{m} E[K_i(t)]}{\alpha_i} \qquad (11.82)$$

我们假设 α_i 是整个系统仅有的输入。实际上，系统可能还有其他输入，此时可用叠加的方法来计算总延迟。公式(11.80)～(11.82)是开放排队网络上的 Jackson 定理的基本公式。

例：图 11.24 显示了两个 $M/M/1$ 节点级联，其分组到达率为 $\alpha = 0.1 \times 10^5$ 分组/秒。两个节点的服务速率为 $\mu_1 = \mu_2 = 2 \times 10^5$ 分组/秒。在节点 1 的输出端，分组以概率 $p = 0.10$ 离开；否则进入节点 2，然后反馈回节点 1。计算分组的延迟，包括来自循环的延迟。

解：首先计算两个节点的到达率 λ_1 和 λ_2：

$$\lambda_1 = \lambda_2 + \alpha \qquad (11.82a)$$

和

$$\lambda_2 = (1 - p)\lambda_1 \qquad (11.82b)$$

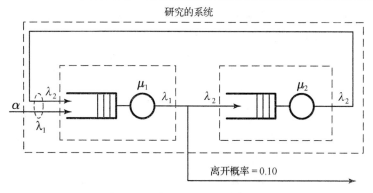

图 11.24　带反馈的两个通信节点

将 $\alpha = 0.1 \times 10^5$ 和 $p = 0.10$ 代入，得到 $\lambda_1 = 1 \times 10^5$，$\lambda_2 = 0.9 \times 10^5$。各节点的利用率分别为：$\rho_1 = \lambda_1/\mu_1 = 0.5$，$\rho_2 = \lambda_2/\mu_2 = 0.45$。根据之前的 $M/M/1$ 排队规则，各个节点中的平均分组数为

$$E[K_1(t)] = \frac{\rho_1}{1 - \rho_1} = 1 \tag{11.82c}$$

和

$$E[K_2(t)] = \frac{\rho_2}{1 - \rho_2} = 0.82 \tag{11.82d}$$

延迟为

$$E[T_{u1}] = \frac{E[K_1(t)]}{\lambda_1} = 0.01 \text{ ms}$$
$$E[T_{u2}] = \frac{E[K_2(t)]}{\lambda_2} = 0.009 \text{ ms} \tag{11.82e}$$

和

$$E[T_f] = \frac{E[K_1(t)] + E[K_2(t)]}{\alpha} = 0.18 \text{ ms} \tag{11.82f}$$

11.7　总结

本章介绍了用于计算机网络分组队列基本分析的数学基础，包括使用马尔可夫和非马尔可夫情况。单个队列是分析通信网络中单个节点的最简单模型。**Little 定理**描述了系统的平均分组数和平均分组延迟与分组到达率的关系。

生灭过程有助于识别分组队列中的活动。本章给出了几个场景中的排队节点模型：有限与无限的排队容量、一个服务台与多个服务台，以及马尔可夫与非马尔可夫系统。非马尔可夫模型进一步分类为非马尔可夫服务系统和非马尔可夫流量到达系统。在非马尔可夫服务模型中，我们假设到达时间间隔和服务时间独立，这就产生了 $M/G/1$ 系统。

Burke 定理是分析分组队列网络的基本工具。通过 Burke 定理，我们可以求出多个队列网络的解。我们将 Burke 定理应用于串联排队节点和并联排队节点。**Jackson 定理**为分组通过**环路**或**反馈**多次进入特定队列的情况提供了实际的解决方案。开放式 Jackson 网络对于联合队列长度稳态分布为乘积形式。因为可以独立处理节点，所以我们可以推导出一些需要关注的性能指标。没有外部分组到达或离开的 Jackson 网络形成一个封闭网络，它的稳态队列长度联合分布也是乘积形式。

接下来的两章将介绍交换机和路由器的体系结构及内部组件。第 12 章中的路由选择设备结构需要一些分析方法，理解本章的部分内容会对其有所帮助。路由选择设备的扩展主题将在第 13 章中介绍。

11.8　习题

1. 数据解复用器的每个缓冲输出线路每 20 μs 接收一批分组并保存在缓冲区中。排序器检查每批分组是否乱序，并在必要时进行排序。每批分组的乱序检查耗时 10 μs，如有乱序，则需要 30 μs 进行排序。假设缓冲区初始时为空，前 15 批次中出现乱序的分组数量依次为 2、4、0、0、1、4、3、5、2、4、0、2、5、2、1。

   (a)画图说明解复用器输出端分组批次数与时间关系的排队行为。

   (b)给出输出端队列中的平均分组批次数。

   (c)算出缓冲区不为非空的时间百分比。

2. 一个 $M/M/1$ 模型的路由器接收马尔可夫流量，其平均分组到达率为 $\lambda = 40$ 分组/秒，整体利用率 $\rho = 0.9$。

   (a)计算排队系统中的平均分组数。

   (b)确定分组在排队系统中停留的平均时间。

   (c)画出节点处理的马尔可夫链。

3. 对于一个 $M/M/1$ 系统，其服务速率为 μ，服务时间为 $e^{-\mu t}$ 的指数分布。也就是说，若 T 为一随机变量，表示直到下一分组离开的时间，有 $P[T > t] = e^{-\mu t}$。现在，考虑一个 $M/M/a$ 系统，有 i 个服务台正忙，每个服务台的服务速率 μ 相同，以及一个类似定义的随机变量 T。

   (a)用 T_1、T_2、$\cdots$ 表示 T。T_i 为下一分组离开服务台 i 的时间。

   (b)确定服务时间分布，$P[T > t]$。

4. 考虑一个 $M/M/1$ 模型的网络节点。

   (a)给出节点中分组数少于给定数量 k 的概率，$P[K(t) < k]$。这通常用来估计网络节点到达特定负载的时间阈值。

   (b)如果要求 $P[K(t) < 20] = 0.9904$，若到达率为 300 分组/秒，计算分组交换服务速率。

5. 对于一个 $M/M/1$ 排队系统：

   (a)给出 $P[K(t) \geqslant k]$ 的计算公式，其中 k 为常数。

   (b)服务速率为 μ，若要求 $P[K(t) \geqslant 60] = 0.01$，计算允许的最大到达率。

6. 考虑模型为 $M/M/1$ 队列的网络节点，分组进入队列的意愿取决于队列长度。一个分组发现：系统中的第 i 个($i \in \{0,1,\cdots\}$)分组以概率 $\dfrac{1}{i+1}$ 进入队列，否则就立即离开。如果到达率为 λ、平均服务速率为 μ：

   (a)画出该系统的状态转移图。

   (b)为平稳概率 p_i 建立平衡方程，并求解。

   (c)说明存在稳态分布。

   (d)给出服务台的利用率。

   (e)给出吞吐量，即系统中的平均分组数。

   (f)给出分组决定进入队列后的平均响应时间。

7. 在一个 $M/M/2$ 的通信节点中，分组以 18 分组/秒的速率按泊松过程达到。系统有两个并行的交叉开关交换机，每个交换机处理一个分组的时间为指数分布，均值为 100 ms。

   (a)给出分组到达后需要等待处理的概率。

   (b)给出系统中的平均分组数。

(c) 给出分组在系统中消耗的平均时间。

(d) 给出系统中有超过 50 个分组的概率。

8. 考虑数据网络中具有并行平面交换引擎的高速节点，无须等待即可同时处理 6 个分组（$M/M/6/6$）。假设到达率为 100 分组/秒、平均服务时间为 20 分组/秒。

   (a) 分组阻塞概率是多少？

   (b) 还需要多少个交换机才能将阻塞概率降低 50% 以上？

9. 当一个无线用户移动到新小区时，需要用切换请求获取新的通道。切换呼叫建模为第 i 类流量。当所有通道都被占用或不可用，切换呼叫就终止或阻塞在新基站上。总共有 k 类流量，每个呼叫仅占用一个通道，每个通道仅使用一个无线信道。新基站的切换过程模型化为 $M/M/c/c$ 系统，即随机的呼叫间隔时间、指数的信道保持时间、c 个信道、c 个切换呼叫。设 λ_i 为 i 类流量的切换请求速率，$i \in \{0, 1, \cdots, k\}$，$1/\mu_i$ 为 i 类流量的切换信道的平均服务时间。当有 j 个信道忙时，切换呼叫离开的速率为 $j\mu_i$，当 c_i 个信道都忙时，切换呼叫离开的速率为 $c_i\mu_i$。此时，任何新的切换呼叫都被阻塞。

   (a) 给出该模型的连续时间马尔可夫链。

   (b) 推导它的平衡方程组。

   (c) 如果用 P_0 表示 i 类流量没有信道切换请求的概率，给出 i 类流量在 j 个信道上产生切换请求的概率 P_j。

   (d) 给出切换阻塞概率 P_{c_i}。

10. 继续第 9 题，希望获得切换的某些统计性能评估结果。

    (a) 假定可用信道总数（c_i）分别是 10、50 和 100，画出切换阻塞概率图，平均信道保持时间有 3 个选择，分别为 10 ms、20 ms、30 ms。

    (b) 对 (a) 所画图的结果加以讨论。

11. 考虑一个包含 4 个网状排队节点的路由器，每个节点都是 $M/M/1$ 模型，如图 11.25 所示。图中的百分数表示各分支对到达分支点流量的分享。系统到达率 $\alpha = 20$ 分组/毫秒，这些节点的服务速率分别为 $\mu_1 = 100$ 分组/毫秒、$\mu_2 = 100$ 分组/毫秒、$\mu_3 = 20$ 分组/毫秒、$\mu_4 = 30$ 分组/毫秒。

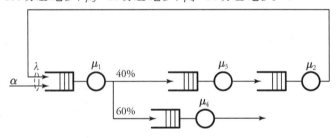

图 11.25 习题 11 的网络示例

    (a) 给出每个排队单元的到达率。

    (b) 给出每个单元的平均分组数。

    (c) 给出分组从进入系统到离开系统的平均延迟。

12. 图 11.26 显示了一个有两个路由器的网络，模型化为两个 $M/M/1$ 的系统。该网络系统的分组到达率为 α。送出的分组分配到输出链路和反馈路径上，其概率标注在图中。系统的到达率为 $\alpha = 200$ 分组/秒，服务速率 $\mu_1 = 4$ 分组/毫秒、$\mu_2 = 3$ 分组/毫秒。

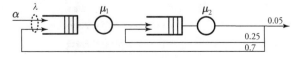

图 11.26 习题 12 的网络示例

(a)给出每个排队单元的到达率。

(b)给出每个排队单元的平均分组数。

(c)给出从分组进入到离开网络系统所经历的平均延迟。

13. 一个网络有 4 个交换节点,建模为 4 个 *M/M*/1 的系统,如图 11.27 所示。网络的到达率为 $\alpha = 100$ 分组/秒。输出分组分配到输出链路和反馈路径上,其概率如图中所示。

(a)给出每个排队单元的到达率。

(b)给出每个排队单元的平均分组数。

(c)给出分组的平均系统延迟。

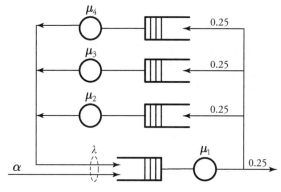

图 11.27　习题 13 的网络示例

14. 一个网络有 6 个交换节点,模型化为 6 个 *M/M*/1 的系统,如图 11.28 所示。5 个并联节点公平分享接收流量。系统的到达率为 $\alpha = 200$ 分组/秒,单个节点的服务速率 $\mu_0 = 100$ 分组/毫秒,5 个并联节点的服务速率相同,为 $\mu_i = 10$ 分组/毫秒。

(a)给出每个排队单元的到达率。

(b)给出每个排队单元的平均分组数。

(c)给出分组的平均系统延迟。

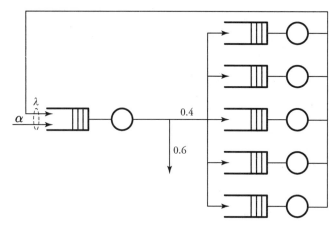

图 11.28　习题 14 的网络示例

15. 一个网络有 4 个路由器,模型化为 4 个 *M/M*/1 的系统,如图 11.29 所示。送出的分组分配到输出链路和反馈路径上,其概率如图中所示。系统的到达率为 $\alpha = 800$ 分组/秒,服务速率分别为 $\mu_1 = 10$ 分组/毫秒、$\mu_2 = 12$ 分组/毫秒、$\mu_3 = 14$ 分组/毫秒、$\mu_4 = 16$ 分组/毫秒。

(a)给出每个排队单元的到达率。

(b)给出每个排队单元的平均分组数。

(c)给出分组的平均系统延迟。

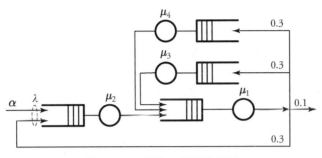

图 11.29　习题 15 的网络示例

11.9　计算机仿真项目

1. **队列/服务台系统仿真**。使用网络仿真工具或编写计算机软件从头开始仿真路由器的输入缓冲区。考虑缓冲区的容量为 $K = 64$ 个缓冲槽，每个缓冲槽只能放一个长度为 1000 Byte 的分组。

   (a)构造和仿真 1 bit 存储器。

   (b)扩展程序以构造 1000 Byte 的存储器。

   (c)进一步扩展程序，仿真 64 个缓冲槽。

   (d)每隔 1 ms 动态生成不同长度的分组，每隔 t 秒发送一次分组。测量这个缓冲区在不同 t 值下的性能指标。

2. **排队网络仿真**。使用网络仿真工具，把仿真项目 1 扩展成两个连接起来的缓冲：一个为 $K_1 = 64$ 个槽，另一个为 $K_2 = 128$ 个槽，每个槽只能放一个长度为 1000 Byte 的分组。每隔 1 ms 动态生成不同长度的分组，第一个缓冲区每隔 t_1 秒发送 1 次分组，第二个缓冲区每隔 t_2 秒发送 1 次分组，分组长度为 1000 Byte。

   (a)分别构造并仿真这两个缓冲区。

   (b)将这两个缓冲区整合成排队网络，用不同的 t_1 和 t_2 值，测量它们的性能指标，如平均分组延迟、平均排队长度。

第 12 章 高级路由器和交换机架构

互联网，尤其是它的主干网，由结构先进的高速交换机和路由器组成，这是我们需要深入了解高级路由器和交换机内部结构的重要原因。回想一下，第 2 章概述了交换和路由设备，本章将继续介绍高级交换机和路由器的架构，更详细地介绍这些设备的组件如何相互集成，特别是对这些设备的几个核心交换部分进行分析，介绍几种交换拓扑结构。本章将探讨以下几个主题：

- 路由器架构概况；
- 输入端口处理器；
- 输出端口处理器；
- 中央控制器；
- 交换引擎；
- 路由器中多播传输分组。

本章的内容从典型的高级路由器架构的总体概况开始。首先在这一节中讨论路由器的一般框图。接下来是**输入端口处理器**（**Input Port Processor，IPP**），它是路由器的第一个主要构件，你会看到 IPP 在分组处理中的作用有多么重要。然后是**输出端口处理器**（**Output Port Processor，OPP**），它是连接输出链路的接口处理器。IPP 和 OPP 的**服务质量**（**Quality of Service，QoS**）保障将在第 13 章中单独讨论。

下一个内容是**中央控制器**，它是路由器或交换机的大脑，控制交换引擎、IPP 和 OPP 的功能。中央控制器还负责拥塞控制，这是计算机网络中最重要的操作之一。

本章用了大量的篇幅讨论**交换引擎**。交换引擎是路由和交换设备的核心交换结构。首先介绍交换引擎的分类和特性，然后介绍一些网络产品中常用的非阻塞交换引擎类型，如**交叉开关**（crossbar）和 **Clos** 拓扑结构及其组成构件。接下来对**基于集中和基于扩展**的交换机（两种专用交换引擎）进行了探讨。在时域上，有一种完全不同的交换方法是**共享内存法**，这种方法不使用任何交换元器件。提供更好性能的是交换引擎技术，这个技术还包括使用缓存、组合网络和并行平面交换引擎等技术。

在本章末尾，我们对第 6 章的主题加以拓展，从路由器和交换引擎级别研讨分组多播技术，读者将了解到在下层硬件级别上是如何复制分组的。

12.1 路由器结构

路由器是广域网的基石。图 12.1 描述了第 3 层设备即路由器的抽象模型，分组到达 n 个输入端口，经路由后从 n 个输出端口送出，该系统由 5 个主要部分组成。

- **网络接口卡**（Network Interface Card，NIC）：是路由器上的物理链路接口。
- **IPP**：是路由器中的处理单元，负责接收、缓存和解释从外部到达的分组。IPP 还能够根据路由表找到分组的最佳路径。
- **OPP**：是路由器中的处理单元，负责对处理后的分组的接收并将其转发到输出端口。

- **中央控制器**：是路由器的控制中心，授权交换引擎的操作，协调 IPP 和 OPP 的功能，并处理路由器的流量控制。
- **交换引擎**：是交换元件构成的网络，连接路由器的输入端口和输出端口。

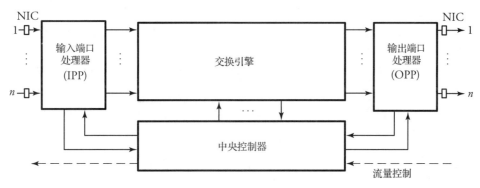

图 12.1　路由器典型结构框图

由于 NIC 的功能已经在第 2 章和第 3 章中介绍了，因此，下一节就直接从 IPP 开始讨论。

12.2　输入端口处理器

输入和输出端口处理器是交换引擎的接口，通常一起商用集成在包含一些物理层和数据链路层任务的**路由器线路卡**中。数据链路层的功能实现在 IPP 中的一个独立芯片上，该芯片还提供一个缓冲区以匹配输入和交换引擎之间的速率。交换性能受处理能力、存储部件和总线带宽的限制。处理能力决定了交换的最大速率。由于分组到达交换机的速率与交换引擎的处理速度之间不匹配，输入分组速率决定了所需的缓存量。总线带宽决定了分组从输入端口传输到输出端口所需的时间。

组成 **IPP** 的一些主要模块如图 12.2 所示。这些模块是**分组解析器**、**分组分割器**、**输入缓冲区**、**多播调度器**、**路由表**、**转发表**和**分组封装器**，以及一个单独的**中央调度器**和 **QoS** 单元。中央调度器和 QoS 单元是 IPP 中基于质量的监督组件，将在第 13 章中单独介绍。其余的 IPP 组件将在以下各小节中介绍。

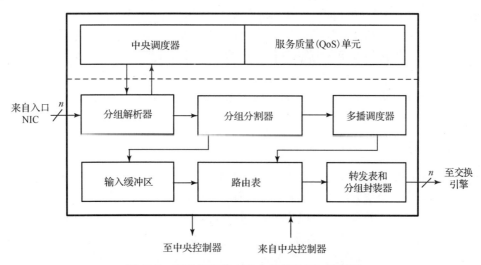

图 12.2　交换机和路由器中的典型 IPP 示意图

12.2.1 分组解析器

分组解析器是检查或识别分组的分析器，以决定如何处理分组。检查、识别和提取分组首部某些字段的过程称为**解析**。分组解析是识别流量并实现 QoS 目标所需的分组分类的一种方法。配备解析器的交换机或路由器，每秒将接收大量的分组，面临的挑战是快速分析这些分组并提取首部某些字段，用于路由器的转发决策。

由于分组报头的长度、格式和复杂性有所不同，分组解析是高速网络的主要瓶颈，在安全策略乃至端到端通信协议中，还将对分组做更加深入的检测分析。例如，考虑到达的分组有多个首部，除了首部，还包含诸如 HTTP 和 VLAN 之类的协议信息。分组解析的过程可能会根据解析类型有所变化，例如，路由器可能先检查进入分组的目的 IP 地址，以决定接下来分组向哪里发送，而防火墙将几个分组字段与其内部列表进行比较，以决定是否丢弃分组。一般路由器中典型分组解析算法的步骤如下：

开始分组解析算法

1. 置 $i=1$。
2. **对于分组的第 i 个首部：**
   - 识别首部类型
   - 辨别首部各字段的位置
   - 获取当前首部长度
   - 找到下一首部
3. 抽取下一首部字段，用于查询转发表。
4. **如果**，已抵达分组的净荷字段，停止处理过程；
   否则，置 $i=i+1$，跳转到步骤 2。

解析分组需要在提取和处理特定字段之前"按顺序"识别分组首部。分组的每个首部通常包含一个"指针字段"来表示紧接在当前首部的下一个首部。因此，在分组解析算法的步骤 2 中，解析器通过识别第一首部字段类型和字段位置，以及首部长度和下一首部字段来标识第一首部。通常，进入路由器的分组中第一个首部类型是标准的，如以太网首部，因此可以通过解析器识别。此处可直观地看到，解析器至少应该与链路速率相同，才能支持连续且无缝的分组一个接一个进入 IPP。

此外，还要注意一些协议首部没有下一个首部字段，因此，它们需要查表或读取整个首部才能找到下一个首部。算法的步骤 3 提取到下一个首部的指针，通常在协议中表示为**下一个首部字段**。例如，当解析器检查分组第一个首部即链路层首部时，它找到的字段标识出下一个首部是 IPv6 首部，或者，当解析器进一步检查 IPv6 首部时，它找到下一个首部是 UDP 首部。显然，通过提取这些字段，路由器可以在查表和决策中使用它们。

12.2.2 分组分割器

分组分割器将分组切割成较小的尺寸，称为**分组片**。在交换设备内切割分组的动机是大分组不适合设备的缓冲槽。分组分割是设备的内部过程，不受标准化的制约。这里，特别要强调的是不要把分组片与"分片"相混淆，分组片指的是路由器内部分割分组产生的分组小片，而不是发生在终端主机中由 IP 分组首部标识的分片。回顾一下标准 LAN 应用中类似的分组分割，IP 把长的分组切割成多个分片，从而形成多个较小的帧，以满足局域网帧的数据长度要求。

因为缓冲区通常只有 512 Byte 长，所以路由器或交换机中必须将大分组分割成较小的分组片，缓存在路由器输入端接口处。经过交换引擎的处理后，这些小分组片在 OPP 处又重新组装起来。图 12.3 显示了在路由器输入缓冲区处的一个简单的分组分割，其中一个较大的分组 B 被分割为两个部分。我们总是希望找到令延迟最小的最佳分组长度。

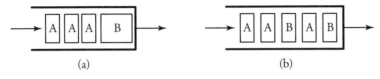

(a)　　　　　　　　　　　　(b)

图 12.3　分组缓存：(a)无分割；(b)有分割

12.2.3　输入缓冲区

输入缓冲区是交换或路由设备中的一个大型存储系统，负责临时保存输入分组直到设备准备好处理分组为止。输入缓冲区本质上是内存单元。为了提高内存性能，固定了队列长度以减少控制逻辑。由于分组可能以不同的顺序到达和离开网络，因此还需要一个内存监视器来跟踪内存中的哪些位置可以使用。借用操作系统原理中的一个概念，充当内存管理器的空闲内存列表通过指针堆栈实现。输入缓冲区与决定分组缓冲规则的**中央调度器**和 QoS 单元密切相关。考虑到这种关系，我们将在第 13 章中详细描述缓冲规则，其中详细解释了路由器的调度和 QoS。

12.2.4　路由表(IPv4 和 IPv6)

路由表是包含所有可用目的地址和相应交换机输出端口的查询表。由外部算法填写这张路由查询表。由此，路由表的用途是为输入分组查找对应目的地址的表项、提供输出网络端口。一旦做出了路由选择决定，所有信息都应保存在路由表中。当分组进入 IPP 时，根据输入分组的目的地址来确定和选择交换引擎的目的端口，也就是路由器的目的端口。该目的端口为物理端口，输入分组需要附上端口号，作为内部交换首部的一部分。当分组从链路 i 到达，就用它的目的地址辨识出相应的输出端口 j。

图 12.4 是路由器 R1 和 R2 的路由表示例。每个路由表有两部分表项：IPv4 流表项和 IPv6 流表项。每条表项由仅用于指示表内容组织顺序的**表项号**标识。假设主机 1 的目的地址是主机 2，IPv4 地址为 182.15.0.7，主机 1 的分组到达 R1 的输入端口 1。R1 的路由表存储每个目的地的最佳路径。假设在给定的时间内，发现目的地与表项 5 是最佳匹配，则路由表指示 R1 的输出是端口 2。该表基于链路成本估计进行路由选择决策，在对应表项中表示为 56。如第 5 章所述，每条链路的成本是链路负载的度量。当分组到达路由器 R2 时，R2 执行相同的操作来查找主机 2。

请注意在图 12.4 中，目的 IPv6 地址 1001:DB8:8:D3:7::的分组到达 R1 的端口 2。假设在与前一个分组相同的时间，发现该目的地与表项 26 具有最佳匹配，路由表表项 26 指示 R1 的输出是端口 3，链路估计成本为 5。注意一个有意思的情况：路由器 R2 将端口 1 和 2 分配给 IPv4 流，将端口 3 分配给 IPv6 流，试图用这种方式分离 IPv4 流和 IPv6 流。

R1路由表

IPv4			
表项号	目的IP地址	端口号	估计成本
4	143.28.0.0/21	1	32
5	182.15.0.0/22	2	56
6	155.76.2.0/22	2	56
7	131.46.0.0/24	1	32
IPv6			
表项号	目的IP地址	端口号	估计成本
24	1001:AA1A:11/80	3	5
25	FF2:48:0:D3/60	3	5
26	1001:DB8:8:D3/60	3	5
27	33:CC:99:43:D3/71	4	44

R2路由表

IPv4			
表项号	目的IP地址	端口号	估计成本
41	135.18.0.0/21	1	3
42	182.15.0.0/22	2	0
43	197.76.2.0/23	1	3
44	171.55.0.0/21	1	3
IPv6			
表项号	目的IP地址	端口号	估计成本
114	1001:AA1A:11/80	3	44
115	FF2:48:0:D3/60	3	44
116	1001:DB8:8:D3/60	3	44
117	BB30:5:5:91:D3/51	3	44

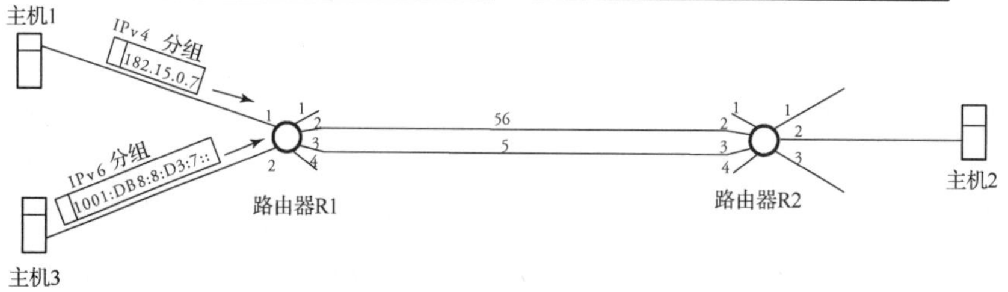

图 12.4　路由器中的路由表

12.2.5　多播调度器

当在交换节点上希望生成多个分组副本时，使用**多播调度器**来复制分组是必要的。多播调度器的复制操作主要是通过使用内存模块的存储来实现的。在路由器的交换引擎中实现了基于**多播技术和协议**的分组复制技术，将在本章相应小节进行描述。提醒一下，多播技术和协议在第 6 章已经做了详尽的描述。

从调度的角度来看，将计数字段附加到内存位置来表示该位置所需的副本数量，就可以很容易地实现复制功能。内存模块用于存储分组，然后复制多播分组并保存在内存中，直到多播分组的所有副本离开 IPP 为止。多播分组写入内存需要操作两遍，而单播分组只需一遍。为了跟踪一个多播分组所需的副本数量，在将多播分组写入内存后，必须增加内存模块中的分组计数器。内存模块的每个存储项都由一个有效位、一个计数器值和内存数据组成。

12.2.6　转发表和分组封装器

转发表是路由器的本地数据库，不同于路由表。为了使 IPP 能够将分组转发到交换引擎，转发表需要包含交换引擎输出端口列表。**分组封装器**执行转发表查找，并将传入分组封装在包含相应交换引擎输出端口号的本地首部中。这个首部将从 OPP 的分组中删除。**串行到并行复用**单元将输入的串行字节流转换为完全并行的数据流。该单元还处理传入的 IP 首部以确定分组是单播还是多播，并提取服务类型字段。一旦收到完整的分组后，就将其存储在内存中。分组封装单元在将分组转发到交换引擎前使用首部格式化输入分组。

12.3　输出端口处理器

交换机中实现的**输出端口处理器**包括并行到串行复用器、输出缓冲区、分组重组器、分组重排序器、差错控制及服务质量(QoS)提供，如图 12.5 所示。与 IPP 类似，OPP 也有拥塞控制。**并行到串行复用器**将并行分组格式转换为串行分组格式。

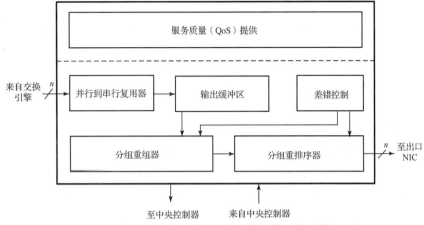

图 12.5　交换机和路由器中的典型输出端口处理器（OPP）

12.3.1　输出缓冲区

输出缓冲区单元在 OPP 中起到一个中央移位寄存器的作用。该缓冲区的作用是控制输出分组的速率，这会影响服务质量。当从交换引擎串行接收信号后，缓冲区就把分组转发给重排序器。队列由交换机与外部链路之间的链路接口通过时钟驱动运行。这个缓冲区必须具有支持实时和非实时数据的功能。

12.3.2　重组器和重排序器

输出端口处理器接收分组片流，必须识别和排序所有相关的分组片。OPP 根据从相关的本地首部字段中获得的信息，将它们重组成单个分组。在这个过程中，OPP 必须能够随时处理任何顺序到达的单个分组片。分组片由于各种原因会乱序到达。产生乱序分组的原因是大量分组片通过交换引擎独立路由，各自具有不同的延迟时间。

分组重组单元用于组合 IP 分组的分组片。再次回想一下，分组的分割处理与分组在终端主机中用 IP 首部标识的分片处理不同。分组重组单元在将分组送出 OPP 之前，需要将接收的分组片重新排序、更新 IP 首部的总长度字段，删除所有分组片的本地首部。**重排序器**的内部缓冲区保存乱序的分组片，直到获得和形成完整序列的分组为止。然后将排好序的分组片组合成分组后送出。**全局分组重排序器**使用相同的步骤来强制执行又一次的重新排序，这次不是对分组片的排序，而是对属于用户或源地址的分组进行排序。

12.3.3　差错控制

当发送方发送帧时，会将一个**循环冗余校验**（Cyclic Redundancy Check，CRC）字段附加到帧末尾一起发送，附加的内容称为**帧校验序列**（Frame Check Sequence，FCS）。CRC 算法是将整个帧作为被除数、以另一个固定二进制数作为除数，以多项式除法进行计算，丢弃商，产生的余数即为FCS。接收方执行相同的除法算法，被除数为包括 FCS 的整个帧，除数与发送方一致，计算结果如果余数不为零，则说明该帧在传输中出现了错误。并且，将余数与帧末尾的 CRC 校验和进行比较，如果两者不同，则也说明该帧传输中出现了错误。

12.4　中央控制器

交换或路由设备的**中央控制器**为分组向输出端的传输做出决策。控制器的详细框图如图 12.6

所示。中央控制器从 IPP 接收封装的分组，但中央控制器只处理 IPP 分组的本地首部。中央控制器的第一个单元是**本地首部解码器**，它从封装的分组中读取交换引擎的本地输出端口地址。需要谨记：在 IPP 讨论中，本地输出端口地址是仅作为内部路由使用而分配给分组的。

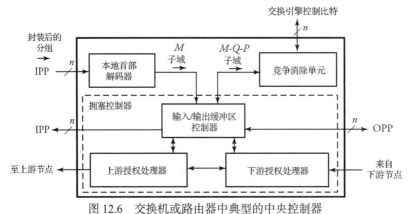

图 12.6　交换机或路由器中典型的中央控制器

对每个到达的分组，首部解码器读取本地地址并转换为位向量，称为 **M 子域**，并将它附加到分组上。**M 子域**是指与多播分组复制信息有关的位向量，具体来讲，M 子域中的每个 "1" 表示要复制一个分组并发送到交换引擎的对应输出口。例如，M 子域 = 0010 表示单播，这个分组需要发送到设备的第三输出口；而 M 子域 = 1010 表示多播，该分组需要复制并发送到设备的第一和第三输出口。接着，附带了 M 子域的每个分组被送到**输入/输出缓冲区控制器**，在这里，由**竞争消除单元**进行分组仲裁，这就是下面所讨论的内容。

12.4.1　竞争消除单元

从上一节知道，每个到达的分组都添加了一个 M 子域。现在这个分组送到**输入/输出缓冲区控制器**。为了对请求交换引擎相同输出端口的分组进行仲裁，输入/输出缓冲区控制器又新增加了两个子域，Q 和 P 子域。这两个子域添加到分组的本地首部中，这个包含了 M–Q–P 子域的分组接着送向了**竞争消除单元**。这两个新的子域为：

- Q 子域。该子域指示分配给分组的全局 QoS 的位向量。该 QoS 值由诸如互联网服务提供商或各种授权服务器之类的实体分配。该子域作为中央控制器根据较高 Q 子域决定哪个分组必须赢得竞争的优先级因素之一。
- P 子域。该子域指示与 Q 子域类似的优先级位向量，不过这是基于竞争、本地设备分配给分组的优先级。当分组竞争失败时，P 子域的值递增，从而分组在下一轮竞争中具有较高的优先级。

具有 M-Q-P 子域请求向量的分组进入**竞争消除单元**，竞争消除单元由**仲裁元件阵列**组成。分组使用 M-Q-P 中的 Q-P 部分与其他分组竞争。仲裁元件阵列中同一列的各个分组与共享总线上的其他分组竞争，以接入关联该列的交换引擎输出口。一个分组赢得竞争后，它的身份标识（缓冲区索引号）就传输到一个 OPP 上，这个标识和缓冲区控制比特也传送到交换引擎，发出信号来释放分组。该机制确保了竞争失败的分组保留在缓冲区中，缓冲器控制单元将失败分组的优先级提高 1，使得它可以参与下一轮竞争，获得更高的获胜机会。这个过程会持续重复直到该分组最终获胜。

例：假设两个分组 A 和 B 各自从交叉开关交换引擎的一个输入到达，并且每个分组设置了 M-Q-P

子域，用于竞争输出。假设两个分组的 M 子域相同，都是 00001000。这种情况下，存在分组竞争。分组 A 和 B 的 Q-P 子域分别为 00110111,0000 和 00110100,1000。请确定哪个分组会赢得竞争。

解：两个分组的 M 子域是相同的，这清楚地表明每个分组都请求该设备的第五个输出端口。因此，基于 Q-P 子域确定两者之间的获胜分组离开交换引擎，失败分组随后与其他分组竞争离开路由器。尽管分组 B 的 P 子域(1000)大于分组 A 的 P 子域(0000)，但是分组 A 将赢得竞争，因为它的 Q 子域(00110111)大于分组 B 的 Q 子域(00110100)。竞争从最高有效位开始，分组 A 在竞争消除过程中赢在第七位上。

12.4.2　拥塞控制器

拥塞控制器模块负责保障交换节点免受业务流中的各种干扰。拥塞可以用多种手段加以控制。向上游节点发送反向警示报文来避免流量超出，这是高级交换系统结构中的一种常用技术。实际上，传入分组之间的间隔是不规则的，这种不规则的现象在许多情况下可能导致拥塞。第 5 章和第 8 章已经详细解释了拥塞控制。

当下游节点业务流控制信号有效时，竞争过程中获胜分组的标识将被送给交换引擎。**上游授权处理器**会产生一组相应的业务流控制信号，并把这些信号发送到上游邻居节点，表明交换机已准备好从上游节点接收分组。通过这种方式，实现了对网络拥塞的控制。

12.5　交换引擎

交换机和路由器的交换功能位于**交换引擎**中。在路由器的交换引擎中，分组从输入端口路由到所需的输出端口，分组也可以多播到多个输出端口。最后，分组在输出端口处理器中缓存并重新排序，以避免乱序。此外，所提及的各模块中还有许多重要的功能和过程。交换引擎的结构取决于网络运行需求、可用的技术，以及网络容量要求。

交换引擎可以是一个单片交换单元或小交换单元连接起来构成的交换网络。可以用若干因素来表征交换系统：缓存、复杂性、连接点数量、速度、性能、成本、可靠性、容错和可扩展性。这里主要关心交换系统连接形成交换引擎的拓扑结构。

交换机分类的关键因素如下。

- **单路与多路**：单路结构在每个输入端口和输出端口之间只有一条路由。然而，这个特性是产生流量拥塞和流量阻塞的根源。在多路结构中，任意连接可以用多条路径建立。
- **单级与多级**：在单级网络中，通过一个交换级建立连接；而在多级网络中，分组必须经过几个交换级。交换级的数量往往会随着网络规模的增加而增加。
- **阻塞与非阻塞**：如果输入端口不能连接到未使用的输出端口，则该交换引擎称为是阻塞的，否则，交换网络是非阻塞的。
- **缓存与无缓存**：缓冲区叵以用来减少流量拥堵。
- **流控**：为了调节分组流量并防止缓冲区溢出，可在多级网络的不同级之间加入**流控**。
- **丢弃与转向**：在交换网络的每个级，如果多个分组请求相同的输出，则可能会产生冲突。在无流量控制的网络中，到达后无法缓存的分组可被**丢弃**或**转向**，或者在交换机中结合使用这两种方法。
- **多播与仅单播**：对现代交换引擎而言，都期望具备**广播**和**多播**能力，实现复制分组到任意子集的输出端口。

12.5.1 交换引擎的复杂度

为讨论交换引擎，首先需要一些定义和符号。考虑交换引擎有 n 输入和 m 输出的结构，这种交换引擎称为 $n \times m$ 网络。一种近似估算网络成本的有效方法是考虑交叉点数量和链路数量。实际中，交叉点数量对交换网络成本的影响更大，因此，**复杂度**是指交换网络中使用的交叉点的总数。值得重视的是，集成电路引脚约束也会影响大规模网络的实现，特别是那些并行数据路径的网络。交换网络或网络的一部分实际上可以完全封装在单片集成电路中。这时，电路占用的面积就成为复杂度的重要度量。

12.5.2 交叉开关交换引擎

交叉开关交换是交换引擎的重要构件。n 输入和 n 输出的交叉开关表示为 $X_{n,n}$，图 12.7 显示了一个 $X_{4,4}$ 或 4×4 的交叉开关结构。交叉开关的每个输入口都可以通过交叉点唯一地连接到任意输出口，**交叉点**是交换功能的最小单元，可以使用各种电子或数字元器件来进行构建(如光电二极管、晶体管和与逻辑门电路)。

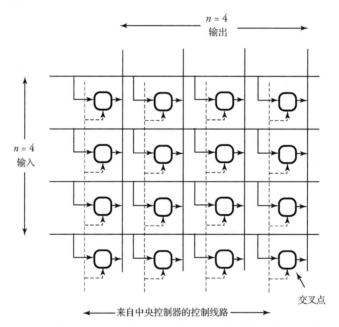

图 12.7 $n = 4$ 输入/输出的交叉开关交换引擎

交叉开关可以认为是严格(广义)非阻塞，因为每个连接都有一个专用的交叉点。这显然是交叉开关的一个有吸引力的特征。当然，当多个分组同时发送到同一个输出时，阻塞就会发生。如果交叉开关的某个输出端口空闲，期望的连接总是可以建立起来的，这可通过选择特定的交叉点来建立输入/输出的连接。

交叉开关的结构在概念上就很简单，从非阻塞的观点来看也是理想的。当交换机规模扩大时，它们的两个潜在问题是输出端口竞争和硬件复杂度。交叉开关的硬件复杂度与其交叉点数量相关。对于一个 $n \times n$ 交叉开关，复杂度会以二次方上升，等于 n^2 个交叉点。可以通过一些巧妙的设计工作来降低复杂性，但这也是以引入一些阻塞为代价的。下一节中描述的 **Clos 交换引擎**，就是一种巧妙的设计。

12.5.3　Clos 交换引擎

一个三级 Clos 交换引擎由三级交叉开关构成。图 12.8 描述了一个输入 $n=8$、$d=2$、$k=5$ 的 Clos 交换引擎。图中每个方块表示一个交叉开关的交换单元。令 d 和 k 表示第一级每个交换单元的维度，为 dk，而最后一级每个交换单元的维度则为 $k \times d$。三级的 Clos 交换引擎表示为 $C_{n,d,k}^3$。

$$C_{n,d,k}^3 = X_{d,k} X_{n/d,n/d} X_{k,d} \tag{12.1}$$

其中，$X_{d,k}$、$X_{n/d,n/d}$ 和 $X_{k,d}$ 分别表示 dk、$n/d \times n/d$ 和 kd 的交叉开关。在任意的三级 Clos 交换引擎中，如果中间级交换单元的数量 k 大于或等于 $2d-1$，那么交换引擎为严格无阻塞。要证明这个结论，首先观察到，穿越三级交换机的连接，要求中间级的交换单元具有来自第一级的空闲链路，也有到第三级的空闲链路，如图 12.9 所示。在 $C_{n,d,k}^3$ 交换中，寻找一条从输入 x 到输出 y 的连接路径。于是，包含输入口 x 的 1 级交换单元的输出口占用数量最多为 $d-1$。这意味着中间级交换单元最多有 $d-1$ 个不能被输入口 x 访问。同样，也最多有 $d-1$ 个中间级交换单元不能被输出口 y 访问。

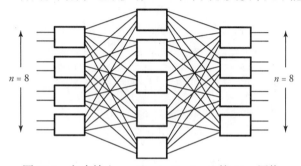

图 12.8　包含输入 $n=8$、$d=2$、$k=5$ 的 Clos 网络

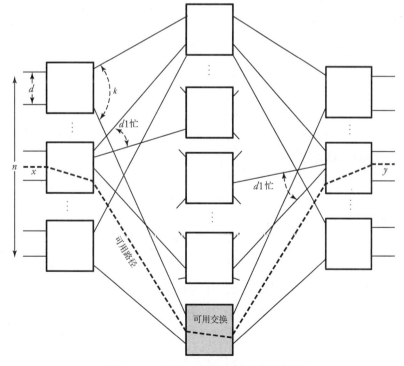

图 12.9　三级 Clos 网络中的阻塞分析

显然，最多 $2d-2$ 个中间级交换单元不能被 x 或 y 访问。因此，阻塞的最坏情况是两类中间级交换单元不能连接交换请求 (x, y)。然而，如果像图中一样增加一个自由的中间级交换单元，则该单元可以用来实现连接 (x, y)。那么，若 $k = (d-1) + (d-1) + 1 = 2d-1$，则交换机完全不会被阻塞。更一般的是，如果 $k \geq 2d-1$，则至少存在一个中间级交换单元可以访问。三级 Clos 网络的复杂度为

$$X_c = dk\left(\frac{n}{d}\right) + k\left(\frac{n}{d}\right)^2 + dk\left(\frac{n}{d}\right)$$

$$= 2kn + k\left(\frac{n}{d}\right)^2 \tag{12.2}$$

为了确定非拥塞 Clos 网络的复杂度，我们把 $k = 2d-1$ 代入公式 (12.2) 中。那么，非拥塞网络 $X_c^{n.b.}$ 的复杂度为

$$X_c^{n.b.} = (2d-1)\left[2n + \left(\frac{n}{d}\right)^2\right] \tag{12.3}$$

对交换网络的复杂性进行优化总是有意义的，特别是对于非阻塞的 Clos 网络，找到 Clos 网络中最优的 d 是有益的。为了实现这一目标，我们可以通过公式 (12.4) 优化交换网络：

$$\frac{\partial X_c^{n.b.}}{\partial d} = \frac{\partial}{\partial d}\left((2d-1)\left[2n + \left(\frac{n}{d}\right)^2\right]\right) = 0 \tag{12.4}$$

这个过程得出 $d = \sqrt{n/2}$，这是 d 的绝对最小值。因此，在此优化下，最优的交叉点数是

$$X_{c,\text{opt}}^{n.b.} = 4n(\sqrt{2n} - 1) \tag{12.5}$$

然而，大型三级交换机的交叉点数量仍然很高。大型交换系统通常使用三个以上的分级来更多地减少交叉点。增强的三级 Clos 网络是将中间级的交叉开关用一个三级 Clos 网络替换，从而形成五级 Clos 网络。这种方式可以继续下去，构建多级交换网络。

输入/输出对的阻塞概率估计

为了估计 Clos 网络的内部阻塞概率，我们考虑第一级的 $d \times k$ 个交换单元。图 12.10 是三级网络的概率图，图中描述了输入/输出对连接的所有可能的内部路径。对于中间级交叉开关，每条的阻塞概率都为 p，对 n 条并行链路的阻塞概率估计通常为 $B = p^n$。根据第 5 章中 Lee 的公式，对 n 条串行链路的阻塞概率估计通常为 $B = 1 - (1-p)^n$。要应用这个规则，如图中所示，令 p_1 为内部链路忙碌的概率。那么，$1 - p_1$ 就是链路空闲的概率。

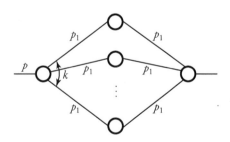

图 12.10 Clos 交换网络的阻塞模型

因此，交换网络的内部阻塞概率，或者说所有的路径都忙碌的概率是

$$B = [1 - (1 - p_1)^2]^k \tag{12.6}$$

我们希望节点两边的流量负载能够平衡。具体来说，第一个节点，我们希望外部和内部流量相等，如 $kp_1 = dp$ 或 $p_1 = p(d/k)$。基于这一点和公式 (12.6) 可以得到 B 关于 p 的表达式：

$$B = \left[1 - (1 - p(d/k))^2\right]^k \tag{12.7}$$

例：对于一个 $k = 8$，$d = 8$，$p = 0.8$ 的 Clos 网络，得到该网络的内部阻塞概率。

解：显然，$k/d = 1$，因此内部阻塞概率为 $B = (1 - (1-0.8)^2)^8 = 0.72$。

例：同上一例子中的 Clos 网络，如果把网络中间级的交叉开关增加 100%，能够使内部阻塞概率减少多少？

解：由于 $k=16$，$d=8$，$p=0.8$，那么 $k/d=2$。因此，可以得到 $B=(1-(1-0.8\times1/2)^2)^{16}=0.0008$。影响很显著，因为内部阻塞概率降低了 900 倍。

五级 Clos 网络

图 12.11 构建了一个通过替换三级 Clos 网络中的每个中间级交换单元获得的五级 Clos 网络。这种结构具有较低的复杂度，正如前面对三级网络解释的那样，每个中间三级网络的复杂度已经降低了。请注意，仅当五级交换机严格无阻塞时以上结论才成立，其中 $k_1 \geq 2d_1-1$，同时 $k_2 \geq 2d_2-1$。这种类型的设计对于大规模交换系统特别有用，可以达到网络的整体复杂度显著降低的目标。五级网络的阻塞概率模型如图 12.12 所示，阻塞概率由如下公式确定：

$$B = \{1-(1-p_1)^2[1-(1-(1-p_2)^2)^{k_2}]\}^{k_1} \tag{12.8}$$

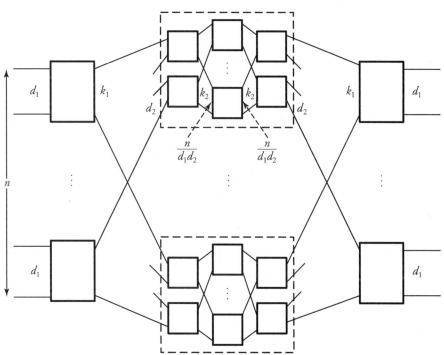

图 12.11　使用三级网络构造五级 Clos 网络以降低阻塞率

12.5.4　集中型和扩展型交换引擎

本节介绍扩展或集中输入流量的交换引擎。基于集中的交换引擎中，输出端口数量少于输入端口数量；基于扩展的交换引擎中，输出端口数量大于输入端口数量。在以下内容中，我们将探讨这两种交换引擎。

Knockout 集中型交换引擎

Knockout 交换引擎是最简单的集中型交换引擎之一，如图 12.13 所示。**Knockout 交换**一般属于阻塞网络，仍然由交叉开关构成，但相比于同尺寸的常规交叉开关，复杂度更低。当多个输入同时向同一输出口发送分组是一种小概率事件时，Knockout 交换引擎是交叉开关引擎的良好替代品。

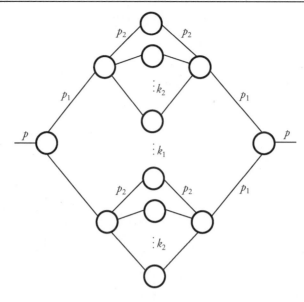

图 12.12　五级 Clos 网络的阻塞概率模型

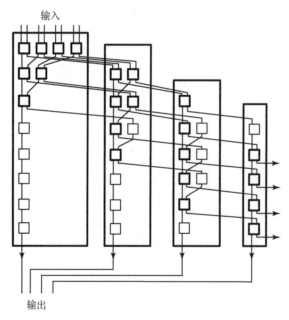

图 12.13　Knockout 交换引擎

这种交换机的思想基于以下概念：如果交换机有 n 个输入口，m 个输出口，且 $m<n$，那么就可能要从 n 个有效输入中丢弃 k 个分组。要实现这一机制，请参考图 12.13 中的示例，其中 $n=8$ 和 $m=4$。假设所有 8 个输入口都有要发送到输出口的分组，这个系统显然至少需要丢弃掉 4 个分组。这个交换网络包含若干 2×2 交换单元和延迟单元。

交换单元作为汇集器，确保所有进入分组的公平性。来自 8 个交换机输入口的 8 个输入分组在前 4 个交换单元中竞争。基于交换单元中的随机选择而赢得竞争的分组保留在当前的交换列中，继续到达其希望的输出口。竞争失败的分组将被淘汰到下一交换列进行下一轮竞争。这样，第一轮输家直接进入第二列互相竞争，并在随后阶段面对第二轮和第三轮的第一列输家。

注意，当输出口过载时，系统需要确保输入口不会落单，产生不正确的结果。这种公平性是通过逐列的分组对抗形式，选择 m 个赢家来实现的。在第二列，输家的两个分组以类似的方式进行对抗，以朝其希望的输出口靠拢，等等。最后阶段，所有输家分组都被丢弃，最终选择 $m=4$ 个分组，丢弃其余分组。请注意，如果所有输入的分组都要经历相同的交换延迟，则此过程需要时间同步。为了确保分组的时间同步，延迟单元负责提供附加的分组延迟单位，如图中所示。

扩展型交换引擎

扩展型交换引擎具有 n_1 个输入口和 n_2 个输出口，其中 $n_1 < n_2$，它将接收方的数量从 n_1 扩展到 n_2。一个三级的扩展交换引擎如图 12.14 所示，这种交换引擎由三种不同尺寸的交叉开关构成，分别是 $d_1 \times m$、$\dfrac{n_1}{d_1} \times \dfrac{n_2}{d_2}$ 和 $m \times d_2$。扩展网络是三级 Clos 网络的推广，在输入流量要发送成为多个输出流量的应用中非常有用。这类交换引擎也称为**分发引擎**。考虑与之前的网络维度类比，三级扩展网络的复杂度 X_e 可由公式 (12.9) 导出：

$$X_e = d_1 m \frac{n}{d_1} + \frac{n_1 n_2}{d_1 d_2} m + d_2 m \frac{n_2}{d_2} \tag{12.9}$$

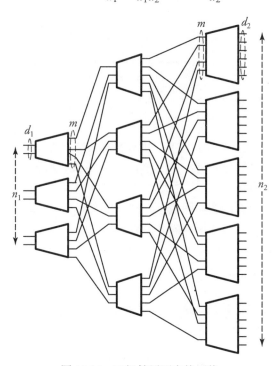

图 12.14　三级扩展型交换网络

如果 $m \geq (d_1-1)n_2/d_2 + d_2$，这个扩展交换引擎就是非阻塞的。我们可以证明上述结论，假如某个连接的两个或多个输出口是在第三级同一个交换单元上，则所有输出的连接分支将在第三级交换单元内提供。现在，假设我们要在现有连接上添加新端点，从输入 x 到某个空闲输出口 y，如果连接的某个输出与 y 是相同的第三级交换单元，则可以在该单元内添加必要的分支。注意有 (d_2-1) 个中间级交换单元不能访问 y，并且最多有 $(d_1-1)n_2/d_2$ 个交换单元不能访问 x，由于 m 大于这两个值的总和，所以至少有一个中间交换单元能够同时访问 x 和 y。如果是从空闲输入 x 创建一个新的连接到空闲的输出 y，则也可以使用类似的方法证明。

例：假设 $n_1 = n_2 = 256$，$d_1 = 16$，$d_2 = 64$。参考前面的定理可知，如果 $m \geq 1024 + 64 = 1088$，则交换引擎为非阻塞的。

12.5.5 共享内存交换引擎

在时域中可以不使用任何交换单元即可实现完全不同的交换方法：**共享内存交换引擎**。如图 12.15 所示，该交换引擎的显著特点是采用 $n:1$ 的高速时分多路复用器(TDM)，它的比特速率是输入/输出线速率的 n 倍，TDM 已经在第 2 章做了介绍。假设：分组 a 要从输入 i 交换到输出 j，分组 b 要从输入 j 交换到输出 i。首先，多路复用器为 n 个输入通道创建一个长度为 n 的帧，在输出端创建的各个帧按照帧通道的顺序保存在**共享内存**中。

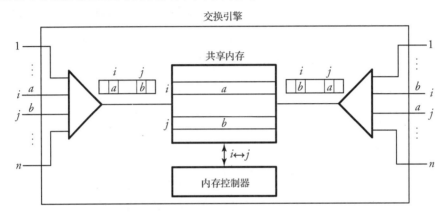

图 12.15　共享内存交换引擎

为了实现两个通道 i 和 j 之间的交换操作，**内存控制器**交换内存位置 i 和 j 的读取顺序。于是，在内存中形成了新的帧顺序，就是分组 a 在位置 j、分组 b 在位置 i。解复用器扫描这个帧到输出端口。如果某个输出的内存分区为空，则相应的小槽位无须填充。共享内存中帧的长度是刚性的还是灵活可变的，这是一个重要的实现问题。显然，可变大小的帧需要更复杂的硬件来管理，但是分组丢失率能够得到改善，因为在所有内存槽被占用之前，内存不会溢出。有关多路复用器处理可变大小帧的更多信息，请参见第 2 章。

12.5.6 提升交换引擎的性能

有若干实用的方法可以用来提升交换引擎的性能，这通常与速度、吞吐量和阻塞概率有关。用于提升交换引擎性能的一些方法如下。

- **平行平面冗余交换引擎**：该技术通过构建平行的交换引擎平面，平行化处理分组的各个切片。
- **缓存冗余交换引擎**：在交换引擎中使用缓冲区以减少流量拥塞、提升系统吞吐量；在交换单元中使用缓冲区，当分组请求相同的出口时不会被丢弃，而是保留下来，再次竞争。
- **组合式交换引擎**：组合式交换引擎由多个级联交换引擎组成，产生更多的分级并形成更多的路径。此外，组合式网络的设计也可用于其他目的，如多播。
- **随机流量**：该技术用于在交换网络上均匀地分配流量，以防止局部拥塞。
- **流量再循环**：没有成功传递给给定端口的分组可以再循环。在下一个周期中，这些分组具有更高优先级的竞争机会。
- **增大加速因子**：交换系统中的这种**速度优势**是指内部链路速度与外部链路速度的比值。

使用缓存，组合式网络或平行平面交换引擎会增加系统复杂度和成本，但同时也能够提升性能。在接下来的内容中，我们将深入分析前两种技术：**平行平面冗余交换引擎**和**缓存冗余交换引擎**。

平行平面冗余交换引擎

提升交换引擎的性能和速度，特别是降低阻塞概率的一种办法是平行排列交换引擎的平面或切片，如图 12.16 所示。平行平面交换引擎由 m 个交换引擎平面构成，其中 $m-1$ 个平面是冗余的，当主平面无法工作时，可以使用任何一个冗余平面。这些平面通过时分解复用器和复用器分别连接到输入和输出端口。第 2 章已经对这些多路复用器做了详细的说明。在交换机中发生多播传输时，平行平面交换引擎的第二个优点是显而易见的。当多播分组到达交换引擎时，多路复用器可根据需要制作多个分组副本，让各个平面都路由这个分组副本，路由器的整体速度得以提升。

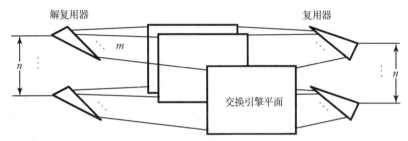

图 12.16　高可靠的 Cantor 交换引擎包含 m 个平行的交换平面

平行平面交换引擎最常见的实例是 **Cantor 交换引擎**，表示为 K_m。只要每个平面严格非阻塞，则 Cantor 交换引擎就是严格非阻塞。Cantor 交换引擎的复杂度表示为

$$X_m = mX_{\text{plane}} + 2n \times m \tag{12.10}$$

其中，X_{plane} 表示每个平面的复杂度，我们假设每个多路复用器的复杂度为 m，大约表示 m 个逻辑门。

例：如果 $n = 64$，对比以下三种交换引擎的复杂度：交叉开关、优化的非阻塞 Clos，以及三个交叉开关平面组成的 Cantor。

解：如果 $n = 64$，那么交叉开关的复杂度为 $n^2 = 4096$；优化的非阻塞 Clos 交换引擎的复杂度是 $4n(\sqrt{2n} - 1) = 2640$（参考 12.5.3 节）；而三平面 Cantor 交换引擎的复杂度为 $X_3 = mX_{\text{plane}} + 2n \times m = 3 \times 2640 + 2 \times 64 \times 3 = 8304$。

在平行平面交换引擎中，芯片引脚约束条件限制了可以进入或离开物理器件的信号数量。集成电路引脚约束也影响到实现，因此这种系统的最优设计是让每条数据路径走物理上彼此分离的器件。这种**比特切片式组织结构**会导致复杂性与数据路径宽度成比例地增长。

缓存冗余交换引擎

作为交换引擎的案例研究，我们选择一种可扩展交换引擎，该交换引擎由相同的构造模块组成，称为**多路径缓冲交叉开关**（Multipath Buffered Crossbar，MBC）交换引擎。常规的 $n \times n$ 交叉开关容易发生故障，MBC 与之不同，它是一种 n 行 k 列的交叉开关，每一行都包含一条输入总线和一条输出总线。当一个分组要从输入口 i 传输到输出口 a 时，输入端口处理器 i 在输入总线 i 上把分组传送到 k 列之一，然后分组沿着该列传输到输出总线 a。MBC 交换引擎的交叉点具备让输入

分组竞争访问任意列的机制，同一行中的各个交叉点缓冲区构成该输出端口的分布式输出缓冲区。如图 12.17 所示，每个交叉点都有两个不同的**开关**和一个**缓冲区**。

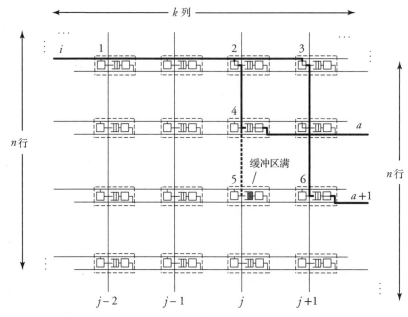

图 12.17　在多路缓冲交叉交换引擎中的路由

　　考虑到从输入 i 到输出 a 的点对点连接的情况，分组首先被发送到共享数据总线上 k 个交叉点中随机的一个交叉点，如列 $(j-2)$。如果这个交叉点因各种原因不可用，则随机检测另一个交叉点，以此类推。初始位置随机化的思想是尽可能均匀地分配流量。当在第 j 列遇到一个可用的交叉点(交叉点 2)时，分组从这一点开始沿列传递，传递到一个无故障且缓冲区未满的交叉点上，如交叉点 4。分组缓存在交叉点 4 中，与同一行的其他分组竞争输出，成功后被发送出去。

　　交叉点动态地向输入端口报告自己的可用性，如交叉点 (i,j) 用标志 $g_{i,j}$ 向输入端口报告。如果多个输入端口请求给定列，则采用竞争解决处理过程，只有其中一个可以使用该列，其他输入端口的分组将提高优先级来检测其他的列。显然，分组获得的优先级增量越多，它就越早取得一个随机选择的空闲列。一旦它被下一个交叉点的 β 个缓冲区中的一个接受，该分组就开始竞争对应的输出。竞争的失败者在下一个竞争周期前会获得更高的优先级，一直到被成功传送。在图 12.17 中，$i \rightarrow a$ 的连接和 $i \rightarrow a+1$ 的连接可以分别通过节点 {2,4} 和节点 {3,6} 来实现。

　　该交换引擎的系统排队模型如图 12.18 所示。分组从 n 个**输入端口缓冲区**进入网络，第 i 行的分组送向 k 个交叉节点的第 i 个输入端。这些交叉节点没有队列，只是一种普通的连接器。当分组从交叉节点出来后，去向是 n 个交叉点缓冲区之一，分组基于目的地址来选择其中一个交叉点缓冲区。在该系统架构中，每个交叉点缓冲区都包含了 k 个相关的缓冲区队列，长度为 β，称为该交叉点的**队列集**，如图 12.18 所示。每个队列集内竞争获胜分组进入对应的**输出端口缓冲区**。

　　需要注意的是，每个队列集内某缓冲的状态取决于该队列集中所有其他缓冲区的状态。队列集通过确认**标志**向输入端口缓冲区授权，实现分组的准入控制，而在输出口缓冲区和交叉点缓冲区之间则没有采用**授权流**。还应该注意的是，下面的分析中假设所有交叉点都在有效工作。我们用 $z_k^{\beta}(s)$ 表示将 s 个分组分配到某个队列集的 k 个队列时有多少种分配方式，且每个缓冲区最多容纳 β 个分组。这里，我们不关心队列中不同分组的组合数量，因此，$z_k^{\beta}(s)$ 可以通过公式(12.11)来递归计算。

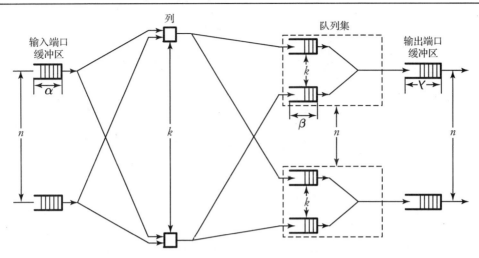

图 12.18　多路径缓冲交叉开关中的排队模型

$$z_k^{\beta}(s) = \begin{cases} 1, & (k = 1 \wedge s \leqslant \beta) \vee (s = 0) \\ 0, & s > k\beta \\ \sum 0 \leqslant i \leqslant \min\{\beta, s\}\, z_{k-1}^{\beta}(s - i), & 0 < s \leqslant k\beta \end{cases} \tag{12.11}$$

我们用 $X_k^{\beta}(r, s)$ 来表示当整个队列集包含 s 个分组时，一个特定交叉点缓冲区中有 r 个分组的概率。那么可以得到：

$$X_k^{\beta}(r, s) = \frac{z_{k-1}^{\beta}(s - r)}{z_k^{\beta}(s)} \tag{12.12}$$

为了进一步深入分析，我们需要一个关于交叉点队列集与输入缓冲区之间的流控表达式。在完成三个处理步骤后，第二交叉点向输入端口产生一个完成确认标志 Ψ。一个分组能够进入网络的概率 a 等于输入端口缓冲区非空的概率，如式（12.13）所示。

$$a = 1 - \pi_i(0) \tag{12.13}$$

令 ψ 表示一个分组在一个列上竞争的获胜概率。注意到任何一个输入口准备竞争任意一列的概率为 a/k。因此，可以得到：

$$\psi = \sum_{0 \leqslant c \leqslant n-1} \frac{1}{c+1} \binom{n-1}{c} (a/k)^c (1 - a/k)^{(n-1)-c} \tag{12.14}$$

其中，$\binom{n-1}{c}$ 是一个**二项式系数**，表示 $n-1$ 中取 c 的不同组合数量，即 $n-1$ 个竞争者在 k 列中的某一列上正好有 c 个竞争者的组合数量。现在，准入授权给输入端口缓冲区 i 发出分组的概率由下式给出：

$$\Psi = \psi \sum_{0 \leqslant s \leqslant b} \pi_x(s)[1 \quad X_k^{\beta}(\beta, s)] \tag{12.15}$$

稍后将用 Ψ 来推导输入端口包含给定数量分组的概率。Ψ 的表达式有助于确定输入端口缓冲区的状态。输入端口队列可以建模为 $(2a + 1)$ 个状态的**马尔可夫链**（如图 12.19 所示）。转换率由所提供的负载 ρ 和对交叉点队列集的授权概率 Ψ 决定。令 f 表示分组具有扇出 2（**双重连接**）的概率。在这个模型中，双重连接是分组双重复制的再循环任务，可视作两个独立的**点到点**连接。马尔可夫链的上面一行描绘的是分组不需要额外副本时队列的状态。然而，如果分组为扇出 2，则分组的第一副本在链的下面一行完成操作，然后转到上面一行处理分组的第二副本。

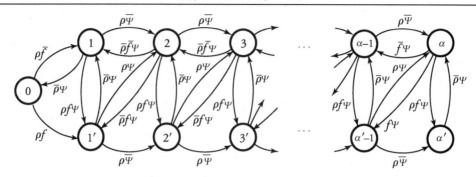

图 12.19　基于马尔可夫链的输入端口缓冲区排队模型

当分组的扇出为 1 时,队列状态以概率 $\rho\overline{f}$ 从 0 转移到 1;如果扇出为 2,则队列状态以概率 ρf 转移到1′。当一个扇出为 2 的分组抵达队首时,此时如果有新分组到达,则状态从上链的状态以 $\rho f\Psi$ 概率转移到下链的状态,而如果没有新分组到达,则转移到下链的概率为 $\overline{\rho}f\Psi$。类似地,一旦扇出 2 分组的第一个副本完成处理,则下链状态以概率 $\rho\Psi$ 或 $\overline{\rho}\Psi$ 转移到上链的状态,该转移概率与 f 无关,因为这时仅完成了第一个副本的处理。

12.6　路由器中的多播分组

多播技术也可以在路由器上应用。要实现多播连接,通常使用源交换机端口作为根部,使用目的的交换机端口作为树叶来构建二叉树,内部节点作为接收和复制分组的中继节点。路由器中多播处理过程的描述如图 12.20 所示。

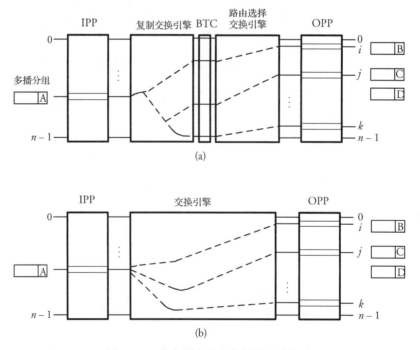

图 12.20　路由器中实现多播的两种方法

路由器多播的两种主要方式为"以 IPP 为中心"和"以交换引擎为中心"。以交换引擎为中心的方式降低了交换引擎控制器的硬件复杂度，然而，它需要两个交换引擎，如图 12.20(a) 所示，第一个交换引擎称为**复制交换引擎**，它复制分组多播所需的全部副本，与目标端口地址无关。完成复制之后送到**广播转换电路**(Broadcast Translated Circuit，BTC)，BTC 接收分组的所有副本，为每个副本分配相应的输出端口地址，然后将分组副本发送到第二交换引擎，称为**路由选择交换引擎**，每个副本在此路由到对应的交换引擎输出端口。以 IPP 为中心的方式，则是在 IPP 中生成与目的端口地址无关的所有必需副本，并将其传送到交换引擎的相应输出端口，如图 12.20(b) 所示。这种方式下，在 IPP 中产生所有副本时会引入一些延迟。

这种多播方式有多种用法。第一种是**基于树的多播算法**，它使用独立的分组复制网络；第二种是**布尔分裂多播算法**，用在多级交换机上；第三种是**分组再循环多播算法**；第四种是**三维交换机中的多播**。

12.6.1　基于树的多播算法

基于树的多播算法是在交换引擎中构造树形结构的多播操作来实现的。想象一下，多播树算法一定是应用在多级交换引擎中，以树形结构来实现的。信源产生一个分组，将其发送到第一级的交叉开关，该分组包含一个字段，标明该分组需要多少分组副本数量。各个副本再送到其他交叉开关上，在这些交叉开关上产生更多的分组副本，一些分组副本就可以直接移动到目的地。

为了实现基于树的多播算法，如上一节所描述的，多级交换引擎中的复制任务通常涉及复制交换引擎和路由选择交换引擎。以下算法介绍复制交换引擎中的多播步骤，第一级是用 d 个交换单元构建的 n 个输入。

开始基于树的多播算法

定义

$k =$ 最后一级要发生的多播数量，$k = [\log_d n]$

$j =$ 级数，$j \in \{1, 2, \cdots, r\}$

$F =$ 全局副本总数，$F \in \{1, 2, \cdots, n\}$

$F_j =$ 到达第 j 级时的剩余副本数

$f_j =$ 第 j 级的本地副本数

初始化

$F_0 = F$

$f_0 = 1$

For 级数 j，$1 \leqslant j \leqslant k \Rightarrow$

$$F_j = \left\lceil \frac{F_{j-1}}{f_{j-1}} \right\rceil$$

$$f_j = \left\lceil \frac{F_j}{d^{k-j}} \right\rceil$$

在复制交换引擎中，分组由分组头的路由控制字段中给定的初始**全局副本数**指定复制数量。全局副本数是指所请求的分组副本总数。用 F_j 表示到达第 j 级时的剩余副本数，f_j 是在第 j 级本地的副本数。算法首先将 F_0 和 f_0 分别初始化为 F 和 1。复制的方法是分组的复制在网络内逐级进行，以便尽可能均匀地分发业务。路由可以是点对点或多点互联。

考虑最后 k 个级交换引擎专用于多播功能，通过 $F_j = \left\lceil \dfrac{F_{j-1}}{f_{j-1}} \right\rceil$ 的运算，第 j 级得到需产生的分组

副本数和一个本地产生副本数 $f_j = \left\lceil \dfrac{F_j}{d^{k-j}} \right\rceil$。该算法被设计为在输出口上产生的最终副本数是大于

或等于 F 的 2 的最小幂次数。

该技术能够降低控制器的硬件复杂度。如果出现在输出中的最终副本数多于请求，则丢弃不必要的分组副本。

例： 图 12.21 所示的三级 Clos 交换引擎，计算每一级的副本数量，其中传入分组的全局副本数指示为 $F = 3$，并且分组的副本将被路由到输出端口号 3、5 和 7。

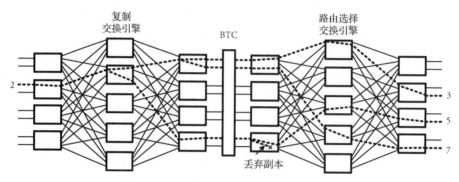

图 12.21　基于树的多播和分离的路由选择

解： 交换引擎共有 $k = [\log_d n] = 3$ 级。算法初始化 $F_0 = 3$，$f_0 = 1$。对于 $j = 1$ 级的复制交换引擎，我们有 $F_1 = 3$ 和局部副本数 $f_1 = 1$，然后分发分组。在 $j = 2$ 级，$F_2 = \lceil F_1 / f_1 \rceil = 3$，而 $f_2 = \lceil F_2 / d^{k-j} \rceil = 2$。因此，在这一级中产生两个副本，并将导向第 $j = 3$ 级的两个交叉开关。在第三级中，$F_3 = \lceil F_2 / f_2 \rceil = 2$，而局部副本数 $f_3 = \lceil F_3 / d^{k-j} \rceil = 2$。因此，各个交换机都产生两个副本。注意，所有副本总数(4)已超过请求的全局份数(3)，因此图中丢弃了一个多余副本。最终的结果是一个树形路由。在这里还可以看到，分组生成了三个副本，但是它们不在正确的输出口，这三个副本在 BTC 请求下，经路由交换引擎引导到了输出端口 3、5 和 7。

12.6.2　分组再循环多播算法

分组再循环是另一种构建大型交换引擎的可行方法，它应用在宽带交换场合。要实现多播连接，需要构建二叉树，其根为源端口，而树叶为目的交换端口。这种技术可以用于几乎所有类型的空分交换引擎。

如果交换引擎由多级相互连接的网络构成，则内部交叉开关可以作为中继点来接收分组，把分组用新标签重新标记后再回传到交换引擎。新标签携带一对目的地的信息，标记下一步要发送到的两个交换机端口。图 12.22 展示了再循环技术。交换引擎左侧的所有硬件模块都属于 IPP，**多播表**提供输出端口/IP 地址对，该地址对添加到了分组的首部，于是，用两个附加 bit 来指示是否需要再循环；**IPP 缓冲区**负责缓存从输入链路接收到的分组，然后转发给交换网络；**OPP 缓冲区**则缓存等待发送到输出链路的分组；**再循环缓冲区**为需要再循环的分组提供缓存。

交换引擎内的分组再循环和复制是简单直接的过程。图 12.23 描述了分组再循环和复制。假设 a 是源，产生的分组要传递到输出端口 b、c、d 和 e，并且 x 和 y 是中继点。假设从端口 a 输入的

分组要生成多份副本，对于这样的分组，多播表中应该存在 (x, j) 和 (e,k) 这种条目，这可以理解为生成分组的两个副本：一个从地址 j 上再循环回到端口 x，另一个从地址 k 上再循环回到端口 e。如图，x 的多播表中现在有表项 (b,n) 和 (y,m)。通常，每个分组报头具有 2 bit 用来指示该分组是否需要再循环。

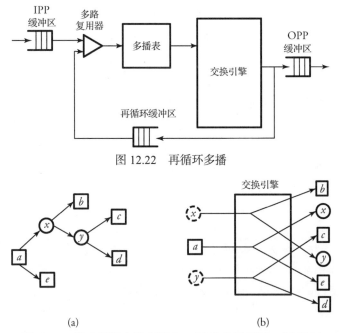

图 12.22　再循环多播

图 12.23　路由器的交换引擎中：(a)分组再循环；(b)复制

总而言之，添加端点需要选一个父节点，应该选循环流量不大的节点作为父节点。如同新端点的父节点，中间点也是新的，所以它要放入多播表内另一个节点的表项中，它的"孩子"现在将成为新端点的兄弟节点。

要删除连接时，有两种情况需要考虑。首先，要移除的输出没有祖父母，但它的兄弟有孩子，在这种情况下，我们将父节点的多播表项用兄弟的子节点表项替换；如果要删除的输出没有祖父母，并且其兄弟没有孩子，这样只需将输出从其父多播表项中删除，并将连接恢复为简单的点到点连接。请注意，由于分组在从系统离开时必须重新排序，所以路由器 OPP 上的重排序缓冲区必须足够大，才能将分组延长足够的时间，以便慢的分组有机会赶上快的分组。

12.7　总结

本章介绍了高级路由器和交换机的内部设计。我们了解到，典型的路由器可以有 n 个输入端口和 n 个输出端口。该系统由五个主要部分组成：第 3 章中介绍的 NIC，负责接收、缓存和解释从外部到达的分组的 IPP，负责接收经过处理的分组并将其转发到路由器输出端口的 OPP，将路由器的输入端口连接到输出端口的**交换引擎**，以及授权交换引擎操作、协调 IPP 和 OPP 功能并处理路由器流量控制的**中央控制器**。

交换引擎是交换设备和路由器的核心。交叉开关是一种非阻塞式交换引擎，也可用作其他交换引擎的构件。交叉开关需要 n^2 个交叉点。**Clos 交换**引擎也是用交叉开关构建的非阻塞式交换机。当 $k \geqslant 2d-1$ 时，一个 $C_{n,d,k}^3$ Clos 网络是严格的非阻塞网络。基于集中式和扩展式的交换网络是两种特殊目的的交换引擎。

　　另一种不同的交换方式，不使用交叉开关，而是以内存控制内存，在**时间域**上实现交换功能。最后，为了在交换引擎中加入一些冗余，在交换机结构采用各种技术，如部署缓冲区等，可以提升交换引擎的性能。研究案例提供了一种用交叉开关和缓冲区构建的交换引擎结构。

　　在分析了路由器和交换机的架构后，下一章中将继续研究路由器的两个剩余组件，**调度器**和 QoS。

12.8　习题

1. 考虑一种被称为欧米茄的交换引擎 $\Omega_{n,d}$。该交换引擎与 Clos 交换引擎相同，所有级的互连相同，并且交换引擎的级数仅有 $\log_d n$ 个，其中，n 是输入和输出端口的数量，d 是构建交叉块的大小。考虑以下两种交换引擎：$\Omega_{16,2}$ 和 $\Omega_{16,4}$。

   (a) 绘制最小级数的网络，能提供输入/输出所有可能的连接。

   (b) 比较两个网络的复杂性和速度。

2. 使用第 5 章中讨论的 Lee 阻塞概率估计方法，推导出具有 10 个输入和 20 个输出的多路径缓冲交叉开关的内部阻塞表达式。

3. 设计一个 $n=8$ 端口三级 Clos 交换网络。

   (a) 查找满足最小非阻塞条件的 d 和 k，并绘制网络。

   (b) 设计一个非阻塞 Clos 网络。只要 $k=2d-1$ 网络就是非阻塞的，为什么人们总想设计一个 $k>2d-1$ 的网络？

4. 比较大型三级和五级 Clos 交换系统的复杂性，其中端口数量从 1000 个变化到 2000 个。

5. 对于任何非阻塞交换网络，Lee 提出的方法仍然可以估计一些阻塞，证明这一点。

6. 有两种方式可设计三级的 Clos 网络，其中 6 个输入和 6 个输出，生成"最小"非阻塞网络。

   (a) 为这两种类型网络选择交叉开关的规模大小，并绘制网络。

   (b) 显示这两个网络的 Lee 模型，找出各个网络的总阻塞概率。

   (c) 哪个选择更好？（全方位地比较）

7. 设计一个五级 Clos 网络，其 $n=8$ 和 $d=2$，生成"最小"非阻塞网络。

   (a) 选择三种类型的交叉开关的规模，不需要做复杂度优化，绘制网络结构图。

   (b) 给出 Lee 的模型。

   (c) 假设网络中的任意链路忙碌的概率为 $p=0.2$，给出网络的总阻塞概率。

8. 为了提高五级 Clos 网络 $C^5_{\{8,2,3\}}$ 的速度和可靠性，改用 $C^3_{\{4,2,3\}}$，形成三个多路并行平面，每个平面包含此网络。

   (a) 绘制网络概况图。

   (b) 给出 Lee 的模型。

   (c) 假设包括多路复用链路的网络中的任意链路忙的概率为 $p=0.2$，给出网络的总阻塞概率。

9. 设计具有 n 输入和 n 输出的五级 Clos 交换网络。

   (a) 给出所有五种类型交叉开关的规模，得到非阻塞网络。

   (b) 选择所有五种类型交叉开关的规模，得到非阻塞网络和最小交叉点数（不需要优化）。

10. 设计一个共享内存交换系统，最多支持 16 个链路，并使用多路复用器、RAM 和解复用器。多路复用器输出承载 16 个信道，每个信道宽度为一个段（传输层的分段）。每个段最大长度可到 512 字节，其中包括了本地路由首部。在复用器上成帧需要 $0.4\,\mu s$。RAM 以 32 bit 字组织，每个字的写入时间为 2 ns、读出时间 2 ns、访问时间为 1 ns（控制器处理）。

    (a) 求 RAM 的最小容量。

(b)求 RAM 的地址长度。

(c)求 RAM 支持的最大输出 bit 速率。

(d)求此交换机的速度，即交换机每端口每秒的段处理速率。

11. 考虑一个大小为 8×8 端口的高级路由器，其交换引擎是交叉开关。假设两个分组 A 和 B，各自从交叉开关的一个输入端到达，各自具有 Q-P 组合子域，从一个端口竞争输出。胜出分组离开交叉开关，失败分组稍后与另外的分组竞争输出。分组 A 和分组 B 的 Q-P 子域分别为 10110101,0000 和 10101111,0001。

    (a)确定在竞争中获胜的分组。

    (b)指出竞争过程中决定获胜分组的比特。

    (c)给出失败分组的新 Q-P 子域比特。

12. 假设具有拥塞控制功能的高级路由器，标记为 R2，放置如下的宽带网络中，用于两个主机 H1 和 H2 的通信。路由器 R2 从下游路由器 R3 接收授权值 G_d，并将授权 G_u 发送到上游路由器 R1。

    (a)如果 G_d 发生改变，H1、R1、R2、R3 和 H2 中哪个实体最终需要调整其发送业务量？

    (b)下列给出的其他因素中，哪两个因素对 G_d 有实质性的影响：[发送到 R3 的分组数]、[R2 和 R3 之间的链路速度/带宽]及[网络安全协议的类型]？

13. 我们想在具有 8 个输入和 16 个输出的路由器的扩展交换引擎中展现复制机制，其全局复制份数为 $F = 7$。

    (a)使用复制算法，显示逐级复制的细节。

    (b)为端口 0、2、3、7、10、12 和 13 绘制逐个复制的细节。

14. 我们要在 $C_{\{8,2,3\}}^3$ 路由器的 Clos 交换引擎中展示复制机制，其全局复制份数为 $F = 5$。

    (a)使用复制算法，显示逐级复制的细节。

    (b)为端口 0、2、4、5 和 7 绘制逐级复制的细节。

15. 考虑一个 4×4 的交叉开关交换引擎，设计其 IPP 的多播部分，给出所有的硬件细节。

16. 假设具有冗余特征的交换引擎及 n 输入和 m 平面的路由器，如图 12.16 所示。我们想分析交换引擎的平面在多播中的用途。令 ρ 为提供给各个交换的平均输入负载，假设一个多播分组到达特定输入端口，并请求复制 F 个分组副本，复制可以在平行平面实现。

    (a)开发一种算法步骤，使其能够完成交换引擎中的多播过程，其中每个交换平面具有不同的路由优先级。具体来说，算法要区分 $F \leqslant m$ 和 $F > m$ 两种情况。

    (b)当 $F > m$ 时，阻塞概率 $P_b(i)$ 是多少？其中，输入数目 $i \leqslant n$。

12.9　计算机仿真项目

1. **仿真交叉开关交换引擎**。编写程序仿真 2×2 交叉开关交换。

    (a)随机地为每个分组指定交换输出目标地址。

    (b)构建并仿真单个交叉点，明确说明中央控制器如何让交叉点开和关。

    (c)扩展程序，构建 4 个交叉点的交叉开关。

2. **仿真带缓存的交叉开关交换引擎**。将你在第 11 章中开发的单个缓冲区的程序(计算机仿真项目)扩展成 2 × 2 交叉开关交换引擎，其输入端口具备简单缓存。每个输入端口有 $k = 64$ 的缓冲槽，每个槽位仅能容纳 1000 字节的分组。每 1 ms，动态地生成不同长度的分组，每 t 秒，从缓冲区中发送一个分组到交换引擎中。

    (a)随机地为每个分组指定交换输出目标地址。

    (b)分别构建、仿真、测试这两个缓冲区。

    (c)将这两个缓冲区集成到交换引擎内，用不同的 t 值，测量这两个缓冲区一起工作时的性能度量。

    (d)测量分组的平均延迟。

第13章 服务质量和路由器的调度

回忆第 12 章中高级路由器中的输入端口处理器(Input Port Processor，IPP)和输出端口处理器(Output Port Processor，OPP)，它们的主要任务就是实现**服务质量**(Quality of Service，QoS)。本章涵盖了 QoS 和 IPP 中的**分组调度**内容。因此，本章内容是第 12 章中介绍的交换机和路由器体系结构的进一步深入讨论，从各种视角探讨高级交换机和路由器中的 QoS 与分组调度算法。本章给出了在路由器中提供 QoS 和实现分组调度的多种方法，包括下面这些主题内容：

- **QoS 概述**；
- **综合服务 QoS**；
- **区分服务 QoS**；
- **资源分配**；
- **分组调度**。

QoS 的两种主要方法是**综合服务**和**区分服务**。综合服务是为各个应用和流记录提供 QoS。提供 QoS 需要在交换节点中维护某些功能。QoS 协议管理多个质量相关的功能，如流量整形、预留控制、资源和带宽分配等。流量整形是调整输入分组之间的间隔。其他高级 QoS 协议包括准入控制和资源预留协议(Resource ReSerVation Protocol，RSVP)。

区分服务为广泛的应用程序提供 QoS 支持。区分服务重新梳理了分组交换网络的资源分配，即协议栈的所有可能层的资源分配。资源分配算法可用于避免可能的拥塞。

分组调度是本章的最后一个议题。分组调度或许是路由器最重要的功能之一，分组将被调度到不同的缓冲区，每个缓冲区具有不同的优先级策略。

13.1 服务质量概述

通信网络面临着多种多样的服务质量需求。在数据网端口处理器上设置 QoS 单元的动机是控制可用带宽和调节流量。在 WAN 中总是需要调节流量来避免拥塞。必须将网络设计成支持实时和非实时应用。IP 上的语音和视频传输必须能够请求网络的高级别保障。能够提供这些不同级别服务的网络需要更复杂的结构。

向网络提供 QoS 并不意味着一定能有保证。无保证的 QoS 通常基于**尽力而为模型**，尽管网络不能确保分组的传递，但尽力而为。在非实时应用中，网络可以采用重传策略来保证数据的成功传递。然而，在实时应用中，若需及时发送分组的语音或视频网络，应用程序需要低延迟的通信。因此，网络必须更小心地处理这类应用的分组。

提供服务质量支持的方法可进一步分为**综合服务**和**区分服务**。这两种方法的细节分别在 13.2 节和 13.3 节中讨论。

13.2 综合服务 QoS

综合服务方法由两个服务类组成，定义了服务类以及需要在路由器中用于提供相应类服务的机制。第一个服务类，即**保障型服务类**，是为不能容忍传输延迟超过特定值的应用定义的。这种服务类可用于实时应用，如语音或视频通信。第二种，**负载受控型服务类**，可用于一些能容忍一定程度延迟和丢失的应用。负载受控型服务的设计应用于网络没有重载或拥塞时运行良好的情况。这两种服务类涵盖了互联网上的广泛应用。

为了向通信流提供最佳服务，网络需要获得尽可能多的关于流量的信息，特别是为实时应用提供服务时更是如此。当某个应用请求网络服务时首先就要指定需要哪种服务，是保障型还是负载受控型，指定保障型服务时应用还需要再指定它能容忍的最大延迟。服务提供者一旦掌握了延迟因子，节点的 QoS 单元就能决定如何处理输入流。图 13.1 显示了在路由器的 IPP 上常见的四种调度与服务质量处理模型。

1. **流量整形**，整理紊乱的数据流。
2. **准入控制**，控制给定应用流信息的网络是否可以接收或拒绝该流量。
3. **资源分配**，让网络用户在相邻路由器上预留带宽。
4. **分组调度**，设置分组流的传输时间表。路由器要适当地为各分组流排队和传输。

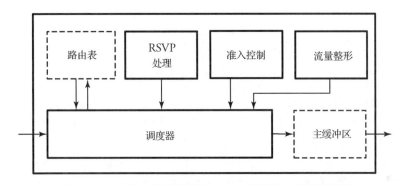

图 13.1　IPP 综合服务模型中 QoS 与调度的组合模型概况

综合服务方法由于扩展性问题而无法大面积推广应用。随着网络规模的增大，路由器需要处理更大的路由表、单位时间内交换更多的比特数据。在这种情况下，路由器需要定期刷新信息，还必须能够做出准入控制决策、对每个输入流排队。这些动作导致了可扩展性问题，特别是网络规模越大，问题越严重。

13.2.1　流量整形

现实情况中，分组到达的时间间隔不规则，这是引起拥塞的原因之一。通信网络中**流量整形**的目标是控制可用带宽访问需求、调节输入数据量、避免拥塞，以及控制分组导致的延迟。如图 13.2 所示，速率为 λ、到达间隔不规则的湍流分组，经流量整形器后，形成等间隔 $(1/g)$ 的分组流。

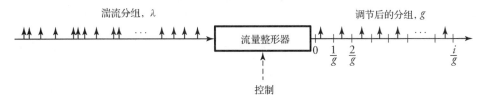

图 13.2　流量整形以调节任何传入的湍流流量

如果策略规定了分组速率不能超过指定的速率，则需要用一种机制来平滑流量，尽管节点的速率可能会更高。如果到达网络节点的是多条速率不同的流量，则需要调节流量(监控流量也叫**流量策略**)。流量整形由于阻止了对系统带宽需求量的突然增加，因此还可以防止分组丢失。流量整形器是一个随机模型结构，它将任意的流量形式转换成确定性的流量形式。两种流行的流量整形算法是：**漏桶**和**令牌桶**。

漏桶流量整形

漏桶流量整形算法将任何湍流输入的流量转换成平滑、规则的分组流，图 13.3 显示了该算法的工作原理。漏桶接口连接在分组发送器和网络之间，不管数据分组以何种速率进入流量整形器，流出量都以恒定的速率调节，就像从漏桶流出的水一样。漏桶算法实现起来没什么难度。

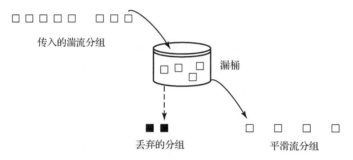

图 13.3　漏桶的分组整形算法

该方案的核心是有限的队列长度。当分组到达时，由接口缓冲区的容量决定排队还是丢弃该分组，由协议决定离开接口的分组数量。分组离开速率表征了特定的流量行为，它把突发的输入流量改变成了这种流量行为。一旦桶装满了分组，就丢弃传入的分组。

这种方法直接对进入系统的最大突发长度进行限制。分组可以是固定长度，也可以是可变长度。在固定长度情况下，分组按时钟滴答刻度发送；在可变长度情况下，发送固定大小的块。因此，该算法既适用于可变长度也适用于固定长度的分组网络。

漏桶机制建模成两个主缓冲区的形式，如图 13.4 所示。一个缓冲区形成输入分组队列，另一个接收授权分组。漏桶流量整形器算法概述如下。

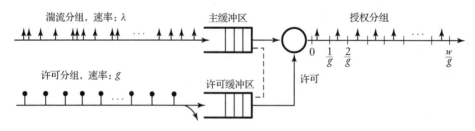

图 13.4　漏桶流量整形算法排队模型

开始漏桶算法

定义:

$\lambda =$ 湍流分组流入主缓冲区的速率

$g =$ 许可分组到达许可缓冲区的速率

$w =$ 许可缓冲区长度，可动态调整

1. 每 $1/g$ 秒，到达一个许可分组。

2. 每 i/g 时间段，i 个许可分配给前 i 个到达的分组，$i \leqslant w$。

3. 每 $1/g$ 秒从主缓冲区队列中取出并发送一个分组，总共需 i/g 秒。

4. 如果主缓冲区中的分组数多于 w 个，最多只给 w 个分组分配许可，剩余的分组留到下一个 $1/g$ 间隔再处理。

5. 如果许可缓冲区空，分组就排队等待。

这个模型中 w 是桶的大小，也就是许可缓冲区打开的窗口尺寸，允许主缓冲区传递 w 个分组。根据分组流的速率需求，可调整此窗口的大小。如果 w 太小，就会有太多的湍流分组因等待许可而被延迟；如果 w 太大，进入网络的湍流分组就会很多。因此，使用漏桶方案，最好是节点根据需要动态地更改窗口大小(桶大小)。如果在高速网络上动态改变许可速率，可能会对其中的反馈机制产生额外的延迟。

图 13.5 显示了许可生成动作的马尔可夫链时间状态图(见 C.5 节)。主缓冲区上，两个相邻分组的时间间隔均值为 $1/\lambda$。算法的第一步，许可分组到达许可缓冲区的速率为 g，因此，每隔 $1/g$ 秒就会向主缓冲区发出一个许可，0、$1/g$、$2/g$、$\cdots$。第二步，在周期 i/g 内，有 i 个许可授予了 i 个首先到达的分组。如果许可缓冲区已有 w 个许可分组，就会丢弃新到达的许可分组。马尔可夫链的状态 $i \in \{0,1,\cdots,w\}$ 表示有 i 个许可授予主缓冲区的 i 个分组的状态，因此许可额度还有 $w-i$ 个。在这种情况下，这 i 个获得许可的分组每 $1/g$ 秒就释放一个。当分组速率较低时，许可缓冲区就会充满，那么，就会丢弃第 $(w+1)$ 个及更多的许可。

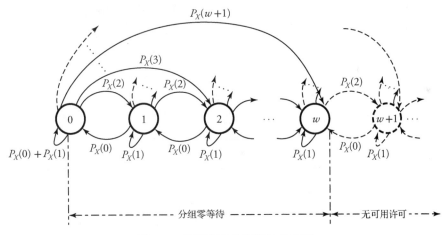

图 13.5 漏桶流量整形算法状态图

我们定义以下主要变量来进行延迟分析：

● $P_X(x)=$ 分组在 $1/g$ 内有 x 个分组到达的概率；

● $P_i=$ 有 i 个许可已授予主缓冲区 i 个分组的概率，即马尔可夫链的状态 i；

● $P_{ji}=$ 从状态 j 到状态 i 的转移概率。

如图 13.5 所示，假设许可缓冲区是满的，则链从状态 0 开始，这意味着主缓冲区中没有分组、许可缓冲区中有 w 个许可。在这种状态下，以概率 $P_X(1)$ 到达主缓冲区的第一个分组获得许可，同一时间，一个新的许可也到达了许可缓冲区。这不会造成链上状态的变化。因此，状态 0 的转换概率由如下两部分组成：

$$P_{00} = P_X(0) + P_X(1) \tag{13.1}$$

这意味着 P_{00} 为没有分组到达及只有一个分组到达的概率之和($P_X(0)+P_X(1)$)。只要 $i \geqslant 1$，状态 0 就可以转移到任何一个状态 $i \leqslant w$，图 13.5 排队系统的性质可归纳为

$$P_{0i} = P_X(i+1) , \qquad i \geqslant 1 \tag{13.2}$$

例如，若有两个分组在 $1/g$ 期间内以概率 $P_X(2)$ 到达，其中一个分组被许可发送，状态于是从 0 转移到 1，第二个分组将在新许可到达时获得许可。余下的转移概率为

$$P_{ji} = \begin{cases} P_X(i-j+1) , & 1 \leqslant j \leqslant i+1 \\ 0 , & j > i+1 \end{cases} \tag{13.3}$$

现在可以推导状态转移图的平衡方程。我们更关心的是处于任意状态 i 的概率 P_i。马尔可夫链状态 0 的概率 P_0，意味着无许可到达，是如下的转入概率之和：

$$P_0 = P_X(0)P_1 + [P_X(0) + P_X(1)]P_0 \tag{13.4}$$

对于 P_1，也可以写出：

$$P_1 = P_X(2)P_0 + P_X(1)P_1 + P_X(0)P_2 \tag{13.5}$$

对其余状态，其概率可以用如下表达式得出：

$$P_i = \sum_{i+1}^{j=0} P_X(i-j+1)P_j , \qquad i \geqslant 1 \tag{13.6}$$

由公式(13.6)生成的一组等式可以递归求解。掌握了各个状态的概率之后，就可应用 Little 公式(见 11.1 节)来估计分组获得许可的等待时间 $E[T_q]$。首先是主缓冲区中未获授权的平均分组数 $E[K_q(t)]$，然后是 $E[T_q]$：

$$E[K_q(t)] = \sum_{i=w+1}^{\infty} (i-w)P_i$$

$$E[T_q] = \frac{\sum\limits_{i=w+1}^{\infty} (i-w)P_i}{g} \tag{13.7}$$

注意到该马尔可夫链的状态也可以跑进"分组排队"中去，如图 13.5 中的虚线所示。例如，在状态 0，如果在 $1/g$ 时间内突发到达了多于 $w+1$ 个分组，马尔可夫链就会根据分组数量进入到状态 w 后面的状态中去，如果出现这种情况，系统仍然会给 $w+1$ 个分组许可，其余的无许可，被挂起等待许可。

例：在 $1/g$ 时间内有 x 个分组到达的概率用如下公式给出：

$$P_X(x) = \frac{\left(\frac{\lambda}{g}\right)^x e^{-\frac{\lambda}{g}}}{x!}$$

给出系统没有发出许可的概率。

解：此处仅给出第一个结果，其余递归的工作留给读者去完成。应用公式(13.4)和 $P_X(x)$，P_0 的最终形式为

$$P_0 = \frac{g-\lambda}{gP_X(0)}$$

该式可改写为 $g = \lambda/(1-P_0P_X(0))$，于是我们可以说：如果 $\lambda < g$ 或 $P_0P_X(0) < 1$，则系统是稳定的。

令牌桶流量整形

大多数应用的流量都会有变化，有时也会产生一些突发流量，因此这些应用对带宽的需求也在随之发生变化。然而，要想让网络更有效地工作，就必须告诉网络带宽需求发生了变化，以便让网络执行一些接入控制操作。令牌桶用**令牌到达速率** v 和**桶深度** b 这两个参数共同来描述流量整形操作。令牌到达速率 v 通常设置为流量源的平均流量，桶深度 b 是关于发送方最大突发流量的测度。

令牌桶流量整形算法可以有效地进行流量整形，如图 13.6 所示。令牌桶整形器由一个类似于水桶的缓冲区组成，它接收令牌发生器每个时钟周期产生的恒定速率的令牌，每个令牌表示一个定长数据。速率不可预测的分组流必须经过该令牌桶单元处理。按照约定，每个输入分组，根据它的大小，都要有足够数量的令牌，才能进入网络。如果桶中充满了令牌，将丢弃其余令牌。如果桶是空的，传入的数据分组将被延迟(缓存)，直到生成足够数量的令牌。如果分组太长，以致没有足够数量的令牌来容纳它，就会延迟后面的分组传送。

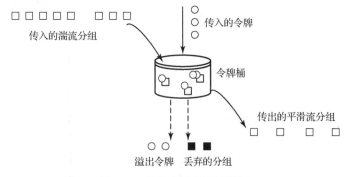

图 13.6 令牌桶流量整形算法

该算法的最佳操作情形是令牌数量大于输入分组大小。这并不是一个大漏洞，因为令牌是周期性生成的，贴上令牌的分组输出速率也由时钟确定，因此，相应的流就成为受管制的流。这样一来，通过改变时钟频率和改变令牌生成率，就可以将输入流量调整到期望的速率。

漏桶与令牌桶的对比

两种算法都有各自的优缺点。不管输入流多么不规则，令牌桶算法都可以在平均速率下实现更加灵活的输出流模式。漏桶算法的输出流模式比较刚性。因此，令牌桶算法是一种灵活的流量整形算法，但系统复杂性高。令牌桶算法有一个内部时钟，按照时钟速率产生令牌，排队器在分组到达时给它贴上令牌，送出分组时再撕下、丢弃令牌，这个过程给系统增加了相当大的复杂性。而漏桶方法则看不到虚拟令牌，可大大提高运行速度和通信节点的性能，更容易与高速交换网络齐头并进。

13.2.2 准入控制

准入控制过程决策是否接收一个流量要看两个因素：

1. r_s = 业务类型；
2. t_s = 流量的带宽需求信息。

对于负载受控的业务，就不再需要其他的参数。然而，对于保障类业务，就必须指定最大延迟量信息。任何具有准入控制能力的路由器或主机，如果当前可用的资源能够为流提供服务并且不影响其他已接收流的服务，则该流就被接收；否则，将一直拒绝该流。任何准入控制机制必须辅以策略机制，一旦流被接收，策略机制必须确保该流符合指定的 t_s，否则，这些流的分组在出现拥塞事件时，将成为明显的丢弃候选对象。良好的准入控制机制对避免拥塞至关重要。

13.2.3　资源预留协议(RSVP)

RSVP 通常用在无连接网络上提供实时业务服务。RSVP 是一种软状态协议，可以有效地处理链路故障。该协议采用面向接收者的方法进行资源预留。这个过程需要为应用程序提供所需的 QoS。RSVP 支持单播和多播流。与面向连接网络的资源设置机制不同，RSVP 可以采用替代路径的方式来避开路由器故障。

为了让接收方在中间路由器上进行资源预留，发送方首先发送 t_s 消息，该消息在到达接收方的过程中经过了每个中间路由器，这样一来，接收方就知道了流、路径信息，并在每个路由器上做好预留。该消息还周期性发送维护预留，路由器可以根据其可用资源接收或拒绝预留。此外，t_s 消息周期性刷新以适应可能的链路故障。当某条链路失效时，接收方会从另外的路径上接收到该消息，然后，接收方用这个新的路径来建立新的预留，从而使网络操作照常进行。

来自多个接收器的预留消息，如果延迟要求相似，可以合并起来处理。如果接收方需要接收来自多个发送方的消息，则需要为所有发送者的 t_s 做预留请求。因此，RSVP 采用面向接收者的方法来请求资源，以满足各种应用程序的 QoS 要求。

13.3　区分服务 QoS

区分服务(Differentiated Service，DS)，简称 DiffServ，提供的 QoS 方法更简单、扩展性更好。DS 通过以聚合方式处理通信流量来最小化路由器所需的存储量，将所有复杂的处理过程从网络的核心移到边缘。DS 节点的主要特征之一是**流量调节器**，用于 DS 域的防护。如图 13.7 所示，流量调节器包括四个主要组件：计量器、标记器、整形器和释放器。**计量器**测定流量，以确保分组不超过流量配置文件的规定；**标记器**是为了跟踪分组在 DS 节点中的情况，对分组进行标记或去除标记；**整形器**延迟那些与业务配置文件不符的分组；最后，**释放器**丢弃任何违反其流量配置文件的分组。

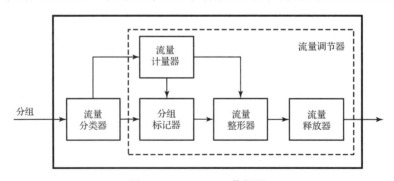

图 13.7　DiffServ 工作概况

当用户请求某种类型的服务时，服务提供者应该满足用户的需求。为了在 DS 域内分配和控制可用带宽，需要用一个带宽代理来管理流量。**带宽代理**在 DS 域内工作，并与邻近域中的带宽代理保持联系。这种方式确保了分组的质量保障请求服务在经过的各个 DS 域上全程有效。

为了以聚合方式处理业务流，分组必须满足包含业务量调节协定(Traffic-Conditioning Agreement，TCA)的**服务等级协定**(Service-Level Agreement，SLA)。SLA 表示转发业务的类型，而 TCA 表示客户获得的所有详细参数。SLA 可以是静态的也可以是动态的，静态 SLA 是一个长期协定；动态 SLA 采用带宽代理，让用户能经常更改带宽要求。用户如果追求分组级别 QoS，只需要在主机或其接入路由器上对分组的**服务类型**（Type of Service，ToS）标记不同的值即可。DS 模型中的路由器在**逐跳行为**（Per-Hop Behaviors, PHB）中检测 DS 字段值，然后按照 PHB 来实现 QoS。

为了建立流量策略机制，服务提供者在自己的 DS 域边界路由器上使用**流量分类器**和**流量调节器**处理进入网络的分组。流量分类器根据分组首部多个字段的值，将分组路由到特定的输出位置；流量调节器检测是否有分组违反了 TCA 中规定的规则，并做出反应。DS 字段的值在网络边界上进行设定，DS 路由器用流量分类器来选择分组、用缓冲区管理和调度机制来实现特定 PHB 的传送。8 bit 的 DS 字段取代了 IPv4 ToS 字段和 IPv6 流量类型字段，其中 6 bit 用作**区分服务代码点**（Differentiated Services Code Point，DSCP）来指定其 PHB，最后 2 bit 未使用且被 DS 节点忽略。

13.3.1　逐跳行为（PHB）

我们定义了两个 PHB：**加速转发**和**保证转发**。对于 DS 域，加速转发 PHB 提供低丢失、低延迟、低抖动、保证带宽和端-端服务。可以在 DS 节点上配置提供低延迟和保证带宽服务。加速转发 PHB 分组的总到达率和常规分组的总到达率都应该小于最小的总离开率。

可以使用几种类型的队列调度机制来实现加速转发 PHB。只要总流量没有超过 TCA 规定，保证转发 PHB 就可以提供高保证率和高吞吐量的分组传送。不过，可允许用户违反 TCA，但超过 TCA 规定部分的流量就不能得到高保证。与加速转发 PHB 不同，保证转发 PHB 不提供低延迟和低抖动服务。保证转发 PHB 组可分为三种服务类型：好的、一般的、差的。每种类型都分配了一个分组丢弃优先级，确定了需要丢弃时的分组优先级。

13.4　资源分配

调度算法为业务流提供 QoS 保障，依靠的是控制传输流。但这必须分配足够的缓冲区空间来容纳传入的数据分组，高速网络中更是如此。而且，还必须实施某种形式的保护机制来提供流的隔离，以防止不良行为的流占满整个排队缓冲区。此外，该保护机制还必须根据网络拥塞级别做出分组丢弃决策。因此，要为网络提供速率保证，就需要进行缓冲区管理。

分组交换网络与共享介质网络（如以太网）的**资源分配**问题有本质上的差别。共享介质网络上的终端主机能够直接观察到共享介质上的通信量，因此，终端主机可以根据介质上的流量定制它们生成和发送的流量。

考虑图 13.8 中的流量拥塞情况。连接到路由器 R1 的两条链路上总流量为 $\alpha1+\alpha2$，从一个容量为 α 的链路上直接发送出去，这里 $\alpha<\alpha1+\alpha2$。当 $\alpha1$ 和 $\alpha2$ 两个流量到达路由器，合起来的流量在出口处遭遇了低速链路。R1 上就开始了分组的累积，最终进入拥塞状态。这种多个流汇合起来，却要通过一个低速链路传输的情形，每天都在互联网上发生，但在共享介质的网络上却见不到。

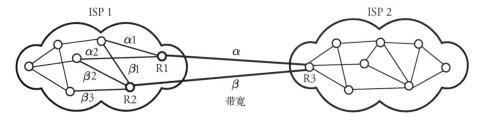

图 13.8　路由器输出链路容量 α 低于输入流量 $\alpha1+\alpha2$ 总和时的网络资源分配需求

如果同样的情况发生在 R2 上,其中 $\beta < \beta1+\beta2+\beta3$,ISP1 的边界路由器就可能经常发生严重拥塞问题,从网络管理的立场看,这种情况无论如何都是不希望发生的。图 13.8 的另一个重要情况是另一个网络域中的 R3,必须要有很大的容量来处理流量总和 $\alpha+\beta$。这种情况足以让网络管理者明白:路由器的类型取决于它在网络中的位置。在网络中特定位置的路由器类型,必须经过深入研究、仿真并考虑一切必要的网络设计因素后才能最终确定。

13.4.1　资源管理

面向连接网络本身就具有管理拥塞的手段,但却导致了网络资源的利用不充分。虚电路手段下,端点上的主机发送的连接建立消息,在网络上穿行的同时也在各路由器上为连接预留了缓冲区。如果沿途路由器的资源不够,就会拒绝连接。为一个连接预留的资源不能用到其他的连接上,这也导致了路由器中的缓冲区利用不充分。

资源分配的服务模型有两种基本类型。

1. **尽力而为**:网络尽最大可能来发送分组,对时延、可靠性等性能不提供任何保证。
2. **QoS**:终端主机请求 QoS 连接时,从网络支持的 QoS 类中选择一组 QoS 参数。

在无连接的网络中,数据报是独立交换的,流经路由器的数据报称作无连接流。路由器维护每个流的状态,以便做出必要的明智决策。例如,在图 13.8 中,R2 或是连接到 R2 的主机启动流记录,在某些情况下,路由器观察分组的源/目的地址组合,将分组分成不同的流;其他一些情况下,在流开始之前,源主机发送一些信息给路由器,让路由器能辨别来自主机的无连接流。

13.4.2　资源分配方案分类

资源分配方案可以分为基于路由器与基于主机、固定与自适应、基于窗口与基于速率。

基于路由器与基于主机

资源分配可以根据路由器或主机是否设置所需资源进行分类。在**基于路由器的方案**中,路由器对拥塞控制负有首要责任。如果有必要,路由器有选择地转发或丢弃分组,以管理现有资源的分配。路由器还根据它能够产生和发送的流量向终端主机发送信息。

在**基于主机的方案**中,终端主机对拥塞控制负有首要责任。主机观察流量情况,如吞吐量、延迟和分组丢失,相应地调整生成和发送分组的速率。在大多数网络中,资源分配方案可能会让路由器和终端主机各自都承担一部分责任。

固定与自适应

在**固定预留方案**中,终端主机在流开始之前向路由器请求资源,然后,路由器根据其可用资源为该流分配足够的资源,如带宽和缓冲区空间。路由器还要确保新的预留不会影响已存在预留的服务质量。如果资源不够用,路由器会拒绝终端主机的请求。在**自适应预留方案**中,终端主机在路由器上未预留资源的情况下发送分组,然后根据观察到的通信条件或路由器的响应调整其发送速率。

可观察到的通信条件是分组丢失、延迟或其他度量值。路由器还可以向终端主机发送消息,以减慢发送速率。**固定预留方案**基于路由器,是因为路由器负责分配足够的流资源。因此,路由器负责分配和管理资源。**自适应预留方案**可以是基于路由器的,也可以是基于主机的。如果根据观察到的流量条件,再由终端主机调整传输分组的速率,则是基于主机的。

基于窗口与基于速率

在**基于窗口的资源分配**中，由接收方根据自己的可用缓冲区大小选择窗口大小。接收方将此窗口大小的信息通告给发送方，发送方根据通告的窗口大小发送分组。在**基于速率的资源分配**中，接收方指定每秒可以处理的最大比特率(b/s)，发送方根据接收方通告的速率发送流量。基于预留的方案也可以是包含速率(b/s)的预留，在这种情况下，流量路径上的路由器处理的流量可以高达通告的速率。

13.4.3　资源预留的公平性

资源分配方案的有效性可以通过考虑两个主要指标来评估：吞吐量和延迟。吞吐量必须尽可能得大，流的延迟通常应该最小化。当进入网络中的分组数量增加时，吞吐量将得到提升，但是，当分组数量增加时，链路容量逐渐趋于饱和，延迟也因此增加，原因是在中间路由器中缓存了大量的分组，导致延迟增加。

评估资源分配方案有效性的一个更有效的办法，是考虑吞吐量与延迟的比率，或**效能**。随着接纳进入网络的分组数目增加，吞吐量与延迟的比率增加，这种情况会维持到网络负载抵达低延迟门限。超过这个门限后，网络超载，效能迅速下降。

资源分配方案还必须公平，这意味着通过网络的同等业务流都应得到同等带宽。当然，忽略流的吞吐量(流速率)就不公平。Raj Jain 提出了一个**公平指数**公式，针对 n 个流 f_1、f_2、$\cdots$、f_n:

$$\sigma = \frac{\left(\sum_{i=1}^{n} f_i\right)^2}{n \sum_{i=1}^{n} f_i^2} \tag{13.8}$$

公平指数 σ 的值在 0～1 之间，表示最低和最佳的公平性。对于基于预约的资源分配方案，某些业务(如语音)总是可以通过预约获得更大的可用共享带宽，这可能导致资源分配不公。公平的资源分配方案可能并不总是最有效的资源分配方法。

13.5　分组调度

RSVP 允许网络用户在路由器上预留资源。一旦预留了资源，就要在此实施**分组调度**机制，以提供所请求的 QoS。分组调度包括管理队列中的分组，提供与分组相关联的 QoS，如图 13.9 所示。**分组分类器**是调度方案的核心，它基于分组首部的信息来执行。分组的分类包括用预留信息来识别每个分组，以确保正确处理它。

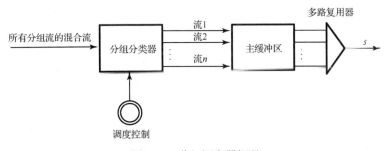

图 13.9　分组调度器概况

分组根据以下的一些参数来进行分类：

- 源/目的 IP 地址；

- 源/目的端口；
- 分组流优先级；
- 协议类型；
- 延迟敏感度。

在这些信息基础上，分组可以分为确保型业务和负载受控型业务两大类。为了提供所需的QoS，设计这些类别的最佳排队机制非常重要。对于确保型业务，通常采用**加权公平队列**，这种排队机制非常有效；对于负载受控型业务，使用简单的队列机制就可以了。

分组调度对于处理各种类型的分组是必要的，尤其是在**实时分组**和**非实时分组**聚合的情况下。实时分组包括各种延迟敏感的业务，如视频和音频数据，它们要求有很低的延迟。非实时的分组包括常规数据分组，这些分组没有延迟要求。分组调度在网络提供 QoS 保障方面发挥巨大的作用，如果一个路由器按照它们到达的顺序处理分组，一个强势的发送者可以占据路由器的大部分排队容量，从而降低服务质量。分组调度确保不同类型分组之间的公平性，并提供 QoS。

13.5.1　先进先出调度器

图 13.10 显示了一个简单的调度方案：**先进先出**(First In First Out，FIFO)。有了这个方案，传入的分组按它们到达的顺序提供服务。虽然从管理的角度来说 FIFO 非常简单，但纯的 FIFO 调度方案对分组没有公平的处理。事实上，在 FIFO 调度中，高速用户可以在缓冲区占用更多的空间，消耗更多的带宽。FIFO 从硬件的角度看实现简单，不过还是最常见的调度策略。如果采用智能缓冲区管理方案，就可以在不同类的流量之间控制带宽分享。该调度方法的延迟界限 T_q，可通过排队缓冲区的长度来计算，如下：

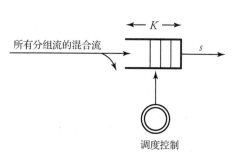

图 13.10　典型的 FIFO 排队调度器

$$T_q \leqslant \frac{K}{s}$$

(13.9)

这里的 K 为缓冲区最大长度，s 为输出链路速率。某些控制算法，如 RSVP 等，可用该公式为特定的业务流预留适当的链路容量。不过在高速链路上，实时应用需要更严格的延迟界限算法。

13.5.2　优先级排队调度器

优先级排队(Priority Queueing，PQ)调度器将 FIFO 调度器的简单性与分类服务能力结合在一起。在不同优先级队列中，根据分组首部指示的服务优先级对分组进行分类。图 13.11 显示了这种调度器的一个简化模型。只有服务完高优先级队列中的所有分组后，才能为低优先级队列提供服务。只有最高优先级的队列才具有与 FIFO 类似的延迟界限。较低优先级队列的延迟界限，将包含由较高优先级队列引起的延迟。因此，如果不控制高优先级队列的通信速率，低优先级队列将会受到带宽不足的影响。

该调度算法中，低优先级队列中的分组，只有在高优先级队列中的分组全部传输完后，才能得到服务，换句话说，如果不控制高优先级队列的通信速率，将严重影响低优先级队列的带宽使用。

优先级排队调度规则可以是**抢占式**的，也可以是**非抢占式**的。我们定义几个常用术语，以便分析这两种调度规则。对于流 i 的队列(i 类队列)，令 λ_i、μ_i 和 $\rho_i=\lambda_i/\mu_i$ 分别为到达速率、服务速率和平均负载(利用率)，并且规定 i 值越小，优先级越高。

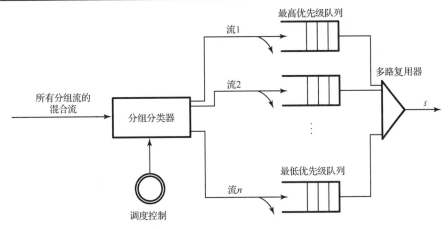

图 13.11　典型的优先级队列调度器

非抢占式优先级方案

非抢占式优先级排队的调度算法是：在任何情况下，都不允许中断正在处理过程中的低优先级分组。当前队列中当前分组的服务结束后，才去服务高优先级队列中的分组。这种做法使得系统的实现变得简单。令 $E[T_i]$ 为流 i（或 i 类流）队列中一个分组的平均等待时间，此时调度器中总共有 n 类流。流 i 的排队总延迟由四个分量组成，分别为：

1. 平均排队时间 $E[T_{q,i}]_1$，等待任意流 $j(i > j)$ 服务中的分组结束。
2. 平均排队时间 $E[T_{q,i}]_2$，等待流 i 或更小(更高优先级)流中排在前面的分组得到服务。
3. 平均排队时间 $E[T_{q,i}]_3$，流 i 分组等待过程中，新到达的高优先级分组得到服务。
4. 多路复用器的调度服务时间 $1/\mu_i$。

总体上看，流 i 的平均排队时间 $E[T_{q,i}]$，由上面的前三个时间分量之和得到，为

$$E[T_{q,i}] = E[T_{q,i}]_1 + E[T_{q,i}]_2 + E[T_{q,i}]_3 \tag{13.10}$$

于是，流 i 的平均等待时间 $E[T_i]$，是上面的四个分量之和，可以写成 $E[T_i]=E[T_{q,i}]+ 1/\mu_i$，回忆一下公式(11.22)的 $E[T_i]$ 表达式，正好与这两部分对应。

平均排队时间 $E[T_{q,i}]$ 中第一个分量 $E[T_{q,i}]_1$，是当前正接受服务的流 $j(1 \leqslant j \leqslant n)$ 的平均剩余服务时间 r_j，以及选中该流的概率 P_j(根据期望值选择流的通用规则，见附录 C)，可得到：

$$E[T_{q,i}]_1 = \sum_{j=1}^{n} r_j P_j \tag{13.11}$$

$E[T_{q,i}]$ 的第二个分量 $E[T_{q,i}]_2$，是等待流 i 或更高优先级流中当前分组完成服务的平均时间。这里，更高优先级指比序号 i 更小的流，还包括在流 i 队列中排在前面的分组。应用 Burke 公式(11.68)，$E[T_{q,i}]_2$ 可写成如下形式：

$$E[T_{q,i}]_2 = \sum_{j=1}^{i} E[T_{q,j}] P_j \tag{13.12}$$

这里，$E[T_{q,j}]$ 是流 j 给流 i 带来的平均排队时间。同理，可得到第三个分量 $E[T_{q,i}]_3$：

$$E[T_{q,i}]_3 = \sum_{j=1}^{i-1} E[T_{q,i}] P_j = E[T_{q,i}] \sum_{j=1}^{i-1} P_j \tag{13.13}$$

对于这个延迟分量，由于任何到达队列 i 的分组都会排到当前分组的后面，因此公式(13.13)中的求和界限为 $1 \leqslant j \leqslant i-1$。将公式(13.11)、公式(13.12)和公式(13.13)代入公式(13.10)，得到：

$$E[T_{q,i}] = \sum_{j=1}^{n} r_j P_j + \sum_{j=1}^{i} E[T_{q,j}]P_j + E[T_{q,i}]\sum_{j=1}^{i-1} P_j \qquad (13.14)$$

用递归法求解公式(13.14)(未显示求解细节)，得到流 i 分组的平均排队时间：

$$E[T_{q,i}] = \left(\sum_{j=1}^{n} r_j P_j\right) \Big/ \left(1 - \sum_{j=1}^{i-1} P_j\right)\left(1 - \sum_{j=1}^{i} P_j\right) \qquad (13.15)$$

由此，根据之前的讨论，流 i 总的平均等待时间表示为 $E[T_i]$，是在上式基础上再加上平均服务时间 $1/\mu_i$ 获得的，即 $E[T_i] = E[T_{q,i}] + 1/\mu_i$：

$$E[T_i] = \left(\sum_{j=1}^{n} r_j P_j\right) \Big/ \left(1 - \sum_{j=1}^{i-1} P_j\right)\left(1 - \sum_{j=1}^{i} P_j\right) + \frac{1}{\mu_i} \qquad (13.16)$$

需注意的是：流 i 总的平均等待时间包括分组在调度器中排队的时间和服务器的服务时间 $1/\mu_i$，这里的服务器是多路复用器。

抢占式优先级方案

抢占式优先级调度的排队方案是到达的高优先级分组可以中断正在进行的分组服务。让 $E[T_i]$ 表示流 i(第 i 类)队列中分组的平均等待时间，图 13.12 显示了流 i 的分组被高优先级分组中断三次的例子。这里，总的等待时间共有四个分量，前三个分量与非抢占式的基本相同，但需要用($1 \leqslant j \leqslant i$)去替换($1 \leqslant j \leqslant n$)。第四个分量 θ_i 是当前第 i 类分组被更高优先级分组($1 \sim i-1$ 类)中断情况下的平均服务时间。因此，通过包含 θ_i，其中包括公式(13.6)中的服务时间 $1/\mu_i$，可计算出分组从进入队列 i 排队，到服务完成的系统总延迟为

$$E[T_i] = E[T_{q,i}] + \theta_i \qquad (13.17)$$

在流 i 的分组平均服务时间 θ_i 内，更高优先级 j 上将有 $\lambda_j \theta_i$ 个新分组到达，$j \in \{1,2,\cdots,i-1\}$。这些分组都会使当前流 i 的分组服务完成时间的延迟增加 $1/\mu_j$。因此，如图 13.12 所示，θ_i 可以清楚地表达出来。

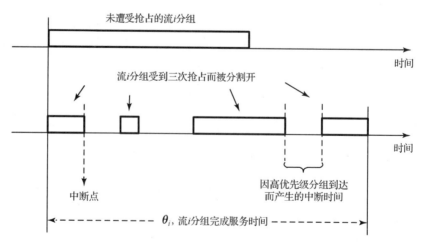

图 13.12　抢占式优先级排队，流 i 被高优先级分组中断三次

$$\theta_i = \frac{1}{\mu_i} + \sum_{j=1}^{i-1} \frac{1}{\mu_j} (\lambda_j \theta_i) \tag{13.18}$$

由公式(13.18)，可计算出 θ_i：

$$\theta_i = \frac{1}{\mu_i \left(1 - \sum_{j=1}^{i-1} \rho_j\right)} \tag{13.19}$$

将公式(13.19)代入公式(13.17)，可得到流 i 分组排队和服务的系统总延迟：

$$E[T_i] = E[T_{q,i}] + \frac{1}{\mu_i}\left(1 - \sum_{j=1}^{i-1} \rho_j\right) \tag{13.20}$$

这里的 $E[T_{q,i}]$ 与非抢占式情形的公式(13.15)一致。

13.5.3　公平排队调度器

公平排队(Fair Queueing，FQ)调度器设计出了一种更好、更公平的方式来服务分组。图 13.13 中所示的公平排队调度器取消了分组优先级排序处理，这将大大提高调度器的性能和速度。调度算法是直接为流 i 分配单独的队列 i，这样，流 i 在输出端至少可以保证有最小的公平份额 s/n，这里的 s 为传输带宽，n 为流的个数(或队列数目)。实际情况中，并不是所有输入(流)都同时有数据分组到达，所以单个队列的带宽份额通常高于 s/n。

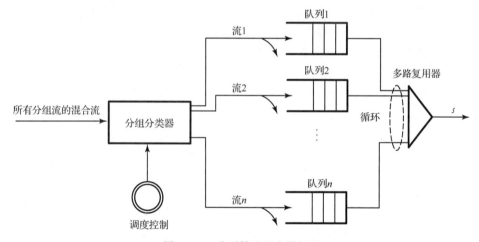

图 13.13　公平排队调度器概况

假定 a_j 为分组 j 的到达时间，令 s_j 和 e_j 分别为传输分组的开始和结束时间，c_j 为传输分组的虚拟时钟计数器，即 $c_j = e_j - s_j$，因为 $s_j = \max(e_{j-1}, a_j)$，简单地说，传输分组 j 的开始时间应该是分组 j 的到达时刻 a_j 或是前一个分组 $j-1$ 传输结束之后的时刻 e_{j-1}。于是：

$$c_j = e_j - \max(e_{j-1}, a_j) \tag{13.21}$$

我们可以计算每个流的 c_j 并将它作为时间标记，用时间标记来维护分组的传输顺序，如时间标记是下一个要传输分组的时间。这样，首先传输的就是具有最小时间标记的分组。

13.5.4　加权公平排队调度器

加权公平排队(Weighted Fair Queueing，WFQ)调度器是对 FQ 的改进形式。考虑如图 13.14 所

示的有 n 个队列的系统，给队列 $i \in \{1,2,\cdots,n\}$ 赋予权值 w_i。所有流根据权值相对大小分享输出线路容量 s。于是，每个流的最低保障服务速率为

$$r_i = \left(\frac{w_i}{\sum_{j=1}^{n} w_j} \right) s \tag{13.22}$$

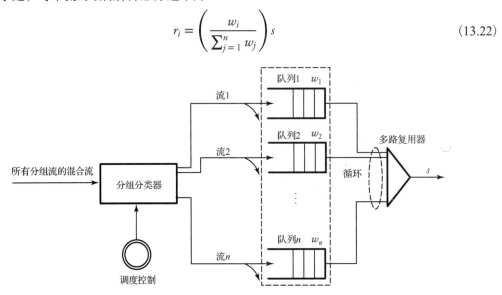

图 13.14　加权公平排队调度器概况

给定一个可用带宽，如果一个队列某个时间内为空，则该队列未使用的带宽将由其他活动队列按各自的权重分享。由于 WFQ 的公平性和满足实时约束的能力，为实时和非实时分组的调度提供了一个有效的解决方案。每个权重值 w_i，规定了流 i 在输出总带宽中所占的比例。为实时队列分配较高的权重，减少实时分组的延迟，实时性就能得到保障。这些权重值还可根据流量的需求和实际效果来加以调整。前面已经提到，非活动队列的未用带宽按权重分配给了活动队列，此时队列 i 的公平配额为

$$r_i = \left(\frac{w_i}{\sum_{j \in b(t)} w_j} \right) s \tag{13.23}$$

这里 $b(t)$ 是任意时刻 t 的活动队列集合。该方案中，分组延迟界限与最大连接数 n 无关。WFQ 提供了严格的分组延迟界限，被认为是最好的排队方案之一。该方案的实施效果好，但加权公平队列的完整实现却相当复杂，在具体实践中还需要做出某些取舍。

该方案的一种实现版本，称为**加权循环**(Weighted Round-Robin, WRR)调度器，运用到了异步转移模式系统上。WRR 用轮转方式根据权值服务于每个流 i，而没有考虑分组的长度。这非常类似于下节要讨论的固定分组长度的差额循环调度算法，由于系统只处理相同大小的分组，所以效率高、速度快。在轮转调度中，活动流得到的服务正比于权重所指定的公平份额带宽。

例： 图 13.15(a)显示了一组四个流 A、B、C 和 D，送到路由器的一个输出端处理，图中标明了每个分组的标记和到达时间，分组从右向左进入调度器。例如，分组 A-1 已经进入调度器，分组 A-2 预计在 4 个时隙后进入调度器，等等。我们期望做三种调度器的比较：优先级排队、公平排队和加权公平排队。所有调度器都会从 A 开始扫描各个流。对于优先级排队调度器，高优先级是从 A 到 D 逐步降低。对于公平排队调度器，如果两个流的分组同时到达，则选择号码小的流。对于加权公平排队调度器，假定流 A、B、C 和 D 的权值分别为输出容量的 20%、10%、40%、30%，画出分组调度的结果。

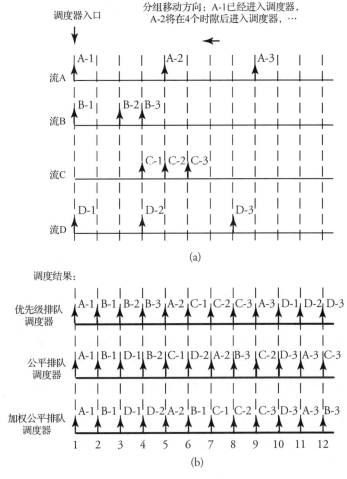

图 13.15　优先级排队、公平排队、加权公平排队处理 A、B、C、
D 四个流的对比：(a) 分组预期到达模型；(b) 调度结果

解：图 13.15(b) 显示了分组调度的结果。当采用优先级排队调度器时，复用器首先扫描到了 A 线分组 A-1，然后扫描到了 B 线的分组 B-1。这里占用了两个扫描时隙。之后，复用器发现分组 B-2 到达调度器，因为复用器是基于"优先级"方式工作的，所以它将扫描分组 B-2 而不是转向 C 线。同样道理，下一个扫描的就是分组 B-3。现在，复用器本应该转向 C 线，但它发现 A 线的分组 A-2 到达调度器，于是转向 A 线，扫描了 A-2 分组。现在，复用器可以转向 C 线，开始探测任何到达的分组，如此往复循环。公平排队调度器的操作处理与优先级调度器操作相似，但它确保用公平的时间(此例中是 25%)停留在每条输入线上扫描分组。加权公平排队调度器类似于公平排队调度器，但在每条线上停留的确切时间为赋予的权重值百分比。例如，线路 D 权重为 30%，可以扫描三个分组，与之相比较的是线路 B，权重为 10%，扫描一个分组。

13.5.5　差额循环调度器

在加权公平排队中，随着通信速率的增加，排序操作的计算量会随流的数目增大而快速增长，这将影响可伸缩性。**差额循环**(Deficit Round-Robin，DRR) 调度器采用的方法是在每一轮服务中，为每个流 i 提供 w_i bit 的配额服务。定义 w_m 为所有流中最小的比特分配额度，即 $w_m = \min\{w_i\}$。每个轮转周期中，活动流进入活动列表中，按轮转顺序得到服务。如果一个分组在一轮的服务中没能完成，并且未超 w_i 限值，分组仍将保持活跃，在下一轮继续得到服务，w_i 的余额也将累积到下一轮中。如果一个流不活动了，它的份额将被丢弃，不会在下一轮中累积。

虽然 DRR 从吞吐量方面看是公平的，但它的延迟界限不合理，其主要缺点是这个技术对小份额带宽流的延迟界限将非常大。例如，考虑所有流都是活动的情况，位于活动列表尾部的低权重流，即使发送最短分组，也必须等待服务完所有其他流以后才会轮到它。

13.5.6　最早截止期优先调度器

最早截止期优先(Earliest Deadline First，EDF)调度器计算传入数据分组的离开截止时间，形成一个数据分组**截止期限排序表**，以确保所需的传输速率和最大延迟保证。关键在于截止时间的分配，以便为服务器提供队列中数据分组的延迟约束。因此，分组的截止时间可以定义为

$$D = t_a + T_s \tag{13.24}$$

这里，t_a 是希望到达服务器的时间，T_s 是服务器为该分组所在的队列提供的延迟保障。

13.6　总结

提供 QoS 的方法分为两大类：**综合服务**和**区分服务**。综合服务为单个应用程序和流记录提供服务质量，这类 QoS 协议包括流量整形和分组调度。流量整形调节传入数据分组之间的间隔。两种流量整形算法分别是**漏桶**和**令牌桶**。在漏桶流量整形器中，流量以恒定的速率调节，很像漏桶中的水流量。在令牌桶算法中，给每个传入分组分配足够的令牌，如果桶变空，数据分组留在缓冲区，直到生成所需数量的令牌为止。

区分服务(DiffServ)方法为更宽泛的应用提供 QoS 支持。DS 节点的特色之一是**流量调节器**，它保护了 DS 域。流量调节器包括四个主要部件：**计量器**、**标记器**、**整形器**和**释放器**。

网络中的资源分配可以分为固定与自适应、基于路由器与基于主机、基于窗口与基于速率。最后给出了几种资源控制方法。

分组调度是管理队列中的分组，包括几种调度技术：**FIFO**、**优先级排队**、**公平排队**和**加权公平排队(WFQ)**。WFQ 是公平排队的改进，其中每个流 i 被分配一个权重 w_i。另一个版本的 WFQ 是**差额循环**，其中每个流 i 在每一轮服务中分配 b_i 比特的服务配额。

下一章介绍一些特殊用途的路由选择情况，首先是**隧道技术**。另一个主题是地理位置上分离的组织的两个分支如何通过隧道技术和建立虚拟专用网(Virtual Private Network，VPN)来创建安全路径。另外，还包括**多协议标签交换**(Multiprotocol Label Switching，MPLS)和点到点通信等相关主题。

13.7　习题

1. 在漏桶流量整形方案中，为会话初始分配的许可计数为 $w = 4$。每 $4/g$ 秒，计数值恢复到 4。假设分组按泊松分布到达这个系统。

   (a)给出马尔可夫过程对应的前五个平衡方程。

   (b)绘制表示分配给分组许可数量的马尔可夫链，并尽可能多地表示出计算的转移值。

2. 一台小型路由器配备了漏桶流量整形方案；许可的缓冲区容量设置为窗口尺寸 $w = 2$；在 $1/g$ 区间内分组到达为均匀分布，有四种分组到达的可能性，即 $k = 0$、1、2、3 个分组。仅考虑无排队的情况，并假设 $P_0 = 0.008$。

(a) 给出在 $1/g$ 时间内有 k 个分组到达的概率，表示为 $P_X(k)$。

(b) 给出四个概率，分别对应将 0 个、1 个、2 个、3 个许可分配给到达分组的概率。

(c) 给出 0、1、2 三个状态的所有转移概率。

(d) 绘制马尔可夫链，表示前三个状态的许可缓冲区中剩余的许可数量。

3. 连接到邮件服务器的路由器只负责接收和平滑 E-mail 流量。路由器具备漏桶流量整形机制，并且许可缓冲区的容量设置为窗口尺寸 $w = 4$。分组到达率 $\lambda = 20$ 分组/秒，许可到达率为 $g = 30$ 分组/秒，$1/g$ 期间的分组到达服从泊松分布。仅考虑无排队的情况，假设 $P_0 = 0.007$。

(a) 给出在 $1/g$ 时间内有 k 个分组到达的概率，表示为 $P_X(k)$。

(b) 给出四个概率，分别对应将 0 个、1 个、2 个、3 个许可分配给到达分组的概率。

(c) 给出 0、1、2、3 四个状态的所有转移概率。

(d) 绘制马尔可夫链前四个状态，状态为分配给分组的许可数量。

4. 考虑令牌桶的流量整形器，桶的尺寸为 b bit，令牌到达的速率为 v b/s，最大输出速率为 z b/s。

(a) 推导公式 T_b，即以最大速率传输的流所消耗的时间。

(b) 计算 T_b，其中桶的大小为 $b = 0.5$ Mb、$v = 10$ Mb/s、$z = 100$ Mb/s。

5. 如果使用下列服务模式，优先级排队会不会改变分组传输的顺序？

(a) 非抢占式服务。

(b) 抢占式服务。

6. 为了更好地理解资源分配中的公平指数，假设拥塞控制方案可能面临这五种流的情况，流速分别为 $B_1 = 1$ Gb/s、$B_2 = 1$ Gb/s、$B_3 = 1$ Gb/s、$B_4 = 1.2$ Gb/s、$B_5 = 16$ Gb/s。

(a) 只考虑 B_1、B_2、B_3，计算公平指数。

(b) 从 (a) 的结果中能提供什么有用的信息吗？

(c) 现在考虑五个流，计算其公平指数。

(d) 从 (c) 的结果来看每个流，意味着什么？

7. 推导优先级调度器在公式 (13.11) 中用到的平均剩余服务时间 r_i 的表达式 (提示：用 μ_i)。

8. 假设一个优先级调度器有三个完全相同的流 ($n = 3$)，$\lambda_i = \lambda = 0.2$ ms、$\mu_i = \mu = 1$ ms、$r_i = r = 0.5$ ms。计算分组经过各自队列 1、2、3 和服务器的系统总延迟 $E[T_1]$、$E[T_2]$、$E[T_3]$。计算时应用以下操作：

(a) 使用非抢占式优先级调度器。

(b) 使用抢占式优先级调度器。

(c) 评价 (a) 和 (b) 的结果。

9. 我们希望在优先级调度器中比较增加输入数量对总延迟的影响。假设优先级调度器有三个和四个完全相同的流，$\lambda_i = \lambda = 0.2$ ms、$\mu_i = \mu = 1$ ms、$r_i = r = 0.5$ ms。计算分组经过队列 3 的系统总延迟 $E[T_3]$。计算时应用以下操作：

(a) 使用非抢占式优先级调度器。

(b) 使用抢占式优先级调度器。

(c) 解释 (a) 和 (b) 的结果。

10. 假设在一个仅接收等长分组的路由器上处理四个流，这些流的分组按下列虚拟时钟到达。

流 1：4，5，7，9

流 2：1，6，9，12，14

流 3：1，4，8，10，12

流 4：2，4，5，6，12

    (a)给出每个分组传输时的虚拟时钟计数值，使用公平排队。如果两个分组到达时间相同，则选择小号流的分组。

    (b)现在考虑加权公平排队。流 1、2、3、4 分别赋予输出容量权值 10%、20%、30%、40%，给出每个分组传输时的虚拟时钟计数值。

11. 考虑第 12 章讨论的路由器的 IPP 和 OPP，阐明公平排队在路由器中的什么位置以及是如何实现的。

12. 定义加权公平排队调度器的时间参数 s_i、f_i 和 a_i，类似于公平排队调度器。把流的权重 w_i 考虑进来，推导出这些参数之间的关系。

13. 在一个非抢占式的优先级排队系统中，一个低优先级流可保证获得传输链路上总流量 s 的 10%。

    (a)该低优先级流表现得有多好？

    (b)影响高优先级流性能的是什么？

14. 下列两种优先级排队会改变分组顺序吗？

    (a)非抢占式。

    (b)抢占式。

15. 使用本书中随处使用的算法语言(如同这样的语句：Define、Begin、For、If、Otherwise、Receive、Move⋯)，设计简单算法来展示下列调度器的功能特性。假设有 n 个流，你可以做其他任何合理的假设。

    (a)抢占式优先级调度器。

    (b)公平排队调度器。

16. 路由器的每个输出处理器单元有四个输入，分别对接四个不同的流。该单元处于输出口忙而所有队列空的时候，单元以下列顺序接纳分组，请给出分组的发送顺序。

    流：1, 1, 1, 1, 1, 1, 2, 2, 3, 3, 3, 4

    分组：1, 2, 3, 4, 5, 6, 7, 8, 9, 10, 11, 12

    分组长度：110, 110, 110, 100, 100, 100, 100, 200, 200, 240, 240, 240

    (a)假设为公平排队调度器。

    (b)假设为加权公平排队调度器，流 $i \in \{1,2,3,4\}$ 具有权值为 $w_i \in \{10\%,20\%,30\%,40\%\}$ 的输出容量。

17. 图 13.16 所示的四个流 A、B、C 和 D，送到路由器的一个输出口处理，每个分组的标识和到达时间已在图中标注。调度器从流 A 开始扫描各个流，在三种调度器情况下，分别给出分组在该输出口的发送顺序。

    (a)**优先级排队**，优先级从 A 降低到 D。

    (b)**公平排队**，如果两个分组同时到达，选择流号小的分组。

    (c)**加权公平排队**，流 A、B、C、D 的权值分别为输出容量的 10%、20%、30% 和 40%。

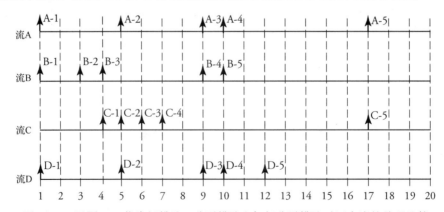

图 13.16 习题 17：优先级排队、公平排队和加权公平排队对四个流的处理比较

18. 图 13.17 显示了将在路由器的一个输出端口传输的四个流(A、B、C 和 D),每个分组的标识和到达时间已显示在图中。调度器从流 A 开始扫描各个流,在三种调度器情况下,分别给出分组在该输出口的发送顺序。

(a)**优先级排队**,优先级从 A 降低到 D。

(b)**公平排队**,如果两个分组同时到达,选择流号小的分组。

(c)**加权公平排队**,流 A、B、C、D 的权值分别为输出容量的 30%、10%、20% 和 40%。

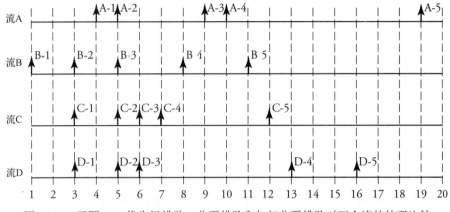

图 13.17 习题 18:优先级排队、公平排队和加权公平排队对四个流的处理比较

13.8 计算机仿真项目

加权公平排队调度器仿真。用仿真工具模拟图 13.14 的加权公平排队调度器的实现。调度器使用加权公平排队方案处理 A、B、C 和 D 四个流。在加权公平排队调度器中,我们假设给流 A、B、C 和 D 的输出容量分别是 20%、10%、40% 和 30%。建立一个分组分类器,可以接收分组,并根据前面的权值封装一个表示优先级的字段。通过每个队列的分组处理统计,画出分组调度的结果。

第14章 隧道技术、VPN 和 MPLS 网络

回到协议参考模型的第 3 层和第 4 层，本章引入一些专用的组网功能，特别是如何在网络上建立**隧道**。在组网中，隧道技术是将分组从一个协议封装入另一个协议中的行为。在与应用相关的通信网络中，**虚拟专用网**(Virtual Private Network，VPN)和**多协议标签交换**(Multiprotocol Label Switching，MPLS)是本章将讨论的两个重要且流行的隧道技术。这两种网络基础设施在某些应用中还可以捆绑在一起使用。本章的主要内容有：

- 隧道技术；
- 虚拟专用网(VPN)；
- 多协议标签交换(MPLS)。

本章首先描述网络中的**隧道技术**，这是本章后续多节内容的基础。隧道技术是将一个分组封装入另一个分组中的行为。本章讨论的隧道技术的一个应用是在支持 IPv4 的网络上用隧道来建立一条传输 IPv6 数据流的路径。

VPN 是一种专用网络利用公用网络的网络基础设施。VPN 通过使用隧道协议和安全规程来维护私密性。根据建立隧道的方法，有两种类型的 VPN，分别是**远程接入 VPN** 和**站点间 VPN**。

MPLS 网络是极好的 VPN 例子。为提高隧道效率，MPLS 可以将多个标签组合在一个分组中，形成用于高效建立隧道的首部。**标签分发协议**(Label Distribution Protocol，LDP)是路由器有效交换信息的一组规则。MPLS 使用**流量工程**技术实现高效的链路带宽分配。这种网络通过在公用网络上建立一个安全**隧道**来运行。最后，我们讨论**覆盖网络**。覆盖网络是在公用网络的物理拓扑结构之上创建虚拟拓扑结构的计算机网络。

14.1 隧道技术

网络中的**隧道技术**是将一个分组封装入另一个分组的行为。封装分组的操作是把整个分组(包括首部和净荷)插入另一个分组的净荷中，使被封装的分组成为数据。隧道技术可以在网络层和传送层协议中形成，涉及的是相同的层次，如 IP-in-IP 隧道。根据之前对五层协议栈模型的理解，很容易看出一个有链路层首部、网络层首部和传送层首部的分组，正是分组的三次封装行为的结果，其中：①净荷被封装在传送层"报文段"中；②"报文段"继而被封装在网络层"数据报"中；③"数据报"被封装在链路层"帧"中。

建立隧道的动作产生了一条虚拟路径，这就是**隧道**。在计算机网络中，隧道类似于公共电话网中的电话线路。作为隧道技术的一个例子，考虑图 14.1 中的两个主机：主机 1 和主机 2。我们想用隧道将这两个主机通过互联网连接起来。假设与主机 1 相邻的路由器准备了具有 IP1、UDP1 和净荷 1 的分组(简单起见，未显示链路层首部)。图中，IP1 表示源地址和目的地址分别是主机 1 和主机 2。

当分组到达隧道起点时，R3 将分组封装入一个具有 IP2 的新分组。IP2 表示隧道内的源和目的地址分别为 R3 和 R6。由 IP1、UDP1 和净荷 1 合成的净荷 2 被视为新分组的净荷。注意本例中，我们假设不需要改变传送层首部，因此，也可以用 UDP1 封装分组。当然传送层首部也可以被封装，但这样的话，新创建的分组就需要使用自己的传送协议。

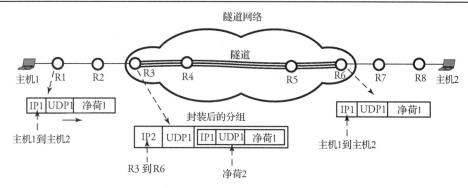

图 14.1 一个自定义的协议分组使用隧道技术穿越互联网

14.1.1 点到点协议(PPP)

也可以使用专用协议来实现隧道技术。隧道是一个相对廉价的连接,因为它通常使用互联网作为其主要的通信形式。除互联网协议外,隧道技术还需要两种类型的协议:

1. **承载协议**,使信息能在公用网络上传播。
2. **封装协议**,对数据进行包裹、封装和安全防护。

隧道技术的基本概念是将分组从一个协议封装入另一个协议中。因此,也可以将隧道定义为一种在下层使用的封装协议。建立隧道的协议,如点到点协议(Point-to-Point Protocol,PPP)或点到点隧道协议(Point-to-Point Tunneling Protocol,PPTP)都是封装协议,它允许一个组织团体使用公共资源建立从一点到另一点的安全连接。PPP 连接是用户与互联网服务提供者之间的串行连接。

例:图 14.2 中,建立一条 UDP 隧道连接的同时还存在另一条虚拟 PPP 连接。在这个网络场景中,IP 地址为 134.43.0.1 的主机建立了经由 R1、R2、R3 和 R4 到 IP 地址为 134.43.0.10 的服务器的 TCP 连接。该 TCP 连接在 134.43.0.0/21 网络上享受 PPP 封装提供的特权。由于 R2 和 R3

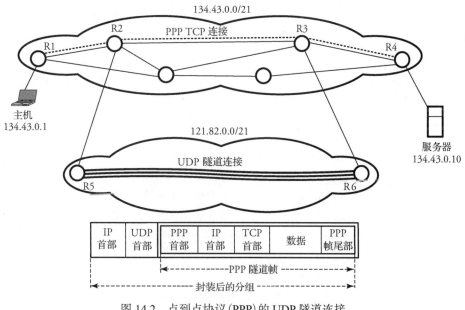

图 14.2 点到点协议(PPP)的 UDP 隧道连接

之间预期有较大的通信流量，网络管理员构建了一条到另一个独立网络 121.82.0.0/21 的连接，作为可能的隧道通路备选。路由器 R2 已配置为将流量转给 R5，通过独立网络 121.82.0.0/21 建立一条 UDP 隧道。该隧道建立是将接口层协议(图中的 PPP 帧)封装在 UDP 传送层协议中。R5 处形成的封装后的分组如图所示。一旦封装后的分组抵达 R6，即被解封送给 R3，并继续沿原来的路径送往服务器。

14.1.2　IPv6 隧道技术和轻量级双栈

由于 IPv4 和 IPv6 网络不能直接进行互操作，隧道技术可促进互联网从 IPv4 基础设施向其继任的 IPv6 寻址和路由系统过渡。图 14.3 展示了可以解决 IPv4 和 IPv6 环境间路由问题的隧道技术。假定 IPv4 网络中的主机 1 与同一个网络中的主机 2 连接，该连接产生的 IPv4 分组如图中所示。与此同时，假设 ISP 的这个区域中的网络管理团队已将网络配置成 IPv4 流量必须通过中间的 IPv6 网络，形成如图中所示的隧道。隧道技术背后的基本思路是两个 IPv4 路由器 R2 和 R7 希望使用 IPv4 分组进行互操作，但是它们中间连接的是 IPv6 路由器，R3 和 R6 在这里成为 IPv4 到 IPv6 转换(反之亦然)的路由器，形成了隧道。

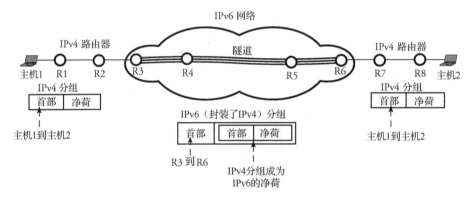

图 14.3　IPv4 分组通过 IPv6 网络的隧道技术

使用隧道技术时，隧道发送端的第一个路由器 R3 将整个 IPv4 分组插入 IPv6 数据报的净荷字段中，然后将 IPv6 分组(数据报)的目的置为隧道的接收端点 R6，并发送给隧道中的第一个路由器。在 IPv6 网络内部，IPv6 路由器在它们之间转发这种 IPv6 分组，如同转发其他的 IPv6 分组一样，丝毫没有意识到 IPv6 分组中封的是 IPv4 分组。隧道末端的 IPv6 到 IPv4 转换路由器 R6 最终收到了 IPv6 分组，从中取出 IPv4 分组，如同接收到 IPv4 分组一样将其发往目的地主机 2。

轻量级双栈协议

轻量级双栈是 IPv4 向 IPv6 过渡中的一个标准。配备了轻量级双栈协议的任何网络设备，包括路由器或服务器，都具备 IPv4 和 IPv6 的完整实现。一个轻量级双栈设备具有传输和接收 IPv4 与 IPv6 两种分组的能力。这种设备拥有 IPv4 和 IPv6 两种地址，在与 DNS 服务器交换名字或 URL 时，能够向 DNS 表明需要的是 IPv4 地址还是 IPv6 地址。

14.2　VPN

VPN 是在公用网络上虚拟创建的专用网络。专用网络通常有其组织拥有的客户机和服务器，彼此共享特定信息。服务器确信只有它们自己在使用专用网络，它们与其用户之间传递的信息只能由授权使用该专用网络的成员看到。因此，VPN 可以看作公用网络上模拟的专用网络。专用网络与公用网络的分界线通常设在网关路由器处，网关路由器还连接了防火墙，以将公用网络上的入侵者阻挡在专用网络之外。

随着企业的全球化，许多公司的机构遍布世界各地，并部署 VPN 来维持各分支机构之间快捷、安全、可靠的通信。VPN 使得公司的主机能够穿越共享或公用网络进行通信，就如同它直接连接在专用网络上一样，同时还享有专用网络所具有的功能、安全和管理策略。这是通过使用专用或预定义的连接建立安全的虚拟点到点连接来实现的。要为个人或一个公司建立一个 VPN，需要实现下面两个基本功能：

1. 分组封装和建立隧道；
2. 网络安全。

分组封装和建立隧道已经在前一节中介绍了。VPN 的一个令人惊叹的启示是用户使用的协议或 IP 地址不被公用网络上的 ISP 支持时，将分组放入另一个 IP 分组中就可以通过互联网安全发送。这是通过分组封装实现的。VPN 可以把一个无法路由的 IP 分组(通常会被 ISP 阻塞)放入具有不同目的 IP 地址的分组中，从而在互联网上扩展专用网络。这种分组的封装功能结果就是隧道。VPN 通常依靠隧道技术来创建穿越公用网络的专用网络。位于公司主楼之外的公司员工可以用点到点连接在互联网上创建隧道。由于建立的隧道连接通常在互联网上运行，因此需要安全。

一条连接的**网络安全**通常利用公钥加密、认证、IPsec(已在第 10 章中讲述)来提供。注意大多数一层和二层 VPN 不需要加密，例如，大型公司用来隔离项目或用户的以太网 VLAN 不需要加密。

用户可以使用住宅接入方式连接到互联网上，并使用 VPN 接入其工作办公室。使用 VPN 服务的原理是基于专用路由转发，即在实际物理网上的虚拟专用域中转发分组。这可以通过端点连接处的一对边缘路由器来实现。如果流量需要在多个 VPN 之间行进，就要用到从其他边缘路由器接收到的动态路由选择信息。

VPN 通过使用隧道协议和安全程序来进行私密部署。图 14.4 显示了两个组织，组织 1 和组织 2，它们通过各自对应的内部节点和公用边界路由器 R1 和 R3 连接，在公用网络中形成隧道。公用网络可以由互联网上一系列的广域网组成。这种结构和这两个组织用自己的网络一样，性能相同，但成本却低得多。它们通过使用共享的公共基础设施就可以实现。创建 VPN 为组织带来的好处有：

● 扩展了通信的地理范围；
● 降低了运行成本；
● 增强组织化管理；
● 简化成局域网，增强了网络管理；
● 改善生产力、增进全球化。

由于每个用户无法控制线路和路由器，互联网的一个问题仍然是缺乏安全性，特别是当隧道暴露在公共环境时。因此，当 VPN 试图使用公共资源连接两个专用网络时，仍然容易受到安全问题的困扰。实际使用 VPN 的一个挑战就是找到最佳的安全性。在讨论 VPN 安全性之前，我们先了解一下 VPN 类型。根据建立隧道的方式，VPN 有两种类型：**远程接入 VPN 和站点间 VPN**。下面两节将讨论这两种方法。

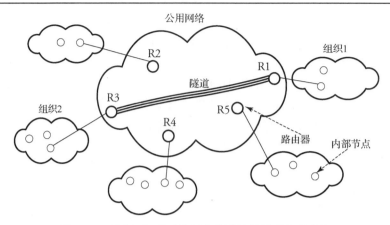

图 14.4 两个组织通过使用公共设施的隧道实现连接

14.2.1 远程接入 VPN

远程接入 VPN 是一种用户到 LAN 的连接，团体组织用它将用户从不同的远程位置连接到专用网络。大型的远程接入 VPN 通常外包给互联网服务提供者来建立**网络接入服务器**，在公司园区外工作的员工可访问到网络接入服务器，并使用 VPN 软件访问公司网络。远程接入 VPN 允许在通过第三方服务者的组织专用网络和远程用户之间建立加密连接。

市面上 VPN 的业务服务有三种类型：三层 VPN、二层 VPN 和增强型互联网接入。可以在本地接入上使用各种分组封装。最简单的方法是在用户和网络边缘路由器之间使用基于 DHCP 的以太网上的 IP（IP over Ethernet，IPoE）寻址和封装。

远程接入 VPN 建立隧道主要使用 PPP 协议。PPP 是在主机与远程站点之间进行网络通信过程中承载其他互联网协议的载体。除了 IPsec，与 PPP 相关的其他类型协议还有二层转发协议（Layer 2 Forwarding，L2F）、PPTP 和二层隧道协议（Layer 2 Tunneling Protocol，L2TP）。L2F 使用 PPP 支持的认证方案。PPTP 提供 40 bit 和 128 bit 加密，并使用 PPP 支持的认证方案。L2TP 结合了 PPTP 和 L2F 的特性。

14.2.2 站点间 VPN

通过使用有效的安全技术，组织可以通过公用网络连接多个固定站点。**站点间 VPN** 可分类为内联网（Intranet）和外联网（Extranet）。

- **内联网** VPN 将组织的远程站点 LAN 连接到单个专用网络中。
- **外联网** VPN 允许两个组织通过连接其 LAN 的隧道，建立起一种共享工作环境。

图 14.5 显示了目前讨论的三种 VPN。组织 1 的总部主园区和它的分支园区通过内联网 VPN 隧道连接。例如，主机 1 可以通过 R1 和 R3 安全创建内联网 VPN，以便连接到主机 6。组织 1 的总部还可以通过需要在 VPN 隧道上应用不同安全等级的外联网 VPN 隧道连接到组织 2。例如，组织 1 的主机 2 可以通过 R1 和 R2 安全创建外联网 VPN，以连接到组织 2 的服务器。位于远程区域的组织 1 员工可以通过远程接入 VPN 访问其公司。例如，属于组织 1 的主机 4 可以通过 R4 和 R1 安全创建远程接入 VPN，以便连接到主机 3。每个远程接入成员都必须在安全通道中通信。使用 VPN 的主要好处是以合理的成本获得**可扩展性**效果。当然，两个通信组织的物理距离和虚拟距离对构建 VPN 的总成本有很大的影响。

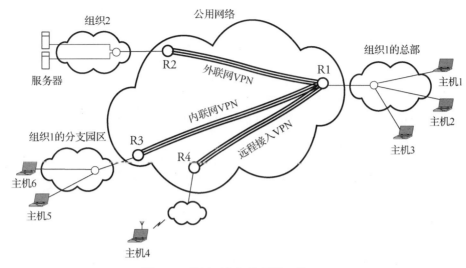

图 14.5　往返于组织总部的三种 VPN

在站点间 VPN 中，**通用路由封装**(General Routing Encapsulation，GRE)是常规的封装协议。GRE 提供了基于 IP 协议的封装框架结构。有时会使用隧道模式的 IPsec 作为封装协议。IPsec 在远程接入 VPN 和站点间 VPN 上都工作良好，但隧道两端都必须支持 IPsec。L2TP 可以用于站点间 VPN。L2TP 完全支持 IPsec 功能，可用作远程接入 VPN 的隧道协议。

14.2.3　VPN 的安全性

VPN 没有具体的硬件，使用通过互联网的虚拟连接实现从公司专用网络到远程站点的通信。公司可以创建自己的 VPN 来满足远程员工和远程办公点的通信需求。本节介绍保障 VPN 连接安全性的方法。有良好保护的 VPN 使用防火墙、加密系统、IPsec 功能和认证服务器。

防火墙在专用网络和互联网之间提供了有效的屏障。可以设置防火墙来限制开放端口的数量，监视流经的分组类型，以及允许通过哪些协议。认证服务器为更安全地接入远程接入环境执行认证、授权和记账。当建立会话的请求到来时，该请求被导入该服务器中。然后，服务器将检查发送者是谁(认证)、允许做什么(授权)，以及实际做了什么(记账和计费)。

14.3　MPLS

MPLS 是隧道技术的另一个例子。MPLS 是一种应用到互联网主干网的技术，允许通过融合的路由基础设施更快地承载多种协议。这个技术提供路由器之间的快速转发速率。在 MPLS 网络中，网络边缘的路由器是最复杂的。在边缘路由器中创建用户服务，如策略、速率限制、逻辑电路和地址分配。在每对用户之间的特定连接中，边缘路由器要清晰地分离复杂边界并创建服务，而中间路由器主要完成基本的分组转发工作，即将 MPLS 分组从一个接口交换到另一个接口。

MPLS 提高了互联网的整体性能和延迟特性。MPLS 传输是一种特殊的隧道技术，也是一种高效的路由机制。它的面向连接转发机制与第 2 层标签查询机制相结合，让**流量工程**有效地实现了对等 VPN。这项技术为基于 IP 的网络增加了新功能：

● 面向连接的 **QoS** 支持；

- 流量工程;
- VPN 支持;
- 多协议支持。

　　传统的 IP 路由有不少局限性,从可伸缩性问题到支持流量工程的问题。IP 主干网还与大型服务提供者网络的第 2 层集成不良。例如,VPN 必须使用服务提供者的 IP 网络来建立专用网络,同时要把窥视流量的眼光屏蔽在外。在这种情况下,VPN 的归属权在常规 IP 网络中不能进行很好的工程实现,其结果是隧道的建立效率低下。

　　MPLS 为 IP 层增添了一些传统的第 2 层功能和服务,如流量工程。MPLS 控制和转发组件的分离,使得在第 2 层和第 3 层协议间具备了多层次、多协议的互操作能力。MPLS 在分组上附加的小标签或标签栈提高了路由决策的效率。另一个好处是 IP 网络与快速交换能力结合的灵活性。

　　MPLS 网络架构还支持其他应用,如 IP 多播路由和 QoS 扩展。MPLS 的强大之处在于采用简单的标签交换实现几乎所有的网络应用,包括流量工程和对等 VPN。MPLS 的主要优点之一是路由层与交换层的集成。标签交换协议的开发贯穿所有现有的第 2 层和第 3 层结构,是网络的一个主要发展方向。

14.3.1　标签和标签交换路由器

　　在 MPLS 网络中,任何进入 MPLS 网络的 IP 分组都封装到一个称为**标签**的简单首部中。因此,整个路由基于为分组分配的标签。MPLS 引人入胜的特点是在网络上所有的路由处理都是针对简单的标签而不是 IP 首部。需要注意的是,标签仅具有本地意义,这种做法极大减轻了网络管理的负担。

　　MPLS 网络由称为**标签交换路由器**(Label Switch Router,LSR)的节点组成。LSR 根据其**转发表**交换标签分组。转发表的内容由分配给数据流量的标签组成。LSR 有两个彼此独立的功能组件:控制组件和转发组件。控制组件使用第 5 章中介绍的路由选择协议,如 OSPF 和 BGP。控制组件还具有与其他 LSR 交换信息从而建立和维护转发表的功能。图 14.6(a)展示了一个常规路由器的抽象模型。我们应该还记得第 12 章的内容,典型的路由器主要由 IPP、OPP、交换引擎和控制器组成。图 14.6(b)显示了标签交换路由器的模型。应该注意到,LSR 使用单独的转发表来存储标签。转发表与路由表有交互,以便进行 IP 地址到标签的转换,反之亦然。

　　图 14.7 显示了 IP 与 MPLS 的基本比较。图 14.7(a)是典型的 IP 网络,源主机(即主机 1)连接到目的主机(即主机 2)。产生的 IP 分组从边缘路由器 R1 进入广域 IP 网,使用第 5 章所学的相关路由选择协议穿过网络,最终到达边缘路由器 R2 并离开。图 14.7(b)是一个 MPLS 网络,与 IP 网络进行对比;进入 MPLS 网络的任何 IP 分组都用标签进行封装。因此整个路由就基于分配给分组的标签。我们将在下一节中看到这项技术如何有效减少分组处理和路由的时间。

　　给每个分组分配标签使得标签交换方案高效又快捷地执行路由过程。在图 14.7(b)中,MPLS 网络的边缘 LSR 是入口 LSR1 和出口 LSR2。可以看到 LSR 只处理标签首部来转发分组,首部格式取决于网络特性。LSR 只读取标签,并不关心网络层分组首部的内容。MPLS 扩展性的关键点在于标签只在通信的两个设备间有效,当分组到达时,转发组件使用分组的标签作为索引在转发表中查询匹配项,然后转发组件将分组通过交换引擎从输入接口送向输出接口。

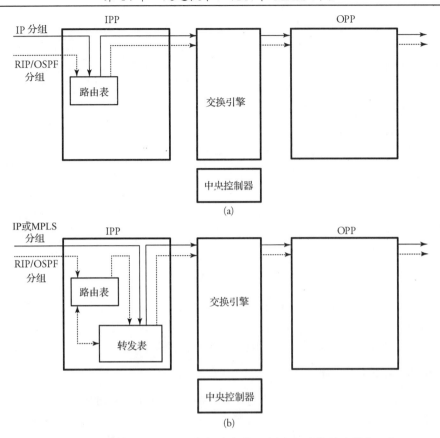

图 14.6　抽象模型比较：(a)常规路由器；(b)标签交换路由器(LSR)

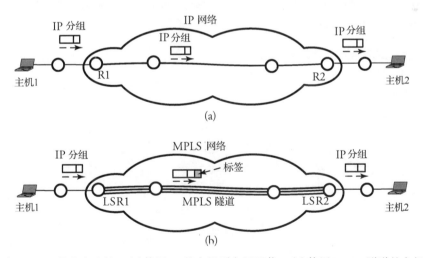

图 14.7　IP 与 MPLS 的基本比较：(a)使用 IP 的主机到主机通信；(b)使用 MPLS 隧道的主机到主机通信

14.3.2　标签绑定与交换

图 14.8 显示了 MPLS 网络的标签交换范例。假定边缘设备 LSR1 是 MPLS 网络的入口 LSR，LSR1 执行最初的分组处理、归类并分派第一个标签。图中，标签 5 分派给目的地址为 185.2.1.1 的新到达 IP 分组。注意，在分组到达之前，作为网络路由配置的一部分，LSR1 已经向 LSR2 发出

了请求，要把标签 5 分派给目的地址为 185.2.1.1 的所有分组，因此这两个 LSR 在标签 5 的路由上达成一致。这种两个相邻 LSR 之间就某个标签的路由应用提前达成一致的做法称为**标签绑定**。这样一来，当目的地址为 185.2.1.1 的 IP 分组到达时，LSR1 不需要采取更多的动作就知道必须为分组分派标签 5。读者应该能够理解在 MPLS 域中路由变得如此简单是多么的奇妙。入口 LSR 总是创建第一个标签。

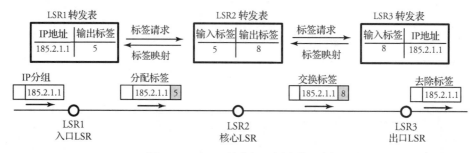

图 14.8　MPLS 的多级二层交换示例

核心 LSR，即图中的 LSR2，把到达的 MPLS 分组中的标签换成转发表中相应的下一跳标签。在核心 LSR 中标签 5 被换成标签 8。最后，在网络另一端的另一个边缘路由器，即**出口 LSR**(图中的 LSR3)，是一个出站边缘路由器，它将取出分组中的标签。

标签交换路径和转发等价类

图 14.9 显示了一个 MPLS 网络，网络上有 6 个作为入口或出口 LSR 的边缘 LSR，表示为 LSR1～LSR6，一个核心 LSR 表示为 LSR7。当 IP 分组进入 MPLS 域时，入口 LSR 处理分组的首部信息，将分组映射到**转发等价类**(Forward Equivalence Class，FEC)。所有的数据流都要归并到相应的 FEC 上。一个 FEC 意味着一组 IP 分组将以相同的方式转发，如相同的路径或相同的转发处置方法。分组根据如下准则映射到某个 FEC 上：

- 源和/或目的 **IP** 地址，或 **IP** 网络地址；
- **TCP/UDP** 端口号；
- 服务类别；
- 应用程序。

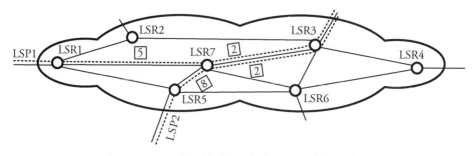

图 14.9　LSP 充当每对入口和出口 LSR 之间的隧道

现在，需要阐明穿越网络的**标签交换路径**(Label Switched Path，LSP)，也要确定这条路径上的 QoS 参数。LSP 类似于隧道。图 14.9 中有两条 LSP，LSP1 定义了入口 LSR1、核心 LSR7 和出口 LSR3 的路径。同样，另一个 LSP 为 LSP2，定义了入口 LSR5、核心 LSR7 和出口 LSR3 的路径。

LSP 合并

MPLS 技术引人注目的一个特点是 LSP 合并。如果两个或多个 LSP 的出口 LSR 相同，它们就可以合并在一起。参考图 14.9，LSP1 和 LSP2 在 LSR7 处合并在一起，因为这两个 LSP 的出口 LSR 都同为 LSR3。LSP 合并在加速路由处理上效果显著，这是因为处理这些流时只需处理一个标签。

核心 LSR 的分组转发基于标签交换机制。当核心 LSR 收到一个标签分组时，将读取分组的标签，作为索引号在**输入标签映射表**中查找对应的下一跳标签。MPLS 首部中的标签被换成输出标签后送往下一跳。这种简单的短标签完全匹配的分组转发方法替代了 IP 路由的最长前缀匹配的分组转发方法，简化了路由的处理过程。这种方法真正的好处是转发分组时路由器处理的是短标签而不是 IP 首部。一旦分组到达出口 LSR，即解封其 MPLS 首部，去除 MPLS 首部后的分组被送往其目的地。

总体来讲，MPLS 域有三种标签操作指令：入口 LSR 创建新标签并将其压入分组的标签栈中，**核心 LSR** 将分组的输入标签换成在转发表中找出的下一跳标签，出口 LSR（出站边缘路由器）从标签栈中弹出标签。只有栈顶的标签决定转发决策。出口 LSR 去除标签，读取 IP 首部，将分组转发给它的最终目的地。

14.3.3　MPLS 域内路由选择

MPLS 域内路由选择需要两个预备动作：链路状态更新和 LSP 构建。每个 LSR 都需要更新它自己的链路可用带宽和成本。如我们在第 5 章中学到的，掌握链路成本能帮助路由器产生它的成本和路由表，这同样也适合 MPLS 网络。MPLS 网络还需要掌握自己链路的可用带宽信息。有了这两个关于链路的信息，每个入口 LSR 都可以构建到网络上所有出口 LSR 的最佳 LSP。一条 LSP 直观上可看作一条隧道，构建的 LSP 保留在入口 LSR 的转发表中供路由使用。LSP 必须随时加以更新，在链路状态出现重要变化信息时及时更新。

创建两个预备属性，即链路状态更新和入口、出口及核心 LSR 上的 LSP，为网络路由做好准备。MPLS 网络中的路由选择是基于 LDP 和流量工程的，这将在下一节中描述。

LDP

LDP 是 LSR 将 FEC 通告给另一个 LSR 的一组规则。LDP 让两个 LSR 互相了解对方的 MPLS 能力。LSP 机制有**下游按需分发**和**下游自主分发**两种。下游按需分发方式，是上游节点明确地向下游节点请求标签，下游节点形成请求的标签。下游自主分发方式，是下游节点不需要收到请求就对外宣告标签的映射。两种机制的 LDP 都可用于显式和逐跳路由中，但是，简单的 LDP 可以使用路由选择协议（如 OSPF）来设计路由，因为逐跳路由不遵循流量工程。

开始使用 LDP 构造转发表的算法

1. **入口 LSR**：从输入分组中提取出最终目的 IP 地址
2. **入口 LSR**：构成到目的出口 LSR 的 FEC
3. **入口 LSR**：确定到目的出口 LSR 的最佳 LSP
4. **标签绑定**：每个 LSR 用 LSP 向下一个 LSR 请求标签
5. **入口 LSR**：形成转发表

QoS 参数定义了路径需要用多少资源、如何排队及采用的丢弃策略。为实现这些功能，路由器之间使用两个协议交换必需的信息：域内路由选择协议（如 OSPF）用来交换路由选择信息，LDP

用来分配标签。在该过程结束时，路由器根据 FEC 的需要在分组中附上适当的标签，并将分组转发出去。

例：图 14.10 显示了 MPLS 网络作为连接到 IP 地址块为 3:1:AA:0:1::/81 的 IPv6 网络 3 的宽带网架构的一部分的例子。另外还有两个 IPv6 网络 1 和 2，地址块分别为 1::30:1C:1/78 和 2::D8:0:1:1/95。所有的链路提供最小 20 Gb/s 的带宽。一个目的地为 3:1:AA:0:1:: 的分组到达入口 LSR1。表 14.1、表 14.2 和表 14.3 分别为入口 LSR1、核心 LSR4、出口 LSR6 的转发表，假设从 LSR1 到网络 2(分组的第一个目的地)的最佳路径是 LSR1-LSR4-LSR6。

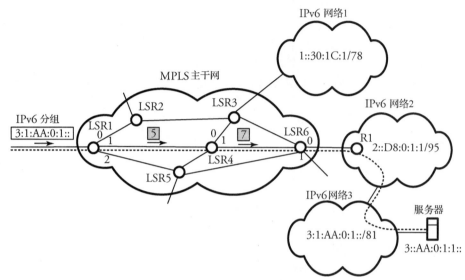

图 14.10   MPLS 主干网络中的路由

表 14.1   图 14.10 中入口 LSR1 的转发表

下一个目的地	输出标签	输出端口	最终目的地	FEC	LSP	BW	备用 LSP
2::D8:0:1:1/95	5	1	3:1:AA:0:1::	FEC1	<LSR1,4,6>	20Gb/s	<LSR1,5,6>

表 14.2   图 14.10 中核心 LSR4 的转发表

输入标签	输出标签	输出端口	下一个目的地	FEC	LSP
5	7	1	2::D8:0:1:1/95	FEC1	<LSR1,4,6>

表 14.3   图 14.10 中出口 LSR6 的转发表

输入标签	下一个目的地	输出端口
5	2::D8:0:1:1/95	0

14.3.4   MPLS 分组格式

图 14.11 显示了 IP 分组的 MPLS 首部封装。MPLS 标签是由以下几个字段组成的 32 bit 字段：

● **标签值**是一个 20 bit 字段的标签，仅在本地有效。
● **Exp** 是一个 3 bit 字段，预留给将来的实验使用，如 QoS 优先级。
● **S** 置为 1 表示为标签栈的最后一个标签，对于其他标签则置为 0。
● **生存时间**是一个 8 bit 字段，用于对跳数值进行编码，防止分组在网络中无限循环。

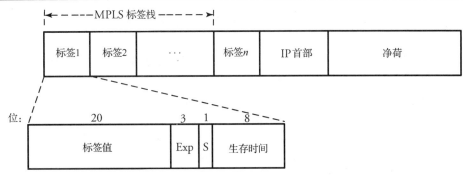

图 14.11　IP 分组的 MPLS 首部封装

MPLS 使用**标签栈**结构，让网络具有多级层次结构的路由能力。标签具有较小的转发表尺寸，使网络的运转更快，对网络扩展来讲，这是一个很好的特性。

应当指出的是可以将多个标签附加到一个分组上，形成标签栈。标签栈允许多级层次路由。例如，BGP 标签用于从一个 BGP 发言者到另一个 BGP 发言者的更高层次的分组转发，而**内部网关协议**(Interior Gateway Protocol，IGP)标签用于自治系统内的分组转发。转发分组时，只有处于堆栈顶部的标签才用作转发决策。

14.3.5　多重隧道路由

在前面已经提到过，标签只有本地含义。这就消除了可观的网络管理负担。MPLS 分组携带的标签数由源的实际需要来决定。处理 MPLS 分组时总是处理最顶层的标签。标签的堆栈特性可以用来将多个 LSP 聚合成单个 LSP 作为路径的一部分，从而创建 MPLS **隧道**。图 14.12 显示了一个 IP 分组穿越 MPLS 域的情景。当一个贴上标签的分组到达入口 LSR 时，每个到达的分组都被解析并分类为不同的 FEC。这种流量分类机制为**区分服务**提供了划分流量的能力。

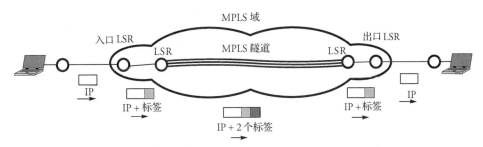

图 14.12　IP 分组在 MPLS 域中贴上标签，经过隧道抵达域的另一端

路径选择既可以用逐跳选择路由来实现，也可以用预定义路由来实现。逐跳选择的路由中，每个 LSR 为各个 FEC 独立选择下一跳，这种方式不支持流量工程，因为可用资源有限。预定义路由可以充分发挥流量工程的优势。在这种方式下，对给定的 FEC，由单个 LSR 来确定 LSP。对预定义路由而言，LSP 中的 LSR 都是确定的，而逐跳选择路由的 LSP 只有某些 LSR 是确定的。

在引入了约束条件的路由中，FEC 可以用不同的服务约束把流量隔离成不同 QoS 等级，以提供各种各样的服务，如延迟约束的语音流量和安全约束的 VPN。在隧道的起始端，LSR 为来自多个 LSP 的分组赋予相同的标签，并把标签压入各分组的标签栈，在隧道的另一端，另一个 LSR 弹出栈顶的标签，让下一个标签展现出来。

例：图 14.13 显示了两个 MPLS 网络，即彼此连接的网络 1 和网络 2。一个 IP 分组进入网络 1

的入口 LSR，即 LSR1。该网络将标签 5 "压入" 分组。假定网络 1 内有一个隧道，承载用到网络 2 上的标签，此处是标签 8。这是处理流量中特定流的常规技术。于是，在网络 1 的隧道起始处，标签 5 切换成另一个标签，即标签 3，还有要在网络 2 中使用的标签 8，都压入该分组中。再次提醒，在网络 1 内部创建的隧道，能把 IP 分组连同它的标签 8 一起封装进标签为 3 的 MPLS 分组中，享受到了用两个标签来传输 IP 分组的好处，分组的顶部标签为 3。当这个多标签分组到达 LSR3 时，只有顶部的标签即标签 3 被切换成了另一个标签，为标签 6。后续的过程类似，直到分组到达隧道的末端 LSR5，此处为标签 4，它属于网络 1 的标签，该标签从分组中弹出，保留了标签 8 的分组送到了网络 2 上。此图还显示了在网络 2 出口处，所有标签都被弹出，分组继续它在 IP 域中的旅程。

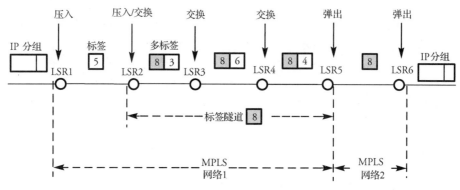

图 14.13　带有多个标签的分组的标签栈示意图

14.3.6　流量工程

从互联网服务提供商的角度来讲，高质量的连接可能是昂贵的。**流量工程**可以让 ISP 用高品质的流量在吞吐率和延迟方面向用户提供最好的服务。流量工程的手段可以减小网络连接的代价，可以不再需要用人工配置网络设备，建立显式路由。在 MPLS 中，流量工程是一种对控制信令和链路带宽分配具有动态自适应调节机制的方案。

流量工程可以是**面向流量**的或者是**面向资源**的。面向流量的流量工程是关于流量性能参数的优化，如最小化分组丢失率和延迟、节点或链路故障的快速恢复，而面向资源在技术上是最优化网络资源利用率。

例： 图 14.14 显示了 MPLS 网络流量工程的一个例子。假定路由器 R1 有分组要送到 R2 上。采用基于 OSPF 的路由选择策略，建立的最短路径可能会忽略 R3 已经遭遇了拥塞的情况。作为对比，采用基于 MPLS 的路由选择策略，就能明确地建立一条避开拥塞节点 R3 的 LSP。在这种情况下，如果使用基于约束的路由选择算法，则可动态建立一条避免拥塞节点 R3 的 LSP，也许该路径会更长一些。这种路径处理能力对流量工程是非常有吸引力的。

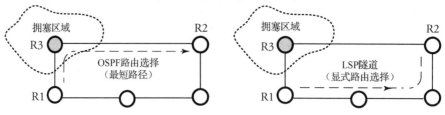

图 14.14　一种流量工程的场景

14.3.7　基于 MPLS 的 VPN

广域网的域内路由选择和域间路由选择方案中需要虚拟专用网的路由选择操作。VPN 的建立隧道请求可以在边缘路由器上处理。例如，基于多协议的 BGP 用基于 MPLS 的 VPN 来实现就非常容易，还可以用 MPLS 来管理 VPN 站点和 VPN 成员，享用 MPLS 流量工程特性。在 MPLS 网络中，采用能感知 MPLS 的用户设备提供的服务来部署 VPN，其方法如同在互联网中部署服务一样容易。

MPLS 网络域的作用是担当 VPN 用户间的主干网。并且，核心 LSR 充当**提供路由器**，边缘路由器担当**客户边缘路由器**。客户边缘路由器通过 MPLS-BGP 向其他提供路由器分发 VPN 信息。为了通过 MPLS 主干网转发为 VPN 封装的 IP 分组，分组的 MPLS 标签栈的顶层标签用于标识分组的主干网出口，栈中第二级标签用于标识 BGP 的下一跳。当收到其他路由器送来的常规封装的 IP 分组，入口客户边缘路由器执行 "IP 最长匹配"，找出该分组对应的 VPN，以及分组在 VPN 上对应的下一跳。倒数第二个 MPLS 路由器转发该分组并弹出顶部标签，以便客户边缘路由器可以基于分配给 VPN 的第二级标签转发分组。

14.4　总结

我们对隧道问题的讨论始于 VPN，即在公用网络上建立专用区域。隧道技术是将分组数据段从一个协议搬移到另一个同层或更高层协议的封装技术。使用 VPN 的组织在服务提供者的 IP 网络上建立专用网络来传输自己的数据业务。

隧道技术有两种形式：从用户连接到 LAN 的**远程接入**隧道技术，以及组织通过公用网络连接多个固定站点的**站点间**隧道技术。主园区之外的员工可以使用 PPP 连接创建通过互联网访问公司资源的隧道。PPTP 和 L2TP 都依赖于 PPP 在二层隧道中封装分组。

MPLS 提升了传统 IP 传输的整体性能，特别是建立了更加有效的 VPN。在 MPLS 中，可以在分组中用多级标签形成首部，在 LSR 上实现高效的隧道。LDP 是 LSR 与其他 LSR 交流的一组规则。MPLS **流量工程**特性是控制信令处理和链路带宽分配的自动化机制，用于改善网络的运行质量。

下一章将开始一个新主题，我们将探讨光交换网和其他光网络方面的内容。光网络是高速网络的主干。

14.5　习题

1. 假设一个具有 VPN1 功能的用户客户机试图访问 IPv6 地址为 1001:DB8:8:D3:7:: 的服务器，这个地址已经被 ISP 阻止了。VPN1 提供给客户机的虚拟地址是 4444:D33:8:43:4::，这是 ISP 许可的地址。

   (a) 给出能让用户的分组成功抵达目的地的分组封装。

   (b) 现在假定这个连接还要经过另一个 ISP，没有别的选择。但该 ISP 却阻止了连接的客户机地址 4444:D33:8:43:4::。客户机被要求用 VPN2、以地址 1111:CC:C:23:2:: 来穿过这个中间的 ISP。给出用户的分组能成功抵达目的地的分组封装层次结构。

   (c) 给出这个连接的网络安全设置。

2. MPLS 网络中的标签路由与 VPN 隧道相似，从以下两方面比较这两种方案。

   (a) 流量工程能力。

   (b) 安全。

3. 考虑网络上由 6 个节点串联起来的路径。计算该路径上两跳长度隧道的数量。

4. MPLS 网络的标签为 20 bit 长。

    (a)每个 LSR 可生成多少个不同的标签?

    (b)说明该标签域足够 MPLS 网络使用。

5. MPLS 网络上的流量工程可在如下两个地方实现,比较它们的优缺点。

    (a)输出节点估算去往和来自所有入口节点的路由。

    (b)预先指定的路由器为所有 LSR 估算路由和传播延迟。

6. 考察图 14.10 所示的 MPLS 网络。假设从 LSR1 经 LSR4 到 LSR6 的 LSP 因流量拥塞不再是最好的选择。流量工程分析了可用带宽后的结果是需要采用另外路由的 LSP,流量工程的分析情况如下:LSR5 到 LSR4、LSR4 到 LSR3、LSR5 到 LSR6 的链路可用带宽都是 800 Mb/s,其他非拥塞的链路带宽为 340 Mb/s。

    (a)给出 LSR1 更新后的转发表。

    (b)给出 LSR4 更新后的转发表。

    (c)给出 LSR6 更新后的转发表。

7. 在 4 个节点全连接的 MPLS 网络上,4 个节点(LSR1、LSR2、LSR3、LSR4)的位置分别在正方形的四个角上。假定所有的链路都是双向的,所有的流量都可以从任意一个 LSR 进入网络。

    (a)场景 1,假定流量仅可从入口 LSR1 进入网络。考虑任何路径的长度约束条件是最多两跳的情况下,LSR1 绑定流量至少需要多少不同的标签?

    (b)场景 2,假定流量仅可从入口 LSR2 进入网络。在 LSR1 上绑定流量至少需要多少不同的标签?

    (c)场景 3,假定流量仅可从入口 LSR1 和 LSR2 进入网络。考虑任何路径的长度约束条件是最多两跳的情况下,LSR1 绑定流量至少需要多少不同的标签?

    (d)网络中最多存在多少个不同的 FEC?

8. 考虑图 14.15 所示 MPLS/IP 网络中,所有到达入口 LSR1 和 LSR2 的分组的目标 IP 网络为 192.18.23.3/24 或 192.17.24.3/25。圆圈旁的数值表示 LSR 的端口号,链路上的数值表示从 OSPF 协议获得的链路代价值。链路是单向的,从流量工程角度看,所有链路的带宽都足够。设计如下路由器的转发表内容。

    (a)入口 LSR1。

    (b)核心 LSR3,用于绑定流量的标签为 31~39。

    (c)核心 LSR4,用于绑定流量的标签为 41~49。

    (d)出口 LSR5,用于绑定流量的标签为 51~59。

    (e)出口 LSR6,用于绑定流量的标签为 61~69。

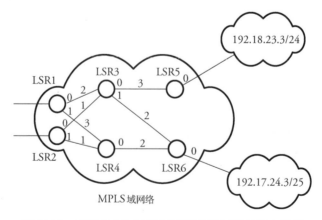

图 14.15　习题 8 中从 MPLS 网络到 IP 网络的路由案例

9. 考虑图 14.16 所示 MPLS/IP 网络中，所有到达入口 LSR1 的分组的目标 IP 网络为 192.3.18.4/21，所有到达入口 LSR2 的分组的目标 IP 网络为 174.4.11.5/24。圆圈旁的数值表示该 LSR 的端口号，链路上的数值表示从 OSPF 协议获得的链路代价值。链路是单向的，从流量工程角度看，所有链路的带宽都足够。设计如下 LSR 的转发表内容。各个 LSR 使用的标签值为两位数，起始标签值从该 LSR 的序号开始（例如，LSR2 使用的标签值为 20～29）。

(a) 入口 LSR1。

(b) 入口 LSR2。

(c) 核心 LSR3。

(d) 出口 LSR5。

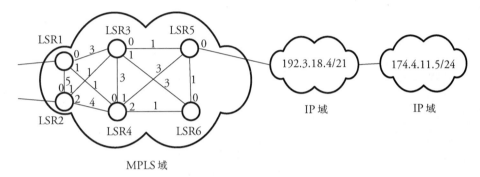

图 14.16   习题 9 中从 MPLS 网络经另一个 IP 网络到 IP 网络的路由案例

14.6 计算机仿真项目

MPLS 网络上的标签绑定和 LSP 仿真。用网络仿真器仿真标签绑定功能、构造 LSP，网络案例为图 14.15 所示案例。标签绑定要按这样的方式安排，例如，LSR1 和 LSR3 在构建的 LSP 上将分组向目的网络传输时使用的是最优 LSP 的标签值。

(a) 在各个时间点上抓取网络上传输分组的标签值，用表格形式显示入口 LSR1 的标签绑定结果。

(b) 改变链路的代价值，从仿真结果看改变链路代价值对结果会产生什么影响。

第 15 章　全光网络、WDM 和 GMPLS

光通信技术利用的是光线在玻璃介质中传播的原理。相比于电信号在铜介质或同轴电缆中传播的距离及携带的信息，光信号可以携带更多的信息并传输更远的距离。全光网络的出现要实现两个主要目标：让主干网络具有更高的传输带宽，具有更低的总体成本。本章的主题是光网络原理、波分复用器（Wavelength Division Multiplexer，WDM）和光计算机网络中的交换技术。包含以下主要内容：

- 光网络概述；
- 基本的光网络设备；
- 大规模光交换；
- 光交叉连接结构；
- 全光网络中的路由；
- 网络中的波长分配；
- 案例研究：全光交换。

本章首先介绍光纤网络及光电子在通信系统中应用的演进概况，描述在全光网络上可实际运行的一种协议技术：**通用多协议标签交换**（Generalized Multiprotocol Label Switching，GMPLS）。之后我们将看到：许多光路由设备是如何通过**光链路**（Optical Link，OL）连接起来的。

接下来是光网络中使用的基本光设备，如**光滤波器**、**WDM**、**光交换机**、**光缓存器**和**延迟线**。这里要特别关注光交换机，因为它是全光网络的核心引擎。接着，详细描述大规模光交换机，即**光交叉连接**（Optical Cross Connect，OCC）。

路由和波长分配是光网络的两个关键主题。光网络用光波长作为传输单元，因此，我们详细描述如何用波长进行路由选择的方法。最后，在本章末尾是一个关于**球形交换网络**（Spherical Switching Network，SSN）拓扑的光交换案例研究。

15.1　光网络概述

对高带宽的巨大需求是运行互联网所关注的重点之一。**光通信技术**和**光网络**，由于其潜在的无限能力、巨大的带宽可用性、信号失真小、功耗需求低、成本低，是满足人们更快、更可靠获取信息需求的技术。

光网络发源于**光电子学**。光电子学可以用光的产生、光传播、光交换、光放大、光感应等概念来表征，光网络基本上是在可见光和近红外光范围内。光电子学领域发明了半导体发光器件和激光器，工程技术人员发现这些光器件和光链路可以运用到通信系统中来，**光网络**时代由此而诞生。

光网络比常规电网络提供更大的带宽，这是因为光信号的载波频率比电信号的载波频率高得多。尽管光学系统在光网络上有很大的优势，但和电子设备相比，光逻辑设备却非常少，而且耗电量大、体积与尺寸也很大，因此很难实现集成，光学设备成为通信系统和网络的重要选择是看重了它的高速率优势。光通信系统要实现的两个主要目标为：达到更高的数据传输带宽、降低系统的总体成本。用光来实现通信的创意起源于光纤链路的出现。

15.1.1　光纤链路

光通信技术利用了光在玻璃介质中的传播原理，从玻璃介质再扩展到玻璃类线缆，由此而产生了**光纤链路**(Fiber Optic Link，FOL)，通常称为**光链路**(Optic Link，OL)。光纤链路比铜线或同轴电缆介质能承载更多的信息、传输更远的距离。大多数的光网络是在可见光和近红外光范围，因为这个范围的光才能够较好地在光链路上传播。高纯度的玻璃纤维与改进的电子技术相结合，光纤链路就能实现数字化光信号的长距离传输。光纤链路具有可接受的传输损耗、低干扰、高带宽潜力，是非常理想的传输介质。

光通信系统通常会与电子器件结合起来使用。在这种系统中，数字比特从电信号转换为某个**波长**上的光信号，完成传输后，光信号转换回电信号，再进行高层次的变换、恢复、疏导等处理。在光电转换的作用下就能把光网络的优势发挥出来。

15.1.2　SONET/SDH 标准

同步光纤网(Synchronous Optical NETworking，SONET)和**同步数字体系**(Synchronous Digital Hierarchy，SDH)是使用激光或来自发光二极管(Light Emitt Diode，LED)的高相干光在光纤上同步传输多数字比特流的两个标准。光网络在波长级别提供数据的路由和恢复。光网络面临的挑战是在不同波长的情况下进行网络管理，并降低成本以增加新服务。光网络的敏捷、高速和智能化，提升了路由效率，改善了网络管理并快速修复网络连接。对于在单个光纤上具有多个通道的光系统，一个小小的光纤断裂就可能引发多个故障，导致许多独立系统失效。

光通信环境中应用了几种标准。广泛使用的 SONET 标准为全球电信提供了传输基础设施，并在协议栈的物理层定义了接口标准。SONET 还定义了接口速率的层次结构，允许不同速率的数据流进行波长复用。SONET 建立了**光载波**(Optical Carrier，OC)速率级别，从 51.8 Mb/s 的 1 级(OC-1)到大约 39.95 Gb/s 的 768 级(OC-768)。世界各地的通信运营商都使用这种技术来互联现有的数字载波和光纤系统。

在光网络中，光层和客户层是分开管理的，客户层和光层设备之间不存在直接交互。光网络采用了集中式的管理系统来实现光层连接，而采用分布式的控制协议来实现网络保护与恢复。由于采用集中式的管理机制实现连接，网络可能不太可靠。从控制和管理的角度来看，网络层与光层之间的密切互动更值得关注。

有两个流行的模型是**覆盖模型**和**对等模型**。在覆盖模型中，光层和网络(IP)层有各自独立的控制平面。这里，客户层与光层的交互通过**用户至网络接口**(User-to-Network Interface，UNI)，光层单元之间的对话则是通过**网络至网络接口**(Network-to-Network Interface，NNI)。覆盖模型中的 UNI 接口对客户层隐藏了光网络拓扑结构。在对等模型中，网络层和光层运行相同的控制平面软件。路由器完全了解光层的拓扑结构。由于光层的约束条件与 IP 层的约束条件明显不同，因此对等模型较为复杂。这个精巧的模型在 IP 层和光层之间有更紧密的耦合。

15.1.3　通用 MPLS 协议

全光网络也可以用其他的协议实现管理，GMPLS 是其中效率最高的协议之一。GMPLS 技术基于第 14 章中介绍的 MPLS 的类似概念。MPLS 是将标签分配给链路，而在 GMPLS 中却是将波长分配给光链路。GMPLS 是在 MPLS 出现后不久发明的，它是用于光学环境中管理特定接口和交换技术的协议簇。

OXC 与通用标签

图 15.1 显示了一个光网络场景，其中各个组件将在本节及后续节中进行讨论。图中全光网络是互联网的主干网结构，由通常称为 OXC 的光节点和物理 OL 互连而成。光纤两端的 OXC 要在约定的频率上工作。GMPLS 在 IP 和光层之间搭建了必要的桥梁，以有效实施流量工程特性。GMPLS 的控制平面支持所有需要的流量工程功能，同时简化 OXC 的集成。GMPLS 可以自动动态配置各种网络单元和链路，如 SONET/SDH，在光网络上提供虚拟链路或隧道连接到网络边缘节点。

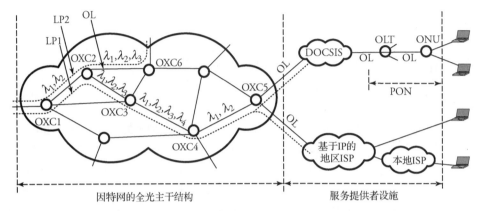

图 15.1　由全光主干网和服务提供者设施组成的光网络概况

我们在第 14 章学习了如何将标签用于路由的算法。与 MPLS 相比，标签在光网络中可以推广到任意的形式，只要它满足能识别不同数据流的要求即可。GMPLS 定义了多种形式的标签，称为**通用标签**。例如，光纤中的一个波长可以分配给一个数据流。GMPLS 使用的标签，可以表示成一束光纤中的单根光纤，或一根光纤中的单个波段或单个波长，或一根光纤（或波长）中的一组时隙。类似于 MPLS 的标签栈，GMPLS 标签信息只包含单层次结构。GMPLS 的层次结构是以光纤、波长、时隙或分组为基础来定义的。

GMPLS 标签是一组表示波长、光纤束或光纤端口的特殊标志，并分发给 OXC。这是明确表征数据信道的方法，允许控制消息与特定的数据流相关联，无论是波长、光纤或光纤束。从控制平面的角度看，OXC 的功能是基于转发表实现的，这个表维持的是输入标签或端口与输出标签或端口的关系。注意在 GMPLS 场合中，将转发表称为**交叉连接表**，这个表不是软件实体，而是用光交换引擎结构实现的。因此很容易知道，在 GMPLS 中没有标签合并、标签压入和弹出操作的相关概念。标签交换可以用波长转换来处理。

光路

从入口 OXC 到出口 OXC 的点到点连接由若干"逻辑"路径组成，称为**光路**(LightPath，LP)。可以把 LP 想象成一条**通用标签交换路径**(Generalized Label Switched Path，G-LSP)，它类似于第 14 章中研究的 MPLS 网络的 LSP。在 GMPLS 中，可以双向建立 LP，因此实现流量工程所要求的双向 LP 只需一条信令消息就能方便地建成，而且还缩短了 LP 的建立时间。光网络中，OXC 执行波长分配，并使用其本地控制接口将 LP 设置到其他交换设备。

重新考虑图 15.1，互联网上全光主干网结构中有多条光路。一条光路与一组不同的波长相关联，而且由于光路可以定义在多条光链路上，因此通过为每段光链路分配一个专用波长来设置光路。例如，可以通过为 OXC1 和 OXC2 之间的光链路分配可用波长 λ_1、为 OXC2 和 OXC6 之间的

光链路分配波长 λ_3 来定义 LP2。在接下来的章节中将更详细地介绍这种波长分配，这也可能需要进行波长转换。

当 GMPLS 提供流量工程时，它允许入口 OXC 以“显式路由”的方式指定光路要走的路径。显式路由是由入口 OXC 确定到达出口 OXC 所必须使用的跳跃点和波长序列。作为光路分配的一个例子，考察图 15.1 中所示的光路 LP1 建立的是一个穿过 OXC1、OXC2、OXC3、OXC4 和 OXC5 的逻辑通道，而光路 LP2 是穿过 OXC1、OXC2 和 OXC6 的逻辑通道。这两条光路在 OXC1 和 OXC2 之间有重叠的路由。一旦在入口 OXC 建立了光路，就可以通过该光路发送数据。

GMPLS 中光链路也可以成束应用。为了将相邻光链路纳入链路束中，它们必须是在相同的 GMPLS 域内，而且具有相同的流量工程需求。

流量疏导

全光网络中，流量工程所需要的带宽往往小于光链路的容量，每根光纤上可用的波长数量有限而且昂贵，因此，为每个流量需求分配专用光路就很不明智。要增加全光网络的吞吐量，在每条光链路的波长数目有限的条件下，就需要在入口 OXC 处实现信号的多路复用，这种处理方法称为**流量疏导**。流量疏导的能力得益于边缘 OXC 工作在一个两层模型上：第一层是全光网络中基本的纯波长路由；第二层是“光电”时分复用（Time-Division Multiplexing，TDM）层，它建立在第一层之上。在全光网络层中，一条 LP 连接的两个 OXC 对上层来看，就像是相邻的 OXC。于是，TDM 层就可以将不同数据流量复用到一条基于光波长的 LP 上。

15.1.4　无源光网络

无源光网络（Passive Optical Network，PON）是另一种光网络，主要用于驻地网中的数据分发。图 15.1 显示服务提供商在互联网设施部分包含了 PON 的内容，由图中可以看到，PON 是一个点到多点的光纤接入网。这里的点到多点是指将下行信号在此点上广播到多根光纤上。与点到点结构相比，采用 PON 结构的优点是减少了中心的光纤数量和设备体积。PON 的典型结构由中心局节点、光纤与分光器、若干数量的用户节点组成，中心局节点是称为**光纤线路终端**（Optical Line Terminal，OLT）的交换节点，用户节点也称为**光网络单元**（Optical Network Unit，ONU）。ONU 是严格的第 2 层设备，不需要分配 IP 地址。

PON 的应用方式是采用无源分光器，把一根光纤的信号分成多份。PON 的下行广播信号必须提供某种多路访问协议，通常选择的协议是时分多路访问（Time-Division Multiple Access，TDMA）。如第 3 章中介绍的，TDMA 将给定频段在时域上划分成多个信道。然后为每个用户分配一个信道，使用该信道的“整个”持续时间。允许每个用户在规定的时间间隔内传输，这样当用户发送数据时将占用整个频带。用户之间的隔离是在时域上实现的。这些时隙是不重叠的。

EPON 及其与 DOCSIS 的相互作用

以太网无源光网络（Ethernet Passive Optical Network，EPON）技术标准是 IEEE 802.3ah。EPON 技术用以太帧结构提供语音、数据、视频的网络业务。由于在接入网上对带宽载体的需求是多种多样的，如图 15.1 中所示，可以将 EPON 与有线电视这两种接入技术结合起来。由此产生的技术是 **EPON 的同轴电缆数据结构规范**（Data Over Cable Service Interface Specification，DOCSIS）提供（DOCSIS Provisioning of EPON，DPoE），让 EPON 服务于 DOCSIS。回顾第 4 章，有线电视公司使用 DOCSIS 协议，这是一个定义有线电缆数据网络架构和技术的标准。

DOCSIS 提供了基于后端中心自动化的成熟的有线业务，而 EPON 提供了 DPoE 与大量 ONU 之间可靠的传送业务，EPON 的无源连接结构降低了运营开支，因为不用再考虑 EPON 节点外的供电问题。在 EPON 到 DOCSIS 之间的链接关系上，还需要一些中间件来转换两者之间的控制信令，大多数情况下，DPoE 网络操作的层次模型与采用电缆时的操作层次模型类似，业务层和管理层架设在了 EPON 层之上。

DPoE 的物理层采用 IEEE Std 802.3 标准。除典型的物理层功能外，该层还提供了所有无源光纤部件引入的信号衰减信息，包括光纤本身和光器件的衰减。在链路层，EPON 中的 OLT 与 ONU 之间交换的信息通过以太网 MAC 帧传输。这种情况下的帧与常规 MAC 帧之间的一个基本区别是 EPON 帧不支持任何帧分片。因此，PON 介质上对等站之间的最小可交换的可用数据单元就成为帧的最小长度单位。在这种情况下，实际的 EPON 帧长度通常为 1600 byte。EPON 中基于 MAC 的控制信令封装在标准以太帧中，以最高优先级传输。

在业务层，DPoE 网络涵盖了住宅用户和商业用户的连接。在 DPoE 网络中，每种业务都映射到一条 EPON 逻辑链路。逻辑链路由**逻辑链路标识符**（Logical Link Identifier，LLID）标识，该标识符表示独立的带宽实施策略和 QoS 保障。一个 ONU 可以支持多个 LLID，并在逻辑上对业务类型进行区分，用单个 LLID 表示一个业务类型。

PON 电话

用于电话通信的 PON 技术称为无源光网络电话（Telephony over Passive Optical Network，TPON）。TPON 中的电话数据从单个交换站发起，作为 TDM 数据帧流在光纤网络上沿下行方向广播，然后到达 ONU，并通常终止在客户驻地。

15.2　基本的光网络设备

光网络包括通过 OL 互连的光设备。光网络上的其他基本器件是可调谐激光器、光缓存器或延迟原件、光放大器、光滤波器、WDM 和光交换机。

15.2.1　可调谐激光器

可调谐激光器在某个频谱范围内能连续改变其发射波长或颜色。这一点如果与光开关搭配，就能为建立连接选择特定的波长。当然，还需要一种**可调谐色散补偿器**用于补偿光纤长度带来的色散损耗。

15.2.2　光缓存器或延迟元件

受制于光学技术的缺点，光学节点上几乎不能实现缓冲。**光缓存器**或**光延迟元件**可以通过使用一定长度的光纤来延迟信号。当前技术还不能制造出实际可用的光存储器件。

15.2.3　光放大器

在非全光网络中，信号通常不会保持在光学形式，信号需要再生、**放大**，要将信号从光转换到电的形式后才能实现。实际中，光信号再生比光信号放大要昂贵许多，因为信号再生的过程需要几个步骤，包括光-电-光转换，以及中间部分的电信号处理。而使用**光放大器**，不需要再生器，就能实现长距离的通信。光纤传输系统发展的一个重要里程碑是**掺铒光纤放大器**（Erbium-Doped Fiber Amplifiers，EDFA），简称光放大器。光放大器可以同时放大多个波长的信号。

15.2.4　光滤波器

光网络中往往需要信号滤波。**光滤波器**均衡传输系统的增益，滤除噪声或不需要的波长。在

图 15.2(a)所示，光纤上有四波长，λ_1，λ_2，λ_3 和 λ_4，连接到了滤波器上。这种特定的滤波器只允许 λ_1 通过，并过滤掉 λ_2，λ_3 和 λ_4。

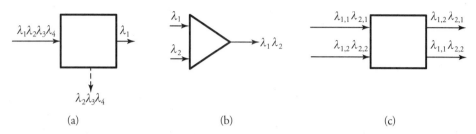

(a)　　　　　　　　　(b)　　　　　　　　　(c)

图 15.2　光网络的简单通信设备：(a)光滤波器；(b)WDM；(c)光交换机

光滤波器的设计有许多具有挑战性的因素。**插入损耗**算一个，它是滤波器的功率损失。低插入损耗是一个良好的光滤波器指标之一，而且损耗应该与输入信号的极化方式无关。

另一个因素是保持光学系统、特别是滤波器所需的温度水平，不要让温度变化影响到滤波器通带，因此传输系统的相邻信道之间的波长间隔应该设计得足够大，波长的偏移才不会影响系统的工作。如果有多个滤波器级联，光学系统的滤波器通带就会变窄。宽带级联的目标：每个滤波器对工作波长只能产生微小影响。

15.2.5　WDM

WDM 的原理与第 2 章描述的频分复用(Frequency Division Multiplexing，FDM)基本相同。实际上，在光网络中，FDM 被称为波分复用，波分复用是对不同波长而不是频率的复用方法。WDM 将具有不同波长的输入信号合并后，送到公共输出端口，如图 15.2(b)所示。图 15.3 所示是一个采用 WDM 的多路复用系统，有 n 路光纤聚集在一个光复用器端，每路光纤的光信号能量集中在各自的波长上，n 路光信号合并后在一条共享链路传输到远端目的地。

在解复用器端，信号同样也按相同结构分解成与输入端一样多的 n 路光纤。解复用器的每个输出上，使用一个调谐滤波器滤出所需波长的信号，滤除所有其他波长的信号。解复用器使用与复用器相反的操作，即分离波长、将它们调度到输出端口上。在共用链路上，每个信道运载信息低损耗光速传播。这种复用机制为通信网络提供了非常大的传输容量。

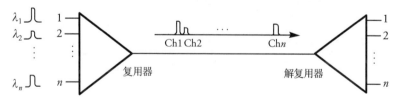

图 15.3　具有 n 路输入的 WDM

与 FDM 相比，WDM 的关键之处是这个光学系统使用完全无源的衍射光栅，因此可靠性非常高。至于更高速的 WDM，它的信道数目非常大，而波长短到了接近 0.1 nm。这种系统称为密集波分复用器(Dense WDM，DWDM)。

例：考虑一个实用的多路复用系统，它有 100 个信道，每个信道的速率为 10 Gb/s。计算用该 WDM 系统可以传输多少部完整电影。

解：WDM 系统的总比特速率为 100×10 或 1000 Gb/s。因为一部电影(MPEG-2 技术)大约需要 32 Gb/s 的带宽，所以，WDM 系统可以实现大约 31 部电影同时传输。

15.2.6 光交换机

光交换机是光网络中交换和路由操作的核心。使用光交换机而不是半导体交换机的目的是增大计算机通信网络核心节点的速度和容量。在本章的下一节中，我们将看到大规模光交换机如何作为 OXC 来接收网络输入端口上的各种波长，并将其路由到适当的输出端口。光交换机执行以下三个主要功能中的一个或多个：

1. 将输入端口的所有波长路由到不同的输出端口；
2. 将输入端口的特定波长路由到多个输出端口；
3. 将输入端口收到的波长在输出端口转换为另一波长。

图 15.2（c）显示了一个简单的 2×2 光交换机。一个波长为 i、到达输入口 j 的信号（表示为 $\lambda_{i,j}$），可以送到两个输出口的任何一个上。由图中可见，$\lambda_{1,1}$ 和 $\lambda_{2,1}$ 信号到达交换机的第一个输入口，$\lambda_{1,1}$ 送到了输出口 2 上，$\lambda_{2,1}$ 送到了输出口 1 上。这种基本光交换机是大规模交换机架构中的交换单元。可以使用多种技术制造基本交换机。这种交换单元大致可分为**非电-光型**和**电-光型**。

交换单元分类

非电-光交换机的结构比较简单。例如，**机械式光交换机**在输入端口和输出端口使用反射镜，通过控制反射镜的运动来导引光束的方向，最终将光束导引到指定的输出端口上。机械式交换机的优点是低插入损耗、低串扰和低成本，当然速度也低。另一个例子是**热-光交换机**，它采用了热-光结构的波导来实现，利用温度变化会引起光折射率变化的原理，从而完成交换功能。热-光交换机类似于机械式光交换机，只能低速运行，但它的串扰更低。

另一种是**电-光交换机**。图 15.4 显示了一个典型的 2×2 电光交换机，它采用的是**定向耦合器**。一个 2×2 定向耦合器是一种集成波导，能够让光信号在输出端合并或分离。耦合器是滤波器、多路复用器和光交换机的组成单元，称为**星形耦合器**。星形耦合器的工作原理是用电压改变放置在耦合区材料的折射率。因此，通过施加适当的电压，就可以实现交换功能。

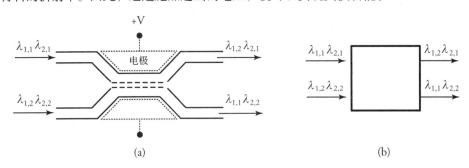

图 15.4 用定向耦合器构建的最小光交换机：(a)架构；(b)符号

交换功能实现的方法是：把输入口 1 上的一部分光功率，即 Φ，分配到输出口 1 上，剩余的光功率 $1-\Phi$ 分配到输出口 2 上；同理，输入口 2 上的部分光功率 $1-\Phi$ 分配到输出口 1，剩余的光功率 Φ 分配给输出口 2。这种交换机的优点是速度高、适合于中大规模集成制造。然而，缺点是相比于其他类型交换机，它的生产成本高。

竞争解决

设计大型交换设备是光网络面临的主要挑战之一。理想情况下，光学节点内的所有功能都应该在光域中进行。然而，光交换机在设计上还受到更多技术因素的制约，交换机中的分组竞争问题，还只能用电子设备来处理。

将一个固定规模的交换机扩展到更大规模也是一个显而易见的挑战。与光设备相比，电子交换机具有更好的集成灵活性。为了证明光网络交换机的适用性，需要考虑交换速度以外的一些性能因素。与常规交换机一样，光交换机的结构中也面临着**竞争解决**的挑战。竞争解决需要以下三个操作中的一个或多个：

1. **光缓存**。尽管光学环境中光缓存也是一个挑战，但光缓存器可以用固定长度的延迟光纤实现。
2. **偏转路由**。如果两条或多条光路需要从同一个输出链路输出，那么只有一条光路可以从该输出链路输出，其余的光路则偏移到另外的路径上去，这些路径可能会长一些，但可以用提升优先级来保证它们的传输。
3. **波长转换**。通过改变波长，把光信号拖曳到其他通道上传输。

光交换机的一个重要性能参数是**插入损耗**，它是光信号在前进方向上的功率损失。光交换机的插入损耗应该尽可能小。通常，当某个光通路上的损耗太大时，就需要增大光交换机中光信号的动态范围来弥补损失。

串扰也是光交换必须最小化的一个参数。串扰指的是：从期望输入端得到的输出功率与从所有输入端得到的输出功率之比。它反映了光功率泄漏到邻近通道、损害系统性能的程度。光器件，尤其是 WDM 的成本远比电子模块的高，全光纤设备的产品也是降低成本的办法之一。

15.3　大规模光交换机

大规模光交换机可以通过大规模星形耦合器或级联 2×2 光交换机甚至是 1×2 的多路复用器来实现。不过，大于 2×2 的星形耦合器在制造上非常困难，因此价格非常昂贵。级联小型光交换机是扩展交换机的一种切实可行的方法，这种方法可以快速、低成本地制作出所需尺寸的光交换机。然而，如下的一些因素影响了集成交换机的整体性能和成本：

- **路径损耗**。大规模交换机是不同交换单元的多种组合，光信号在不同路径上遭遇的插入损耗有所不同，光路径上级联的交换单元数目将影响到交换机的整体性能。
- **交叉数目**。从制造方面来讲，大规模交换机可以将多个交换单元放置在单个基片上，这样的集成光学系统中，两个交换单元之间通过同层波导实现连接，当两个波导互相交叉时，串扰的程度就会加大。因此，光交换机设计中必须使交叉点的数目最小化。
- **阻塞**。一个交换器是广义非阻塞的，意味着任何一个输入端口都可以连接到任何一个未使用的输出端口，而不需要重新寻找路径；如果从任何一个输入端连接到任何一个未使用的输出端口需要通过重排才能实现，那么，它就是**可重排非阻塞**的。

大规模光交换网络的拓扑结构有多种，其中较为实际可用的两种是交叉开关结构和 Spanke-Beneš 网络结构。

15.3.1　交叉开关光交换机

交叉开关光交换机的架构与第 12 章中介绍的交叉开关结构不完全相同，如图 15.5 所示。交叉开关光交换机是广义非阻塞结构。光学交叉开关与常规交叉开关结构上的根本差别，在于从任意输入到任意输出之间存在着多条不同长度的路径，该特性是为了尽量减少交叉开关结构中的交叉连接。交叉开关光交换机由 2×2 光交换单元组成。若用 l 表示信号从源端口到达目的端口所经过的光交换单元数量，则从图中可以得出 l 的范围

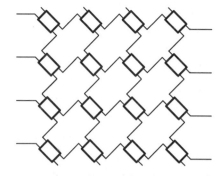

$$1 \leqslant l \leqslant 2n-1 \qquad (15.1)$$

式中，n 为交叉开关的输入或输出端口数。对于一个 $n×n$ 的交叉开关，所需 2×2 交换单元数量为 n^2 个。图 15.5 是 16 个 2×2 交换单元构造的交叉开关。交叉开关结构的主要问题是成本随 n^2 增大。但是，它最大的优点是结构上没有交叉点。

图 15.5　一个无交叉点、用 2×2 交换单元构成的 4×4 广义非阻塞交叉开关光交换机

15.3.2　Spanke-Beneš 光交换机

图 15.6 显示的一种可重组非阻塞光交换机称为 **Spanne-Beneš 光交换机**。这个交换机设计采用 2×2 交换单元，没有交叉路径。这种光交换机也称为 n- 级平面架构。若用 l 表示信号从源端口到达目的端口所经过的光交换单元数量，并且假定每行有 n 个交换单元，则从图中可以得出 l 的范围

$$\frac{n}{2} \leqslant l \leqslant n \qquad (15.2)$$

从图 15.6 可以验证该不等式成立，也可以看到每对输入/输出口之间都有多条路径，这样最长那条路径上的交换单元数为 n，最短路径上的交换单元数为 $n/2$。这种安排可以使得阻塞较小。由此，这种 $n×n$ 的光交换机有 n 级(列)和 $n(n-1)/2$ 个交换单元。

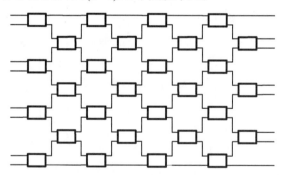

图 15.6　可重组、非阻塞、无交叉点的 8×8 Spanke-Beneš 光交换机

15.4　OXC 结构

OXC 也称为**波长路由器**，是光网络的主要设备，它将输入的波长路由并导向到指定输出端口。因此每个 OXC 可看作一个网络节点。OXC 可以组成多种形态，通常划分为**广播节点**和**波长路由节点**。

广播节点把一个波长通过无源设备向所有节点发出广播。无源设备可以是一个**星形光耦合器**，这个耦合器将所有输入信号功率聚集起来，再分配到各个输出口上。然后**可调谐光滤波器**可以选择所需的接收波长。广播节点很简单，适用于接入网，主要是 LAN。连接到广播节点的光链路数目是有限的，因为波长不能在网络中重复使用。

波长路由节点更加实用。图 15.7 显示了一个 $n \times n$ 的波长路由节点概况，在该节点中要保证 n 个输入和 n 个输出之间全连接，每个输入端使用 m 个波长。一般来说，波长为 i、到达 OXC 输入口 j 的信号表示为 $\lambda_{i,j}$，可以被交换到 n 个输出口的任意口上。例如，到达 OXC 第 2 个输入口的所有波长 $\{\lambda_{1,2}, \lambda_{2,2}, \lambda_{3,2}, \cdots, \lambda_{m,2}\}$ 中的一个光信号 $\lambda_{3,2}$，它可以交换到任意的一个或多个输出口上，也可以使用不同的波长，如 $\lambda_{4,7}$。

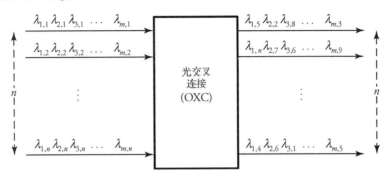

图 15.7　OXC 概况

15.4.1　波长路由节点结构

波长路由的 OXC 有两种类型。第一种类型从输入交换到输出只能在相同波长上进行，图 15.8 给出了这种 OXC 的大概结构。考虑这种 OXC 有 n 个输入和 n 个输出，输入口 i 可以接收 m 个波长，如 $\{\lambda_{1,i}, \lambda_{2,i}, \lambda_{3,i}, \cdots, \lambda_{m,i}\}$，其中任何一个波长，如 $\lambda_{k,i}$，交换到输出口 j 时的波长只能是 $\lambda_{k,j}$，这样在每个交换回合，各输入端上所有相同的波长要想交换到指定的输出端，就只能在同一个通道上进行交换。图 15.8 显示了 OXC 的结构，由 n 个输入 WDM、m 个 $n \times n$ 光交换机、n 个输出 WDM 共同组成。

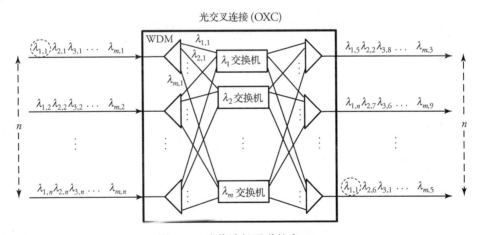

图 15.8　取代波长通道的全 OXC

第二种类型的 OXC 需要用到**波长转换**功能，如图 15.9 所示。考虑这种 OXC 有 n 个输入、n 个输出、每个输入口有 m 个波长的情形。输入口 i 上的波长 $\lambda_{k,i}$ 被交换到输出口 j，并且波长 k 转换成了波长 g，即 $\lambda_{g,j}$。这样一来，每个交换回合，各个输入端所有的相同波长，使用任意可用的波长，就可以交换到任意输出端口上。图 15.9 中，输入口 1 的 $\lambda_{2,1}$，交换到了第 n 个输出端口的 $\lambda_{2,6}$。

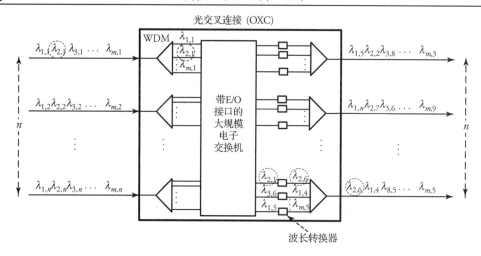

图 15.9　可以取代波长通道并转换波长的 OXC

一般来讲，网络中需要转换波长的原因如下：

● 进入网络的信号波长也许对节点不合适；
● 节点知道用其他波长来实现网络链路会更好。

根据波长转换器是否将固定或可变的输入波长转换成固定或可变的输出波长，可以有不同类型的波长转换器，例如，固定输入到固定输出、固定输入到可变输出、可变输入到固定输出，以及可变输入到可变输出。

半 OXC

根据 OXC 结构中的交换引擎类型，可进一步将 OXC 分为两组：

● **全光交换机** OXC，信号在光域中遍及整个网络；
● **非透明光交换机** OXC，某些形式的光电处理发生在复用元件内。

至此，我们知道了什么是**全光交换机**。这种交换机中，光信号不需要转换成电信号，直接在光域进行光交换，它具有大容量交换能力的优越性。非透明光交换机也称作半光交换机，光信号转换成电信号后进行交换处理。显然，它是一种带光接口的电交换内核。

光交换机中，交换和波长转换发生在部分或整个光域中。非透明光交换机使用了光-电转换机制。这种架构需要其他接口，如光-电(Optical-to-Electrical，O/E)转换器或电-光(Electrical-to-Optical，E/O)转换器，如图 15.9 所示。电子部分用在光交换矩阵周围。

15.5　全光网络中的路由

全光网络中的路由选择基于 LP 的建立。穿过同一条 OL 的任何两个 LP 不能在该链路上共享同一波长。也就是说，OL 上的每个波长都不是 LP 之间的共享资源。当在源 OXC 和目的 OXC 之间有不止一个波长可用时，就需要采用波长分配算法来为光路选择波长。与 IP 网络类似，全光网络中的路由选择可以分为单播路由(更专业的称谓是**波长路由**)和**广播路由**，下一节将具体介绍。

15.5.1　波长路由与广播

图 15.10(a) 显示了一个使用波长路由节点的网络。这些类型的节点能够重用波长，并能处理

网络中同时存在的许多相同波长的光路。路由选择基于单播的点到点路由波长。在图中，OXC1-OXC2-OXC3-OXC4 和 OXC6-OXC2-OXC5 这两个光路没有共享的光链路，因此可分配相同的波长。如果两个光路在光链路上有部分相同，那么就必须分配不同的波长。

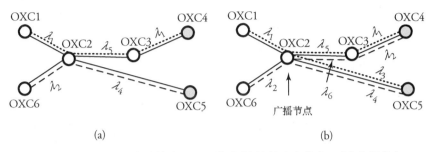

图 15.10　一个光网络，其中 OXC2 作为(a)波长路由节点；(b)广播节点

图 15.10(b)是一个含有广播节点的光网络。广播节点将所有输入信号合并，然后将每个信号的一小部分功率传送到每个输出端口，形成波长广播效果。之后，**可调谐光滤波器**可以选择所需的接收波长。为了将信息从 OXC1 路由到 OXC4 和 OXC5，要在 OXC2 上广播信息，从而将一份信息备份送往 OXC5，另一份备份送往 OXC4。同样，为了从 OXC6 向目的地 OXC4 和 OXC5 广播信息，也要在 OXC2 上广播信息。

15.5.2　光路阻塞估计

在全光网络上动态地生成光路和撤销光路，采取的方式是向网络发起连接请求，以进行路由查找和波长分配。如果网络资源不足以建立起光路，连接请求就会被阻塞。如果在选定路径的所有 OL 上没有波长可分配，连接也会被阻塞。

要深入了解 LP 如何被阻塞，首先要注意，不仅重叠的光路，节点的数量也会影响波长转换的成败。图 15.11 给出了一个示例，一条 LP 包含 r 个 OL，连接了 $r+1$ 个 OXC，OXC0~OXCr，每个 OL 包含 n 个波长。假设每条光路都规定了在网络上的路径，假定 OL 上某个波长被占的概率、也就是不能再分配的概率为 p。如果网络的每个 OL 都提供 n 个波长，一条 LP 由 r 个 OL 构成，OL 不可用的概率(记为 B_{OL})是该 OL 所有波长都被占用/不可用的概率。可以得出：

$$B_{OL} = p^n \tag{15.3}$$

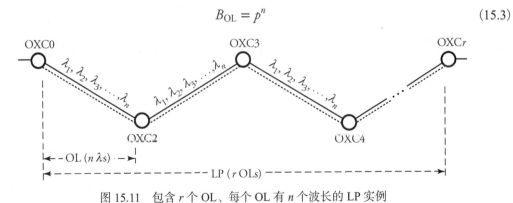

图 15.11　包含 r 个 OL、每个 OL 有 n 个波长的 LP 实例

注意，B_{OL} 是采用第 5 章中平行链路准则的 Lee 方法得到的结果。某个给定波长在任意给定的链路上未被占用的概率为 $(1-p)$。请求的光路被阻塞或者说光路不可用的概率记为 B_{LP}，B_{LP} 可用第 5 章 Lee 方法的串联链路准则推导出：

$$B_{LP} = 1 - (1 - B_{OL})^r = 1 - (1 - p^n)^r \qquad (15.4)$$

如果每个 OL 上的可用波长数不一样多，光链路 1、2、…、r 的波长数分别为 n_1、n_2、…、n_r。那么，公式(15.4)可以推广为

$$B_{LP} = 1 - \prod_{i=1}^{r} \left(1 - B_{OL}^i\right) = 1 - \prod_{i=1}^{r} \left(1 - p^{n_i}\right) \qquad (15.5)$$

回头再看公式(15.3)的情况，估计一条 LP 上所有光链路的所有波长都被占用的概率为

$$B_{LPT} = (p^n)^r \qquad (15.6)$$

例： 考虑一个 5 个节点的光网络，如图 15.12 所示。假定对于任意 OL 上的一个波长被占用的概率 $p = 0.2$，每个 OL 上可用的波长已表示在图中。分别计算从 OXC1 到 OXC3、从 OXC3 到 OXC4、从 OXC1 到 OXC4 这三条光路的阻塞概率。

解： 从 OXC1 到 OXC3，我们在 OL1 和 OL2 这两个 OL($r = 2$)上都有 $n = 2$ 的可用波长，因此 $B_{OL1} = p^n = 0.2^2 = 0.04$。从 OXC1 到 OXC3 的阻塞概率可估计为 $B_{LP1} = 1 - (1 - 0.2^2)^2 = 0.078$。从

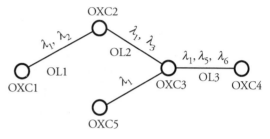

图 15.12　OL 上的波长分配示例

OXC3 到 OXC4，$n = 3$，因此 $B_{OL3} = p^3 = 0.008 = B_{LP2}$。从 OXC1 到 OXC4，我们使用公式(15.5)可得 $B_{LP} = 1 - (1 - 0.2^2)^2(1 - 0.2^3) = 0.085$。

15.6　网络中的波长分配

类似于非光网络，光网络同样由许多通过通信链路连接的路由节点组成。在光网络中，节点具备光复用、交换和路由组件，链路通常是光纤。早期的光纤由于缺少光放大器，信号在很短的距离上就衰减了。最新一代的光纤通信系统降低了总体成本，解决了色散效应问题，数据速率提高到了数十 Gb/s，并且使用波分复用技术进行多路复用。

全光网络设计成用波长承载数据，与具体的协议或帧结构无关。超长距离光纤可以装配到单一的物理光纤上，这极大地推动了全光网络的发展。通过在不同频率上发送信号，发送方可以在一根光纤上发送多个信号，就像每个信号都在自己的光纤上传播一样。全光网络传输途中处理数据是在光域进行的，处理效率非常高，在处理数据、降低整体成本、增加系统带宽方面具有很大的优越性。

一条光路不仅可以在直接相连的节点间传递流量，还可以传递从源节点来的、送向目的节点的流量。因此，光路可以降低对波长数的需求、提高网络吞吐量。实际上，可以在网络上建立大量的光路，形成嵌入在网络上的虚拟拓扑。

考虑一个全光网络上，每个 OL 上最多可承载 n 个波长。由于最大波长数量的限制，网络可能无法接纳所有的 LP 建立请求，因此一些请求可能被阻塞。要保证光纤链路上的各条光路能够分得开，应该给它们分配不同的波长。例如，考虑如图 15.13 所示的全光网络，有 LP1 到 LP5 五条光路。

任何一个 OXC 输入端的一条波长为 λ_i 的光路，都可以转换成该 OXC 输出端的任意一个波长 $\lambda_j \in \{\lambda_1, \cdots, \lambda_n\}$。基于之前的讨论，本例中的波长分配可以这样进行：$\lambda_2$ 分配给 LP1，λ_1 分配给 LP2，λ_2 分配给 LP3，λ_3 分配给 LP4，λ_4 分配给 LP5。

波长分配的算法思路可以采用两种方法来分析。第一种是无相关性的波长分配，该方法假定某个波长用在一段链路的概率与该波长用在光路上其余链路的概率相互独立，这种方法虽然不太实际，却能够快速估计波长分配算法的有效性；第二种方法是具有相关性的波长分配，它取消了其中的独立性假设。

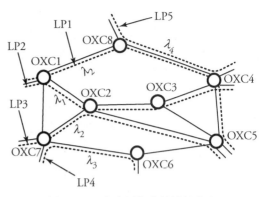

图 15.13 全光网络中的波长分配

15.6.1 无相关性的波长分配

波长分配算法为光路的每段链路任意分配一个空闲的波长。在本节中，我们假定一个波长用在一段链路的概率与用在光路上其余链路(段)的概率是相互独立的。考虑每段链路有 n 个波长可用的情况，对于每一个光路请求，找到的第一个可用波长就分配给它。假设波长请求到达概率服从泊松分布，到达率产生的利用率为 ρ。那么，这条链路的阻塞概率服从公式(11.46)所表示的爱尔兰 B 公式，附录 D 给出了它的数值表格。

$$P(n) = \frac{\rho^n}{n! \left(\sum_{i=0}^{n} \frac{\rho^i}{i!} \right)} \tag{15.7}$$

该公式给出了在没有请求等待的情况下，一个请求到达却没有可用波长可分配的概率。要使波长分配请求更有效，就必须重复利用波长。如果光路之间有重叠，**波长转换增益**将会很低。

有相关性的波长分配非常复杂。接下来，我们将尝试对这个案例进行简化分析。

15.6.2 有相关性的波长分配

实际中，为一条光路分配可用波长时，每段链路分配的波长取决于链路上其他波长的使用情况。令 $P(l_i|\hat{l}_{i-1})$ 为波长在链路 $i-1$ 未用条件下用于链路 i 的概率。同样，令 $P(l_i|l_{i-1})$ 为波长已用于链路 $i-1$ 条件下也用于链路 i 的概率。于是，用 $P(l_i|\hat{l}_{i-1})$ 替换公式(15.4)中的 p，得到相关性条件下光路被阻塞的概率 B_{LP} 为

$$B_{LP} = 1 - \left[1 - \left(P(l_i|\hat{l}_{i-1}) \right)^n \right]^r \tag{15.8}$$

现在可以对光路从节点 i 到节点 j 的链路 ij 的延迟进行估算了。假设传输时间服从均值为 $1/\mu$ 的指数分布，泊松到达分布的均值为 Λ。令 $s_{i,j}$ 为链路 ij 上的负载或流经链路 ij 上的源/目的流量对。于是，应用公式(11.21)可得到链路 ij 的平均延迟为

$$E[T] = \frac{1}{\mu - s_{i,j}\Lambda} \tag{15.9}$$

如果一条光路有 m 个节点，则在所有流经全部节点的源/目的流量对的共同作用下产生的平均排队延迟可表示成

$$E[T_m] = \frac{m-1}{\mu - s_{i,j}\Lambda} \tag{15.10}$$

15.7 案例研究：全光交换

本案例考察**球形交换网络**(Spherical Switching Network，SSN)。SSN 是一个规则的网状网络，

可以看作水平、垂直和对角线的环状组合形式，如图 15.14 所示。环是双向的，它可以在多个实体间循环起来，从而构成一种完全规则的网络结构。球形网络使用简单的自路由机制。此外，大量交换单元间的互连及刻意安排的连接关系，相比于一些偏转路由网络，具有降低路由偏转次数的能力。网络由**固定尺寸**的交换单元组成，每个交换单元为 9×9 交叉开关，构成任意大小的网络。尽管在图中没有表现出来，然而九对链路中的一对链路承载外部流量，其余八对链路用作网络内部链路。

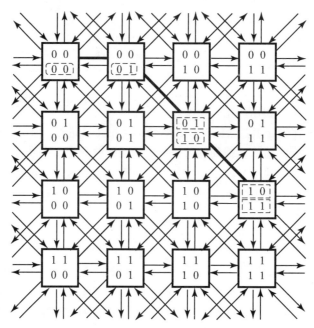

图 15.14　一种 16 端口的球形交换网络。每个方块表示 9×9 交换单元，包含八对内部链路(已画出)和一对外部链路(未画出)。一个自路由的例子是从交换单元 0000 到 1011

交换单元中的竞争解决方案是基于将可能失败的光路偏转到其他内部链路上，并提升光路的优先级。在网络的球面拓扑上，当多个光路请求某交换单元的同一条输出链路时，只有一个请求的光路可以途经该链路，其他的请求则偏转到别的链路上。系统应用这个规则，光路只要允许进入网络，就不会因拥塞而失败。而且，光路即使偏离了优选路由方向但优先级获得提升，最终也将抵达目的地，因为在网络的每个位置都可能找到一条以上的最短路径抵达目的地。

15.7.1　SSN 中的自路由

球形网络中的路由是自路由，它相当简单。任何交换单元都被指定了一个索引号，例如，一个 16 端口的网络上索引号是[00-00]～[11-11]，如图 15.14 所示。根据通信流量流向是朝向索引号上升还是下降的趋势，自路由也对应采取朝向地址增加或地址减少的方向。显然，网络上的路由有四种情况：水平方向、垂直方向、对角线，以及对角线/水平或对角线/垂直的组合。

在每种情况下，将光路引导到目的地的方向上都有一定数量的**最短路径**。第 1 种情况：水平方向路由。根据源的索引号是大于或小于目的地的索引号，逐跳地对源地址的后两比特值减小或增大，直到源地址和目的地址的这两比特相同为止，于是完成水平方向路由。

第 2 种情况：垂直方向路由。该过程与水平方向路由相似，只不过是在垂直方向上，逐跳减小或增大源地址前两比特的值。情况 3，源地址的前后两比特值或增或减同时变化来进行路由。情况 4 可以是情况 1 和情况 3 的组合，或者是情况 2 和情况 3 的组合，情况 4 也有多条优选路径。

前面的路由规则使用优选方向路线将光路沿最短路径路由到目的地。每个交换单元的竞争解决方案是当一条光路找不到优选路径时，将光路偏转到非优选路径上，然后提升该光路的优先等级。

15.7.2　SSN 中的波长分配

SSN 可以用来构建全光交换核。假设各个光信号都分配了一个唯一波长，要有效地利用光纤带宽，需要部署的是对应每个交换单元的 8+1 条链路上的 72 个无交叠波长。每个节点的 8 条内部链路连接另外的 8 个节点。波长共有 9 组可用，$\Lambda(1)\sim\Lambda(9)$。每组波长 $\Lambda(i)$，$0\leq i\leq 9$，其中 8 组无交叠波长为

$$\Lambda(i)=\{\lambda_{i,1}, \lambda_{i,2}, \lambda_{i,3}, \lambda_{i,4}, \lambda_{i,5}, \lambda_{i,6}, \lambda_{i,7}, \lambda_{i,8}\}, \quad 0\leq i \leq 9$$

波长 $\Lambda(1)\sim\Lambda(8)$ 分配给内部的 8 条链路，$\Lambda(9)$ 分配给外部链路。每条输入的光纤链路上，最多可以复用 8 条光路，每条光路可以通向不同的目的地。当光路进入节点时被解复用，节点为每条光路进行路由决策，当输入的所有光路都确定了下一跳节点后，波长转换器将光路的波长转换为下一跳链路的可用波长之一，传递到下一个交换单元。

15.8　总结

本章从光网络概述开始，对光通信网络进行了研讨。我们知道，可以通过不同的协议来管理全光网络，但最有前途的网络管理协议是 GMPLS。GMPLS 技术是在光纤链路上分配波长。接着我们学习了 LP 的概念，它类似于 MPLS 中定义的 LSP。

然后我们介绍了一些光学设备的基本定义和评述，如**光滤波器**、**WDM**、**光交换机**、**光缓存器**、**光延迟线**。我们知道，由于光技术的一些限制，光交换机不能很好地扩展。由单段光交换单元构成的大规模光交换机的高成本是制约因素之一。因此，一些大规模光交换网络的拓扑结构使用简单的交换单元，如**交叉开关**和 **Spanke Beneš 网络结构**。

用光设备构造的光网络提供波长级别的路由和数据恢复。管理网络(IP)层和光层的两种常用模型是**覆盖模型**和**对等模型**。在覆盖模型中，光层和 IP 层都有各自独立的控制平面。

本章还描述了全光网络中的路由和波长分配。**波长复用和波长分配**是光网络的关键问题。因为在光链路上承载的波长数量有限，网络无法满足所有的光路请求，因此会阻塞一些光路请求。要保证一条链路上的各条光路彼此分离，应该给它们分配不同的波长。波长分配可以用两种方法来分析，一种方法是假设一个波长在链路上使用的概率与该波长在光路的其他链路上使用的概率相互独立，另一种方法没有这种独立性假设。

作为案例研究，我们介绍了一种称为 SSN 的全光交换网络。该网络中的路由是一种非常简单的自路由方式。网络中每个交换单元都有一个索引号，根据流量方向上节点索引值的增大或减小，自路由算法也分别朝增大或减小的方向进行路由寻址。

下一章介绍云计算和网络虚拟化。云计算是一种重要的网络机制，它具有高效创建数据中心、进行文件共享和存储海量数据的巨大潜力。

15.9　习题

1. 考虑一个交叉开关交换网络，它与图 15.5 相似，尺寸为 8×8。假设它的每个 2×2 交换单元的串扰抑制比为 40 dB。

(a)计算该交叉开关交换机总的最大和最小串扰抑制比。

(b)计算该交叉开关交换机总的平均串扰抑制比,用上所有可能存在的路径。

2. 考虑一个 Spanke-Beneš 网络(见图 15.6),假设每个 2×2 交换单元的串扰抑制比为 40 dB。用上所有可能存在的路径,计算总的串扰抑制比。

3. 为设计一个 8×8 的 OXC,比较一下三种不同的结构,分别是交叉开关交换网络、Spanke-Beneš 网络及 8×8 的定向耦合器。

 (a)哪种结构的总的串扰抑制比最好?

 (b)哪种结构的总的平均延迟最小?

4. 考虑一种环状光主干网,它有 8 个 2×2 单元,标号 1~8。节点连接成流量方向相反的两个光纤环,每条链路上有 λ_1、λ_2、λ_3 三个波长可用。

 (a)该主干网上的一个 SONET 网络由 2-4、4-7 和 3-6 三条双向光路组成。为简单起见,假设该双向 SONET 从波长上看是形状一样、方向相反的两个单向 SONET。构建这个 SONET 网络最少要使用多少个波长?

 (b)现在,在主干网上再构建另一个 SONET 网络,光路为 2-5、5-6 和 2-8。同(a)一样的假设条件,构建这个 SONET 网络最少要使用多少个波长?

 (c)主干网上同时存在了这两个 SONET,构建这两个 SONET 网络最少要使用多少个波长?

5. 假定一个三段光链路的路径上,每段链路都有四个波长可用。当有光路请求时,为它分配第一个可用的波长。假设光路请求到达为泊松分布,到达速率为80%利用率。链路上波长占用概率为20%,并假定光路请求的路由为两段链路。

 (a)计算链路的阻塞概率。

 (b)在某条两段链路的路由上,计算给定波长在其中至少一段链路上不空的概率。

 (c)计算光路请求被阻塞的概率。

6. 考虑一个有 n 个节点的光网络。令 $L_{i,j}$ 为链路 i,j 上的泊松到达率,$1/\mu_{i,j}$ 为光路在链路 i,j 上指数分布传输时间的均值。

 (a)计算链路 i,j 上的平均排队延迟。

 (b)令 $s_{i,j}$ 表示经过链路 i,j 上的源/目的通信数量,计算链路 i,j 的平均排队延迟。

 (c)在给定所有源/目的地址对情况下,计算一条光路的平均排队延迟。

7. 假定一个全光网络上每条光链路(OL)都提供 n 波长,一个 OL 请求要选择一条有 r 段链路的光路(LP)。计算给定波长非空闲的概率,条件是该波长所在位置至少有一条 r 段光链路的光路。

8. 考虑一个如图 15.15 所示的全光网络。假设我们需要在图中所示位置的 OXC 上建立一条光路 LP1:OXC1-OXC2-OXC3-OXC4-OXC5,IP 数据流从 OXC1 进入,经过网络后从 OXC5 流出。LP1 的每段链路上所有可用波长标注在了相应的光链路(OL)上。任意一段 OL 上,每个可用波长有 $p = 20\%$ 的机会被采用。假定所有链路是单向的,OXC 边上的数字是 OXC 的端口号。

 (a)计算 B_{OL},即连接 OXC1 和 OXC2 的 OL 被阻塞的概率。对 LP1 的各段做同样的计算。

 (b)计算 B_{LP},即 LP1 被阻塞的概率。

9. 考虑图 15.1 全光网络中的两条光路(LP)。假设这两条光路中的 OXC 有两个限制:首先,可用波长是 λ_1~λ_6;其次,光路的输入波长和输出波长不能相同。

 (a)提出并在有关的 OXC 上实现波长分配方案,使得两条输入流从 λ_1 和 λ_2 进入网络,两条光路分别穿过必要的链路,然后用指定的波长离开网络。

 (b)计算 LP 的阻塞概率 B_{LP},这些光路在 ISP 服务器上用于网络资源管理,假设波长的阻塞概率为 0.3。

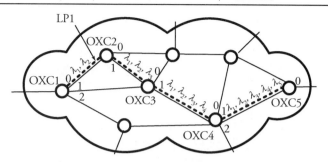

图 15.15　习题 8：全光网络中的路由

15.10　计算机仿真项目

光网络仿真。研究 GMPLS 技术中 IP 层与光网络之间的互操作。用网络仿真器对 GMPLS 的波长绑定功能进行仿真，网络大小自行确定。在构建的网络上，节点是 OXC，可使用前面章节学到的任何关于标签交换的技术，为每条光链路连接的一对节点设计出一种协商协议，每条光链路上可用的波长数限制在 5 个以内。从仿真角度看，分组或其他类型的连接请求就只是标记光路而已。仿真的要求：用带时间戳标记的分组移动来显示分组在 IP 源产生、穿过 GMPLS 光网络、最后在出口 OXC 出网的整个过程。用分组在 GMPLS 中遍历节点也是可能的，你可以在仿真中给 IP 分组分配一个号码作为波长分配的标记，并且需要在入口 OXC 上存放波长预分配表，完全类似于 MPLS 的标签分配机制。

(a) 在各个时间点上，捕获网络各条光链路上穿行分组的波长分配值，显示其结果及在入口 OXC 的波长表的绑定情况。

(b) 增大分组速率或增加目的节点数，以增加请求 GMPLS 网络的频度，以此来评判有限数量的资源(仅 5 个波长/OL)对请求的阻塞程度。

第16章 云计算和网络虚拟化

云计算已经成为一种被广泛接受的计算范式。它源自对共享计算资源的需求,为计算和信息技术服务建立了按需付费的业务模型。如果没有**虚拟化**作为云结构的一部分,很难想象云计算会成为一种新的计算范式。虚拟化包括管理**虚拟机**(Virtual Machine, VM)和可能的**虚拟网络**(Virtual Network, VN),以实现云资源的最佳利用。本章重点介绍云计算的基本原理,并介绍以下主要内容:

- 云计算和数据中心;
- 数据中心网络;
- 网络虚拟化;
- 覆盖网络。

本章首先探讨云计算的一些基本议题,包括数据中心结构和虚拟机(VM),并了解云计算企业是如何形成的。然后,对数据中心的讨论将拓展到数据中心服务器的互连,重点放在**数据中心网络**(Data Center Network, DCN)的设计上,这是云服务器与外部互连的关键所在。这些议题建立在前面几章的知识基础上。本章还研究了三种常见的 DCN 拓扑结构及其路由方案。

接下来讨论内容转到**网络虚拟化**方面。我们解释了网络虚拟化的需求,描述了这种网络的组织构件。本章最后描述了一种虚拟化网络:**覆盖网络**。覆盖网络是在物理拓扑之上创建的虚拟拓扑,这类网络在互联网的新结构中有许多应用。

16.1 云计算和数据中心

云计算或基于云的系统是以网络为基础的计算系统,系统中客户机使用的是可配置计算资源共享池。云系统的服务由大型**数据中心**(Data Center, DC)来提供,这些服务彻底改变了计算机系统服务的构建、管理和交付方式。**云计算**一词意味着各种计算概念,这些概念涉及大量连接到网络(通常是连接到互联网)的服务器。云计算诞生背后的驱动力是:

- 大型数据中心构建超级计算能力;
- 降低存储成本;
- 宽带和无线联网的需求;
- 组网技术的重大改进。

从另一方面讲,云计算等效于"网络上的分布式计算",在多个连接到网络上的主机服务器上同时运行软件或应用程序。数据中心的主机服务器通常称为**刀片服务器**。刀片服务器包括 CPU、内存和磁盘存储器。刀片通常堆放在机架中,每个机架平均有 30 个刀片服务器。放置刀片的这些机架也称为**服务器机架**。

云计算成功的一个关键因素是在其结构中包含**虚拟化**。云计算向大量独立用户提供计算服务,这种服务来自大型、高度"虚拟化"的数据中心的共享应用程序。在数据中心,服务由"物理"

服务器和"虚拟"服务器提供，虚拟服务器是通过运行在一个或多个实际服务器上的软件来模拟的服务器。这种虚拟服务器不是物理上存在的，因此可以四处迁移、扩张或缩小，并不会对终端用户产生影响。

从应用的角度来看，云计算是一种按需、自服务和多种质量等级的计量服务。云数据中心提供多样化的计算资源、属性和服务，如数据库存储、计算、E-mail、语音、多媒体和企业应用。除了提供应用，数据中心根据其功能可以分为两种主要类型，一种类型为客户提供在线服务，如搜索引擎；另一种类型为用户提供按需付费的资源，如存储服务中心。从应用程序的角度来看，云计算提供了许多好处，包括：

- **无基础设施**。依赖系统基础设施的公司和应用，使用云计算，可以不需要自己的基础设施，转而采用基于网络的计算。
- **灵活性**。云计算允许用户使用各种资源：CPU、存储、服务器容量、负载平衡和数据库。云的容量和功能可以上下扩展。
- **可用性**。服务或数据以硬件与软件形式呈现，在任何地方对公众和企业都可用。云服务建立在服务器集群和现成组件上，加上开源软件与内部应用程序和/或系统软件的结合。
- **平台化**。客户可以不用自己的计算机或笔记本电脑，而使用更高效的计算平台。
- **商品化按需供应**。客户机根据需要付费使用，因此，云是一种计算模型的公共事业，如同传统的公共事业一样。
- **应用编程接口**（Application Programming Interface，API）**的可用性**。API 明确规定了如何与底层软件交互，这使得云用户"无须知道"基础设施的底层细节。

云有两种主要类型。第一种是**公有云**，公有云中的资源可以通过 Web 应用和开放式 API 动态地供公众按需和自助使用。第二种类型是**私有云**，它只是公司的现场云。云也可以是一个**混合云**，由位于公司现场的部分计算资源和位于非现场（公有云）的部分计算资源组成。云还可以是一个社区云，它形成于若干具有类似需求的团体共享的公共基础设施。

图 16.1 是连接到互联网的云计算系统概览图。该系统由两个不同部分组成：**数据中心**（DC）和**数据中心网络**（DCN）。数据中心由数量庞大的机架式服务器组成，称为"服务器场"。根据数据中心的功能，机架式服务器还包含公共或私有数据的存储系统。云计算利用数据中心在向用户出租计算、应用和存储资源等方面发挥着关键作用，其驱动力是大规模的计算服务，如网络搜索、在线办公、在线社交网络、基础设施外包和计算等。

每个数据中心都有各自的 DCN，它把数据中心的服务器连接起来，并连接到互联网。因此，DCN 是云计算系统的重要组成部分，数据中心通过 DCN 可靠地实现与公共网络（如互联网）的通信。DCN 决定数据的传输速度、平衡服务器的负载，因此，DCN 在云计算的性能上发挥着极其重要的作用。

图 16.1 中的**负载均衡器**，本质上是一个服务器，它监视进入数据中心的流量，并将传入的流量负载均匀地分布到服务器和存储系统上，这就要求负载均衡器对数据中心各组件的布局位置和功能特性有良好的了解。此图说明了使用数据中心的两个实例。第一个实例，移动平板电脑 UE1 通过 4G LTE 网络的基站 eNodeB 1、路由器 R4、R3、R2、R1、R7 和 DCN 将文件上传到数据中心的存储设备；第二个实例，笔记本电脑 UE2 位于 WiFi 网络中，通过 DCN、路由器 R6、R5 及私有的 WiFi 路由器 WR1，从数据中心下载某些应用程序。

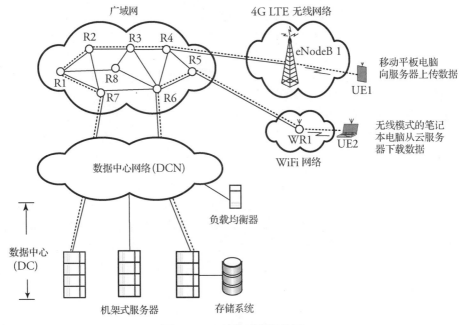

图 16.1　云计算系统概览图

16.1.1　平台和 API

　　一般来说，**平台**是一个基础技术，在上面可以进一步构建其他的技术或流程。在云计算领域，平台是集成硬件、软件和互联网基础设施的集合，是提供按需服务的基础。在第 9 章中，我们了解到 API 是一组程序和软件工具，用于规定在主机上运行的应用程序应该如何请求网络，将一段数据传输到网络中另一个主机上运行的目标应用程序里。

　　我们已知平台是许多集成硬件和软件的集合，并且意识到一个普通的互联网用户可能只想知道如何完成通信事务，如发送 E-mail 或进行 Web 搜索，而不想关心底层平台的细节。从这个意义上讲，API 可视作一个简单的**图形用户界面**（Graphical User Interface，GUI）（在第 6 章中讨论），它隐藏了底层基础设施的细节和复杂性，用 GUI 组件的编程操作可以简化 API 的使用。

16.1.2　云计算服务模型

　　云计算环境提供的服务，可以让客户远程、在线使用。这种服务模式的优势在于，客户可以远程租用任何软件或硬件服务，而云管理方还能经常对其进行升级。云计算中最常见的服务模型和业务开发模型是**软件即服务**（Software as a Service，SaaS）、**基础设施即服务**（Infrastructure as a Service，IaaS）和**平台即服务**（Platform as a Service，PaaS）。接下来，我们将分别简要介绍这些服务类型。

　　在第 20 章中，我们提供了一些云计算应用程序的实例详情。我们介绍了分布式的**多媒体云**，它是一种云计算的基础设施，可以提供各种多媒体服务，包括语音、视频和数据服务。基于云的多媒体服务的例子还包括：**分布式媒体迷你云**、**基于云的交互式语音应答**（Interactive Voice Response，IVR）和**音视频会议**。

软件即服务（SaaS）

　　SaaS 有时被称为"按需软件"，是云计算中的一种软件交付模型，软件和相关数据用模型集中托管在云中。SaaS 是一种高度可扩展的软件交付方法，它采用基于 Web 的服务提供对软件及其功能的远程许可访问。SaaS 是一个多租户环境，通常根据使用情况计费。有了 SaaS，就不再需要在用户自己的计算机上安装和运行应用程序，用户也就免除了有关软件维护和技术支持的难题。

SaaS 已经成为许多商业应用的通用交付模式，如管理软件、计算机辅助设计（Computer-Aided Design，CAD）软件、开发软件、会计、协作客户关系管理、管理信息系统（Management Information System，MIS）、企业资源规划、发票和人力资源管理。在许多企业的软件部门，SaaS 已被纳入其营销战略，这样做的一个主要原因是，将硬件和软件维护与支持外包给 SaaS 提供商，有可能降低 IT 支持成本。

基础设施即服务（IaaS）

IaaS 是一种按需服务模型，它以基础设施为服务的交付模型。使用 IaaS 服务模型，一个团体可以外购支撑团体运转所需的各种设备，如存储、硬件、服务器和网络组件。服务提供商拥有设备并负责运行和维护。客户通常使用时付费，因此，IaaS 根据虚拟化环境中的使用情况向客户收费。IaaS 不是托管主机，传统的托管主机是一种 Web 托管的形式，是用户租赁位于数据中心的服务器设备。

平台即服务（PaaS）

PaaS 是一种服务模型，它将计算平台和大量解决方案作为服务提供。PaaS 是一种在线租赁硬件、操作系统、存储和网络容量的方法。此服务交付模型允许客户租用虚拟化服务器和相关服务，以运行现有应用程序或开发和测试新的应用程序。有了 PaaS，地理位置上分散的软件开发团队可以在软件开发项目上协作，实现联合编程开发，将开发费用降到最低。在这个服务模型中，应用程序的开发通常必须考虑在特定的平台上进行。

16.1.3 数据中心

数据中心由大量机架式服务器和数据库单元组成，根据应用的不同，数据中心能提供各种各样的计算、存储或其他服务。基于云的公司已经建立了多个大型数据中心，每个数据中心包含数十万个主机服务器和数据库单元。数据中心的出现，促进了多样化云计算应用的蓬勃发展，如数据搜索、E-mail、社交网络、互联网游戏、视频流和电子商务等。

除了服务器，数据中心的另一个重要元素是云存储系统。云存储系统是一种大型数据存储系统，可远程使用，并可作为数据中心之外的连网设备，如台式计算机、移动电话或其他互联网设备的临时缓存设备。

数据中心的规划设计应考虑几个设计原则。第一个原则是可靠性。个人、企业、服务提供商和内容提供商在选定数据中心来运营它们的业务时，对数据的可靠性有强烈的依赖关系。第二个原则是负载平衡。任何一个数据中心都运行着巨大数量的应用程序和服务，因此应该用一个有效的路由协议来保证每个应用程序的性能，这可以通过对链路容量的恰当利用来实现，负载均衡器所完成的功能就是尽可能地把流量均匀地分配到数据中心的各条链路上。最后，能耗控制是一个重要的设计因素。众所周知，数据中心能源的消耗量极大，节能方法包括在服务器上部署低能耗的硬件和软件、关闭非活动链路和交换机，从路由层面上提高链路和交换机的利用效率。

数据中心面临的挑战之一是中心运行和维护的成本。大型数据中心的成本很高，大部分都是主机成本。服务器作为主机，其数量不断在增加，而且每隔几年还需要用更新更快的机器更换一次。网络设备对降低数据中心的运行成本反倒不是贡献很大。然而，高效的网络是降低成本的关键，因为数据中心和外部用户之间的网络接口在快速访问数据方面起着重要作用。

影响数据中心成本的其他因素还包括电源和冷却系统。数据中心的一个持久性问题是服务器的功耗，必须采用复杂的方法和策略来预防数据中心出现的高功耗。通常，在满足变化中的流量负载需求情况下，动态调整活动链路和交换机，有助于降低功耗。

大数据

随着全球互联网数据生成速度的加快，最终的结果是**大数据的出现**，这给互联网服务提供商和云计算存储管理者带来了管理挑战。个人和组织每天都在爆炸性地产生数据，涌入互联网中，P2P 网络和内容分发网络（Content Delivery Network，CDN）的上传和下载，对大数据的形成做出了巨大贡献。数据中心和数据中心网络的架构与管理，是另外的因素，在管理大数据方面起着关键性的作用。大数据的问题需要对每个云或大型服务器系统交换的数据量进行复杂的估计和控制。在这一章中，我们抛开大数据的概念，重点讨论数据中心和 DCN 的高效架构。

16.1.4 数据中心虚拟化

数据中心**虚拟化**，主要是云计算的虚拟化，是指创建虚拟化的、非实物化的计算组件，如操作系统、服务器或存储设备等。应该看到的是：系统的虚拟化是将基础设施服务与系统的物理组件分离的行为。从更通俗的角度来讲，虚拟化对我们的大部分生活都产生着影响，我们的网上购物、教育、游戏和娱乐方法都是部分或完全虚拟化的。

第一个被虚拟化的组件是 20 世纪 70 年代中期的计算机内存单元。从那时起，在系统或资源上花费了大量的精力来进行虚拟化，例如，将光盘（CD）或个人硬盘迁移到虚拟的云存储上。我们可以考虑资源虚拟化需求背后的几个关键原因。三个最重要的原因是：

1. **资源共享**。当一项资源（如服务器）对于用户或网络实体来说太大时，可以将该资源划分为多个虚拟块，每个虚拟块具有与原始资源相似的属性。这样，一个大型资源就可以在多个用户或实体之间虚拟地共享。例如，可以将主机虚拟化成多个虚拟机供多个用户使用。
2. **资源聚合**。另一种情况是，资源对用户或网络实体来说可能太小。此时，可虚拟化地设计一项较大的资源来满足需求。例如，可以聚合许多便宜的磁盘，以组成一个大型可靠的存储系统。
3. **资源管理**。对资源或设备的虚拟化，使设备及其网络的管理变得更容易，用软件就可以对其进行管理。

当然，对互联网各个部分都实现虚拟化还有其他非常重要的原因。一个例子是，某些情况下，用户之间既共享资源，但同时又需要彼此隔离，一个虚拟组件上的用户活动要与其他用户安全隔离，防止活动被监视，这在传统的共享资源系统中是不可能的。此外，由于资源分配的步伐、有时甚至是资源本身变化迅速，在网络中实现虚拟资源和虚拟资源分配比物理资源分配更方便。

虚拟机（VM）

大型企业云服务系统具备若干特性、提供若干服务需要大量的服务器、网络设备和存储资源，这只能通过采用大量的资源虚拟化才能实现。于是，出现了 VM，它是计算机（如台式机、笔记本电脑或服务器）的模拟、与具体的硬件无关，通过精心设计的协议为客户提供计算执行环境。多个 VM 可以运行在一个物理计算机上，反过来，多个物理计算机可以形成一个 VM。图 16.2 描述了虚拟机的这两种应用：多个物理服务器（计算机）构成一个 VM；将一个物理服务器配置为多个 VM，VM1～VM4。

服务器虚拟化最初是在 20 世纪 60 年代由 IBM 公司用大型机实现的。虚拟化的机器为计算机托管提供了新的体系结构，并具备以下基本优势：

- **机器的有效利用**。多个独立用户可共享计算和基础设施；
- **降低系统维护成本**。如果每个服务器都以接近其最佳性能使用，避免使用任何非必要的活动机器，就可以降低机器的维护成本。
- **快速动态地提供新功能**。显然，在一个物理机器中灵活地创建多个虚拟机，就可以快速、更有效地向系统添加新功能。
- **数据中心内与外的负载均衡**。可以在数据中心内部或外部均衡分布计算负载。

负载平衡特性可能是大型数据中心使用虚拟机的最大好处。如果一个公司有多个数据中心，在网络域中分布在不同地理区域，可以把负载均衡扩展到多个物理位置，在此情况下，公司可以把 VM 迁移到数据中心的任意位置。不过，这个过程也带来了挑战：采用什么方法，可以让网络管理员在物理主机之间迁移 VM，而不是逐个停止和重新配置它们？在后面的章节中将会看到，为了迎接这种挑战，虚拟化还应该扩展到网络组件上。

同时，机器虚拟化在组网方面产生的挑战也出现在第 2 层（数据链路层）和第 3 层（网络层）。云计算基础设施中，交换机和路

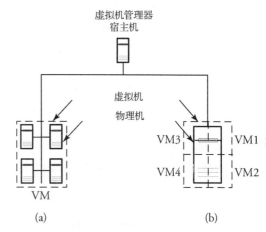

图 16.2　虚拟机应用：(a) 多个物理服务器(计算机)构成一个 VM；(b) 将一个物理服务器配置为多个 VM

由器需要面对和解决这些挑战。研究人员注意的一个挑战是虚拟化对传送层协议的影响，虚拟化极大地降低了传送层协议的性能，TCP 和 UDP 的吞吐量都变得不稳定，即使网络负载较轻，分组的端到端延迟也很大。造成吞吐量不稳定和延迟变大的根本原因是虚拟机管理器产生的更大的延迟。

克服 TCP 接收方和发送方的大调度延迟负面影响的一种解决方案是在驱动域中部署设备，以代表接收 VM 生成确认(ACK)。这样，发送方就可以更快地接收到反馈。另一个解决方案是将 TCP 的拥塞控制功能卸载到驱动程序域，在驱动程序域内而不是用 VM 处理拥塞控制，VM 只管把分组塞入驱动程序域。在这种情况下，驱动程序域中就需要更大的排队缓冲区，以接纳物理主机上多个 VM 的 TCP 报文段(分组)，因为需要考虑到物理主机上 TCP 连接数增加的因素。

虚拟机管理器

虚拟机管理器(Hypervisor)是虚拟机的监测和管理机制，它由软件、硬件或固件(软件/硬件)组成，它的任务是创建和运行 VM。运行虚拟机管理器的真实计算机(机器)称为**宿主机**，如图 16.2 所示，而每个 VM 称为**客户机**。虚拟机管理器为客户机提供虚拟操作平台和客户操作系统，并监控客户操作系统的执行状况，在虚拟机管理器的管控下，真实计算机内的多个操作系统实例共享虚拟化的硬件资源。

除了常规任务，当某些设备发生故障时，虚拟机管理器能够在机器与外界之间起到一个中介的作用，例如，虚拟机管理器必须能够将网络应用程序与感知物理状态变化(如 NIC 端口故障)的行为隔离开来。在某些实际情况中，需要通过外部控制器的配合，让虚拟机管理器进行故障排除、隔离和缓解某些内部错误的操作。

16.2　数据中心网络(DCN)

DCN 是将数据中心设备连接到互联网的网络。云计算的数据中心由于地理位置上分散的自然特性，对 DCN 的设计和部署提出了挑战。数据中心的应用是数据和通信均为密集型的应用，例如，一个简单的 Web 搜索请求在执行时可能会接触到数千个服务器，并在数千个机器上处理数兆字节的数据。

图 16.3 显示了 DCN 中数据服务器通信组件的抽象模型。目前，DCN 是典型的基于路由器和第 2 层、第 3 层交换机连接起来的某种特定拓扑结构，每个机架上的服务器使用**架顶式**(Top-of-Rack，ToR)**交换机**或**边缘交换机**(第 2 层类型的交换机)直接互连，机架中的每个主机(服务器)都有一个网络接口卡(NIC)连接到 ToR 交换机，每个主机也有属于自己的数据中心内部 IP 地址。

然后，用边缘交换机依次连接到 0~k 层级的**汇聚交换机**。这里的 0 和 k 层概念表示，在小型数据中心可能不需要汇聚交换机，而在大型数据中心可能需要多个层级的汇聚交换机。层数 k 取决于机架服务器的数量和复杂性。当然，根据数据中心的规模大小或其他设计因素，可以添加更多的交换层，或从典型的交换架构中减少一些层。最后，汇聚交换机连接到第 3 层类型的**核心交换机**。数据中心网络设计成这种层次结构，容纳的主机数量可以不断增加扩展。

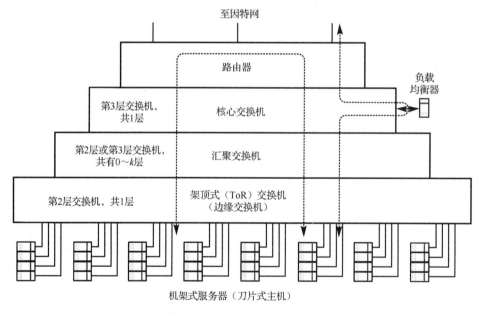

图 16.3　数据中心网络中服务器的通信组件概况

如图中所示，DCN 支持两种类型的数据流量：数据中心外部客户端与数据中心主机(服务器)之间的流量，以及数据中心主机之间的流量。因此，位于核心交换机顶部的边界**路由器**处理数据中心服务器与互联网上客户机之间的连接。

DCN 中的交换机普遍使用铜缆或光纤电缆的以太网。数据中心及其网络的运行结构允许让机架内乃至机架间的任意两个服务器直接通信，这个功能特别有用，因为一个服务器实现某个功能，可能需要等待另一个服务器的完成、确认或更新操作。在 DCN 结构中还不可避免地需要创建冗余链路或部署**冗余**设备，因为云计算必须高可靠地、持续地提供应用服务。

16.2.1　负载均衡器

数据中心采用**负载均衡器**(Load Balancer，LB)来平衡服务器间的流量。大型数据中心会向大量客户并发地提供多种类型的实时应用，想象一下，数据中心外部的大量客户请求各种不同的应用，这将要求数据中心在其内部快速找到正确的资源，并迅速快捷地与请求客户进行通信。克服流量负载波动性的一个流行解决方案是部署负载均衡器。负载均衡器将来自客户机的请求尽可能均匀地分布在数据中心的主机上，换句话说，负载均衡器决定每个独立的任务请求该交由哪个服务器来执行。

负载均衡的一个基本方法是，如果数据中心存在多个相同的资源，则为每个输入请求随机选择一个处理主机和到达主机的路径。负载均衡器查看输入分组的目标主机 IP 地址和端口号，以确定如何选择到数据中心指定主机的路径。如果在目标主机上找不到答案或由于某种原因无法响应查询，它就将查询转发到机架服务器的另一个主机上。一旦主机执行了查询操作，它就将响应回送到负载均衡器，然后，负载均衡器再与发出查询的外部客户机通信。

在设计 DCN 时，将**网络地址转换**(Network Address Translation，NAT)合并到负载均衡操作中是很有必要的，因为负载均衡服务器实际上就是数据中心与外部世界之间的接口。我们在第 5 章中了解到，出于安全原因，NAT 有隐藏内部网络结构的优势，它可以防止客户机与数据中心资源直接关联。因此，在大多数优化设计案例中，负载均衡器还将公用 IP 地址转换为特定主机的专用 IP 地址，反之亦然。

较大的数据中心必须要有几个负载均衡器，每个负载均衡器专注于特定的应用。另一方面，需要注意的是，当出现大量的业务流量并且只有有限个负载均衡器可用时，负载均衡功能可能导致拥塞。数据中心网络可以采用的负载均衡方法有若干种，最常见的两种方法是**循环算法**和**最小连接**算法。

循环算法

负载均衡器采用**循环算法**时，不收集和保存服务器的当前状态。一旦负载均衡器收到某种类型应用的请求时，它就会立即将输入的请求分发到数据中心网络中的所有服务器上。算法的实现是将请求逐个、循环式地查询服务器，直到找到符合请求应用条件的空闲服务器为止。这种方法中，如果所有符合条件的服务器都很忙，那么负载均衡器将返回第一个服务器，重新启动下一轮查询，直到找到一个空闲服务器来执行请求。

循环式负载均衡不需要与服务器之间进行任何通信，负载均衡器独立做出决策，也不考虑服务器当前状态。循环算法通常用于较小的数据中心，针对的也是如同 HTTP 请求这种应用。

最小连接算法

最小连接算法提出了数据中心负载均衡的另一种方法。负载均衡器根据数据中心每个服务器的活动连接数量，实施流量负载的分配。负载均衡器要监视服务器上打开的活动连接数，选择活动连接数最少的服务器作为符合请求条件的服务器。负载均衡器要掌握数据中心服务器的所有状态，包括总负载、日均负载，以及当前处理流量。有了这些信息，负载均衡器不再需要任何搜索操作，就可以准确找出执行请求任务的服务器。最小连接算法比循环算法复杂，但在大型数据中心更有效。

16.2.2　流量工程

网络上的**流量工程**(Traffic Engineering，TE)是通过动态监视、分析、预测和调节网络中分组(帧)流的行为来优化网络性能的一种方法。我们对 IP 和 MPLS 网络上的流量工程已经进行了充分的研究。由于数据中心独特的大流量特点，不可避免地要使用流量工程来管理。

数据中心独特的流量模式，并要求具有一定的安全性，这就向流量工程提出了挑战。数据中心的流量模式只能预测很短的时间，因此 TE 应该以细粒度的方式运行。当主机到主机的通信是数据中心的目标任务时，对所需带宽的支持就非常重要。例如，如果互联网搜索引擎分布在多个服务器机架上的数千个主机上运行，成对的服务器主机之间就需要大量的带宽，可能造成带宽消耗殆尽，导致性能低下。

由于核心交换机或路由器的数量远小于数据中心服务器的数量，因此核心交换机或路由器作为根节点成为 DCN 的瓶颈。进一步，考虑到分布式算法将虚拟机工作负载从一个交换机跨过边缘交换机，转移到另一个交换机时，瓶颈问题变得更加突出。**高效调度技术**是 TE 的另一种解决方案，它利用活动流的全局知识，把大流量分布到不同的路径上。

16.2.3　DCN 体系结构

DCN 的主要作用是将大量的服务器用聚合大带宽互连起来。建设数据中心网络基础设施的大部分成本是交换机、路由器、负载均衡器，以及数据中心链路。这一系列成本中，交换机和路由器是最昂贵的。因此，云计算网络部分的设计智慧对降低网络成本具有重要作用。DCN 中使用的三种网络结构是：

1. 服务器-路由组网方案；
2. 交换机-路由组网方案；
3. 全连接光网络方案。

服务器-路由组网方案

服务器-路由组网方案中，数据中心的服务器或机架服务器既充当终端主机，又充当中继节点。在该方案中，服务器配置有多个接口，各个交换机都连接相同数量的服务器机架。这种组网的 DCN 结构中，没有聚合交换层。

服务器-路由组网方案的路由配置具有递归算法的结构。在此算法中，假设有 m 个服务器机架，每个机架有 k 个服务器，并且每个服务器机架都连接到一个 ToR 交换机；于是可得到，共有 m 个 ToR 交换机，每个 ToR 是一个 k 端口的二层交换机。两个服务器称为邻居，如果它们连接到同一个 ToR 交换机。在该算法中，SRi 表示服务器机架 i，其中任意服务器的地址为 $a_i a_{i-1} \cdots a_0, a_j \in [0,k-1]$，$j \in [0,k]$。一个机架上的两个服务器称为邻居，如果它们的地址数组只相差一位数字。路由计算是基于从源服务器到目标服务器"更正"一个地址数字的一跳路径。这里假设有 n 个交换层级。

例：给出一个云计算中心的服务器-路由组网方案的结构，这里，$k=4$。然后给出从机架 SR00 上的服务器 SE00 到机架 SR02 上的服务器 SE01 的路由路径。

解：图 16.4 给出了 $k=4$ 的网络结构，ToR 交换机具有 4 个端口。给定的两个服务器之间存在多条路径，其中的两条路径是：SE00（SR00 中）– S10 – SE00（SR02 中）– S02 – SE01（SR02 中）；SE00（SR00 中）– S00 – SE01（SR00 中）– S11 – SE01（SR02 中）。

交换机-路由组网方案

在**交换机-路由组网方案**中，交换机之间的互连是规则的拓扑结构，图 16.5 显示了使用三个交换机层级（称为**核心交换机**、**汇聚交换机**和**边缘交换机**）的数据中心网络。边缘交换机直接连接到服务器机架上的终端服务器，核心交换机直接连接到互联网，汇聚交换机是中间层级的交换机。

每个服务器都有各自的实际 MAC 地址和物理标识号（Physical Identification Number，PIN）。

服务器信息是把 PIN 编码成 6 个域的 MAC 地址形式，L6-L5-L4-L3-L2-L1，具体含义如下。

- **L1（16 bit）**：物理机上 VM 的标识 ID。
- **L2（8 bit）**：服务器主机所连接的边缘交换机端口号。
- **L3（8 bit）**：L1 边缘交换机所在列的位置号。
- **L4（16 bit）**：聚合交换块的 ID 号。聚合交换块表示多个汇聚交换机组成的交换块（如 S10 和 S11 构成的块），块又连接到某个服务器机架，如 SR00。从另一个意义上讲，L4 表示了服务器机架号。
- **L5 和 L6**：保留，用作网络扩展。

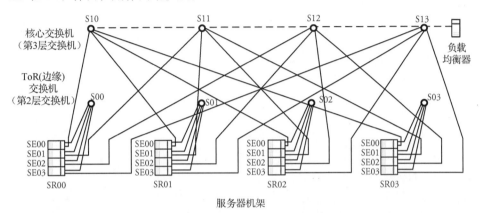

图 16.4　使用两层交换的服务器-路由组网方案的数据中心网络

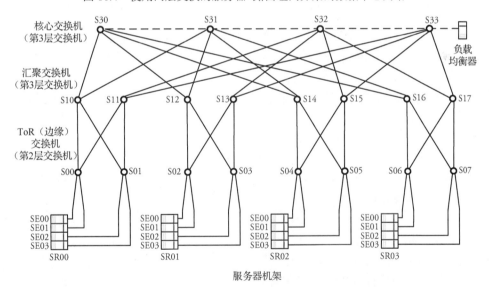

图 16.5　使用交换机-路由组网方案的数据中心网络

例如，PIN 为 00:00:01:00:01:198，其含义是服务器主机上的 198 号 VM（L1=198），它连接到边缘交换机的第 2 个端口（L2 = 01），该边缘交换机位于第 2 聚合块（L4 = 01）的第 1 交换列（L3 = 00），第 2 聚合块也就等效于第 2 个服务器机架。

交换机-路由组网拓扑的寻路过程为：从 DCN 外部到数据中心的路由从核心交换机开始，根据目标 PIN 地址转发数据包。核心交换机检查到达分组的 L4 域，以决定输出端口。当分组到达汇聚交换机时，它检查 PIN 的 L2 域，提取边缘交换机端口号。PIN 地址还用于数据中心主机之间的通信，从主机到核心交换机，以及从核心交换机到中心的另一个主机。

全连接光网络方案

一种**全连接光网络**方案将全光交换机部署在 DCN 的核心交换层中。在高速通信应用中，非光交换方案存在吞吐量低、延迟大、功耗高等缺点。将全光交换方案作为直接连接到 ToR 交换层的 DCN 的核心交换引擎，是解决一般 DCN 不足的一种替代方案。图 16.6 显示了使用全连接的光网络方案的数据中心网络。

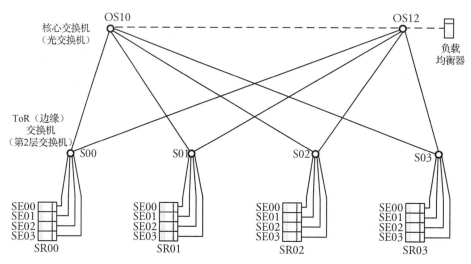

图 16.6　使用全连接光网络方案的数据中心网络

16.2.4　多播方式

在第 3 层实现多播，既降低了网络的流量，又将发送方从重复的发送任务中解脱出来，对 DCN 非常有利。DCN 的多播，特别是云中心公共服务 DCN 的多播，是一项具有挑战性的任务，因为多播需要 DCN 增加带宽容量、降低虚拟机小时单位成本。如第 6 章所述，数据网络中的多播属于组通信，在线应用、数据中心基础设施的后端计算都需要这种组通信。例如，把搜索查询多播到多个索引服务器，以快速找到答案。另一个例子是将可执行的二进制文件多播到一组参与计算合作的服务器上，以更快获得结果。

DCN 中的多播不同于互联网中的多播，因为 DCN 的结构中通常包含第 2 层或第 3 层交换机，而互联网是广域的，部署的是路由器。第 2 层或第 3 层交换机不如互联网路由器那么强大和可靠。若干种可用于数据中心的多播算法中，**协议无关多播**(Protocol-Independent Multicast, PIM)是使用最广泛的一种。第 6 章研究的稀疏模式 PIM 中，主机独立地向会合节点或源节点发送多播组的加入/离开请求，而中间节点则利用反向单播路由形成了多播树。显式多个单播(eXplicit multi-unicast, Xcast)协议是另一种多播方式，它在分组中列出了所有目的节点的接收地址。在 Xcast 模型中，参与多播功能的主机是提前预知的，因此，在网络上也提前生成了多播树并分配了适当的资源，之后才开始产生多播流量。

16.3　网络虚拟化

网络虚拟化是将网络服务与网络基础设施去耦的行为。互联网的虚拟化是从计算机网络的各种技术衍生而来的。值得注意的是，根据这个观点，计算机网络整体上也必须虚拟化才能更有效地运行。网络虚拟化为"共享网络基础设施"模式提供了一个强大的技术途径。这里有两个例子：一个是第 4 章所描述的 VLAN，另一个是第 14 章描述的 VPN。

在云计算中发挥重要作用的，是组网技术对云环境中的网络和计算资源进行的改进、组合控制和优化。在组网和云计算的融合中，尤其需要这种控制和优化，因为 TCP/IP 体系结构本身就不是一个完整的网络协议模型。组网与云计算更高级的融合还必须克服另外两个问题：

- 网络中的一般性延迟问题；
- 无线网络中常常遇到的连接稳定性问题。

网络虚拟化，能够让网络运营商在一个共享的公共物理基础设施上，构建和运行多个独立的、应用相关的虚拟网络。要具备这种能力，虚拟化机制必须保证多个并存的虚拟网络之间能够相互隔离。在虚拟网络中，服务是用数据结构来描述，并且完全存在于软件的抽象层中，是物理资源上的服务在虚拟化软件运行中的再现，其属性或特性可通过软件的 API 接口进行配置，从而能够发挥出网络设备的全部潜力。

16.3.1 网络虚拟化组件

机器虚拟化和网络虚拟化有相同也有不同之处。在机器虚拟化中，与物理机器密切相关的属性被虚拟化软件分离和再现，这个虚拟化软件称为**虚拟机管理器**(Hypervisor)。Hypervisor 能够创建虚拟组件，如虚拟 CPU(VCPU)和虚拟 RAM(VRAM)。虚拟化的属性可以很容易地拼装成任意组合，快速生成独一无二的虚拟机。

机器虚拟化的去耦方法也可以在网络虚拟化中实现。然而，网络虚拟化并不像机器虚拟化那样容易实现，如计算性能。此外，网络本身没有移动性，因此网络的配置被固定在硬件上，只有其状态可以向大量的网络设备扩散。

虚拟机通常需要网络连接，以连接其他虚拟机、连接外部世界。与其他虚拟机的连接要求具备安全和负载均衡能力。虚拟机以虚拟化方式实现了与物理机的完全解耦，然而，虚拟网络却没有完全与物理网络解耦。因此，配置虚拟网络时，需要仔细配置跨越在物理和虚拟之间的网络设备协议栈，即第 1、2 和 3 层协议栈，也许还要配置第 4 和第 5 层的实体。

实现网络的虚拟化过程中，某些网络服务和功能(如路由)应当与物理网络解耦，并移入虚拟化软件层中，以实现自动化管理。一旦虚拟网络能够最大限度地从物理网络解耦，物理网络的配置就简化成从一个 Hypervisor 到另一个 Hypervisor 间转发分组的服务。分组在物理上转发的实现细节从虚拟网络中分离出来，于是，虚拟网络和物理网络之间就没有了牵绊，可以独立地进化了。

在虚拟网络中，网络的虚拟化软件生成了多种虚拟网络设备，如**虚拟链路**、**虚拟交换机**(vSwitch)、**虚拟 NIC**(VNIC)、**虚拟路由器**(vRouter)、**虚拟负载均衡器**(VLB)和**逻辑防火墙**，我们还可以定义虚拟的网络拓扑，如**覆盖网络**。网络的配置可以在软件层实现。例如，物理网络实现基础的分组转发，而虚拟交换层的软件实现整个虚拟网络功能。网络虚拟化的概念可以想象成一个虚拟网络，它是用某些物理网络设备上的软件操作来实现的虚拟网络。构建虚拟网络的一个明显好处是，它能够自然地与网络上的虚拟机保持灵活一致。

虚拟链路

现在，我们从**链路虚拟化**开始，讨论资源虚拟化的概念。考虑多个主机采用共享物理链路连接起来，这个链路可以视为一个多通道介质，每个主机用一个通道传输数据。从连通性的观点来看，这种物理链路上的信道化机制，流行的称呼就是物理链路上的"虚拟链路"。

虚拟 NIC

第 2 章和第 3 章中描述的 NIC 是主机或网络设备的网络接口。NIC 处理链路层(第 2 层)协议功能，如以太网和 WiFi 协议的功能。在第 4 章中，我们了解到，第 2 层的互连和联网通常使用网桥或第 2 层交换机来实现。第 2 层交换机再连接到第 3 层交换机，就可以连接到互联网上。这种组网策略以同样的方式推广数据中心，数据中心各个 ToR 的第 2 层交换机或汇聚交换机也都使用了 NIC 来进行连接。

在数据中心，虚拟机明显要使用虚拟 NIC(VNIC)。当虚拟机从一个子网迁移到另一个子网时,虚拟机的 IP 发生了改变,而 MAC 地址(IEEE 802 地址)却保持不变。因此，当虚拟机的子网连接跨越了多个二层网络时，就需要给虚拟机分配一个新的 IP 地址。因为任意主机或网络设备至少使用一个 NIC 来进行通信，所以当系统上有多个虚拟机活动时,各个虚拟机都需要有自己的虚拟 NIC。

图 16.7 显示了在一个物理机中由 Hypervisor 管理的多个虚拟机(VM)的基本情况，该图表明每个 VM 也关联到物理机内的 VNIC。VNIC 之间的交换和通信由 IEEE 802.1Qbg 标准定义的**虚拟以太网端口聚合器**(Virtual Ethernet Port Aggregator，VEPA)实现。VNIC 的另一种结构是 VNIC 直接驻留到物理机器的 NIC 内，但这种技术的软件开销大，而且难以从外部对 VNIC 实施管理。

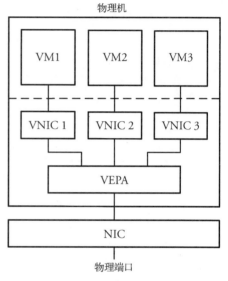

图 16.7　NIC 虚拟化

虚拟交换机(vSwitch)

我们现在讨论**虚拟交换机**(vSwitch)。在一个需要连接大量主机并且还需要连接到外部系统的组网场景中，主机的数量通常大于第 2 层交换机的端口数量。图 16.8 显示了一个物理以太网(第 2 层)交换机能够充当三个 vSwitch 的示例。与虚拟交换机相联系的第一个网络组件是虚拟交换机软件，基于这一点，如同在第 4 章中所描述的，就必须部署多个 L2 和 L3 交换层级。某些软件标准，如 IEEE 802.1BR，即网桥端口扩展(Bridge Port Extension，BPE)标准，可以用在物理交换机上将端口数量扩展为更多的虚拟端口，形成如图 16.8 所示的 vSwitch。

虚拟交换机不仅仅是转发帧，它还可以在转发帧之前对帧进行审核，智能地引导网络上的通信。虚拟交换功能可以直接嵌入它的虚拟化软件中，而虚拟交换机还可以作为机器的一部分固件安装到物理交换机中。虚拟交换机还可以执行跨物理主机迁移 VM 的任务，没有这个能力，迁移任务将非常耗时，并可能让网络暴露出安全漏洞。将智能软件嵌入虚拟交换机中，虚拟机配置文件的完整性(包括网络及安全设置)也许能够得到保证。

云计算中的 VLAN

在第 4 章中，我们了解到 VLAN 方法可以将单个物理 LAN 划分成几个看似独立的虚拟 LAN。VLAN 是一组具有共同需求的主机，不管它们的物理位置如何，它们的通信就如同它们是连接在一起的。每个 VLAN 都分配了一个标识符，帧只能在相同标识符的网络段之间转发。在云计算方面，可以扩展关于 VLAN 的讨论。应该知道，单个物理机器内的多个 VM 可能属于不同的客户，因此需要把这些 VM 安排进不同的 VLAN 中。于是，这些 VLAN 中的每一个都可以横跨通过三层网络组件互连的多个数据中心。

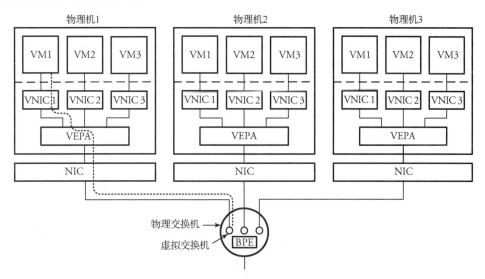

图 16.8　将虚拟机连接到物理机外部系统的 vSwitch 概况

16.4　覆盖网络

覆盖网络是一种应用相关、建立在物理网络之上的虚拟网络，换句话说，覆盖网络是在物理拓扑之上创建了一个虚拟拓扑。新协议在测试阶段需要使用互联网，新协议可以在覆盖网络的虚拟拓扑环境中运行，从而保护现有网络拓扑结构不受影响，覆盖网络也让新协议的分组与网络主要基础设施在测试床上相互隔离，对测试中的新协议分组也形成一种保护。

图 16.9 显示了在广域网上配置的覆盖网络，它是为 LAN 1 中的主机 1 和 LAN 4 中的主机 2 而建的覆盖网络。覆盖网络可以想象成由逻辑链路连接的节点构成。例如，在图 16.9 中，路由器 R4、R5、R6 和 R1 参与了覆盖网络的构建，相互连接的链路由覆盖网络的逻辑链路实现，这种逻辑链路与底层网络的路径相对应。一个更容易理解的覆盖网络例子是**对等网络**，它直接运行在互联网之上。覆盖网络不会控制分组在源/目标节点对之间的底层网络中的寻路方式，不过，覆盖网络可以通过消息传递功能，控制到达目的节点所经过的覆盖节点顺序。

通信系统因为各种各样的原因，可能需要覆盖网络。使用覆盖网络，可以在事先未知目的 IP 地址时，就将消息向目的方向传递；有时，为了实现更高质量的流媒体，也建议用覆盖网络的方法来改进互联网路由；有时，为了实现 DiffServ 和 IP 多播等技术，需要修改网络中的所有路由器，这种情况下，可以将覆盖网络部署在终端主机上，让终端主机运行覆盖协议软件，而无须与互联网服务提供商合作。

覆盖网络是**自组织**的。当一个节点发生故障时，覆盖网络的算法应该能够提供解决方案，恢复网络并重新构建适当的网络结构。覆盖网络与非结构化网络的根本区别在于：覆盖网络的路由信息是基于网络上流动帧中所包含的内容派生出来的识别符。

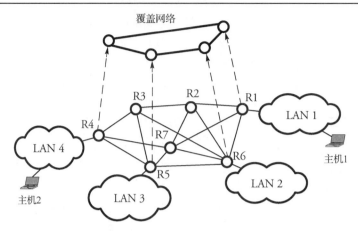

图 16.9   一个覆盖网络，用于连接 R1 和 R4 关联的两个 LAN

16.5   总结

本章的重点是**云计算**及相关的网络拓扑。云计算是一种基于网络的计算系统，通过它，数据中心外部的客户机可以使用数据中心内部可配置共享的计算资源池。本章首先探讨了云计算的基本内容，包括数据中心结构与虚拟机(VM)，知道了云计算企业是如何形成的。

之后我们讨论了数据中心网络(DCN)的几个重要主题。数据中心面临的挑战之一是路由技术。DCN 是一个基于路由器和第 2 层、第 3 层交换机组成特定拓扑结构的网络。DCN 的最低层级，机架服务器直接连接到**支架顶部**(ToR)**交换机**或**边缘交换机**，这些交换机都是第 2 层类型的设备，然后边缘交换机连接到第 2 层或第 3 层类型的**汇聚交换机**，最后，汇聚交换机与第 3 层类型的核心交换机互连。数据中心网络设计成这种层次结构，容纳的主机数量可以不断进行扩展。

本章给出了三种典型的 DCN 组网结构：服务器-路由组网方案、交换机-路由组网方案和全连接光网络方案。三种方案中，全连接结构可能是未来光 DCN 网络的结构。在此基础上，我们从基本路由方案、流量工程和多播问题等多个方面，讨论了数据中心技术发展路线的挑战和应用前景。

本章介绍了虚拟化技术的几个关键主题，特别关注了**网络虚拟化**的进展。**覆盖网络**在现有公共网络物理拓扑之上创建了虚拟拓扑；覆盖网络是**自组织**的，如果节点发生故障，覆盖网络的算法能够提供解决方案，让网络重新构建适当的网络结构。

在第 17 章中，我们将探讨**软件定义网络**(Software-Defined Networking，SDN)的网络模式，这个模式由称为"控制器"的集中式软件定义和控制整个网络，而不是由各个交换机来控制网络。我们将 SDN 视为一种网络管理工具，应用于数据中心的云计算网络环境中。

16.6   习题

1. 用交换机-路由组网方案设计云数据中心的组网结构。云数据中心有 32 个大型主机，每个主机上有 8 个虚拟机。

   (a)给出 DCN 的整体结构。

   (b)写出第 6 个主机上第 5 个 VM 的 PID 号码。

2. 考虑一个与图 16.5 相似的数据中心网络拓扑结构。各个服务器主机上 NIC 的数据速率均为 1 Gb/s，这也是服务器到 ToR 交换机的数据速率。

　　(a) 估算任意一对 ToR 交换机与汇聚交换机之间的数据速率。

　　(b) 估算任意一对汇聚交换机与核心交换机之间的数据速率。

　　(c) 估算任意一对核心交换机与边界路由器之间的数据速率。

3. 考虑一个数据中心采用全连接光网络方案的拓扑结构。数据中心的机架可放置 40 个服务器，中心共需要 800 个服务器，每个服务器 NIC 接口速率为 1Gb/s。

　　(a) 计算每个 ToR 交换机和光交换机的端口数量。

　　(b) 估算任意一对 ToR 交换机与光交换机之间的数据速率。

　　(c) 估算任意光交换机到外界链路上的数据速率。

4. 数据中心网络拓扑结构如图 16.4 所示。

　　(a) 给出它的李氏模型。

　　(b) 假定网络中任意链路忙的概率为 p，计算网络阻塞概率。

5. 数据中心网络拓扑结构如图 16.5 所示。

　　(a) 给出它的李氏模型。

　　(b) 假定网络中任意链路忙的概率为 p，计算网络阻塞概率。

6. 数据中心网络拓扑结构如图 16.6 所示。

　　(a) 给出它的李氏模型。

　　(b) 假定网络中任意链路忙的概率为 p，计算网络阻塞概率。

7. 为**服务器-路由**组网的云计算 DCN 设计一种寻路算法。在以服务器为中心的组网方案中，寻路算法具有递归的结构。算法中，假设有 n 个交换层级(通常 $n=2$)，m 个机架，每个机架有 k 个服务器，每个机架连到一个 ToR 交换机，由此，共有 m 个 k-端口的第 2 层交换机。设计的算法用 m、n 和 k 表示。算法用 for, if, otherwise 等语句来表达。设计：

　　(a) 从外界到 DCN 服务器的寻路算法。

　　(b) 从一个机架上的服务器到另一个机架上的服务器的寻路算法。

8. 为一个**交换机-路由**组网的 DCN 网络设计寻路算法，设计内容同习题 7 的 (a) 和 (b)。

9. 考虑一个**覆盖网络**，它有 5 个相互连接的节点。如果这是互联网上的对等网络，对下面两种技术做一比较：

　　(a) 环状拓扑结构。

　　(b) 星形拓扑结构。

10. 假定两个对等点连接到一个四节点环状拓扑的覆盖网络中，如图 16.9 所示。其中一个对等点上每秒有 200 个请求到达，服务速率是每秒 230 个请求。假设与对等点建立一条连接所需的时间是 10 ms，建立连接后完成服务所需时间为 120 ms，而且与对等点存在连接或需要建立连接的机会各占一半。

　　(a) 计算对等点的平均服务时间。

　　(b) 计算对等点的利用率。

11. 本章给出的虚拟 NIC，与可能的其他设计做一比较：

　　(a) 当前的物理机上有四个 VM，但对应的四个 VNIC 都独立安装在一个物理 NIC 内。

　　(b) 将你设计的 VNIC 与本章的 VNIC 进行性能比较。

12. 假设客户机主机试图检测云计算数据中心的服务器数量。客户机观察 IP 协议在每个 IP 分组上标记的序列 ID 号(SIN)。服务器产生的第一个分组的 SIN 是一个从 6000 开始的随机数，下一个分组的 SIN 按顺序递增赋值。假设这些在 NAT 后面的服务器产生的 IP 分组发送到了数据中心之外的外部世界。回忆一下，数据中心的 NAT 是与负载均衡器结合为一体的。

(a)假设你能捕获 NAT 对外传输的所有分组，提出一种算法，它能检测出 NAT/负载均衡器后面独立服务器的数量。

(b)重新考虑 SIN 的条件，它不再是按序递增的了，重做(a)。

(c)如果服务器的数量非常大(这是真实情况)，对你提出的算法要达到预定目标，评价它的执行效率如何。

16.7　计算机仿真项目

1. **云计算数据中心网络的负载均衡器仿真**。建立网络仿真工具，实现一个小规模的数据中心网络，其中有 4 个机架，每个机架有 3 个服务器，考虑一个独立的服务器担任数据中心的负载均衡器职责，数据中心网络由 4 个边缘交换机、2 个核心交换机组成，它们都连接到边界路由器和负载均衡器上。在云服务器端，每个服务器向负载均衡器展示它的窗口尺寸和能接收的最大分组数量。在客户端，请求分组直接转发到负载均衡器上。然后，负载均衡器就可以估计服务场中各种服务器节点的可用系数和缓冲区容量，作为路由分组的依据，于是，负载均衡器根据服务器的缓冲区大小来分派进入网络的负载。你可以选择各种分组类型，如 FTP-TCP、UDP 等，可以构建各种网络结构，以理解分布式网络的共享负载问题。建议负载均衡器使用**循环算法**来实现。

   (a)安插一个目标应用，或客户从 12 个服务器中的某一个(由你选择)读取和下载文件。测量一个成功"查询-响应"的往返时间(Round-Trip Time，RTT)。

   (b)安插一个目标应用，或客户从 12 个服务器中的 3 个(由你选择)服务器读取和下载文件。测量一个成功"查询-响应"的往返时间(RTT)。

2. **仿真覆盖网络**。使用网络仿真工具仿真一个 7 节点网络，见图 16.9。然后添加子程序来仿真覆盖网络的操作。

   (a)用 UDP 在原网上从 R1 到 R4 模拟分组的传输，这并不需要创建覆盖网络。

   (b)将(a)的结果与图中用覆盖网络的结果进行比较。

第17章 软件定义网络及其进展

本章的内容主要集中到先进的网络控制方法上。其他网络控制方法的动机是通信服务竞争的加剧,公共互联网上的大型组织已促使服务提供者寻求可靠的手段打破现状。

我们从网络管理的不同模式开始本章。在前面的章节中,我们知道了传统网络的流量管理有多么复杂。传统网络由特殊功能的设备构建,这些设备运行分布式协议来实现拓扑发现、路由选择、流量监控、服务质量和访问控制。互联网基础设施和应用的增长导致互联网相关产业的技术生态系统发生了深刻变化,**软件定义网络**(Software-Defined Networking,SDN)是一种网络模式,该模式由被称为"控制器"(或 SDN 控制器)的中央软件程序来决定和控制整个网络行为,从而提高网络性能。

本章重点介绍软件定义网络的基本原理和其他一些可替代的、创新的网络特性,并提供网络方面相关概念的详细信息。本章涉及的主要内容如下:

- **软件定义网络(SDN)**;
- **基于 SDN 的网络模型**;
- **小型 SDN 架构**;
- **云的 SDN 架构**;
- **网络功能虚拟化(NFV)**;
- **信息中心网络(ICN)**;
- **高级网络的网络模拟器**。

首先我们探讨 SDN 的一些基本思想,然后研究一些基于 SDN 网络模型的标准,如 **OpenFlow**,它是定义在 SDN 网络的控制功能与转发功能之间的标准通信接口协议。我们还介绍 SDN 与云数据中心之间的交互,以及如何构建和运行基于 SDN 的云数据中心。

另一个重要内容是**网络功能虚拟化**(Network Functions Virtualization,NFV),它是 SDN 的一种替代方案。本章介绍 NFV 与 SDN 之间的一些相似之处和不同之处。SDN 和 NFV 的讨论将以**信息中心网络**(Information-Centric Networking,ICN)的一个案例研究作为结束,它是另一种使用对象名字而不是 IP 地址来管理网络路由选择的技术。

本章最后一节的网络模拟器,重点介绍 Mininet 模拟器和 Wireshark。这些工具可以有效地展现一个模拟的高级受控网络,如 SDN。

17.1 软件定义网络(SDN)

计算机和通信网络的规模与复杂性都在不断增长。也许决定底层网络增长成功的最重要因素是性能。网络工程师希望扩展互联网,但他们也清楚地意识到这种扩展必须伴随着良好的网络性能。与底层网络密切相关的反映网络性能的参数是 bit 速率、分组丢失率和延迟。SDN 的引入提供了一种能够提高网络性能的解决方案。SDN 基于下面三个创新思想:

1. 控制和数据平面的分离;

2. 控制平面的可编程性;

3. 应用编程接口(Application Programming Interfaces，API)的标准化。

在接下来的小节中，我们将讨论这些创新思想。我们将展示这些思想如何产生一种能独立于品牌、底层操作系统或路由与交换设备中内嵌的路由策略而运行的计算机网络系统。请注意，在网络设备上单独实施复杂策略会导致高网络延迟和低服务质量。这正是 SDN 努力克服的网络缺陷。

17.1.1 控制和数据平面的分离

在计算机网络中，数据传输由特定的专用设备处理，如各种品牌的交换机和路由器，它们在服务器和其他连接设备之间转发分组。不过，所有这些设备的控制功能规则可以被分类和映射为三个称为"平面"的基本类别。这三个平面是:

1. **控制平面**承载信令流，负责建立路由、将分组从一个设备路由到另一个设备、提供访问控制、保证服务质量等任务。第 5 章介绍的 OSPF 就是控制平面的一个功能示例。控制平面的功能还包括系统配置和管理。

2. **数据平面**负责在控制平面确定路由后以分组形式交换数据。数据平面功能的一个例子是将分组交换到路由器的输出端口。

3. **管理平面**负责网络的管理，并执行网络中的策略。例如，第 9 章介绍的 SNMP 协议属于管理平面，可以用来监视设备的运行及性能。管理平面通常被视为控制平面的一个子集。

这三个平面都是通过软件和硬件的组合(通常称为**固件**)来实现的。网络设备需要数据和控制平面的交互，因此这两个平面实质上是一体化的。实际上，网络设备中的控制和数据平面紧密集成，网络运营商需要在每个设备上单独配置每个协议。在设备上单独执行所有复杂的策略将导致高网络延迟和低服务质量。传统网络中紧密集成控制和数据平面，对网络设备而言是一项非常耗时的任务，并且通常会造成互联网的瓶颈。

在传统网络中,每个网络设备都需要使用第 3 层路由选择协议(如 OSPF)或第 2 层转发协议(如 STP)找到最小代价的路径，如前几章所述。为了执行这些任务，每个设备都需要发送控制查询信息、接收响应，并基于响应实现必要操作。此外，网络管理员必须通过网络管理跟踪流量统计和各种网络设备的状态。

传统网络运营商面临的另一个挑战是需要实现越来越复杂的策略，但却只有有限且极其受限的低级网络设备配置命令。网络运营商还需要在链路接口上使用一组极其受限的低级设备配置命令实现复杂的策略和任务。因此，传统结构的互联网会产生相当大的**网络延迟**。在各个设备上单独实现复杂的策略会导致较大的网络延时或延迟，并降低服务质量。

频繁的网络配置错误也是一个挑战。网络的状态可以不断变化，因此网络运营商必须重新配置网络来应对网络的变化情况。这可能需要人工调整，当某些特定事件发生时，操作员需要使用外部工具动态重配置网络设备。于是，路由器专门配备了引擎以应对不断变化的网络条件。这个方法也许不够精细，不足以防止错误配置。

SDN 通过分离数据平面和控制平面，为上述网络挑战提供了解决方案。SDN 将控制平面从网络硬件中移除，并实现在集中的"软件"中。通过将网络控制平面(作为大脑)与其数据平面(作为肌肉)分离，提供了一个分布式网络的集中视图，以更有效地部署和自动化网络服务。这样，控制平面为网络设备准备路由选择或转发表，数据平面使用控制平面准备的转发表在网络设备中转发分组。SDN 的这一关键创新使得交换机只实现大大简化的数据平面逻辑，极大降低了交换机的复杂性和成本。图 17.1 显示了部署 SDN 控制器的网络抽象模型与传统网络的对比。

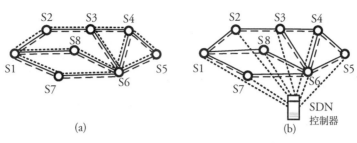

图 17.1 (a) 传统网络与 (b) 软件定义网络的对比

逻辑上"集中"的 SDN 控制器管理交换机和路由器上的分组处理功能。在互联网的早期发展中，集中式管理方法由于可靠性原因而被认为是低效的，而现在却有很好的理由说它是高效的。由于 SDN 控制器处理其网络中的所有路由决策，"路由器"的概念可以简单地替换为"交换机"。因此，我们可以在 SDN 中使用交换节点，如图 17.1(b) 所示的交换机 S1~S7。

控制平面以软件方式运行在标准服务器上，因此创建新的虚拟控制器变得简单可行，也更容易创建定制服务。集中控制方式能动态地管理网络，并且能比分布式协议更快地处理状态变化。当网络经历状态变化或策略改变时，变化的传播速度比分布式系统快得多。为克服集中控制方法中可靠性这个老问题，SDN 建议使用多个备用控制器来接管故障主控制器的任务。

17.1.2 控制平面的可编程性

将控制平面转移到软件可以动态访问网络资源和管理。这种技术将纵向集成的网络模型演变成一个更水平化和开放的模型。网络管理者可以使用程序从中心控制台来整形流量，而无须接触各个设备。管理员可以仅仅通过编程工具就能在必要时更改任意网络交换机的规则，并以非常精细的控制粒度对特定类型的分组进行优先级排序或阻塞。

网络控制平面用于在 SDN 中查找和配置所需的资源，以及将网络应用映射到这些资源上。网络应用必须在其关联的网络上请求和接收服务，并与某种网络控制平面交互。交换机和路由器这类网络设备在 SDN 网络中成为简单的分组转发设备。它们只关注数据平面，而大脑则在专注于控制平面的 SDN 控制器中实现。总之，SDN 控制器必须负责如下事项：

- 为网络中所有设备计算最小代价路径；
- 根据网络策略更新底层网络设备的流表项；
- 将网络策略转换成分组转发规则；
- 建立到各个网络设备的连接；
- 更新网络设备中的分组转发规则；
- 应对到达的分组入 (packet-in) 事件和设备加入 (device-join) 事件；
- 对 packet-in 事件的设备设置相关转发规则；
- 与 device-join 事件的设备建立新连接；
- 把流量引导到其他路径后，关闭链路或交换机以节省能源；
- 执行负载均衡策略，特别是在靠近数据中心的位置。

通过 SDN，系统和应用程序可通过对一个网络进行编程来控制底层的数据平面，精准定义到数据流级别的分组处理。通过"编程"网络而不是通过底层接口进行手动配置，可以使得网络操作延迟最小化。由于 SDN 中集中式控制器的便利性,可编程控制平面可方便地将网络分割成多个虚拟网络,每个虚拟网络有不同的策略,但又共享硬件基础设施。这可以通过定义和创建一个标准 API 来实现,下一节将对此进行描述。

17.1.3　应用编程接口的标准化

　　SDN 中数据和控制平面的去耦带来其他有吸引力的特性。其中最重要的一个特性是,当我们在两个平面之间定义标准 API 时,数据和控制平面的组件可独立发展。为了达到应用程序的性能目标,需要确保底层网络了解应用程序需求并提供必要的服务。

　　SDN 能够以软件而不是硬件的速度快速引入新的网络功能,并且可以通过标准可编程面向服务的 API 与企业网络中的技术流程相集成。SDN 为应用程序与网络交互提供了新的视野。从这个意义上讲,某些 API 可以帮助指导网络配置,并有助于网络运行的优化设计。

17.2　基于 SDN 的网络模型

　　支持 SDN 的网络模型如图 17.2 所示。图中,SDN 模型化为三个组成部分:**数据平面**、**控制平面**和**应用**。控制平面通过**南向 API** 与包括各种物理和虚拟基础设施设备的数据平面通信,并通过**北向 API** 与网络应用部分通信。此外,还定义了**东向和西向 API** 与邻域及本域中的其他 SDN 控制器相互通信。

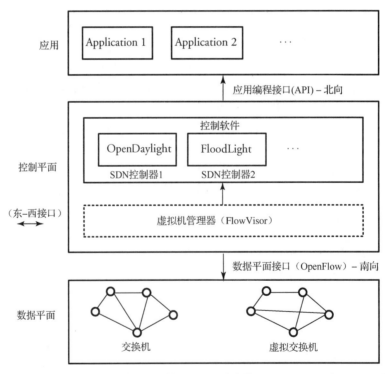

图 17.2　支持 SDN 的网络模型

　　南向 API 主要是 OpenFlow,它是**开放网络基金会**(Open Network Foundation, ONF)管理的标准。同时也开发出了许多其他的南向 API。第 9 章中介绍的一些网络管理协议,如 SNMP 也可能作为潜在的南向 API。

17.2.1　控制平面

控制平面由第 16 章中定义的**虚拟机管理器**(Hypervisor)和一些控制软件模块组成。SDN 环境中的虚拟机管理器称作 FlowVisor。FlowVisor 类似于代理执行在数据平面和中心控制器软件之间。有多种控制器软件模块,每个模块都是为特定目标创建的,如 OpenDaylight 和 Floodlight。

OpenDaylight 控制器

OpenDaylight 项目是 Linux 基金会主办的一个行业联盟开源项目。OpenDaylight 为 SDN 提供了一个通用的开源框架和平台。OpenDaylight 项目发布的第 1 个版本名为**氢**(Hydrogen),包含一个开放控制器、一个虚拟覆盖网络、协议插件和交换设备增强功能。OpenDaylight 框架是基于 Java 的,支持与控制器程序运行在相同地址空间中的应用程序。

该控制器的核心是一个称作**服务抽象层**(Service Abstraction Layer,SAL)的模块,它将内部和外部的服务查询映射到适当的南向插件上。根据插件的功能,SAL 提供基本的服务抽象,在此基础上构建更高级别的服务。这个服务的一个例子是分组处理服务,它允许应用程序注册要转发或接收的特定分组类型,而不需要知道生成这些分组的各个插件的方法或功能。

拓扑抽象和发现是 OpenDaylight 的其他服务。OpenDaylight 控制器还能引入功能强大且高效的网络功能,如用于构建和跟踪覆盖网络的**虚拟化管理**。在本章后面一节中,我们将讨论 NFV,它是对 SDN 网络控制方法的补充,也可以由 OpenDaylight 控制器支持。

Floodlight 控制器

Floodlight 是另一种提供诸如路由选择、拓扑发现、安全甚至防火墙规则等基本功能的控制器。它提供了控制或引导下层网络的方法。Floodlight 来自于开源社区,是 Apache 授权、基于 Java 的 OpenFlow 控制器。它由包括 Big Switch Networks 项目开发人员在内的开发人员社区支持。Floodlight 控制器的架构包含的管理模块有:①拓扑结构;②MAC 和 IP 地址跟踪设备;③路径计算;④Web 访问。此外,该控制器还有 OpenFlow 计数器和状态存储器。

17.2.2　数据平面接口(OpenFlow 协议)

OpenFlow 是定义在 SDN 网络的控制平面和数据平面之间的标准通信接口协议。OpenFlow 协议是 SDN 最引人注目的特性之一,它主要负责交换机内部的数据平面与外部控制器的控制平面之间使用安全通道进行通信。它允许直接访问网络设备的数据平面,并基于预先定义的规则分析每个流的第一个分组,做出转发决策。

创建 OpenFlow 协议的动机实际上是因为缺乏到数据(转发)平面的开放接口。OpenFlow 将网络控制从专用网络交换机和路由器中移出,将其移入开源且本地管理的控制软件中。OpenFlow 在由运行于多个路由器上的软件来确定交换的网络上建立分组流。前面讨论过的作为 SDN 重要优点的控制平面与数据平面分离落到了 OpenFlow 肩上。

OpenFlow 交换机

OpenFlow 交换机是一种能实现 OpenFlow 协议的交换机。各种不同的网络设备制造商目前都在生产这种交换机。在支持 SDN 的网络中,网络是通过使用 OpenFlow 交换机实现的。OpenFlow 控制器负责管理 OpenFlow 交换机。OpenFlow 用在交换机与 SDN 控制器之间的安全通道上。总之,SDN 控制器与每个支持 OpenFlow 的设备建立连接,根据控制器提供的规则与指导更新驻留在数据平面设备中的分组转发规则。

OpenFlow 协议可以生成 3 种类型的消息：控制器到交换机消息、交换机到控制器消息和混合消息。控制器到交换机消息由控制器产生并送给交换机，实现以下功能：

- 指定或修改流表；
- 请求交换机能力的特定信息；
- 读取交换机中某个流的信息；
- 定义新的流后，将分组返还给交换机处理。

交换机到控制器消息由交换机发送给控制器，实现以下功能：

- 将与不匹配流的分组发送给控制器；
- 通知控制器因计时器过期而丢弃了一个流；
- 通知控制器交换机错误或端口变化。

混合消息由交换机或控制器发出，有 3 种类型：

- **Hello 消息**，是控制器与交换机之间交换的启动消息；
- **Echo 消息**，用于检测控制器到交换机连接的存活性；
- **Experimenter 消息**，为 OpenFlow 技术提供扩展。

控制器到交换机消息是最常用的消息。例如，当 OpenFlow 交换机无法路由分组时，交换机缓存分组，然后将分组首部与缓存 ID 一起发给 SDN 控制器。这些信息可以由**分组入**(packet-in)**消息**携带。然后控制器可以处理该消息来发现网络路由选择方案。控制器在这种情况下可以询问外部资源甚至其他 SDN 控制器。当获得并最终确定了路由选择方案后，控制器使用**分组出**(packet-out)**消息**携带最终的路由选择方案和来自 packet-in 消息中的交换机缓存 ID，并将其转发给交换机。交换机使用修正后的指示再次路由该分组。

流表

现在，我们将 OpenFLow 协议与 SDN 网络中分组流动的机制联系起来。实际上，网络流量是从源端发出的分组序列。例如，主机从数据中心下载一个大文件，将产生一个从同一个源到同一个目的地的大的分组"流"。在这种情况下，控制器为流的第一个分组做的决策必须复制给该流的后续分组使用。这种分组处理方法称为基于流的路由选择，通常会减少网络延迟。可以使用作用在分组首部的某些掩码及接收分组的输入端口来标识流。

如图 17.3 所示，OpenFlow 交换机的输入端口处理器(Input Port Processor，IPP)有许多**流表**，从表 0 到表 n，每个表包含多条流表项。SDN 控制器为数据平面的设备创建包含所有必要规则和准则(称为"匹配操作规则")的流表。流表通过 OpenFlow 协议传送给设备去执行。记住，交换机之类的设备除实现流表规定的操作外，不应做任何其他事情。

每个输入的分组首先通过一个 OpenFlow 通道到达流表，然后用表 0 评估分组状态。该表检查是否与到达的分组匹配。找到匹配项后，增加流**计数器**并执行相应的指令集。匹配字段包含的内容或是与输入分组中相应参数相比较的特定值，或是指示该项不包含在这个流的参数集中的一个值。此时，如果找到完全匹配，则将分组送到**操作执行单元**。否则就将分组依顺序送到下一个表，执行与表 0 中相同的处理。最后将在操作执行单元中处理分组所携带的累积匹配项。分组最终是通过单播还是多播发送取决于分组要求的模式。如果要求多播，就会产生和发送多个必要的分组备份。如果交换机中的分组根本就是错的或缓存不够时，交换机就会丢弃该分组。

如果到达的分组不匹配任何流表项，就必须创建新的流。这种情况下，交换机可以配置为丢弃分组或将分组发送给控制器。控制器会为分组定义新的流，并创建一个或多个流表项，然后将新生成的流表项发送给需要添加流表的交换机。最后，分组被送回交换机根据新的流表项进行处理。

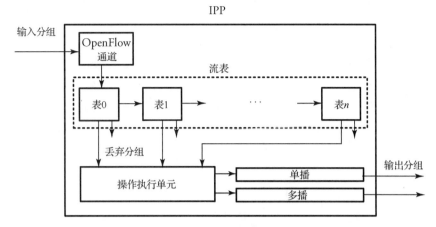

图 17.3　OpenFlow 交换机的 IPP

匹配字段的详细信息

用于检查一个流中的分组以确定操作的**匹配字段**有多个。匹配字段通常分为第 2 层字段、第 3 层字段、第 4 层字段和 MPLS 字段。第 2 层字段是输入端口、源 MAC 地址、目的 MAC 地址、以太帧类型、VLAN ID 和 VLAN 优先级；第 3 层字段是 IP 服务类型、IP 协议、IP（包括 IPv6）源地址、IP（包括 IPv6）目的地址；第 4 层字段是 TCP/UDP 源端口号和 TCP/UDP 目的端口号；MPLS 字段包括 MPLS 标签。

例：表 17.1 给出了一个典型的流表匹配字段，表中有一些 SDN 控制器送给交换机的流表项示例。在第 1 行表项中，SDN 控制器告诉交换机如果分组来自交换机的端口 1，交换机需要：①将分组送到输出端口 2；②送一份备份到控制器（出于某种原因）；③将此任务的优先级设为 100。在第 2 行表项中，SDN 控制器告诉交换机如果目的地址为 10.1.2.1 的分组到达，交换机需要：①为了 NAT 的目的而将目的地址重新分配为 129.4.4.1，因为交换机可能充当 NAT 设备；②将分组发送到输出端口 6；③将此任务的优先级设为 300。最后，在第 3 行表项中，我们可以看到 SDN 控制器指示交换机如果分组到达交换机的端口 5，交换机需要设置端口 2、6、7 和 11 以接收该分组的备份，因为分组需要在这几个输出端口进行多播。根据表中所示的优先级值，交换机按表中的表项所示路由分组。请注意，对于表中的某个表项，如果匹配则计数器字段将递增。

表 17.1　流表匹配字段和交换机操作示例

匹配字段	交换机操作	优先级	定时器(秒)	计数器
输入端口=1	1. 发送到输出端口=2 2. 封装并发送给控制器	100	300	0
目的 IP = 10.1.2.1	1. 重分配目的 IP = 129.4.4.1（NAT） 2. 发送到输出端口=6	300	X	0
输入端口= 5	设置输出端口=2，6，7，11（多播）	200	X	0
输入端口= 3	丢弃整个流	0	X	0
VLAN ID = 10	发送输出口=8	400	4000	1

在本例中，请注意流表中还有另外两个字段：定时器和计数器。每个流表项都有自己的空闲

超时定时器和硬超时定时器。空闲超时是以秒计数的，在这段时间内如果交换机一直没有找到该流表项匹配的流，则从流表中将其删除。硬超时也是以秒计数的，交换机中生存期超过此时间的流表项将被清除。上例中为简单起见，仅显示了一种类型的定时器。

17.3 小型 SDN 架构

图 17.4 显示了一个部署 SDN 的园区网。假设园区网的部署跨越大楼 1 和大楼 2，SDN 控制器控制园区网的网络功能。每栋大楼配备了 OpenFlow 交换机实现分组转发。OpenFlow 交换机 S4 连接到互联网。通常，现代园区网策略要求每个未注册的主机通过 Web 认证门户进行认证以扫描可能的漏洞。如果没有发现漏洞，则允许主机访问内部网络和互联网。

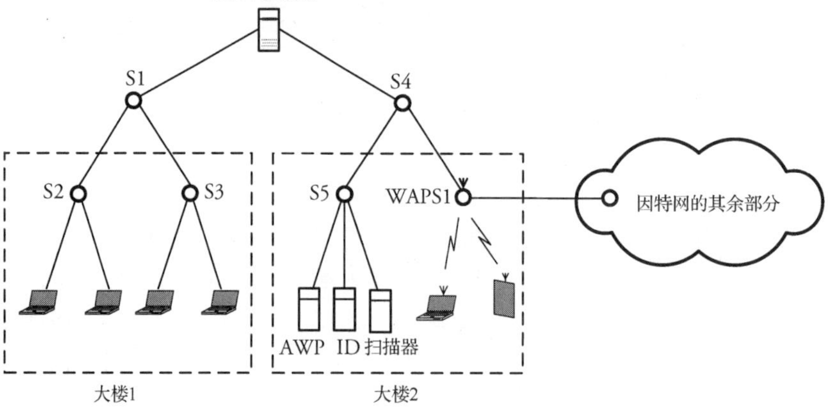

图 17.4 一个基于 SDN 的小型网络

园区网运营者依赖 VLAN 技术，未注册和注册的主机首先被不同的 VLAN 域完全分开。一旦认证扫描完成，就把主机在不同的 VLAN 域之间搬移。接着交换机需要随时从 VLAN 集中管理控制器下载最新的 VLAN 配置。大楼 2 有一个 **Web 认证门户**(Authentication Web Portal，AWP)、一个入侵检测(Intrusion Detection，ID)系统和一个扫描器。

17.3.1 SDN 的扩展性

SDN 是基于网络控制集中化的思想发展起来的，这将引起对 SDN 的扩展性和适应性能力到底如何的问题关注。中心控制器无法随网络的增长而扩展。我们可以看到互联网随着时间的增加，网络设备的数量、数据流量和通信带宽都在增长。SDN 基础设施的资源增长可能无法处理需要提供服务保障的网络流量。

17.3.2 SDN 网络的多播

在基于 SDN 的网络中进行多播比常规网络更简单。对于 SDN，流表中的操作字段指示了输入分组需要复制到哪些端口。这使得交换机不需要做多播树的相关任务，对设备而言这是一项烦琐的任务。

17.4 云的 SDN 架构

SDN 的出现允许通过可编程接口与自动化操作，将云计算中心提供的应用程序与网络紧密集成。网络工程师可提供支持云中应用程序网络的服务级别模型的 SDN 控制器平台的架构与实现。

企业信息技术(Information Technology，IT)环境必须高度响应以支持快速变化的业务需求。云计算平台提供的 IT 模型使企业能根据需要获得计算资源，如第 16 章所述。云架构将基础设施的管理委托给云服务提供者。云可以提供基础虚拟服务器、存储卷和网络连接以外的服务。

云中心可提供**虚拟私有云**(Virtual Private Cloud，VPC)，允许用户将其云服务器安排到不同的子网中，而且还能访问子网间流量的控制规则。云甚至可以提供虚拟专用网(Virtual Private Network，VPN)服务，将云实例连接到数据中心的用户部分。

17.4.1　软件定义的计算与存储

软件定义网络的思想逻辑上导致了对其他软件定义功能的演进思考。新的资源，如**软件定义计算**或**软件定义存储**，也可以与软件定义网络一起开发。在软件定义的计算与存储相结合的场景中，云基础设施的大部分单元如网络、存储、CPU 和安全被虚拟化并作为服务来提供。这些单元被一个或多个中央软件定义的控制器控制。软件定义的存储将控制平面与存储系统的数据平面分离开，从而动态地利用异构存储资源来响应诸如改变需求等事件。软件定义的计算根据容量和能力建立了异构计算资源的抽象。

一个重大的组网基础设施将装备一个"软件定义的环境"，将软件定义的计算、存储和网络结合在一起。这三者的集成将各个软件定义组件的控制平面归一化。统一的控制平面可以为通信系统的动态优化创建不可思议的可编程基础设施，来响应不断变化的用户需求。

17.4.2　SDN 在数据中心提供的应用程序

基于 SDN 的体系结构还能扩展到网络应用程序，包括对应用程序流量提供策略控制。一些私有数据中心提供大量的复杂应用程序，这对 SDN 来说成为日益严重的挑战。挑战的根本原因是**应用程序服务**可能需要复制到多个主机上，并且必须将**服务到应用程序**的过程加以分解才能提供更好的性能。一个服务将被分解成若干部分，每个部分被托管在不同的服务器组上。

SDN 面临的另一个挑战是大多数的服务需要使用多个 TCP 报文段，而每个报文段要由多个目的通过复制或分割来提供。真正的问题是获取服务本身在穿越一连串的中间设备时如何提供安全性。也就是说与云数据中心关联的客户到服务器连接不再是端到端连接，如我们在第 8 章中描述的那样。这种情况下，靠近数据中心的**应用程序服务提供者**(Application Service Provider，ASP)需要在数据中心内采用复杂的**应用程序策略路由选择**(Application Policy Routing，APR)策略。

例：假设一个用户在无线客户计算机 UE1 上连接到 WiFi 节点 WR1 玩一个在线游戏。该客户端需要使用分布在国内的多个云计算提供者提供的云服务的计算和存储能力。如果 ISP 不允许对数据中心服务器进行动态路由选择，那么云计算中的路由选择问题的解决方案是什么？

解：这种情况下，应用层必须灵活包含具有 ASP 策略的应用程序"交付层"，允许 ISP 将 ASP 的策略扩散到它们的应用层协议中并在 SDN 控制器中实现。然后 ISP 就可以向 ASP 和客户端提供应用程序交付服务。如图 17.5 所示，数据中心有一个管理应用程序策略组织的 ASP 控制器。ASP 控制器直接连接到 ISP 的 SDN 控制器，通过针对每种应用程序类型的特定软件与 SDN 控制器进行交互。这样，想要使用某个应用程序的客户端，需要连接到 ISP 中包含应用程序所需软件的一个应用程序中间盒。这可以由 SDN 控制器来安排，如图中所示，通过交换机 S5 连接了中间盒。请注意，与应用程序关联的应用程序软件需要对南向接口 OpenFlow 进行一些扩展。在本例中，SDN 控制器完全控制其网络资源，而 ASP 控制器则完全控制其加密的应用程序数据。

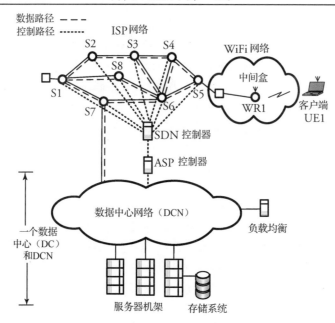

图 17.5　数据中心的 SDN 控制器和应用程序服务提供者(ASP)控制器的交互

17.5　网络功能虚拟化(NFV)

互联网服务提供者(ISP)使用大量且多样的专用硬件设备。当 ISP 计划推出一个新的网络服务时，将面临这些设备间相互接口的挑战，还有容纳这些设备的空间和供电难题。此外，当硬件设备到达其运行寿命期限时，它们要求以最小的收入效益重复采购设计、集成和部署周期。

从我们讨论的 SDN 来看，NFV 在某种程度上是 SDN 网络方法的一种替代与互补，它致力于解决这些问题，特别是用于构建具有复杂应用程序的网络。NFV 提供的解决方案可看成用标准的互联网技术把各种类型的网络设备统一成行业标准。使用分布式虚拟化功能，可以将大容量服务器、交换机、路由器和存储设备放置在数据中心、终端用户本地或任何数据平面中。

NFV 把从路由选择到计费的整个网络节点功能虚拟化成可连接或串接在一起创建通信服务的构建块。虽然 NFV 中有虚拟化组件，但这种组网方法仅仅依赖于第 16 章描述的传统服务器虚拟化技术。NFV 虚拟化功能的例子包括虚拟化负载均衡设备、虚拟化防火墙、虚拟化入侵检测设备。

NFV 的目的是增强网络服务部署的灵活性。当网络功能通过软件实现时，可以避免使用专用的硬件设备。NFV 背后的思想是每个网络元素都有一组不同的功能，这些功能可以潜在地插入外部元素中，以便单独管理。这种网络管理方法打开了广泛的可能性。直接的好处之一是更容易从 IPv4 迁移到 IPv6，因为 IPv4 和 IPv6 之间的分离为不同路由选择实例中需要做出的决策带来了分离选项。

17.5.1　NFV 的抽象模型

NFV 在网络中的运行可以通过多种方式实现。NFV 的虚拟化组件让我们首先想到第 16 章中介绍的虚拟机(VM)，它是构建 NFV 网络的重要实体。我们知道虚拟机在网络管理方面提供了巨大的优势，因此它们是 NFV 的主要载体。同时我们认为 NFV 是一种可用于云计算和数据中心的天然可靠的技术，是合乎逻辑的。图 17.6 显示了 NFV 操作概况。任何具有 NFV 功能的网络系统都由三个主要部分组成：

- **虚拟化网络功能**(Virtualized Network Function，VNF)。NFV 虚拟化主要依靠的是 VNF。VNF 不是为每种网络功能创建自定义的硬件设备，而是允许一个或多个虚拟机在云计算基础设施中的工业标准大容量服务器、交换机和存储系统之上运行不同的软件和进程。
- **NFV 基础设施**。该部分包括诸如网络设备、服务器、存储系统的硬件组件，它们提供了一个虚拟化层作为 VNF 和硬件之间的接口。
- **NFV 管理**。这部分是一个协调器，其功能包括性能测量、事件关联、事件终止、全局资源管理、资源请求与策略管理任务、配置与事件的整体协同与适配，以及在各个功能之间提供信息。

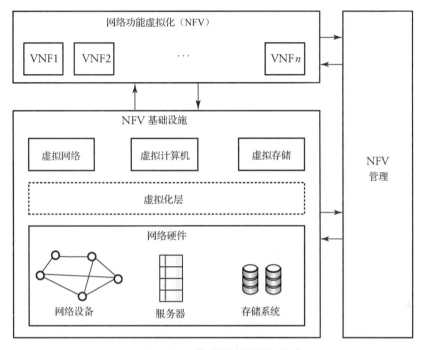

图 17.6　网络功能虚拟化概况

可以部署 VNF 来保护网络，而不再有购置和安装物理设备的成本和复杂性问题。NFV 聚焦于网络服务的优化、解除网络功能(如 DNS 和缓存)对专用硬件设备的依赖。这种技术让网络功能以软件方式运行，软件可以驻留在数据中心、网络节点甚至虚拟机中。此外，它加速了服务的创新和提供，特别是在互联网服务提供者环境中。

NFV 实用性强的一个方面是**网络协调层**处理，它是管理功能的一部分，支持高度可靠和可扩展服务。NFV 要求网络能够监控虚拟化网络功能(VNF)，并在必要时实时修复它们。重要的是，无论底层技术如何，协调层都必须能够管理网络的虚拟化部分。

17.5.2　分布式 NFV 网络

由于 NFV 的目的主要是改善数据中心的运行状况，因此 NFV 具有支持分布式网络资源的能力。虚拟网络功能通常都部署在能最有效地发挥它们作用的地方。因此，ISP 可以通过识别网络上 NFV 的最佳性能点，在网络上精确地分布式部署虚拟化功能。

图 17.7 显示了使用 NFV 的主机到主机通信。一个包含 NFV 的网络操作可看作主机通过一个 VNF 网络连接的模型，其中每个 VNF 由有线或无线基础设施网络提供。因此，NFV 中的每个主机可以想象成是通过一个虚拟 NIC 连接到一个 VNF 上的，如第 16 章所述。在图中，主机 A 物理

上经过基础设施网络 1、2、3 连接到主机 B，而逻辑上则是通过 VNF1、8、6 和 5 建立连接的。注意，每个 VNF 都关联一个基础网络。例如，VNF1 可以是充当防火墙的虚拟功能。

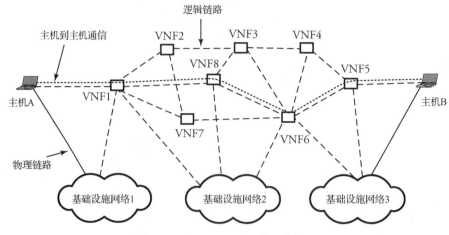

图 17.7   使用 VNF 的网络通信模型

NFV 构建了一些 SDN 和云数据中心功能，包括虚拟化、数据中心、SDN 控制-数据平面分离和 SDN 控制器等。

17.5.3   虚拟化服务

网络服务和功能逐步发展成为**虚拟化服务**、**服务链**和**平台虚拟化**。虚拟化功能在互联网上随处可见，在连接到网络基础设施的用户本地、在数据中心等地方都能见到。**虚拟化服务**主要意味着服务是以①具有多个操作系统的机器、②虚拟机管理器、③分布式方式实现的。从另一个角度，我们可以看到网络服务的虚拟化带来了一些可靠性问题。具体来说，第 16 章提到的虚拟机管理器的存在，以及在同一物理硬件上有多个虚拟化服务的可能性，都会导致对网络物理资源的争用。这反过来又会造成个别服务的性能下降。解决这个问题的方法在前面描述 NFV 管理的章节中已经提到过。NFV 协调层必须能够对这种性能下降保持警觉，使得虚拟机管理器能够进行故障排除，可能的话，隔离并缓解错误。

17.6   信息中心网络(ICN)

ICN 是一种组网方式，它将被称为**命名对象**的信息片段视为网络体系结构的主要实体，而不是通过持有信息的节点来标识它们。网络中又一种控制模式的动机是绝大多数互联网流量都是由发给多个接收者的内容或信息构成的。ICN 需要查找信息并将其转发给用户，而不是连接已知主机来下载信息。

互联网用户最常遇见的一种情况是对象的 URL 随时间而改变。大多数对象的 URL 实际上是对象定位器。这意味着当一个对象的 DNS 解析完成时，请求者就得到了解析 URL 服务请求的 Web 服务器的 IP 地址。因此，当对象移动到了另一个位置、网站改变了域名或网站因某种原因不可用时，名字-对象的绑定就很容易断裂。ICN 使用一种独特的方法来解决这个问题，该方法用解耦消费者与生产者的服务模型来命名对象。

ICN 模型中的 API 模型与 TCP/IP 中的典型 API 不同。TCP/IP 中的典型 API 用来在两个终端主机间建立通信通道，而 ICN 中的 API 用来激活应用在不知道对象位置的情况下请求网络中的对象。我们将在下面几节中了解到 ICN API 是基于在某些网络点上"发布"对象，然后从这些点"获取"对象。

17.6.1　命名对象

ICN 是基于"命名对象"或简单对象的，如网页、照片、歌曲、视频、文档或其他信息片段。信息中心网络可以对比于常规网络，后者是主机为中心、通信是基于"命名主机"的，如 Web 服务器、笔记本电脑、移动手机和其他设备。在 ICN 中，信息、内容、数据及对象在术语上可以互换，ICN 的变体之一是**内容中心网络**（Content-Centric Networking，CCN）。在 CCN 中，网络的重点是作为交换对象的内容。在 ICN 中，可以通过计算设备存储和访问的任何类型的对象是与位置无关的。对象的唯一标识与位置无关，与如何创建和如何通信无关。

17.6.2　ICN 路由选择和网络管理

由于普通的互联网用户都在向自己的社交网络圈子发布内容，因此互联网必须充当一个分布式系统，用于从许多不同的设备读取信息、写入信息，以及被访问。ICN 允许从基于位置的网络转换到基于信息的网络。在这种情况下，TCP/IP 系统可能不适合一对多通信。采用 ICN 后，信息或内容与存储它们的设备相互独立。这样一来，就可以在网络上缓存与应用无关的信息或内容。就 ICN 中的网络安全而言，必须信任来自非可信设备的信息备份。任何主机必须能够检验信息的完整性，这就意味着命名机制需要加密绑定。

ICN 的真实动机是将 IP 模型设计为在两个 IP 地址之间建立连接，以便用户能够访问内容。存储信息的服务器好像是无关紧要的，因为同样的信息可以存储在多个服务器上，用户可以从最可用的服务器上获取这些信息。ICN 通常假定用户、内容和主机都是不可信的。在 ICN 中，网络被配置成基于对象名字来创建"名字解析"和路由选择。名字解析可以看作域名系统（DNS）的一种变体，基于对象名字的路由选择则可以看作 IP 路由选择的一种变体。在这种配置中，分组被路由到解析记录的位置或对象的备份位置。

ICN 的主要目标是通过建立类似于对等（Peer-to-Peer，P2P）覆盖的平台来实现包含对象的智能分布式系统。图 17.8 展示了 ICN 概况，其中"发送者"通过发布对象来向"接收者"提供对象。网络的作用是支持应用无关的客户端请求，以及定位存有所需对象备份的任何源站。命名对象的任何备份都是等效的，这样任何持有命名对象的服务器都可将其提供给请求者使用。图 17.8 显示了主机正在从互联网上向虚拟（逻辑上）连接在一起的多个服务器查询对象 A 的场景。图中只显示了服务器网络而没有画出连接它们的路由器。在自治系统 1 的服务器 SE11～SE17 中，假设请求对象的非可信备份存储在 SE13 上，在自治系统 2 的服务器 SE21～SE26 中，请求对象的可信备份存放在 SE23 上。

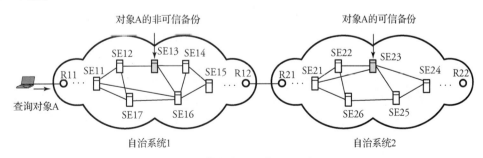

图 17.8　信息中心网络（ICN）概况

当对象**请求**消息进入 ICN 中进行路由时，需要一个存有命名对象到拓扑位置绑定的**名字解析节点**。这个过程指向网络中相应的存储位置。任何请求消息都将被路由到负责名字解析的节点上，该节点将对象名转换为一个或多个源地址。然后将对象请求消息路由到源地址，接着数据就从源路由给请求者。

ICN 中有许多路由选择方法。接下来介绍三种 ICN 方法：对象路由网络、CCN 和交汇网络，如图 17.9 所示。

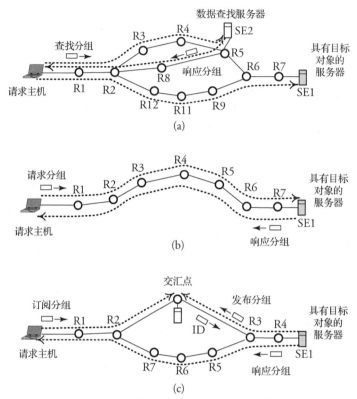

图 17.9　三种 ICN 方法：(a)对象路由网络；(b)内容中心网络(CCN)；(c)交汇网络

对象路由网络

在图 17.9(a)所示的**对象路由网络**中，命名对象的源将对象的名字发布到网络中称为"数据查找器"的某些服务器上。允许执行数据查找任务的服务器注册为数据查找器。然后，查找分组就会从请求主机转发(如经由路由器 R1、R2、R3、R4 和 R5)到适当的数据查找器。多个数据查找器形成一个网络，通过该网络能够找到请求的数据，并将其作为响应回送给对象的请求者。响应不需要沿请求数据的路径路由到请求者，而是从更直接的路径上转发，如图中所示的通过路由器 R5、R8、R2 和 R1。此时，请求主机可以直接请求目标对象，因为它已经知道了存有所需对象的服务器地址(SE1)。

这种 ICN 方法中的对象名可以采用格式为 $a{:}b$ 的平面名字空间，其中 a 是包含发布者公钥的加密哈希值的全局唯一字段，b 是唯一的对象标签。由于 a 标识了对象**发布者**，另一个不同主机重新发布相同的内容意味着同一内容要用不同的名字，这会导致从所有可用对象备份获益的复杂性。

CCN

CCN 是 ICN 的另一种方法，如图 17.9(b)所示。在 CCN 中，命名对象在路由器上发布，使用路由选择协议来分发关于命名对象位置的信息。CCN 需要一个分层命名系统，该系统必须在分层结构中包含公钥加密形式的数据安全性，包括基于命名分层结构的证书链。来自请求者的查找命名对象的请求分组经由 CCN 路由器进行路由。CCN 路由器是一种具有对象位置索引并为当前进行中的请求维持一个**待定关系表**（Pending Interest Table，PIT）的路由器。

CCN 路由器的 PIT 段还可以在响应路径上缓存命名对象。缓存这些内容意味着路由器不必为另一个请求者查找最近已处理过的相同对象字。CCN 中的对象名可以通过名字前缀聚合从分层名字空间中获取。分层名字空间的根前缀唯一对应每个发布者。发布者前缀使请求者能够为对象构造不存在的名字。请记住，对象名同时还有路由选择的用途。

交汇网络

交汇网络是另一种 ICN 方法，如图 17.9（c）所示。它要求用户在网络交汇点发布和订阅对象，交汇点是一种匹配发布与订阅以解析对象请求的服务器/路由器复合设备。例如，请求主机通过路由器 R1 将订阅分组发送到网络的交汇点，请求订阅服务器 SE1 上的一个对象。SE1 最初产生的发布分组指定了共同标识命名对象的对象标识符和交汇点标识符，并通过路由器 R4 发送到交汇点。然后交汇点将请求主机的标识放入名为 ID 的应答分组中，回送给 SE1。由于 ID 中包含了订阅步骤中提供的有关请求主机的信息，因此目标对象的源，即 SE1 就能够通过任意可用的网络路径（如图中所示的 R4、R3、R5、R6、R7、R2 和 R1）将对象转发给请求主机。

17.6.3　ICN 安全

由于 ICN 需要各个对象都有一个与位置无关的唯一名字，因此在任何对象与名字之间建立可验证的绑定是非常重要的。管理名字完整性的方法有很多，其中之一是自证实方法，它将内容的哈希值（哈希值的定义见第 10 章）与对象名紧密绑定，并将内容的哈希值嵌入名字中。另一种可用的方法是将发布者的公钥嵌入名字中，而用对应的私钥对内容的哈希值进行签名。自证实对象会让人不可读。

17.7　高级网络的网络模拟器

网络模拟是用软件、硬件或两者对一个现有或规划网络的精确或接近精确的再现。网络模拟与众所周知的"网络仿真"技术不同，网络仿真是采用数据源、信道、协议的简化数学模型进行仿真。网络模拟是把一个网络的功能复制到另一个用硬件、软件或两者构成的不同网络中，因此被模拟的行为逼近真实网络的行为。

有不少的模拟器可用来再现 SDN、NFV 和 ICN 的高级网络控制。Mininet 是最有前景的模拟器之一，将在下一节中介绍。在介绍 Mininet 模拟器的细节之前，有必要强调的是网络模拟中需要掌握如何使用分组分析器。一个有效的分组分析器是 Wireshark，它还可用于网络故障排除、分析和通信协议开发。Wireshark 使用工具包实现其用户接口，使用"pcap"软件来捕获分组。Mininet 中包含了 Wireshark。

17.7.1　Mininet

Mininet 是一种 SDN **模拟器**。它在单个 Linux 内核上使用仿真的主机、交换机、路由器和链路。除了这些仿真设备，还配备了轻量级虚拟化，使得单个系统看起来像一个完整的网络。在 Mininet 上，可以使用 SSH 协议向一个给定链路速率和延迟的类以太网接口发送分组。分组由模拟的以太网交换机或路由器处理，并可对排队的分组进行分析。

提示和命令

Mininet 命令提示符为 mininet>。要在 Mininet 中使用虚拟化功能，必须安装诸如 VMware 或 VirtualBox 之类的工具。例如，当 Mininet 在 VirtualBox 上运行时，提示符就变为

```
mininet@mininet -vm:-$
```

因为 Mininet 是一个模拟器，所以各种实时程序，包括 Web 服务器、TCP 窗口监视程序或 Wireshark 都可以在它上面运行。在 Mininet 上开发的软件定义网络(SDN)设计可以传送到硬件 OpenFlow 交换机上进行分组转发。Mininet 中的服务器可以创建虚拟机(VM)，因此这个模拟器可以用在云计算中。任何 Mininet 拓扑结构都可以连接到 SDN 控制器上，如 OpenDaylight 或 Floodlight，默认端口为 6633。

表 17.2 给出了一组常用的 Mininet 命令及其说明。这些命令在 Mininet 运行过程中随时使用来获取仿真运行的状态。

表 17.2　一组有用的 Mininet 命令及其说明

Mininet 命令	功 能 描 述
mininet> nodes	显示网络中的所有节点。以 "h" 开头的节点是主机，以 "s" 开头的节点是交换机
mininet> net	显示网络中的链路列表，具体显示交换机列表，对于每个交换机，显示连接到该交换机的主机和交换机列表，以及每个主机和交换机上的网络接口
mininet> h1 ping –c 5 h2	在个别主机上生成流量(ping 的替代方法是 iperf)。本例中从主机 h1 发送 5 个 ping 分组到主机 h2
mininet> pingall	从任一主机发送 ping 到其他主机
mininet> iperf	显示主机间的 TCP 带宽
mininet> h1 iperf –s &	运行 iperf，首先在一个主机上启动 iperf 服务器，在后台运行该命令，然后在另一个主机上启动 iperf 客户端。本例中在 h1 上运行 iperf 服务器，在 h2 上运行 iperf 客户端(mininet> h2 iperf –c h1)。
mininet> h1 kill 'ps	grep iperf	cut –f2 –d " " '	完成任务后终止 h1 上的 iperf 服务器。注意在运行 ping 或 iperf 时，SDN 控制器必须运行在本地机器上，否则就没有流量送到交换机上，因为交换机中没有 OpenFlow 规则。终止进程也可以用 h1 ps –a	grep iperf	kill "pid_iperf"
mininet> h1 ifconfig -a	显示主机 h1 的接口 eth0 配置信息
mininet> dump	提供所有节点信息，包括列出的交换机和主机，以及主机和交换机接口的地址
mininet>h1 ps -a	显示主机 h1 上的进程列表
mininet> exit	退出 Mininet

构建网络和默认拓扑结构

Mininet 可使用 Python 脚本创建复杂拓扑结构。诸如大型互联网类拓扑或数据中心的自定义拓扑结构，可以使用 Mininet 模拟器进行仿真。不过，Mininet 有一些作为默认软件包使用的非常有用的脚本模板。这些脚本模板包括最小(**minimal**)、单点(**single**)、逆向(**reversed**)、线性(**linear**)和树形(**tree**)拓扑结构。

最小拓扑是一个 SDN 控制器 c0 控制交换机 s1，交换机连接了主机 h1 和 h2，如图 17.10(a)所示。要查看最小拓扑的仿真详情，可在单个虚拟机上(提示符是 mininet@mininet –vm:-$)输入 sudo mn - -topo minimal。此时，网络已被自动构建，我们可以回到 Mininet 上，输入 mininet> net 来获得这个拓扑的仿真可视化。以下输出中的步骤 1、2、3 和 4 为我们提供了拓扑细节。例如，步骤 1 创建了控制器 c0；步骤 2 的 h1 h1-eth0:s1-eth1 告诉我们主机 h1 的接口 eth0 连接到交换机 s1 的接口 eth1 上；步骤 3 的 h2 h2-eth0:s1-eth2 显示主机 h2 的接口 eth0 连接到交换机 s1 的接口 eth2 上；步骤 4 的 s1 lo:s1-eth1:h1-eth0 s1-eth2:h2-eth0 显示了交换机 s1 到 h1 和 h2 的链路概况。

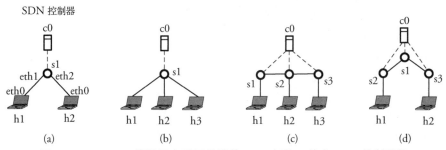

图 17.10 Mininet 模拟器中可用的默认 SDN 拓扑，其中 SDN 控制器控制四种不同的拓扑：(a)最小；(b)单点；(c)线性；(d)树形

```
mininet@mininet -vm:-$ sudo mn --topo minimal
mininet> net
1. c0
2. h1 h1-eth0:s1-eth1
3. h2 h2-eth0:s1-eth2
4. s1 lo: s1-eth1:h1-eth0  s1-eth2:h2-eth0
```

单点拓扑类似于最小拓扑，但指定的主机数必须超过两个，如图 17.10(b)所示。在一个虚拟机中创建这个拓扑并在 Mininet 窗口中看到的概要信息如下：

```
mininet@mininet -vm:-$ sudo mn --topo single, 3
mininet> net
1. c0
2. h1 h1-eth0:s1-eth1
3. h2 h2-eth0:s1-eth2
4. h3 h3-eth0:s1-eth3
5. s1 lo: s1-eth1:h1-eth0  s1-eth2:h2-eth0  s1-eth3:h3-eth0
```

逆向拓扑类似于单点拓扑，但链路顺序和主机顺序相反(没有在图中显示)。线性拓扑中，SDN 控制器 c0 控制了一组级联的交换机，如图 17.10(c)所示，交换机 s1、s2、s3 分别连接了主机 h1、h2 和 h3。在一个虚拟机中创建这个拓扑并在 Mininet 窗口中看到的概要信息如下：

```
mininet@mininet -vm:-$ sudo mn -topo linear, 3
mininet> net
1. c0
2. h1 h1-eth0:s1-eth1
3. h2 h2-eth0:s2-eth1
4. h3 h3-eth0:s3-eth1
5. s1 lo:s1-eth1:h1-eth0  s1-eth2:s2-eth2
6. s2 lo:s2-eth1:h2-eth0  s2-eth2:s1-eth2  s2-eth3:s3-eth2
7. s3 lo:s3-eth1:h3-eth0  s3-eth2:s2-eth3
```

树形拓扑类似于单点拓扑，但交换机是层次结构的，层次数目可按需要确定。图 17.10(d)显示了两层的树形拓扑结构。

17.8 总结

本章的主要内容是软件定义网络(SDN)。我们了解到 SDN 的关键创新是控制和数据平面的分离、控制平面的可编程性和 API 的标准化。这使得通过软件就能灵活有效地协调大量网络设备。

我们讨论了 OpenFlow 的重要主题。OpenFlow 由开放网络基金会定义，作为控制平面和数据平面之间的标准接口协议。我们了解到这些平面之间通过一个安全通道进行消息交互，并提供许多信息片段，如将流表传递到交换机以进行 SDN 操作。

我们还描述了基于 SDN 的云网络控制器框架。我们介绍了供用户在云中构建和管理逻辑应用的网络服务模型。紧邻数据中心的**应用程序服务提供者**（ASP）在数据中心内执行复杂的**应用程序策略路由选择**（APR）策略。

我们还研究了**网络功能虚拟化**（NFV），它是一个与 SDN 互补的网络技术。**虚拟网络功能**（VNF）是 NFV 网络系统的主要组成部分。VNF 允许一个或多个虚拟机在工业标准设备之上运行不同的软件和进程。

接下来，介绍了一种非常有效的网络技术，即**信息中心网络**（ICN）。ICN 中**命名对象**是请求主机和网络操作的目标与焦点。与此相比，传统网络操作的关注点是诸如 IP 地址的对象位置。之后介绍了 ICN 中的三种路由选择方法。

本章最后讨论了高级网络控制与管理。我们介绍了网络模拟器，主要是 Mininet 模拟器和 Wireshark。

在第 18 章及随后的两章中，我们将探讨 IP 语音和多媒体网络。在第 20 章中，我们将这些技术与多媒体网络结构中的云计算一起讨论。

17.9　习题

1. 考虑 SDN 在 MPLS 网络中的应用。
   (a) 描述 SDN 控制器在"流量工程"中的作用。
   (b) 解释如何进行标签分配。

2. 假设 SDN 控制器的中心处理器 CPU 的时钟速率为 c，每个时钟周期处理一个二进制 bit 位。SDN 控制器向 n 个交换机提供服务。假设网络中的分组平均长度为 500 Byte，控制器每小时向一个交换机平均送 200k Byte 的路由更新信息，并接收一个交换机送来的平均 10k Byte 的路由相关信息。
   (a) 给出 SDN 控制器所需的总带宽的表达式。
   (b) 计算 SDN 控制器每秒产生的分组数。
   (c) 上网搜索并找出时钟速率最高的 CPU。用实际速度的 CPU 作为 SDN 控制器，给出 SDN 控制器所需总带宽的数值。

3. 考虑使用习题 2 中的 SDN 控制器。如果交换机数目 n 随着网络的扩展而增加，那么根据习题 2(c) 中找到的最大 CPU 速率，估计 n 能够增加到多少。

4. 我们要设计一个覆盖 12 栋建筑的 SDN 园区网，每栋建筑配有 1 个交换机和 2 个办公室，每个办公室需要 WiFi 接入。园区有 1 个 Web 服务器、1 个 E-mail 服务器和 3 个其他服务器，通过路由器连接到园区的网关路由器。假设园区中每个网络设备被 SDN 控制器每小时刷新 2 次，刷新分组平均长度为 2 KB。
   (a) 给出园区网的总体概况。
   (b) 估算园区网中每天需要交换的管理数据总量。

5. 考虑一个由 5 个路由器组成的全连接计算机网络，其中 4 个位于边缘、第 5 个位于中心。假设其中一个边缘路由器出现严重拥塞，对外界没有反应。假设每对路由器之间的平均距离是 0.3 km，链路速率是 1 Gb/s，传播速度为 200 m/μs。
   (a) 计算网络中的路由器相互发送 1000 Byte 的 OSPF 分组并解决网络拥塞所需的平均总时间。

(b) 如果网络采用 SDN 控制方式，重新计算控制器向所有路由器发送 1000 Byte 的控制分组并解决网络拥塞所需的平均总时间。

6. 考虑信息中心网络(ICN)可能面临的挑战。针对下列网络因素，提出你的观点：

　(a) **扩展性**。能否将名字解析进行扩展以构建一个全球性的名字解析？如果能，路由选择的实用性如何？

　(b) **资源管理与缓存存储**。着重分析网络管理员在用于缓存间协作的 ICN 协议的效率方面所面临的挑战。

　(c) **拥塞控制**。评论一个 ICN 网络应如何克服控制信息投递速率的问题。

7. 重新考虑信息中心网络(ICN)当前的云模型。ICN 需要将存储和计算设施以非常精细的粒度分散部署在互联网中。

　(a) 当使用 ICN 查找对象时，利用位于网络边缘的基于服务器群的云计算是否缺乏足够的灵活性？

　(b) ICN 直接从网络边缘而不是从云中请求服务是否会获得可接受的性能？

17.10　计算机仿真项目

1. **流表仿真**。用仿真工具仿真实现 OpenFlow 转发表，要求使用下列参数：匹配字段、优先级、计数器、超时时间、cookie(控制器为筛选流统计、流修正、流超时选择的数据值)。创建 4 个不同的表，每个表具有不同的转发准则集。

　(a) 运行仿真，以便检查到达分组是否与流表准则相匹配。计划编译所有结果。

　(b) 设法在流表中增加其他参数对仿真结果加以改进。尤其是尝试看看是否可以改进由于虚拟机管理器接口导致的高延迟方面的路由器性能。

2. **小型网络的 OpenFlow 协议仿真**。用 Mininet 模拟器仿真一个由 3 个 OpenFlow 交换机全连接的小型 SDN 网络。用基准测试工具如 cbench 和 iperf，针对不同标准(如 OpenFlow 和 OpenDaylight)实现北向和南向 API，以实现一个应用程序。完成以下任务：

　(a) 测试 SDN 控制器控制的多播流量。

　(b) 在仿真中植入网络策略，使得负载能均匀且持续分布到网络中的交换机上，测试策略管理功能。

　(c) 如果网络是传统网络而不是基于 SDN 的网络，可能会得到什么结果？

3. **分层 SDN 控制的云计算 DCN 网络仿真**。用 Mininet 模拟器仿真一个基于 SDN 和交换机-路由型的小型数据中心网络(DCN)，如图 16.5 所示。DCN 由**核心交换机**、**汇聚交换机**和**边缘交换机**这三层组成。边缘交换机直接连接到服务器机架上的终端服务器，核心交换机直接连接到互联网。汇聚交换机是中间层交换机。完成以下任务：

　(a) 采用 Mininet 默认的树形模板，显示一个简单的三层结构交换机布局，不考虑交换机-路由型数据中心网络(DCN)架构，其中每个边缘交换机只提供一个主机。

　(b) 修改 (a) 中的 Mininet 默认树形模板结果，显示仿真的交换机-路由型数据中心网络(DCN)架构。

第 18 章　IP 语音（VoIP）信令

通信行业致力于设计基于 IP 的媒体交换机制，**IP 语音**（Voice over IP，VoIP），可以提供有质量的音频电话。互联网提供的电话服务价格较低且具有许多附加功能，如视频会议、在线目录服务和网站整合。**多媒体网络**是互联网的又一个创新发展。通过多媒体网络，互联网可以用来传送电话、音频和视频内容分发。本章重点介绍以下主题：

- 公共交换电话网（**PSTN**）；
- **VoIP 概述**；
- **H.323 协议**；
- 会话发起协议（**SIP**）；
- 软交换技术和媒体网关控制协议（**Media Gateway Control Protocol，MGCP**）；
- **VoIP 和多媒体互联**。

我们首先回顾公共交换电话网（Public Switched Telephone Network，PSTN）的基本概念。PSTN 是当今"传统"语音通信和电话系统的主干网，由许多交换中心组成，允许世界各地的电话用户彼此通信。

然后，我们将介绍"基于分组的"语音通信中的信令和称为 VoIP 的电话系统。VoIP 的两种信令协议是下一节的主题：**H.323 系列协议**和**会话发起协议**（Session Initiation Protocol，SIP）。我们将解释这些协议与其他相关协议的会话信令系统和号码系统。

在本章的最后，我们将介绍这些协议的组合实现来建立用户之间呼叫的场景，该节标题为 VoIP 和多媒体互联，描述了各种类型的多媒体或 VoIP 环境如何集成用于通信。

18.1　公共交换电话网（PSTN）

PSTN 提供电话呼叫服务，它包括两种通信网结构：**电路交换网络**，为每个语音会话预定一条通信电路；**7 号信令系统**（Signaling System 7，SS7）**网络**，实现呼叫控制信令。基于这种结构，当需要建立电话呼叫时使用两条独立的传输路径：一条建立在 SS7 网络上，用于呼叫控制"信令"；另一条建立在电路交换网上，用于媒体交换和语音通信。除了普通的电信服务，SS7 网络还提供主叫 ID、免费呼叫和呼叫筛选等特殊服务。SS7 还可以与 VoIP 载体兼容。在了解本主题的各种细节之前，让我们回顾一下 PSTN 组件的一些基本定义：

- **业务交换点**（Service Switching Point，SSP）。SSP 是 PSTN 的主交换节点。任何电话机都直接连接到相应的 SSP。当用户拨打一个电话号码时，SSP 是发起到目的 SSP 电路的节点。
- **信令转接点**（Signal Transfer Point，STP）。STP 充当路由器，一旦信令消息离开第一个交换节点，就将信令消息从一个 STP 传递到另一个 STP。
- **业务控制点**（Service Control Point，SCP）。SCP 是 SS7 网络中执行高级业务的节点。例如，当拨打免费 800 号码时，SCP 查找呼叫应送达的目的 SSP 的实际位置地址。
- **线路**。电话与其所连 SSP 之间的连接称为电话**线路**。
- **链路**。SS7 网络中两个主要节点之间用于传递信令消息的连接称为**链路**。

- **中继线**。电路交换网中的两个主要节点(如 SSP)之间的连接称为**中继线**。中继线承载语音而非信令分组。

图 18.1 显示了 PSTN 的网络概况,包括一个 SS7 网络和一个电路交换网。SS7 网络处理电话网络信令,并且与处理媒体和语音通信的电路交换网部分相互分离。可以将 SS7 网络和电路交换网想象为两个独立但又完全相连的网络。

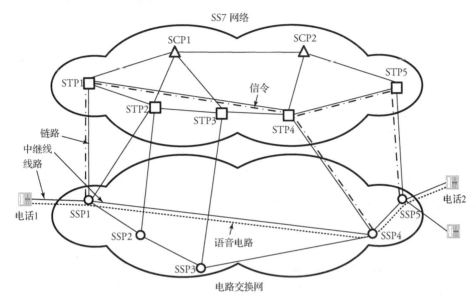

图 18.1　PSTN 网中的呼叫建立及 SS7 网络与电路交换网之间的交互

如图所示,每个电话机通过电话**线路**连接到**业务交换点**(SSP)。每个 SSP 还充当呼叫信令的起始点和终止点,因此也作为 SS7 网络的第一个信令点。每个 STP 充当路由器,一旦信令消息离开第一个 SSP,就将信令消息从一个 STP 传递到另一个 STP。每个 SSP 通常关联两个 STP,因此单个 STP 的故障不会导致不同端点间的信令能力完全丧失。SS7 网络中的另一种信令节点是提供高级业务的 SCP。例如,当拨打免费 800 号码时,SCP 实体包含了所拨打的 800 号码与呼叫实际应发往的位置之间的转换信息。

图 18.1 还显示了呼叫建立的一个示例。假设电话 1 的用户想要联系电话 2 的用户。电话 1 将拨打的号码转发到其连接的节点 SSP1,SSP1 向其连接的一个 STP 节点(本例中的 STP1)发送一个请求消息,以查找到拨打号码关联的目的 SSP(本例中的 SSP5)的路径。STP1 像普通的路由器一样处理消息,为拨号呼叫查找到目的 STP 的最短路径。STP1 首先检查消息的目的地址,然后查找其路由表,找出消息应发往的下一个 STP。如图所示,找到的路径是 STP1-STP4-STP5。

在 SS7 网络确定信令路由后,每个 STP 对应的 SSP 节点都会收到路由选择的消息。本例中的 SSP4 和 SSP5 被通知准备建立电路。此时,电路交换网建立了从电话 1 到电话 2 的 SSP1-SSP4-SSP5 电路,从而可以通过该电路的可用信道发送语音对话。

18.1.1　SS7 网络

SS7 网络定义了自己的协议栈。**消息传输部分**(Message Transfer Part,MTP)构成 SS7 协议的第 1、2 和 3 层,称为 MTP1、MTP2 和 MTP3,它们负责将特定消息从源发送到目的。MTP1 作为物理层,负责处理信令链路上的信号相关问题。MTP2 作为链路层,在给定的链路上将消息从一个节点传输到另一个节点。信令消息在 MTP2 层后再传输到给定的信令链路上。MTP3 作为网络层，确定一个呼叫的信令消息在 SS7 网络中的转发路径。

在 MTP 层之上是另外两个协议层：**ISDN 用户部分**(ISDN User Part, ISUP)和**信令连接控制部分**(Signaling Connection Control Part, SCCP)。ISUP 用于为**综合业务数字网**(Integrated Services Digital Network, ISDN)的应用提供服务，并负责建立或终止电话呼叫。ISUP 是一种类似于传输协议的面向连接协议。SCCP 提供了一种寻址机制，让两个连接的实体能够实现信令交互。SCCP 最重要的作用之一是提供**全局码翻译**(Global Title Translation, GTT)业务。GTT 消息从 STP 发送到 SCP，用于查询有关免费 800 号码的寻址信息。在 SCCP 之上，**事务处理能力应用部分**(Transaction Capabilities Application Part, TCAP)协调远程站点之间的应用。应用层为 SS7 网络中的最上面一层，与 IP 网络相比，它的功能与操作都很有限。

消息信令单元(MSU)和 ISUP MSU

消息信令单元(Message Signal Unit, MSU)是 SS7 网络中作为路由信令消息的分组。SS7 协议栈中的每一层都有自己的 MSU。本节的重点是基于 ISUP 层的 MSU，它只用于在 SS7 网络中查找路径。因此，当我们使用术语 MSU 时，是指基于 ISUP 的 MSU。不同国家使用的 MSU 的格式不同，而所有国家都可以通过国际信令网关为 ISUP 配置任意类型的 MSU。用于 ISUP 应用的一种较流行的 MSU 格式是可变长度，最大长度为 279 Byte。每个 MSU 包含不同的字段，其中含有重要数据的字段如下：

- **点代码**(Point Code, PC)，24 bit。PSTN 中的任何网络设备(如 SSP、STP 或 SCP)都用唯一标识符加以标识，这个唯一标识符称为**点代码**(PC)。一个点代码可以是用于指示源设备地址的**发起点代码**(Origination Point Code, OPC)，或者是指示目的设备地址的**目的点代码**(Destination Point Code, DPC)。
- **信令链路选择**(Signaling Link Selection, SLS)，5 bit。SLS 表示要使用的特定链路。
- **电路识别码**(Circuit Identification Code, CIC)，14 bit。中继线上的每个信道都由 CIC 值标识。

我们可以发现，OPC 和 DPC 的作用分别类似于源和目的 IP 地址，用于 SS7 网络中的路由选择。请注意，语音会话采用不同于信令的路径。为了区分同时在任意两个 SSP 之间的呼叫，消息的 CIC 字段指示了交换机之间的特定中继线。另外，OPC、DPC 和 CIC 字段的组合唯一标识了两个 SSP 之间的给定电路。

电话呼叫流程和信令会话

SS7 网络会为不同的目的创建不同类型的 MSU。最常用的 MSU 是：**初始地址消息**(Initial Address Message, IAM)、**地址释放消息**(Address Release Message, ACM)、**呼叫进行消息**(Call Progress Message, CPM)、**应答消息**(Answer Message, ANM)、**释放消息**(Release Message, RLM)和**释放完成消息**(Release Complete Message, RCM)。

图 18.2 显示了如图 18.1 所示的电话 1 和电话 2 之间为呼叫建立和释放而进行的不同 MSU 的详细交互。呼叫开始时，用户拿起电话 1 并从其连接的交换点 SSP1 收到拨号音，然后拨打电话 2 的号码。在收到电话号码后，SSP1 向其连接的 STP1 发送 IAM 消息，以查找到目的电话 2 的路径。该消息包含如被叫和主叫号码、传输速率要求和主叫类型等信息。STP1 找到到达目的 STP(即 STP5)的最短路径 STP1-STP4-STP5，并将 IAM 消息转发给 STP4，最终到达 SSP5。

在相同路径的相反方向上，返回一个 ACM，指示呼叫路径已被确认。ACM 过程完成后，从目的地交换机 SSP5 向初始交换机 SSP1 发送单向回铃音。当播放铃音后，可能会有一个可选的呼叫进行消息(CPM)提供处理呼叫的附加信息。一旦被叫方拿起电话听筒并应答，就会返回一个应答消息(ANM)。ANM 的目的是在传输中继线上打开双向**媒体交换**或语音交换通道，并在呼叫被应答时开启通话计费。此时，双方可以开始对话了。在对话过程中，双方中的任何一方都可以挂断电话来结束对话，这会产生一个 RLM 消息并发送给另一方。接收 RLM 消息的一方用确认消息 RCM 进行确认。

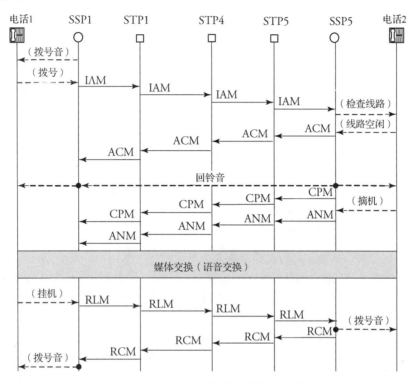

图 18.2　ISUP 中的一种典型呼叫建立和释放过程

18.1.2　电路交换网

在电话呼叫或任何其他类型的**媒体交换**会话中，实际的语音都是通过**电路交换网**传输的。正如我们在上一节中讨论的，当用户拨打电话号码时，**业务交换点**(SSP)是最先响应呼叫的第一级交换节点。在电路交换网中可以有 5 个不同层级的 SSP。第一级 SSP 称为中心局 5(CO5)。根据电话呼叫到目的地的距离，建立连接时可能会有 CO5 及更高层级的交换节点(CO4～CO1)加入进来。

除了 5 个交换级别，还有用于园区级应用的本地交换节点，称为**用户交换机**(Private Branch Exchange，PBX)。PBX 可以是处理 30～40 个呼叫的小容量**按键系统**(key system)，也可以是为 20 000 个电话呼叫提供服务的大容量系统。如前一节所述，电路交换网中每两个 SSP 之间或 PBX 与 SSP 之间的连接称为**中继线**。中继线有不同的类型，如 T1(1.544 Mb/s)或 E1(2.048 Mb/s)。根据电信标准，每个电话连接使用 4 kHz 带宽的语音或任意音频频谱，T1 线路承载复用 23 路电话的频谱，每路频谱用于一路电话通信。

电话网设计和爱尔兰 B 阻塞估计

在 11.4.4 节中，我们了解了使用爱尔兰 B 公式分析一个具有资源 a 且无排队系统的阻塞情况。在本节中，我们回顾一下由公式(11.46)得出的爱尔兰 B 公式。这个公式为我们提供了阻塞概率 p_a，

其中 a 是资源数量，$\rho_1 = \lambda / \mu$ 为利用率。我们可以使用这个非常重要的公式来估计电路交换网中的呼叫阻塞。在这种情况下，如果中继线上的所有信道都已经被占用，则新的语音呼叫会被拒绝或阻塞。本书附录 D 给出了一个基于公式(11.46)的爱尔兰 B 公式数值汇编。这个表可以用于估计给定电话信道数的阻塞概率，其中电话信道数为 a，系统的阻塞概率为 p_a，系统利用率为 ρ_1。

开始设计园区电话网的步骤

1. 选择交换机节点类型，例如：
   - 按键系统，最多支持 40 路电话；
   - PBX，最多支持 20 000 路电话。

2. 根据园区的流量非阻塞需求，确定所需的园区阻塞概率 p_a。语音系统的标准是：$0.01 < p_a < 0.05$。

3. 使用 p_a 和 ρ_1 从爱尔兰 B 表中查找信道数量 a，其中 λ 和 μ 用于计算利用率 $\rho_1 = \lambda / \mu$。

4. 选择中继线类型。例如：T1(23 路语音信道)、E1(30 路语音信道)或其他类型。

5. 找到中继线的数量。例如：如果使用 T1 中继线，则中继线数量是 $\left\lceil \dfrac{a}{23} \right\rceil$；如果使用 E1 中继线，则中继线数量是 $\left\lceil \dfrac{a}{30} \right\rceil$。

例： 为一家由总部园区和分公司大楼组成的公司设计一个电话网。整个公司可接受 0.05 的阻塞概率。总部总共需要 3500 部电话，分公司需要 35 部电话。整个公司的每部电话在一天中平均通话 6 分钟/小时，平均呼叫到达率为 0.2 个呼叫/小时。所有中继线必须为 T1。请给出该电话网络的设计概要。

解： 图 18.3 显示了该公司的设计结果。步骤 1，根据园区需要的电话数量，为总部选择一个 PBX 节点，为分公司选择一个按键系统；步骤 2，整个公司可以接受的阻塞概率 $p_a = 0.05 = 5\%$；步骤 3，总部有 $m = 3500$ 部电话，每部电话平均 0.2 个呼叫/小时，因此总的平均到达率 $\lambda = 3500 \times 0.2 = 700$ 个呼叫/小时，此外，由于每部电话的平均通话时间是 6 分钟/小时，因此服务率为 $\mu = 1/(6\ 分钟/小时) = 10$ 次通话/小时，故 $\rho_1 = \lambda / \mu = 700 / 10 = 70$。

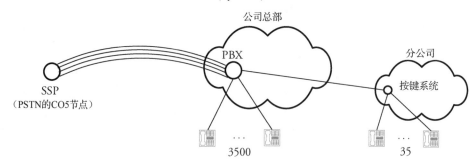

图 18.3　公司总部需要 3500 部电话、分公司大楼需要 35 部电话的电话网设计概况

有了 p_a 和 ρ_1 后，我们现在可以使用附录 D 中的爱尔兰 B 表找到中继线上所需的信道数量 $a = 76$。使用类似的方法，可以得到分公司的利用率和信道数量分别为 $\rho_1 = 0.6$ 和 $a = 3$。由于所有中继线必须是 T1，在步骤 5 的按键系统和 PBX 之间即使平均只有 3 个有效信道，我们也需要一个完整的 T1 中继线。从 PBX 到 PSTN 的 CO5 节点，我们必须有 $76 + 3 = 79$ 条总平均有效信道。所以我们总共需要如图所示的 $\lceil 79/23 \rceil = 4$ 个 T1 中继线。

18.2　VoIP 概述

与上一节讨论的传统语音网络(如 PSTN)不同，VoIP 技术或 IP 电话使用分组交换网。分组交换网中的语音和数据流共享网络资源。在传统语音网络中，专用于两部电话之间通话连接的网络资源在电话用户处于静默模式时仍然不能被其他用户使用。但是，静音模式在 VoIP 通话连接中意味着用户不发送分组，因此未使用的网络资源可以被其他用户使用。与 PSTN 相比，这大大节省了带宽并能有效使用可用的网络资源。VoIP 网络通过以下两组不同的协议运行：

1. **信令协议**。信令协议处理呼叫建立，并由信令服务器控制。一旦通过信令协议建立了连接，媒体交换协议即可将语音、视频或数据实时传输到目的地。媒体交换协议通常运行在 UDP 上，因为 TCP 的确认会带来非常高的开销。

2. **媒体交换协议**。在呼叫建立的信令阶段完成后，即可开始处理和交换语音或任何其他媒体。这个过程包括将语音转换成二进制、数据压缩及发送到生成分组交换网中的分组。在接收端，数据被解码并转换成模拟信号。媒体交换协议在 UDP 方案中建立了一定的可靠性。第 19 章将讨论语音和媒体交换过程的细节，并介绍语音、视频和数据处理的几种理论与算法。

图 18.4 显示了 VoIP 网络概况。一个 VoIP 电话系统的基本组成部分包括 VoIP 电话、多媒体终端，例如具有适当软件的主机(任何主机或 VoIP 电话都用在 IP 网络上拨打电话)，以及包含支持语音(图中标有"v")的**媒体网关**(Media Gateway，MG)路由器和**信令服务器**的互联网主干网。一个 MG 路由器充当到用户所在域的网关。每个域中的信令服务器类似于计算机中的 CPU，它们负责 VoIP 电话和呼叫建立之间的协调。

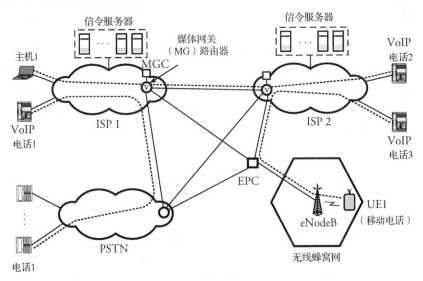

图 18.4　VoIP 通信概况

回顾第 9 章中关于互联网应用的讨论，每对 VoIP 电话之间的连接可能需要一个 DNS 服务器，将域名映射到**用户信息数据库**(User Information Database，UID)中的 IP 地址。用户信息数据库包含用户的相关信息，如首选项和已订阅的服务。数据库还存储了对应的 IP 地址的信息。每个用户通常可以配置多个 DNS 服务器。

图 18.4 中显示了 VoIP 连接的几个示例。在第一个示例中，主机 1 正通过 ISP 1 的媒体网关呼叫位于 ISP 2 的 VoIP 电话 2。在第二个示例中，VoIP 电话 1 正在拨打 PSTN 中的传统电话(电话 1)。我们应该记住这两个电话之间的连接需要中间的 MG 进行大量的协议转换。最后，在第三个示例中，ISP 2 中的 VoIP 电话 3 拨打了位于 LTE 无线蜂窝网中的移动电话 UE1。这个呼叫是通过**演进分组核心网**(Evolved Packet Core，EPC)中的许多接口设备及第 7 章介绍的 eNodeB 基站建立的。

IP 电话系统必须能够处理呼叫建立、电话号码到 IP 地址的转换及正确终止呼叫的信令。信令在呼叫建立、呼叫管理和呼叫终止中是不可或缺的。在任何标准的电话呼叫中，信令过程包括：

1. 识别给定电话号码的用户位置；
2. 在呼叫方和被叫方之间找到一条路径；
3. 处理呼叫转移和其他呼叫功能的问题。

IP 电话系统可以采用分布式或集中式信令方案。分布式方案能让两个 VoIP 电话像大多数互联网应用程序那样使用客户端/服务器模型通信。分布式方案适用于单个公司内的 IP 语音网络。集中式方案利用传统模型，可以提供一定程度的质量保障。有多个不同方法的电话信令协议，其中常见协议如下：

- **H.323 系列协议；**
- **SIP；**
- **软交换方法和 MGCP。**

首先讨论 H.323 系列协议，因为它在互联网中的实现早于 SIP 协议。SIP 协议是一个较新的协议，相比于 H.323 有一些折中。

18.3　H.323 协议

H.323 协议实现在 TCP/IP 协议模型的第 5 层，它运行在 TCP 或 UDP 或两者的组合之上，H.323 是一组协议，这组协议相互配合，提供良好的电话通信、提供电话号码到 IP 地址的映射、处理 IP 电话中的数字化音频流、为呼叫建立和呼叫管理提供信令功能；该协议支持同时传输语音和数据，能够传输基本编码规则的二进制消息；从安全角度来看，H.323 方案为安全、用户身份验证和授权提供了一个独特的框架；它还支持电话会议和多点连接；使用 H.323 协议，很容易支持记账和呼叫转移等业务。

18.3.1　H.323 协议的主要组件

图 18.5 显示了 H.323 协议连接总体结构。H.323 方案定义了以下组件：

1. **终端**。终端是支持至少一种音频编/解码器(codec)的多媒体终端用户设备，除了提供 IP 电话支持，还支持视频和数据流。
2. **网守**(GateKeeper，GK)。网守提供地址转换，并授权用户访问它所属的网络域。网守还与所有端点通信，如网关和终端，并管理服务质量。
3. **多点控制单元**(Multipoint Control Unit，MCU)。该单元提供多点服务，如电话会议。

除了上述组件，MG 路由器及其连接的**媒体网关控制器**(Media Gateway Controller，MGC)也在 ISP 中，它提供 H.323 的 IP 网络与其他通信网络之间的协议消息转换服务。H.323 协议支持 H.323

端点之间进行媒体流交换，H.323 端点可以是多媒体终端、MG 或 MCU。网守可以向其他域中的网守发送信令，以访问那些域中的用户。

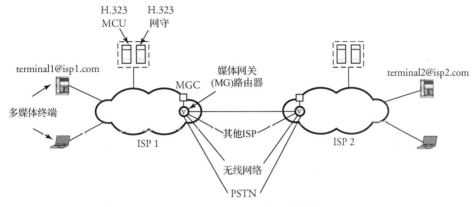

图 18.5　H.323 协议组件总体结构

18.3.2　H.323 协议架构

图 18.6 显示了 H.323 协议在五层 TCP/IP 模型中的位置。应用层作为该栈的第 5 层负责处理媒体交换和控制。该协议的**媒体交换**部分有多个协议，例如，运行在 UDP 之上处理分组化语音和视频的实时传输协议(Real-time Transport Protocol，RTP)。RTP 的扩展协议称为实时传输控制协议(Real-time Transport Control Protocol，RTCP)。接下来的两章将详细讨论实时协议的特性。

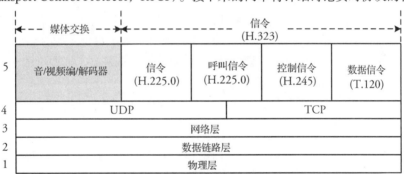

图 18.6　H.323 协议在五层协议栈模型中的位置

协议框架中的**控制**部分负责管理呼叫。H.225.0 和 H.245 协议中规定了 H.323 实体间交互的实际信令消息。H.225.0 的一部分用于端点与网守之间的**注册**、**许可和状态**(Registration, Admission, and Status，RAS)**信令**。使用 RAS 协议，端点可以向网守注册，网守允许端点访问其网络资源。RAS 协议通过 UDP 传输。

H.225.0 的另一部分用于**呼叫信令**，主要用于建立和终止端点之间的连接。呼叫信令通过 UDP 或 TCP 传输。由于为呼叫建立 TCP 连接需要更长的时间，H.323 版本 4 规定了一种可以同时使用 TCP 和 UDP 的机制。在这种情况下，UDP 和 TCP 连接可以同时建立，但如果没有收到 UDP 请求的响应，则使用 TCP 连接，反之亦然。

H.323 的**控制信令**部分由 H.245 协议规定。如果接收媒体有任何限制，该协议将采用媒体类型或比特率限制。H.245 通过在端点间建立一个或多个逻辑信道进行操作。H.323 还支持数据传输。T.120 是使用 TCP 连接提供数据传输服务的协议。

例：重新考虑如图 18.5 所示的 E-mail 地址为 terminal1@isp1.com 的 VoIP 电话，它将作为一个端点开始呼叫位于 ISP 2 的 terminal2@isp2.com 端点。首先，terminal1 使用 RAS 信令获得网守的许可；然后，使用呼叫信令与 terminal2 建立通信以发起呼叫；最后，terminal1 使用 H.245 控制信令与 terminal2 协商媒体参数，并开始媒体传输。

H.323 消息在多种类型的信道上传输，这里的信道是指套接字地址(IP 地址和端口号)。例如，如果一个给定的终端使用一个特定的 IP 地址和端口号来接收 RAS 消息，那么任何到达该 IP 地址和端口的消息实际上是到达了该端点的 RAS 信道。

DNS 服务器和寻址

作为大多数网络实体，H.323 网络中的每个单元都有一个唯一的网络 IP 地址。使用 H.323 协议，DNS 服务器也是一个主动协作服务器，采用第 5 章讨论的方法将域名映射到 IP 地址。如果服务器可用，可以基于 RFC 1738 和 RFC 2396 的建议，在服务器中以 URL 的形式指定任何 IP 地址。例如，ras://GateKeeper1@isp1.com 是 ISP 1 中的一个网守的有效 URL。其他诸如终端网关和 MCU 之类的每个单元都应该有一个与其对应的网守相同的域名。在这个例子中，"ras" 是为 H.323 定义的应用层协议，稍后将会讨论。

任何 URL 都有一个端口号。如果没有指定端口号，则应为 RAS 使用默认端口号 1719。其他示例包括 UDP 发现端口号码 1718、网守 UDP 注册和状态端口号 1719，以及呼叫信令 TCP 或 UDP 端口号 1720。其他用于信令处理或媒体交换的端口号是动态分配的。

18.3.3　RAS 信令

RAS 是一个可选的信令协议，网守通过它控制网络中的所有端点。任何端点都可以选择使用网守提供的服务，或者是网络提供的所有功能都必须在端点中提供。RAS 信令涉及 9 个过程：①网守发现；②端点注册；③许可；④带宽修改；⑤状态；⑥脱离；⑦资源可用性；⑧服务控制；⑨请求进行中。接下来将依次介绍这些过程。

网守发现

任何端点都可以通过配置过程或自动发现过程向其所属网络的网守注册。一个网络中可能有多个网守。网守发现功能使端点能够确定哪个网守可用。端点可通过发送网守请求(GRQ)消息来尝试寻找它的网守。通常，该消息将多播到多播地址为 224.0.1.41、端口为 1718 的所有网守。任何可用且愿意控制该端点的网守都会回应一个网守确认(GCF)消息。因为资源不足等各种原因而不可用的网守则回应一个网守拒绝(GRJ)消息。图 18.7 显示了一个网守发现功能的示例。在图中，一个端点终端将 GRQ 消息多播给 3 个现有网守 1、2 和 3。网守 2 回应一个 GRJ 消息宣告其不可用，而网守 1 和 3 则回应一个 GCF 的可用性确认消息。在这种情况下，在两个之间选择一个网守的任务留给了终端。

端点注册

一旦完成了网守发现过程，端点就会通过**端点注册**过程接入网守，该过程从发出注册请求(RRQ)消息开始。用于该消息的端口号仍然是 RAS 信令端口 1719。网守可以通过回复注册拒绝(RRJ)消息来拒绝注册。例如，如果端点请求网络中已经使用的名称，则注册无效。否则，网守将回应一个注册确认(RCF)消息。任何注册的有效期上限为 136 年，相当于十六进制 FFFFFFFF 秒。端点通过发送注销请求(URQ)消息来取消注册，网守通过发送注销确认(UCF)消息进行确认。如

果端点在呼叫进行时尝试取消注册，网守将通过发布注销拒绝(URJ)消息拒绝注册请求。图 18.7
显示了端点注册网守的示例。

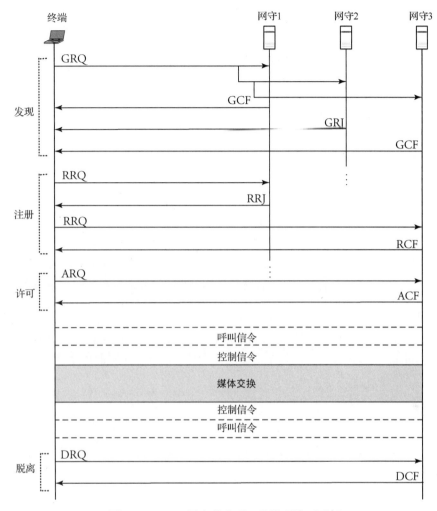

图 18.7 H.323 网守的发现、注册和许可示例

许可

当端点在网守注册后，它就可以通过向网守发送许可请求(ARQ)消息进入**许可**过程。ARQ 消
息包括如下参数：呼叫类型是双方还是多方、端点标识符、作为呼叫标识符的唯一字符串、呼叫
参考值及其他方别名和信令地址。网守可以通过回应许可拒绝(ARJ)消息来拒绝某个许可请求。这
种情况的可能原因包括缺乏可用带宽或端点未注册。图 18.7 显示了一个端点许可的示例。

在正常情况下，网守会通过回应一个包含了许可请求消息中相同参数的许可确认(ACF)消息
来许可端点。该消息还指定以 100 b/s 为单位的所需带宽。网守可能无法保证所请求的带宽，但是
一旦同意某个带宽，就会为呼叫保留所许可的带宽。例如，当一个三方电话会议呼叫发生时，各
方以 64 kb/s 的速率发送语音，则所需带宽为 192 kb/s；因此，带宽参数中携带的值是 1920。如果
网守指定的带宽值低于 ARQ 中请求的值，那么端点必须保持在指定的带宽范围内。实际的媒体呼
叫可以通过网守或目录发送给另一方。这种情况也在 ARQ 消息中指出。

带宽修改

端点可以通过**带宽修改**过程修改其带宽。如果带宽修改没有超过网守指定的限制,则不需要网守的批准;否则,必须通过发送带宽请求(BRQ)消息来请求修改带宽。网守可以通过带宽确认(BCF)消息批准新的带宽,也可以通过带宽拒绝(BRJ)消息来拒绝请求。在网络资源需求接近其容量时网络中的比特率需求不足,相关的网守也可以请求降低带宽。在这种情况下,端点必须同意请求并回应 BCF 消息。

状态

状态模式允许告知网守端点是否仍然有效或活跃。网守通过向端点发送信息请求(IRQ)消息来轮询端点。端点回应信息请求响应(IRR)消息,将它的功能状态及一个或多个当前的活跃呼叫发给它关联的网守。该信息包含呼叫标识符、呼叫参考值、呼叫类型(双方或多方)、带宽、RTP 会话等。

脱离

一旦呼叫或媒体传输结束,每个端点都必须通过向其相关联的网守发送脱离请求(DRQ)消息来进入**脱离**过程。该消息必须包含脱离原因。然后,相关的网守有两种回答,或者是脱离确认(DCF)消息,或者是脱离拒绝(DRJ)消息。网守还可以决定终止呼叫,在这种情况下,网守向端点发送一个 DRQ 消息。端点必须停止传输媒体,并且必须使用 H.245 控制消息和呼叫信令消息来结束会话。

资源可用性

资源可用性是一个通知呼叫容量级别的过程。网关可以发送资源可用指示(RAI)消息来通知网守当前可用的呼叫容量和网关支持的每个协议所需带宽。网守使用资源可用确认(RAC)消息给网关以确认。

服务控制

服务控制过程的目的是启用一些高级功能。任何网络实体都可以通过发送服务控制指示(SCI)消息和接收服务控制响应(SCR)消息来启动该过程。这些消息还可用于实现某些厂商设备的特定功能。

请求进行中

请求进行中是一个由 H.225.0 定义的过程。实体通过生成请求进行中(RIP)消息来通知对给定请求的响应可能比预期时间长。在这种情况下,实体在预期发送对原始请求的响应之前指示响应将会延迟。

18.3.4 呼叫信令

呼叫信令是用于端点之间建立呼叫的一组信令规则。呼叫信令由 H.225.0 协议集提供。这些信令规则使用 Q.931 中定义的消息来支持呼叫信令功能。大多数呼叫信令消息需要多个参数,如呼叫标识符、呼叫类型和关于始发端点的信息。最重要的呼叫信令消息是:

- 建立(Setup)。一旦端点获得了网守的许可,就必须发送 Setup 消息来建立呼叫。Setup 消息包含几个参数,如呼叫索引和用户到用户信息元素。
- 呼叫处理(Call Proceeding)。此消息是可选的,用以指示已收到 Setup 消息。
- 提醒(Alerting)。发送此消息以提醒被叫方即将到来的连接建立。
- 进行中(Progress)。该消息可以由被叫方网关路由器发送,以指示通话正在进行中。
- 连接(Connect)。Connect 消息由被叫端点发送给主叫端点,以指示被叫方已接受呼叫。

- 释放完成(Release Complete)。此消息终止呼叫。释放呼叫的实体应该向其他用户提供释放的原因。
- 设施(Facility)。Facility 消息用于重定向呼叫。例如,考虑这样一种情况:当一个 Setup 消息发送到一个端点,并且该端点的网守向该端点指示它要干预。因此,接收此消息的用户将释放呼叫,并尝试通过被叫方网守再次建立呼叫。

需要注意的是,呼叫信令和控制信令是紧密相连的。一旦 Setup 消息被释放,H.323 协议就需要交换 H.245 消息,但不强制要求这些消息的交换必须发生在呼叫信令中的任何特定点。建立呼叫时,可能有四种不同情况:

模式 1,仅终端路由信令;
模式 2,观察网守路由信令;
模式 3,部分网守路由信令;
模式 4,网守路由信令。

在**仅终端路由信令**中,网守不参与呼叫建立进程,只有端点直接建立呼叫信令。要了解这个模式,请设想主叫终端发起 Setup 消息。被叫终端用可选的 Call Proceeding 消息和 Connect 消息进行回应。一旦媒体交换过程结束,主叫终端(或被叫终端)就通过 Release Complete 消息释放连接。这种模式相当简单,代价是没有安全性和可靠性。

在使用**观察网守路由信令**建立呼叫中,两个端点需在网守在场的情况下建立呼叫。在这种情况下,一旦诸如终端的端点在其网守上注册,它们就可以通过 ARQ 和 ACF 消息获得网守的许可。网守随后观察连接并持续,但不直接起任何作用。然后,主叫终端发送 Setup 消息。被叫终端向主叫终端回应 Call Proceeding 消息,说明已成功收到 Setup 消息。被叫终端现在可以通过发送 Connect 消息来建立呼叫。一旦媒体交换过程结束,主叫终端(或被叫终端)就可以通过 Release Complete 消息释放连接。在这种模式下请注意,由于网守的存在,即使没有涉及它们,每个端点也必须通过交换 DRQ 和 DCF 消息将其脱离通知给网守。但是,给定的端点可以选择绕过网守直接发送呼叫信令到另一个端点。

图 18.8 所示的**部分网守路由信令**是呼叫信令的第三种模式。该模式最引人注目的部分是呼叫信令要找一个网守来做路由,而不是直接从端点到端点,从而在一定程度上确保了呼叫建立的可靠性。如图所示,VoIP 电话主叫终端 1 的网守选择使用 ACF 消息来路由呼叫信令,该 ACF 消息用呼叫信令地址表示要将呼叫信令发送到网守,然后,终端 1 与网守做了一个 Setup 消息和 Call Proceeding 消息的交互。接下来,主叫方网守用被叫终端 2 的呼叫信令地址,与被叫终端也进行了一个 Setup 消息和 Call Proceeding 消息的交互。此时,终端 2 发送一个 ARQ 给它的网守,从网守返回的一个 ACF 消息,表明它认可了这个直接呼叫。请注意,如果终端已有预授权许可,则不需要 ARQ 和 ACF 消息。被叫终端现在向终端 1 的网守发送一个 Alerting 消息,该消息再被转发给终端 1。类似地,终端 2 发送 Connect 消息给终端 1 的网守,再转发到终端 1。这个过程是为媒体交换过程做准备。

在第四种情况下,被叫终端的网守希望处于呼叫信令消息的传输路径上。类似于之前的情况,主叫终端的网守发送 Setup 消息,被叫终端请求自己的网守许可控制呼叫,但在这里,由于网守是控制实体,它发出 ARJ 消息来拒绝请求。因此,被叫终端向主叫端点的网守发送 Facility 消息,并指出这个 Facility 消息的原因是呼叫将被路由到网守,以便主叫方网守知道向哪里发送呼叫信令。请注意,如果终端已有预授权许可,则不需要 ARQ/ACF 消息。主叫终端的网守尝试向被叫终端的网守发送 Setup 消息来建立呼叫。被叫终端的网守先返回一个 Call Proceeding 消息,然后将 Setup 消息转发给被叫终端。被叫终端同样返回一个 Call Proceeding 消息,使得 Connect 消息通过网守从一端传送到另一端,并进行媒体交换准备。在媒体交换结束时,Release Complete 消息的传递方式与 Connect 消息相同,但方向相反。注意,在每个连接结束时,终端必须使用图中所示的 DRQ 和 DCF 消息脱离网络。

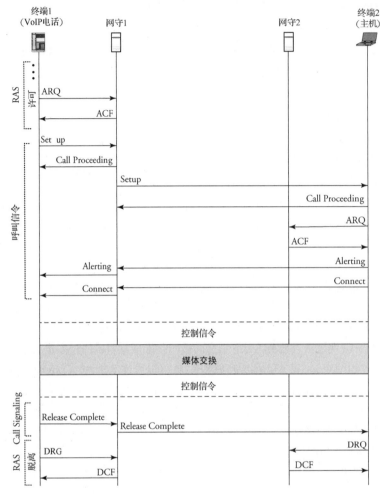

图 18.8   在有网守的情况下使用部分网守路由信令的呼叫示例

18.3.5   控制信令

控制信令是一组称为 H.245 协议的规则,用于建立和控制媒体交换。它负责确保媒体格式、带宽要求和多个媒体流的复用。在本节中,将描述该信令集的一些重要内容,如**能力交换**、**主/从分配**和**媒体交换建立控制**。

能力交换

控制信令的第一步称为**能力交换**,以消息交互的形式执行。消息查询各种参数,如接收机是否能够接收视频?如果可以,以何种格式?当一个端点通告其能力后,其他端点必须在该端点的能力范围内与其进行通信。主叫端点通过发送终端能力设置请求(TCS-Req)消息通告其能力,该消息指示了序列号、端点可以发送和接收的音/视频格式类型,以及可以同时处理的媒体。但是,TCS-Req 消息可以指示所有能力或确认特定能力。这个消息实际上是一个请求,需要终端能力集

确认 (TCS-Ack) 消息的确认响应, 该消息包含与原始请求中接收的序列号匹配的序列号。如果没有匹配的能力, 被叫端点将回应一个终端能力集拒绝 (TCS-Rej) 消息。图 18.9 显示了这个过程的示例。

主/从分配

主/从分配是系统决定在发生呼叫争议时谁作为控制实体的方法。这种分配在多方通信 (如电话会议) 中尤其重要。根据 H.323 协议, 任何端点都有一个终端类型, 任何终端类型都有一个值。在多方通信中, 终端类型值最大的端点成为主节点。例如, 支持音频、视频和数据会议的 MCU 的终端类型值为 190。除了终端类型值, 任何端点都会被分配一个介于 1~16 777 215 之间的随机数, 如果两个端点具有相同的终端值, 则用该数字确定主节点。每个端点发送主/从站分配 (MSA) 消息, 从而开始通信会话中的主节点分配。此消息包含终端类型值及其随机数。一旦端点接收到 MSA 消息, 则将终端类型值与其自身值进行比较, 并决定谁是主节点。然后返回主/从分配确认 (MSA-Ack) 消息。该消息提供端点的排名信息, 以确定它是主节点还是从节点。图 18.9 显示了主/从过程的示例。

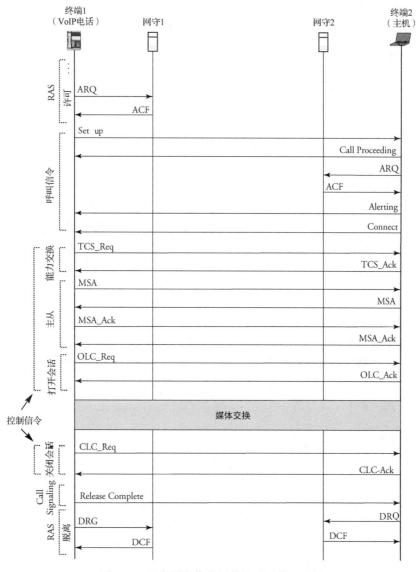

图 18.9　具有所有信令组件的呼叫建立示例

媒体交换建立控制

H.245 协议处理**媒体交换建立控制**，即媒体交换前后必要的控制信令。这种信令需要在交换媒体之前在端点间建立逻辑信道。逻辑信道是 IP 地址和端口号的组合。媒体流可以单向模式或双向模式传输。在任何具有 n 个端点的单向会话中，应打开 n 个单向逻辑信道。尽管如此，两个端点之间的单向会话本身可以由多个逻辑信道组成。每个相关端点向其他端点发送一个打开逻辑信道请求(OLC-Req)消息，其中包含要发送的数据类型、RTP 会话 ID 和 RTP 有效载荷类型等信息。如果接收端点已为媒体做好准备，则回复打开逻辑信道确认(OLC-Ack)消息，该消息包含与所收相同的逻辑信道号和发送媒体流的传输地址。端点有拒绝请求的选择，原因多种多样，如无法处理建议的媒体格式。在这种情况下，将回应一个打开逻辑信道拒绝(OLC-Rej)消息。

当一个端点希望传输媒体，同时又希望接收媒体时，如典型的语音对话，此时需要一个双向逻辑信道。在这种情况下，每个端点都需要使用 OLC-Req 消息从自己的方向建立一个逻辑信道。此消息还包含反向逻辑信道参数，如端点可以接收的媒体类型。收到 OLC-Ack 后，主叫端点响应一个打开逻辑通道确认(OLC-Con)消息以指示双向建立成功。一旦媒体交换结束，任一端点都应发送关闭逻辑通道请求(CLC-Req)消息，另一个端点使用关闭逻辑信道确认(CLC-Ack)消息进行确认。在关闭会话中的所有逻辑信道后，每个端点都发送结束会话(END-Ses)消息终止会话。图 18.9 显示了媒体交换过程的媒体流建立示例。

18.3.6　使用 H.323 协议的电话会议

在任何具有多个端点的会话中，应该打开多个逻辑信道。在电话会议中，即使在双向模式下，我们也需要建立一个多方参与的会话。建立电话会议的方法有两种：**MCU 电话会议**和 **MC 端点电话会议**。

在 MCU 电话会议中，端点通过 MCU 建立呼叫以接入会议。在这种情况下，媒体可以在端点之间通过 MCU 路由或直接多播。MCU 确定会议模式，并为每个会话提供单播或多播地址。

当需要请求多方呼叫会话时，在双方呼叫会话的中间需要进行 MC 端点会议呼叫。在这种情况下，具有多点控制器(Multipoint Controller，MC)能力的一个端点或其网守必须控制电话会议。一个活动端点发送一个建立消息给加入的端点，可以将双方呼叫会话转换为多方呼叫会话。建立消息必须包含唯一的会议 ID(Conference ID，CID)号码。如果新加入的端点希望接收会议呼叫，则返回一个包含 CID 值的连接消息，然后进行能力交换跟随主/从分配步骤。主叫端点成为主节点，被叫端点成为从节点。随后，主节点通过发送建立消息到具有会议 CID 值的其他端点来邀请其他端点加入会议。如果其他端点决定加入会议，则必须在其连接消息中使用相同的 CID。在主端点和其他加入端点之间进行能力交换和主/从分配之后，主叫端点的 MC 向所有参与会议的端点广播多点会议消息。

18.4　会话发起协议(SIP)

SIP 是最强大的 VoIP 和多媒体信令协议之一。与 H.323 协议相比，SIP 更易实现，更易快速部署。SIP 可以为电话会议执行单播和多播会话，并支持无线应用的用户移动性。SIP 向用户提供许多智能功能，而这些功能的控制也掌握在用户手中。SIP 的设计可以使用任何协议来执行媒体交换会话，较为常见的是在第 20 章中介绍的**实时传输协议**(RTP)。

SIP 是基于客户端/服务器的协议。对 SIP 消息的响应可能包括一段文本、一个 HTML 文档或一个图像。SIP 的一个主要优点是 SIP 地址是 URL 类型，因此可以很容易地将执行点击呼叫的应用程序包含在 Web 内容中。SIP 非常适合与现有的传统电话网技术和基于 IP 的技术轻松集成，并可以随时利用这两种技术的应用来创建新的服务。

　　SIP 是多媒体数据和控制架构的一部分，与之配合使用的其他相关多媒体协议包括**会话描述协议**（Session Description Protocol，SDP）、**实时流协议**（Real-Time Streaming Protocol，RTSP）和**会话通告协议**（Session Announcement Protocol，SAP）。这些协议将在第 20 章中讨论。SDP 负责格式化媒体信息的描述，如 RTP 有效载荷类型、地址和端口。SIP 和 SDP 相互协作以传送会话信息。SIP 承载建立媒体交换的消息传递机制，SDP 承载描述会话的结构化语言。

18.4.1　SIP 的主要组件

　　SIP 实际上是一种客户端/服务器协议。在 SIP 中，呼叫由客户端发起，客户端也称为用户代理，是一个应用程序。服务器是响应客户端请求的另一个应用程序。使用 SIP 的 VoIP 呼叫由用户代理发起，终止于服务器。用户代理可以在其设备中找到。用户设备可以是 VoIP 电话、笔记本电脑或任何多媒体手持通信设备。运行服务器的设备可以与用户代理使用的设备相同。图 18.10 显示了会话发起协议的概况。VoIP 设备既可以作为发起呼叫请求的客户端，也可以作为接收和响应请求的服务器。实际上，任何 SIP 设备都能够发起和接收呼叫。这使得 SIP 技术能够用于对等通信中。如图所示，SIP 包括以下四个构成信令系统的服务器。

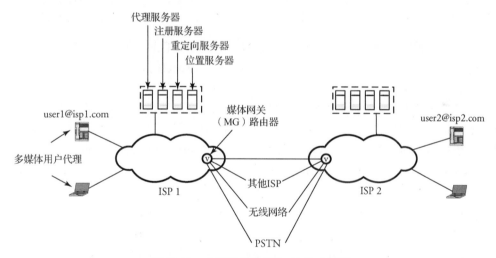

图 18.10　会话发起协议（SIP）构成概况

1. **代理服务器**。代理服务器将用户代理的请求转发到其他位置，并检查主叫方是否授权进行特定呼叫。这个服务器的功能类似于 Web 访问的代理服务器。一旦用户代理向代理发出请求，代理会自己处理该请求或将其转发给其他服务器。代理程序是可以充当服务器和客户端的实体。例如，在图 18.10 中，位于 ISP 1 域的用户代理 1（由 user1@isp1.com 标识）可以请求连接到位于 ISP 2 域中的用户代理 2（由 user2@isp2.com 标识）。在这种情况下，代理服务器检查用户代理 1 和用户代理 2 的授权。此外，当一个特定的用户代理在多个位置注册时，一个代理服务器可以通过从多个注册位置发送请求来复刻请求。

2. **注册服务器**。注册服务器负责为用户代理注册它们可用的地址。服务器还经常更新位置服务器查询的用户信息数据库。在批准注册之前必须对注册申请进行身份验证。使用注册服务器的特性为 SIP 提供了支持移动性的巨大优势。在用户有两个 VoIP 用户代理的情况下，用户可以从用户代理 1 终端向适当的注册服务器发出请求，使得所有呼叫都可以路由到这个终端。当用户从用户代理 1 注销并在另一个位置激活用户代理终端 2 时，第二个终端可以进行新的注册，从而能在新终端上联系到用户，所有用户的呼叫都将路由到第二个终端。

3. **重定向服务器**。重定向服务器执行呼叫转移。它为用户代理提供备用路径。该服务器接受请求，将目的地址映射到其他新地址，并将新地址报告给发起请求的用户代理。一旦初始的用户代理收到重定向报告，它就可以将其请求直接发送到服务器返回的地址。例如，user1@isp1.com 想要联系 user2@isp1.com 的请求被发送到重定向服务器，服务器发现用户 2 临时位于 ISP 2 中，并被标识为 user2@isp2.com。

4. **位置服务器**。位置服务器负责代理服务器和重定向服务器的地址解析。在呼叫建立期间，它与代理服务器和重定向服务器的数据库交互。位置服务器接受请求并与用户联系。用户对位置服务器的响应会产生一个代表用户的响应。

除了上述组件，MG 路由器及其连接的 MGC 也在 ISP 中，用于提供基于 SIP 的 IP 网络与其他类型的通信网络之间的协议消息转换服务。

18.4.2　SIP 消息

SIP 特定语法与 HTTP 很相似，这种相似性使得支持解析 HTTP 的程序可以很容易地适应 SIP 的使用。虽然与二进制编码相比，这种语法会消耗更多的带宽，但是该方法具有系统测试和错误查找更快的优点。这种语法还可以更有效地处理消息和控制 VoIP 会话。SIP 消息可分为两类：

1. 从用户代理发送到服务器的**请求消息**。最常见的请求消息是注册（Register）、邀请（Invite）、确认（ACK）、选项（Options）、再见（Bye）、取消（Cancel）、信息（Info）、订阅（Subscribe）和通知（Notify）。

2. 从服务器发送到用户代理的**响应消息**。最常见的响应消息包括尝试呼叫（Trying）、振铃（Ringing）、呼叫正在转发（Call Is Being Forwarded）、会话进行中（Session Progress）、会话成功（OK）、临时移动（Moved Temporarily）、永久移动（Moved Permanently）、错误请求（Bad Request）、未授权（Unauthorized）、需要付费（Payment Required）、禁止（Forbidden）、未找到（Not Found）、代理需要认证（Proxy Authentication Required）、请求超时（Request Timeout）、离开（Gone）、暂时不可用（Temporarily Not Available）、线路忙（Busy Here）、服务器内部错误（Server Internal Error）、坏网关（Bad Gateway）、消息太大（Message Too Large）、全忙（Busy Anywhere）、丢弃（Decline）和不存在（Does Not Exist Anywhere）。

接下来，我们将展示其中一些消息的示例。所有请求和响应消息都被发送到特定的地址。

交换电话号码、IP 地址和 URI

SIP 地址被称为 SIP **统一资源标识符**（Uniform Resource Identifier，URI），类似于 E-mail 地址，采用 user@server 的形式。E-mail 地址和 SIP 地址很相似。例如，E-mail 地址使用 "mailto:" URL 地址，如 mailto: user1@isp1.com；类似地，SIP URI 使用 "sip:"，如 sip:user1@isp1.com。SIP 还允许 SIP 地址的用户部分是电话号码。例如，SIP 地址可以是 sip:4082261180@isp1.com，它显示位于某个服务提供者的电话号码，或者它可以是地址组合形式，如 sip:4082261180@isp1.com; user1@isp2.com。

当 IP 地址用于建立连接时，在由不同网络构成的综合网络中定位用户的任务是复杂的。在定位用户后，还需要为用户找到一条最佳路径。定位服务器使用 IP 上的电话路由选择(Telephony Routing over IP，TRIP)协议来定位综合网络中的用户。TRIP 通告路径并交换路由选择信息。它还将全球划分为不同的域，称为 IP 电话管理域(IP Telephony Administrative Domain，ITAD)。位置服务器与连接到不同 ITAD 的信令网关交换路径信息。

SIP 消息结构

SIP 消息由三部分组成：一个指示消息头类别和 SIP 版本的**起始行**，一个包含路由选择信息和指示消息是请求还是响应类型的**消息头**，以及一个包含会话信息或要显示给用户的信息的**消息主体**。SIP 的消息头也可以用 SIP 语法表示。SIP 考虑了许多不同的消息头来提供消息的更多信息或处理消息的方法。特定类型的消息头指定了对每个请求或响应的头应用。

消息头通常包含典型字段，如 From、To、Via 和 Call ID。Via 字段包含诸如请求所采用的路径等信息，要求主叫用户代理将自己的地址放在该字段中，并指定正在使用的传输协议(本例中为 UDP)。例如，在 From:sip:user1@isp1.com 中，"From" 字段显示始发用户的地址，"To" 字段表示请求的接收者。如果用户想要注册自己，那么这两个字段是相同的，例如：From:sip:user1@isp1.com 和 To:sip:user1@isp1.com。Call ID 字段是唯一标识特定会话邀请的号码。除了这些典型字段，还有一些其他字段用于特定的应用程序头中。例如，请求消息中的 Subject 字段提供了会话的主题描述。另一个例子是 Priority 字段，用来表示请求的紧急性。SIP 还有一个指示消息主体中包含的信息类型和格式的实体头部。

例：假设 user1@isp1.com 正在向 user2@isp2.com 发送一条 OK 消息。消息头开始的起始行包含 SIP 版本(2.0)、状态代码(200)和状态 200 的消息名(OK)。消息头还包含以下信息：消息的第一行 Via:(显示 ISP 1 中的路径)、From:(表示发送方)、To:(指示接收方)、Call-ID:(表示分配给会话的唯一编号 1234)、CSeq:(显示这个 OK 消息是对 Invite 消息的响应)、Subject:(表示这个消息的主题)。

```
SIP/2.0 200 OK
Via: Station2.isp1.com
From: sip:user1@isp1.com
To: sip:user2@isp2.com
Call-ID: 1234@station2.isp1.com
CSeq: 1 Invite
Subject: OK message structure
This line is the body of the message.
```

18.4.3　SIP 协议架构

图 18.11 显示了 SIP 在五层 TCP/IP 模型中的位置。应用层作为该栈的第 5 层分为媒体交换和控制。该协议结构的媒体交换部分由运行在 UDP 之上处理分组化语音和视频的 RTP 作为代表。RTP 的扩展协议称为 RTCP。接下来的两章将详细讨论实时协议的特性。协议结构的控制部分负责呼叫的管理，分为以下三类：

1. 注册过程；
2. 呼叫建立过程；
3. 功能和扩展。

所有这些过程都由 UDP 传送层处理。SIP 也支持使用 TCP 连接传输数据。通过 SIP 进行呼叫的第一个动作是下面要介绍的用户代理向网络注册，称为**注册过程**。

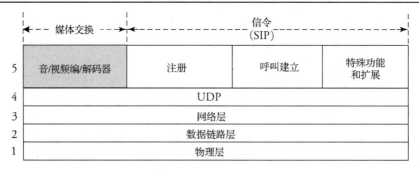

图 18.11　SIP 在五层协议栈模型中的位置

18.4.4　注册过程

图 18.12 显示了用户代理 1 和用户代理 2 之间的一个 SIP 会话示例，它们的 E-mail 地址分别为 user1@isp1.com 和 user2@isp2.com。在这个例子中，配备了用户代理 1 的用户 1 向包含用户代理 2 的用户 2 发起呼叫。用户间通过服务器交换消息。

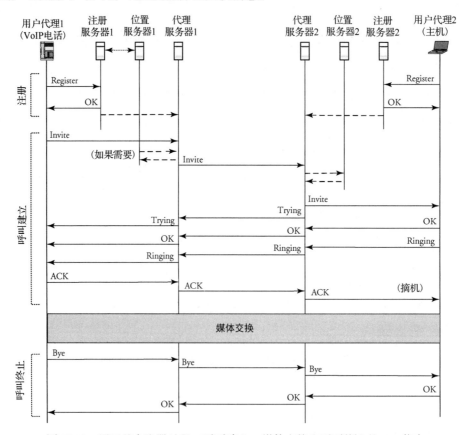

图 18.12　用于基本注册过程、呼叫建立、媒体交换和呼叫终止的 SIP 信令

建立呼叫的第一步是执行注册过程。这个过程从用户代理发送注册消息开始。该消息向注册服务器请求找到呼叫会话的被叫用户地址。此消息的头包含一些常规字段，如前面定义的 From、To、Via 和 Call-ID。个人用户代理的注册消息应该使用相同的呼叫 ID 值。为了确保任何用户代理选择不同的呼叫 ID 且使其特定于主机，Call-ID 的推荐语法是 local-id@host。例如，本地 ID 值 354843

可用于 354843@isp1.com 的 Call-ID。此外，消息中还有一些特定的头字段，如表示注册应持续多长时间(以小时为单位)的 Expire 头字段。

在图 18.12 中，用户代理 1 和 2 使用相同的过程来完成注册。用户代理 1 向注册服务器发送注册消息(Register)。该消息主体为空内容，因为注册消息不描述任何一种会话。假设用户代理 1 的本地 ID 为 354843，则该消息的头部必须分别插入 From、To 和 Call-ID 字段，如 From: sip:user1@isp1.com、To: sip:user1@isp1.com 和 Call-ID: 354843@isp1.com。注意 From 和 To 字段是相同的，因为用户代理 1 正尝试注册自己。

注册请求的响应是 OK 消息。这条信息确认注册，并使用与注册消息相同的呼叫 ID。但是，注册服务器可以通过响应一个不同于请求的 Expire 字段值，来缩短请求的注册持续时间。默认的注册最长可激活 136 年。

属于一个用户的特定用户代理可以在不同的位置向一台服务器进行多个注册。在这种情况下，对该用户的呼叫可以发送到所有注册的目的地。这允许一号多机业务，即用户仅发布一个号码，当该号码被呼叫时，该用户的所有电话或终端都会振铃。

18.4.5　呼叫建立

图 18.12 还显示了基本呼叫建立的 SIP 信令概况。在呼叫建立之前，主叫用户代理首先与其 DNS 服务器通信，将域名或 SIP UID 映射到一个 IP 地址。然后 DNS 服务器与被叫用户代理的代理服务器通信。此时，主叫用户代理已通过 DNS 查询将被叫用户代理的名称解析为 IP 地址。基本的呼叫建立涉及以下两个过程：

1. 呼叫发起过程；
2. 呼叫终止过程。

呼叫发起过程是启动呼叫会话的过程。过程从主叫用户代理通过代理服务器向被叫用户代理发送邀请消息(Invite)开始。这个消息实际上是邀请被叫方开始一个相互参与的会话。此消息的头包含一些常规字段，如前面定义的 From、To、Via 和 Call-ID。邀请消息使用消息包头中的"To"字段发送到代理服务器(To: sip:proxy@isp1.com)。该消息还有一些特定的头字段，如指明启动会话原因的 Subject 字段。另一个头字段是可选的定时呼叫，在这种情况下，一个处于忙的被叫终端可以告诉主叫用户代理，被叫用户代理预计在某个时间可用。此功能可以进一步扩展为在特定时间自动启动会话。

如图 18.12 所示，主叫方 user1@isp1.com 发送了一个邀请消息(Invite)来发起会话。一旦用户代理 2 收到其连接查询，尝试呼叫信号(Trying)将从代理服务器传送到用户代理 1，用于指示正在路由呼叫。该信令也用于跟踪呼叫过程。一个振铃消息(Ring)从用户代理 2 一直传回给用户代理 1。当用户代理 2 接受呼叫时，会向用户代理 1 发回一个 OK 信令，指示被叫方已接受呼叫。最后一个信令由 ACK 消息确认，无须任何响应。被叫方接听电话，双方使用实时协议通过媒体交换直接通信。

会话结束时，使用 Bye 消息终止会话。参与的任何一方主要使用此消息结束通话。Byc 消息具有许多与原始 Invite 消息相同的头字段。接收到 Bye 消息后，消息的接收方应立即停止传输所有媒体。图 18.12 显示了使用适当的终止信息进行的双方呼叫终止过程。请注意，还有另一个 Cancel 消息可用于取消挂起的请求(如 Invite 请求)。

18.4.6　功能和扩展

从消费者的角度来看，SIP 有许多扩展，使其具有吸引力。有一些扩展实际上是对其功能的增强，而其他扩展则是数字电话系统的相同功能。在本节中，我们将回顾 SIP 的一些重要特性。

呼叫转移

图 18.13 显示了 SIP 的呼叫转移功能概要。假设用户代理 1 开始通过代理服务器向用户代理 2 建立呼叫。这需要像前面描述的那样交换邀请消息(Invite)。但是,用户代理 2 建立的方式是将其呼叫转发到具有忙呼叫状态的用户代理 3;在这种情况下,将向代理返回一个 Busy Here 消息。之后代理服务器向用户代理 3 发送 Invite 消息,而此消息的"To"头字段仍指向用户代理 2。最后通过用户代理 3 发往用户代理 1 的 OK 消息完成这个场景。

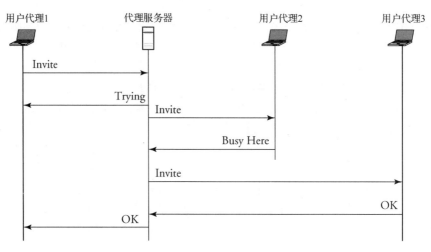

图 18.13   用于基本呼叫转移的 SIP 信令

呼叫保持

图 18.14 描述了执行**呼叫保持**功能的 SIP 信令场景。在图中,用户代理 1 呼叫用户代理 2,并以实况对话的形式建立媒体交换。一段时间后,用户代理 1 向用户代理 2 发送 Update 消息并跟着一个 OK 消息确认,以将用户代理 2 置于保持呼叫状态来建立到用户代理 3 的另一个呼叫。收到 OK 消息后,用户代理 1 和 2 应停止相互接收音频,进入保留会话。此时,用户代理 1 可以启动与用户代理 3 的新会话。一旦与用户代理 3 的联系完成,用户代理 1 即向用户代理 2 发送另一个 Update 消息,恢复与用户代理 2 的保留连接。

其他功能

SIP 中的其他功能还提供了几种消息类型,如用户的临时移动或用户订阅消息等。其他功能消息的完整列表如下:

● 临时移动(Moved Temporarily)消息。重定向服务器的作用是用备用地址响应请求并重定向请求。假设 user1@isp1.com 希望与 user2@isp1.com 建立呼叫会话,会话必须向 redirect.isp1.com 服务器发送 Invite 消息。重定向服务器响应一个 Moved Temporarily 消息,其中包含用户代理 1 应使用的备用地址。之后用户代理 1 向重定向服务器发送 ACK 消息,确认用户代理 2 的新地址。现在,用户代理 1 将使用用户代理 2 的新地址向其发送新的 Invite 消息。

● 选项(Option)信息。Option 信息用于了解参数,如被叫方使用的可支持的媒体类型。Option 消息向服务器请求确定被叫用户代理是否可以支持特定类型的媒体。

● 信息(Info)消息。Info 消息用于在会话进行期间传输信息。该消息在诸如传送账户余额信息等情况下运行。这个消息的一个应用例子是一个预付费用户在通话过程中被告知付费账户接近零。在这种情况下，账户余额通知可以文本格式放在消息体中发送。

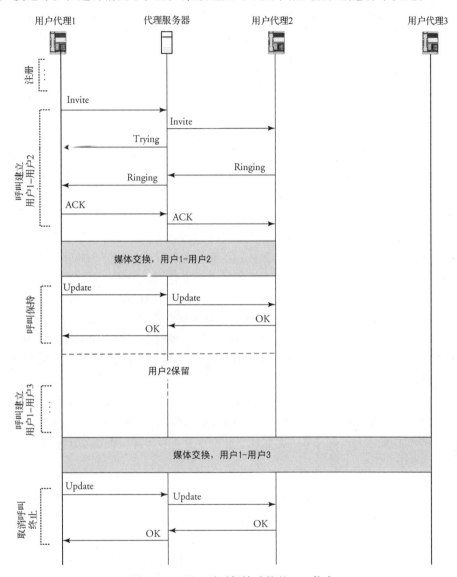

图 18.14　用于呼叫保持功能的 SIP 信令

- 订阅(Subscribe)和通知(Notify)消息。Subscribe 消息由用户代理发送以订阅某些事件，Notify 消息被发送给用户代理以通知订阅事件的发生。当发送两个消息中的任何一个时，另一方必须通过发送 OK 消息来确认收到通知。这些消息常用于用户想了解某些商品或股票的价格且需要通知其价格时。
- 消息(Message)。Message 用于即时消息传递，通常需要在两个或多个参与者之间交换短数据、图像或视频剪辑。每个即时消息都是独立的，通过 Message 消息进行处理。这些消息通常不同于 E-mail。该消息传送一个消息主体中包含实际消息的请求。可以在现有会话期间发送 Message。对 Message 的响应是 OK 消息。
- 参考(Refer)消息。Refer 消息允许用户让接收方联系第三个用户。这个应用就是我们所熟

知的呼叫转移。例如，用户代理 1 正在通过 VoIP 电话与用户代理 2 通话，突然用户代理 1
意识到用户代理 2 需要与用户代理 3 通话。用户代理 1 可以通过向用户代理 2 发送包含用
户代理 3 的联系信息的 Refer 消息来实现。在收到 Refer 消息后，用户代理 2 向用户代理 3
发送 Invite 消息，然后接收 OK 消息。现在，用户代理 2 通过发送 ACK 消息来确认用户
代理 3，并通过发送 Notify 消息指示用户代理 1。然后用户代理 1 通过 OK 消息响应 Notify
消息。用户代理 1 和 2 可以随时使用 Bye 消息来终止对话。

18.5　软交换技术和 MGCP

在本章中，我们已经了解到在 SIP 和 H.323 协议中，VoIP 信令可以采用与媒体交换路径不同
的路径。媒体交换可以直接在端点之间进行，而信令部分可能通过网守或代理服务器。信令和媒
体交换分离的思想类似于采用 SS7 架构的传统电话网。不过，在 VoIP 系统中，媒体交换和呼叫信
令的分离始于连接用户的中间实体(如网关)。

我们现在可以考虑一种不同的 VoIP 架构，其中媒体交换和呼叫信令可以完全分离。这将在集
中控制呼叫信令的同时将媒体交换尽可能靠近通信源。集中呼叫控制信令的好处在于可以更快地
将新功能部署到系统中，因为只需要在呼叫控制节点而不是网络中的每个节点上进行修改。这类
中最常用的两种协议是媒体网关控制协议(MGCP)和 MEGACO/H.248，也称为 MEGACO 或 H.248。
当其中一个协议被集成到如 SIP 等 VoIP 协议中时，称为**软交换架构**。与传统的电路交换相比，**软
交换**的名称源自使用软件进行交换。在软交换架构中，处理信令的设备称为呼叫代理或**媒体网关
控制器**(MGC)，而处理媒体交换的设备称为**媒体网关**(MG)。采用软交换技术，需要信令处理的
MG 和 MGC 的运行可以完全分离。

MGCP 是一种由呼叫代理控制 MG 运行的 VoIP 信令协议。MG 支持从 MGC 建立和终止连接
的命令。MGCP 的作用是处理 MGC 和 MG 之间的通信，而不提供从一个 MGC 到另一个 MGC 的
通信。MGCP 将端点定义为可以是媒体源或接收器的设备，每个设备都包含一个连线接口。

18.6　VoIP 和多媒体互联

让我们通过将多媒体架构扩展到各种媒体协议之间的互联来结束对 VoIP 的讨论。多媒体互联
的一个真正挑战是传统电话网和互联网必须连接在一起。为了互连这两种类型的网络，我们需要
一个协议来使传统电话与 IP 电话通信。这种通信的主要挑战是 VoIP 网络如何模拟 SS7 信令。互
联网工程任务组(Internet Engineering Task Force，IETF)的信令传输(Sigtran)小组正在努力解决 IP
网络和 PSTN 互联的相关信令性能问题。Sigtran 小组的工作目标是通过某些适配层可靠传输信令
信息。可能会出现两种不同的情况：两个 SS7 电话使用 VoIP 网络进行通信，以及一个 SS7 电话和
一个 VoIP 电话使用 VoIP 网络进行通信。

18.6.1　SIP 和 H.323 的互联

图 18.15 显示了 ISP 1 中用户代理 1 使用 SIP 支持的 VoIP 电话与 ISP 2 中使用 H.323 协议支持
的主机的终端 1 之间可能的通信情况。SIP 协议支持的主机 1 和 H.323 支持的主机 2 之间通信的详
细信令如图 18.16 所示。SIP 用户代理仍然通过发送一个由 MGC 接收的 Invite 消息来发起通信。
然后 Invite 消息由 MGC 转换为等效的 H.323 Setup 消息。如图所示，在 Setup 消息之后会交换一
系列与前面所述类似的消息，并最终发出 Ringing 消息。

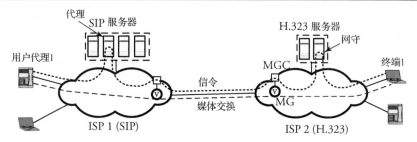

图 18.15　ISP 1 中 SIP 协议支持的用户代理 1（VoIP 电话）和 ISP 2 中 H.323 支持的终端 1（计算机主机）之间的通信

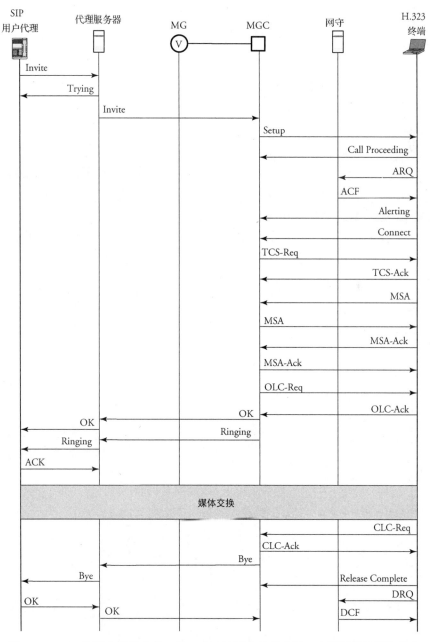

图 18.16　SIP 协议支持的主机 1 与 H.323 协议支持的主机 2 之间通信的详细信令

18.6.2　SIP 和 PSTN 的互联

现在，我们将介绍 VoIP 实体和非 VoIP 实体之间有趣的通信情况。例如，将笔记本电脑主机作为尝试连接传统电话的 VoIP 设备，如图 18.17 所示。在这个通信场景中，SIP 支持的 ISP 中的用户代理 1 正在联系 PSTN 中的传统电话 1。

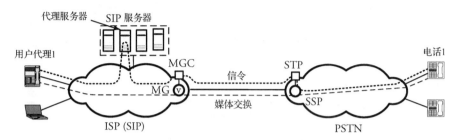

图 18.17　SIP VoIP 电话（用户代理 1）和传统电话（电话 1）之间的通信

图 18.18 显示了在 SIP 支持的用户代理 1 和连接到 PSTN 的电话 1 之间建立连接所需的信令。呼叫从向代理服务器发送 Invite 消息开始，接着发到 MGC。此时，消息需要路由到 PSTN 网。这可以通过将 Invite 消息转换为等效的 IAM 消息并将其发送到 STP 来完成。STP 是 PSTN 的信令组件。IAM 消息随后被转发到 SSP。一旦检查到电话线路是空闲的，则返回一个 ACM 消息作为响应。同样，ACM 消息在 MGC 中被转换为会话过程中的 SIP 等效消息。当 PSTN 向电话 1 发送振铃音时，音频本身需要被转换成分组类型的消息。该过程发生在如图所示的 MG 和 MGC 组合中，转换的结果是向用户代理 1 发出一个 Ringing 消息。时序图说明此时从用户代理 1 发出的 ACK 消息和从电话 1 发出的 ANM 消息都在 MGC 上终止，无须再进行任何操作。

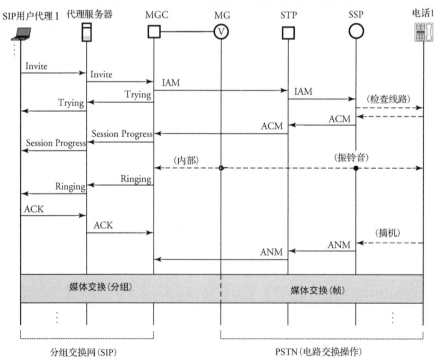

图 18.18　SIP 主机（用户代理 1）和传统电话（电话 1）之间的信令

18.6.3　无线蜂窝多媒体互联

图 18.19 显示了无线 LTE 蜂窝网中位于不同小区的两个用户设备单元 UE1 和 UE2 之间可能的通信场景。在第 7 章中,我们了解了 LTE 蜂窝网中的两个移动单元是如何建立连接的。LTE 中主要的 VoIP 和多媒体协议是 SIP。因此, 我们应该预料到 SIP 消息在 LTE 网络中是被封装传送的。在图中所示的例子中, UE1 是移动电话, UE2 是移动主机。考虑一个 UE1 正在与 UE2 进行 IP 语音会话的场景。

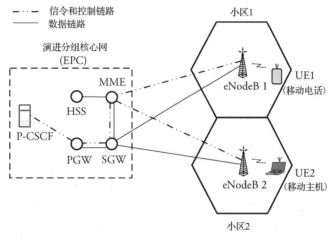

图 18.19　LTE 技术支持的无线蜂窝网中两个移动用户设备单元 UE1 和 UE2 之间的通信示例

图 18.20 显示了 UE1 和 UE2 之间通信的时序图。如同我们在第 7 章中讨论和在时序图中看到的那样, 这两个 UE 必须首先在各自的基站 eNodeB 1 和 eNodeB 2 注册。一旦 UE 在基站注册, 它就可以自由拨打电话或进入媒体交换会话。UE1 需要向 eNodeB 1 发送 Invite 消息。处理信令消息的第一个 LTE 设备是**移动性管理实体**(Mobility Management Entity, MME)。MME 确保 UE1 在小区 1 中的注册没有任何问题, 并且允许两个网关路由器——**服务网关**(Serving GateWay, SGW)和

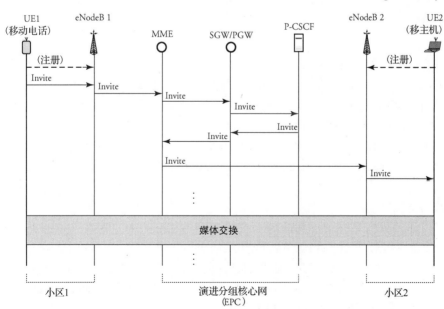

图 18.20　LTE 无线蜂窝网中 UE1 和 UE2 之间的通信信令

分组数据网网关(Packet data network GateWay，PGW)路由器将 Invite 消息路由到代理呼叫会话控制功能(Proxy-Call Session Control Function，P-CSCF)服务器。P-CSCF 服务器充当 LTE 会话的 SIP 代理服务器，用于处理 SIP 信令消息。在对 Invite 消息进行 SIP 授权后，该服务器将消息转发回 MME，再由 MME 通过基站 eNodeB 2 将其发送到目的 UE2。时序图中没有给出 SIP 过程的其余部分，但是我们可以知道下一步将是 Trying 消息等，正如我们在其他 SIP 场景中所了解的那样。

18.7 总结

本章的目的是研究 VoIP 信令协议。我们发现，部署用于语音交换的分组交换网所需的网络硬件设备比 PSTN 所需的设备便宜。

本章首先讨论了如何在网络中处理采样和数字化的语音，并回顾了传统 PSTN 的基本原理。我们了解到 PSTN 有两个不同的部分：为每个语音会话预定一个电路的电路交换网，以及用于呼叫控制信令的 SS7 网络。由于这种结构，当需要建立电话呼叫时，就要使用两个独立的传输路径：一个用在 SS7 网络上建立呼叫控制"信令"，另一个用在电路交换网上建立媒体交换或语音。

然后我们研究了两个主要的 VoIP 信令会话协议，即 H.323 系列协议和 SIP，并展示了如何实现这些协议的呼叫和编号。H.323 中的信令同时使用 UDP 和 TCP，并分为呼叫建立、初始通信能力、音/视频通信建立、通信和呼叫终止。SIP 识别用户位置信令、呼叫建立、呼叫终止和忙信令。用户代理协助发起或终止 VoIP 网络中的电话呼叫。用户代理可以实现在标准电话中，或是在运行某些软件的带有麦克风的笔记本电脑中。

我们还有机会看到 PSTN、H.323 和 SIP 域之间进行网络互联的一些例子。多媒体网络互联的一个最重要的因素是需要一个中心将来自协议的消息"翻译"成目的协议的等效消息。这由媒体网关控制器(MGC)执行。

我们将在接下来的两章中继续讨论 VoIP 和多媒体。这两章介绍媒体交换的处理和压缩，然后是分布式多媒体网络。

18.8 习题

1. 画出以下每个 PSTN 设备的功能框图：STP 和 SCP。
2. SS7 网络中的 SSP、STP 和 SCP 之间的信令链路分为 A、B、C、D、E、F 六组。研究并回答以下问题：
   (a) 给出每个链路组的用途。
   (b) 画一个包含所有类型链路组的简单 SS7 网络示例。
3. 除了 SS7 网络中的 MSU，还有另外两种类型的信令单元(Signal Unit，SU)：填充信令单元(Fill-In Signal Unit，FISU) 和链路状态信令单元(Link Status Signal Unit，LSSU)。研究并了解更多关于这些使用 ANSI 标准的 SU。
   (a) 给出每个单元的应用。
   (b) 画出每个单元的详细结构，并说明每个单元中以下字段的含义：FLAG、BSN、BIB、FSN、FIB 和 LI。
4. 考虑一个电路交换网，它包含四个具有以下点代码的 SSP：SSP 1(1-1-1)、SSP 2(1-1-2)、SSP 3(1-2-1) 和 SSP 4(1-3-1)。SSP 通过以下可用中继线连接彼此：(SSP 1 至 SSP 2)，(SSP 1 至 SSP 3)、(SSP 2 至 SSP 4)、(SSP 3 至 SSP 4)和(SSP 4 至 SSP 3)。假设 SSP 1 是所有呼叫的源，SSP 2、SSP 3 和 SSP 4 是目的地，并假设每个 SSP 只有 CIC = 1、2 或 3 可用。
   (a) 列出所有可能的电路。

(b) 给出 (a) 中所得电路的每一段的电路标识 (CIC/DPC)。

5. 考虑 PSTN 中 5 个串行连接的节点：SSP 1 - SSP 2 - SSP 3 - SSP 4 - SSP 5。连接一对 SSP 的中继线上的每一帧承载 30 个信道，这些信道一直被占用。

   (a) 找出每两个连续节点间每次所需的最小 CIC 值。

   (b) 找出每两个连续节点间每次所需的最大 CIC 值。

   (c) SSP 1 和 SSP 5 之间每次可以建立多少个不同的电话呼叫？

   (d) 现在在假设每两个节点之间有两个相同的中继线，重复 (a)、(b) 和 (c) 的问题。

6. 考虑一个两级多路复用系统，其中有 4 个 TDM，每个 TDM 都有 22 个输入，每个输入的利用率为 10%，在 4 个输入的 TDM 上进行时间多路复用。这个系统期望的阻塞概率是 $P_a = 10\%$。使用在附录 D 中的爱尔兰 B 表。

   (a) 找出从每个一级 TDM 到二级 TDM 的提供负载。

   (b) 找出每个一级 TDM 中所需的语音信道数量。

   (c) 找出系统所需的语音信道数量。

7. 已知一个 E1 线路的信道数量是 32 (30 语音 +2 控制)，计算 E1 线路的以下信息。

   (a) 帧比特长度。

   (b) 帧比特率。

   (c) 帧时长。

8. 为一家公司设计一个数字电话系统，该公司有三个园区：一个总部和两个直接连接到总部园区的远程分支机构 A 和 B。整个公司允许 5% 的阻塞概率，在任一电话线上的所有电话呼叫都以每小时 0.2 的速率到达。总部园区通过一个 CO 交换机连接到 PSTN，并需要 4000 个电话，每个电话的平均占用时间为每小时 3 分钟。分支机构 A 和 B 分别需要 1000 个和 10 个电话，每个电话的平均占用时间分别为每小时 3.6 分钟和每小时 9 分钟。

   (a) 找出这三个园区中的每一个应该订购哪种类型的交换机。

   (b) 计算这三个园区中的每一个所需 T1 线路的最优数量。

   (c) 找出这三个园区中的每一个的总中继线带宽。

   (d) 画出该公司网络的概况。

9. 为一家公司设计一个数字电话系统，该公司有三个园区：一个总部和两个远程分支机构 A 和 B，其中总部园区连接分支机构 A，分支机构 B 连接到分支机构 A。整个公司允许 5% 的阻塞概率，在任一电话线上的所有电话呼叫都以每小时 0.2 的速率到达。总部园区通过一个 CO 交换机连接到 PSTN，并需要 5000 个电话，每个电话的平均占用时间为每小时 3 分钟。分支机构 A 和 B 分别需要 1000 个和 10 个电话，每个电话的平均占用时间分别为每小时 3.6 分钟和每小时 9 分钟。

   (a) 找出这三个园区中的每一个应该订购哪种类型的交换机。

   (b) 计算这三个园区中的每一个所需 T1 线路的最优数量。

   (c) 找出这三个园区中的每一个的总中继线带宽。

   (d) 画出该公司网络的概况。

10. 在使用 H.323 协议和一个网守的网络中，必须在终端 1 和 2 之间建立电话会议。终端 2 有一个多点控制器 (MC)，并在主/从过程中成为主节点。过了一段时间，终端 2 邀请属于另一个具有网守 3 的 ISP 的终端 3 成功加入多媒体会话。终端 2 在所有主/从过程中都是主节点。画出 RAS (只显示 RAS 的注册、许可和脱离步骤)、呼叫信令和控制信令消息 (能力交换、主/从和媒体交换控制) 的交互时序图。

11. 画出在属于同一个基于 H.323 的 ISP 的终端 1、终端 2 和终端 3 之间进行电话会议的详细时序图。在这个场景中，终端 1 首先连接到终端 2，然后终端 2 通过多点控制单元 (MCU) 邀请终端 3。结束时，终端 3

先离开，然后终端 2 挂断。假设这个 ISP 中只有一个始终使用 H.323 模式 2 的网守。忽略交互时序中的所有 RAS 过程。

12. 画出在属于同一个基于 SIP 的 ISP 的终端 1、终端 2 和终端 3 之间进行电话会议的详细时序图。对于这个场景，用户代理 1 首先连接到用户代理 2，然后用户代理 2 邀请用户代理 3。结束时，用户代理 3 先离开，然后挂断。

13. 需要建立用户代理 1 和 2 之间的连接，它们属于两个不同的 VoIP 网络，每个网络都使用 SIP。画出以下按时间顺序进行的一系列事件的消息交换时序图。

- 在 t1 时间：用户代理 1 向它的代理服务器注册。
- 在 t2 时间：用户代理 2 向它的代理服务器注册。
- 在 t3 时间：用户代理 1 尝试连接到用户代理 2，并成功。
- 在 t4 时间：用户代理 2 终止媒体会话。
- 在 t5 时间：然而，用户代理 2 使用 Options 消息通知用户代理 1 可以进行短暂联系。
- 在 t6 时间：用户代理 1 尝试向用户代理 2 订阅特定的短事件，并成功。
- 在 t7 时间：用户代理 1 从用户代理 2 收到它的第一个订阅信息。
- 在 t8 时间：用户代理 2 取消了订阅。

14. 需要在用户代理 1 和 2 之间建立电话会议，它们属于两个不同的 ISP，每个 ISP 都使用 SIP。过了一段时间，用户代理 2 邀请属于使用 SIP 的第三个 ISP 的用户代理 3 成功加入媒体交换会话。忽略注册过程，画出用户代理 1 完成呼叫终止之前的消息交互时序图。

15. 需要建立用户代理 1 和 2 之间的连接，它们属于两个不同的 VoIP 网络，每个网络都使用 SIP。画出以下按时间顺序进行的一系列事件的消息交换时序图。

- 时刻 t1：用户代理 1 在其代理服务器上注册。
- 时刻 t2：用户代理 2 在其代理服务器上注册。
- 时刻 t3：用户代理 1 尝试与用户代理 2 建立连接，随后建立成功。
- 时刻 t4：用户代理 2 终止了媒体会话。
- 时刻 t5：用户代理 2 通知用户代理 1 自己要和另一个用户通话(不必在图中画出此用户)。
- 时刻 t6：用户代理 2 取消了它的第三方通话请求。
- 时刻 t7：用户代理 2 挂断。
- 时刻 t8：用户代理 2 与位于 PSTN 中的电话 1 通话。
- 时刻 t9：用户代理 2 被告知电话 1 忙。

16. PSTN 中的电话 1 使用预付电话卡通过 VoIP 服务与电话 2 进行长途通话，画出这种情况下的时序图。电话 1 使用预付费接入码拨打号码，通过互联网上的 VoIP 过程建立连接的主要部分，从而形成 PSTN-互联网-PSTN 的连接。这是一个有趣的情况，因为两个连接在 PSTN 上的非 VoIP 电话建立了一个部分经由互联网的连接，本例中使用 SIP。通话从发送 IAM 到交换机开始，再从交换机到网关路由器。此时，需要在 SIP 环境中将消息路由到网络的另一端。这可以通过代理服务器向另一端的网关路由器发送一个封装了 IAM 的 Invite 消息来完成。另一端的网关路由器解封消息后将原始的 IAM 通过其交换机发送给被叫方。ACM 回复消息将以同样的过程发生在相反方向上。此时，被叫方会在相反方向上产生振铃音；但是，一旦振铃音到达 SIP，则会被暂时转换为 Ringing 消息。接着，被叫方将向主叫方发送一个 ANM 以表明它已为通信做好了准备。为此，SIP 必须将 ANM 封装在 OK 信息中。此时，就可以传送语音或媒体了。

17. 考虑位于 PSTN 不同 ISP 区域的两个数字电话机。电话 1 连接到中心局 SSP 1,并试着拨打连接到 SSP 2 的电话 2。主叫方的 PSTN 公司使用 H.323 协议类型的 VoIP 技术。忽略注册过程。

    (a)画出此连接中的 RAS(仅包括许可和脱离过程)、呼叫信令和控制信令消息的交互时序图。

    (b)指出时序图中使用 UDP、TCP 或电路交换的部分。

18. 画出 PSTN 中两个数字电话通过需要两个网守的基于 H.323 的互联网连接的详细时序图。这是使用 VoIP 预付电话卡的一个例子。

18.9　计算机仿真项目

基于 SIP 的 VoIP 实践实验仿真。

本项目的目标是通过 WiFi 网络上的实践实验,学习使用 SIP 连接的 VoIP 实现。学习过程通过使用一个代理服务器和一些作为客户端的 VoIP 用户代理进行。此项目中,要使用三个笔记本电脑,一个作为 SIP 代理服务器,另外两个作为用户代理(VoIP 客户端)。

A. 准备代理服务器:①在作为 SIP 代理服务器的笔记本电脑上安装 Linux。②下载并安装代理服务器软件。③在代理服务器电脑上下载 VoIP 软件。例如,可以考虑用于电话系统的 Asterisk 软件,该软件允许连接的电话相互通话。Asterisk 的一个重要特性是支持 SIP。④设置好 WiFi 网络。⑤配置 SIP。例如,在 Asterisk 软件中:

```
port = 5060;
bindaddr = 169.254.x.x;
allow = ulaw; Allow
```

SIP 服务器使用的 `port` 条目是 5060 UDP。`bindaddr` 条目是服务器的地址,通过在终端窗口中输入 `ifconfig` 命令可以找到这个地址。`allow` 条目表示允许哪些编/解码器。现在我们通过添加以下配置行来创建两个新的用户代理:

```
username=2000              username=2010
type=friend               type=friend
secret=password           secret=password
host=dynamic              host=dynamic
context=from-sip          context=from-sip
```

`secret` 条目可以是你选择的任何内容,2000 和 2010 是两个用户代理的电话号码。`username` 条目是连接到服务器时电话上显示的名字。`type` 条目用于认证呼叫,`user` 表示认证呼入,`peer` 表示认证呼出,`friend` 表示认证两者。在我们的例子中使用 `friend` 拨打电话。`secret` 条目是用于认证的口令。在这个例子中,我们使用 password。我们设置 host = dynamic,这意味着从任何 IP 地址连接电话。我们可以限制用户只能使用一个 IP 地址或一个域名进行访问。如果设置 host = static,那么用户就没有必要使用 `secret` 中的口令进行注册了。最后,context = from-sip 指明执行此扩展指令的上下文。

B. 准备 SIP 用户代理:①你需要每个用户代理(客户端)上有 Windows 操作系统。②在两台笔记本电脑上下载并安装 VoIP 软件,如 X-Lite。③通过手动分配好笔记本电脑的无线网卡 IP 地址(地址范围是 169.254.x.x,子网掩码是 255.255.0.0),将客户端连接到 WiFi 网络。

(a)演示如何在两个笔记本电脑上配置 SIP 用户代理客户端,以及它们是如何在代理服务器上注册的。另外,演示它们之间是如何通过服务器进行通话的。扩展设置如下:

```
from-sip
exten => 2000, 1, Dial(SIP/2000,20)
exten => 2000, 2, Hangup
exten => 2010, 1, Dial(SIP/2010,20)
exten => 2010, 2, Hangup
```

注意,2000 和 2010 是分配给两个 SIP 客户端的电话号码。Dial 是指拨号模式,Hangup 是指挂断电话。(SIP/2000,20)表示我们正在使用 SIP 协议呼叫 2000,20 表示以秒为单位的持续时间。

(b) 配置两个客户端的 VoIP 软件,在软件中加入这些必要参数:Protocol(输入 SIP)、Display Name(为两个 SIP 电话选择 2000 和 2010)、User Name(输入一个唯一的数字,如第一个电话是 2000,第二个电话是 2010)、Password(任何口令)、Domain(你的域名服务器的 IP 地址)。

(c) 使用 Wireshark 或类似软件捕获此实验中所有活动的快照。开始时,只连接服务器和其中一个客户端,然后观察并记录功能、涉及的分组、连接的端口和任何值得注意的过程中的堆栈溢出。

第 19 章　媒体交换和语音/视频压缩

本章介绍数据、语音和视频交换与压缩的高级议题。这个重要的议题需要具备对语音压缩和视频压缩等方面的全面知识。一段原始信息，无论是语音或视频，必须转换成数字形式，然后压缩以节省链路带宽。本章讨论了为多媒体网络准备数字语音和视频的方法，包括信源分析、信源编码和数据压缩的局限性；介绍了典型的语音和视频流压缩技术，如联合图像专家组（Joint Photographic Experts Group，JPEG）、动态图像专家组（Moving Picture Experts Group，MPEG）和 MPEG-1 第 3 层（MPEG-1 Layer 3，MP3）。本章的主要议题是：

- 数据压缩概述；
- 数字语音和压缩；
- 静态图像和 **JPEG** 压缩；
- 运动图像和 **MPEG** 压缩；
- 有损压缩方法；
- 无损压缩方法；
- 扫描文档压缩。

我们的讨论从数据准备和压缩概述开始，重点讨论语音、图像和运动图像数据。将模拟语音转换成数字形式需要付出相当大的努力。把原始语音转换成压缩的二进制格式的处理过程包括采样、量化和编码。

然后，我们快速了解一些实用的有损和无损压缩方法。我们将回顾在准备好二进制语音或图像后使用的压缩方案。我们将分别讨论用于静态图像和运动图像的 JPEG 和 MPEG 压缩技术。静态图像或运动图像可能包含可被消除的冗余或重复元素，以及用于未来解码过程中的编码。我们还将总结有损压缩的香农极限。在讨论压缩的最后，我们将回顾无损压缩技术，如**霍夫曼编码**和**游程编码**。本章以扫描文档压缩这个特殊主题作为结尾，我们将了解如何压缩一个包含图片或文本的文档以进行传输。

19.1　数据压缩概述

数据压缩在高速网络中的好处是显而易见的。以下是一些压缩数据的重要性：

- 需要较少的传输能量；
- 需要较少的传输带宽；
- 提升系统效率。

然而，数据压缩也需要某些权衡。例如，数据压缩的编码和解码过程增加了数据传输的成本、复杂性和延迟。产生多媒体网络信息都需要两类数据压缩过程：**有损压缩**和**无损压缩**。

第一类数据压缩，必须永久消除一些不太有价值或几乎相似的数据。有损压缩的关键是信号采样处理。这一类的一个例子是语音采样处理，将在 19.2 节中讨论。在无损数据压缩中，可以在接收压缩数据时将其恢复并转换回原来的形式。这种压缩方法通常用于采样后的数字比特。

图 19.1 显示了高速通信系统中的基本信息处理。任何类型的**原始**数据源通过**媒体准备**过程转换为数字形式。其结果称为**信息源**，是生成的数字码。然后，在**媒体压缩过程(源编码)**中对数字码进行编码，从而产生了称为编码源的数据压缩形式。最后，编码源经过分组化和实时传输过程，成为在互联网上路由的分组源。

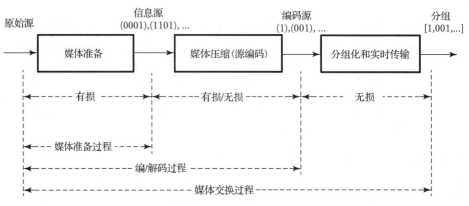

图 19.1　多媒体网络中的信息处理和压缩概述

19.2　数字语音压缩

我们的讨论从作为简单实时信号的语音开始。我们先回顾一下语音数字化和**采样**的基本原理。图 19.2 显示了准备数字语音的过程。首先，在采样阶段对原始的自然语音进行采样。为了通信介质的优化使用，必须通过**量化**阶段来调整语音样本的值。然后，在**编码**阶段对量化结果值进行数字编码。以下两节介绍了这些过程的细节。

图 19.2　数字语音处理概述

19.2.1　采样

如图 19.2 所示，在数字化信号的过程中，模拟信号首先经过**采样**处理。在将模拟信号转换为数字比特的过程中，需要采样功能。但是，从模拟信号中获取样本并消除信号的未采样部分，可能会导致某些永久性的信息丢失。换句话说，采样类似于一个有损失的**信息压缩**过程。

采样技术有以下几种：

- **脉冲幅度调制**(Pulse Amplitude Modulation，PAM)，将采样值转换为具有相应幅度的脉冲；
- **脉冲宽度调制**(Pulse Width Modulation，PWM)，将采样值转换为具有相应宽度的脉冲；
- **脉冲位置调制**(Pulse Position Modulation，PPM)，将采样值转换为具有采样点相应位置的相同脉冲。

PAM 是一种实用且常用的采样方法；PPM 是最好但昂贵的调制技术；PWM 通常用于模拟遥

控系统。这些方案中任何一种的采样率都应遵循**奈奎斯特定理**，根据该定理，采样频率至少是信号中最高频率的 2 倍时才能重建模拟信号：

$$f_S \geqslant 2f_H \tag{19.1}$$

其中，f_H 是信号的最高频率分量，f_S 是采样率。

19.2.2　量化和编码

样本是实数(小数点值和整数值)，因此传输原始样本需要无穷比特。无穷比特的传输需要占用无限带宽，这显然是不实用的。实际上，采样值被四舍五入到可用的量化级别。但是，舍入值会丢失数据并产生**失真**。因此，需要一种度量方法来分析这种失真。失真度应显示出信号 $x(t)$ 与其再现版本 $\hat{x}(t)$ 的差距。单个源的失真度是源样本 X_i 与其对应的量化值 $\hat{X}_i$ 之间的差值，记为 $d(X, \hat{X})$，通常采用的是**平方误差失真**：

$$d(X, \hat{X}) = (x - \hat{x})^2 \tag{19.2}$$

请注意，由于丢失的信息无法恢复，因此 $\hat{X}_i$ 是不可逆的。n 个样本的失真度量取决于采样器输出时获得的源样本值。因此，n 个样本的集合形成一个随机过程：

$$X_n = \{X_1, X_2, \ldots, X_n\} \tag{19.3}$$

类似地，接收器处的重构信号可以看作一个随机过程：

$$\hat{X}_n = \{\hat{X}_1, \hat{X}_2, \ldots, \hat{X}_n\} \tag{19.4}$$

这两个序列之间的失真度是其组成部分的平均值：

$$d(X_n, \hat{X}_n) = \frac{1}{n} \sum_{i=1}^{n} d(X_i, \hat{X}_i) \tag{19.5}$$

请注意，$d(X_n, \hat{X}_n)$ 本身是一个随机变量，因为它有随机数。因此，两个序列之间的总失真被定义为 $d(X_n, \hat{X}_n)$ 的期望值：

$$D = E[d(X_n, \hat{X}_n)] = E\left[\frac{1}{n} \sum_{i=1}^{n} d(X_i, \hat{X}_i)\right]$$
$$= \frac{1}{n} E[d(X_1, \hat{X}_1) + d(X_2, \hat{X}_2) + \cdots + d(X_n, \hat{X}_n)] \tag{19.6}$$

如果所有样本都被预期具有大致相同的失真 $d(X, \hat{X}), d(X_1, \hat{X}_1) = d(X_2, \hat{X}_2) = \cdots = d(X_n, \hat{X}_n) = d(X, \hat{X})$，通过使用平方误差失真，可得到总失真为

$$D = \frac{1}{n}(n E[d(X, \hat{X})]) = E[d(X, \hat{X})] = E[(X - \hat{X})^2] \tag{19.7}$$

令 R 为重现源所需的最小比特数，并确保失真小于一定的失真边界 D_b。显然，如果 D 减小，则 R 必须增大。如果 X 由 R 位表示，则不同 X_i 的总数将是 2^R。每个单一源的输出信号被量化为 N 级电平。每个级别 $1, 2, \cdots, N$ 都被编码成一个二进制序列。令 $\Re$ 表示实数 $\Re_1, \cdots, \Re_k, \cdots, \Re_N$ 的集合，且设 $\hat{X}_k$ 是属于子集 $\Re_k$ 的量化值。注意，$\hat{X}_k$ 是 X_k 的量化版本。显然，需要 $R = \log_2 N$ 比特来编码 N 级量化。图 19.3 显示了一个 N 级量化模型：对于子集 $\Re_1 = [-\infty, a_1]$，$\Re_2 = [a_1, a_2]$，$\cdots, \Re_N = [a_{N-1}, \infty]$，量化值分别为 $\hat{X}_1, \hat{X}_2, \cdots, \hat{X}_n$。我们可以使用期望值的定义来获得 D，如下：

$$D = \int_{-\infty}^{+\infty} (x - \hat{x})^2 f_X(x) \mathrm{d}x = \sum_{i=1}^{N} \int_{\Re_i} (x - \hat{x})^2 f_X(x) \mathrm{d}x \tag{19.8}$$

通常，失真边界 D_b 由设计者定义，以确保 $D \leqslant D_b$。

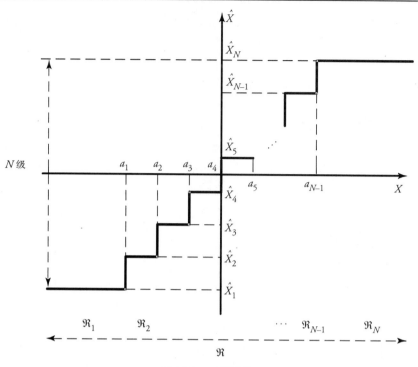

图 19.3　　N 级量化

例：考虑采样源的每个样本都是高斯随机变量，其概率密度函数为 $f_X(x) = 0.02e^{-\frac{1}{800}x^2}$。在区域 $\{a_1 = -60, a_2 = -40, \cdots, a_7 = 60\}$ 和 $\{\hat{x}_1 = -70, \hat{x}_2 = -50, \cdots, \hat{x}_8 = 70\}$ 上，我们设定 8 个量化级。假设信号的失真边界 $D_b = 16.6$，求真实失真 D 与 D_b 的差值。

解：由 $N = 8$ 可得，每个样本需要的比特数为 $R = \log_2 8 = 3$。则

$$D = \sum_{i=1}^{8} \int_{\Re_i} (X - \hat{X})^2 f_X(x)\mathrm{d}x$$

$$= \int_{-\infty}^{a_1} (x - \hat{x})^2 (0.02e^{-\frac{1}{800}x^2})\mathrm{d}x + \sum_{i=2}^{7} \int_{a_{i-1}}^{a_7} (x - \hat{x})^2 (0.02e^{-\frac{1}{800}x^2})\mathrm{d}x$$

$$+ \int_{a_7}^{\infty} (x - \hat{x}_8)^2 (0.02e^{-\frac{1}{800}x^2})\mathrm{d}x = 33.3$$

我们注意到，八级量化的总失真是 33.3，远大于给定的失真边界 16.6。

这个例子中的结论说明，样本源的量化选择可能不是最优的。一个可能的原因是 $(a_1, \cdots, a_7)$ 和/或 $(\hat{x}_1, \cdots, \hat{x}_8)$ 的选取不合理。反过来这也意味着 R 不是最优的。

最优量化器

令 Δ 为每个区域 $a_{i+1} - a_i$ 的长度。因此，区域可以重新表示为 $(-\infty, a_1) \cdots (a_{N-1}, +\infty)$。显然，最大的一个区域也可以表示为 $(a_1 + (N-2)\Delta, +\infty)$。则总失真可以重写为

$$D = \int_{-\infty}^{a_1} (x - \hat{x})^2 f_X(x)\mathrm{d}x + \sum_{i=1}^{N-2} \int_{a_1+(i-1)\Delta}^{a_1+i\Delta} (x - \hat{x}_{i+1})^2 f_X(x)\,\mathrm{d}x$$

$$+ \int_{a_1+(N-2)\Delta}^{\infty} (x - \hat{x}_N)^2 f_X(x)\mathrm{d}x \tag{19.9}$$

当 D 为最优时，有 $\dfrac{\partial D}{\partial a_1} = 0$ 和 $\dfrac{\partial D}{\partial \Delta} = 0$。通过求解这两个偏微分方程，并在 N 为奇数或偶数时可得

$$a_i = -a_{N-i} = -\left(\frac{N}{2} - i\right)\Delta, \quad 1 \le i \le \frac{N}{2} \tag{19.10}$$

和

$$\hat{x}_i = -\hat{x}_{N+1-i} = -\left(\frac{N}{2} - i + \frac{1}{2}\right)\Delta \tag{19.11}$$

表 19.1　高斯源的最优均匀量化器

量化级数，N	$\dfrac{\Delta_{\text{opt}}}{\sqrt{V[X]}}$	$\dfrac{D_{\text{opt}}}{V[X]}$
1	—	1.000
2	1.596	0.364
3	1.224	0.190
4	0.996	0.119
5	0.843	0.082
6	0.733	0.061
7	0.651	0.047
8	0.586	0.037
9	0.534	0.031
10	0.491	0.026
11	0.455	0.022
12	0.424	0.019
13	0.398	0.016
14	0.374	0.014
15	0.353	0.013
17	0.319	0.010
18	0.304	0.009
19	0.291	0.008
20	0.279	0.008

可以通过求解两个微分方程得到最优值 Δ_{opt} 和 D_{opt}。表 19.1 中列出了假设源具有高斯分布的最优值 Δ_{opt} 和 D_{opt} 数值。注意，表中 $V[X]$ 表示高斯源的随机变量的方差。附录 C 回顾了概率论和随机变量的基本原理，包括方差和高斯随机变量。

　　例：假设在多媒体网络中有一个高斯媒体源，其方差 $V[X] = 400$。源被量化为 $N = 8$ 级。求解量化过程的最优 Δ_{opt} 和 D_{opt}，并与前一个例子中获得的非最优值进行比较。

　　解：给定 $N = 8$，由表 19.1 可得 $\Delta_{\text{opt}}/\sqrt{V[X]} = 0.586$ 和 $D_{\text{opt}}/V[X] = 0.037$。已知 $V[X] = 400$，可得 $\Delta_{\text{opt}} = 11.72$ 和 $D_{\text{opt}} = 14.80$。最优量化的失真结果表明最优量化能够将失真从前一个例子中计算的 $D = 33.3$ 降低到 14.80。我们还可以通过公式（19.10）和公式（19.11）来了解改进的新级别值是如何优化的。可以求解出 a_i 和 $\hat{x}_i$，例如，$a_1 = -a_7 = -\left(\dfrac{8}{2} - 1\right)11.72 = -35.16$，$\hat{x}_1 = -\hat{x}_8 = -\left(\dfrac{8}{2} - 1 + \dfrac{1}{2}\right)11.72 = -41.02$，都明显不同于上一个例子中获得的结果。

　　一旦样本被量化，它们就自然地用二进制位编码。例如，如果总共有 7 个可能的样本，则每个样本需要 3-bit 编码，或者如果总共 11 个可能的样本，则每个样本需要 4-bit 编码，以此类推。

19.3　静态图像和 JPEG 压缩

本节研究静态和移动图像的准备与压缩算法。这些数据的压缩大大影响了多媒体和 IP 网络基础设施上的带宽使用。我们从一个视觉图像开始,如一张照片,然后是视频,一个运动图像。JPEG 是静态图像的主要压缩标准,它用于灰度和高质量的彩色图像。与语音压缩类似,JPEG 是一个有损过程,在接收端解压后获得的图像可能与原始图像不同。

图 19.4 给出了一个典型的 JPEG 过程概要,包括三个阶段:**离散余弦变换**(Discrete Cosine Transform,DCT)、**量化**、**压缩**或**编码**。DCT 过程很复杂,需要将真实图像的快照转换成相应值的矩阵。量化过程将 DCT 生成的值转换为简单数字,以便占用较少的带宽。与之前讨论的一样,所有量化过程都是有损的。压缩过程使量化值尽可能紧凑。压缩阶段通常是无损的,使用标准压缩技术。在描述这三个阶段之前,我们需要考虑一下数字图像的本质。

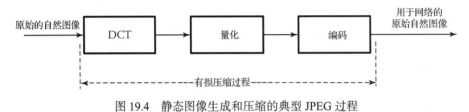

图 19.4　静态图像生成和压缩的典型 JPEG 过程

19.3.1　原图采样和 DCT

和语音信号一样,我们首先需要原始图像的样本:**图片**。图片分为两种类型:不包含数字数据的**照片**和包含适用于计算机网络的数字数据的**图像**。如图 19.5 所示,图像由 $m×n$ 个图像单元块或**像素**构成。对于传真传输,图像是由 0 和 1 组成的,分别表示黑和白像素。**单色图像**或**黑白图像**是由各种灰度组成的,因此每个像素必须能够代表不同的阴影。通常,单色图像中的一个像素包括 8 bit,代表从白色到黑色的 $2^8 = 256$ 个灰度,如图 19.6 所示。

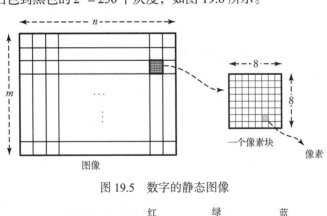

图 19.5　数字的静态图像

白	0000,0000		红	绿	蓝
	0000,0001		0000,0000	0000,0000	0000,0000
	⋮		0000,0001	0000,0001	0000,0001
黑	1111,1111		⋮	⋮	⋮
			1111,1111	1111,1111	1111,1111
(a)			(b)		

图 19.6　静态图像的 bit 码:(a)静态图像的单色编码;(b)静态图像的彩色编码

JPEG 文件

彩色图像基于这样一个事实，即可以通过使用红、绿和蓝（RGB）的特定基色组合来表示人眼看到的任何颜色。计算机显示屏、数码相机图片或任何其他静态彩色图像都可以通过改变这三种基色的像素强度而形成，从而创建出原始图像中的任何相应颜色。三基色的任意一个像素强度由 8 bit 表示，如图 19.6 所示。调整每三组像素的强度，即 8 bit 字的值，即可产生想要的颜色。因此，每个像素可以用 24 bit 来表示，支持 2^{24} 种不同的颜色。然而，人眼无法区分所有可能的颜色。一般图像中的像素点数随图像尺寸而变化。

例：基于 JPEG 的计算机屏幕可以包含 1024×1280 个 3 色像素来。因此，该计算机图像需要 $(1024 \times 1280) \times 24\,\text{bit} = 31\,457\,280$。如果一个视频每秒包含 30 个图像，则需要 943 Mb/s 的带宽。

GIF 文件

JPEG 被设计用于最多支持 2^{24} 种颜色的彩色图像。**图像交换格式**（Graphics Interchange Format，GIF）是将颜色数减少到 256 的图像文件格式。颜色数量的减少是对图像质量和传输带宽的折中。GIF 在表格中最多存储 256 种颜色，并尽可能覆盖图像中的颜色范围。因此，单个像素用 8 bit 表示。GIF 使用 Lempel-Ziv 编码的变体（本章稍后讨论）来压缩图像。该技术用于那些色彩细节不重要的图像，如漫画和图表。

DCT 过程

DCT 是一种有损压缩过程，它先将原始图像分割成一系列标准的 $N \times N$ **像素块**。现在考虑一个单色像素块。标准大小为 $N = 8$，N 是每个块的每行或每列的像素个数。令 x,y 为一个像素块中特定像素的位置，其中 $0 \leqslant x \leqslant N-1$ 且 $0 \leqslant y \leqslant N-1$。因此，一个给定像素 x,y 的灰度可以取 $\{0,1,2,\cdots,255\}$ 中的一个整数值。对于一个 $N \times N$ 像素块，DCT 过程概括为两个步骤：

1. 形成一个矩阵 $P[x][y]$ 来表示从真实原始图像的不同点获取的光强度值的集合；
2. 将 $P[x][y]$ 矩阵的值转换为一个矩阵，其归一化值表示为由以下公式获得的 $T[i][j]$。

矩阵 $T[i][j]$ 的目的是创建尽可能多的 0 来取代 $P[x][y]$ 矩阵中较小的数字，以此来减少传输图像所需的总带宽。类似地，矩阵 $T[i][j]$ 是一个具有 N 行和 N 列的二维数组，其中 $0 \leqslant i \leqslant N-1$ 且 $0 \leqslant j \leqslant N-1$。$T[i][j]$ 的元素称为**空间频率**，通过下式可得：

$$T[i][j] = \frac{2}{N} C(i)C(j) \sum_{x=0}^{N-1} \sum_{y=0}^{N-1} P[x][y] \cos\left(\frac{\pi i(2x+1)}{2N}\right) \cos\left(\frac{\pi j(2y+1)}{2N}\right) \qquad (19.12)$$

其中

$$C(i) = \begin{cases} \frac{1}{\sqrt{2}}, & i = 0 \\ 1, & \text{其他} \end{cases}$$

$$C(j) = \begin{cases} \frac{1}{\sqrt{2}}, & j = 0 \\ 1, & \text{其他} \end{cases}$$

例：图 19.7（a）显示了一个图像的 8×8 矩阵 $P[x][y]$。使用公式（19.12）将矩阵 $P[x][y]$ 转化为图 19.7（b）所示的 $T[i][j]$。这个例子清楚地表明，可以将由 64 个值组成的矩阵 $P[x][y]$ 转换为包含 9 个值和 55 个 0 的矩阵 $T[i][j]$。很容易看出这种转换的优点，这 55 个 0 可以被压缩，使得传输带宽显著降低。

22	31	41	50	60	69	80	91
29	42	52	59	71	80	90	101
40	51	59	70	82	92	100	110
51	62	70	82	89	101	109	119
60	70	82	93	100	109	120	130
70	82	90	100	110	121	130	139
79	91	100	110	120	130	140	150
91	99	110	120	130	140	150	160

(a)

716	–179	0	–19	0	–6	0	–1
–179	1	0	0	0	0	0	0
0	0	0	0	0	0	0	0
–19	0	0	0	0	0	0	0
0	0	0	0	0	0	0	0
–6	0	0	0	0	0	0	0
0	0	0	0	0	0	0	0
–1	0	0	0	0	0	0	0

(b)

图 19.7 矩阵示例：(a) ***P***[*x*][*y*]；(b) ***T***[*i*][*j*]

空间频率直接取决于像素值随其在像素块中的位置而变化的程度。公式(19.12)使得生成矩阵***T***[*i*][*j*]包含多个 0，并且越远离矩阵左上角位置的矩阵元素值通常会越小。使用以下函数可以将接收器上的***T***[*i*][*j*]元素值转换回矩阵***P***[*x*][*y*]：

$$\boldsymbol{P}[x][y]=\frac{2}{N}C(i)C(j)\sum_{i=0}^{N-1}\sum_{j=0}^{N-1}\boldsymbol{T}[i][j]\cos\left(\frac{\pi i(2i+1)}{2N}\right)\cos\left(\frac{\pi j(2j+1)}{2N}\right) \tag{19.13}$$

注意，当值远离***P***[*x*][*y*]中的左上角位置时，它们对应于图像中的精细细节。

19.3.2 量化

为了进一步缩减***T***[*i*][*j*]中的值，使其具有更少的不同数字和更一致的模式，以获得更好的带宽优势，该矩阵被量化为另一个矩阵***Q***[*i*][*j*]。要生成这个矩阵，矩阵***T***[*i*][*j*]的元素除以一个标准数，然后四舍五入到最接近的整数。矩阵***T***[*i*][*j*]的元素除以相同常数会导致过多损失。矩阵左上角的元素值必须尽可能保持不变，因为这些值对应于不太细微的图像特征。相反，右下角的元素值对应于图像的精细细节。为了保留尽可能多的信息，将矩阵***T***[*i*][*j*]的元素除以 $N\times N$ 矩阵***D***[*i*][*j*]的元素，其中矩阵***D***[*i*][*j*]元素的值从左上角递增至右下角。

$$\boldsymbol{Q}[i][j]=\frac{\boldsymbol{T}[i][j]}{\boldsymbol{D}[i][j]}$$

这样，一旦除法完成，***Q***[*i*][*j*]左上角的重要值将被进一步增强。

例：再次考虑图 19.7 中已经将 8×8 矩阵***P***[*x*][*y*]转化生成的矩阵***T***[*i*][*j*]。图 19.8(a)显示了一个除数矩阵***D***[*i*][*j*]，图 19.8(b)显示了经过量化过程的相应矩阵***Q***[*i*][*j*]。请特别注意，较大值(如–179)已经变小，而某些值(如右上角的–1)变为 0，这样更易于压缩。

1	3	5	7	9	11	13	15
3	5	7	9	11	13	15	17
5	7	9	11	13	15	17	19
7	9	11	13	15	17	19	21
9	11	13	15	17	19	21	23
11	13	15	17	19	21	23	25
13	15	17	19	21	23	25	27
15	17	19	21	23	25	27	29

(a)

716	–60	0	–3	0	–1	0	0
–60	0	0	0	0	0	0	0
0	0	0	0	0	0	0	0
–3	0	0	0	0	0	0	0
0	0	0	0	0	0	0	0
–1	0	0	0	0	0	0	0
0	0	0	0	0	0	0	0
0	0	0	0	0	0	0	0

(b)

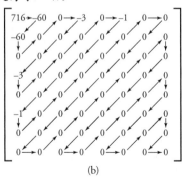

图 19.8 (a)用于量化静态图像的除数矩阵***D***[*i*][*j*]；(b)矩阵***Q***[*i*][*j*]和用于传输的矩阵元素顺序

我们注意到，如本章开头讨论的那样，量化过程是不可逆的。这意味着不能将 $Q[i][j]$ 准确地转换回 $T[i][j]$，主要是因为 $T[i][j]$ 除以 $D[i][j]$ 后取整。因此，量化过程是一个有损过程。

19.3.3　编码

在 JPEG 过程的最后一个阶段中，编码最终完成了压缩任务。在量化阶段，产生了一个具有大量 0 的矩阵。考虑图 19.8(b) 所示的例子。该例中，Q 矩阵从原始图像中产生了 57 个 0。压缩这个矩阵的一个实用方法是使用游程编码(在 19.6 节中解释)。如果使用游程编码，逐行扫描矩阵 $Q[i][j]$ 会产生多个短语。

扫描这个矩阵的合理方式是按照图 19.8(b) 中箭头所示的顺序。这种方法很有效，因为矩阵中的较大值倾向于聚集在矩阵的左上角，表示较大值的元素倾向于聚集在矩阵的那个区域。因此，我们可以推导出一个规则：扫描应该总是从矩阵左上角的元素开始。这样，在游程编码中，每个短语的游程会更长，而短语的数量会更少。

一旦运行游程编码，JPEG 即对非零值使用某种类型的霍夫曼编码或算数编码。请注意，到目前为止，只处理了一个 8×8 像素块。一个图像由许多这样的块组成。因此，处理和传输的速度是影响图像传输质量的一个因素。

19.4　运动图像和 MPEG 压缩

运动图像或视频是对静态图像的快速显示。从一个图像到另一个图像的移动速度必须快到能"愚弄"人眼。构成视频片段的静态图片数量有不同的标准，一个常见的标准是以每秒 30 帧的速度显示静态图像来生成运动图像。定义视频压缩的通用标准是 MPEG，它包括几个分支标准：

- MPEG-1，主要用于视频压缩；
- MPEG-2，用于多媒体娱乐和**高清电视**(High-Definition Television，HDTV)及卫星广播行业；
- MPEG-4，用于低带宽信道上的面向对象视频压缩和视频会议；
- MPEG-7，适用于需要大带宽提供多媒体工具的广泛需求；
- MPEG-21，用于各种 MPEG 组之间的交互。

从逻辑上讲，每个静态图片使用 JPEG 压缩并不能为视频提供足够的压缩，因为它占用了很大的带宽。MPEG 实施了额外的压缩。通常，两个连续帧之间的差异很小。使用 MPEG，首先发送基帧，然后通过计算差异对后续帧进行编码。接收器可以基于第一个基帧和提交的差异来重建帧。但是，视频中一个全新场景的帧不能以这种方式进行压缩，因为这两个场景的差异非常大。根据帧在序列中的相对位置，可以通过以下帧类型进行压缩。

- **帧间**(I)帧：I 帧被视为 JPEG 静态图像，并使用 DCT 进行压缩。
- **预测**(P)帧：这些帧是通过计算当前帧与前一个 I 帧或 P 帧之间的差异产生的。
- **双向**(B)帧：B 帧类似于 P 帧，但 B 帧考虑了前一帧、当前帧和下一帧之间的差异。

图 19.9 显示了典型的帧分组，其中 I、P 和 B 帧形成一个序列。在任何帧序列中，I 帧周期性作为场景的基础出现。通常，每两组 B 帧之间有一个 P 帧。

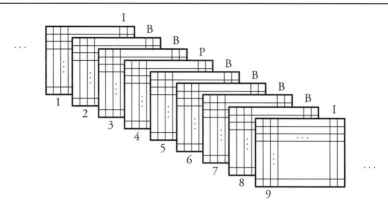

图 19.9　包含 I、P 和 B 帧的 MPEG 压缩中的移动帧快照

19.4.1　MP3 和音频流

19.2 节解释了如何将 20 Hz～20 kHz 的声音或人声转换成数字比特,并最终转换成网络中的分组。信号处理分为采样、量化和编码三个过程，其中一个例子是**脉冲编码调制**(Pulse Code Modulation，PCM)。在 PCM 的输出端有多种压缩这些编码信号的方法。然而，对处理的信号进行霍夫曼压缩可能不足以通过 IP 网络传输。

MP3 技术压缩音频，用于网络和产生 CD 质量的声音。PCM 的采样速率为 44.1 kHz，以覆盖最高 20 kHz 的声音信号。对每个样本使用常用的 16 bit 编码，音频所需的最大总 bit 数为 $16 \times 44.1 = 700$ kb，如果声音以立体声方式处理，则两个通道为 1.4 Mb。例如，一张 60 分钟的 CD(3600 秒)大约需要 $1.4 \times 3600 = 5040$ Mb，即 630 MB。这一数量对于在 CD 上录制是可以接受的，但对网络来说就非常大了，因此需要一种精心设计的压缩技术。

MP3 将 MPEG 的优势与"三层"音频压缩相结合。MP3 从一段声音中删除了一般耳朵可能听不到的声音，比如弱背景音。在任何音频流中，MP3 指定人类听不到的内容，删除这些部分，并对剩余部分数字化。通过过滤音频信号的一部分，压缩后的 MP3 质量明显低于原来的语音。尽管如此，这项技术的压缩效果还是非常显著的。

19.5　有损压缩方法

哈特利、奈奎斯特和香农是信息论的创始人，建立了信息源的数学建模。考虑一个通信系统，其中处理一个源信号以产生 n 个字(样本)序列，如图 19.10 所示。这些样本序列可以在**源编码器**单元中进行压缩以节省传输链路带宽。信息源(本例中的编码样本)可以通过一个**随机过程** $X_n = (X_1, \cdots, X_n)$ 来建模，其中 X_i 是一个随机变量，从被称为**样本空间**的集合 $\{a_1, \cdots, a_N\}$ 中取值。我们在分析中使用这个模型来显示高速网络中的信息处理过程。

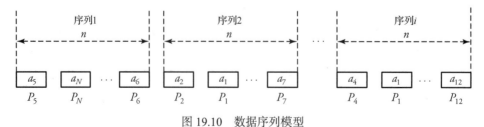

图 19.10　数据序列模型

19.5.1　信息论基础

数据压缩的挑战是找到能传递更多信息的输出信号。考虑具有随机变量 X 的单个信源，在 $\{a_1,\cdots,a_N\}$ 中选择值。如果 a_i 是最可能的输出信号，而 a_j 是最不可能的输出信号，显然 a_i 传递的信息最多，而 a_j 传递的信息最少。这个观察可以被重新表述为一个重要结论：**输出信号的信息量是信源输出信号概率的递减和连续函数**。为阐述这个结论，令 P_{k_1} 和 P_{k_2} 分别为信源输出信号 a_{k_1} 和 a_{k_2} 的概率，令 $I(P_{k_1})$ 和 $I(P_{k_2})$ 分别为 a_{k_1} 和 a_{k_2} 所包含的信息量。以下五个事实显然成立：

1. $I(P_k)$ 取决于 P_k；
2. $I(P_k)$ 是 P_k 的连续函数；
3. $I(P_k)$ 是 P_k 的递减函数；
4. $P_k = P_{k_1} \times P_{k_2}$（两个输出信号同时发生的概率）；
5. $I(P_k) = I(P_{k_1}) + I(P_{k_2})$（两条信息的总和）。

这些事实得出了一个重要结论，可以将某些数据的概率与信息量联系起来：

$$I(P_k) = -\log_2 P_k = \log_2\left(\frac{1}{P_k}\right) \tag{19.14}$$

这个对数函数以 2 为底，将数字数据的二进制概念结合在其中。

19.5.2　信息熵

一般来说，**熵**是不确定性的度量。考虑一个信息源从一个可能的集合 $\{a_1,\cdots,a_N\}$ 中产生一个随机数 X，相应的概率和信息量分别为 $\{P_1,\cdots,P_N\}$ 和 $\{I(P_1),\cdots,I(P_N)\}$。熵定义为信源的平均信息量：

$$\begin{aligned} H_X(x) &= \sum_{k=1}^{N} P_k I(P_k) \\ &= \sum_{k=1}^{N} -P_k\log_2 P_k = \sum_{k=1}^{N} P_k \log_2\left(\frac{1}{P_k}\right) \end{aligned} \tag{19.15}$$

例：带宽为 8 kHz 的信源以奈奎斯特速率采样。如果使用 $\{-2,-1,0,1,2\}$ 中的任何值及相应概率 $\{0.05,0.05,0.08,0.30,0.52\}$ 进行建模，求熵。

解：

$$H_X(x) = -\sum_{k=1}^{5} P_k \log_2 P_k = 1.74 \text{ b/ 样本}$$

信息率 $= 8000\times2 = 16\,000$ 样本/s，则信源的信息产生率 $= 16\,000\times1.74 = 27\,840$ b/s。

联合熵

两个离散随机变量 X 和 Y 的联合熵定义为

$$H_{X,Y}(x,y) = -\sum_{x,y} P_{X,Y}(x,y) \log_2 P_{X,Y}(x,y) \tag{19.16}$$

其中 $P_{X,Y}(x,y) = \mathrm{Prob}[X=x, Y=y]$，称为两个随机变量的**联合概率质量函数**。通常来说，对于具有 n 个随机变量的随机过程 $X_n = (X_1,\cdots,X_n)$：

$$H_{X_n}(x_n) = -\sum_{X_1,\cdots,X_n} P_{X_1,\cdots,X_n}(x_1,\cdots,x_n)\log_2 P_{X_1,\cdots,X_n}(x_1,\cdots,x_n) \tag{19.17}$$

其中 $P_{X_1,\cdots,X_n}(x_1,\cdots,x_n)$ 是随机过程 X_n 的联合概率质量函数（J-PMF）。有关 J-PMF 的更多信息，请参见附录 C。

19.5.3　香农编码定理

这个定理限制了数据的压缩率。再次考虑图 19.10，它显示了一个由随机过程建模的离散信源，该随机过程分别使用集合 $\{a_1,\cdots,a_N\}$ 中的值和概率 $\{P_1,\cdots,P_N\}$ 生成一个长度为 n 的序列。若 n 足够大，值 a_i 在给定序列中重复的次数为 nP_i，因此，在一个典型序列中的值的个数为 $n(P_1+\cdots+P_N)$。

我们将**典型序列**定义为其中任何值 a_i 重复 nP_i 次的序列。因此，a_i 重复 nP_i 次的概率显然是 $P_iP_i\cdots P_i = P_i^{nP_i}$，从而得出一个更一般的陈述：典型序列的概率是 [（ a_1 重复 nP_1 次 ）] 的概率 $\times$ [（ a_2 重复 nP_2 次）] 的概率 $\times\cdots$，可表示为 $P_1^{nP_1}P_2^{nP_2}\cdots P_N^{nP_N}$，或

$$\text{Prob (A Typical Sequence)} = \prod_{i=1}^{N} P_i^{nP_i} \tag{19.18}$$

已知 $P_i^{nP_i} = 2^{nP_i\log_2 P_i}$，我们可得典型序列的概率 P_t 如下：

$$
\begin{aligned}
P_t &= \prod_{i=1}^{N} 2^{nP_i \ \log_2 \ P_i} \\
&= 2^{(nP_1\log_2 P_1 + \cdots + nP_N\log_2 P_N)} \\
&= 2^{n(P_1\log_2 P_1 + \cdots + P_N\log_2 P_N)} \\
&= 2^{n(\sum_{i=1}^{N} P_i \log_2 P_i)}
\end{aligned}
\tag{19.19}
$$

最后一个表达式就是著名的香农定理，它表示熵为 $H_X(x)$、长度为 n 的典型序列的概率等于

$$P_t = 2^{-nH_X(x)} \tag{19.20}$$

例：假设一个信息源的序列大小为 200，取值集合为 $\{a_1,\cdots,a_5\}$，对应的概率为 $\{0.05,0.05,0.08,0.30,0.52\}$。求典型序列的概率。

解：在前一个例子中，我们计算出相同情况下的熵为 $H_X(x)=1.74$。当 $n=200$、$N=5$ 时，典型序列的概率是 a_1、a_2、a_3、a_4 和 a_5 重复的序列概率，它们的重复次数分别为 $200\times0.05=10$ 次、10 次、16 次、60 次和 104 次。因此，典型序列的概率是 $P_t=2^{-nH_x(x)}=2^{-200(1.74)}$。

基本的香农定理能够导出一个重要结论：若一个典型序列的概率为 $2^{-nH_x(x)}$，且所有典型序列的概率之和为 1，则典型序列的个数 $=\dfrac{1}{2^{-nH_x(x)}}=2^{nH_x(x)}$。已知所有序列的总数（包括典型和非典型序列）为 N^m，在现实中当 n 足够大时，只传输典型序列就足够了，不需要传输所有序列。这是数据压缩的本质：表示 $2^{nH_x(x)}$ 个序列所需的总比特数为 $nH_X(x)$ bit，每个信源的平均比特数 $=H_X(x)$。

例：接着上一个例子（其中信息源的序列大小为 200），求典型序列数与所有类型序列数的比率。

解：我们有 $n=200$ 和 $N=5$，因此，典型序列的数量为 $2^{nH(x)}=2^{200\times1.74}$，所有序列的总数为 5^{200}。根据香农定理，这种情况下的比率几乎为零，如果压缩，可能导致大量数据丢失。值得一提的是，表示 $2^{nH_x(x)}$ 个序列所需的 bit 数是 $nH_X(x)=104$ bit。

19.5.4　压缩率和编码效率

令 $\overline{R}$ 代表平均码长，l_i 为码字 i 的长度，P_i 为码字 i 的概率：

$$\overline{R} = \sum_{i=0}^{N} P_i l_i \qquad (19.21)$$

压缩率定义为

$$C_r = \frac{\overline{R}}{\overline{R}_x} \qquad (19.22)$$

其中 $\overline{R}_x$ 是编码前信源输出信号的长度。还可以得出

$$H_X(x) \leqslant \overline{R} < H_X(x) + 1 \qquad (19.23)$$

编码效率是码长与对应的解码数据接近程度的度量，定义如下：

$$\eta_{\text{code}} = \frac{H_X}{(x)}\overline{R} \qquad (19.24)$$

压缩数据时，可能需要在此过程中删除部分数据。

19.6　无损压缩方法

某些类型的数据(包括文本、图像和视频)可能包含冗余或重复的元素。如果是这样，这些元素就可以被移除，用某些代码代替以便将来解码。在本节中，我们将重点介绍压缩过程中不会造成任何损失的技术：

- 算术编码；
- 游程编码；
- 霍夫曼编码；
- Lempel-Ziv 编码。

在这里，我们忽略算术编码，只考虑后三个编码技术。

19.6.1　游程编码

最简单的数据压缩技术之一是**游程编码**。这种技术对于纯文本和数字的压缩非常有效，特别是对于传真系统。使用游程编码，可以用一个游程替换重复的字母，由 C_c 开头来表示压缩字母数量。

例：假设一个压缩系统，由 b 代表空格。求以下语句的压缩版本。

THISSSSSS b IS b b b b AN b EXAMPLE b OF b RUN-LENGTH b CODE

解：根据规则，该语句的压缩版本变为：THIS C_c 6S　b　IS C_c b4 AN　b　EXAMPLE　b　OF　b RUN-LENGTH b CODE。很明显，文本序列越长，压缩率就越小，如表 19.2 所示。该表中的统计数据基于一段 1000 字符的文本。

表 19.2　一段 1000 字符的文本的游程压缩统计数据

重复的字符数	重复字符的平均长度	压缩率 C_r
10	4	0.99
10	10	0.93
20	4	0.98
20	10	0.85
30	4	0.97
30	10	0.79

19.6.2 霍夫曼编码

霍夫曼编码是一种高效的频率相关编码技术。使用这个算法，概率较小的信源值可被较长的码字编码。这个技术减少了总 bit 数，从而有效压缩数据。实现这种技术的算法如下：

开始霍夫曼编码算法

1. 初始化

按概率递减顺序对信源输出信号(样本)进行**排序**。

2. 创建一张霍夫曼图

3. 将两个最小概率的样本合并为一个样本，且该样本的概率为两个样本的概率和。

4. 按概率递减顺序对信源输出信号(样本)进行**重新排序**。

5. 如果剩余样本数为 2，**跳到下一步**；否则，**跳到步骤 1**。

6. 两个样本合并时，在图中**分配** 0 和 1 作为码元。

7. 追溯从每个样本到图最右侧的连接路径，记录分配的 0 和 1，获得样本的编码。

例： 为产生输出信号(样本) $\{a_1, a_2, a_3, a_4, a_5\}$ 和概率 $\{0.05，0.05，0.08，0.30，0.52\}$ 的信息源设计一个霍夫曼编码器。

解： 按照算法，在初始化阶段，对五个样本进行排序，如图 19.11 所示。在步骤 1 中，合并操作从样本 a_4 和 a_5 开始，在步骤 2 和 3 中，将剩余的列表更新为概率 $\{0.08，0.10，0.30，0.52\}$ 的四个排序输出信号，合并持续到最后一个样本。在步骤 4 和 5 中，如图所示分配 0 和 1，则 $\{a_1, a_2, a_3, a_4, a_5\}$ 相关的信息被分别压缩为 $\{0, 10, 111, 1110, 1101\}$。如图中所示，从图表最右侧追溯到 a_5，可获得样本 a_5 的四位压缩码 1101。

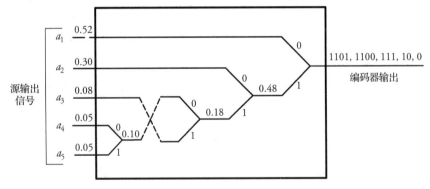

图 19.11　霍夫曼编码

19.6.3 Lempel-Ziv 编码

Lempel-Ziv 码与信源统计信息无关。这种编码技术通常用于 UNIX 压缩文件。将一组逻辑比特串转换为 Lempel-Ziv 码的算法概述如下。

开始 Lempel-Ziv 编码算法

1. 识别到目前为止没有出现在信息源输出信号(样本)的任何序列中的最小长度短语。(请注意，所有短语都不同，字长会随着编码过程的进行而增加)

2. 使用等长的码字对短语进行编码，然后：

- $k_1 =$ 描述码字所需的比特数；
- $k_2 =$ 短语数，即 $k_1 = \log_2 k_2$（如果需要则取整）。

3. 编码是短语前缀的位置。

4. 编码后跟短语输出的最后一比特，以对最后一比特进行双重检查。

例：求解下列 bit 串的 Lempel-Ziv 编码字：

$$11110111011000001010010001111010101100$$

解：对该串执行步骤 1，可得如下 14 个短语：

$$1\text{-}11\text{-}10\text{-}111\text{-}0\text{-}110\text{-}00\text{-}001\text{-}01\text{-}0010\text{-}0011\text{-}1101\text{-}010\text{-}1100$$

因此，$k_2 = 14$，$k_1 = \log_2 14_2 = 4$，编码字必须有 4 bit（步骤 3）加上一个附加 bit（步骤 4）。表 19.3 显示了对该短语输出应用步骤 3 和 4 后的编码输出。

表 19.3　Lempel-Ziv 编码过程示例

短 语 输 出	位　　置	编 码 输 出
1	0001	00001
11	0010	00011
10	0011	00010
111	0100	00101
0	0101	00000
110	0110	00100
00	0111	01010
001	1000	01111
01	1001	01011
0010	1001	10000
0011	1011	10001
1101	1100	01101
010	1101	10010
1100	1110	01100

19.7　扫描文档压缩

作为研究案例，考虑一个纸质文档经过扫描并通过 E-mail 或 FTP 传输的过程。扫描文档的过程类似于老式的**传真**(fax)技术。在这个过程中，纸质文档的内容被扫描成一张图片，然后分两步进行压缩：先进行游程编码，再进行霍夫曼编码。首先，黑白元素的每个连续游程数量统计传输取代了数字行扫描传输。

考虑一份标准尺寸为 8.5 英寸×11 英寸的文档。图片首先被分割成**像素**。如果要求的分辨率是 200×200 像素/每平方英寸，那么每张图片的像素总数正好是 $200^2 \times (8.5 \times 11) = 37\,400\,000$ 像素。如前所述，处理图片文档需要游程编码和霍夫曼编码。由于黑与白总是交替的，不需要特殊字符来指定游程是黑还是白。因此，编码数据流是一串数字，表示交替的黑色和白色游程的长度。第一阶段的算法如下。

扫描文档压缩算法

1. 识别 n 行文档的第一行。

2. 在第 i 行，从该行的第一个像素开始：
   - 如果像素是黑色，则分配码元 1；
   - 如果像素是白色，则分配码元 0。

3. 在计算 j 的任何步骤中：
   - 令 X_j 为 1 出现之前连续 0 的个数；
   - 将码元 $C_c X_j 0$ 分配给 0 字串；
   - 将码元 $C_c X_j 1$ 分配给 1 字串。

此时，文档被转换为若干 $C_c X_j 0$ 和 $C_c X_j 1$。在编码的第二阶段，我们需要统计某个游程码出现的频率，以便使用霍夫曼编码进一步压缩它。表 19.4 显示了一份黑白文档的实际统计数据。

表 19.4　一份黑白文档游程编码所获得字串的出现频率统计

重复的像素数($C_c X$)	白色像素的霍夫曼编码	黑色像素的霍夫曼编码
$C_c 1$	000111	010
$C_c 2$	0011	01
$C_c 10$	00011	1000011
$C_c 50$	00111001	000001101111

19.8　总结

许多算法可以有效地压缩语音、静态图像和运动图像。我们从如何在网络中处理采样和数字化的语音开始。一个原始语音信号通过采样、量化和编码三个阶段转换为二进制编码形式。在这个过程中，采样和量化都会带来一些损失。用于图像准备的压缩方案包括**联合图像专家组**(JPEG)，它是针对静态图像的一个压缩标准。JPEG 由三个过程组成：**离散余弦变换**(DCT)、量化和压缩。其中，DCT 将真实图像的快照转换为对应值的矩阵，量化阶段将 DCT 生成的值转化为简单数字。

运动图像或视频是对静态图像的快速显示，以骗过人眼。构成视频片段的静态图片数量标准不同。定义视频压缩的通用标准是**动态图像专家组**(MPEG)。MPEG-1 第 3 层(MP3)是一种用于网络和产生 CD 质量声音的音频压缩技术。

如香农所述，压缩是有限制的。香农定理描述了一个长度为 n、熵为 $H_x(x)$ 的典型序列的概率为 $2^{-nH_x(x)}$。尽管某些压缩过程会导致数据丢失，但某些不会，如霍夫曼或游程编码技术。

下一章将介绍分布式和基于云的多媒体网络。该专题是 IP 语音和视频的总结性概念，包括互联网中流媒体对象的分布式方法。

19.9　习题

1. 一个采样周期 $T_s = 1\,\text{ms}$、脉冲宽度 $\tau = 0.5\,\text{ms}$ 的采样器 $s(t)$ 对周期为 10 ms 的正弦音频信号 $g(t)$ 进行采样。两个信号的最大电压均为 1 V。令采样信号为 $g_s(t)$，计算并画出 $g(t)$、$s(t)$、$g_s(t)$、$G(f)$、$S(f)$ 和 $G_s(f)$（$s(t)$ 中的 nT_s 范围为 $[-2T_s, +2T_s]$）。

2. 考虑对周期为 10 ms 的正弦音频信号 $g(t)$ 进行采样以用于媒体交换。采样器的周期为 $T_s = 1\,\text{ms}$，脉冲宽度 $\tau = 0.25\,\text{ms}$。采样器和采样信号的最大电压为 1 V。

   (a)画出一个周期内使用采样技术的采样信号细节。

(b)假设从样本中提取的用于量化的实际值是其起始值。如果从样本中提取的实际值基于其结束值,我们希望看到采样质量的差异。给出第三、第六和第九个样本的初始值的差异百分比结果。

3. 假设 1 V 的脉冲信号 $g(t)$ 在时间间隔··· [-4, -2]、[-1, +1]、[+2, +4]—1 ms 出现。用一个脉冲采样器 $s(t)$ 对其进行采样,采样时间为···、-3、0、+3、··· ms,脉冲宽度 $\tau = 0.5$。计算和画出在时域和频域中从模拟信号 $g(t)$ 到采样版本 $g_s(t)$ 的所有过程。

4. 假设一个零均值、方差为 2 的正态分布信源通过一个信道进行传输,该信道能提供 4 bit/源输出信号的传输容量。

(a)求失真边界 $D_b = V[X]2^{-2R}$。

(b)如果最大容许失真为 0.05,每个源输出信号所需的传输容量是多少?

5. 令 $X(t)$ 表示方差 $V[X] = 10$ 的高斯信源,为其设计 12 级的最优均匀量化器。

(a)求解最优量化间隔 (Δ)。

(b)求解最优量化边界 (a_i)。

(c)求解最优量化级别 $(\hat{x}_i)$。

(d)求解最优总失真度。

(e)比较最优总失真度与根据失真边界 $D_b = V[X]2^{-2R}$ 得到的结果。

6. 考虑习题 5 中讨论的信息源。这一次使用 16 级的最优均匀量化器。

(a)求解最优量化边界 (a_i)。

(b)求解最优量化间隔 (Δ)。

(c)求解最优量化级别 $(\hat{x}_i)$。

(d)求解最优总失真度。

7. 对均匀分布在两个正方形之间区域的随机信号 X 和 Y 进行编码。令随机变量的边缘 PDF 为

$$f_X(x) = \begin{cases} 0.25, & -2 \leqslant X < -1 \\ 0.25, & -1 \leqslant X < 0 \\ 0.25, & 0 \leqslant X < +1 \\ 0.25, & +1 \leqslant X < +2 \end{cases} \tag{19.25}$$

和

$$f_Y(y) = \begin{cases} 0.3, & -2 \leqslant Y < -1 \\ 0.1, & -1 \leqslant Y < 0 \\ 0.4, & 0 \leqslant Y < +1 \\ 0.2, & +1 \leqslant Y < +2 \end{cases} \tag{19.26}$$

假设使用 4 级均匀量化器对随机变量 X 和 Y 进行量化。

(a)计算联合概率 $P_{XY}(x, y)$。

(b)若 $\Delta = 1$,求解量化级 $x_1 \sim x_4$。

(c)在不使用最优量化表的情况下,求解产生的总失真。

(d)求解每对 (X,Y) 量化所需的比特数。

8. 某个 CD 播放器的采样率是 80 000,使用 16 bit/样本的量化器进行样本量化。求解对一段 60 min 的音乐进行量化所需的比特数。

9. 一个信源的 PDF 是 $f_X(x) = 2\Lambda(x)$。用如下的 4 级均匀量化器对信源进行量化:

$$\hat{x} = \begin{cases} +1.5, & 1 < x \leqslant 2 \\ +0.5, & 0 < x \leqslant 1 \\ -0.5, & -1 < x \leqslant 0 \\ -1.5, & -2 < x \leqslant -1 \end{cases} \tag{19.27}$$

求解表示量化误差 $X - \hat{x}$ 的随机变量的 PDF。

10. 使用逻辑门，设计一个使用 3-bit 灰度码的 PCM 编码器。

11. 为了保留尽可能多的信息，将 $T[i][j]$ 的 JPEG 元素除以 $N \times N$ 矩阵 $D[i][j]$ 的元素，其中矩阵 $D[i][j]$ 元素的值从左上角递增至右下角。矩阵 $T[i][j]$ 和 $D[i][j]$ 如图 19.12 所示。

(a) 求解量化矩阵 $Q[i][j]$。

(b) 对矩阵 $Q[i][j]$ 进行游程压缩。

$$
\begin{bmatrix}
1 & 3 & 5 & 7 & 9 & 11 & 13 & 15 \\
3 & 5 & 7 & 9 & 11 & 13 & 15 & 17 \\
5 & 7 & 9 & 11 & 13 & 15 & 17 & 19 \\
7 & 9 & 11 & 13 & 15 & 17 & 19 & 21 \\
9 & 11 & 13 & 15 & 17 & 19 & 21 & 23 \\
11 & 13 & 15 & 17 & 19 & 21 & 23 & 25 \\
13 & 15 & 17 & 19 & 21 & 23 & 25 & 27 \\
15 & 17 & 19 & 21 & 23 & 25 & 27 & 29
\end{bmatrix}
\qquad
\begin{bmatrix}
513 & -138 & 0 & -17 & 0 & -6 & 0 & -1 \\
-138 & 1 & 0 & 6 & 0 & 0 & 0 & 0 \\
0 & 0 & 0 & 0 & 0 & 0 & 0 & 0 \\
-17 & 6 & 0 & 0 & 0 & 0 & 0 & 0 \\
0 & 0 & 0 & 0 & 0 & 0 & 0 & 0 \\
-6 & 0 & 0 & 0 & 0 & 0 & 0 & 0 \\
0 & 0 & 0 & 0 & 0 & 0 & 0 & 0 \\
-1 & 0 & 0 & 0 & 0 & 0 & 0 & 0
\end{bmatrix}
$$

$$\text{(a)} \qquad\qquad\qquad\qquad \text{(b)}$$

图 19.12 习题 11 的矩阵：将 (a) 除数矩阵 $D[i][j]$ 应用于 (b) 矩阵 $T[i][j]$ 以有效量化 JPEG 图像、生成矩阵 $Q[i][j]$

12. 求解连续随机变量 X 的微分熵，该随机变量的 PDF 为

$$
f_X(x) = \begin{cases}
x + 1, & -1 \leqslant x \leqslant 0 \\
-x + 1, & 0 < x \leqslant 1 \\
0, & \text{其他}
\end{cases}
\tag{19.28}
$$

13. 一信源由字母 $\{a_1, a_2, a_3, a_4, a_5\}$ 构成，对应的概率为 $\{0.23, 0.30, 0.07, 0.28, 0.12\}$。

(a) 求解该信源的熵。

(b) 将这个熵与具有相同样本空间的均匀分布的源的熵进行比较。

14. 我们为多媒体网络中的两个随机语音信号定义两个随机变量 X 和 Y，它们都从样本空间 $\{1,2,3\}$ 中取值。联合概率质量函数 (J-PMF) 如下：

$$
\begin{cases}
P_{X,Y}(1,1) = P(X=1, Y=1) = 0.1 \\
P_{X,Y}(1,2) = P(X=1, Y=2) = 0.2 \\
P_{X,Y}(2,1) = P(X=2, Y=1) = 0.1 \\
P_{X,Y}(1,3) = P(X=1, Y=3) = 0.4 \\
P_{X,Y}(2,3) = P(X=2, Y=3) = 0.2
\end{cases}
$$

(a) 求解两个边缘熵 $H(X)$ 和 $H(Y)$。

(b) 在概念上，边缘熵的含义是什么？

(c) 找出两个信号的联合熵 $H(X,Y)$。

(d) 在概念上，联合熵的含义是什么？

15. 我们为多媒体网络中的两个随机语音信号定义两个随机变量 X 和 Y。

(a) 根据联合熵和边缘熵，求解条件熵 $H(X|Y)$。

(b) 在概念上，联合熵的含义是什么？

16. 考虑带宽 $W = 50$ Hz 的信源以奈奎斯特速率被采样。生成的样本输出信号从样本空间集合 $\{a_0, a_1, a_2, a_3, a_4, a_5, a_6\}$ 中取值，相应的概率为 $\{0.06, 0.09, 0.10, 0.15, 0.05, 0.20, 0.35\}$，并按长度 10 的序列传输。

(a) 哪个输出信号传递最多的信息？

(b) 输出信号 a_1 和 a_5 的信息量是多少？

(c) 找出最不可能的序列及其概率，并判定其是否为典型序列。

(d) 以 bit/样本和 b/s 为单位求解信源的熵。

(e) 计算非典型序列的数量。

17. 信源的输出信号样本空间为 $\{a_1, a_2, a_3, a_4\}$，相应的概率为 $\{0.15, 0.20, 0.30, 0.35\}$，并按长度 100 的序列传输。

(a) 信源输出信号中典型序列的近似数量是多少？

(b) 典型序列与非典型序列的比例是多少？

(c) 典型序列的概率是多少？

(d) 仅表示典型序列所需的 bit 数是多少？

(e) 什么是最可能的序列？它的概率是多少？

18. 信源的样本空间为 $\{a_0, a_1, a_2, a_3, a_4, a_5, a_6\}$，相应的概率为 $\{0.55, 0.10, 0.05, 0.14, 0.06, 0.08, 0.02\}$。

(a) 设计一个霍夫曼编码器。

(b) 求解编码效率。

19. 语音信源可以被建模为一个带宽为 4000 Hz 的有限带宽处理。以奈奎斯特速率对其进行采样。为该信源提供 200 Hz 保护频带，且奈奎斯特采样速率不需要考虑保护频带。观察到所得样本的取值集合为 $\{-3, -2, -1, 0, 2, 3, 5\}$，对应的概率为 $\{0.05, 0.1, 0.1, 0.15, 0.05, 0.25, 0.3\}$。

(a) 该离散时间源以 bit/输出信号为单位的熵是多少？

(b) 以 b/s 为单位的熵是多少？

(c) 设计一个霍夫曼编码器。

(d) 求 (c) 中编码器的压缩率和编码效率。

20. 为下列源序列设计一个 Lempel-Ziv 编码器：

$$01010000100011111001010101111010010101010$$

21. 为下列源序列设计一个 Lempel-Ziv 编码器：

$$11111000101010101110111110001010101000111101010001$$

19.10　计算机仿真项目

JPEG 压缩处理器的计算仿真。用计算机程序，实现方程 (19.15) 以获得 JPEG 压缩过程中的矩阵 $T[i][j]$。可以为计算机实验做任何合理的假设或采用任意尺寸的图像。

第 20 章　分布式和基于云的多媒体网络

上一章关于压缩语音和视频的讨论为本章关于**多媒体网络**的讨论奠定了基础。互联网电话服务具有许多特色，如视频会议、在线目录服务和网页协作。多媒体网络是最有效的互联网发展成果之一。除了数据，互联网可以用分布式的方式传输电话、音频和视频。视频流给网络设计者带来了真正的挑战。应客户端的请求，一个视频可以从视频服务器流式传输到客户端。高比特率视频流有时必须通过多个 ISP，这可能导致视频的传输出现明显的延迟和丢包。这一挑战的解决方案之一是利用**内容分发网络**(Content Distribution Network，CDN)分发处于存储状态的多媒体内容。本章介绍用于语音电话、视频流和多媒体网络中的实时数据传输和协议，包括以下主要主题：

- 实时媒体交换协议；
- 分布式多媒体网络；
- 基于云的多媒体网络；
- 自相似及非马尔可夫流分析。

本章重点介绍以最高质量交付多媒体流的传输机制。在回顾了在网络中如何处理采样和数字化的语音流之后，我们提出了**实时媒体交换协议**，该协议允许发送方以恒定速率发送数据流。应用最广泛的协议是**实时传输协议**(Real-time Transport Protocol，RTP)、**实时传输控制协议**(Real-time Transport Control Protocol，RTCP)、**实时流协议**(Real Time Streaming Protocol，RTSP)、**基于 HTTP 的流传输**和**流控制传输协议**(Stream Control Transmission Protocol，SCTP)。

下一个讨论主题是分布式和基于云的多媒体网络的细节。我们先介绍一个称为 CDN 的知名方案，该网络可以更加有效地将多媒体内容传给用户。然后，我们继续介绍 **IP 电视**(Internet Protocol Television，IPTV)，它是一个通过分组交换网络或互联网提供电视服务的系统。作为 IPTV 的一项独特功能，**视频点播**(Video on Demand，VoD)允许用户随时通过互联网选择并观看电影或节目。本章还将在一个小节中介绍分布式多媒体网络的另一个例子，即在线游戏。

接下来将介绍基于云的多媒体网络。这种类型的网络包括用于语音、视频和数据的分布式与网络化服务。例如，分布在各种服务云中的 VoIP、视频流或允许人类语音和计算机交互的**交互式语音应答**(Interactive Voice Response，IVR)。

本章最后对源流进行了详细的建模与分析，并利用**自相似模式**对源流中的流量模式进行了建模。

20.1　实时媒体交换协议

在实时应用中，理论上数据流必须以恒定速率发送。视频文件或对象的流传输可以分为以下几类：

- 预录播媒体流传输；
- 直播媒体流传输。

在**预录播媒体流传输**中，如 YouTube 上看到的内容，这些媒体内容存储在服务器上。人们可以考虑将存储的音乐会或电影通过流传输在线观看。用户可以通过向服务器发送查看内容的请求来搜索一个内容文件，如视频文件。因此，在预录播媒体流传输中，当来自服务器的媒体文件内容到达后不久，用户就开始播放内容文件。当内容在用户端播放时，用户会从服务器接收内容的后续部分。这样，用户就不需要一次性下载整个文件。

直播媒体流传输允许用户接收从一个位置流传输到另一个(些)位置的**直播**音频/视频或数据节目，例如，通过互联网广播电视节目时。因为直播媒体流传输本质上是传输一个直播事件，所以延迟是降低广播传输质量的主要因素。

根据流传输是预录播还是直播，向目标系统上的应用程序传递多媒体流时使用的协议也不同。广泛应用的实时媒体交换协议有以下几种：

- 实时传输协议(**RTP**)；
- 实时传输控制协议(**RTCP**)；
- 实时流协议(**RTSP**)；
- 流控制传输协议(**SCTP**)；
- 基于 **HTTP** 的流传输。

可以在 UDP 或 TCP 之上建立适合流传输目标的实时媒体交换协议。虽然 TCP 传输方法保证了流媒体会话中不会丢失分组，但是 TCP 的面向连接特性导致的 TCP 连接中的分组延迟可能不是一种适用于各种流媒体应用的传输方式。此外，实时应用程序可能会使用多播传送数据。作为一种端到端协议，TCP 不适用于多播分发，一些实时应用不能承受这种延迟。这些协议将在下面的小节介绍。

20.1.1　实时传输协议(RTP)

RTP 为实时应用程序提供了基本功能，并为每个应用程序提供了一些特定功能。RTP 通常运行在传输协议 UDP 之上。如第 8 章所述，UDP 是一种无连接传输协议。UDP 还用于数据报(分组)重新排序等功能。

RTP 通过向数据报添加应用层首部来提供实时数据的应用层框架。应用程序将数据分成更小的单元，称为**应用数据单元**(Application Data Unit，ADU)。协议栈中的较低层(如传送层)保留了 ADU 结构。ADU 的大小通常由上一章所述的编/解码器类型或应用程序可容忍的延迟大小决定。然而，较大的 ADU 会跨多个分组，因此包含部分 ADU 的分组丢失会导致整个 ADU 被丢弃。

实时应用程序，如语音和视频，可以容忍一定量的丢包，并不总是需要重传数据。RTP 使用的机制通常会向源通告交付质量。然后，源相应地调整其发送速率。如果丢包率非常高，源可能会切换到较低质量传输，从而减少网络上的流量负载。实时应用程序还可以提供重传所需的数据。因此，可以发送最近的数据，而不是重传的旧数据。这种方法在语音和视频应用中更为实用。如果 ADU 的一部分丢失，应用程序就无法处理数据，整个 ADU 必须重传。

实时流会话

TCP/IP 模型基于分层体系结构来划分网络功能。每层执行不同的功能，数据在层之间有序传输。分层体系结构可能会限制一些不遵循层次顺序功能的实现。RTP 用于在**会话**内实时传输数据。会话是一个活跃的客户端和一个活跃的服务器之间的一条逻辑连接，由以下实体定义：

- **RTP 端口号**，表示 RTP 会话的目的端口地址。由于 RTP 运行在 UDP 之上，因此 UDP 首部包含目的端口地址。
- 涉及 RTP 会话的 RTP 实体的 **IP 地址**。这个地址可以是单播或多播地址。

RTP 的数据传输使用了两种中继。**中继**是同时充当发送方和接收方的中间系统。假设两个系统被阻止其直接通信的防火墙隔开。这种情况下使用中继来处理两个系统之间的数据流。中继还可以将一个系统的数据格式转换为另一个系统可以轻松处理的形式。中继有两种类型：**混合器**和**转换器**。

混合器中继是将来自两个或多个 RTP 实体的数据组合成单个数据流的 RTP 中继。混合器可以保留或改变数据格式。混合器为组合的数据流提供时序信息，并充当时序同步源。混合器可以用于组合实时应用程序中的音频流，也可以用于服务可能无法处理多个 RTP 流的系统。

转换器是为每个传入的 RTP 分组生成一个或多个 RTP 分组的设备。传出分组的格式可能与传入分组的格式不同。**转换器中继**可用于将高质量的视频信号转换为较低质量信号的视频应用，以服务于支持较低数据速率的接收方。这种中继也可以用在由应用层防火墙分隔的 RTP 实体之间传送分组。转换器有时可以用于将传入的多播分组传输到多个目的地。

RTP 数据报首部

RTP 包含一个固定首部和一个特定于应用的可变长度首部字段。图 20.1 显示了 RTP 首部格式。总体而言，RTP 首部的主要部分包括 12 Byte，并附加到为多媒体应用准备的分组中。RTP 首部字段如下。

- **版本**(V)：2 bit 字段，表示协议版本。
- **填充**(P)：1 bit 字段，表示有效载荷末尾存在填充字段。在应用程序中，载荷应当是某个预定长度的倍数，因此需要填充。
- **扩展**(X)：1 bit 字段，表示使用 RTP 扩展首部。
- **贡献源计数**(CC)：4 bit 字段，表示贡献源标识符的数量。
- **标记**(M)：1 bit 字段，表示一条数据流的边界。对于视频应用，此字段可用于指示帧的结束。
- **载荷类型**：7 bit 字段，指定 RTP 载荷类型。这个字段也包含使用的压缩或加密信息。
- **序列号**：16 bit 字段，发送方用来标识一系列分组中的一个特定分组。
- **时间戳**：32 bit 字段，使接收方能够恢复时序信息。该字段指示载荷数据中首字节的生成时间戳。
- **同步源**(SSRC)**标识符**：一个随机生成字段，用于标识一个 RTP 会话中的 RTP 源。
- **贡献源**(CSRC)**标识符**：首部中的一个可选字段，指示数据的贡献源。最多可以有 16 个贡献源，即 CSRC_1～CSRC_16。

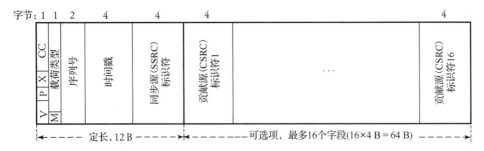

图 20.1　RTP 分组首部格式

RTP 不保证特定分组的传递，但**序列号**字段的存在使检测丢失分组成为可能。接收方利用 RTP 首部中的序列号来检测分组丢失和恢复分组序列。序列号的初始值是随机选择的，使得网络中针对加密的攻击更加困难。请注意，RTP 不会针对分组丢失执行任何操作，而是将这个任务留给应用层进行适当的处理。例如，在视频流中，视频应用可以用最后一个已知的分组代替一个丢失的分组。

在 RTP 会话期间，可能遇到一个媒体流具有多个源的情况。在这种情况下，SSRC 字段是一个随机生成的值，用来唯一标识 RTP 会话中的贡献源。SSRC 标识一个媒体流的源。如果一个源选择了与另一个源相同的 SSRC，则必须更改其 SSRC。在 RTP 会话期间还可能有另一种情况，即多个源共同创建单个媒体流的源。因此，CSRC 字段列举了一个流媒体的贡献源。每个 CSRC 字段表示一条媒体流的贡献源。该字段表示最多 16 个贡献源的数组，编号为 1～16。贡献源计数（CC）字段标识贡献源的数量。混合器将贡献源的 SSRC 标识填入 CSRC 字段。例如，对于音频分组，列出了混合在一起来创建分组的所有源的 SSRC 标识。

在上述具有多个贡献源的情况下，**时间戳**字段独立地作用于每个媒体流。时间戳提供载荷中首字节的采样时刻。采样时刻必须来自一个允许同步和抖动计算的时钟。下一节将介绍 RTP 会话的抖动分析。时钟频率取决于载荷的格式。对于周期性生成 RTP 分组的源，采样时刻由采样时钟指定，而不是读取系统时钟。例如，在固定速率语音传输中，时间戳时钟在每个采样周期进行计时。

20.1.2　RTP 流量中的抖动分析

抖动因子是给定会话中 RTP 分组所经历的延迟度量。平均抖动可以在接收方估计。我们定义以下接收方参数：

t_i　　源指示的 RTP 分组 i 的时间戳。

a_i　　RTP 分组 i 在接收方的到达时间。

d_i　　接收方的 RTP 分组到达间隔和分组离开源端的时间间隔之间的差异度量。这个值表示分组间隔在源和接收方的差异。

$E[i]$　分组 i 到达时的估计平均抖动。

差异间隔 d_i 如下：

$$d_i = (a_i - a_{i-1}) - (t_i - t_{i-1}) \tag{20.1}$$

分组 i 到达时的估计平均抖动如下：

$$E[i] = k(E[i-1] + |d_i|) \tag{20.2}$$

其中 k 是归一化系数。发送方报告中指示的间隔抖动值为发送方和接收方提供了关于网络状况的有用信息。抖动值可以用来估算网络拥塞变化。

RTP 分组序列号用于帮助接收方对分组进行排序以便恢复丢失的分组。当分组乱序到达接收方的时候，可以用序列号组装数据分组。如图 20.2 所示，当某些分组丢失时，则用之前接收到的分组填充间隙。

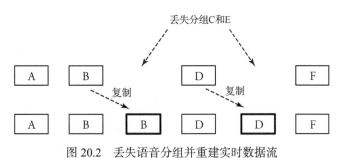

图 20.2　丢失语音分组并重建实时数据流

如图所示，由于分组 C 丢失，分组 B 被重放了两次。这个机制可以帮助减少由于丢包导致的语音信号卡顿。数据流发送到接收方，用以前收到的分组替代丢失分组来重建。这样可以显著改善延迟。

20.1.3　实时传输控制协议（RTCP）

RTCP 也运行在 UDP 之上。RTCP 使用单播或多播向所有会话成员提供关于数据质量的反馈。因此，会话多播成员可以估计当前活动会话中其他成员的性能。发送方可以发送关于数据速率和数据传输质量的报告。接收方可以发送关于丢包率、抖动变化和可能遇到的其他问题的信息。来自接收方的反馈还可以让发送方诊断故障。发送方可以通过查看来自所有接收方的报告，将问题与单个 RTP 实体或全局问题相隔离。

RTCP 分组类型和格式

RTCP 通过在单个 UDP 数据报中组合多个 RTCP 分组来传输控制信息。RTCP 分组类型包括**发送方报告（SR）、接收方报告（RR）、源描述符（SDES）、再见（BYE）和特定应用类型**。图 20.3 显示了 RTCP 分组首部格式。所有分组类型的公共字段如下。

- **Version**（V）：2 bit 字段，表示当前版本。
- **填充**（P）：1 bit 字段，表示控制数据末尾存在填充字节。
- **计数**：5 bit 字段，表示发送方报告和接收方报告的数量或 SDES 分组中的源项目数量。
- **分组类型**：8 bit 字段，指示 RTCP 分组类型。（前面已指定了四种 RTCP 分组类型）
- **长度**：16 bit 字段，表示以 32 bit 为单位的分组长度减 1。
- **同步源（SSRC）标识符**：SR 和 RR 分组类型的通用字段，表示 RTCP 分组的源。

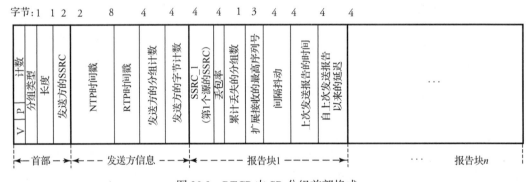

图 20.3　RTCP 中 SR 分组首部格式

RTCP 执行**源标识**。RTCP 分组包含一些用来标识控制分组源的信息。RTCP 分组的速率也必须保持在总会话流量的 5% 以下。因此，该协议对 RTCP 分组进行"速率控制"。同时，所有会话成员都必须能够评估所有其他会话成员的性能。随着会话中活跃成员数量的增加，控制分组的传输速率必须降低。RTCP 还负责**会话控制**，并在必要时提供一些会话控制信息。

图 20.3 还展示了发送方报告字段的典型格式。该报告包括公共首部字段和发送方信息块。发送方报告还可能包含零个或多个接收方报告块，如图中所示。发送方信息块中的字段如下。

- **网络时间协议**（Network Time Protocol，NTP）**时间戳**：64 bit 字段，指示发送方报告的发送时刻。发送方可以将这个字段与接收方报告中返回的时间戳字段结合使用，以估计到接收方的往返延迟。

- **RTP 时间戳**：32 bit 字段，接收方用来对来自特定源的 RTP 分组进行排序。
- **发送方的分组计数**：32 bit 字段，表示在当前会话中发送方传输的 RTP 分组数量。
- **发送方的字节计数**：32 bit 字段，表示在当前会话中发送方传输的 RTP 数据字节数量。

NTP 时间戳是发送方为每个流创建的时间戳。这个时间戳是用于发送端点传输的所有媒体的共同时基。RTCP 还使用一个单独的时间戳（称为 RTP 时间戳）来同步发送方的任何媒体流组合。例如，如果一个发送方传输 5 个视频流，所有这些视频流必须同步且没有伴随的音频流，RTP 时间戳将对它们进行集体同步。SR 分组包括零个或多个 RR 块。会话期间接收数据的每个发送方都包含一个报告块。RR 块包括以下字段：

- **SSRC_i（同步源 i 标识符）**：32 bit 字段，用于标识报告块中的源，其中 $0 \leqslant i \leqslant n$，是源的数量（假设有 n 个源）。
- **丢包率**：8 bit 字段，表示自上次发送 SR 或 RR 报告以来，来自源 SSRC_i 的数据分组的丢包率。
- **累计丢失的分组数**：24 bit 字段，表示当前活跃会话中来自源 SSRC_i 的 RTP 分组的丢失总数量。
- **扩展接收的最高序列号**：16 个最低有效 bit 用于指示收到来自源 SSRC_i 的分组的最高序列号。16 个最高有效 bit 表示序列号被翻转回零的次数。
- **间隔抖动**：32 bit 字段，用于指示源 SSRC_i 的分组到达接收方的抖动值。
- **最后一个 SR 时间戳**：32 bit 字段，表示上一次收到来自源 SSRC_i 的 SR 分组的时间戳。
- **自上次 SR 以来的延迟**：32 bit 字段，表示来自源 SSRC_i 的最后一个 SR 分组的到达时间与目前报告块传输时间之间的延迟。

RTCP 中的接收方可以通过接收方报告提供关于接收质量的反馈。在会话期间，同样是发送方的接收方也发送发送方报告。

20.1.4　实时流协议（RTSP）

RTSP 是设计用于控制流媒体服务器的另一种实时通信协议。该协议用于建立并控制客户端和视频服务器之间的媒体会话。媒体服务器的客户端发出诸如播放和暂停的命令，以便于实时控制从媒体服务器发出的流媒体内容。请注意，流媒体本身的传输不是由 RTSP 协议执行的。对媒体流传送服务器进行合适的设置可以使其将 RTSP 和 RTP 与 RTCP 结合使用。与 HTTP 不同的是，RTSP 是有状态的，其中根据需要分配标识符来跟踪并发会话。RTSP 使用 TCP 进行端到端连接，因此引入了更高的网络带宽使用来换取更好的可靠性。TCP 的默认传送层端口号是 554。大多数 RTSP 控制消息由客户端发送到服务器。

20.1.5　流控制传输协议（SCTP）

SCTP 为面向消息的应用程序提供通用传输协议。SCTP 是一种可靠的流传输协议，可以在不可靠的无连接网络上运行，并在无连接网络（数据报）上提供已确认和非重复传输的数据。SCTP 具有以下特点：

- 协议无错误。使用校验和及序列号的重传机制用于补偿数据报的丢失或损坏。
- 有序和无序的投递方式。
- SCTP 具有避免洪泛拥塞和伪装攻击的有效机制。

● 协议是**多点**的，且允许一个连接中有多个流。

在许多方面，在视频流中使用 SCTP 要优于 TCP。在 TCP 中，流是字节序列；在 SCTP 中则是可变大小的消息序列。SCTP 服务与 TCP 或 UDP 服务位于同一层。首先将流数据封装在分组中，每个分组承载几个相关的流细节块。如果在互联网上直播一个 MPEG 影片，则需要仔细分配每个分组的数据。MPEG 视频由帧组成，每个帧由 $n\times m$ 个像素块组成，每个像素块通常是一个 8×8 的像素矩阵。在这种情况下，每个像素块都可以封装到 SCTP 分组的一个块中，帧的每一行都被格式化成一个分组。

SCTP 分组结构

图 20.4 显示了 SCTP 中使用的流分组结构。SCTP 分组也称为**协议数据单元**(Protocol Data Unit, PDU)。一旦流数据准备好在 IP 上传输，SCTP 分组就形成一个 IP 分组的有效载荷。每个分组包含一个**公共首部和块**。流数据分布于分组上，每个分组承载相关的流数据"块"。实际上，表示流信息多个部分的多个块被多路复用到一个分组中，最多不超过传输路径所允许的最大分组长度。

块首部以一个块**类型**字段开始，该字段用于区分数据块和其他类型的控制块。类型字段后是一个**标志**字段和一个指示块大小的块长度字段。一个块可以包含控制信息或用户数据，所以一个分组也是如此。公共首部以**源端口号**开始，后跟**目的端口号**。SCTP 使用与 TCP 或 UDP 相同的端口概念。启动时端点服务器之间交换一个 32 bit **验证标签**字段，以验证所涉及的这两个服务器。因此，一个连接中使用了两个标签值。公共首部由 12 Byte 组成。SCTP 分组由 32 bit 校验和保护，保护等级比 TCP 和 UDP 的 16 bit 校验和更健壮。

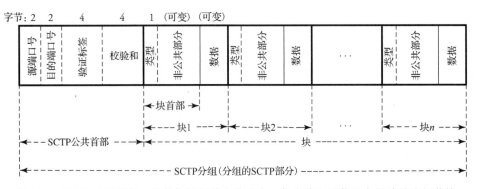

图 20.4 SCTP 分组结构，流数据被封装在分组中，每个分组承载几个相关的流细节块

块首部格式

每个分组都有 n 块，每个块有两种类型：用于传输实际流数据的**数据块**和用于信令与控制的**控制块**。图 20.5 显示了类型 0 块的结构，其中类型 0 块是数据块。控制块有几种不同的类型，如下所示。

● **INIT**：用于启动两个端点之间的 SCTP 会话。
● **INIT-ACK**：用于确认 SCTP 会话的启动。
● **SELECTIVE ACK**：发送到对端端点来确认收到的数据块。
● **HEARTBEAT REQUEST**：探测会话中定义的特定目的传输地址的可达性。
● **HEARTBEAT-ACK**：响应 HEARTBEAT REQUEST 块。
● **ABORT**：关闭会话。
● OPERATION ERROR：通知特定错误的另一方。
● **COOKIE-ECHO**：发送方发给对端以完成初始化过程。

- **COOKIE-ACK**：确认收到 COOKIE 块。
- **SHUTDOWN**：发起会话的优雅关闭。
- **SHUTDOWN-ACK**：在关闭过程完成后确认收到 SHUTDOWN 块。
- **SHUTDOWN COMPLETE**：关闭过程完成后确认收到 SHUTDOWN-ACK 块。

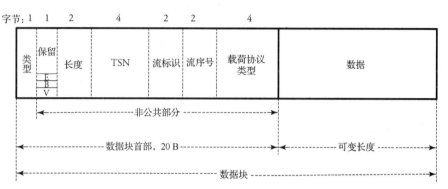

图 20.5　数据块(类型 0 块)概况

SCTP 信令及其与 TCP 的比较

图 20.6 显示了 TCP 和 SCTP 情况下的客户端/服务器呼叫建立和呼叫终止。使用 TCP 的呼叫建立是三次握手过程，需要交换 SYN、SYN+ACK 和 ACK 段，如第 8 章所述。相比之下，使用 SCTP 的呼叫建立需要四次握手过程，从客户端发送 **INIT 块**以启动客户端和服务器之间的 SCTP 会话开始。然后，服务器通过发送 **INIT-ACK** 块来确认 SCTP 会话的启动。此时客户端会产生一个 **COOKIE-ECHO** 块来完成初始化过程，服务器则通过发送 **COOKIE-ACK** 块来确认该过程的完成。

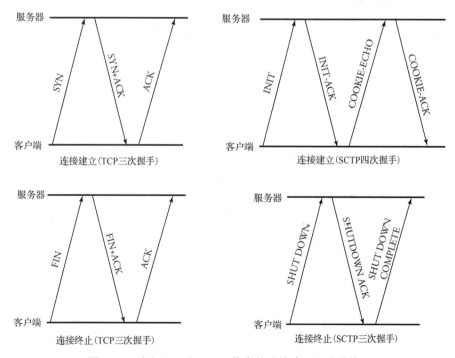

图 20.6　对比 TCP 和 SCTP 信令的连接建立和连接终止

在四次握手过程后，就可以传输数据了。图 20.6 中还比较了 TCP 和 SCTP 的连接终止过程。TCP 中的呼叫终止是一个三次握手过程，需要交换 FIN、FIN + ACK 和 ACK 段。使用 SCTP 的呼叫终止也需要一个从 SHUTDOWN 块传输开始的三次握手过程。

例：假设我们要使用 SCTP 传输一个压缩视频片段。视频片段的每一帧包含1000×1000 个像素块（像素块的定义参见第 19 章）。像素块被压缩到平均 70 bit，占用 SCTP 分组的一个块。我们还知道每个图像帧的一行适合一个 SCTP 分组，如图 20.7 所示，因此视频的一个完整图像帧由与帧行数相同数量的 SCTP 分组运载。估算此视频流产生的 SCTP 分组大小。

解：每个分组中的数据总量为1000×70 = 70 000 bit。SCTP 分组的总大小为 70 000 加上 IP 首部的 20 Byte，加上 SCTP 公共首部的 12 Byte，再加上所有块首部的1000×16 Byte。最终 SCTP 分组的总大小约为 24 KB。

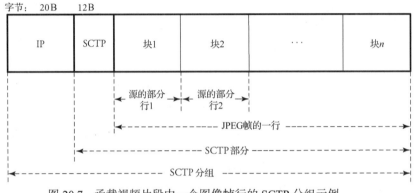

图 20.7　承载视频片段中一个图像帧行的 SCTP 分组示例

SCTP 可以轻松有效地用于广播直播视频片段或全彩色视频电影。本章末尾的 SCTP 习题将进一步探讨 SCTP 的一些其他应用。

20.1.6　基于 HTTP 的流传输

基于 HTTP 的流传输使用两个知名协议：应用协议 HTTP 和传输协议 TCP。在这种流传输方式中，一个内容文件（如视频文件）首先保存在 HTTP 服务器中。然后如第 9 章所述，为该文件分配一个 URL。用户可以在互联网上浏览这个文件或直接输入文件的 URL。找到文件后，用户的浏览器就会通过 HTTP GET 消息与服务器建立一个 TCP 连接。服务器在 HTTP 响应消息中发送请求的内容。然后，用户的浏览器根据 TCP 规则接收内容的字节，并将它们存储在**客户端应用程序缓冲区**。一旦达到缓冲区的最小字节数，就可以开始播放内容。值得注意的是，使用 TCP 流传输允许视频毫无问题地通过防火墙和 NAT。

TCP 连接中的分组（数据段）延迟是由于 TCP 面向连接的特性，特别是 TCP 的拥塞避免机制。当数据存储部署在客户端应用程序缓存时，某种程度上解决了延迟问题。HTTP 服务器以它知道的文件播放速率来发送文件内容。在客户端，浏览器需要以高于用户播放内容的速率（称为显示比特率）来下载文件内容。在大多数情况下，采取这样一种方式对主机的浏览器进行编程：如果客户端应用程序缓冲区的容量大于请求的内容文件，那么整个内容文件将从服务器下载到客户端应用程序缓冲区，随后就不需要流传输文件内容了。

如果用户在流会话期间触发暂停操作，则不会从客户端应用程序缓冲区中删除存储数据。在这样的情况下，缓冲区继续接收内容的后续文件直到缓冲区变满，因此**客户端 TCP 接收缓冲区**和**客户端 TCP 发送缓冲区**也都变满。TCP 连接可以清楚地检测到缓存的容量溢出，并通知 HTTP 服务器停止传输。另一种可能发生的情况是显示冻结。当客户端应用程序缓冲区变空时，如果客户端应用程序缓冲区的到达率小于客户端显示速率，就会发生这种情况。

20.2 分布式多媒体网络

我们现在进行多媒体网络方面的研究。视频流对网络设计者来说是一个重大挑战。该挑战可能出现在如下情况：当单个服务器中的视频需要根据客户端的请求从视频服务器流式传输到客户端，或是需要在 IP 基础设施之上传输电视节目或在线游戏。高比特率视频流有时必须通过许多互联网服务提供者，导致视频可能严重延迟和丢失。本节介绍了应对此类挑战的以下解决方案：

- 内容分发(投递)网络(CDN)；
- IP 电视(IPTV)和视频点播(VoD)；
- 在线游戏。

请注意，任何这样的分布式多媒体网络解决方案都必须使用 20.1 节中描述的五个实时多媒体交换协议之一：RTP、RTCP、RTSP、SCTP 和基于 HTTP 的流传输。在下面的小节中，将详细介绍上述分布式多媒体网络解决方案。

20.2.1 CDN

CDN 是一组代理服务器，位于互联网服务提供者周围的某些战略位置。CDN 确保总是可以由最近的服务器处理下载请求。通过 CDN，流媒体的内容根据地理位置发送给无法在原始位置以所需数据速率访问内容的用户。因此，用户与**内容提供者**(如私人电视广播公司)打交道，而不是 ISP。内容提供者聘请一家 CDN 公司将其内容(流视频)投递给用户。这并不意味着 CDN 公司不能将其服务器暴露给 ISP。

CDN 公司在互联网周围有几个 CDN 服务器中心。每组服务器安装在 ISP 接入点附近。应用户的请求，内容由 CDN 公司最接近的分支服务器提供，该服务器可以最好地交付内容。CDN 公司还拥有一个**内容控制服务器**。内容控制服务器具有存放于 CDN 服务器中的内容更新列表及其 URL。内容控制服务器必须间或更新一下 CDN 服务器中的可用内容列表。一旦主机请求视频片段等内容，主机的浏览器将被重定向到内容控制服务器，以便为主机提供最佳 CDN 位置的 URL。随后需要将这个 URL 解析为一个 IP 地址，主机可以通过使用该地址与 CDN 服务器进行通信来流传输内容。以下是 CDN 服务器的四步骤视频流算法：

开始 CDN 算法

1. **选择内容**
   - 客户端浏览并从内容所有者的内容网页中选择所需内容。
   - 内容服务器将网页重定向到提供内容的 CDN 公司的内容控制服务器上。
2. **获取 CDN 服务器的 URL**
   - 内容控制服务器向客户端返回包含所需内容的 CDN 服务器的 URL。
3. **解析 URL 以获取 IP 地址**
   - 客户端查询 DNS 服务器或使用其他方法找到包含所需内容的 CDN 服务器的 IP 地址。
4. **流传输内容**
   - 客户端使用 IP 地址和应用软件以连接到 CDN 服务器并流传输所需内容。

例：图 20.8 显示了一个客户端执行的一个内容流会话。在 ISP 1 中，一家网站为 www.filmmaker. com 的电影制作公司拥有大量电影。网站为 www.cdnco.com 的一家 CDN 公司租用这些电影进行在线租赁。一台主机想看这家公司出品的名为 movie1.mpg 的电影。因此，该视频文件的网址为 www.filmmaker.com/movies/movie1.mpg。主机首先在互联网上浏览这部电影，如前述算法所示，并如图 20.8 的步骤 1 所示。CDN 公司有一个**内容控制服务器**。内容控制服务器是一个服务器，具有为了在互联网上出租而存放在 CDN 服务器中的电影的 URL。现在，由于与电影制作公司互动的 CDN 公司是通过 www.cdnco.com 访问的，因此，必须用 CDN 公司的 URL 域名将网址替换为 www.cdnco.com/www.filmmaker.com/movies/ movie1.mpg。客户端的浏览器现在就可以了解到每当使用之前的链接选择 movie1 时，就会被指向到位于 www.cdnco.com 的 CDN 内容控制服务器。内容控制服务器在靠近客户端的 ISP 2 域中找到 URL 为 www.cdnco2.com 的 CDN 服务器，并将其转发给客户端(步骤 2)。此时，主机查询 DNS 服务器以查找 URL 的 IP 地址。一旦解析了 IP 地址，客户端主机就可以与位于拥塞最小位置的 CDN 服务器通信，并使用适当的软件流传输内容(步骤 4)。

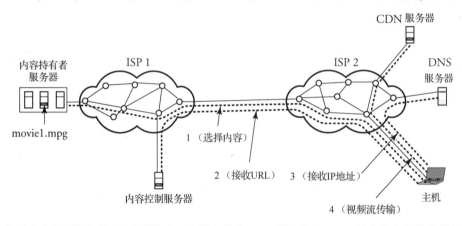

图 20.8　使用内容控制服务器、域名系统(DNS)服务器和 CDN 服务器向 ISP 2 域中的主机提供视频流的示例

解析 URL 的方法

到目前为止，我们已经了解到，在任何流传输过程中，在主机能够与 URL 标识的 CDN 服务器通信之前，必须首先解析目标 CDN 服务器的 URL 以获得 IP 地址。有三种查找 CDN 服务器 IP 地址的方法。如图 20.9(a)所示，第一种方法要求主机接收 CDN 服务器的 URL(步骤 2)，再另行通过 DNS 服务器进行解析(步骤 3 和 4)。

图 20.9(b)描述了解析 URL 的第二种方法。在这种方法中，内容控制服务器提前与 DNS 服务器联系，并获取可能的 CDN 服务器 IP 地址(虚线)。然后，内容控制服务器将 URL 和 IP 地址列表上传到主机浏览器(虚线)。这样，当主机查询内容时(步骤 1)，它会收到相应的 URL(步骤 2)，但不需要通过 DNS 服务器解析 URL，因为主机现在有一个数据库，可以通过该数据库自行解析 URL(步骤 3)。

在图 20.9(c)中，我们看到另一种 URL 解析方法。在这种方法中，主机查询所需内容的 URL(步骤 1)以后，目标 CDN 服务器的 IP 地址集成到 CDN 服务器的 URL 中(步骤 2)。因此，在这种情况下，客户端只能通过其软件来指示如何从 URL 中提取 IP 地址。如图所示，为了实现第三种方法，内容控制服务器必须不时地从 DNS 服务器获得最新的 IP 地址更新(虚线)。

例：在解析 URL 的第三种方法中，如果具有所需影片 movie1.mpg 的目标 CDN 服务器的 URL

和 IP 地址分别是 http://www.cdnco2.com 和 166.1.2.1，那么步骤 2 中内容控制服务器的响应将是一个类似于 http://www.cdnco2.com/movie1.mpg/166.1.2.1 的 URL。然后必须启用加载在主机中用于流传输的应用软件，从 URL 中区分和提取 IP 地址 166.1.2.1。

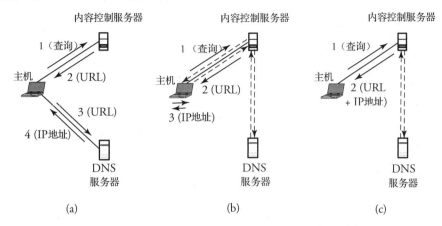

图 20.9　解析 CDN 服务器 URL 以获取 IP 地址的三种方法

为流传输提供 QoS

考虑图 20.10 展示的 ISP 1、ISP 2 和 ISP 3，其中属于 ISP 3 的主机 1、主机 2 和主机 3 正在同时使用互联网。主机 1 正在与公共 E-mail 服务器进行通信，需要很小的带宽；主机 2 正在一个公共图书馆存档服务器上搜索文档，需要非实时但适度的带宽；主机 3 正在使用 CDN 服务器的视频流服务，需要大量的高质量带宽。来自这些主机的分组需要如 LAN 和 ISP 1 之间的主路由器中所示进行调度。

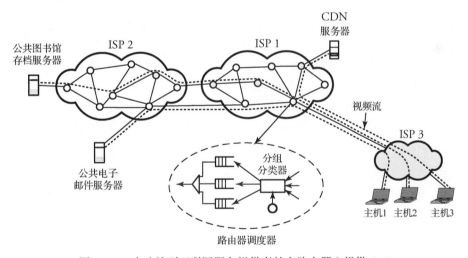

图 20.10　在连接到互联网服务提供者的主路由器上提供 QoS

在尽最大努力的互联网中，视频流、E-mail 和文档分组混合在一个域的主要出口路由器的输出队列中。在这种情况下，主要来自图像文件源的突发分组可能会引起 IP 视频流分组在路由器上过度延迟或丢失。一个针对这种情况的解决方案是将每个分组标记为它所属的流量类别。这可以通过使用 IPv4 分组中的服务类型(ToS)字段来实现。如图所示，传输的分组首先根据其优先级进行分类，然后按照先进先出(FIFO)的顺序排队。由于购买服务的约定，图像文件的优先级可以等于或小于视频流的优先级。

20.2.2　IPTV 和 VoD

IPTV 是在互联网上提供的电视内容分发服务。IPTV 通过多播服务或视频点播(VoD)单播服务实现。IPTV 允许在不同地理位置的客户一起观看电影,也允许同时使用互联网进行其他服务。IPTV 要求来自每个频道的视频内容转换成封装在 IP 分组中的编码数据流。互联网服务提供者可以提供直播或存储视频格式的电视频道,并与其他互联网服务进行捆绑,包括 VoIP 和高速互联网接入。

非 VoD 的 IPTV 服务的特点是使用多播协议在分组交换网络上进行电视频道的高效传输。多播功能实际上降低了视频服务器与客户端之间使用的网络链路,这是因为只有一份媒体流副本被发送到网络中。然后,网络将这个流复制到远离源的个人订阅用户,从而节省了核心网络的带宽。

除了在 IPTV 广播系统中使用互联网,传统的电视传输与 IPTV 传输之间还有另一个根本差异。在传统的电视广播系统中,如有线电视系统,所有的电视节目都是同时播放的,这样电视节目信号下行传输,观众选择电视节目。在 IPTV 广播系统中,一次只发送一个电视节目,而内容仍留在 ISP 网络上,并且只将观众选择的节目发送到观众的接收器。观众的接收器称为**机顶盒**。当观众选择一个频道时,一个新的 IP 分组流会从 ISP 的服务器直接传输到这个观众。但是请注意,在某些情况下,IPTV 中的多播也是系统功能的一部分,并且在多个用户观看同一频道的情况下,这并非不可避免。

值得一提的是,在大量带宽未使用的情况下,有相当多的研究通过使用预测技术预先使用一些额外的通道来减少频道切换时间。

IPTV 架构

图 20.11 显示了一个 IPTV 操作框图概况,包括四个主要部分:**前端**、**核心网**、**接入网**和**家庭网络**。

前端是指 ISP 中电视信号收发设施的 IPTV 广播总部。前端通常由接收**基于云的内容服务器**及其内容的电视信号收发设施组成。这是 IPTV 网络中视频内容的主要来源。这一部分完成诸如内容捕获、编码、信号调节和处理、媒体准备和格式化分发数据等功能。在这一部分中,主要的视频内容从各个电视公司通过卫星微波、蜂窝网或其他 IP 源等不同的通信系统以加密、调制和聚合的形式到达。这种数据形式称为**数字视频广播**(Digital Video Broadcasting,DVB),是一种国际公认的开放标准。内容服务器对视频流进行编码,将其封装到准备在网络上传输的 IP 分组中。封装的 IP 分组通过 IPTV 框架中称为**核心网**的基于互联网的广域宽带网络转发。

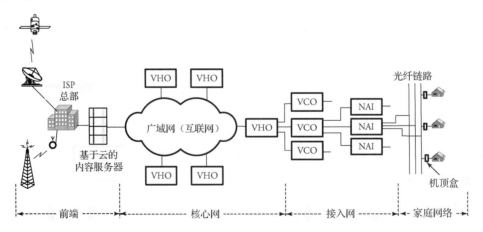

图 20.11　互联网协议电视(IPTV)系统概况

核心网是 IPTV 广播公司的主干网。它由一个高带宽的分组交换广域网(WAN)组成，该广域网配备了一系列**视频中心办公室**(Video Hub Office，VHO)。VHO 将接收自前端的 IPTV 流量传输(在需要时可以多播)到接入网。它可能对插入本地内容有一定的规定，也可能对维护带宽需求有一定的策略。可以理解的是，由于高速流量经过 VHO，在整个广域网架构中必须使用光纤技术。鉴于我们在第 6 章中关于多播的讨论，我们现在可以了解到 IPTV 的用户根据所选电视频道简单地形成一个多播组。多播的任务或由路由器执行，或由网络中指定的服务器执行，或者由两者一起执行。无论哪种方式，多播的执行必须尽量靠近用户，以防止网络中的带宽浪费。核心网中的多播协议通常是**协议无关多播**(Protocol-Independent Multicast，PIM)，具体介绍见第 6 章。

接入网也称为最后一英里网络，是核心网和用户家庭网络之间的接口网络。IPTV 分组通过使用视频中心局(Video Central Office，VCO)的高带宽网络在接入网上传输。每个 VCO 将数据路由到视频网络接入接口(Network Access Interface，NAI)。NAI 是接入网的光纤技术与现有家庭设施(如用于信号传送的铜线或电缆线技术)之间的接口。一些 ISP 使用直接利用光纤技术的光纤到户接入网架构。在这种情况下，TV 内容分组首先通过有源光纤网络传输，然后通过无源光网络(PON)发送，这样的实现相对便宜。PON 是一种基于光纤的点对多点接入网络，如第 15 章所述。此处的点对多点指的是向共享多条光纤的所有场所广播下行信号。典型的 PON 包括一个中心局节点(即称为 OLT 的交换节点)、中间的光纤和分路器，以及一些称为 ONU 的用户节点。与点对点架构相比，使用 PON 的优点是减少了所需的光纤数量和中心局设备的体积。上行信号必须通过多路访问协议组合在一起。多路访问协议通常选择 TDMA，见第 3 章的解释。

家庭网络将 IPTV 分组传给用户。用户可以使用各种接收设备(如电视或笔记本电脑)来观看电视节目。根据家庭网络中使用的技术，用户必须有一个接收盒，即机顶盒(Set-Top Box，STB)，将接收到的分组处理和解码为数字电视信号。STB 识别 IP 数据报，将客户频道请求传到现有的多播流，并使用 IP 技术传输单播的视频点播请求。STB 还可以提供附加功能，如网页浏览、IP 语音和视频及通过频道指南进行浏览的功能。

例： 图 20.12 展示了多个用户的 IPTV 广播。假设将服务器 SE02 产生的频道 002 广播到图中所示的前两个家庭，以及图上未显示的位于不同街道上的其他用户。为此，频道 002 的分组由 SE02 多播到使用 PIM 协议的核心网的广域网中。为这个频道生成的每个分组的一个副本通过 VHO、VCO 和 NAI 直接发送到前两个家庭，每个分组的第二个副本发送到其他用户的相应 VHO，如图中所示。到达 NAI 的频道 002 的分组的副本进一步多播传输(使用 IGMP，将在后续段落中解释)，前两个家庭都会收到频道 002 的分组的一个副本。同时，第三个用户设置在频道 801 观看视频点播，如图所示。为此，假设频道 801 的电影内容位于服务器 SE04 上。该用户的 STB 设置了一个到 SE04 的"单播"点到点连接，并流传输电影。

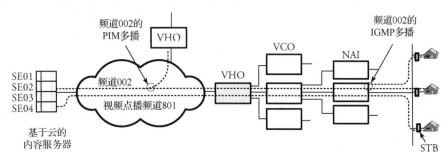

图 20.12　一个 IPTV 广播示例：两个用户正在观看频道 002，而另
一个用户正在观看来自频道 801 的视频点播(VoD)电影

IPTV 协议

IPTV 技术利用多种实时和多播协议。IPTV 系统中常用的流传输协议是面向普通电视频道节目的 RTP 和面向点播节目的 RTSP，这些都在本章进行了研究。我们记住这两个协议都被视为应用层协议，并且位于 UDP 传输协议之上。

用户建筑物附近的 IP 多播操作允许使用单个多播组地址将视频内容的实时传输发送到多个接收方。对于接入网中的多播，IGMP 用于直播电视广播。在第 6 章中，我们了解到 IGMP 是一个**本地和成员管理的多播协议**，主要设计用于将主机加入多播组，并在诸如局域网的小型网络中进行简单的多播。在 IPTV 中，IGMP 在用户机顶盒和位于 NAI 中称为**指定路由器**(Designated Router, DR)的本地多播路由器之间工作。

对于视频压缩，IPTV 采用兼容的视频压缩标准，包括封装在 MPEG 传输流或 RTP 分组中的 H.263 或 H.264。

IPTV 分组格式

图 20.13 显示了包含音频和视频媒体流内容的 IP 数据报(分组)。音频和视频媒体流通过添加首部数据后形成分组，创建一个唯一的**分组化基本流**(Packetized Elementary Stream, PES)。PES 定义在 MPEG-2 标准中，规定了在 MPEG 节目流的分组中承载音频或视频编码器的基本流。通过将来自基本流的顺序数据字节封装到 PES 分组首部中，来对基本流进行分组化。通常，首先将来自视频或音频编码器的基本流数据转换为 PES 分组，然后封装在传输流(TS)分组或节目流(PS)分组中。

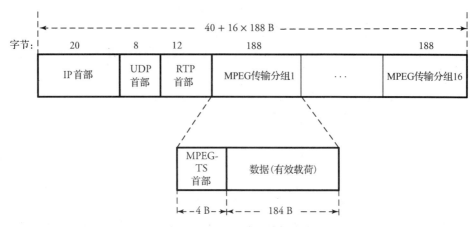

图 20.13　IPTV 分组首部格式

在 IPTV 系统中，一个频道可能由多个 PES 组成，MPEG 传输流(MPEG-TS)层的主要功能是识别 PES 并将它们复用到一个节目流中。MPEG-TS 分组具有 188 Byte 的固定长度，包括 4 Byte 分组首部和 184 Byte 数据。通常，每个 MPEG 传输分组包含来自一个 PES 的数据，而 MPEG-TS 包含来自多个电视节目的信息。这些 MPEG 传输分组封装在一个 RTP 分组中，有一个 RTP 首部、一个传送层的 UDP 首部和一个形成 IP 数据报的 IP 首部。因此，假设最多有 16 个 MPEG 传输分组封装在一个 RTP 分组中，则分组的总大小是 (20+8+12)+188×16，如图 20.13 所示。

VoD

VoD 可以通过**单播** IPTV 系统提供给用户。单播服务提供给希望点播查看某些内容的用户。在单播 IPTV 中,每个传输服务器生成一个到用户机顶盒的唯一流。在这种情况下,可以将机顶盒视作一个客户端。可以从中央 ISP 广播中心或由 ISP 指定的内容服务器提供单播 VoD 服务。基于这种服务模型,VoD 服务架构由中央服务器系统或多个分布式服务器组成。

20.2.3 在线游戏

在线游戏被视为宽带服务套餐的一部分。使用优质的端到端设备,ISP 可以在竞争中脱颖而出。流量拥塞是在线游戏运营中最重要的因素。它会引起延迟和抖动的增加。抖动对在线游戏有着巨大的影响,它需要将玩家的动作快速、连续地反馈到服务器。因此,精心设计的核心游戏服务器不应拥塞,因为玩在线游戏时大量下载可能会中断用户的游戏会话。一个解决方案是将所有 IP 流量从游戏服务器转移到具有流量工程和 QoS 能力的宽带网络部分,如 MPLS 网络。在这种情况下,可以对来自游戏服务器和发送给用户的分组标记优先级,以便将动态策略应用于已购买了游戏服务的用户。

20.3 基于云的多媒体网络

我们了解到,云计算可以通过允许客户访问基础架构、平台和软件,来满足按需提供数据和计算资源的需要。由于大量客户通过无线网络接入互联网,**移动云计算**是云计算与移动技术的结合。在移动云计算中,允许移动设备接入云端实现数据存储和处理。

分布式的**基于云的多媒体**被定义为一种云计算基础设施,可以提供各种多媒体服务,包括语音、视频和数据服务。基于云的媒体通信服务可以从 VoIP 到满足语音、视频和数据要求的多媒体通信。基于云的多媒体服务的例子还包括以下这些。

● **分布式媒体迷你云**:小型云以自组织的方式形成媒体迷你云。
● **基于云的交互式语音应答(IVR)**:这是一个分布式 IVR 系统,其中 IVR 是一种允许服务器计算机和人进行交互的自动电话技术。
● **音/视频会议**:自动呼叫协调器可以位于分布式呼叫协调器云中的任何位置。
● **带外通知**:带外通知服务通过各种媒体(如电话、短信、E-mail 或网页通信)来传递信息。消息可以从云中的一个源逐个发送,或者广播给许多接收者。
● **联系中心**:联系中心是由公司部署的一个服务,通过各种媒体(电话、E-mail 和在线实时聊天)来协调客户联系。联系中心整合了多个角色,为客户及客户联系人提供一个全方位解决方案。这些中心可以运行在各种负责日常通信的基于云的部门中。

在下面的小节中,我们将详细了解前两项服务。

20.3.1 分布式媒体迷你云

一些多媒体网络可以通过合并大量自组织的小型媒体云来实现。小型云称为**媒体迷你云**。可以为任何类型媒体服务的媒体或多媒体迷你云也可以在其架构中包含移动性。这种分布式多媒体系统通常具有一组集成多媒体数据中心和一个无线基站。多媒体数据中心提供多媒体资源信息,用于从数据库中检索请求的数据,并将其传送到云单元。然后,迷你云将所请求的多媒体信息转发给移动或固定用户。

图 20.14 显示了一个基于云的多媒体网络场景,包含三个小型媒体云:迷你云 1 存储语音和图像,迷你云 2 存储视频,迷你云 3 存储语音、图像和数据。当各种媒体流到达主干网时,会形成

多个流的多媒体流量。从带宽配置和数据流同步的角度来看，多媒体流量的多流处理给主干网带来了挑战。

　　云必须保证用户的 QoS，并能与无线基站协调无线信道资源的分配。多媒体云具有实时多媒体信息源，其形式包括音频、图像、视频、数据及这些信息的任何组合，即多媒体。来自或到达云的流量可以是以下形式：下载、上传或流传输。在多媒体通信中，数据速率、利用率、延迟、最大抖动和最大误码率是评测质量的主要指标。实时视频流可能需要很高的数据速率，并能容忍适度的延迟和抖动，而交互式多媒体等其他应用程序则不能容忍高延迟和抖动。媒体流也可以在两个相邻的迷你云之间同步，为移动用户创建无缝媒体。

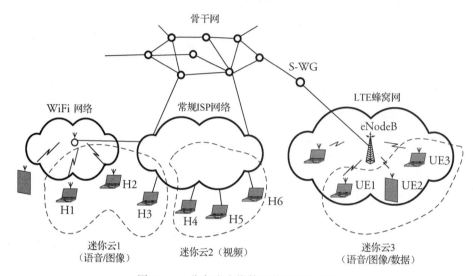

图 20.14　分布式多媒体迷你云网络概况

　　当数据中心(特别是使用虚拟化访问和检索机制的位置)关注 QoS 提供时，可能需要在大量的数据中心复制多媒体。作为另一种解决方案，隐藏最终用户对多媒体数据中心的选择和配置的服务虚拟化可以应用在数据中心。此方法可以创建一个虚拟数据中心或层次化的虚拟数据中心。由于移动主机也可以存在于这样的多媒体环境中，当主机离开云或在云中移动时，迷你云的大小会发生变化。因此，数据中心管理、与用户同步多媒体流及云之间的协调在分布式媒体云中变得至关重要和具有挑战性。

　　使用软件定义网络(SDN)技术是应对分布式媒体云挑战的理想方案之一，如第 17 章所述。SDN可以用来将控制平面与数据平面分离，这对管理媒体云的功能有很大帮助。例如，无线基站是控制域的组成部分，负责会话设置和拆卸，如果使用 SDN 就可以与媒体交换完全分离。这意味着多媒体流的同步控制将独立于会话信令。

20.3.2　基于云的交互式语音应答(IVR)

　　IVR 是一种自动电话技术，通过该技术，服务器计算机可以通过语音或电话按键音与客户进行交互。IVR 的一个常见应用是客户可以通过电话按键或语音识别来联络一台服务器以获得特定服务。典型地，IVR 服务器可以使用动态预录音频进行应答。IVR 的其他应用包括语音消息邮件、自动电话调查、自动电话问卷、自动抄表及通过电话系统查询银行账户。

　　IVR 网络方案的抽象模型如图 20.15 所示。一个 IVR 系统根据预定义指令与其用户进行交互。用户可以使用电话按键与 IVR 系统交互，并根据菜单发送指令给 IVR 系统以获取服务。IVR 系统由 IVR **电话单元**、**语音应用服务器**和**音频文件数据库**组成。

　　IVR 电话单元包括处理输入语音并进行语音交互应答的**语音识别**单元,将传入文本转换为音频的**文本到语音**单元,以及**声音翻译**单元。声音翻译单元使用标记数字文档标准来指定人与计算机之间的交互式媒体和语音对话。常用的语言是**语音扩展标记语言**(Voice Extensible Markup Language,VoiceXML 或 VXML)。VoiceXML 的功能类似于网页浏览器如何解释和可视化显示接收自 Web 服务器的 HTML(第 9 章中介绍了 HTML)。VoiceXML 使得托管的 IVR 服务能够按照标准部署,并用于开发响应程序,如金融客户服务门户。因此,我们可以看到 VoiceXML 文档是由语音浏览器解释的。VoiceXML 还具有指示语音浏览器来管理对话并提供语音识别和音频播放的标签。

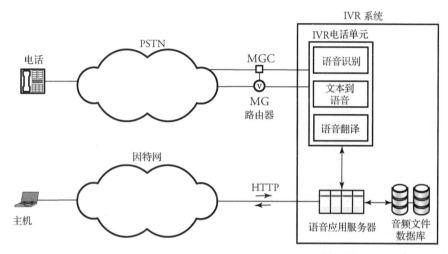

图 20.15　交互式语音应答(IVR)系统的抽象操作模型

　　语音应用服务器用来运行与音频相关的各种应用程序。这些服务器连接到许多预先构建的**音频文件数据库**单元。IVR 系统可以连接到 PSTN,为电话提供服务。在这种情况下,需要一个中间媒体网关(MG)路由器和一个 MG 控制器(MGC)。同时,IVR 系统还可以为互联网用户主机提供服务,如图中所示。主机可以使用 HTTP 浏览服务,而语音应用服务器将请求转发给语音翻译器以将请求转换为 VXML。

　　图 20.16 显示了分布式环境中基于云的 IVR 系统的一个例子。与单个 IVR 系统相比,分布式 IVR 系统是一种更经济和智能化的方法,旨在更有效率地运行。当 IVR 操作分布在互联网上时,根据所请求的服务等级和客户与位于云中最近的 IVR 系统的位置,向客户提供的服务将更加方便。当 IVR 系统托管在云的外部数据中心时,客户可能只需要软件组件或数据连接来使用 IVR 服务。

　　需要一个**中央媒体协调器**来处理客户的初始请求。在图 20.16 中,主机 1 将其查询请求发送给中央媒体协调员,由此可以确定该请求的最佳 IVR 系统位于云 1 中。对于连接到蜂窝网基站 eNodeB 的智能手机 UE1,也会发生类似的过程,其请求的最佳 IVR 系统是在云 2 中。如图中所示,从云发出的响应不需要沿请求的路径路由返回。

　　请记住,在所有分布式和基于云的网络中,虚拟化是决定效率的关键因素。正如我们在第 16 章中了解到的,云支持以虚拟化为关键技术的基础设施即服务(IaaS)模型和平台即服务(PaaS)模型,这两种模型都可以在云向客户提供的速度和质量服务中发挥重要作用。IaaS 尤其可以帮助优化如公告播放器、录音机和呼叫转移等服务。

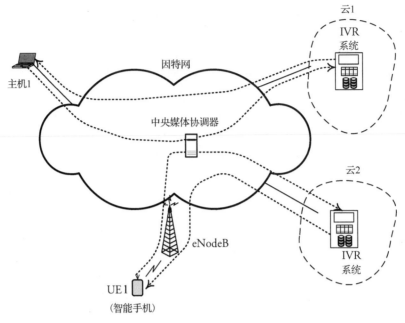

图 20.16 基于云的交互式语音应答系统示例

20.4 自相似性和非马尔可夫流

与延迟和不容忍损失的静态内容通信不同，多媒体应用程序是延迟敏感和损失容忍的。分布式多媒体网络必须能够支持多种类型信息的交换，如用户之间的语音、视频和数据，同时还要满足每个应用程序的性能要求。因此，随着高带宽通信应用的日益多样化，需要一个统一、灵活和高效的网络，以防止任何拥塞。

处理大量视频流的网络必须根据源 QoS 预留一些资源。通过预留技术，可以保证在块的整个持续时间内无损传输；否则，块会丢失。不过，节点上流量总量的突然变化会影响流传输的性能。多媒体网络预计将支持大量具有不同特征的**突发源**。这个事实强制使用除泊松之外的过程来描述网络流量。假设分组的聚合到达形成分组的**流批量**。

20.4.1 批量到达模型的自相似性

11.5.3 节解释了一些流量模型表明在大范围时间尺度上存在显著的"突发性"或变化。突发性流量（如视频流）可视为一**批**流量单元，并使用**自相似性模式**进行统计描述。在自相似流量中，流量的某个属性在时间上保持一定的比例，因此如果将流量部分放大，它就类似于整体的形状。这个模型与使用泊松模型的传统网络模型明显不同。可以通过多路复用大量具有 ON 和 OFF 间隔的 ON/OFF 源来构建自相似流量。这个机制对应于流服务器网络，每个流服务器要么是静默的，要么是以恒定速率传输视频流。使用这种流量，任何特定会话的传输时间和静默时间都是**重尾**分布的，这是流量自相似性的一个基本特征。

通信系统的离散时间表示是捕获其行为的自然方法。在大多数通信系统中，队列的输入过程不是**更新**过程而是相关过程。更新过程表示某个事件的连续发生间隔是独立同分布过程。例如，泊松过程是一个具有指数分布的更新实例。在实际环境中，分组化的语音、数据或视频流量到多路复用器的输入过程并未形成一个更新过程，而是一个突发和相关的过程。

在流传输流量分析中，一批分组可能会同时到达。这里给出的是相对更准确的流量模型，在一些**给定的间隔**上确定最大和平均通行率。这个方法特别适用于真实源，如压缩流视频。在这种情况下，源甚至可以在发送其大尺寸帧后紧跟较小帧时，以峰值速率进行传输。在性能分析中，分组丢失概率及交换速度与链路速度之比的增加对吞吐量的影响尤为重要。

在这种分析中，考虑一个小的缓冲多路复用器或路由器，因为不希望在具有实时传输的多媒体网络中有大的排队延迟。突发性到达建模为一个**批量**，或具有相同到达间隔的分组。这个模型捕获了真实源的多速率突发性特征。自相似性的一个特性是一个对象作为图像在空间或时间上保持比例。在这种环境下，流量关系结构在不同的时间尺度下保持不变。对于任一时间 $t>0$ 和实数 $a>0$，自相似的过程 $\mathbf{X}(t)$ 是一个参数满足 $0.5<H<1$ 的连续时间统计（随机）过程：

$$\mathbf{X}(t) = \frac{\mathbf{X}(at)}{a^H} \tag{20.3}$$

其中参数 H 称为 **Hurst 参数**或**自相似性参数**。Hurst 参数是突发流量中的一个重要因素，表示一个突发中依赖长度的度量。H 越接近其最大值 1，长期依赖的持续性就越大。

$$E[\mathbf{X}(t)] = \frac{E[\mathbf{X}(at)]}{a^H} \tag{20.4}$$

公式 (20.3) 中两边的预期值与以下公式相关：该结果表明，当 $H=0.5$ 时，也可以从 C.4.2 节讨论的**布朗随机过程**中获得自相似过程。根据公式 (C.34)，任何时候增加 δ，过程的增量 $\mathbf{X}(t+\delta)-\mathbf{X}(t)$ 具有以下分布：

$$P[\mathbf{X}(t+\delta) - \mathbf{X}(t) \leqslant x] = \frac{1}{\sqrt{2\pi\delta}} \int_{-\infty}^{x} e^{-y^2/2\delta} dy \tag{20.5}$$

为了更好地理解流量的批量序列聚合行为，我们也可以将自相似过程 $\mathbf{X}(t)$，根据离散时间版本，在离散的时间点定义 $\mathbf{X}_{n,m}$。在这个过程中，$n \in \{1,2,\cdots\}$ 是离散时间，m 是批量大小。因此：

$$\mathbf{X}_{n,m} = \frac{1}{m} \sum_{i=(n-1)m+1}^{nm} \mathbf{X}(i) \tag{20.6}$$

请注意，对于 $\mathbf{X}_{n,m}$，具有聚合级别 m 的相应聚合序列，我们将原始系列 $\mathbf{X}(t)$ 划分为大小为 m 的非重叠块，并将它们平均到索引 n 标记的每个块上。

例：考虑批量大小 $m=4$ 的流量。自相似过程平均表示为

$$\mathbf{X}_{n,4} = \frac{1}{4}(\mathbf{X}(4n-3) + \mathbf{X}(4n-2) + \mathbf{X}(4n-1) + \mathbf{X}(4n)) \tag{20.7}$$

重尾分布

自相似性意味着流量在时间尺度上具有相似的统计特性，如毫秒、秒、分钟、小时甚至天。在实际情况中，突发流是多路复用的，由此产生的流量往往会产生一个突发的聚合流。换言之，流量具有长期的依赖性，其特征是**重尾分布**。随机变量具有重尾分布，如果 $0<\alpha<2$，其累积分布函数（Cumulative Distribution Function，CDF）：

$$F_X(x) = P[X \leqslant x] \sim 1 - \frac{1}{x^\alpha} \tag{20.8}$$

当 $x \to \infty$ 时。重尾分布通常用于描述突发长度的分布。重尾分布的一个简单例子是**帕累托分布**，其特征表示为以下 CDF 和概率密度函数（Probability Density Function，PDF）：

$$\begin{cases} F_X(x) = 1 - \left(\frac{k}{x}\right)^\alpha \\ f_X(x) = \frac{\alpha k^\alpha}{x^{\alpha+1}} \end{cases} \tag{20.9}$$

其中 k 是随机变量的最小可能值。对于这种分布，如果 $\alpha \leqslant 1$，分布的均值和方差是无穷的；如果 $\alpha \leqslant 2$，分布的方差是无穷的。为了定义**重尾**，我们现在可以比较一下帕累托分布和指数分布的 PDF。通过比较可以看出帕累托分布中曲线尾部的衰减时间更长。一个服从重尾分布的随机变量可能非常大，其概率不能忽略。

20.5 总结

本章探讨了以最高质量进行应用交付的传输机制。我们专注于多媒体应用，如流音频和视频、一对多的实时音/视频传输及实时交互的音频和视频。

发送方使用各种**实时媒体交换协议**以恒定速率发送数据流。用于实时传输的协议之一是 RTP，它提供了应用级框架。如语音和视频的实时应用可以容忍一定的分组丢失数量，并不总是需要重传数据。但是如果分组丢失率很高，源可能会使用较低质量的传输，从而减小网络负载。我们还介绍了其他类型的实时媒体交换协议，如称为 RTCP 的 RTP 变体，以及 RTSP、基于 HTTP 的流传输和 SCTP。我们注意到基于 HTTP 的流传输允许使用 TCP 机制，这使得流传输更加可靠和安全。

对于每个客户端请求，可以将单个服务器中的视频从视频服务器流传输到客户端。CDN 可用于流传输数据。提供给 ISP 域中用户的视频流可以使用 DNS 服务器将浏览器定向到正确的服务器。SCTP 是用于传输流数据的通用传输协议。SCTP 在无连接网络中提供数据报的确认传输。

然后，我们开始介绍 IPTV。IPTV 是一种使用分组交换网络或互联网来提供电视服务的系统。我们了解到，通过 IPTV 技术，电影和节目直接从源进行流传输，而 ISP 可以协调它们的广播。我们看到大多数互联网协议规则可以应用于 IPTV。例如，当两个或多个用户观看同一个电视频道时，IPTV 系统会将该电视节目的流视为任何其他互联网流量，从而对其进行多播。VoD 是 IPTV 的一个独特功能，用户需要设立点对点连接来点播电影或节目。

接下来，我们介绍了基于云的多媒体网络，给出了两个网络方案实例。在第一个方案中，较小的自组织云(称为迷你云)可以在互联网上的各个地方提供多媒体服务。第二种方案提出了基于云的 IVR 系统。IVR 设计用来识别人的声音并做出相应的应答。根据语音识别的复杂度，IVR 可以识别名字和位置。

最后，给出了**流量的非马尔可夫分析模型**。从服务器源生成的分组流可以建模为离散事件序列，并定义为自相似流量的离散时间 0-1 值过程。

本书的最后两章考虑了两个相关的高级课题：**移动自组织网络**和**无线传感器网络**。这两个主题独立于本书的其他部分，呈现了传感器和主机无须访问互联网即可形成自己的网络并相互通信。

20.6 习题

1. 我们想通过使用放置在互联网上的 8 bit PCM 码(在第 19 章中解释)的数字无线电广播系统传送一个扬声器的声音。
   (a) 每秒产生多少 bit?
   (b) 估算一个封装的 RTP/IP 数据报(互联网中的基本数据传输单元)的大小，该数据报使用 UDP 承载 (0.5) s 的 PCM 编码音频。

2. 两个语音源一起到达一个服务器，通过 RTP 分组进行实时传输。将每个源的带宽压缩到 31 Kb/s。假设包括所有首部的分组长 1500 Byte。
   (a) 画出一个封装的 RTP/IP 数据报，并估计使用 UDP 的 RTP 分组中每个分组的大小。

(b) 每 5 min 产生多少个分组？

3. 我们有 5 个分组要实时传输。直到第一个分组到达时估计的平均抖动是 0.02 ms。表 20.1 显示了由源指示的 RTP 分组的时间戳 t_i 和 RTP 分组到达接收端的时间 a_i。假设归一化系数 k 为 0.2。

(a) 估计每个分组都到达后的平均抖动。

(b) t_i 从 i 开始以不同的速度增加，可能的原因是什么？

表 20.1　习题 3：5 个分组的源时间戳和到达接收端时间

i	a_i	t_i
1	43	69
1	45	74
1	47	73
1	49	91
1	51	99

4. 在 IP 网络的两点之间使用 SCTP 传输彩色视频片段，需要使用网络 4 min。该视频片段的每个图像包括 1024×1280 个像素块，视频由每秒 30 个图像组成。视频片段不压缩，但是必须经过量化过程，并且每个像素值取自 77 个数字的样本空间。一帧（图像）的每一行的 1/10 封装为一个块。

(a) 求解每个 SCTP 块的大小，包括它的首部。

(b) 求解每个 SCTP 分组的总大小，包括它的首部。

(c) 仅根据有效载荷分组，求解传输的总 bit 数。

(d) 确定这两个节点之间所需的带宽。

5. 假设在 IP 网络的两点之间进行压缩彩色视频电影的实况传输，需要使用网络 2 h。我们使用 SCTP 进行传输。这个视频的每个图像由 1024×1280 个像素块组成，视频由每秒 30 个图像组成。一种方案是将每个像素块封装在一个块中，允许帧（图像）的每一行形成一个分组。假设每个像素块平均压缩为 10 个短语，每个短语平均需要 5 bit。

(a) 求解每个 SCTP 块的大小，包括它的首部。

(b) 求解每个 SCTP 分组的总大小，包括它的首部。

(c) 仅根据有效载荷分组，求解传输的总 bit 数。

(d) 确定这两个节点之间所需的带宽。

6. 考虑一个基于 HTTP 的流传输会话，b 表示客户端应用程序缓冲区的大小。假设 r_c 是浏览器应用程序启动播放会话之前必须缓存的以 Byte 为单位的最小数据量。将客户端和服务器的显示速率分别设为 r_c 和 r_s，其中服务器传输的比特率是恒定的。

(a) 在什么条件下，播放会冻结？

(b) 求解播放不间断的时间。

(c) 如果 $r_s > r_c$，求解客户端应用程序缓冲区完全变满的时间。

7. 考虑基于 HTTP 的流传输会话，b 表示客户端应用程序缓冲区的大小。假设 b_m 是浏览器应用程序启动播放会话之前必须缓存的最小数据量。该 HTTP 服务器以恒定比特率 r_s 持续发送 t_n ms，并在任何时候中断其传输 t_i ms。令 r_c 表示客户端的恒定显示比特率。

(a) 在什么条件下，播放会冻结？

(b) 求解播放不间断的时间。

(c) 如果 $r_s > r_c$，求解客户端应用程序缓冲区完全变满的时间。

8. 假设使用布朗运动过程 $\mathbf{X}(t)$ 对实时突发源进行建模。令 $\mathbf{Z}(t) = \mathbf{X}(t) + 2t$。

(a)求解 $\mathbf{Z}(t)$ 的概率分布函数(PDF)。

(b)求解 $\mathbf{Z}(t)$ 和 $\mathbf{X}(t+1)$ 的联合 PDF。

9. 在图 20.17 中，远程医疗急救主机使用 SCTP 将患者的 70 周期/分钟心跳流传输到医院。每个心脏周期包含 6 个峰值：P、Q、R、S、T 和 U。假设关于每个峰值的所有信息都封装为 SCTP 分组的一个块。由于它们的重要性和复杂度，每个 Q、R 和 S 脉冲都需要 4 个样本，而每个 P、T 和 U 脉冲只需要 1 个样本。假设每个样本由 8 bit 编码。

(a)确定主机与医院之间所需的带宽。

(b)如果多个病人的样本在一个分组中，求解可以将数据封装为一个分组的最大心跳周期数。

(c)评估(b)中提出的方法，并将其与原来的方法进行比较。

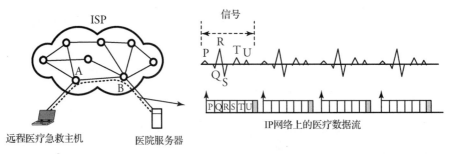

图 20.17　习题 9 远程医疗急救装置将患者的心跳传输到医院，心跳信号被转换成分组流

10. 对于自相似流量，我们使用 Hurst 参数 H，看到公式(20.4)中预期值之间的关系。

(a)推导公式(20.3)两边的方差之间的关系。

(b)比较公式(20.3)中 Hurst 参数 H 取 0.5、0.8 和 1 的情况。

11. 为了更好地理解突发流量(如视频流源)的行为，假设流量为具有 $k=1$ 的帕累托分布。绘制以下两种 α 情况的 PDF，并与指数分布对比。论述重尾现象。

(a) $\alpha=0.8$。

(b) $\alpha=3.8$。

20.7　计算机仿真项目

CDN 的实验模拟。这个项目需要 4 台计算机(笔记本电脑或 PC)，分别用于客户端、内容控制服务器、DNS 服务器和 CDN(内容)服务器。

(a)设置 CDN 服务器。创建 3 个短视频片段，将其分别命名为内容 1～内容 3，并将它们上传到 CDN 服务器的一个已知的文件夹。

(b)设置 DNS 服务器。找出 CDN 服务器的 IP 地址。在 DNS 服务器中创建一个查表数据库，该数据库显示 5 个 URL 与 5 个 IP 地址，其中一对 URL+IP 地址属于 CDN 服务器。

(c)设置内容控制服务器。在内容控制服务器中创建一个查表数据库，其中包含 10 个假设电影的列表，并将它们与 CDN 服务器中的 URL 匹配。确保其中 3 个条目显示为 CDN 服务器中存在的 URL。

(d)使用客户端浏览器请求一个存在的电影，并设置客户端来模拟本章中的流传输功能。

(e)测量客户端到内容控制服务器之间的往返时间(RTT)，通过 DNS 服务器解析 URL。

第 21 章　移动自组织网络

移动自组织网络(Mobile Ad-Hoc Network，MANET)在计算机网络世界产生了深远的影响。
MANET 基础设施的特点是可以随时随地不受限制地组建无线网络，提供与位置无关的服务。自组
织网络不需要任何固定和有线的基础设施，在动态拓扑环境中运行。本章包括无线移动自组织网
络的以下主题：

- 无线自组织网络概述；
- 自组织网络中的路由选择；
- 自组织网络路由选择协议；
- 自组织网络安全。

移动用户可以充当路由选择节点，网络中完全不需要静态路由器，就能实现分组从源到目的
的传输。自组织网络中有两类路由选择策略，分别是**表驱动路由选择协议**和**源启动路由选择协议**。
自组织网络的安全性是一个关键问题。自组织网络本质上就容易受到攻击。入侵者可以通过加载
可用的网络资源和修改分组来干扰路由选择协议的正常运行，轻松地攻击自组织网络。

21.1　无线自组织网络概述

无线移动自组织网络技术的设计旨在随时随地建立网络连接，而无须任何固定的基础设施来
支持用户在网络中的移动性。换句话说，无线自组织网络是一组移动节点(它们具备动态网络基础
设施功能)所形成的临时网络。这种网络没有依靠中央服务器或基站来提供连接，所有网络智能都
放置在移动用户设备中。图 21.1 给出了一个无线自组织网络概况，其中无线移动主机 A~I 已经形
成了一个网络，主机 E 因距离太远而无法联系。

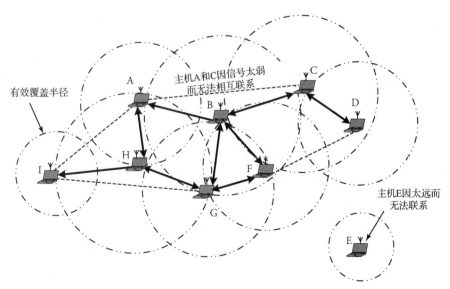

图 21.1　包括移动节点及其有效覆盖范围的自组织网络概况

图 21.1 中，围绕中心节点的每个圆圈表示该节点可达其他设备的有效无线范围。如图所示，有些情况下两个自组织主机可相互连接，如主机 C 和 D，其中双向箭头表示双向可达。但是有些情况下一个自组织主机可以到达另一个主机，而另一个主机的有效无线范围太短，如显示单向箭头的主机 H 和 I。

在这种环境中，每个移动主机均可充当路由选择节点，通过与其他网络节点合作，可以将分组从源路由到目的地。由于自组织网络拓扑结构会快速且不可预测地变化，因此，网络应能适应变化，例如，当链路断开、节点离开网络或新节点连接到网络时。与常规网络的域内路由选择算法不同，如果节点离开自组织网络，所有受影响的节点都能发现新的路径。自组织网络有以下几种类型的应用。

- **救援行动**：在紧急公共灾难(如地震)中，可以在没有现成基础设施的地方建立自组织网络。当没有固定网络可用时，可以使用自组织网络来支持网络连接。
- **军事**：自组织网络可用于战区的军事指挥部和移动部队。
- **执法和安全行动**：自组织网络可用在临时安全行动中，充当移动监控网络。
- **家庭网络**：自组织网络可用于支持各种设备之间的无缝连接。
- **会议**：可以为演讲展示建立自组织网络。观众可以下载演示文稿，在便携式设备上浏览幻灯片，在本地打印机上打印，或将演示文稿通过电子邮件发送给缺席的同事。

自组织网络必须具有几个独特的特性。一种是**自动发现**可用服务。每次新服务可用时，自组织网络设备都必须配置新服务的使用。由于自组织网络缺乏集中管理，当其中一个移动节点离开发射范围时，网络必须能够防止自身崩溃。一般来说，节点应该能够按照其意愿进入或离开网络。因此，每个节点都充当主机和路由器，而且网络必须足够智能以处理网络动态变化，这种性质被称为**自稳定性**。

自组织网络最常见的任务之一是有效地向多用户多播消息。在这种环境中，网络可能会出现严重阻塞，因此，自组织的系统性能取决于网络体系结构的稳定性。将所有这些特性包含在自组织网络中需要复杂的体系结构。

21.2　自组织网络中的路由选择

由于缺乏主干基础设施，所以自组织网络中的分组传输的路由选择成为一项具有挑战性的任务。路由选择协议应当能够在有限时间内自动从任何问题中恢复，而无须人工干预。传统的路由选择协议是为非移动性基础设施设计的，并假设路径是双向的，但自组织网络并不总是这样，查找移动终端并在各个移动终端之间正确地路由分组，这在移动条件下具有相当的挑战性。

由于自组织网络拓扑结构动态变化，资源预留和维持 QoS 是非常困难的。在自组织介质中，可能无法双向通信，因此，自组织路由选择协议应假定链路是单向的。无线设备的功率是另一个重要因素，路由选择协议还必须支持节点待机模式，笔记本电脑等设备的电池电量非常有限，因此使用待机模式来节省电能非常重要。

21.2.1　路由选择协议的分类

自组织路由选择协议可以分为两大类。

1. 集中式与分布式：集中式路由选择协议的路由选择决策是由中心节点做出的。分布式路由选择协议中，所有网络节点都会做出路由选择决策。自组织网络最有效的设计是采用分布式的路由选择协议，它可以提高网络的可靠性。这种情形中，节点可以轻松地进入或离开网络，并且每个节点可以与其他节点协作进行路由选择决策。

2. **静态与自适应**：在静态路由选择协议中，源/目的节点对的路由不会因为任何流量状态或链路故障而改变。在自适应路由选择协议中，路由会因任何拥塞而改变。

无论协议是集中式、分布式、静态还是自适应，通常又可以将其分类为**表驱动**和**源启动**。

表驱动路由选择协议

表驱动(或先应式)**路由选择协议**提前找到所有可能目的的路由。这些路由记录在节点的路由表中，并在预定义的时间间隔内更新。先应式协议在决策时更快，但需要更多的时间收敛至稳态，如果网络的拓扑结构不断变化，则会有问题。然而，维护路由会导致很大的开销。表驱动协议要求每个节点维护一个或多个表以存储从每个节点到所有其他节点的更新路由选择信息。节点在整个网络上广播更新的表，使得每个表中的路由选择信息对应于网络中的拓扑变化。

源启动路由选择协议

源启动(或反应式)**路由选择协议**是按需过程，仅在源节点请求时才创建路由。由路由请求启动网络中的**路由发现过程**，找出路由后发现过程结束。如果路由在请求时已存在，则通过路由维护过程维护该路由，直到源节点不再关注目的节点或不再需要此路由为止。按需协议更适合于自组织网络，大多数情况下都希望采用反应式路由，这意味着网络仅在需要时才会做出反应，而且也不会定期广播信息。不管怎样，相比于先应式路由，反应式路由的分组控制开销还是要小一些。

21.3　自组织路由选择协议

本节讨论三个表驱动协议和四个源启动协议。三个表驱动协议分别是**目的序列距离向量**(Destination-Sequenced Distance-Vector，DSDV)协议、**簇首网关交换路由选择**(Cluster-head Gateway Switch Routing，CGSR)协议和**无线路由选择协议**(Wireless Routing Protocol，WRP)。四个源启动协议分别是**动态源路由选择**(Dynamic Source Routing，DSR)协议、**临时按序路由选择算法**(Temporally Ordered Routing Algorithm，TORA)、**基于关联性的路由选择**(Associativity-Based Routing，ABR)协议和**自组织按需距离向量**(Ad-hoc On-Demand Distance Vector，AODV)协议。

21.3.1　目的序列距离向量(DSDV)协议

DSDV 协议是一个基于经典 Bellman-Ford 路由选择算法改进的表驱动路由选择协议。DSDV 基于**路由选择信息协议**(RIP)，如第 5 章所述。对于 RIP，节点拥有一个路由表，其中包含了网络中所有可能的目的节点及到达每个目的节点的跳数。DSDV 也基于**距离向量路由选择**，如第 5 章所述，因此认为链路为双向链路。DSDV 的一个局限性是它只能为源/目的节点对提供一条路由。

路由表

这个协议的路由表结构很简单。每个表项有一个序列号，每次节点发送更新消息时序列号就会递增。当网络拓扑变化时，路由表会定期更新，并在整个网络中传播，以保持整个网络中的信息一致。

每个 DSDV 节点维护两张路由表：一张用于转发分组，一张用于通告增量路由选择信息分组。

节点周期性发送的路由选择信息包含一个新的序列号、目的地址、到目的节点的跳数和目的节点的序列号。当网络拓扑发生变化时，检测节点向其相邻节点发送更新分组。在收到来自相邻节点的更新分组时，节点从分组中提取信息并更新其路由表，如下所示：

DSDV 分组处理算法

1. **更新每个节点的路由**。检测从更新分组收到的新地址及其序列号：

   如果新传入的序列号高于现有路由的序列号，则节点选择序列号较高的路由，并丢弃旧的序列号；

   如果新传入的序列号与现有路由的序列号相同，则选择代价最低的路由；

   否则，进入步骤 2。

2. 从新路由选择信息中选择的所有度量都将递增。

3. 如果存在重复更新的分组，则节点会考虑保留具有最小代价度量的分组，并丢弃其余分组。

   如果链路出现断路情况，该链路的代价度量值将设为∞，序号也递增为一个新序号，以确保该度量的序列号始终大于或等于该节点的序列号。图 21.2 显示了节点 2 的路由表，其邻居是节点 1、3、4 和 8。虚线表示对应的节点对之间没有通信。因此，节点 2 没有关于节点 6、7 和 8 的信息。

   网络中节点数目越多，DSDV 的协议分组长度就越大，开销也越大。这种开销严重限制了自组织网络的节点总数，基于这一事实，DSDV 仅适合于小型网络。在大型自组织网络中，节点移动概率增大，导致分组开销急剧增加，一旦出现上一个更新分组还未按时到达节点、新的更新又出现的情况，网络就根本无法稳定下来。

节点2的路由表

目的节点	下一跳节点	度量	目的节点序列号
1	1	1	123
2	0	0	516
3	3	1	212
4	4	1	168
5	4	2	372
8	1	∞	432

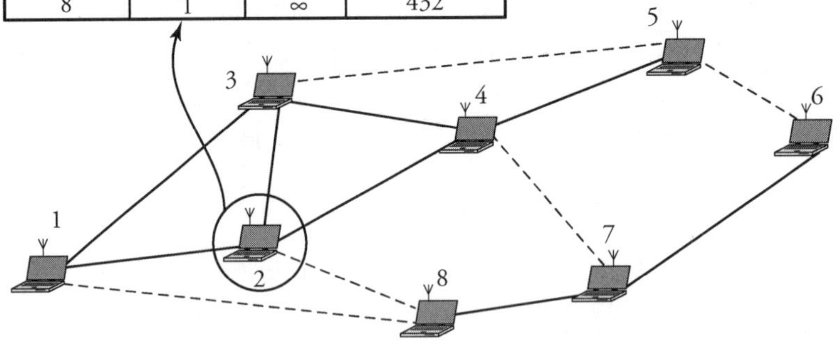

图 21.2　DSDV 协议和路由表

21.3.2　簇首网关交换路由选择（CGSR）协议

CGSR 协议是一种表驱动路由选择协议。在一个分簇系统中，所有节点通过分布式聚类算法得到**簇首**，在簇首控制下，预定数量的一些节点形成一个**簇**。然而，在聚类方案中，由于各种各样的原因，簇首可能经常被其他节点所替换，如剩余能量比其他节点更低，或节点已无法连接。

使用这个协议，每个节点将维护两张表：一张**簇成员表**和一张**路由表**。簇成员表记录每个目标节点的簇首，路由表包含到达目的节点的下一跳节点。与 DSDV 协议一样，每个节点在收到来自其邻居的新更新时，都会更新其簇成员表。

聚类和路由选择算法

CGSR 路由选择涉及簇路由选择，因此需要一个节点从簇成员表中找出到簇首的最佳路由。图 21.3 显示了在一个已形成六个簇的区域中路由选择的示例。簇 A 中的一个节点正在向簇 F 中的一个节点发送分组。每个簇内的节点在簇内进行路由选择，发送节点根据与该簇首相关联的路由表项将分组发送到下一跳节点。簇首将分组发送到另一个簇首，直到到达目的节点所在的簇首，这时的路由选择是沿着从 A 到 F 的一系列可用簇首进行的，然后分组从 F 传输到目的节点上。

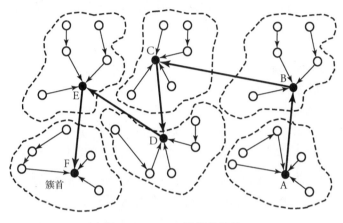

图 21.3　CGSR 协议的通信

21.3.3　无线路由选择协议(WRP)

WRP 是一种基于表的路由选择协议，这个表维护着网络中所有节点之间的路由选择信息。该协议基于分布式 Bellman-Ford 算法。WRP 的主要优点是减少了路由环路的数量。使用此协议，网络中的每个节点维护四张表，如下所示：

1. **距离表**，保存目的节点、下一跳节点、距离、每个目的节点的前驱节点及邻居节点；
2. **路由表**，为每个目的节点保存目的地址、下一跳节点、距离、前驱节点及一个标记，用于指明该表项是否为简单路径；
3. **链路代价表**，提供到每个邻居的链路代价，以及自节点收到任何无差错周期更新消息后经过的周期数；
4. **消息传输列表**，记录更新消息中的哪些更新将被重传及哪些邻居需要确认重传。该表提供更新消息的序列号、重传计数器、确认及更新消息中发送的更新列表。

节点应向其邻居发送更新消息或 HELLO 消息。如果节点没有要发送的消息，则应发送 HELLO 消息以确保连接。如果发送节点是新加入的，则接收节点将其添加到自己的路由表中，并且将自己的路由表内容发送给新节点。

一旦检测到路由改变，节点将向其邻居发送更新消息。然后，相邻节点改变其距离表项，并通过其他节点寻找新的可能路径。该协议避免了大多数自组织网络协议中存在的计数到无穷大问题。通过让每个节点对其所有邻居报告的前驱节点信息执行一致性检查来解决此问题，以便在出现任何链路或节点故障时消除环路并更快地实现路由收敛。

21.3.4　动态源路由选择（DSR）协议

DSR 协议是一种按需路由或源启动路由选择协议，由源节点找到一条到目的节点的未过期路由来发送分组。DSR 快速适应拓扑变化，通常用于移动节点以适中速度移动的网络。使用这个协议可以显著降低开销，因为在拓扑没有变化时节点不交换路由表信息。DSR 从源到目的节点之间创建多条路径，从而在拓扑发生变化时不再进行路由发现处理。与大多数自组织网络类似，DSR 有两个阶段：路由发现和路由维护。

路由发现和维护

当节点想要向另一个节点发送分组，而其路由表中没有到目的节点的未过期路由时，将发起路由发现过程。此时，节点首先广播一个**路由请求分组**，包含目的地址、源地址和唯一标识号。当邻居节点收到路由请求分组时，它查看其表项；如果节点的路由记录中存在到请求的目的地址的任何路由，则丢弃该分组以避免环路问题。否则，节点将自己的地址添加到路由请求分组的预先分配字段中，再将其转发到相邻节点。

当路由请求分组到达目的节点或到达某个中间节点，它具有到达目的节点的未过期路由，该节点生成一个**路由应答分组**，其包含从源到该节点的节点序列的路由记录。一旦源收到所有路由应答分组，就会用到达目的节点的最优路径更新其路由表，并通过所选路由发送本组。

例：图 21.4 显示了一个具有 8 个移动节点和一条断链（3-7）的自组织网络。节点 1 希望向目的节点 8 发送消息。节点 1 先查看其路由表，找到一条到达节点 8 但已过期的路由，于是向邻居节点（节点 2 和 3）发送路由请求分组。节点 3 找不到到目的节点的路由，因此将路由记录 1-3 追加到路由请求分组中，并将其转发给节点 4。当节点 7 收到该分组时，节点 7 有一条到目的节点的路由，因此停止发送任何路由请求分组，并向源发送路由应答分组。在记录了 1-2-4-6 路由的请求分组到达目的节点 8 时，也发生了同样的情况。源节点 1 比较所有路由应答分组后，得出最优路由为 1-2-4-6-8，并建立该路径。

这个协议中的路由维护快速而简单。在数据链路层发生严重错误的情况下，故障节点生成**路由错误分组**。当接收到路由错误分组时，路由缓存中的故障节点将被删除，于是，包含该节点的所有路由都将被截断。另一个路由维护的信令是确认分组，它用于验证路由链路的操作正确与否。

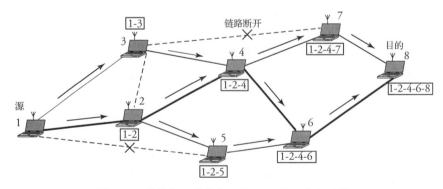

图 21.4　从节点 1 到节点 8 的 DSR 路由建立过程

21.3.5　临时按序路由选择算法（TORA）

TORA 是源启动路由选择算法，它也在源/目的节点对之间创建多条路由。多条路由的优点是网络拓扑的每一次变化不一定都需要进行路由发现，这个特性减少了通信开销、节省了使用带宽、提高了对拓扑变化的适应性。

TORA 基于以下三个规则：

1. 路由创建/发现；
2. 路由维护；
3. 路由删除。

TORA 使用三种类型的分组：用于路由创建的**查询分组**、用于路由创建和维护的**更新分组**及用于路由删除的**清除分组**。使用 TORA，节点必须维护有关相邻节点的路由选择信息。这种无环路协议是基于**链路反转**概念进行分发的。

每个节点维护一张表，描述所有连接链路的距离和状态。当节点没有到达所需目的节点的路由时，将启动**路由创建过程**。查询分组包含目的 ID，更新分组包含目的 ID 和节点距离。接收节点处理查询分组如下：

- 如果接收节点发现没有更远的下行链路，则再次广播查询分组；否则，节点会丢弃查询分组。
- 如果接收节点发现存在至少一条下行链路，则节点将其路由表更新为新值，并广播更新分组。

一旦接收到更新分组，节点就将其距离值加上到发送该分组的邻居之间的距离，然后重新广播它。该更新最终由源节点接收。当意识到没有到目的节点的有效路由时，节点调整其距离并生成更新分组。TORA 能够在大型网络和轻度拥塞的网络中执行高效路由选择。

21.3.6　基于关联性的路由选择（ABR）协议

ABR 协议是一种高效的按需或源启动路由选择协议。ABR 比 WRP 的网络变化适应性更好，它在一定程度上几乎没有环路，也没有分组重复。在 ABR 中，节点使用节点**关联性**确定最优路由。ABR 是小型网络的理想选择，因为它提供快速路由发现，并通过关联性创建最短路径。

在 ABR 中，节点的移动可由网络中的其他节点观察到。每个节点通过定期发送消息、标识自身并更新其邻居的关联性刻度来跟踪关联性信息。如果关联性刻度超过最大值，则节点与其邻居稳定关联。换句话说，关联性刻度较低表示节点的高移动性，高关联性表示节点基本的睡眠模式。当节点或其邻居移动到新位置时，可以重置关联性刻度。

ABR 中的每个点到点路由选择都是面向连接的，所有节点参与建立和计算路由。在点到点路由中，源节点或任何中间节点决定路由的详细信息。如果通信必须是广播类型，则源节点以**无连接路由选择**方式广播分组。

当节点要与没有有效路由的目的节点通信时，将执行**路由发现**。路由发现从发送**查询分组**开始，并**等待应答**。广播的查询分组包括源 ID、目的 ID、所有中间节点 ID、序列号、CRC、LIVE 字段和标识消息类型的 TYPE 字段。当接收到查询分组时，中间节点查看其路由表以确定它是否是目的节点；否则，它将其 ID 追加到所有中间节点 ID 的列表中，并重新广播分组。当接收到查询分组的所有副本时，目的节点选择到源节点的最优路由，然后发送包含最优路由的**应答分组**。这样，所有节点都会知道最优路由，从而使到目的节点的其他路由无效。

ABR 还能进行**路由重建**，部分路由发现或无效路由删除需要此功能。

21.3.7　自组织按需距离向量(AODV)协议

AODV 路由选择协议是对 DSDV 的改进,是一种具有单播和多播路由选择能力的源启动路由选择方案。AODV 仅在需要时才建立所需的路由,而不是使用 DSDV 维护完整的路由列表。AODV 使用**距离向量算**法(在第 5 章中解释)的改进版本,提供按需路由选择。

当网络拓扑因任何节点移动或链路断开而变化时,AODV 提供了快速收敛。在这种情况下,AODV 会通知所有节点,以便它们可以将使用丢失节点或链路的路由置为无效。该协议快速适应动态链路状况,提供较低的处理和内存开销,以及较低的网络利用率。无环路 AODV 是自启动的,可以处理大量的移动节点。它允许移动节点及时响应网络拓扑中的链路中断和变化。该算法的主要特点如下:

- 仅在需要时广播分组。
- 区分本地连接管理和一般维护。
- 将本地连接变化信息传播给需要此信息的相邻移动节点。
- 不属于活跃路径的节点既不维护任何路由选择信息,也不参与任何周期性的路由表交换。
- 在两个节点通信之前,节点不必查找和维护到另一个节点的路由。活跃路径上的所有节点都维护路由。例如,所有发送节点维护到目的节点的路由。

AODV 还可以形成连接多播组成员的多播树,树由组成员和连接它们所需的节点组成。这类似于第 6 章所述的多播协议。

路由选择过程

只要分组周期性地沿着该路径从源传输到目的节点,路由就是活跃的。换句话说,从源到目的节点的活跃路由在路由表中有一条有效表项。只能在活跃路由上转发分组。每个移动节点为一个可能的目的节点维护一条**路由表项**。一条路由表项包含:

- 所请求路由的活动邻居;
- 下一跳地址;
- 目的地址;
- 到目的节点的跳数;
- 目的节点的序列号;
- 路由表项的到期时间(超时)。

每条路由表项维护活动邻居的地址,以便在到达目的节点的路由上的链路断开时通知所有活动的源节点。对于每个有效的路由,节点还存储一个可以在该路由上传送分组的前驱节点列表。当节点检测到**下一跳**链路丢失时,这些前驱节点将收到来自该节点的通知。

路由表中的任何路由标记都标记有目的节点的**序列号**,一个由计数器设置并由每个始发节点管理的递增编号,用来确保到源节点的反向路由的新鲜度。每当源节点发出新的路由请求消息时,序列号就会递增。每个节点还记录双向连接邻居的信息。序列号的插入保证了即使分组失序传送及节点移动性较高时,也不会形成路由环路。如果请求的目的节点有新的路由可用,则节点将新传入路由的目的节点序列号与路由表中存储的当前路由的目的节点序列号进行比较。如果满足以下条件之一,则更新现有条目,即用传入条目替换当前条目:

- 路由表中的当前序列号被标记为无效;

- 新传入的序列号大于表中存储的序列号；
- 序列号相同，但新的跳数小于当前条目的跳数。

一旦源节点停止在已建立的连接上发送分组，路由就会超时，并最终从中间节点路由表中删除。在任何路由表的反向路径条目中，**请求过期定时器**将清除不在从源到目的节点路径上的节点的反向路由条目。当使用一个条目传输分组时，该条目的超时被重置为当前时间加上活跃路由的超时时间。路由表还存储**路由缓存超时时间**，这是路由无效之后的时间。

路由发现和建立

假设源节点没有关于目的节点的信息，这可能是因为源节点不知道，或者到达目的节点的先前有效路径过期或被标记为无效。在这种情况下，源节点启动**路由发现过程**来定位目的节点。路由发现是通过向邻居广播一个**路由请求**(RREQ)分组来完成的，邻居再将其转发给它们的邻居，直到到达目的节点为止。如果接收到一个已经处理过的 RREQ，那么节点将丢弃 RREQ 而不是转发它。相邻节点更新其信息，并在其路由表中设置指向源节点的反向指针。每个邻居通过向源发送路由应答 RREP 来响应 RREQ，或是增加跳数并将 RREQ 广播给自己的邻居。RREQ 分组包含以下信息：

- 源地址；
- RREQ ID；
- 目的地址；
- 源节点序列号；
- 目的节点序列号；
- 跳数。

当 RREQ 分组到达路由上的中间节点时，该节点先更新到上一跳节点的路由。然后，节点将检查可用路由是否是当前路由，并通过比较自己的路由表项中的目的节点序列号与 RREQ 分组中的目的节点序列号来完成该检查。如目的节点序列号大于中间节点路由表中的可用序列号，那么中间节点不会使用其记录的路由来响应 RREQ。在这种情况下，中间节点将 RREQ 重新广播给它的相邻节点。

在接收到 RREQ 时，中间节点维护在其路由表中接收到分组第一个副本的每个邻居的地址，并建立一个反向路径。因此，如果接收到相同 RREQ 的其他副本，则将它们丢弃。当 RREQ 到达目的节点时，通过将**路由应答**(RREP)分组发送回第一个收到 RREQ 的发送邻居来进行响应。当送回 RREP 时，沿着这个反向路径的节点在其路由表中建立转发路由表项，指向发送 RREP 的节点。

任何中间节点都会检查它是否至少在最后一次路径发现时间内收到了具有相同源节点 IP 地址和 RREQ ID 的 RREQ。如果接收到这样的 RREQ，则节点丢弃新接收的 RREQ。应将反向路由条目保持足够长的时间，以便 RREQ 分组能穿过网络并产生应答给发送方。对于没有丢弃的 RREQ，节点会增加其跳数，然后查找到源节点的反向路由。此时，如果与每个路由关联的路由选择定时器超时，而又没有收到任何 RREP 或未在指定时间内使用，则删除该条目。该协议使用目的节点序列号来确保链路始终没有回路，从而避免计数到无穷大。每次源发出新的 RREQ 时，RREQ ID 字段将递增。

例：图 21.5 显示了 AODV 信令从节点 1 到节点 8 的过程。为了建立连接，源节点 1 在其表中搜索到目的节点 8 的一条有效路由。在图中，RREQ 第一次到达目的节点是通过路径 1-2-4-6-8。然后，目的节点向源节点发出一个 RREP 分组。过了一会儿，目的节点收到另一个 RREQ，这次通过的路径是 1-3-7-8。目的节点评估此路径，发现路径 1-3-7-8 更好，然后发出一个新的 RREP 分组，告诉源节点丢弃另一个应答。

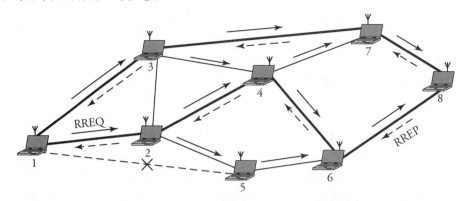

图 21.5　从节点 1 到节点 8 的 AODV 通信信令

当一个 RREP 分组被反向传播回源节点时，涉及节点建立指向目的节点的前向指针。此时，跳数字段在每个节点处递增。因此，当 RREP 分组到达源节点时，跳数表示目的节点与发起者的距离。一旦接收到第一个 RREP，源节点便开始发送分组。如果它收到一个表示到目的节点的更好路由的 RREP，那么源节点将更新其路由选择信息。这意味着，在传输时，如果它收到一个更好的 RREP 分组，其中包含更大的序列号或具有较小跳数的相同序列号，那么源节点可以更新目的节点的路由选择信息并切换到更好的路径。因此，节点将忽略传输时接收到的所有不理想的 RREP。

在任何路由表的反向路径条目中，**请求过期定时器**将清除不在从源到目的节点路径上的节点的反向路由条目。当使用一个条目传输分组时，该条目的超时被重置为当前时间加上活跃路由的超时时间。路由表还存储**路由缓存超时时间**，这是路由无效之后的时间。在图 21.6 中，发生了超时。从源节点 1 到目的节点 8，找到两条路径 1-2-4-6-8 和 1-3-7-8。但是，在中间节点 7 的 RREP 超过了允许释放的时间。在这种情况下，路由 1-3-7-8 从相关路由表中清除。

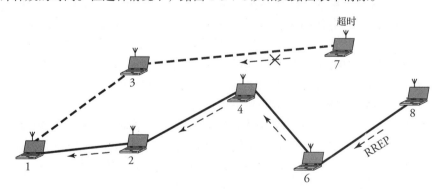

图 21.6　发生超时

路由维护

源知道如何建立路径之后，网络必须维护它。一般来说，每个转发节点都应该跟踪其与其活跃的下一跳节点的持续连接。如果源节点移动，它可以重新启动**路由发现**以找到到目的节点的新路由。当路径上的节点移动时，其上游邻居标识移动，并将链路故障通知消息传播给它的每个上游邻居。这些节点将链路故障通知转发给它们的邻居，依次类推，直到到达源节点为止。如果仍然需要路由，则源节点可以重新启动**路径发现**。

当需要移动节点的本地连接时，每个移动节点都可以使用称为 HELLO 消息的本地广播来获取其附近其他节点的信息。一个节点只有当它是活跃路径的一部分时才应使用 HELLO 消息。没有从活跃路径上的邻居节点收到 HELLO 消息的节点向该路径上的上游节点发送链路故障通知消息。

当节点在活动会话期间移动时，源节点可以再次启动路由发现过程，以找到到目的节点的新路由。如果目的或中间节点移动，则会向受影响的源节点发送一个特殊的 RREP。通常可以使用周期性的 HELLO 消息来检测链路故障。如果在路径活跃时发生链路故障，则故障处的上游节点会传播一个**路由错误**(RERR)消息。RERR 消息可以是广播或单播。对于每个节点，如果无法检测到指向下一跳的链路，则节点应假定该链路已丢失，并采取以下步骤：

1. 使所有相关的现有路由无效；
2. 列出可能受影响的所有目的节点；
3. 识别可能受影响的所有相邻节点；
4. 向所有这些邻居发送 RERR 消息。

如图 21.1 所示，网络中的某些下一跳节点可能无法访问。在这种情况下，不可达节点的上游节点向其所有活动的上游邻居传播一个具有新序列号的未经请求 RREP，并将跳数值设置为无穷大。其他节点监听并将此消息传递给其活动邻居，直到通知所有节点。AODV 最终将终止不可达节点(断开的关联链路)。

将新节点加入网络

新节点可通过发送包含其标识和序列号的 HELLO 消息加入自组织网络。当节点从一个邻居那里收到 HELLO 消息时，节点确保其有一个到它的活动路由，或者在必要时创建一个。在此更新之后，当前节点可以开始使用此路由来转发数据分组。通常，当节点接收到一个正常的广播消息或 HELLO 消息时，网络中的节点可以了解它们的邻居。如果没有从活跃路径上的下一跳节点接收 HELLO 消息，则向使用该下一跳节点的活动邻居发送链路中断通知。

收到 HELLO 消息的节点应该是活跃路由的一部分，以便使用它们。在每个预定的时间间隔内，网络中的活动节点检查是否从其邻居那里收到 HELLO 消息。如果在该时间间隔内没有收到任何分组，则节点向其所有邻居广播 HELLO 消息。接收此分组的邻居更新其本地连接信息。否则，如果在某个预定时间内没有收到任何 HELLO 消息，那么节点应该假设到该邻居的链路已断开。

21.4 自组织网络安全

由于动态拓扑变化，自组织网络在物理链路上容易受到攻击，因为它们很容易被操纵。入侵者可以通过加载可用的网络资源，如无线链路和其他用户的能量(电池)，轻松攻击自组织网络，然后干扰所有用户。攻击者还可以通过修改分组来干扰路由选择协议的正常运行。入侵者可能将虚假信息插入路由选择分组中，导致路由表更新错误，从而导致错误路由选择。自组织网络的一些其他安全漏洞也随之而来：

- **有限的计算能力**。通常，自组织网络中的节点是模块化、独立的，并且计算能力有限，因此在正常运行期间处理公钥加密时，它们可能会成为脆弱性的来源。
- **有限的电源**。由于节点通常使用电池作为电源，入侵者可以通过创建额外的传输或由节点执行过多的计算来耗尽电池。

- **挑战性的密钥管理**。如果在路由选择协议中使用加密技术，自组织网络中的动态拓扑结构和节点的移动会使**密钥管理**变得困难。

在任何网络中，路由选择信息可以让攻击者访问节点之间的关系及其 IP 地址。特别是在自组织网络中，攻击者可能会使网络瘫痪。

21.4.1 攻击类型

自组织网络中的攻击可以是**被动**或**主动**的。在被动攻击中，路由选择协议的正常运行不会中断。相反，入侵者试图通过侦听来收集信息。主动攻击有时可以检测到，因此不太重要。在主动攻击中，攻击者可以将一些任意的信息分组注入网络中，以禁用该节点或吸引去往其他节点的分组。

插针攻击

使用**插针**或**黑洞攻击**，恶意节点假装具有到分组目的地的最短路径。通常，入侵者侦听一个路径建立阶段，当其获得一个路由请求时，就发送一个通告最短路由的应答。然后，如果请求节点在收到合法节点的应答之前收到恶意应答并建立了一条虚假路由，那么入侵者就可以成为网络的正式部分。一旦成为网络的一部分，入侵者就可以在网络中做任何事情，比如进行拒绝服务攻击。

位置泄露攻击

通过获知中间节点的位置，入侵者可以找出目标节点的位置。**位置泄露攻击**由入侵者发起，以获取有关网络中节点的物理位置或网络拓扑的信息。

路由表溢出

有时，入侵者可以创建目的节点不存在的路由。这种称为**路由表溢出**的攻击会淹没正常的流量，因为它创建了太多虚拟的活跃路由。这种攻击对在需要之前就发现路由选择信息的先应式路由选择协议有着深远的影响，但对仅在需要时才创建路由的反应式路由选择协议的影响很小。

能量耗尽攻击

电池供电的节点可以通过仅在需要时才传输来节省电力。但入侵者会尝试转发不需要的分组，或重复请求伪造或不需要的目的节点，以消耗节点电池的能量。

21.4.2 安全路由选择协议准则

为了保护自组织网络免受攻击和漏洞，路由选择协议必须具有以下属性：

- **真实性**。更新路由表时，必须检查更新是否由经过身份验证的节点和用户提供。自组织网络中最具挑战性的问题是缺乏发布和验证真实性证书的集中机构。
- **信息的完整性**。更新路由表时，必须检查路由选择更新中包含的信息是否合格。错误的更新会改变网络中的分组流量。
- **按序更新**。自组织路由选择协议必须包含唯一的序列号，才能按序维护更新。无序更新可能导致错误信息的传播。
- **最大更新时间**。路由表中的更新必须在尽可能短的时间内完成，以确保更新信息的可信度。时间戳或超时机制通常是解决方案。

- **授权**。证书颁发机构颁发给节点的不可伪造凭证能确定节点可以具有的所有权限。
- **路由选择加密**。加密分组可以防止未经授权的节点读取它们，只有那些具有解密密钥的路由器才能访问消息。
- **路由发现**。在网络中的两个点之间应该总是可以找到任何现有的路由。
- **协议免疫**。路由选择协议应该对入侵节点免疫，并能识别它们。
- **节点隐私位置**。路由选择协议必须保护网络不散布单个节点的位置或其他非公开信息。
- **自稳定性**。如果自组织网络的自稳定性有效执行，则必须在不断受到恶意节点破坏的情况下稳定网络。
- **低计算负荷**。通常，自组织节点在使用电池时会受到电源限制。因此，应给予节点最小的计算负载以维持足够的功率，以避免因低可用电量而受到任何拒绝服务攻击。

21.5　总结

无线自组织网络支持"独立"的无线和移动通信系统。移动用户实际上充当了路由选择节点。路由选择协议可以是**集中式**与**分布式**、**静态**与**自适应**、**表驱动**与**源启动**路由选择。

表驱动的路由选择协议在需要之前找到所有可能目的节点的路由。路由记录在节点的路由表中，并在预定义的时间间隔内更新。这些协议的例子有 DSDV、CGSR 和 WRP。CGSR 具有比其他协议更好的收敛能力。源启动路由选择协议(如 DSR、ABR、TORA 和 AODV)仅在源节点请求时才创建路由。AODV 由于具有稳定路由和更好的安全性而非常受欢迎。安全是自组织网络中的一个关键问题。通过满足特定的安全准则，可以最大限度地减少各类攻击的安全漏洞。

下一章我们将探讨一个特殊类型的自组织网络：传感器网络。它通过传感器而不是交换机和路由器进行联网，以构建强大的传感系统。

21.6　习题

1. 比较表驱动和源启动路由选择算法
   (a) 路由表的更新速度。
   (b) 网络拓扑突然变化时的点对点路由选择。
2. 假设我们有如图 21.7 所示的自组织网络。每个链路上的数字表示该链路上信号的强度。在时间 t_1，将阈值 2.5 应用于所有链路，作为最小良好连接。使用 DSDV 协议：

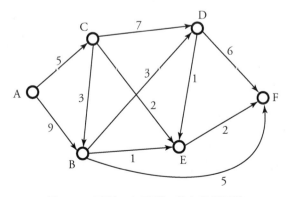

图 21.7　习题 2 和习题 3 的自组织网络

(a)显示 $t < t_1$ 时的每个节点的路由表内容。

(b)执行路由选择算法将 A 连接到 F。

(c)显示 $t \geq t_1$ 时每个节点的路由表内容。

3. 在习题 2 所述的相同条件下，使用 AODV 协议：

(a)显示 $t < t_1$ 时每个节点的路由表内容。

(b)显示连接 A 到 F 的详细路由选择信息，包括与相邻节点的通信。

(c)显示 $t \geq t_1$ 时每个节点更新相邻节点的详细步骤。

4. 考虑一个由随机分布在泊松分布位置上的用户组成的自组织网络，每平方米有 n 个用户。每个用户以 40% 的概率传输数据，并在指定时隙以 60% 的概率接收数据。假设路径损耗指数为 β。

(a)找出任何随机选择用户的接收干扰功率分布。

(b)如果 $\beta > 2$，平均干扰功率是有限的，找出随机选择用户的接收干扰功率分布。

5. 考虑图 21.3。使用 CGSR 对每个节点进行更为详细的分配，以便进行从节点 A 到 F 的路由选择。假设簇首的能量归一化为 $A = 23$、$B = 18$、$C = 15$、$D = 16$、$E = 25$ 和 $F = 14$。找到从 A 到 F 的最佳路径。假设簇首有双向链路。

21.7　计算机仿真项目

1. **基于 AODV 的自组织网络仿真——项目 1**。考虑如图 21.5 所示的自组织网络。我们想在这个网络上实现 AODV。我们首先应用距离向量路由选择来发现互连网络上的路由。主要的距离向量路由选择使用 Bellman-Ford 算法。考虑网络随时可能发生拓扑变化。你应该分配这些时间。变化包括意外的链路故障或正在创建或添加的新链路。让你的程序发现这些变化，自动更新节点的路由表，并将这些变化传播到其他节点。

2. **基于 AODV 的自组织网络仿真——项目 2**。重新考虑项目 1 中分析的网络。我们要测试 AODV 路由发现过程和 AODV 处理链路和节点故障的能力。在网络层面，设计一个最小代价算法，给出最短路径，同时考虑故障节点(恶意节点)。如果最短路径中的一个节点是坏的，则必须在算法中找到下一个可用的最短路径。在你开发的算法中，链路的故障不应影响最短路径的确定。如果网络中有恶意节点，则应丢弃该节点，并确定具有到网络中源节点请求的目的节点的最短路径的新路由。确定性地分配故障，从最优路径开始，并确定可用的最短路径。确定随机分配失败节点数时最优路径的变化情况。研究给定 n 个节点的网络中有 k 个故障节点的网络拓扑变化。你将看到，如果从最优路径开始分配故障节点，则源和目的之间的最短路径的总成本将随着网络中故障节点的数量而逐渐增加。

第 22 章 无线传感器网络

自组织传感器网络有潜力使公共安全、环境监测、制造业的许多领域发生革命性的变化。传感器可以连接成网络,以增强传感能力。像计算机网络一样,传感器网络也是带首部的分组在网络节点(传感器)间流动。本章将介绍这种网络的体系结构和协议,讨论以下主题:

- 传感器网络和协议结构;
- 通信能量模型;
- 聚类协议;
- 路由选择协议;
- 案例分析:传感器网络仿真;
- 其他相关技术。

我们首先概述传感器网络,并解释一些流行的应用。然后概述传感器网络的协议栈,并解释如何通过能量因素区分传感器网络和计算网络的路由选择协议。协议栈结合了能量效率和最小成本路由选择。通过无线介质实现了网络协议与能量效率的集成,促进了传感器节点的协同工作。

传感器网络中的**聚类协议**指定了分层网络的拓扑结构,并将其划分为不重叠的传感器节点簇。通常,对自组织传感器网络来说,一个健壮的聚类技术是必不可少的。两种聚类协议是**低能耗自适应聚类分层**(Low-Energy Adaptive Clustering Hierarchy,LEACH)算法和**非集中式高能效簇传播**(Decentralized Energy-Efficient Cluster Propagation,DEEP)协议。在网络中建立了分布合理的簇首和分簇之后,要在簇首之间建立通信路径,节能路由选择是不可或缺的。

最后一章还对聚类协议的实现进行了详细的数值案例研究,并对基于 IEEE 802.15.4 标准的**ZigBee 技术**进行了讨论。该技术采用低功耗节点,是一个著名的低功耗标准。

22.1 传感器网络和协议结构

化学、生物或太阳能传感器可以连接成传感器网络以增强传感能力。传感器网络通过软件核心引擎进行控制。网络通常是无线的,但也可能是有线的。传感器网络被设计为自配置,这样它就可以收集广袤地理区域的信息或一个对象运动的信息,以便进行监视。

传感器网络可用于目标跟踪、环境监测、系统控制及化学或生物检测。在军事应用中,传感器网络可以让士兵看到四周角落,并在化学和生物武器靠近到造成伤害之前探测到它们。民用方面主要包括环境监测、交通管制和为老年人提供医疗保健监测,同时允许他们有更多的行动自由。

22.1.1 传感器网络的聚类

通常将被感知的区域划分为负载相等的传感器节点**簇**,如图 22.1 所示。传感器网络中的簇类似于计算机网络中的域。换言之,节点被添加到某个预先设定好的区域附近,形成一个簇。不同类型的传感器也可以部署在一个区域中。因此,传感器网络通常是基于簇的,并且具有不规则的拓扑结构。传感器网络中最有效的路由选择方案通常是基于节点的能量(电池电量)。在这种路由选择方案中,最佳路径的总能量最高。这种传感节点的网络由相同的传感器节点构成,而不考虑网络的大小。在图 22.1 中，三个簇与主基站互连，每个簇包含一个**簇首**，负责将数据从对应的簇路由转发到**基站**。

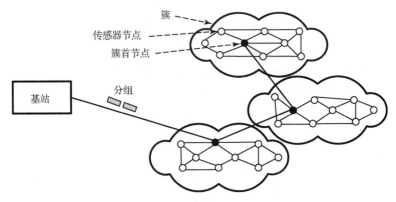

图 22.1　一个传感器网络及其簇

通信节点通常由无线介质(如无线电)进行链接。无线传感器节点配备容量有限的电源，如电池，甚至**太阳能电池**，需要有足够阳光照射到节点上。然而，太阳能电池由于其重量、体积和费用，可能不是最佳的电源选择。在某些应用场景中，传感器节点的寿命取决于电池寿命。移除死亡节点会导致显著的拓扑变化，可能需要重新对分组进行路由选择。因此，电源管理是系统设计、节点设计和通信协议开发中的关键问题。总之，设计高效的节能聚类和路由选择算法能够在很大程度上延长网络寿命。

22.1.2　协议栈

为无线自组织网络开发的算法由于一些原因而不能用于传感器网络。其中一个原因是传感器节点数量通常比典型的自组织网络中的要多得多，而且传感器节点不同于自组织节点，容易永久性故障。此外，传感器节点因其有限的能量和存储资源，通常使用广播而不是点到点通信。与计算机网络不同，传感器节点没有全局 ID，因为典型的分组开销对它们来说可能太大。

图 22.2 显示了传感器网络的协议栈体系结构。协议栈结合了能效和最低成本路径的路由选择。该协议栈体系结构通过无线介质集成了网络协议和电源，促进了传感器节点的协同工作。协议栈由物理层、数据链路层、网络层、传送层、应用层组成，并由电源管理平面、移动性管理平面和任务管理平面支持。物理层主要负责稳健地调制、传输和接收信号；数据链路层的 MAC 必须最大限度地减少与相邻节点的分组冲突，因为电源是一个限制因素；网络层路由传送层提供的分组；应用层使用软件准备事件数据。电源管理平面监视传感器节点之间的传感器功率级别，并管理传感器节点使用的电量。

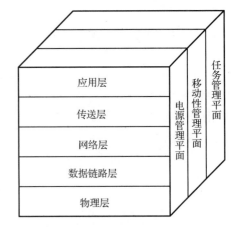

图 22.2　传感器网络协议栈体系结构

大多数传感器网络路由选择技术和感知任务都需要精确的位置信息。因此，传感器节点通常具有定位系统。有时可能需要一个移动器来移动传感器节点以执行分配的任务。传感器网络路由选择协议必须具有自组织能力。为此，已经为无线传感器网络开发了一系列能量感知的 MAC 协议、路由选择和聚类协议。大多数能量感知的 MAC 协议旨在**调整传输功率**或尽可能长时间地关闭收发机。

22.1.3　传感器节点结构

图 22.3 显示了一个典型的传感器节点。节点主要包括感知单元、处理单元和存储器、自供电单元和无线收发机组件，以及自检和远程测试单元、同步和计时单元、路由表和安全单元。由于网络中的节点一旦部署到现场将无法进行物理访问，因此不值得对它们进行测试。一个方法是配备节点的常规板载远程自检单元。

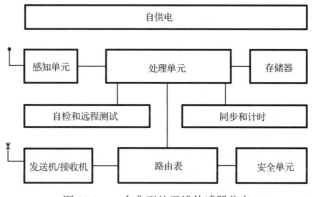

图 22.3　一个典型的无线传感器节点

每个节点必须确定其位置。该任务基于**全球定位系统**(Global Positioning System，GPS)执行。传感器节点内的所有进程均由本地时钟和同步系统同步。通信和安全协议单元实际上是处理单元的一部分。这两个单元主要负责计算网络的最佳路径和传输数据的安全性。以下内容将详细描述传感器节点的三个主要模块：感知单元、处理和存储单元及电源单元。

感知单元

感知单元由一个传感器和一个模数转换器组成。一个智能传感器节点由多个传感器组合而成。基于观测到的事件，将传感器产生的模拟信号通过转换器转换成数字信号，然后送入处理单元。感知单元从外部收集数据，并与节点中心的中央处理器进行交互。

处理和存储单元

处理单元对数据执行某些计算任务，并根据计算任务的编程方式将结果信息发送到网络。处理单元通常与存储器相关联，管理传感器节点与其他节点协作执行分配的感知任务的过程。中央处理器确定哪些数据需要进行分析、存储或与内存中的数据进行比较。自传感器输入的流数据在到达时进行处理。存储器中的数据库存储一个索引数据列表，用作检测事件的索引。由于感知节点通常很小，而且网络中存在大量节点，所以通信架构使用通过簇首分层排列的自路由的自我配置。

在智能无线传感器网络中，节点使用一个微型处理器和一个微型数据库。数以千计的此类节点被分散在现场，以增强感知任务，如在战场上部署许多小型智能传感器节点来监视敌人的动向。通过将自组织的能力嵌入传感器网络，智能节点可以提取数据，将其与存储在内存数据库中的数据进行比较，并在将其中继到中央基站之前进行相关性处理。

传感器节点的供电

传感器节点应该安装在电池空间有限的小型物理单元中。此外，传感器的随机分布使得不可能为其定期充电或者更换电池。在大多数类型的传感器网络中，传感器节点中的电源单元是节点中最重要的单元，因为节点的活跃性和存在性取决于节点中剩余的能量，而且传感器网络中的路由选择是基于找到最大能量路径的算法。因此，必须使用高能效算法来延长传感器网络的寿命。传感器节点的主要任务是识别事件、处理数据，然后传输数据。节点的功率主要消耗在发射机和接收机单元。传感器节点可以由自供电单元电池供电，如果可能也可以使用太阳能电池单元。

22.2 通信能量模型

IEEE 标准 802.11a、b 和 g 提供了广泛的数据速率：54、48、36、24、18、12、9 和 6 Mb/s。这个范围反映了无线通信信道中传输范围和传输速率的折中。准确的能量模型对开发高能效聚类和路由选择协议至关重要。能耗模型 $E(d)$（瓦特）是几个收发机变量的函数，其中最重要的变量是距离 d，总结如下：

$$E(d) = \theta + \eta\omega d^n \tag{22.1}$$

其中，θ 是占无线电电子和数字处理开销的距离无关项；$\eta\omega d^n$ 是距离相关项，η 为放大器效率因子，ω 是自由空间路径损耗，d 是距离，n 是环境因子。根据环境条件，n 可以是介于 2 和 4 之间的数值，η 指定天线产生最大功率 ωd^n 时的发射机效率因子。显然，总能耗中与距离相关的部分取决于现实世界中的收发机参数 θ、η 和路径衰减 ωd^n。如果 θ 的值超过 $\eta\omega d^n$，则通过多跳通信来减小传输距离是无效的。

理论上，功率放大器的最大效率是 48.4%。然而，实际应用表明，功率放大器的效率低于 40%。因此，在计算 θ 时通常假设 $\eta = 1/0.4 = 2.5$。使用公式(22.1)，我们可以分别得到发射机和接收机的能耗 E_T 和 E_R 如下：

$$E_T = \theta_T + \eta\omega d^n \tag{22.2}$$

和

$$E_R = \theta_R \tag{22.3}$$

其中，θ_T 和 θ_R 分别是发射机和接收机的距离相关项。虽然制造商的数据表中提供了最大输出功率和总功耗，但是可用以下公式计算 θ：

$$\theta = \theta_{TX} + \theta_{RX} = (E_T - \eta\omega d^n) + E_R \tag{22.4}$$

例：表 22.1 显示了基于制造商数据表的 E_T 和 E_R，以及为所选芯片组计算的 θ 和 $\eta\omega d^n$。虽然路径衰减能量随传输距离呈指数增长，但数据表明，静态功耗 θ 控制路径损耗。显然，这会导致总功耗随着传输距离的增加而保持不变。IEEE 标准 802.11a、b 和 g 具有多速率功能。尽管传感器节点通常以较低的速率产生数据，但可以使用无线高速调制和技术传输信息。

表 22.1 能耗参数

IEEE 标准	最大输出功率，ωd^n(dBm)	总功耗(W)	θ(W)	$\eta\times\omega d^n$(W)
802.11a	+14	1.85 (E_{TX}) 1.20 (E_{RX})	2.987	0.0625
802.11b	+21	1.75 (E_{TX}) 1.29 (E_{RX})	2.727	0.3125
802.11g	+14	1.82 (E_{TX}) 1.40 (E_{RX})	3.157	0.0625

表 22.2 显示了 802.11g 无线技术的期望数据速率。虽然目前还没有针对传感器网络提出利用无线标准的多速率能力，但这种技术可以通过切换到更高的数据速率并在短时间内保持开启收发

机，来减少较小距离的传输能量。在这种情况下，能量(J/b)随传输距离的缩小而离散减小：

$$E(d) = \frac{1}{R}(\theta + \eta\omega d^n) \tag{22.5}$$

其中 R 是 b/s 的速率。图 22.4 显示了使用 802.11g 技术在恒定速率 1 Mb/s 和多速率扩展下的能耗。由于与最大输出功率相比 θ 值较大，单速率通信能耗随着传输距离的增加而保持不变，而多速率传输的通信能耗在较短的传输距离内有所降低。然而，这种情况并不遵循 $\eta\omega d^n$ 模型。同时，多速率通信需要一个健壮的速率选择协议。

表 22.2 IEEE 802.11g 技术的期望数据速率

速 率(Mb/s)	最大距离(m)	速 率(Mb/s)	最大距离(m)
1	100.00	18	51.00
2	76.50	24	41.25
6	64.50	36	36.00
9	57.00	48	23.10
12	54.00	54	18.75

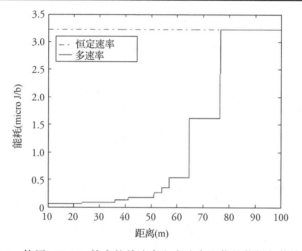

图 22.4 使用 802.11g 技术的单速率和多速率通信的能耗与传输距离

多跳通信效率

考虑到现实世界中无线电参数和多速率通信的影响，应重新评估多跳通信的有效性。由于多速率通信通过切换到更高的数据速率来降低较短距离的能耗，因此多跳通信可以节省能源。传统的多跳通信目标是将传输距离划分为若干跳 m 来相对节能，考虑公式(22.3)，可表示为

$$E(d) = m\left(\theta + \omega\left(\frac{d}{m}\right)^n\right) \tag{22.6}$$

然而，如果在标准 802.11g 的最大距离小于 18.75 m 时发生传输距离的划分，则数据速率保持不变，而总能耗要乘以跳数值。由于传感器网络处理的是二维甚至三维空间，因此多跳效率取决于网络规模和密度。

例：图 22.5 显示了一个群体，其中传感器节点 A、B、C、D 和 E 彼此之间相距 d 米，并将其数据分组发往**簇首**(Cluster Head，CH)。其中 d 是与应用有关的参数，并基于传感器的特性来选择。假设在传感器平均间距不超过 10 m 的环境中使用 802.11g 技术。使用图 22.4 所示的 802.11g 图表比较节点的能耗。

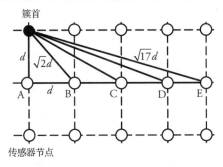

图 22.5 传感器节点 A、B、C、D 和 E 到簇首的距离

解：选择 $d =10$ m，如果节点 B 尝试使用节点 A 作为中继节点，然后向簇首发送数据，则所选两跳路径(B 到 A，然后 A 到簇首)的总能耗大于直接传输能耗(B 到簇首)。根据图 22.4 中所示的 802.11g 图表，两跳传输能耗 $E(d)+E(d)$ 与直接传输能耗 $E(\sqrt{2}d)$ 的对比结果如下：

$$E(\sqrt{2}d) = 0.0517 < E(d) + E(d) = 0.1034 \tag{22.7}$$

类似地，对于节点 C 和 D，没有比直接通信路径的能耗更好的多跳路径：

$$E(\sqrt{5}d) = 0.0581 < E(\sqrt{2}d) + E(d) = 0.1034 \tag{22.8}$$

和

$$E(\sqrt{10}d) = 0.0775 < E(\sqrt{5}d) + E(d) = 0.1098 \tag{22.9}$$

但是如果节点 E 首先将数据发送到中间节点 D，则总能耗将小于直接通信路径的能耗：

$$E(\sqrt{17}d) = E(41.23) = 0.1789 > E(\sqrt{10}d) + E(d) = 0.1292 \tag{22.10}$$

节点 E 距离簇首 41.23 m，这表明相距超过 41.23 m 的节点，直接传输不再是最佳的传输方式。

例：继续上一个使用 802.11g 技术的例子，设置一个簇的环境。该簇的区域尺寸为 50 m×50 m，25 个节点随机分布在区域内。比较在簇内直接和多跳通信的能耗。

解：此时，假设在所有传感器中随机选择簇首(簇首选择算法细节参见 22.3 节)。图 22.6 显示了基于簇内节点与簇首之间距离的直接、最小能量两跳和最小能量三跳路径的能耗。结果表明，对于 802.11g 技术，当距离小于 37 m 时直接传输是最佳选择，这与分析计算的结果(41 m)几乎相同。然而，对于大于 37 m 的距离，最小能量两跳路径可以显著降低能耗。

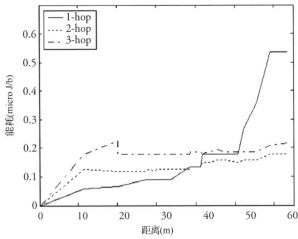

图 22.6 802.11g 技术的通信能耗与簇首距离

22.3　聚类协议

聚类协议指定传感器节点的分层不重叠**簇**的拓扑结构。一个健壮的聚类协议对自组织传感器网络至关重要。有效的聚类协议可确保创建半径几乎相同的簇，并使簇首处于簇中的最佳位置。由于聚类网络中的每个节点都连接到一个簇首，因此簇首之间的路由发现就足以在网络中建立一条可行的路径。对于大型传感器网络，与平面的非聚类网络相比，聚类可以简化多跳路由发现并限制传输数量。

22.3.1　聚类协议的类型

聚类技术可以是**集中的**或**分散的**。集中聚类算法要求每个传感器节点向中心基站发送各自的信息，如能量水平和地理位置。基于预先定义的算法，基站计算簇的数量、大小和簇首的位置，然后为每个节点提供新分配的任务。

假设传感器网络可以由上千个节点组成，基站在路由建立之前收集每个节点的信息，即使不是不可能，也是不切实际的。因此，集中聚类算法不是大型传感器网络的一种选择。由于传感器节点在不知道自己相对于相应基站的定位情况下开始聚类过程，因此聚类算法应能在没有基站和节点位置信息的情况下形成簇。虽然也可以通过部署定位设备来执行此任务，但它们通常不是成本高昂，就是在网络中增加过多的开销。

分散聚类技术在没有任何集中基站的帮助下创建簇。一种高能效和分层聚类算法可以设计为每个传感器节点以概率 p 成为簇首，并将其候选资格通告给距离簇首不超过 k 跳的节点。由于无线传感器节点的传输范围有限，具有任意级别的分层结构有其局限性。随着层级数的增加，上层簇首之间的距离可能会增加到彼此不再能通信的程度。**低能量自适应聚类分层**（LEACH）算法和**分散高能效簇传播**（DEEP）协议是两个分散聚类协议，接下来详细介绍。

22.3.2　LEACH 算法

LEACH 算法是一个分散聚类算法，它没有提供完整的能量优化方案，因为它没有指定簇首定位和分布的策略。LEACH 是一种特定于应用的协议架构，旨在通过周期性的重新聚类和网络拓扑的变化来延长网络寿命。

LEACH 分为一连串的聚类阶段和用于数据收集的稳态阶段。在每轮开始时，传感器节点随机选择一个介于 0 和 1 之间的数字，然后将该数字与一个计算出的阈值 $T(n)$ 进行比较。如果 $T(n)$ 大于所选数字，则该节点成为本轮的簇首。值 $T(n)$ 使用以下公式计算：

$$T(n) = \begin{cases} \dfrac{p}{1 - p(r \bmod(1/p))}, & n \in G \\ 0, & \text{其他} \end{cases} \tag{22.11}$$

其中，p 为簇首总数与节点总数的比值，r 为轮数，G 是在最后的 $1/p$ 轮中没有被选为簇首的节点集合。对于第一轮（$r=0$），$T(n)=p$，节点成为簇首的机会相等。随着 r 越来越接近 $1/p$，$T(n)$ 也会增加，在最后的 $1/p$ 轮中没有被选为簇首的节点将有更多的机会成为簇首。在 $1/p-1$ 轮之后，$T(n)$ 等于 1，这意味着所有剩余的节点都已经被选为簇首。因此，经过 $1/p$ 轮后，所有节点都有一次机会成为簇首。由于成为簇首会给传感器节点带来沉重的负担，这就确保了网络中没有比其他节点更快耗尽能量的过载节点。

在自选为簇首后，它们开始向其他传感器节点通告自己的候选资格。当收到来自多个簇首候选者的通告时，传感器节点开始决定其对应的簇首。每个节点监听通告信号，并选择所收信号的功率更高的候选者。这样确保了每个传感器节点选择最近的候选者作为簇首。LEACH 算法是分布式的，因为它可以通过每个节点的本地计算和通信来实现，而不是通过将所有节点的能级和地理位置传输到一个中心点。然而，簇首是随机选择的，在能耗方面也没有优化。

22.3.3　DEEP 协议

DEEP 协议建立了簇首均匀分布的簇。该协议通过保持簇半径完全相等来平衡所有簇首之间的负载。该协议是完全分散的，不需要任何定位设备或者硬件。协议从一个初始簇首开始，通过控制一对簇首与每个簇的圆半径之间的相对距离，逐渐形成新的簇首候选者。由于簇首间的负载均衡，不需要定期进行重新聚类，从而消除了频繁重新聚类带来的运行开销。

为了找到最佳的两跳或者三跳路径，需要为距离簇首超过 l 米的节点采用一个有效的路径选择算法。虽然直接传输到簇首可以消除路由建立分组产生的额外开销，但由于传输范围受限，其效率存在问题。为了避免频繁的控制信号传输和与之相关的额外功耗，可以在簇的中心放置一个簇首，传感器节点则位于其周围 l 米以内。在这种情况下，簇成员可以将分组直接发送到簇首，而不需要任何路由设置协议，其效率已通过选择簇的形状和大小而达到了。

为了解释这个算法的细节，需要引入控制信号和协议参数。

- 控制信号：簇首声明信号或簇首探测信号。
- 成员搜索信号中的控制参数：声明覆盖区域(d_r)、探索区域(d_{r1}, d_{r2})、最小成员数(m_n)、E_{rc1} 和 E_{rc2}。

协议控制参数是特定于应用的选择，可以在网络部署之前定义。在网络部署之前，DEEP 通过选择的初始簇首开始形成簇。初始簇首通过在 d_r 范围内传播簇首声明信号来启动簇建立阶段。这意味着簇首候选者选择适当的数据速率和信号输出功率，以便它能够到达距离发送者小于 d_r 的节点。

此时，收到声明信号的传感器节点接受相应的簇首作为首领。然后，它们可以通过查看接收到的信号能量水平来估计它们与候选者的相对距离。一旦它们知道与簇首的相对距离，它们就可以通过将传输速度调整到适当的值并切换到休眠模式来节省能量。现在，初始的簇首候选者在 d_{r2} 范围内传播簇首探测信号，如图 22.7 所示。该范围内的所有传感器节点都能监听探测信号，但只有从来没有充当过簇首并验证以下不等式的节点才能被选为新的候选者：

$$E_{rc1} < E_r < E_{rc2} \tag{22.12}$$

其中 E_r 是接收到的信号能量。请注意，E_{rc1} 和 E_{rc2} 是固定的协议参数，可以使用以下公式预先计算并存储在传感器节点的存储器中：

$$E_{rc1} = P_{out} - \omega d_{r1}^n \tag{22.13}$$

和

$$E_{rc2} = P_{out} - \omega d_{r2}^n \tag{22.14}$$

其中，P_{out} 为簇首探测信号的恒定输出功率，ω 和 n 是可以根据部署区域的环境条件确定的参数。这样，这些节点中的任何一个都能将自己视为候选者。这样可以确保新的簇首候选者位于距离初始簇首的 d_{r1} 和 d_{r2} 之间。

在分配了一个新的簇首候选者之后，它在 d_r 范围内发送一个声明信号来查找新的簇成员。如果两个候选者能听到对方的声明信号，它们就会因为太靠近彼此而不能作为簇首候选者。因此，

需要通过协商阶段来淘汰其中一个。每当簇首收到一个
声明信号，它就使用一个确认消息通知信号的发送者。
收到确认的簇首发送一个解除消息，将其淘汰通知给 d_r
范围内的所有节点。收到来自多个候选者的声明信号的
节点选择所收信号的功率更高的候选者。

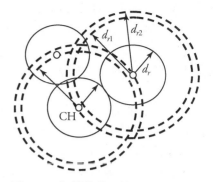

　　此时，所有已确认的簇首传播探测信号并搜索新的
簇首候选者。已经被选为簇首或成员的节点将忽略簇首
探测信号或声明信号。因此，当区域中所有节点都属于
一个簇时，这个通告过程将自动终止。此时，该算法可
能会产生一些成员数量非常少的簇。因此，成员总数小
于最小成员数 m_n 的簇将被消除，包括簇首在内的所有成
员都将启动一个**成员搜索信号**。

图 22.7　初始簇首开始通告过程，新的簇首候选者在 d_{r2} 范围内发送探测信号，继续簇建立过程

　　完成这个过程后，节点监听来自本地簇首的响应，并根据接收到的信号功率选择最近的簇首。
最后，如果超时，没有收到任何控制信号的传感器节点将发送一个**成员搜索信号**并选择最近的簇
首作为首领。下面的算法总结了 DEEP 协议的核心部分。

开始 DEEP 聚类算法

1. **初始化**。初始簇首通过发送簇首声明来查找簇成员。
2. 初始簇首通过发送簇首探测信号来找到新的簇首候选者。
3. **重复**。位于 (d_{r1}, d_{r2}) 环上的簇首候选者查找簇成员。
4. 收到多个簇首声明的节点根据接收到的信号能量选择最近的簇首。
5. 收到簇首声明信号的簇首候选者与发送方协商，淘汰其中一个。
6. 已确认的簇首通过发送簇首探测信号来寻找新的簇首候选者。
7. **完成**。如果簇中的成员数量小于 m_n，则所有成员发送成员搜索信号来查找新的簇。
8. 如果节点没有收到任何控制信号，它就会发送成员搜索信号。

　　与其他聚类协议相比，DEEP 协议具有几个优势。在 DEEP 中，传感器节点可以通过接收簇首
探测信号将自己选为簇首，或通过接收簇首声明信号来加入簇。协议执行后，所有的传感器节点
都应被覆盖，并且只属于一个簇。这清晰地表明这个协议是完全分散的。此外，DEEP 的执行不需
要任何定位硬件，如 GPS 或位置估计协议，这会在传感器节点上增加额外的开销。

　　DEEP 可以通过协议执行方法控制传感器网络中的簇首分布。例如，簇首候选者应该收到具有
一定能量的簇首探测信号；如果它们能听到彼此的声明信号，则其中一个候选者将被淘汰。通过
协议参数的适当选择，如声明范围、探测范围和最小成员数量，从而降低通信开销。

　　使用 DEEP，**簇内**通信由簇首控制，节点将其数据直接发送给簇首。因此，没有额外的与簇内
路由选择和维护相关的控制信号。另外，由于簇首的均匀分布，相邻簇首之间直接传输路径的通
信开销在整个传感器区域中几乎相同。这是有助于方便部署**簇间**路由选择协议的最重要的协议特
性之一。

22.3.4　重新聚类

　　为了防止某些传感器节点的过度使用，聚类技术应确保簇首的职责在所有传感器节点之间轮
转。为了实现这一点，在 LEACH 协议中定期执行重新聚类。然而，每一轮重新聚类都需要在自选
的簇首和传感器节点之间进行多个控制信号的交互。DEEP 中的重新聚类过程是基于初始簇首的一

个小更换。在当前簇建立周期结束时，当前的初始 CH 选择从未当过初始簇首的最近节点。这个新选择的初始簇首启动聚类过程，并创建一个完全不同的簇首星座。

22.4　路由选择协议

在网络中建立了簇首分布良好的簇后，为了在两级分层系统中设置簇首之间的通信路径，具有能量意识的路由选择是必不可少的。类似于计算机网络，传感器网络中的路由选择协议可以分为**簇内**或**簇间**。本节将介绍这两类协议。

它们背后的基本概念与域内和域间路由选择(见第 5 章)背后的概念大致相同。假设簇内的每个节点都可以充当中继节点，那么从源到汇聚点可能会有大量可能的路径。由于与低功率无线技术相关的传输范围有限，除非其他簇首充当中继节点，否则簇首分组将无法到达基站。有两种主要方法可用于路由和选择传感器网络中的最佳路径，如下所示：

- **集中式路由选择**，由一个指挥中心进行路由选择决策。
- **分布式路由选择**，由多个实体以分布式方式进行路由选择决策。

分布式路由选择算法被进一步分为**先应式**和**反应式**。使用先应式路由选择算法，如链路状态路由选择和距离向量路由选择，节点保留一个路由表，其中包含到网络中每个节点的下一跳信息。反应式路由选择协议仅在需要时才设置到所需目的节点的路由。请注意，前面介绍的所有自组织网络协议都没有考虑能耗。

另一组按需反应式路由选择协议解决了无线传感器网络的特有问题。例如，当一个节点想要发送数据或一个源需要请求数据时，**定向扩散**引入了一个"兴趣"传播的概念。使用这种类型的协议，将兴趣信号洪泛到网络，建立从汇聚点到每个可能源的路径(生成树)。

22.4.1　簇内路由选择协议

簇内的路由选择算法可以是**直接**或**多跳**。在直接路由选择算法中，作为所有簇节点的目的地的簇首位于簇内的中心，因此所有节点都可以直接与簇首通信，如图 22.8 所示。注意，在这个图中，有两个节点不能到达目的地，因为它们远离目的地。每个节点上显示的数字表示对应节点的能量级别。

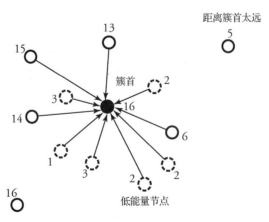

图 22.8　一个簇中的直接路由选择，每个节点关联的数字表示该节点中剩余能量的归一化值

在多跳路由选择算法中，节点可以通过多跳到达目的地。如果将多跳算法用于集中聚类过程，

则算法的目的是使用中心指挥节点为每个节点选择适当的下一个邻居。通常，一个中心指挥节点收集有关直接路径成本和节点地理位置的信息，并找到最佳路径。

图 22.9 显示了一个路由选择实现。传感器节点通常分散在区域中。来自节点的分组被路由到显示最高能量的相邻节点。能量是节点的电池电量指示，与每个节点关联的数字表示该节点中剩余能量的归一化值。图 22.9 显示了从一个节点到一个簇首节点的两条路径。一条路径是涉及跳数的最短路径；另一条是使用能量最高的路径。这里的挑战是找到适合快速和安全部署数据的最佳路径。

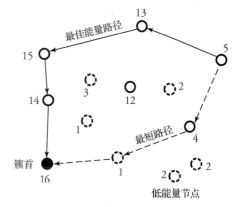

图 22.9　一个簇中的多跳路由选择，每个节点关联的数字表示该节点中剩余能量的归一化值

可以将最小成本算法和最佳能量路径进行建模和比较，来为网络提供行为基准。模型可以确定源和目的地之间所有可能的可用路径。每个节点的能量及所有可能的最小成本路径由簇首定期计算，并传播到所有簇节点进行数据库更新。在到簇首的路径查找阶段，考虑到故障节点的存在，路由算法接受故障（低能量）节点，并在考虑到故障节点的情况下找到最小成本路径。然后，路由选择过程的输入包括源节点、目标节点、故障节点和所有其他节点。

22.4.2　簇间路由选择协议

簇间协议通常与域内情况中的多跳协议没有区别。域间协议可用于：

- 簇间节能路由选择（Intercluster Energy-Conscious Routing，ICR）；
- 能量感知路由选择（Energy-Aware Routing，EAR）；
- 定向扩散。

ICR 使用类似于定向扩散和 EAR 的兴趣洪泛来建立基站和传感器节点之间的路径，但在某些方面不同于 EAR 和定向扩散。

簇间节能路由选择（ICR）

ICR 是一种目的地发起的反应式路由选择协议。这意味着目的地，即本地基站（Local Base Station，LBS）启动一个明确的路由发现阶段，其中包括一个洪泛到整个网络中的**兴趣**信号，并建立节能路径。基于周期性数据收集或事件驱动的应用，兴趣信号可以包括图 22.10 所示的期望数据的**类型**和**周期**。对于需要来自特定位置信息的应用，兴趣信号还包括所需信息的位置。

类型	周期	发送方地址	代价字段

图 22.10　一个分组中的兴趣信号结构

如果 LBS 需要一些周期数据收集，它会设置节点发送特定**类型**信息的**周期**。监测和监视应用程序是数据收集的范例。如果需要传感器节点检测一个特定事件，则 LBS 将事件类型包含在兴趣信号中。在路由发现阶段之后，传感器节点切换到休眠模式并等待特定事件。在事件检测的情况下，非簇首节点直接向关联的簇首发送数据，簇首使用先前建立的路由将信息发送回 LBS。简而言之，ICR 分两个阶段进行：**路由发现**和**数据采集**。

如图 22.11 所示，在**路由发现**阶段，本地基站
通过在 R_i 范围内发送兴趣信号来启动路由发现。
R_i 的值既要大到可以保持簇首网络的连接，又要小
到可以防止不必要的能量消耗和兴趣信号的产生。
由于聚类协议实现了簇首的均匀分布，因此可以选
择比一对相邻簇首之间的平均距离稍大一些的 R_i。
LBS 应调整其输出功率和兴趣信号的数据速率，
以将其传输范围限制为 R_i。此外，在兴趣信号传
播开始之前，成本字段设置为零。

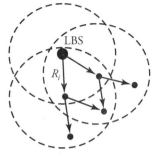

图 22.11　LBS 通过生成兴趣信号启动路由发现

由于一对相邻簇首之间的距离在网络上大致相同，所以与两个不同的相邻簇首相关的通信能
耗也是相同的。因此，多跳路径的成本或权重仅由跳数定义。此外，路径中簇首的剩余能量会影
响路由决策，总成本函数 C 定义为

$$C = \alpha h + \beta \sum_i \frac{B_M}{B_{ri}} \tag{22.15}$$

其中，h 为跳数，B_{ri} 表示节点 i 电池的剩余能量，B_M 表示传感器节点的最大电池容量，α 和 β 是归
一化因子。成本函数的第二部分倾向于包含能量较高的节点的路径。为了更新成本函数，每个中
间簇首计算其剩余电池电量加 1(跳数的增加值)的倒数，并将结果加到现有成本值。

收到兴趣信号的每个中间簇首将其保存在自己的内存中，包括发送消息的节点地址。然后节
点应更新传出兴趣信号的成本字段，并在 R_i 范围内发送。在发送方周围的所有簇首都能听到传入
的信号。如果簇首收到一个当前内存中已有但发送方地址不同的兴趣信号，则将所收信号的成本
字段与先前所存消息的成本字段进行比较。如果传入的兴趣信号包含比之前保存的消息小的成本
字段，则节点将替换旧的兴趣条目，更新成本字段，并广播分组，因为新的信号表示较短或更节
能的路径。如果新的兴趣信号表示具有较高跳数的路径，那么节点应该丢弃该分组。

数据采集阶段发生在每个簇首从传感器节点收集到所请求的信息并将其压缩成固定长度的分
组、在内存中搜索邻居的地址并将分组中继给该邻居之后。为了减少网络中备用数据比特的扩散，
中继节点可以接收来自 N 个节点的长度为 L 的数据分组，并将其聚合为长度为 L 的单个分组。这
使得中继节点转发的数据比特数量从 NL 降低到 L。为了在数据收集期间进行数据聚合，距离基站
较近的簇首(即所存兴趣消息的成本字段包含较少跳数)应等待其邻居发送它们的数据分组，然后
将传入信息与自己的数据一起压缩，再将固定长度的分组发送给中继邻居。

ICR 和 EAR 的比较

ICR 与 EAR 的不同主要体现在两个方面。在 EAR 中，传感器节点保存和传播大部分传入的
兴趣信号，并且只消除具有最高成本字段的信号。然而，在 ICR 中，每次传入的兴趣信号的成本
字段高于先前保存的成本字段时，都会丢弃分组。这限制了兴趣消息的生成。

在 EAR 中，为了确保最优路径不会被耗尽，并且网络会均匀退化，需要在源和目的地之间找
到多条路径。每个节点必须等待所有兴趣信号到达，然后计算自己和目的地之间的平均成本。根
据平均成本，为每条路径分配一个选择概率。根据概率，每次选择一条路径时，ICR 都假设簇首
之间执行数据聚合，并且没有分组独立地沿所选路径传输。这意味着在数据收集阶段，每个簇首
聚合来自其 N 个相邻簇首的数据，并只转发一个压缩分组而不是 N 个不同的分组。在执行路由选
择协议后，建立了一个以基站为根的生成树，并将所有簇首连接到基站。因此，只有最低成本或
最优的路径才是为每个簇首建立的最终路径。这样，可以防止出现每个分组的最优路径退化。

22.5　其他相关技术

其他基于传感器网络的技术使用低功耗节点。本节讨论的是 **ZigBee 技术**。

22.5.1　ZigBee 技术和 IEEE 802.15.4

ZigBee 技术是一种通信标准，它提供了短距离、低成本的网络功能，允许低成本设备快速传输少量数据，如恒温器的温度读数、灯开关的开/关请求或无线键盘的按键。其他 ZigBee 应用用于照明控制、供暖、通风、空调和安全的专业安装套件中。即使是笔记本电脑和手机中的蓝牙短程无线技术，也缺乏 ZigBee 的可购性、节电和网状网络功能。

ZigBee 来自一个名为 ZigBee 联盟的多厂商联盟的更高层增强。IEEE 标准 802.15.4/ZigBee 规定了 MAC 和物理层。802.15.4 标准规定了 128 bit 的 AES 加密；ZigBee 规定了如何处理加密秘钥交换。802.15.4/ZigBee 网络运行在 900 MHz 和 2.4 GHz 两个未授权频段上，基于分组无线电标准，支持许多无绳电话，允许在 20 m 以内的距离发送数据。

ZigBee 设备通常是电池供电，可以传输信息超过 20 m，因为侦听距离内的每个设备都会将消息传递给范围内的任何其他设备。只有预期的设备会根据消息行动。通过指示节点只在需要时才以分秒间隔唤醒，ZigBee 设备电池可以持续多年。尽管这项技术的目标是制造业、医疗保健、航运和国土防御，但 ZigBee 联盟最初关注在小范围内。

22.6　案例研究：传感器网络仿真

本节介绍一个案例研究，展示了分布在一个区域上的无线传感器网络的 DEEP 和 ICR 实现情况。该网络用于监视和保护该区域。其基本目标是部署大量低成本和自供电的传感器节点，每个节点获取和处理来自危险事件的数据，并提醒基站采取必要的措施。在这种情况下，3000 个传感器节点随机分布在一个 550 m×550 m 的区域中。因此，传感器节点密度约为每 10 m×10 m 区域一个节点，这是危险传感器的最大检测范围。

MAC 为每个节点分配一个唯一的信道，并防止可能的冲突。基于这个假设，我们从仿真中提取出 MAC 层，将数据分组直接从一个节点的网络层发送到邻居的网络层。我们使用参数 d_r、d_{r1}、d_{r2} 和 m 来仿真 DEEP 算法，并将初始簇首设在区域中心。

22.6.1　簇首节点星座和负载分布

图 22.12 显示了参数 $d_r = 30$ m、$d_{r2} = 80$ m、$d_{r1} = 78$ m 和 $m = 14$ 的仿真结果。根据 22.2 节中获得的结果，30 m 的距离是 d_r 的初始选择。为了避免簇之间的重叠，d_{r1} 和 d_{r2} 的值应大于 2 倍的 d_r 值。由于本应用中传感器节点之间的平均距离为 10 m，因此 80 m 是 d_{r2} 的合理选择。(d_{r1}, d_{r2}) 环的宽度既要大到适应新的簇首候选者，又要小到避免簇首候选者彼此太近。我们为环宽选择了 2 m 的初始值。

为了平衡簇首之间的负载，DEEP 控制簇首的分配，而不是簇成员的数量。虽然管理更多成员的簇首为了数据聚合应该执行更多的信号处理，但是数字处理比无线传输消耗的能量要少得多，而且没有过度使用的簇首会采用该协议。图 22.13 显示了使用 LEACH 和 DEEP 实现的簇首分布。由于 LEACH 中簇首的随机选择，一些簇首彼此太近，而另一些又相隔太远。这种类型的簇首选择会给某些簇首造成很大的负担，并迅速耗尽它们的电池。可以看出，与 LEACH 相比，DEEP 能够通过减少必要的轮数，更有效地将与重新聚类开销相关的能耗降到最低。

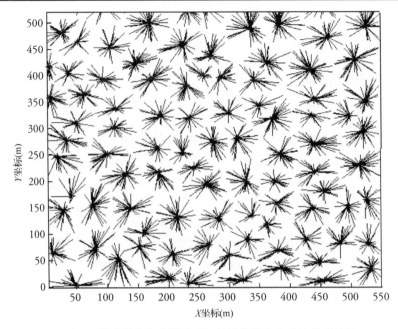

图 22.12　传感器节点直接连到相关簇首的分布式簇仿真结果

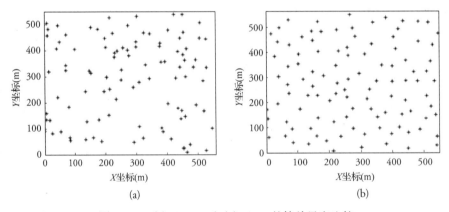

图 22.13　(a) LEACH 和 (b) DEEP 的簇首星座比较

22.6.2　簇首的最优百分比

为了确定最优的簇首密度，并比较 DEEP 和 LEACH 中的路由选择协议性能，我们使用一个 1600 个节点的网络。节点随机分布在一个 400 m×400 m 的区域中。在这种情况下，传感器节点将信息直接发送到关联的簇首上。每个簇首压缩数据并等待邻居簇首的数据分组。然后，簇首将所有接收到的数据分组压缩成一个固定长度的分组，并将其发送给中继邻居。中继邻居地址已通过兴趣信号的传播被保存在节点内存中。在网络中，由簇首执行数据聚合有助于减少分散在网络中的数据量。

22.7　总结

最后一章重点介绍了无线传感器网络。传感器网络的一些应用包括目标跟踪、环境监测、系统控制和生物或化学检测。

传感器网络的协议栈与功率因子有关。传感器网络协议栈结合了两个特点：能效和最低成本路由选择。因此，协议体系结构通过无线介质集成了网络协议和能效，促进了传感器节点之间的协作。协议栈由物理层、数据链路层、网络层、传送层、应用层，以及电源管理、移动性管理、任务管理平面组成。智能传感器节点的内部结构由三个单元组成，分别用于传感、处理和存储及通信功能。

可以建立节点收发机的能量模型。收发机的所有组件的能耗 E（单位：瓦特）可以通过 $E = \theta + \eta\omega d^n$ 建模，其中 θ 是占无线电电子和数字处理开销的距离无关项，$\eta\omega d^n$ 是距离相关项，η 为放大器效率因子，ω 是自由空间路径损耗，d 是距离。

传感器网络中的两种**聚类协议**是 LEACH 算法和 DEEP 协议。DEEP 基于控制簇的地理尺寸和簇首分布的思想。由于簇首间的负载均衡，因此不需要频繁地重新聚类，但在当前簇首能量耗尽后，协议可以在所有传感器节点之间轮转簇首位置。同时，每对相邻簇首之间的相同距离会使路由设置部署更加方便。在网络中建立分布良好的簇首和簇后，节能路由选择是簇首之间建立通信路径的关键。

我们还介绍了基于 IEEE 802.15.4 标准的 **ZigBee 技术**，它是一种使用低功耗节点的相关技术。在本章的最后，介绍了一个基于 DEEP 的仿真案例研究。仿真显示了簇首的位置及相应的节点。

22.8 习题

1. 假设图 22.9 所示的传感器网络中每个节点的最大视距为 1 英里，每个节点的归一化最大能量为 20。假设在此地图上，1 英里缩小到 1 英寸，在两个圆心之间测量。

   (a) 使用公式(22.15)，求解最佳能量路径的成本函数。

   (b) 求解图中最短路径的成本函数。

2. 假设一个由 40 个传感器节点形成簇的传感器网络，每个簇包含 5 个传感器节点。传感器网络需要连接到一个 LTE 蜂窝电话网，从而访问 ISP 上的主机。

   (a) 画出这个场景的网络示意图。

   (b) 假设其中一个传感器已经发现了一个可报告的感知到的信息，并且需要将其传送到基站。请给出传递到主机的 IP 分组的详细信息。

22.9 计算机仿真项目

1. **传感器网络仿真**。考虑一个 $100 \times 100 \ m^2$ 的区域，其中 50 个传感器节点随机分布。使用 DEEP，并用数学工具（如 MATLAB）来模拟聚类过程，其中每个簇包含 5 个传感器节点。在每个节点上随机使用 4 个可用能量级别中的一个。

   (a) 绘制所有簇和簇首节点的位置。

   (b) 在同一个图上显示簇首如何连接到普通节点。

2. **传感器网络仿真**。继续项目 1 中的项目，现在假设一个传感器在离区域一角最近的簇中检测到一个事件。绘制从事件簇到对角基站的簇间路由选择。

3. **LEACH 传感器网络仿真**。重复项目 2，但这次使用 LEACH 协议。

附录 A 缩略语表

AAL	ATM Adaption Layer	ATM 适配层
ABR	Associativity-Based Routing	基于关联性的路由选择
ACC	Arriving-Cell Counter	信元到达计数器
AE	Arbitration Element	仲裁元件
AES	Advanced Encryption Standard	高级加密标准
AODV	Ad-Hoc On-Demand Distance Vector	自组织按需距离向量
APR	Application Policy Routing	应用程序策略路由选择
ARP	Address Resolution Protocol	地址解析协议
ARR	Automatic Repeat Request	自动重传请求
ASCII	American Standard Code for Information Interchange	美国信息交换标准代码
ASN.1	Abstract Syntax Notation One	抽象语法表示 1 号
ASP	Application Service Provider	应用程序服务提供者
ATM	Asynchronous Transfer Mode	异步传送模式
BISDN	Broadband Integrated Services Digital Network	宽带综合业务数字网
BBC	Buffer-control Bit Circuit	缓冲区控制比特电路
BCC	Buffer Control Circuit	缓冲区控制电路
BCN	Broadcast Channel Numbers	广播信道号
BER	Bit Error Rate	比特差错率
BGMP	Border Gateway Multicast Protocol	边界网关多播协议
BGP	Border Gateway Protocol	边界网关协议
BPDU	Bridge Protocol Data Unit	网桥协议数据单元
BS	Bit Slice	比特码片
BTC	Broadcast Translation Circuit	广播转换电路
CBR	Constant Bit Rate	恒定比特率
CCITT	Consultative Committee for International Telephony and Telegraphy	国际电报电话咨询委员会
CCN	Content-Centric Networking	内容中心网络
CD	Column Decoder	列解码器
CDMA	Code-Division Multiple Access	码分多路访问
CDN	Content Distribution Network	内容分发网络
CGSR	Cluster-head Gateway Switch Routing	簇首网关交换路由选择
CH	Cluster Head	簇首
CIDR	Classless InterDomain Routing	无类别域间路由选择
CMOS	Complementary Metal-Oxide Semiconductor	互补金属氧化物半导体
CN	Copy Network	复制网络
CRC	Cyclical Redundancy Check	循环冗余校验
CSMA	Carrier Sense Multiple Access	载波监听多路访问
DCF	Distributed Coordination Function	分布式协调功能

DEEP	Decentralized Energy-Efficient cluster Propagation	非集中式高能效簇传播
DQDB	Distributed Queue Dual Bus	分布式队列双总线
DNS	Domain Name System	域名系统
DRR	Deficit Round Robin	差额循环
DS	Differentiated Service	区分服务
DSDV	Destination-Sequenced Distance Vector	目的序列距离向量
DSSS	Direct-Sequence Spread Spectrum	直接序列扩频
DSR	Dynamic Source Routing	动态源路由选择
DVMRP	Distance Vector Multicast Routing Protocol	距离向量多播路由选择协议
EDF	Earliest Deadline First	最早截止期优先
FDM	Frequency-Division Multiplexing	频分复用
FDMA	Frequency-Division Multiple Access	频分多路访问
FEC	Forward Equivalence Class	转发等价类
FHSS	Frequency-Hopping Spread Spectrum	跳频扩频
FIFO	First In First Out	先进先出
FOL	Fiber Optic Link	光纤链路
FTP	File Transfer Protocol	文件传输协议
GFC	Generic Flow Control	通用流控
GIF	Graphics Interchange Format	图像交换格式
GPS	Global Positioning System	全球定位系统
GUI	Graphical User Interface	图形用户界面
HD	Header Decoder	首部解码器
HDTV	High-Definition TeleVision	高清电视
HEC	Header Error Control	首部差错控制
HLR	Home Location Register	归属位置寄存器
HTTP	HyperText Transfer Protocol	超文本传输协议
IaaS	Infrastructure as a Service	基础设施即服务
ICANN	Internet Corporation for Assigned Names and Numbers	互联网名字与号码分配协会
ICMP	Internet Control Message Protocol	互联网控制消息协议
IID	Independent and Identically Distributed	独立同分布
IGMP	Internet Group Management Protocol	互联网组管理协议
IKE	Internet Key Exchange	互联网密钥交换
IMSI	International Mobile Subscriber Identity	国际移动用户标志
IPP	Input Port Processor	输入端口处理器
IPv6	Internet Protocol version 6	第 6 版互联网协议
IVR	Interactive Voice Response	交互式语音应答
JPEG	Joint Photographic Experts Group	联合图像专家组
L2TP	Layer 2 Tunneling Protocol	二层隧道协议
LACP	Link Aggregation Control Protocol	链路聚合控制协议
LBC	Local Buffer Controller	本地缓冲区控制器
LCFS	Last Come, First Served	后到先服务
LDP	Label Distribution Protocol	标签分发协议
LEACH	Low-Energy Adaptive Clustering Hierarchy	低能耗自适应聚类分层

LIB	Label Information Base	标签信息库
LLC	Logical Link Control	逻辑链路控制
LSP	Label Switched Path	标签交换路径
LSR	Label Switch Router	标签交换路由器
MAC	Message Authentication Code	消息认证码
MAC	Media Access Control	介质访问控制
MBC	Multipath Buffered Crossbar	多路径缓冲交叉开关
MBGP	Multiprotocol extensions for BGP	多协议边界网关协议
MIB	Management Information Base	管理信息库
MOSPF	Multicast Open Shortest Path First	多播开放最短路径优先
MPEG	Moving Picture Experts Group	动态图像专家组
MPLS	MultiProtocol Label Switching	多协议标签交换
MSC	Mobile Switching Center	移动交换中心
MSDP	Multicast Source Discovery Protocol	多播源发现协议
MSS	Maximum Segment Size	最大数据段长度
MUA	Mail User Agent	邮件用户代理
NDS	Network Data Slice	网络数据片
NFV	Network Functions Virtualization	网络功能虚拟化
NNI	Network-Node Interface	网络至网络接口
NVT	Network Virtual Terminal	网络虚拟终端
OC	Optical Carrier	光载波
OCC	Output Control Circuit	输出控制电路
OD	Output port Decoder	输出端口解码器
OFDM	Orthogonal Frequency Division Multiplexing	正交频分复用
OPP	Output Port Processor	输出端口处理器
OSI	Open Systems Interconnection	开放系统互连
OSPF	Open Shortest Path First	开放最短路径优先
OXC	Optical cross Connect	光交叉连接
PAM	Pulse Amplitude Modulation	脉冲幅度调制
PCF	Point Coordination Function	点协调功能
PDF	Probability Density Function	概率密度函数
PDU	Protocol Data Unit	协议数据单元
PIM	Protocol Independent Multicast	协议无关多播
PIT	Pending Interest Table	待定关系表
PHB	Per-Hop Behavior	逐跳行为
PMF	Probability Mass Function	概率质量函数
PSTN	Public Switched Telephone Network	公共交换电话网
PPP	Point-to-Point Protocol	点到点协议
PPTP	Point-to-Point Tunneling Protocol	点到点隧道协议
PPM	Pulse Position Modulation	脉冲位置调制
P2P	Peer to Peer	对等
PWM	Pulse Width Modulation	脉冲宽度调制
QAM	Quadrature Amplitude Modulation	正交幅度调制

QoS	Quality of Service	服务质量
QPSK	Quadrature Phase Shift Keying	正交相移键控
PaaS	Platform as a Service	平台即服务
PON	Passive Optical Network	无源光网络
POP3	Post Office Protocol, version 3	第 3 版邮局协议
RARP	Reverse Address Resolution Protocol	反向地址解析协议
RCB	ReCeive Buffer	接收缓冲区
RCYC	ReCYCling buffer	循环缓冲区
RED	Random Early Detection	随机早期检测
RIP	Routing Information Protocol	路由选择信息协议
RN	Routing Network	路由选择网络
RNG	Row Number Generator	行号生成器
RPC	Request Priority Circuit	请求优先级电路
RPF	Reverse Path Forwarding	反向通路转发
RSQ	ReSeQuencing buffer	重排序缓冲区
RSVP	Resource Reservation Protocol	资源预留协议
RTCP	Real-time Transport Control Protocol	实时传输控制协议
RTP	Real-time Transport Protocol	实时传输协议
RTSP	Real Time Streaming Protocol	实时流协议
RTT	Round-Trip Time	往返时间
RVC	Request Vector Circuit	请求向量电路
SaaS	Software as a Service	软件即服务
SBC	Shared Buffer Crossbar	共享缓冲区交叉开关
SCP	Secure Copy Protocol	安全复制协议
SCTP	Stream Control Transmission Protocol	流控制传输协议
SDC	Self-Driven Crosspoint	自驱动交叉点
SDH	Synchronous Digital Hierarchy	同步数字体系
SDN	Software-Defined Networking	软件定义网络
SHF	Super-High Frequency	超高频
SIP	Session Initiation Protocol	会话发起协议
SMI	Structure of Management Information	管理信息结构
SMTP	Simple Mail Transfer Protocol	简单邮件传输协议
SNMP	Simple Network Management Protocol	简单网络管理协议
SNR	Signal-to-Noise Ratio	信噪比
SONET	Synchronous Optical NETworking	同步光纤网
SSH	Secure SHell	安全外壳
TCP	Transmission Control Protocol	传输控制协议
TDM	Time-Division Multiplexing	时分复用
TDMA	Time-Division Multiple Access	时分多路访问
ToR	Top-of-Rack	架顶式
TOS	Type-Of-Service	服务类型
TORA	Temporally Ordered Routing Algorithm	临时按序路由选择算法
TP	Transport Protocol	传输协议

TRIP	Telephony Routing over IP	IP 上的电话路由选择
UDP	User Datagram Protocol	用户数据报协议
UGC	Upstream Grant Circuit	上游授权电路
UHF	UltraHigh Frequency	特高频
UPnP	Universal Plug and Play	通用即插即用
UNI	User Network Interface	用户至网络接口
URI	Uniform Resource Identifier	统一资源标识符
URL	Uniform Resource Locator	统一资源定位符
VBR	Variable Bit Rate	可变比特率
VCI	Virtual Circuit Identifier	虚电路标识符
VHO	Video Hub Office	视频中心办公室
VLAN	Virtual Local Area Network	虚拟局域网
VLR	Visited Location Register	漫游位置寄存器
VM	Virtual Machine	虚拟机
VPI	Virtual Path Identifier	虚通路标识符
VPN	Virtual Private Network	虚拟专用网
VXT	Virtual Circuit Translation table	虚电路转换表
WDM	Wavelength-Division Multiplexing	波分复用
WEP	Wired Equivalent Privacy	有线等效保密
WFQ	Weighted Fair Queuing	加权公平排队
WiMAX	Worldwide interoperability for Microwave Access	全球微波接入互操作性
WMN	Wireless Mesh Networks	无线网状网
WRP	Wireless Routing Protocol	无线路由选择协议
WTG	Waiting Time Generator	等待时间发生器
WWW	World Wide Web	万维网
XMB	Transmit Buffer	发送缓冲区

附录 B　RFC

征求意见稿(Requests For Comment，RFC)是关于计算机通信协议的非正式系列报告，包括
TCP/IP 和其他互联网体系结构、无线和移动网络及其历史。RFC 是一组松散协调的记录，但信息
丰富。RFC 通常可在线获取，供公众访问。

协议	RFC
AODV	3561
ARP	826, 903, 925, 1027, 1293, 1329, 1433, 1868, 1931, 2390
ARQ	3366
BGP	1092, 1105, 1163, 1265, 1266, 1267, 1364, 1392, 1403, 1565, 1654, 1655, 1665, 1771, 1772, 1745, 1774, 2283, 4271
BOOTP 和 DHCP	951, 1048, 1084, 1395, 1497, 1531, 1532, 1533, 1534, 1541, 1542, 2131, 2132
CIDR	1322, 1478, 1479, 1517, 1817
CDN	6707, 6770
DHCP	2131, 2132
DHCP-IPv6	3315
DNS	799, 811, 819, 830, 881, 882, 883, 897, 920, 921, 1034, 1035, 1386, 1480, 1535, 1536, 1537, 1591, 1637, 1664, 1706, 1712, 1713, 1982, 2065, 2137, 2317, 2535, 2606, 2671
Dual-Stack Lite IPv6	4213, 6333
Echo	862
E-mail	822
EPP	3730
FTP	114, 133, 141, 163, 171, 172, 238, 242, 250, 256, 264, 269, 281, 291, 354, 385, 412, 414, 418, 430, 438, 448, 463, 468, 478, 486, 505, 506, 542, 553, 624, 630, 640, 691, 765, 913, 959, 1635, 1785, 2228, 2577, 4217
Gopher	1436
GSSAPI	2743, 2744, 2853
H.323	3508, 4123
HTML	1866
HTTP	1945, 2068, 2109, 2616, 6265, 7230, 7231, 7232, 7233, 7234, 7235
ICMP	777, 792, 1016, 1018, 1256, 1788, 2521
IGMP	966, 988, 1054, 1112, 1301, 1458, 1469, 1768, 2236, 2357, 2365, 2502, 2588, 3376, 4541
IKE	2407, 2408, 2409
IMAP	1730, 2177, 3501

IMAP/POP Authorize	2195
IP	760，781，791，815，1025，1063，1071，1141，1190，1191，1624，2113
IP Spoofing	1948
IPv6	1365，1550，1678，1680，1682，1683，1686，1688，1726，1752，1826，1883，1884，1886，1887，1955，2080，2373，2452，2460，2463，2465，2466，2472，2492，2545，2590，4291
IPv6 on IPv4	5969
IRC	1459，2810，2811，2812，2813
IVR	6231
LTE	6653
MD5	1321
MIB，MIME，IMAP	196，221，224，278，524，539，753，772，780，806，821，934，974，1047，1081，1082，1225，1460，1496，1426，1427，1652，1653，1711，1725，1734，1740，1741，1767，1869，1870，2045，2046，2047，2048，2177，2180，2192，2193，2221，2342，2359，2449，2683，2503
Mobile IP	2002，5944
MPLS	3031
Multicast	1584，1585，2117，2362
MIKEY	3830
NAT	1361，2663，2694，3022，4787
NFS	3530
NTP	1059，1119，1305
OSPF	1131，1245，1246，1247，1370，1583，1584，1585，1586，1587，2178，2328，2329，2370
OSPF over IPv6	2740
P2P	5128，5694
PIM	2362
POP3	937，1939
PPP	1661
RADIUS	2865，2866
RARP	826，903，925，1027，1293，1329，1433，1868，1931，2390
RIP	1131，1245，1246，1247，1370，1583，1584，1585，1586，1587，1722，1723，2082，2453
RTP	3550
RTSP	2326
SASL	4422
SCTP	2960，3257，3284，3285，3286，3309，3436，3554，3708
SDP	2327
SHA-1，2	4634
SIP	3261，3311，3325，3841，4353，4575，4579，6065

SDN	3746, 7149
SDP	2327
SMTP	821, 2821, 2822
SNMP, MIB, SMI	1065, 1067, 1098, 1155, 1157, 1212, 1213, 1229, 1231, 1243, 1284, 1351, 1352, 1354, 1389, 1398, 1414, 1441, 1442, 1443, 1444, 1445, 1446, 1447, 1448, 1449, 1450, 1451, 1452, 1461, 1472, 1474, 1537, 1623, 1643, 1650, 1657, 1665, 1666, 1696, 1697, 1724, 1742, 1743, 1748, 1749
SSH	4251
TCP	675, 700, 721, 761, 793, 879, 896, 1078, 1106, 1110, 1144, 1145, 1146, 1263, 1323, 1337, 1379, 1644, 1693, 1901, 1905, 2001, 2018, 2488, 2580
TELNET	137, 340, 393, 426, 435, 452, 466, 495, 513, 529, 562, 595, 596, 599, 669, 679, 701, 702, 703, 728, 764, 782, 818, 854, 855, 1184, 1205, 2355
TFTP	1350, 1782, 1783, 1784
UDP	768
UPnP	3092, 6970
URI	1630, 1737
URL	1630, 1737, 1738, 3986
VPN	2547, 2637, 2685
Web	1945, 2616, 6455
WWW	1614, 1630, 1737, 1738

附录 C　概率和随机过程

通信系统，尤其是计算机网络，通常会遇到随机到达的分组任务。正如在本书多个章节所看到的，这些系统需要用概率论来进行分析。本附录对概率论、随机变量和随机过程的原理进行综述。

C.1　概率论

首先考虑一个随机实验，该实验随机地产生逻辑 0 和 1。随机实验的**样本空间**通常用符号 S 表示，样本空间是所有可能**实验结果**的集合，实验结果用 w 表示。对于整数 0 和 1，样本空间是 $S = \{0,1\}$。一个**事件**定义为样本空间的一个子集，表示为 A，事件可能包含任意数量的样本点。如果我们定义事件 $A = \{1\}$，这个事件仅包含一个样本点。

事件 A 和事件 B 的**并集**包括了所有分别属于两个事件的实验结果，表示为 $A \cup B$。事件 A 和事件 B 的**交集**指所有同时属于两个事件的实验结果，表示为 $A \cap B$。事件 A 的**补集**也是一个事件，它包含所有属于 A 的实验结果之外的结果，表示为 $\overline{A}$。

事件 A 的概率表示为 $P[A]$，并满足 $0 \leq P[A] \leq 1$。而且，如果 $A \cap B = 0$，那么：

$$P[A \cup B] = P[A] + P[B] \tag{C.1}$$

在大量工程实践中，尤其是在分析随机信号和随机系统时，我们通常关注于条件概率。在事件 B 已经发生的条件下，事件 A 发生的概率定义为

$$P[A|B] = \frac{P[A \cap B]}{P[B]} \tag{C.2}$$

如果事件 A 和事件 B 满足以下条件，则 A 和 B 是相互独立的：

$$P[A \cap B] = P[A]P[B] \tag{C.3}$$

C.1.1　伯努利和二项式定律

序列实验的两个基本的定律是**伯努利**和**二项式**试验。伯努利试验是一系列重复且相互独立的随机实验，实验结果为：或者以概率 p 成功，或者以概率 $1-p$ 失败。二项式试验是测量 n 次独立伯努利试验中总共成功 k 次的概率。n 次试验中总共成功 k 次的概率为

$$P_n(k) = \binom{n}{k} p^k (1-p)^{n-k} \tag{C.4}$$

其中，$\binom{n}{k} = \dfrac{n!}{k!(n-k)!}$。

C.1.2　计数和采样方法

显然，事件 A 的概率也可以通过计数方式来计算：

$$P[A] = \frac{n_A}{n} \tag{C.5}$$

其中，n_A 是事件结果为 A 的数量，n 是整个样本空间中的结果总数。

C.2 随机变量

有时必须考虑样本空间的结果为实数的行为表现。**随机变量** $X(w)$，或简化表示为 X，是一个将样本空间各个结果映射为实数的函数。在前述例子中，0 和 1 都是实数，但是它们可被解释成"失败"和"成功"。这里，随机变量将"失败"和"成功"分别映射为 0 和 1。

C.2.1 基本函数

随机变量可以是**离散**或**连续**的。在所有情况中，任意类型的随机变量 X 取一个不超过给定数值 x 的概率称为 X 的**累积分布函数**（Cumulative Distribute Function，CDF）。这是一个关于 x 的函数，通常用 $F_X(x)$ 表示：

$$F_X(x) = P[X \leqslant x] \tag{C.6}$$

对于离散随机变量，我们定义**概率质量函数**（Probability Mass Function，PMF）为随机变量等于任意给定数 x 的概率函数。PMF 表示为

$$P_X(x) = P[X = x] \tag{C.7}$$

显然，对于离散变量 X，在任意给定点 x 处的累积分布函数 CDF 值，可以将所有小于 x 点的 PMF 值累加起来计算：

$$F_X(x) = \sum_{i = \text{所有小于}x\text{的值}} P_X(i) \tag{C.8}$$

类似地，我们定义连续随机变量 X 的**概率密度函数**（Probability Density Function，PDF）为一个关于 X 的概率函数，PDF 用 $f_X(x)$ 表示。CDF 与 PDF 的关系为

$$F_X(x) = \int_{-\infty}^{x} f_X(x)\mathrm{d}x \tag{C.9}$$

C.2.2 条件函数

我们定义随机变量 X 的条件 CDF，为事件 A 已经发生的条件下，随机变量 X 的累积分布函数 CDF：

$$F_X(x|A) = \frac{P[(X \leqslant x) \cap A]}{P[A]} \tag{C.10}$$

类似地，条件 PDF 定义为

$$f_X(x|A) = \frac{d}{\mathrm{d}x} F_X(x|A) \tag{C.11}$$

条件 PMF 定义为

$$P_X(x|A) = \frac{[P(X = x) \cap A]}{P[A]} \tag{C.12}$$

C.2.3 常用随机变量

三个常用的离散随机变量分别是**伯努利随机变量**、**二项式随机变量**和**泊松随机变量**。三个常用的连续随机变量是**均匀随机变量**、**高斯随机变量**和**指数随机变量**。本节将对这几个随机变量作简要回顾。

伯努利随机变量

伯努利随机变量 X 是一个离散随机变量，它定义在两个实数的样本空间上，$S_X = \{0,1\}$，其中

0 和 1 分别代表**失败**和**成功**，两者的概率分别为 $1-p$ 和 p。该随机变量的概率质量函数 PMF 定义为

$$P_X(x) = \begin{cases} 1-p, & x=0 \\ p, & x=1 \end{cases} \tag{C.13}$$

二项式随机变量

二项式随机变量 X 是一个离散随机变量，它定义在样本空间 $S_X = \{0,1,\cdots,n\}$ 上。它本质上是 n 个伯努利随机变量，该随机变量的概率质量函数 PMF 由下式得到：

$$P_X(x) = \binom{n}{x} p^x (1-p)^{n-x} \tag{C.14}$$

几何随机变量

几何随机变量 X 是一个离散随机变量，它定义在样本空间 $S_X = \{1,2,\cdots,x\}$ 上。这个随机变量定义为仅最后一次成功的二项式随机变量的 x 次伯努利试验，成功时共进行了几次试验。它的概率质量函数 PMF 由下式得到：

$$P_X(x) = p(1-p)^{x-1} \tag{C.15}$$

泊松随机变量

泊松随机变量 X 是一个离散随机变量，它定义在样本空间 $S_X = \{1,2,\cdots\}$ 上。这个随机变量如果 n 非常大而 p 非常小，则近似于一个二项式随机变量。考虑到该近似关系，它的概率质量函数 PMF 可从公式(C.14)推导出来：

$$P_X(x) = \frac{\alpha^x e^{-\alpha}}{x!} \tag{C.16}$$

均匀随机变量

均匀随机变量 X 是一个连续随机变量，它定义在样本空间 $S_X = [a,b]$ 上，其中 a 和 b 是两个常数。均匀随机变量的概率密度函数 PDF 为

$$f_X(x) = \frac{1}{b-a} \tag{C.17}$$

指数随机变量

指数随机变量 X 是一个连续随机变量，它定义在样本空间 $S_X = [0,\infty)$ 上。指数随机变量的概率密度函数 PDF 为

$$f_X(x) = \begin{cases} \lambda e^{-\lambda x}, & x \geq 0 \\ 0, & x < 0 \end{cases} \tag{C.18}$$

高斯(正态)随机变量

高斯(正态)随机变量 X 是一个连续随机变量，它定义在样本空间 $S_X = [-\infty,\infty)$ 上。高斯随机变量的概率密度函数 PDF 为

$$f_X(x) = \frac{e^{-(x-E[X])^2/2V[X]}}{\sqrt{2\pi V[X]}} \tag{C.19}$$

这里 $E[X]$ 和 $V[X]$ 分别是随机变量的期望值和方差。

C.2.4　期望值和方差

对于一个随机变量 X，它的**期望值**或均值 $E[X]$ 定义为该随机变量所有可能值的统计平均。对于一个具有 N 个可能值的离散随机变量 X，它的期望值是

$$E[X] = \sum_{x \text{ 的所有值}} x P_X(x) \tag{C.20}$$

这个概念对于一个具有有限值的连续随机变量是相同的：

$$E[X] = \int_{-\infty}^{\infty} x f_X(x)\, \mathrm{d}x \tag{C.21}$$

随机变量的方差用于量化随机变量所有取值的差异程度，其定义为

$$V[X] = E[(X - E[X])^2] \tag{C.22}$$

C.2.5　随机变量的函数

如果 $g(X)$ 是一个关于随机变量 X 的函数，对于离散随机变量，$g(X)$ 的期望值可以被定义为

$$E[g(X)] = \sum_{x \text{ 的所有值}} g(X) P_X(x) \tag{C.23}$$

对于连续随机变量：

$$E[g(X)] = \int_{-\infty}^{\infty} g(X) f_X(x)\, \mathrm{d}x \tag{C.24}$$

随机变量的期望值本身可能对随机变量的数值评估没有用。原因是具有相同期望值的两个随机变量可能从两个完全不同的数值范围取值。根据随机变量类型的不同，可以使用公式 (C.23) 或公式 (C.24) 计算其方差。

C.3　多元随机变量

我们常遇到几个从某种程度上讲彼此相关的随机变量。例如，将一个随机信号当作噪声输入几个电路，这几个电路的输出会形成**多元随机变量**。多元随机变量可以通过一个向量 $X = \{X_1, X_2, \cdots, X_n\}$ 来表示。

C.3.1　两个随机变量的基本函数

对于两个随机变量 X 和 Y，**联合累积分布函数**由 $F_{X,Y}(x, y)$ 表示，**联合概率质量函数**由 $P_{X,Y}(x, y)$ 表示，**联合概率密度函数**由 $f_{X,Y}(x, y)$ 表示，分别推导如下：

$$F_{X,Y}(x, y) = P[X \leqslant x,\ Y \leqslant y] \tag{C.25}$$

$$P_{X,Y}(x, y) = P[X = x,\ Y = y] \tag{C.26}$$

以及

$$f_{X,Y}(x, y) = \frac{\partial^2 F_{X,Y}(x, y)}{\partial x \partial y} \tag{C.27}$$

我们可以定义两个随机变量的**边缘 CDF** 为

$$F_X(x) = F_{X,Y}(x, \infty)$$

类似地,两个离散随机变量的**边缘** PMF 为

$$P_X(x) = \sum_{y\text{的所有值}} P_{X,Y}(x, y)$$

两个连续随机变量的**边缘** PDF 为

$$f_X(x) = \int_{-\infty}^{\infty} f_{X,Y}(x, y)\,\mathrm{d}y$$

C.3.2 两个独立随机变量

如果以下条件之一满足,则认为两个随机变量是相互独立的:

$$P_{X,Y}(x, y) = P_X(x)P_Y(y) \tag{C.28}$$

$$f_{X,Y}(x, y) = f_X(x)f_Y(y) \tag{C.29}$$

或者

$$F_{X,Y}(x, y) = F_X(x)F_Y(y) \tag{C.30}$$

C.4 随机过程

随机过程是一个特殊的随机变量,它是关于时间的函数。当这些时间是可数的时候,这个随机过程称为**离散时间随机过程**,表示为 $X(n,w)$ 或 $X(n)$,或者更简单的 $\mathbf{X}_n$,其中 n 表示相应的时间;否则,随机过程就是**连续时间随机过程**,表示为 $\mathbf{X}(t)$,其中 t 表示时间。

C.4.1 IID 随机过程

作为一个离散时间随机过程的例子,考虑**独立同分布**(Independent and Identically Distributed,IID)**随机过程**,该离散时间随机过程用 $\mathbf{X}_n$ 表示,这里 n 个独立的离散随机变量具有"相同"的 CDF。因此,这 n 个随机变量,X_1 发生在时刻 1,直到 X_n 发生在时刻 n,所有随机变量组成一个随机过程 $\mathbf{X}_n = \{X_1, X_2, \cdots, X_n\}$。

C.4.2 布朗运动随机过程

布朗运动随机过程也称作**维纳随机过程**,是一个连续时间随机过程。布朗运动随机过程 $\mathbf{X}(t)$ 从原点开始,对于所有时间 t 的期望值都为 0,但具有随时间线性增加的方差:

$$E[\mathbf{X}(t)] = 0 \tag{C.31}$$

和

$$V[\mathbf{X}(t)] = \alpha t \tag{C.32}$$

布朗运动过程的 PDF 可以通过公式(C.19)所示的高斯随机变量的概率密度函数近似得到:

$$f_X(x) = \frac{\mathrm{e}^{-x^2/2\alpha t}}{\sqrt{2\pi\alpha t}} \tag{C.33}$$

这里,αt 是布朗运动的方差。对于任意时间增量 δ,布朗运动随机过程的增量 $X(t+\delta) - X(t)$ 具有如下分布:

$$P[\mathbf{X}(t+\delta) - \mathbf{X}(t) \leqslant x] = \frac{1}{\sqrt{2\pi\delta}} \int_{-\infty}^{x} \mathrm{e}^{-y^2/2\delta}\,\mathrm{d}y \tag{C.34}$$

上式中的方差 $\alpha t = \delta$。这种过程用于刻画批量到达和突发流量的性质(详见第 20 章)。

C.5 马尔可夫链理论

马尔可夫过程 X_n 是一个随机过程。在马尔可夫过程中，如果指定了当前状态，则过去的状态对未来的状态没有影响。换句话说，在马尔可夫过程中，一个状态任何未来的行为都与其过去的行为无关。我们使用称为马尔可夫链的状态机来表示马尔可夫过程。因此，马尔可夫链可以从状态到状态描述马尔可夫过程的行为，这是一种容易掌握该过程本质的方法。图 C.1 显示了一个简单的马尔可夫链。

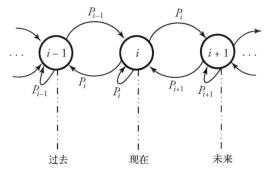

图 C.1 一个简单的马尔可夫链

马尔可夫链可以从状态 0 开始并且向最终状态转移，如果最终状态存在。图 C.1 中的链表示马尔可夫链上的三个样本状态：$i-1$ 是过去的状态；i 是现在的状态；$i+1$ 是未来的状态。这三个状态通过它们之间的关联概率联系起来，如图中所示。马尔可夫链也分为**离散时间马尔可夫链**和**连续时间马尔可夫链**。

C.5.1 连续时间马尔可夫链

在基于随机过程 $\mathbf{X}(t)$ 的连续时间马尔可夫链中，转移概率发生的时间 δ 非常短。假设该过程以概率 $\alpha_{i,i}$ 离开状态 i，那么，该过程在 δ 期间保持在状态 i 的概率估计为

$$P_{i,i} = P[T_i > \delta] = e^{\alpha_{i,i}\delta}$$
$$= 1 - \frac{\alpha_{i,i}\delta}{1!} + \frac{(\alpha_{i,i}\delta)^2}{2!} - \dots \approx 1 - \alpha_{i,i}\delta \tag{C.35}$$

当该过程离开状态 i 的时候，它以概率 $\pi_{i,j}$ 进入状态 j。因此该过程在时间 δ 内到达状态 j 的概率为

$$P_{i,j} = (1 - P_{i,i})\pi_{i,j} \tag{C.36}$$

由公式(C.35)和公式(C.36)，我们可以得到

$$P_{i,j} = \alpha_{i,i}\delta\pi_{i,j} = \alpha_{i,j}\delta \tag{C.37}$$

这里 $\alpha_{i,j} = \alpha_{i,i}\pi_{i,j}$，是随机过程 $\mathbf{X}(t)$ 从状态 i 转移到状态 j 的概率。如果我们将公式(C.35)和公式(C.37)除以 δ 并求极限，可以得到：

$$\begin{cases} \lim\limits_{\delta \to 0} \left(\dfrac{1 - P_{i,i}}{\delta} \right) = \alpha_{i,i} \\ \lim\limits_{\delta \to 0} \left(\dfrac{P_{i,j}}{\delta} \right) = \alpha_{i,j} \end{cases} \tag{C.38}$$

为了得到在给定时间 t 该过程处于状态 j 的概率，表示为 $P_j(t) = P[x(t) = j]$，我们更详细地表述为

$$P_j(t + \delta) = P[\mathbf{X}(t + \delta) = j] = \sum_i P[\mathbf{X}(t + \delta) = j | \mathbf{X}(t) = i] P[\mathbf{X}(t) = i]$$

$$= \sum_i P_{i,j} P_i(t) \tag{C.39}$$

将 $P_j(t)$ 从公式两边同时减去，将两边除以 δ，并求 $\delta \to 0$ 时的极限，应用公式 (C.38)，可得到：

$$P_j^{'}(t) = \sum_{i \neq j} \alpha_{i,j} P_i(t) \tag{C.40}$$

这是一个重要的结果，称为连续时间马尔可夫链的**查普曼-科尔莫戈罗夫方程**。这个公式能够清晰地处理状态概率相对于时间 t 的微分运算。

附录 D　爱尔兰 B 阻塞概率表

在第 11 章的 11.4.4 节中，我们知道一个有 a 个资源、无排队的系统，可用爱尔兰 B 公式计算它的阻塞概率。通信网络的资源可以是传输信道、服务器、实体或其他任意要素。对这节中由公式(11.46)推导出的著名的爱尔兰 B 公式，做一个深入的研究。对于一个有 a 个资源、利用率为 $\rho_1 = \lambda/\mu$ 的任意系统，系统的流量达到率为 λ，服务速率为 μ，这个公式给出了它的阻塞概率 p_a。

下面的表格给出爱尔兰 B 公式用 3 个可变参数计算出的数值：通道数(a)，位于表左列；系统阻塞概率(p_a)，位于表第一行；系统利用率(ρ_1)，它随其他两个参数而变。

通道数(a)	阻塞概率(p_a)												
	0.01%	0.05%	0.1%	0.5%	0.6%	0.7%	0.8%	0.9%	1.0%	2.0%	3.0%	4.0%	5.0%
1	0.0	0.0	0.0	0.0	0.0	0.0	0.0	0.0	0.0	0.0	0.0	0.0	0.1
2	0.0	0.0	0.0	0.1	0.1	0.1	0.1	0.1	0.2	0.2	0.3	0.3	0.4
3	0.1	0.2	0.2	0.3	0.4	0.4	0.4	0.4	0.5	0.6	0.7	0.8	0.9
4	0.2	0.4	0.4	0.7	0.7	0.8	0.8	0.8	0.9	1.1	1.3	1.4	1.5
5	0.5	0.6	0.8	1.1	1.2	1.2	1.3	1.3	1.4	1.7	1.9	2.1	2.2
6	0.7	1.0	1.1	1.6	1.7	1.8	1.8	1.9	1.9	2.3	2.5	2.8	3.0
7	1.1	1.4	1.6	2.2	2.2	2.3	2.4	2.4	2.5	2.9	3.2	3.5	3.7
8	1.4	1.8	2.1	2.7	2.8	2.9	3.0	3.1	3.1	3.6	4.0	4.3	4.5
9	1.8	2.3	2.6	3.3	3.4	3.5	3.6	3.7	3.8	4.3	4.7	5.1	5.4
10	2.3	2.8	3.1	4.0	4.1	4.2	4.3	4.4	4.5	5.1	5.5	5.9	6.2
11	2.7	3.3	3.7	4.6	4.7	4.9	5.0	5.1	5.2	5.8	6.3	6.7	7.1
12	3.2	3.9	4.2	5.3	5.4	5.6	5.7	5.8	5.9	6.6	7.1	7.6	7.9
13	3.7	4.4	4.8	6.0	6.1	6.3	6.4	6.5	6.6	7.4	8.0	8.4	8.8
14	4.2	5.0	5.4	6.7	6.8	7.0	7.1	7.2	7.4	8.2	8.8	9.3	9.7
15	4.8	5.6	6.1	7.4	7.6	7.7	7.9	8.0	8.1	9.0	9.6	10.2	10.6
16	5.3	6.2	6.7	8.1	8.3	8.5	8.6	8.7	8.9	9.8	10.5	11.1	11.5
17	5.9	6.9	7.4	8.8	9.0	9.2	9.4	9.5	9.7	10.7	11.4	12.0	12.5
18	6.5	7.5	8.0	9.6	9.8	10.0	10.1	10.3	10.4	11.5	12.2	12.9	13.4
19	7.1	8.2	8.7	10.3	10.6	10.7	10.9	11.1	11.2	12.3	13.1	13.8	14.3
20	7.7	8.8	9.4	11.1	11.3	11.5	11.7	11.9	12.0	13.2	14.0	14.7	15.2
21	8.3	9.5	10.1	11.9	12.1	12.3	12.5	12.7	12.8	14.0	14.9	15.6	16.2
22	8.9	10.2	10.8	12.6	12.9	13.1	13.3	13.5	13.7	14.9	15.8	16.5	17.1
23	9.6	10.9	11.5	13.4	13.7	13.9	14.1	14.3	14.5	15.8	16.7	17.4	18.1
24	10.2	11.6	12.2	14.2	14.5	14.7	14.9	15.1	15.3	16.6	17.6	18.4	19.0
25	10.9	12.3	13.0	15.0	15.3	15.5	15.7	15.9	16.1	17.5	18.5	19.3	20.0
26	11.5	13.0	13.7	15.8	16.1	16.3	16.6	16.8	17.0	18.4	19.4	20.2	20.9
27	12.2	13.7	14.4	16.6	16.9	17.2	17.4	17.6	17.8	19.3	20.3	21.2	21.9
28	12.9	14.4	15.2	17.4	17.7	18.0	18.2	18.4	18.6	20.1	21.2	22.1	22.9

续表

通道数(a)	阻塞概率(p_a)												
	0.01 %	0.05 %	0.1 %	0.5 %	0.6 %	0.7 %	0.8 %	0.9 %	1.0 %	2.0 %	3.0 %	4.0 %	5.0 %
29	13.6	15.1	15.9	18.2	18.5	18.8	19.1	19.3	19.5	21.0	22.1	23.0	23.8
30	14.2	15.9	16.7	19.0	19.4	19.6	19.9	20.1	20.3	21.9	23.1	24.0	24.8
31	14.9	16.6	17.4	19.9	20.2	20.5	20.7	21.0	21.2	22.8	24.0	24.9	25.8
32	15.6	17.3	18.2	20.7	21.0	21.3	21.6	21.8	22.0	23.7	24.9	25.9	26.7
33	16.3	18.1	19.0	21.5	21.9	22.2	22.4	22.7	22.9	24.6	25.8	26.8	27.7
34	17.0	18.8	19.7	22.3	22.7	23.0	23.3	23.5	23.8	25.5	26.8	27.8	28.7
35	17.8	19.6	20.5	23.2	23.5	23.8	24.1	24.4	24.6	26.4	27.7	28.8	29.7
36	18.5	20.3	21.3	24.0	24.4	24.7	25.0	25.3	25.5	27.3	28.6	29.7	30.7
37	19.2	21.1	22.1	24.8	25.2	25.6	25.9	26.1	26.4	28.3	29.6	30.7	31.6
38	19.9	21.9	22.9	25.7	26.1	26.4	26.7	27.0	27.3	29.2	30.5	31.6	32.6
39	20.6	22.6	23.7	26.5	26.9	27.3	27.6	27.9	28.1	30.1	31.5	32.6	33.6
40	21.4	23.4	24.4	27.4	27.8	28.1	28.5	28.7	29.0	31.0	32.4	33.6	34.6
41	22.1	24.2	25.2	28.2	28.6	29.0	29.3	29.6	29.9	31.9	33.4	34.5	35.6
42	22.8	25.0	26.0	29.1	29.5	29.9	30.2	30.5	30.8	32.8	34.3	35.5	36.6
43	23.6	25.7	26.8	29.9	30.4	30.7	31.1	31.4	31.7	33.8	35.3	36.5	37.6
44	24.3	26.5	27.6	30.8	31.2	31.6	31.9	32.3	32.5	34.7	36.2	37.5	38.6
45	25.1	27.3	28.4	31.7	32.1	32.5	32.8	33.1	33.4	35.6	37.2	38.4	39.6
46	25.8	28.1	29.3	32.5	33.0	33.4	33.7	34.0	34.3	36.5	38.1	39.4	40.5
47	26.6	28.9	30.1	33.4	33.8	34.2	34.6	34.9	35.2	37.5	39.1	40.4	41.5
48	27.3	29.7	30.9	34.2	34.7	35.1	35.5	35.8	36.1	38.4	40.0	41.4	42.5
49	28.1	30.5	31.7	35.1	35.6	36.0	36.4	36.7	37.0	39.3	41.0	42.3	43.5
50	28.9	31.3	32.5	36.0	36.5	36.9	37.2	37.6	37.9	40.3	41.9	43.3	44.5
51	29.6	32.1	33.3	36.9	37.3	37.8	38.1	38.5	38.8	41.2	42.9	44.3	45.5
52	30.4	32.9	34.2	37.7	38.2	38.6	39.0	39.4	39.7	42.1	43.9	45.3	46.5
53	31.2	33.7	35.0	38.6	39.1	39.5	39.9	40.3	40.6	43.1	44.8	46.3	47.5
54	31.9	34.5	35.8	39.5	40.0	40.4	40.8	41.2	41.5	44.0	45.8	47.2	48.5
55	32.7	35.3	36.6	40.4	40.9	41.3	41.7	42.1	42.4	44.9	46.7	48.2	49.5
56	33.5	36.1	37.5	41.2	41.7	42.2	42.6	43.0	43.3	45.9	47.7	49.2	50.5
57	34.3	36.9	38.3	42.1	42.6	43.1	43.5	43.9	44.2	46.8	48.7	50.2	51.5
58	35.1	37.8	39.1	43.0	43.5	44.0	44.4	44.8	45.1	47.8	49.6	51.2	52.6
59	35.8	38.6	40.0	43.9	44.4	44.9	45.3	45.7	46.0	48.7	50.6	52.2	53.6
60	36.6	39.4	40.8	44.8	45.3	45.8	46.2	46.6	46.9	49.6	51.6	53.2	54.6